俄 罗 斯 数 学
教 材 选 译

“十一五”国家重点图书

● 数学天元基金资助项目

理论力学

（第3版）

□ A. П. 马尔契夫 著
□ 李俊峰 译

LILUN LIXUE

高等教育出版社·北京

图字：01–2005–5573 号

图书在版编目（CIP）数据

理论力学：第 3 版 /（俄罗斯）马尔契夫著；李俊峰译．
—北京：高等教育出版社，2006. 1（2020.11 重印）
ISBN 978-7-04-018530-0

Ⅰ．理… Ⅱ．①马… ②李… Ⅲ．理论力学－高等学校－教材 Ⅳ．O31

中国版本图书馆 CIP 数据核字（2005）第 152526 号

策划编辑 张小萍　　责任编辑 赵天夫　　封面设计 王凌波
责任印制 田 甜

出版发行	高等教育出版社	咨询电话	400-810-0598
社　　址	北京市西城区德外大街 4 号	网　　址	http://www.hep.edu.cn
邮政编码	100120		http://www.hep.com.cn
印　　刷	北京七色印务有限公司	网上订购	http://www.landraco.com
开　　本	787×1092 1/16		http://www.landraco.com.cn
印　　张	26.75	版　　次	2006 年 1 月第 1 版
字　　数	510 000	印　　次	2020 年 11 月第 5 次印刷
购书热线	010-58581118	定　　价	59.00 元

物 料 号 18530-A0

《俄罗斯数学教材选译》序

从上世纪 50 年代初起, 在当时全面学习苏联的大背景下, 国内的高等学校大量采用了翻译过来的苏联数学教材. 这些教材体系严密, 论证严谨, 有效地帮助了青年学子打好扎实的数学基础, 培养了一大批优秀的数学人才. 到了 60 年代, 国内开始编纂出版的大学数学教材逐步代替了原先采用的苏联教材, 但还在很大程度上保留着苏联教材的影响, 同时, 一些苏联教材仍被广大教师和学生作为主要参考书或课外读物继续发挥着作用. 客观地说, 从解放初一直到文化大革命前夕, 苏联数学教材在培养我国高级专门人才中发挥了重要的作用, 起了不可忽略的影响, 是功不可没的.

改革开放以来, 通过接触并引进在体系及风格上各有特色的欧美数学教材, 大家眼界为之一新, 并得到了很大的启发和教益. 但在很长一段时间中, 尽管苏联的数学教学也在进行积极的探索与改革, 引进却基本中断, 更没有及时地进行跟踪, 能看懂俄文数学教材原著的人也越来越少, 事实上已造成了很大的隔膜, 不能不说是一个很大的缺憾.

事情终于出现了一个转折的契机. 今年初, 在由中国数学会、中国工业与应用数学学会及国家自然科学基金委员会数学天元基金联合组织的迎春茶话会上, 有数学家提出, 莫斯科大学为庆祝成立 250 周年计划推出一批优秀教材, 建议将其中的一些数学教材组织翻译出版. 这一建议在会上得到广泛支持, 并得到高等教育出版社的高度重视. 会后高等教育出版社和数学天元基金一起邀请熟悉俄罗斯数学教材情况的专家座谈讨论, 大家一致认为: 在当前着力引进俄罗斯的数学教材, 有助于扩大视野, 开拓思路, 对提高数学教学质量、促进数学教材改革均十分必要. 《俄罗斯数学教材选译》系列正是在这样的情况下, 经数学天元基金资助, 由高等教育出版社组织出版的.

经过认真选题并精心翻译校订, 本系列中所列入的教材, 以莫斯科大学的教材为主, 也包括俄罗斯其他一些著名大学的教材. 有大学基础课程的教材, 也有适合大学高年级学生及研究生使用的教学用书. 有些教材虽曾翻译出版, 但经多次修订重版, 面目已有较大变化, 至今仍广泛采用、深受欢迎, 反射出俄罗斯在出版经典教材方面所作的不懈努力, 对我们也是一个有益的借鉴. 这一教材系列的出版, 将中俄数学教学之间中断多年的链条重新连接起来, 对推动我国数学课程设置和教学内容的改革, 对提高数学素养、培养更多优秀的数学人才, 可望发挥积极的作用, 并起着深远的影响, 无疑值得庆贺, 特为之序.

李大潜

2005 年 10 月

译者序

译者序通常会归纳和列举所译书的优点，当作翻译和出版理由．而本书的特点一目了然，无需赘述，只简介一下翻译本书的个人理由，权作译者序．

1989 年到 1993 年，我有幸受教育部公派在莫斯科大学数学力学系理论力学教研室攻读 Ph.D. 莫斯科大学不给研究生安排任何专业课程，只是要求通过资格考试，为此导师给我指定了十几本参考书，内容覆盖了当时北京大学力学系一般力学专业研究生的必修课程，如分析力学、运动稳定性、多刚体动力学、控制理论等，另外还有与专业相关的卫星轨道和姿态动力学．我念过北京大学力学系本科和研究生课程，学习这些内容并不困难，但是要在一次考试中涉及这么广泛的内容，是很大的挑战．非常幸运，我买到了本书的第一版，它帮助我在资格考试中得了 5 分．

回国后，我在清华大学教了十年理论力学课，本书成了我最亲密的伙伴，我主编的《理论力学》也借鉴了本书的一些思想．在十年的教学实践中，我想翻译出版本书的愿望越来越强烈，我相信理论力学教师们和学有余力的学生们都会喜欢这本书，也许这本书对我国理论力学教材会产生相当深远的影响．

原计划一年后完成译稿，但我开始翻译工作后就爱不释手，急切地想把它奉献给读者，暑假里每天经常工作 10 个小时，只 4 个月就完成了．感谢高等教育出版社和数学天元基金．

译者

2005 年 10 月于清华园

原书的序

第 3 版序

该版本与上一版没有差别, 仅仅修正了所发现的打字错误.

作者

2001 年 10 月

第 2 版序

该版本与 1990 年的第一版相比有以下不同: 增加了新的第 7 章《撞击运动理论》和第 11 章的第 6 节《作用–角变量》, 在第 95 小节介绍了椭圆积分和椭圆函数, 在第 11 章的第 4 节增加了几个正则变换的例子, 而在该章的第 5 节增加了介绍哈密顿特征函数的 178 小节. 此外还改正了所发现的几个错误.

作者感谢读者对第 1 版的批评指正, 这些都已经在第 2 版的编写之中做了修正.

第 1 版序

随着科学技术的发展, 狭窄的专业知识迅速老化. 为了解决不断出现的全新的现实问题, 科技人员和工程师们除了需要具备重新学习的能力以外, 还必须获得基础科学领域的良好培训. 这需要经常全面地完善高等教育. 最有前景的办法就是在培养未来科技人员和工程师的教学方案中加大一般性科学课程的力度, 完善物理、数学和力学等基础性课程的教学.

作为基础课, 理论力学不仅是提供深入理解自然所需知识的一门课程, 而且也是未来专家对自然和工程过程创造性地建立数学模型、研究并获得科学结论的有力工具.

完善理论力学课程应该注重以下两个基本问题: 第一, 课程应该是严谨、逻辑性强、完整和紧凑的, 应该用较短的时间介绍理论力学的基本概念和方法. 第二, 不必在静力学和运动学的基本问题上花很多精力, 应该集中精力介绍内容更丰富、理论与应用价值更大的动力学部分, 以及分析力学方法.

本书是作者在莫斯科航空学院应用数学系教学工作的结晶. 给未来数学家和工程师讲授的一些课程是本书的基础, 但书中有些内容超出了这些课程范围.

撰写此书的主要目的是教学需要. 作者认为本书的可能读者首先是渴望学习理论力学基本问题和方法的大学生. 作者希望本书对力学教师、研究生、应用数学和力学领域的工作人员也是有益的.

本书与现有的理论力学教材在选材和叙述方法上都有本质区别. 从目录上就可以看出, 本书的内容如静力学、运动学主要部分、变分原理、正则变换理论等的叙述方法有很大不同.

在很多教材、专著、文章的影响下, 作者形成了现在的方法和观点. 作者自己以及莫斯科的同事和朋友们的科研教学经验对本书也有重要的影响. 最主要的参考文献已经列在本书最后, 在脚注中也提到了一些专著、教材和文章.

目 录

引　言

力学是关于质点运动和相互作用的科学. 这里的运动理解为机械运动, 即物体或其一部分的位置在空间中随着时间变化. 像物理科学一样, 力学以观察和实验为基础, 可以划分为观察 (实验) 力学和理论力学.

观察 (实验) 力学包含在实验物理学、天文学和工程技术的各个领域中, 它建立物体的性质、物体的运动、产生和改变运动的原因之间的联系. 这些原因称为力, 而上述联系表述为运动定律. 这些定律不是某个原始的真理的数学推论, 而是大量实验结果的归纳陈述. 这些陈述在一定的精度内确定了物体运动的特性.

理论或者理性力学以实验力学中建立的几个定律为无需证明的公理, 在理论力学中这些公理可以代替从实验力学中归纳出的真理. 理论力学具有演绎的特性, 以实践和实验得到的已知公理为依据, 理论力学借助严格的数学推演得到自己的理论.

按照牛顿的说法, 理论力学"是关于任何力产生的运动和产生任何运动的力的理论, 是精确的论述和证明". ①

理论力学作为使用数学方法的自然知识的一部分, 不仅研究实际物体, 而且研究其模型. 理论力学中研究的模型是质点、质点系、刚体和连续介质, 但本书不研究连续介质力学.

为了方便学习, 理论力学可以分为运动学和动力学, 还可以从动力学中分出静力学部分. 运动学只是从几何的观点研究运动, 而不研究运动的原因. 动力学研究运动产生和改变的原因. 作为动力学的一部分, 静力学研究物体保持静止的条件, 以及力系等效简化方法. 运动学、动力学及其一部分——静力学所研究的问题在本书相应章节做了详细阐述.

①引自牛顿著名著作《自然哲学的数学方法》第1版序 (参见: A. H. 克雷罗夫文集, 第7卷, 莫斯科, 列宁格勒: 苏联科学院出版社, 1936, 第2页).

第一部分

运动学

第一章

质点和质点系的运动学

§1. 基本概念 · 运动学的任务

1. 时间与空间 机械运动发生于空间和时间之中. 理论力学中采用的理想时空模型是最简单的模型——假设存在绝对空间和绝对时间. 绝对时间和绝对空间是相互独立的, 这体现了经典时空模型与相对论模型的区别, 在相对论中时间和空间不是独立的.

假设绝对空间是三维均匀各向同性的固定不动的欧几里得空间. 研究发现, 对于尺寸不大的实际物理空间区域, 欧几里得几何是正确的.

在理论力学中绝对时间是大小连续变化的, 方向是从过去到未来. 在空间的所有点, 时间都是均匀的、单值的, 不依赖于点的运动的.

运动的几何表示有相对性: 如果两个物体上一些点之间的距离发生变化, 则一个物体相对于另一个物体产生了运动. 为了方便研究运动的几何性质, 在运动学中选取一个完全确定的刚体, 即形状不变的物体, 并假设它不运动. 其它物体相对于这个刚体的运动在运动学中称为*绝对运动*. 通常选取 3 个不共面的轴组成的坐标系作为不动的参照物, 这个坐标系称为*参考系*, 按照定义, 它是*固定 (绝对) 参照系*或*固定 (绝对) 坐标系*. 在运动学中这个参照系的选择是任意的, 但在动力学中不允许这样任意选择. 时间的单位取为秒: 1s = 1/86 400 昼夜, 由天文观测确定. 在运动学中还要选择长度单位, 例如 1m, 1cm 等. 于是运动的基本运动学量, 如将在后面介绍的位置、速度、加速度都可以借助时间和长度单位来确定.

如果以某给定时刻为时间参考起点, 则任意其它时刻都用相应的数 t (即从初始时刻到该时刻经过的秒数) 来唯一确定. 这个数是正的还是负的, 取决于该时刻在初始时刻之后还是之前, 即 $-\infty < t < +\infty$.

2. 质点与质点系 质点是指尺寸足够小的一小部分物质, 将它当作没有尺寸的物体也可以完全确定它的位置和运动. 如果所研究的运动可以忽略物体尺寸和转动, 这个假设完全成立. 能否用质点来描述物体取决于实际问题, 例如, 确定地球卫星在宇宙空间中的位置时, 经常用质点模型; 如果要研究安装在卫星上的天线、太阳电池、光学仪器等的指向, 就不能用质点模型, 因为研究指向问题不能忽略卫星的转动, 必须将卫星看作具有有限尺寸的物体, 尽管这个尺寸与卫星到地球的距离相比是非常小的.

在理论力学中按照定义, 质点是具有力学性质的几何点, 在动力学中将研究这些力学性质. 在运动学中可以将质点与几何点不加区别.

运动点的一系列几何位置称为轨迹. 如果当 $t_1 < t < t_2$ 时轨迹是直线, 则运动是直线运动, 否则是曲线运动. 如果在时间段 $t_1 < t < t_2$ 内, 点的轨迹在圆周上, 则在该时间段内, 点的运动称为圆周运动.

力学系统或者质点系或者简称系统是指质点以某种方式组成的集合.

3. 运动学的任务 确定点 (系统) 的运动, 即给出确定点 (组成系统的所有点) 在任意时刻的位置的方法.

运动学问题包括研究描述运动的方法以及确定组成力学系统的点的速度、加速度和其它运动学量的方法.

§2. 点的运动学

4. 向量描述法 我们研究质点 P 相对于某个固定物体的运动. 设 O 是固定物体上的点, 动点 P 相对于 O 的向径是时间 t 的函数: $\boldsymbol{r} = \boldsymbol{r}(t)$. 随着时间的变化, 向量 $\boldsymbol{r}$ 的端点画出点的轨迹 (图 1). 向径 $\boldsymbol{r}$ 的导数

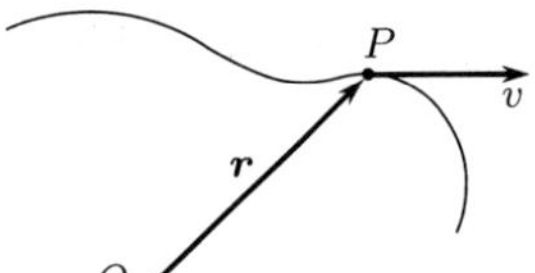

图 1

$$\boldsymbol{v} = \frac{\mathrm{d}\boldsymbol{r}}{\mathrm{d}t} \tag{1}$$

称为 P 点的速度. 速度 $\boldsymbol{v}$ 的导数

$$\boldsymbol{w} = \frac{\mathrm{d}\boldsymbol{v}}{\mathrm{d}t} = \frac{\mathrm{d}^2\boldsymbol{r}}{\mathrm{d}t^2} \tag{2}$$

称为 P 点的加速度.

5. 直角坐标描述法 设 $Oxyz$ 为固定的直角坐标系, 而 $\boldsymbol{i}, \boldsymbol{j}, \boldsymbol{k}$ 为坐标轴 Ox, Oy, Oz 的单位向量, 于是向量函数 $\boldsymbol{r}(t)$ 可以由 P 点的 3 个坐标——标量函数 $x(t), y(t), z(t)$ 给出:

$$\boldsymbol{r}(t) = x(t)\boldsymbol{i} + y(t)\boldsymbol{j} + z(t)\boldsymbol{k}.$$

由此我们得到速度表达式

$$\boldsymbol{v}(t)=\frac{\mathrm{d}\boldsymbol{r}}{\mathrm{d}t}=v_x\boldsymbol{i}+v_y\boldsymbol{j}+v_z\boldsymbol{k}, \tag{3}$$

其中 $v_x=\dot{x}, v_y=\dot{y}, v_z=\dot{z}$ 为速度 $\boldsymbol{v}$ 在坐标轴 Ox, Oy, Oz 上的投影①. 速度的大小 v 和方向由下面的等式确定

$$\begin{gathered} v=|\boldsymbol{v}|=\sqrt{\dot{x}^2+\dot{y}^2+\dot{z}^2}, \\ \cos(\boldsymbol{v},\boldsymbol{i})=\frac{\dot{x}}{v},\quad \cos(\boldsymbol{v},\boldsymbol{j})=\frac{\dot{y}}{v},\quad \cos(\boldsymbol{v},\boldsymbol{k})=\frac{\dot{z}}{v}. \end{gathered} \tag{4}$$

加速度可以类似的得到

$$\boldsymbol{w}(t)=\frac{\mathrm{d}\boldsymbol{v}}{\mathrm{d}t}=w_x\boldsymbol{i}+w_y\boldsymbol{j}+w_z\boldsymbol{k}, \tag{5}$$

其中 $w_x=\ddot{x}, w_y=\ddot{y}, w_z=\ddot{z}$ 为加速度 $\boldsymbol{w}$ 在坐标轴 Ox, Oy, Oz 上的投影, 并且有

$$\begin{gathered} w=|\boldsymbol{w}|=\sqrt{\ddot{x}^2+\ddot{y}^2+\ddot{z}^2}, \\ \cos(\boldsymbol{w},\boldsymbol{i})=\frac{\ddot{x}}{w},\quad \cos(\boldsymbol{w},\boldsymbol{j})=\frac{\ddot{y}}{w},\quad \cos(\boldsymbol{w},\boldsymbol{k})=\frac{\ddot{z}}{w}. \end{gathered} \tag{6}$$

例 1 给定 P 的运动规律:

$$x=a\cos bt,\quad y=a\sin bt,\quad z=ct,$$

其中 a,b,c 是常数, 试求该点的轨迹、速度和加速度. 将前 2 个等式平方后相加可得

$$x^2+y^2=a^2.$$

这表明, 该点沿着半径为 a, 中心轴与 Oz轴重合的圆柱表面运动 (图 2).

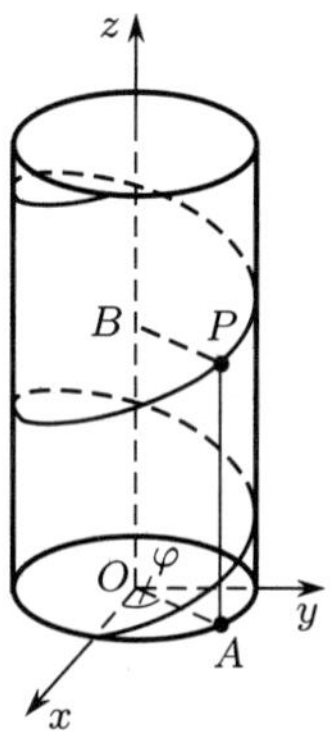

图 2

设 φ为向径$\overline{OP}$在Oxy 平面上的投影OA与Ox轴的夹角, 那么

$$x=a\cos\varphi,\quad y=a\sin\varphi,\quad \varphi=bt,\quad z=c\varphi/b.$$

可见, 直线OA等速转动, 点P沿着母线AP等速移动, 因此P点沿着螺旋线运动.

下面确定P点的速度, 我们可以得到

$$\dot{x}=-ab\sin bt,\quad \dot{y}=ab\cos bt,\quad \dot{z}=c,\quad v=\sqrt{\dot{x}^2+\dot{y}^2+\dot{z}^2}=\sqrt{a^2b^2+c^2},$$

速度的大小为常数, 但方向随时间变化.

下面确定P点的加速度, 我们可以得到

$$\ddot{x}=-ab^2\cos bt,\quad \ddot{y}=-ab^2\sin bt,\quad \ddot{z}=0;\quad w=\sqrt{\ddot{x}^2+\ddot{y}^2+\ddot{z}^2}=ab^2,$$

$$\cos(\boldsymbol{w},\boldsymbol{i})=-\cos bt,\quad \cos(\boldsymbol{w},\boldsymbol{j})=-\sin bt,\quad \cos(\boldsymbol{w},\boldsymbol{k})=0.$$

加速度大小为常数, 方向沿着圆柱内法线 (从P到B, 线段PB平行于OA).

①某个量对时间 t 的导数是时间 t 的函数, 经常用这个量对应符号上面的点表示.

6. 自然坐标描述法 假设在空间中给定一条曲线, 点 P 沿着该曲线运动. 为了确定点 P 在曲线上的位置, 我们在曲线上任取一个点 O_1 作为弧长计算的参考起始点, 并给定一个方向为正向 (图 3). 点 P 的每个位置对应着自己的弧长 σ, 就像直角坐标轴上每个点都对应一个坐标值一样. σ 取正值或负值取决于弧长的参考方向, 弧 O_1P 的长度等于 $|\sigma|$. 如果 $\sigma = \sigma(t)$ 是时间 t 的已知函数, 则 P 点的运动就是给定的. 这样确定点的运动的方法称为*自然坐标法*, 这里我们假设 $\sigma(t)$ 是 2 阶连续可微函数.

下面我们求自然坐标法中点 P 的速度和加速度表达式. 我们引入构成右手系的 3 个单位向量 $\boldsymbol{\tau}, \boldsymbol{n}, \boldsymbol{b}$ (图 4), 向量 $\boldsymbol{\tau}, \boldsymbol{n}$ 位于轨迹在 P 点的密切平面内, 分别沿着切线指向弧长增加的方向和沿着主法线指向曲线的凹侧, 向量 $\boldsymbol{b}$ 沿着 P 点轨迹的副法向.

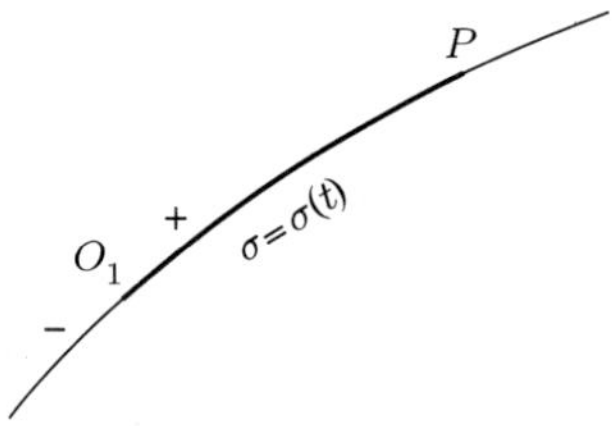

图 3

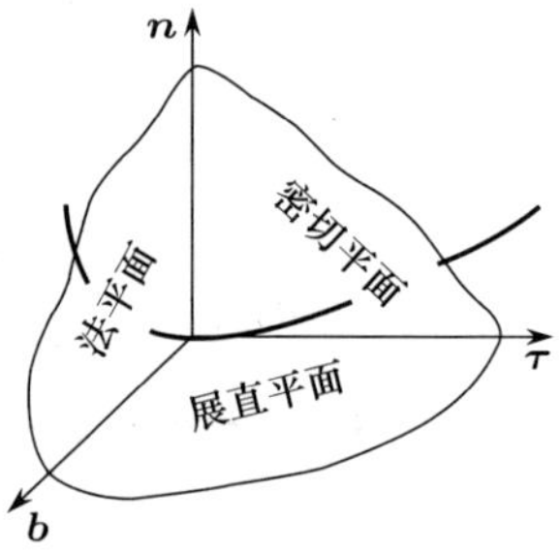

图 4

点 P 相对于某个任意固定点的向径 $\boldsymbol{r}$ 可以写成复合函数: $\boldsymbol{r} = \boldsymbol{r}(\sigma(t))$. 根据微分几何可知,

$$\boldsymbol{\tau}(\sigma) = \frac{\mathrm{d}\boldsymbol{r}}{\mathrm{d}\sigma}, \quad \frac{\mathrm{d}\boldsymbol{\tau}}{\mathrm{d}\sigma} = \frac{1}{\rho}\boldsymbol{n}(\sigma), \tag{7}$$

其中 ρ 为轨迹在 P 点的曲率半径. 利用速度定义 (1) 和 (2), 根据 (7) 有

$$\boldsymbol{v} = \frac{\mathrm{d}\boldsymbol{r}}{\mathrm{d}t} = \frac{\mathrm{d}\boldsymbol{r}}{\mathrm{d}\sigma}\frac{\mathrm{d}\sigma}{\mathrm{d}t} = v_\tau \boldsymbol{\tau}, \tag{8}$$

$$\boldsymbol{w} = \frac{\mathrm{d}\boldsymbol{v}}{\mathrm{d}t} = \frac{\mathrm{d}v_\tau}{\mathrm{d}t}\boldsymbol{\tau} + v_\tau \frac{\mathrm{d}\boldsymbol{\tau}}{\mathrm{d}\sigma}\frac{\mathrm{d}\sigma}{\mathrm{d}t} = \frac{\mathrm{d}^2\sigma}{\mathrm{d}t^2}\boldsymbol{\tau} + \frac{v_\tau^2}{\rho}\boldsymbol{n}. \tag{9}$$

这里引入了符号 $v_\tau = \dot{\sigma}$. 如果 P 点沿着弧 O_1P 的正向运动, 则 v_τ 取正值; 反之取负值. 根据 (8), 速度总是沿着轨迹的切向.

由 (9) 可知, 加速度总是位于密切平面内, 可以写成

$$\boldsymbol{w} = \boldsymbol{w}_\tau + \boldsymbol{w}_n, \quad \boldsymbol{w}_\tau = \frac{\mathrm{d}^2\sigma}{\mathrm{d}t^2}\boldsymbol{\tau}, \quad \boldsymbol{w}_n = \frac{v^2}{\rho}\boldsymbol{n}, \tag{10}$$

其中 $\boldsymbol{w}_\tau$ 为切向加速度, $\boldsymbol{w}_n$ 为法向加速度. 公式 (10) 给出了将加速度分解为切向加速度和法向加速度的惠更斯定理. 切向加速度表征速度的大小改变的速度, 法向加速度则表征速度的方向改变的速度.

加速度的大小由下式确定

$$w = \sqrt{w_n^2 + w_\tau^2}.$$

如果 v =const, 则运动称为匀速的. 运动加快或者变慢取决于速度大小的增加或者减少. 因为 $v^2 = v_\tau^2 = \dot{\sigma}^2$, 故 $\mathrm{d}v^2/\mathrm{dt} = 2\dot{\sigma}\ddot{\sigma}$, 由此可知, 如果 $\dot{\sigma}$ 和 $\ddot{\sigma}$ 符号相同, 则运动加快; 反之运动变慢. 如果在时间段 $t_1 < t < t_2$ 内 $\ddot{\sigma} = 0 (w_\tau \equiv 0)$, 则在该时间段内运动是匀速的. 如果在某时间段内 $w_n = 0$, 但 $v \neq 0$, 则在该时间段内运动是直线的 $(\rho = \infty)$.

评注 1 从关系式 (8) 和 (9) 可知, 如果我们将一个笛卡儿坐标系用另外一个相对它不动的笛卡儿坐标系来代替, 则 P 点的向量运动方程 $\boldsymbol{r} = \boldsymbol{r}(t)$ 会改变, 但速度和加速度不变.

例 1 利用惠更斯定理求曲线

$$\frac{x^2}{a^2} + \frac{y^2}{b^2} = 1$$

在任意点的曲率半径.

我们将椭圆看作是质点以

$$x = a\cos t, \quad y = b\sin t$$

的规律运动的轨迹. 由等式

$$w^2 = \frac{v^4}{\rho^2} + w_\tau^2$$

可得曲率半径表达式:

$$\rho = \frac{v^2}{\sqrt{w^2 - w_\tau^2}}.$$

再考虑到

$$v = \sqrt{\dot{x}^2 + \dot{y}^2} = \sqrt{a^2\sin^2 t + b^2\cos^2 t},$$

$$w = \sqrt{\ddot{x}^2 + \ddot{y}^2} = \sqrt{a^2\cos^2 t + b^2\sin^2 t},$$

$$(w_\tau)^2 = \left(\frac{\mathrm{d}v}{\mathrm{d}t}\right)^2 = \frac{(a^2 - b^2)^2\sin^2 t\cos^2 t}{a^2\sin^2 t + b^2\cos^2 t},$$

可将曲率半径表示为t的函数:

$$\rho = \frac{(a^2\sin^2 t + b^2\cos^2 t)^{3/2}}{ab}.$$

特别地, 在椭圆与Ox轴的交点处 $(t=0,\pi)$, $\rho=b^2/a$, 而在椭圆与Oy轴的交点处 $(t=\pi/2,3\pi/2)$, $\rho=a^2/b$.

7. 圆周运动 设一点沿着半径为 R 的圆周运动, 那么 (图 5) $\sigma=R\varphi$. 由 (8) 和 (10) 可得

$$\boldsymbol{v}=R\dot{\varphi}\boldsymbol{\tau},\quad \boldsymbol{w}_\tau=R\ddot{\varphi}\boldsymbol{\tau},\quad \boldsymbol{w}_n=\frac{v^2}{\rho}\boldsymbol{n}=\dot{\varphi}^2R\boldsymbol{n},$$

$\dot{\varphi}$ 和 $\ddot{\varphi}$ 分别称为半径 OP 的角速度和角加速度 (参见第 25 小节). 引进符号 $\dot{\varphi}=\omega$, $\ddot{\varphi}=\varepsilon$, 则 P 点的加速度大小表示为

$$w=\sqrt{w_\tau^2+w_n^2}=R\sqrt{\varepsilon^2+\omega^4}.$$

角速度和法线加速度之间的夹角 β (图 5) 由下面方程求得

$$\tan\beta=\frac{w_\tau}{w_n}=\frac{|\varepsilon|}{\omega^2}.$$

对于等速圆周运动有 $\varepsilon=0$ 和 $\beta=0$.

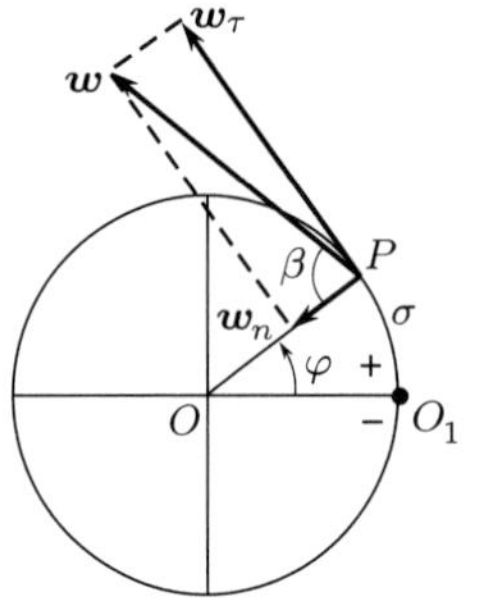

图 5

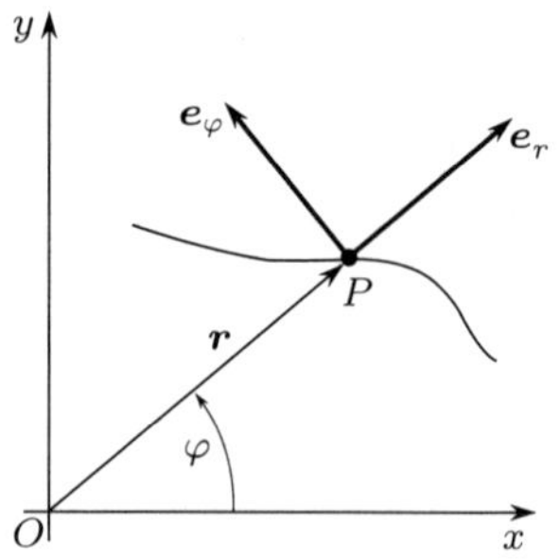

图 6

8. 极坐标表示的速度和加速度 设一点在给定平面内运动, 除了笛卡儿坐标 $x(t), y(t)$ 以外, 运动还可以用极坐标来描述 (图 6). 假设给定函数 $r=r(t)$, $\varphi=\varphi(t)$, 我们可以求出点 P 的速度和加速度.

设 $\boldsymbol{e}_r$ 是沿着 P 点相对 O 点向径 $\boldsymbol{r}$ 上的单位向量, 指向 r 值增加的方向; 而 $\boldsymbol{e}_\varphi$ 是将 $\boldsymbol{e}_r$ 逆时针旋转 $\pi/2$ 得到的向量. 单位向量 $\boldsymbol{e}_r$ 和 $\boldsymbol{e}_\varphi$ 分别给出相互垂直的 2 个轴向: 径向和横向. 在直角坐标系 Oxy 中向量 $\boldsymbol{e}_r$ 和 $\boldsymbol{e}_\varphi$ 可以写成下面形式①:

$$\boldsymbol{e}_r'=(\cos\varphi,\sin\varphi),\quad \boldsymbol{e}_\varphi'=(-\sin\varphi,\cos\varphi). \tag{11}$$

由于 $x=r\cos\varphi$, $y=r\sin\varphi$, 在直角坐标系中有

①这里和后面各章节中, 我们将向量理解为列向量, 撇号表示转置.

$$\boldsymbol{v}' = (\dot{x}, \dot{y}) = (\dot{r}\cos\varphi - r\dot{\varphi}\sin\varphi, \dot{r}\sin\varphi + r\dot{\varphi}\cos\varphi), \tag{12}$$

$$\begin{gathered}\boldsymbol{w}' = (\ddot{x}, \ddot{y}) = ((\ddot{r} - r\dot{\varphi}^2)\cos\varphi - (r\ddot{\varphi} + 2\dot{r}\dot{\varphi})\sin\varphi, \\ (\ddot{r} - r\dot{\varphi}^2)\sin\varphi + (r\ddot{\varphi} + 2\dot{r}\dot{\varphi})\cos\varphi).\end{gathered} \tag{13}$$

速度在径向和横向的投影 v_r 和 v_φ 分别称为径向速度和横向速度. 由 (11) 和 (12) 得

$$v_r = (\boldsymbol{v} \cdot \boldsymbol{e}_r) = \dot{r}, \quad v_\varphi = (\boldsymbol{v} \cdot \boldsymbol{e}_\varphi) = r\dot{\varphi}. \tag{14}$$

对于加速度可以类似地得到

$$w_r = \ddot{r} - r\dot{\varphi}^2, \quad w_\varphi = r\ddot{\varphi} + 2\dot{r}\dot{\varphi}. \tag{15}$$

例 1 设一点的运动由极坐标给出:

$$r = at, \quad \varphi = bt \quad (a, b = \text{const}),$$

求该点的轨迹、速度和加速度.

从给定的 2 个方程中消去t就得到轨迹方程$r = a\varphi/b$, 这个曲线称为阿基米德螺线, 其向径大小正比于极角. 进一步我们可以求得

$$\dot{r} = a, \quad \dot{\varphi} = b, \quad \ddot{r} = 0, \quad \ddot{\varphi} = 0,$$

故径向速度v_r为常数并等于a, 横向速度$v_\varphi = abt$, 速度大小为 $v = \sqrt{v_r^2 + v_\varphi^2} = a\sqrt{1 + b^2t^2}$. 由 (15)可得径向加速度和横向加速度$w_r = -ab^2t$, $w_\varphi = 2ab$. 加速度大小等于

$$w = \sqrt{w_r^2 + w_\varphi^2} = ab\sqrt{4 + b^2t^2}.$$

9. 曲线坐标 在前面各小节中我们已经看到, 一点在平面内的运动不仅可以用笛卡儿坐标给出, 也可以用极坐标给出. 一般来说, 可以确定点在空间中位置的任意 3 个数 q_1, q_2, q_3 都可以看作该点的坐标, 这些不同于笛卡儿坐标的数称为曲线坐标. 如果点的曲线坐标 $q_i (i = 1, 2, 3)$ 是时间的已知函数 $q_i(t)$, 则该点的运动就是确定的.

笛卡儿坐标和曲线坐标之间的关系由等式

$$\boldsymbol{r} = \boldsymbol{r}(q_1, q_2, q_3) = x\boldsymbol{i} + y\boldsymbol{j} + z\boldsymbol{k} \tag{16}$$

给出, 其中 x, y, z 是 q_1, q_2, q_3 的二阶连续可微函数, 向径 $\boldsymbol{r}$ 是时间的复合函数: $\boldsymbol{r} = \boldsymbol{r}(q_1(t), q_2(t), q_3(t))$.

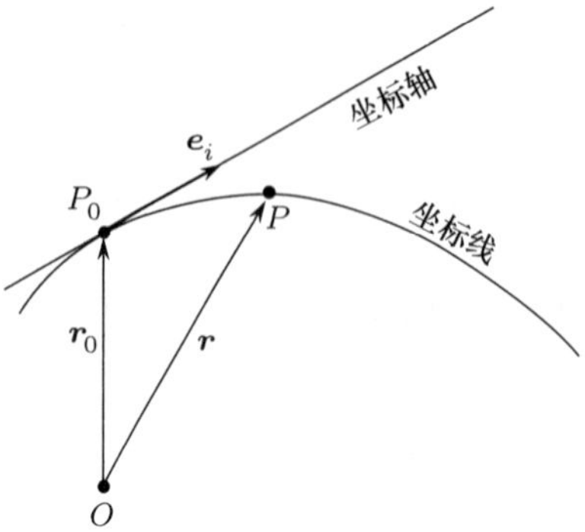

图 7

设 P_0 是空间中某个点, 其曲线坐标为 q_{10}, q_{20}, q_{30}. 在某个时间段内令 q_1 变化而 q_2, q_3 固定, 由 (16) 得到过 P_0 的曲线 $r = r(q_1, q_{20}, q_{30})$, 我们称该曲线为第 1 坐标线. 类似地定义第 2 坐标线和第 3 坐标线. 第 i 个坐标线在点 P_0 处的切线称为过 P_0 点的第 i 个坐标轴 (图 7). 第 i 个坐标轴的单位向量可写成下面形式

$$\boldsymbol{e}_i = \frac{1}{H_i}\frac{\partial \boldsymbol{r}}{\partial q_i}, \quad \frac{\partial \boldsymbol{r}}{\partial q_i} = \frac{\partial x}{\partial q_i}\boldsymbol{i} + \frac{\partial y}{\partial q_i}\boldsymbol{j} + \frac{\partial z}{\partial q_i}\boldsymbol{k}, \tag{17}$$

$$H_i = \left|\frac{\partial \boldsymbol{r}}{\partial q_i}\right| = \sqrt{\left(\frac{\partial x}{\partial q_i}\right)^2 + \left(\frac{\partial y}{\partial q_i}\right)^2 + \left(\frac{\partial z}{\partial q_i}\right)^2}.$$

H_i 称为拉梅系数. 公式 (17) 中的求导是在 P_0 点.

如果向量 $\boldsymbol{e}_1, \boldsymbol{e}_2, \boldsymbol{e}_3$ 互相正交, 则曲线坐标称为正交的, 我们只研究正交曲线坐标. 下面我们求 P 点速度 $\boldsymbol{v}$ 和加速度 $\boldsymbol{w}$ 在曲线坐标系中的投影 v_{q_i} 和 $w_{q_i} (i = 1, 2, 3)$. 由 (1), (16) 和 (17) 得

$$\boldsymbol{v} = \frac{\mathrm{d}\boldsymbol{r}}{\mathrm{d}t} = \frac{\partial \boldsymbol{r}}{\partial q_1}\dot{q}_1 + \frac{\partial \boldsymbol{r}}{\partial q_2}\dot{q}_2 + \frac{\partial \boldsymbol{r}}{\partial q_3}\dot{q}_3 = v_{q_1}\boldsymbol{e}_1 + v_{q_2}\boldsymbol{e}_2 + v_{q_3}\boldsymbol{e}_3, \tag{18}$$

其中 v_{q_i} 按公式

$$v_{q_i} = H_i \dot{q}_i \qquad (i = 1, 2, 3) \tag{19}$$

计算, 加速度投影 w_{q_i} 等于标量积 $\boldsymbol{w} \cdot \boldsymbol{e}_i$, 根据 (2) 和 (17) 有

$$w_{q_i} = \frac{\mathrm{d}\boldsymbol{v}}{\mathrm{d}t} \cdot \boldsymbol{e}_i = \frac{1}{H_i}\left(\frac{\mathrm{d}\boldsymbol{v}}{\mathrm{d}t} \cdot \frac{\partial \boldsymbol{r}}{\partial q_i}\right) = \frac{1}{H_i}\left[\frac{\mathrm{d}}{\mathrm{d}t}\left(\boldsymbol{v} \cdot \frac{\partial \boldsymbol{r}}{\partial q_i}\right) - \boldsymbol{v} \cdot \frac{\mathrm{d}}{\mathrm{d}t}\left(\frac{\partial \boldsymbol{r}}{\partial q_i}\right)\right]. \tag{20}$$

进一步有

$$\frac{\mathrm{d}}{\mathrm{d}t}\left(\frac{\partial \boldsymbol{r}}{\partial q_i}\right) = \frac{\partial^2 \boldsymbol{r}}{\partial q_i \partial q_1}\dot{q}_1 + \frac{\partial^2 \boldsymbol{r}}{\partial q_i \partial q_2}\dot{q}_2 + \frac{\partial^2 \boldsymbol{r}}{\partial q_i \partial q_3}\dot{q}_3, \tag{21}$$

再由 (18) 可得

$$\frac{\partial \boldsymbol{v}}{\partial q_i} = \frac{\partial^2 \boldsymbol{r}}{\partial q_1 \partial q_i}\dot{q}_1 + \frac{\partial^2 \boldsymbol{r}}{\partial q_2 \partial q_i}\dot{q}_2 + \frac{\partial^2 \boldsymbol{r}}{\partial q_3 \partial q_i}\dot{q}_3. \tag{22}$$

因为 $\boldsymbol{r}$ 是关于 q_1, q_2, q_3 的二阶连续可微函数, 可以交换对 $q_k (k = 1, 2, 3)$ 和 q_i 的微分顺序, 于是由 (21) 和 (22) 得

$$\frac{\mathrm{d}}{\mathrm{d}t}\left(\frac{\partial \boldsymbol{r}}{\partial q_i}\right) = \frac{\partial \boldsymbol{v}}{\partial q_i}. \tag{23}$$

此外, 由 (18) 还可以得到

$$\frac{\partial \boldsymbol{r}}{\partial q_i} = \frac{\partial \boldsymbol{v}}{\partial \dot{q}_i}. \tag{24}$$

利用 (23) 和 (24), 等式 (20) 可以写成[①]

$$w_{q_i} = \frac{1}{H_i}\left[\frac{\mathrm{d}}{\mathrm{d}t}\left(\boldsymbol{v}\cdot\frac{\partial \boldsymbol{v}}{\partial \dot{q}_i}\right) - \boldsymbol{v}\cdot\frac{\partial \boldsymbol{v}}{\partial q_i}\right].$$

如果引入 $T = v^2/2$, 则 w_{q_i} 的表达式最终可以写成:

$$w_{q_i} = \frac{1}{H_i}\left(\frac{\mathrm{d}}{\mathrm{d}t}\frac{\partial T}{\partial \dot{q}_i} - \frac{\partial T}{\partial q_i}\right) \qquad (i = 1, 2, 3). \tag{25}$$

例 1 求一点的速度和加速度的柱坐标和球坐标表达式. 对柱坐标情况 (图 8), 设 $q_1 = r, q_2 = \varphi, q_3 = z$, 则

$$x = r\cos\varphi, \quad y = r\sin\varphi, \quad z = z; \qquad H_r = 1, \quad H_\varphi = r, \quad H_z = 1;$$

$$v_r = \dot{r}, \quad v_\varphi = r\dot{\varphi}, \quad v_z = \dot{z}; \tag{26}$$

$$T = \frac{1}{2}(\dot{r}^2 + r^2\dot{\varphi}^2 + \dot{z}^2); \tag{27}$$

$$w_r = \ddot{r} - r\dot{\varphi}^2, \quad w_\varphi = r\ddot{\varphi} + 2\dot{r}\dot{\varphi}, \quad w_z = \ddot{z}. \tag{28}$$

对球坐标情况 (图 9), 设 $q_1 = r, q_2 = \varphi, q_3 = \theta$, 则

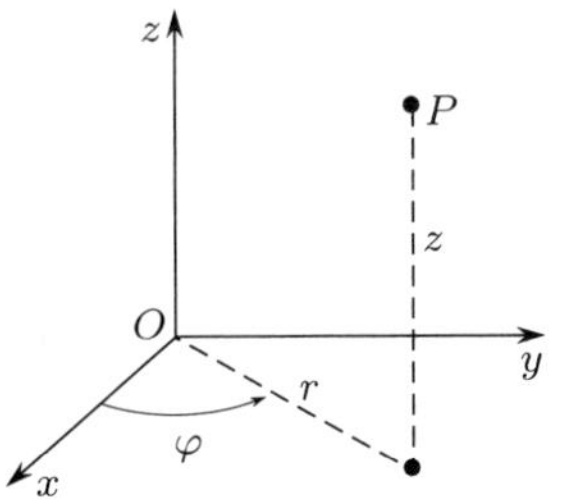

图 8

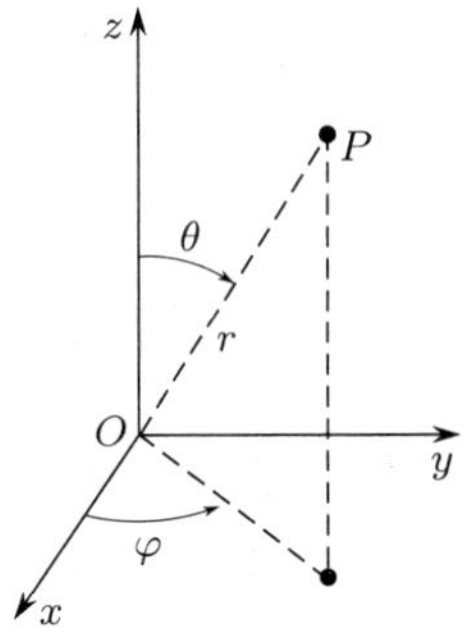

图 9

$$x = r\sin\theta\cos\varphi, \quad y = r\sin\theta\sin\varphi, \quad z = r\cos\theta; \quad H_r = 1, \quad H_\varphi = r\sin\theta, \quad H_\theta = r;$$

$$v_r = \dot{r}, \quad v_\varphi = r\sin\theta\dot{\varphi}, \quad v_\theta = r\dot{\theta}; \tag{29}$$

$$T = \frac{1}{2}(\dot{r}^2 + r^2\sin^2\theta\dot{\varphi}^2 + r^2\dot{\theta}^2); \tag{30}$$

$$w_r = \ddot{r} - r\sin^2\theta\dot{\varphi}^2 - r\dot{\theta}^2, \quad w_\varphi = r\sin\theta\ddot{\varphi} + 2\sin\theta\dot{r}\dot{\varphi} + 2r\cos\theta\dot{\varphi}\dot{\theta}, \tag{31}$$

$$w_\theta = r\ddot{\theta} + 2\dot{r}\dot{\theta} - r\sin\theta\cos\theta\dot{\varphi}^2.$$ [②]

① 译者注: 原文这个公式有误, 译者做了更正.

② 译者注: 原文这个公式有误, 译者做了更正.

例 2 设一点沿着半径为a的球面等速运动, 运动起始位置在赤道上, 速度$\boldsymbol{v}$的方向与球的经线夹角α保持常数, 求点的轨迹 (斜驶线) 方程, 以及点到达球极点的时刻τ.

一点在球面上的位置可以由坐标φ, θ (图 9) 确定. 由公式 (29) 得

$$v_\varphi = a\sin\theta\dot{\varphi}, \quad v_\theta = a\dot{\theta}.$$

不失一般性, 假设点的运动起点在Ox轴上 (即当$t=0$时$\varphi=0$, $\theta=\pi/2$), 在运动过程中角θ从$\pi/2$减少到0, 而$\dot{\varphi}>0$.

因为速度$\boldsymbol{v}$与经线$\varphi=\mathrm{const}$的夹角为α, 故$\tan\alpha=-v_\theta/v_\varphi$, 由此可得

$$\frac{\mathrm{d}\theta}{\mathrm{d}\varphi} = -\cot\alpha\sin\theta.$$

考虑到前面提到的初始条件, 将该方程积分可得斜驶线方程如下

$$\tan\frac{\theta}{2} = \mathrm{e}^{-\cot\alpha\varphi}.$$

由于$\theta=0$时$\varphi=\infty$, 斜驶线在极点附近形成螺旋的无限集合. 但是斜驶线的总弧长是有限的, 我们可以求出这个弧长

$$\mathrm{d}s = a\sqrt{(\mathrm{d}\theta)^2+\sin^2\theta(\mathrm{d}\varphi)^2} = -a\mathrm{d}\theta\sqrt{1+\tan^2\alpha} = -\frac{a\mathrm{d}\theta}{\cos\alpha}.$$

因为斜驶线总弧长l相应于θ从$\pi/2$变化到0, 故$l=\dfrac{\pi a}{2\cos\alpha}$. 由于点的运动是等速的, 运动时间$\tau$等于$\dfrac{\pi a}{2v\cos\alpha}$.

§3. 质点系运动学一般基础

10. 自由质点系与非自由质点系 · 约束 我们来研究质点系 $P_\nu(\nu=1,2,\cdots,N)$ 相对于固定笛卡儿直角坐标系的运动, 系统的状态由系统内点的向径 $\boldsymbol{r}_\nu$ 和速度 $\boldsymbol{v}_\nu$ 确定. 系统运动时其各点的位置和速度经常不能是任意的, 对向径 $\boldsymbol{r}_\nu$ 和速度 $\boldsymbol{v}_\nu$ 的限制不因受力而改变, 称为约束. 如果系统不受约束, 则系统称为自由的. 当存在一个或多个约束时系统称为非自由的.

例 1 质点可以沿着过坐标原点的给定平面运动. 如果笛卡儿坐标系统的 Oz 轴垂直于该平面, 则 $z=0$ 是约束方程.

例 2 质点沿着以原点为中心半径为 $R=f(t)$ 的球面运动. 如果 x,y,z 是运动点的坐标, 则约束方程为 $x^2+y^2+z^2-f^2(t)=0$.

例 3 2 个质点 P_1 和 P_2 用长为 l 的不可伸长的绳相连, 约束用关系式 $l^2-(\boldsymbol{r}_1-\boldsymbol{r}_2)^2\geqslant 0$ 给出.

例 4 质点在空间中运动并保持在第一象限内或边界上, 约束用不等式 $x\geqslant 0$, $y\geqslant 0, z\geqslant 0$ 给出.

例 5(冰刀的运动) 设冰刀沿着水平冰面运动. 冰刀以细杆为模型, 在运动过程中杆上一个点 C (见图 10) 的速度始终沿着杆. 如果 Oz 轴竖直向上, x, y, z 是 C 的坐标, 而 φ 是杆与 Ox 轴的夹角, 则约束由 2 个方程 $z = 0, \dot{y} = \dot{x}\tan\varphi$ 给出.

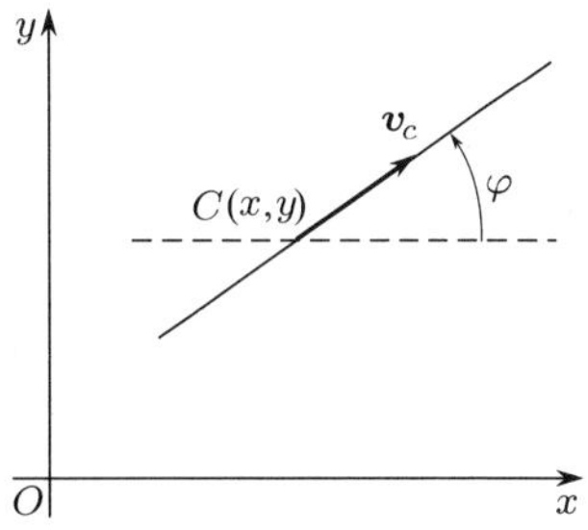

图 10

一般情况下约束用关系式 $f(\boldsymbol{r}_\nu, \boldsymbol{v}_\nu, t)$ 给出①. 如果这个关系式中只有等号成立, 则约束称为双面的. 在上面的例 1、例 2、例 5 中, 约束是双面的. 如果这个关系式中等号和严格不等号都可以实现, 则称约束是单面的. 在上面的例 3、例 4 中约束是单面的. 下面我们不再研究有单面约束的系统.

如果约束方程可以写成不含点的速度分量的形式 $f(\boldsymbol{r}_\nu, t) = 0$, 则称该约束为几何 (有限、完整) 约束. 上面的例 1、例 2 是几何约束. 如果约束方程中包括速度 $\boldsymbol{v}_\nu$ 的分量, 即 $f(\boldsymbol{r}_\nu, \boldsymbol{v}_\nu, t) = 0$, 则约束称为微分 (运动) 约束. 如果微分约束 $f(\boldsymbol{r}_\nu, \boldsymbol{v}_\nu, t) = 0$ 可以写成质点坐标与时间的函数 (就像几何约束情况), 则该微分约束称为可积的. 不可积的微分约束也称为非完整约束.

注释 1 例 5 中的微分约束 $\dot{y} = \dot{x}\tan\varphi$ 是不可积的, 下面给出证明. 假设不然, 即 x, y, φ 满足关系式 $f(x, y, \varphi, t) = 0$, 设 x, y, φ 相对应于冰刀的真实运动, 求 f 对时间的全导数

$$\dot{f} = \frac{\partial f}{\partial x}\dot{x} + \frac{\partial f}{\partial y}\dot{y} + \frac{\partial f}{\partial \varphi}\dot{\varphi} + \frac{\partial f}{\partial t} \equiv 0,$$

利用约束方程, $\dot{f}$ 可以写成

$$\dot{f} = \left(\frac{\partial f}{\partial x} + \tan\varphi\frac{\partial f}{\partial y}\right)\dot{x} + \frac{\partial f}{\partial \varphi}\dot{\varphi} + \frac{\partial f}{\partial t} \equiv 0.$$

由于 $\dot{x}, \dot{\varphi}$ 是独立的, 故

$$\frac{\partial f}{\partial x} + \tan\varphi\frac{\partial f}{\partial y} = 0, \quad \frac{\partial f}{\partial \varphi} = 0, \quad \frac{\partial f}{\partial t} = 0.$$

再根据角度 φ 的任意性, 函数 f 对其所有变量的偏导数都等于零, 即 f 不依赖于 x, y, φ, t, 因此, 假设约束 $\dot{y} = \dot{x}\tan\varphi$ 可积是不正确的.

这个例子中的约束不可积可以不通过上面的计算证明, 而仅从简单的几何意义上推得. 首先, 由约束方程可知, 在约束可积情况下, 其等价的几何约束方程中不应该显含时间 t, 但应该显含角 φ, 即等价几何约束可以写成 $f(x, y, \varphi) = 0$, 其中函数 f 当 x, y 取任意固定值时都不应该恒等于零. 其次, 因为 C 点的速度沿着冰刀, 冰刀运动时, C 点沿着中心位于冰刀垂线上的圆弧运动, 这样才不会破坏约束 $\dot{y} = \dot{x}\tan\varphi$. 设冰刀初始位置为 $x = x_0, y = y_0, \varphi = \varphi_0$, 末位置为 $x = x_1, y = y_1, \varphi = \varphi_1$, 如果约束可积并写成 $f(x, y, \varphi) = 0$, 由于约束在冰刀处于任意位置时都必须满足, 故有

①为了简便, 我们用 $f(\boldsymbol{r}_\nu, \boldsymbol{v}_\nu, t)$ 表示 $f(r_1, \cdots, r_N, v_1, \cdots, v_N, t)$. 函数 f 一般有 $6N+1$ 个自变量: $3N$ 个坐标 x_ν, y_ν, z_ν, 速度的 $3N$ 个投影 $\dot{x}_\nu, \dot{y}_\nu, \dot{z}_\nu$ 和时间 t. 假设 f 是二阶连续可微的.

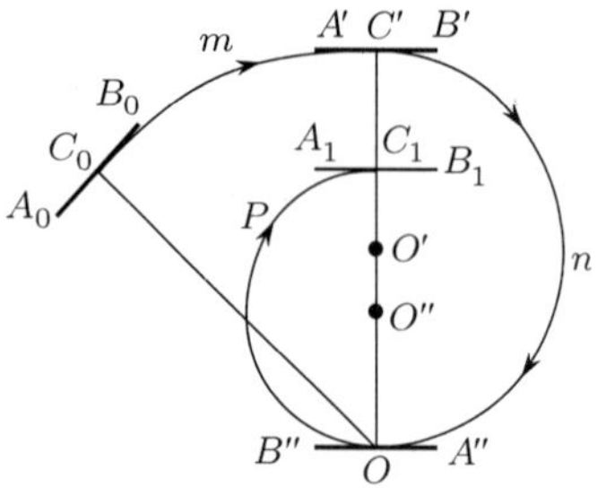

图 11

$f(x_0,y_0,\varphi_0)=0$ 和 $f(x_1,y_1,\varphi_1)=0$. 在图 11 给出了冰刀从初始位置到末位置过程中点 C 的诸多可能轨迹之一. 图中, $OC_0\perp A_0B_0$, $OC'\perp A'B'$, $OC_1\perp A_1B_1$, $O''O\perp A''B''$, $O'C'=O'O$, $O''C_1=O''O$. 冰刀从初始位置到末位置的运动中, 点 C (在图 11 中用 C_0,C',O,C_1 表示其不同位置) 先沿着以 O 为圆心的弧段 C_0mC' 运动, 然后沿着以 O' 为圆心的弧段 $C'nO$ 运动, 最后沿着以 O'' 为圆心的弧段 OPC_1 运动. 如果固定 C 点的末位置 x_1,y_1, 而末角度 φ_1 在某个区间内变化, 则在该区间内有 $f(x_1,y_1,\varphi_1)\equiv 0$. 但是, 前面已指出, 函数 f 当 x,y 取任意固定值时都不应该恒等于零. 这个矛盾表明约束是不可积的.

如果质点系没有不可积的微分约束, 则称为完整的. 如果质点系的约束中有不可积的微分约束, 则称该质点系为非完整的.

今后在研究非完整质点系的运动时, 我们假设相应的微分约束对于速度分量 $\dot{x}_\nu,\dot{y}_\nu,\dot{z}_\nu$ 是线性的. 系统的几何约束和微分约束都可以有多个, 因此, 今后我们将研究自由质点系或者有如下形式约束的非自由质点系

$$f_\alpha(\boldsymbol{r}_\nu,t)=0\quad(\alpha=1,2,\cdots,r),\tag{1}$$

$$\sum_{\nu=1}^{N}\boldsymbol{a}_{\beta\nu}\cdot\boldsymbol{v}_\nu+a_\beta=0\quad(\beta=1,2,\cdots,s).\tag{2}$$

向量 $\boldsymbol{a}_{\beta\nu}$ 和标量 a_β 是 $\boldsymbol{r}_1,\boldsymbol{r}_2,\cdots,\boldsymbol{r}_N,t$ 的给定函数. 特殊情况下 r 和 s 可以等于零.

如果在方程 (1) 中不显含 t, 则几何约束称为定常的. 如果在方程 (2) 中函数 $\boldsymbol{a}_{\beta\nu}$ 不显含 t, 而函数 a_β 恒等于零, 则微分约束称为定常的. 如果系统是自由的或者只有定常约束, 则称系统为定常的. 如果系统的约束中至少有一个非定常的, 则称系统为非定常的.

注释 2 例 1 中的约束是完整定常的, 例 2 中的约束是完整非定常的, 例 5 中系统的约束是非完整定常的.

11. 约束对质点系的位置、位移、速度和加速度的限制 非自由系统的质点不能在空间中任意运动, 约束允许的坐标、速度和加速度应该满足由约束方程 (1) 和 (2) 导出的某些关系式.

设给定某个时刻 $t=t^*$, 如果构成系统的各点的向径 $\boldsymbol{r}_\nu=\boldsymbol{r}_\nu^*$ 满足几何约束 (1), 则称在该给定时刻系统处于可能位置.

约束也限制系统中点的速度. 为了得到这些限制的解析形式, 将 (1) 的两边对时间求导, 求导时认为 $\boldsymbol{r}_\nu$ 是时间的函数, 于是得到由几何约束 (1) 导出的如下微分

约束:

$$\sum_{\nu=1}^{N}\frac{\partial f_\alpha}{\partial \boldsymbol{r}_\nu}\cdot\boldsymbol{v}_\nu+\frac{\partial f_\alpha}{\partial t}=0\quad(\alpha=1,2,\cdots,r).\tag{3}$$

当系统在给定时刻处于可能位置时, 满足线性方程 (2) 和 (3) 的向量 $\boldsymbol{v}_\nu=\boldsymbol{v}_\nu^*$ 集合称为该时刻的可能速度.

为了得到约束限制系统各点加速度的解析表达式, 将 (2) 和 (3) 对时间求导, 得①

$$\sum_{\nu=1}^{N}\frac{\partial f_\alpha}{\partial \boldsymbol{r}_\nu}\cdot\boldsymbol{w}_\nu+\sum_{\nu,\mu=1}^{N}\frac{\partial^2 f_\alpha}{\partial \boldsymbol{r}_\nu\partial \boldsymbol{r}_\mu}\boldsymbol{v}_\mu\cdot\boldsymbol{v}_\nu+2\sum_{\nu=1}^{N}\frac{\partial^2 f_\alpha}{\partial t\partial \boldsymbol{r}_\nu}\cdot\boldsymbol{v}_\nu+\frac{\partial^2 f_\alpha}{\partial t^2}=0\quad(\alpha=1,2,\cdots,r),\tag{4}$$

$$\sum_{\nu=1}^{N}\boldsymbol{a}_{\beta\nu}\cdot\boldsymbol{w}_\nu+\sum_{\nu,\mu=1}^{N}\frac{\partial \boldsymbol{a}_{\beta\nu}}{\partial \boldsymbol{r}_\mu}\boldsymbol{v}_\mu\cdot\boldsymbol{v}_\nu+\sum_{\nu=1}^{N}\frac{\partial \boldsymbol{a}_{\beta\nu}}{\partial t}\cdot\boldsymbol{v}_\nu+\sum_{\nu=1}^{N}\frac{\partial a_\beta}{\partial \boldsymbol{r}_\nu}\cdot\boldsymbol{v}_\nu+\frac{\partial a_\beta}{\partial t}=0\quad(\beta=1,2,\cdots,s).\tag{5}$$

当系统在给定时刻处于可能位置、具有可能速度时, 满足线性方程 (4) 和 (5) 的向量 $\boldsymbol{w}_\nu=\boldsymbol{w}_\nu^*$ 集合称为该时刻的可能加速度.

我们可以发现, $3N-r-s$ 应该是正数, 否则约束的限制过强, 使得系统不可能运动或者不可能完全按照给定规律运动, 因此, 确定可能速度和可能加速度分量的线性方程数目小于这些分量数目. 由此可知, 在给定时刻存在无穷多个可能速度 $\boldsymbol{v}_\nu^*$ 和可能加速度 $\boldsymbol{w}_\nu^*$.

设在给定时刻 $t=t^*$ 系统处于向径 $\boldsymbol{r}_\nu=\boldsymbol{r}_\nu^*$ 确定的某个位置, 并具有可能速度 $\boldsymbol{v}_\nu^*$ 和可能加速度 $\boldsymbol{w}_\nu^*$, 在 $t=t^*+\Delta t$ 时刻系统相应的可能位置为 $\boldsymbol{r}_\nu^*+\Delta\boldsymbol{r}_\nu$, 则 $\Delta\boldsymbol{r}_\nu$ 称为系统从时刻 $t=t^*$ 的给定位置 $\boldsymbol{r}_\nu^*$ 在 Δt 时间内的可能位移. 对于充分小的 Δt 系统可能位移可以②写成:

$$\Delta\boldsymbol{r}_\nu=\boldsymbol{v}_\nu^*\Delta t+\frac{1}{2}\boldsymbol{w}_\nu^*(\Delta t)^2+\cdots\quad(\nu=1,2,\cdots,N).\tag{6}$$

这里没有写出高于 Δt 的二次方的项, 因为可能速度和可能加速度有无穷多个, 可能位置也有无穷多个.

忽略 (6) 中高于 Δt 的项, 有 $\Delta\boldsymbol{r}_\nu=\boldsymbol{v}_\nu^*\Delta t$. 如果将可能速度满足的方程 (2) 和 (3) 乘以 Δt, 则得到可能位移满足的相对 Δt 线性的方程组:

$$\sum_{\nu=1}^{N}\frac{\partial f_\alpha}{\partial \boldsymbol{r}_\nu}\cdot\Delta\boldsymbol{r}_\nu+\frac{\partial f_\alpha}{\partial t}\Delta t=0\quad(\alpha=1,2,\cdots,r),\tag{7}$$

$$\sum_{\nu=1}^{N}\boldsymbol{a}_{\beta\nu}\cdot\Delta\boldsymbol{r}_\nu+a_\beta\Delta t=0\quad(\beta=1,2,\cdots,s).\tag{8}$$

①在推导等式 (3)–(5) 时, 假设函数 $f_\alpha, \boldsymbol{a}_{\beta\nu}$ 和 a_β 的相应导数都存在且连续.
②仅需函数 $\boldsymbol{r}_\nu(t)$ 有三阶以上连续导数.

在 (8) 中的函数 $\boldsymbol{a}_{\beta\nu}, a_\beta$ 以及在 (7) 中的偏导数都是在 $t=t^*, \boldsymbol{r}_\nu=\boldsymbol{r}_\nu^*$ 计算的.

例 1 点 P 沿着固定曲面运动 (图12), 在这种情况下, 曲面在点 P 的切平面内过点 P 的任意向量都是可能速度 $\boldsymbol{v}_\nu^*$. 如果忽略 (6) 中高于 Δt 的项, 则有 $\Delta\boldsymbol{r}_\nu=\boldsymbol{v}_\nu^*\Delta t$. 切平面内从点 P 出发的任意向量都是可能位移, 如果曲面方程为 $f(\boldsymbol{r})=0$, 则所有可能位移垂直于曲面的法线, 即 $\Delta\boldsymbol{r}\cdot\operatorname{grad}f=0$.

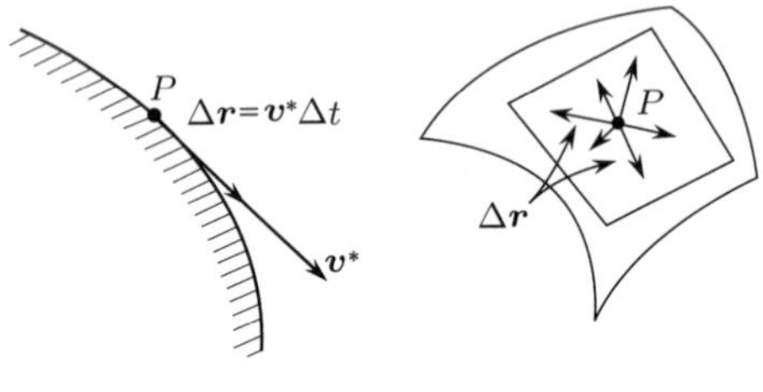

图 12

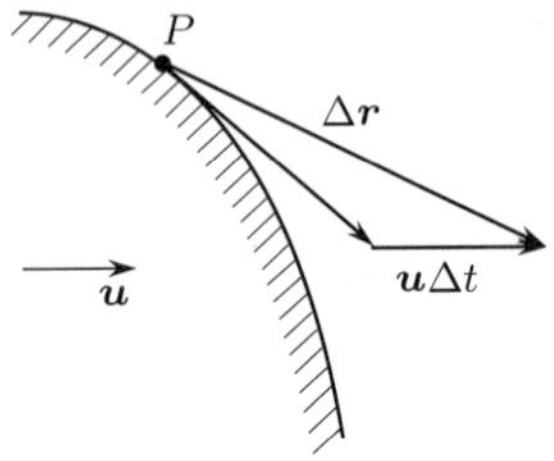

图 13

例 2 点 P 沿着运动或者变形的曲面运动, 曲面上所有点的速度均为 $\boldsymbol{u}$[①] (图13). 在这种情况下, 可能速度不再位于切平面内, 可能位移还是有无穷多个. 如果忽略 $(\Delta t)^2$ 和更高次的项, 则所有可能位移都要在上一个例子的可能位移上附加 $\Delta\boldsymbol{u}\Delta t$. 在这种情况下关系式 $\Delta\boldsymbol{r}\cdot\operatorname{grad}f=0$ 不再对任意 $\Delta\boldsymbol{r}$ 成立.

12. 真实位移与虚位移 · 等时变分 设在时刻 $t=t^*$ 系统处于向径 $\boldsymbol{r}_{\nu0}^*$ 确定的某个位置, 各点的速度取某个具体的可能值 $\boldsymbol{v}_{\nu0}^*$. 如果给定作用在系统上的力, 则积分其系统运动微分方程可以得到 t^* 时刻之后 t 时刻对应的向径 $\boldsymbol{r}_\nu$. 如果用 $\mathrm{d}t$ 表示时间增量 $t-t^*$, 则向径增量写成

$$\boldsymbol{r}_\nu(t^*+\mathrm{d}t)-\boldsymbol{r}_\nu(t^*)=\boldsymbol{v}_{\nu0}^*\mathrm{d}t+\frac{1}{2}\boldsymbol{w}_{\nu0}^*(\mathrm{d}t)^2+\cdots, \tag{9}$$

这里 $\boldsymbol{w}_{\nu0}^*$ 是 $t=t^*$ 时刻的加速度, 省略号表示高于 $\mathrm{d}t$ 二次的项. 公式 (9) 给出了 $\mathrm{d}t$ 时间内系统的真实位移, 真实位移是可能位移中的一个. 如果忽略 $(\mathrm{d}t)^2$ 和更高次的项, 真实位移是函数 $\boldsymbol{r}_\nu(t)$ 的微分, 即 $\boldsymbol{r}_\nu(t^*+\mathrm{d}t)-\boldsymbol{r}_\nu(t^*)=\mathrm{d}\boldsymbol{r}_\nu=\boldsymbol{v}_{\nu0}^*\mathrm{d}t$. 这时真实位移满足类似 (7) 和 (8) 的方程组:

$$\sum_{\nu=1}^N\frac{\partial f_\alpha}{\partial\boldsymbol{r}_\nu}\cdot\mathrm{d}\boldsymbol{r}_\nu+\frac{\partial f_\alpha}{\partial t}\mathrm{d}t=0 \quad (\alpha=1,2,\cdots,r), \tag{10}$$

$$\sum_{\nu=1}^N\boldsymbol{a}_{\beta\nu}\cdot\mathrm{d}\boldsymbol{r}_\nu+a_\beta\mathrm{d}t=0 \quad (\beta=1,2,\cdots,s). \tag{11}$$

在方程 (3) 和 (2) 的两边乘以 $\mathrm{d}t$ 就可以得到方程 (10) 和 (11). 在 (10) 和 (11) 中的 $\partial f_\alpha/\partial\boldsymbol{r}_\nu, \partial f_\alpha/\partial t, \boldsymbol{a}_{\beta\nu}, a_\beta$ 都是在 $t=t^*, \boldsymbol{r}_\nu=\boldsymbol{r}_{\nu0}^*$ 计算的. 今后我们就将系统各点在

① 例如, 曲面不变形并以速度 $\boldsymbol{u}$ 平动 (参见第 22 小节).

$\mathrm{d}t$ 时间内的真实位移理解为无穷小位移, 与 $\mathrm{d}t$ 呈线性关系, 它们满足方程组 (10) 和 (11).

除了真实位移以外, 在理论力学中虚位移也有重要意义. 设在时刻 $t = t^*$ 系统处于向径 $\boldsymbol{r}_\nu^*$ 确定的某个位置, 虚位移是指满足下面线性齐次方程组的 $\delta \boldsymbol{r}_\nu$ 集合:

$$\sum_{\nu=1}^{N} \frac{\partial f_\alpha}{\partial \boldsymbol{r}_\nu} \cdot \delta \boldsymbol{r}_\nu = 0 \quad (\alpha = 1, 2, \cdots, r), \tag{12}$$

$$\sum_{\nu=1}^{N} \boldsymbol{a}_{\beta\nu} \cdot \delta \boldsymbol{r}_\nu = 0 \quad (\beta = 1, 2, \cdots, s), \tag{13}$$

这里 $\partial f_\alpha / \partial \boldsymbol{r}_\nu, \boldsymbol{a}_{\beta\nu}$ 都是在 $t = t^*, \boldsymbol{r}_\nu = \boldsymbol{r}_\nu^*$ 计算的.

下面详细介绍虚位移的概念. 设 $\delta \boldsymbol{r}_\nu$ 的分量为 $\delta x_\nu, \delta y_\nu, \delta z_\nu$, 因为未知数 δx_ν, $\delta y_\nu, \delta z_\nu (\nu = 1, 2, \cdots, N)$ 的数目大于它们必须满足的方程组 (12), (13) 的个数, 所以虚位移有无穷多个. 由方程组 (10), (11) 和 (12), (13) 可知, 对于定常系统真实位移是虚位移中的一个.

设 $\delta x_\nu, \delta y_\nu, \delta z_\nu$ 是无穷小量, 由方程组 (7), (8) 和 (12), (13) 可知, 对于定常系统, 与 Δt 呈线性关系的可能位移的集合与虚位移集合完全相同, 可以说, 虚位移是在约束"冻结" ($t = t^* = \text{const}$) 情况下的可能位移.

注释 3 *在第 11 小节的例 1 和例 2 中, 虚位移集合是相同的, 都是位于曲面过点 P 的切平面内, 且经过点 P 的向量 $\delta \boldsymbol{r}$.*

无穷小增量 $\delta x_\nu, \delta y_\nu, \delta z_\nu$ 称为 x_ν, y_ν, z_ν 的变分. 在 $t = t^*$ 固定时, 从向径 $\boldsymbol{r}_\nu^*$ 确定的位置, 变化到无限接近的由向径 $\boldsymbol{r}_\nu^* + \delta \boldsymbol{r}_\nu$ 确定的位置, 称为等时变分. 在等时变分中我们不考查系统的运动过程, 而是比较系统在给定时刻约束允许的无限接近的位置 (构形).

现在我们研究 2 个在相同 Δt 内的可能位移. 根据 (6),

$$\Delta_1 \boldsymbol{r}_\nu = \boldsymbol{v}_{\nu 1}^* \Delta t + \frac{1}{2} \boldsymbol{w}_{\nu 1}^* (\Delta t)^2 + \cdots,$$

$$\Delta_2 \boldsymbol{r}_\nu = \boldsymbol{v}_{\nu 2}^* \Delta t + \frac{1}{2} \boldsymbol{w}_{\nu 2}^* (\Delta t)^2 + \cdots.$$

可能速度 $\boldsymbol{v}_{\nu i}^*$ 和可能加速度 $\boldsymbol{w}_{\nu i}^*$ $(i = 1, 2)$ 满足方程 (2)–(5). 将 $t = t^*$, $\boldsymbol{r}_\nu = \boldsymbol{r}_\nu^*$, $\boldsymbol{v}_\nu = \boldsymbol{v}_{\nu 1}^*$ 代入方程 (3) 并在两边同时乘以 Δt, 然后将 $t = t^*, \boldsymbol{r}_\nu = \boldsymbol{r}_\nu^*, \boldsymbol{v}_\nu = \boldsymbol{v}_{\nu 2}^*$ 代入方程 (3) 并在两边同时乘以 Δt, 将得到的 2 个方程相减, 得

$$\sum_{\nu=1}^{N} \frac{\partial f_\alpha}{\partial \boldsymbol{r}_\nu} \cdot (\boldsymbol{v}_{\nu 1}^* - \boldsymbol{v}_{\nu 2}^*) \Delta t = 0 \quad (\alpha = 1, 2, \cdots, r). \tag{14}$$

类似地, 由方程 (2) 可得

$$\sum_{\nu=1}^{N} \boldsymbol{a}_{\beta\nu} \cdot (\boldsymbol{v}_{\nu 1}^* - \boldsymbol{v}_{\nu 2}^*) \Delta t = 0 \quad (\beta = 1, 2, \cdots, s). \tag{15}$$

利用相同的过程处理方程 (4) 和 (5) (只是要代入 $\boldsymbol{w}_\nu = \boldsymbol{w}_{\nu i}^*\quad (i=1,2)$, 并乘以 $\frac{1}{2}(\Delta t)^2$), 可以得到

$$\begin{aligned}&\sum_{\nu=1}^{N}\frac{\partial f_\alpha}{\partial \boldsymbol{r}_\nu}\cdot(\boldsymbol{w}_{\nu1}^*-\boldsymbol{w}_{\nu2}^*)\frac{(\Delta t)^2}{2}\\&\quad+\sum_{\nu,\mu=1}^{N}\left[\left(\frac{\partial^2 f_\alpha}{\partial \boldsymbol{r}_\nu\partial \boldsymbol{r}_\mu}\boldsymbol{v}_{\mu1}^*\right)\cdot\boldsymbol{v}_{\nu1}^*-\left(\frac{\partial^2 f_\alpha}{\partial \boldsymbol{r}_\nu\partial \boldsymbol{r}_\mu}\boldsymbol{v}_{\mu2}^*\right)\cdot\boldsymbol{v}_{\nu2}^*\right]\frac{(\Delta t)^2}{2}\\&\quad+2\sum_{\nu=1}^{N}\frac{\partial^2 f_\alpha}{\partial t\partial \boldsymbol{r}_\nu}\cdot(\boldsymbol{v}_{\nu1}^*-\boldsymbol{v}_{\nu2}^*)\frac{(\Delta t)^2}{2}=0,\end{aligned}\tag{16}$$

$$\begin{aligned}&\sum_{\nu=1}^{N}\boldsymbol{a}_{\beta\nu}\cdot(\boldsymbol{w}_{\nu1}^*-\boldsymbol{w}_{\nu2}^*)\frac{(\Delta t)^2}{2}+\sum_{\nu,\mu=1}^{N}\left[\left(\frac{\partial \boldsymbol{a}_{\beta\nu}}{\partial \boldsymbol{r}_\mu}\boldsymbol{v}_{\mu1}^*\right)\cdot\boldsymbol{v}_{\nu1}^*-\left(\frac{\partial \boldsymbol{a}_{\beta\nu}}{\partial \boldsymbol{r}_\mu}\boldsymbol{v}_{\mu2}^*\right)\cdot\boldsymbol{v}_{\nu2}^*\right]\frac{(\Delta t)^2}{2}\\&+\sum_{\nu=1}^{N}\frac{\partial \boldsymbol{a}_{\beta\nu}}{\partial t}\cdot(\boldsymbol{v}_{\nu1}^*-\boldsymbol{v}_{\nu2}^*)\frac{(\Delta t)^2}{2}+\sum_{\nu=1}^{N}\frac{\partial a_\beta}{\partial \boldsymbol{r}_\nu}\cdot(\boldsymbol{v}_{\nu1}^*-\boldsymbol{v}_{\nu2}^*)\frac{(\Delta t)^2}{2}=0\\&\qquad(\alpha=1,2,\cdots,r;\quad\beta=1,2,\cdots,s).\end{aligned}\tag{17}$$

将 2 组可能位移相减得

$$\Delta_1\boldsymbol{r}_\nu-\Delta_2\boldsymbol{r}_\nu=(\boldsymbol{v}_{\nu1}^*-\boldsymbol{v}_{\nu2}^*)\Delta t+(\boldsymbol{w}_{\nu1}^*-\boldsymbol{w}_{\nu2}^*)\frac{(\Delta t)^2}{2}+\cdots.\tag{18}$$

如果 $\delta\boldsymbol{v}_\nu=\boldsymbol{v}_{\nu1}^*-\boldsymbol{v}_{\nu2}^*\neq 0$, 则 (18) 中的主要部分是 Δt 的线性项, 它等于 $\delta\boldsymbol{v}_\nu\Delta t$, 并且根据 (14) 和 (15) 知, 它满足方程组 (12) 和 (13), 即

$$\delta\boldsymbol{r}_\nu=\delta\boldsymbol{v}_\nu\Delta t\quad(\nu=1,2,\cdots,N)\tag{19}$$

是虚位移. 在 $\boldsymbol{v}_{\nu1}^*\neq\boldsymbol{v}_{\nu2}^*$ 的假设下, 等时变分 (19) 称为若尔当变分. 如果 $\boldsymbol{v}_{\nu1}^*=\boldsymbol{v}_{\nu2}^*$, 但 $\delta\boldsymbol{w}_\nu=\boldsymbol{w}_{\nu1}^*-\boldsymbol{w}_{\nu2}^*\neq 0$, 则 (18) 中的主要部分等于 $\delta\boldsymbol{w}_\nu\frac{(\Delta t)^2}{2}$. 当 $\boldsymbol{v}_{\nu1}^*=\boldsymbol{v}_{\nu2}^*$ 时, 公式 (16) 和 (17) 除了第 1 项以外的所有求和项都等于零. 根据 (16), (17) 和 (12), (13) 可知, (18) 中的主要部分为虚位移

$$\delta\boldsymbol{r}_\nu=\frac{1}{2}\delta\boldsymbol{w}_\nu(\Delta t)^2\quad(\nu=1,2,\cdots,N).\tag{20}$$

在 $\boldsymbol{v}_{\nu1}^*=\boldsymbol{v}_{\nu2}^*$, 但 $\boldsymbol{w}_{\nu1}^*\neq\boldsymbol{w}_{\nu2}^*$ 的假设下, 这个等时变分称为高斯变分.

13. 自由度 虚位移 $\delta x_\nu, \delta y_\nu, \delta z_\nu (\nu = 1, 2, \cdots, N)$ 满足 $r+s$ 个方程 (12), (13). 独立的虚位移数目称为系统的自由度, 今后我们总是用 n 表示自由度. 显然, $n = 3N - r - s$.

例 1 1 个质点在空间中运动有 3 个自由度.

例 2 2 个质点用杆连接在平面上运动有 3 个自由度.

例 3 冰刀 (在第 10 小节中例 5)有 2 个自由度.

例 4 沿着固定或运动曲面运动的质点有 2 个自由度.

例 5 2 个杆用柱铰链相连在平面内运动 (剪刀) 有 4 个自由度.

14. 广义坐标 我们研究有约束 (1), (2) 的非自由质点系. 假设 r 个关于 $3N$ 个变量 $x_\nu, y_\nu, z_\nu (\nu = 1, 2, \cdots, N)$ 的函数 f_α 是相互独立的 (这里时间 t 看作参数), 反之, 约束中一定有 1 个是与其它矛盾的或者可以从其它得到的.

确定系统可能位置的参数的最小数目称为独立广义坐标数, 因为函数 f_α $(\alpha = 1, 2, \cdots, r)$ 是相互独立的, 广义坐标数(用 m 表示) 等于 $3N - r$. 广义坐标可以从 $3N$ 个笛卡儿坐标 x_ν, y_ν, z_ν 中选取 m 个, 使得方程 (1) 相对它们可以解出. 然而一般来说, 这样选择广义坐标的方法在实践中很少使用. 可以选取任意 m 个独立的可以确定系统位形的量 $q_1, q_2, \cdots, q_m$, 它们可以是距离、角度、面积, 也可以是没有直接几何意义的, 只需要相互独立并且可以将笛卡儿坐标 x_ν, y_ν, z_ν 用 $q_1, q_2, \cdots, q_m$ 和 t 表示出来:

$$\boldsymbol{r}_\nu = \boldsymbol{r}_\nu(q_1, q_2, \cdots, q_m, t) \quad (\nu = 1, 2, \cdots, N). \tag{21}$$

将这些函数代入方程 (1) 后, 得到恒等式. 矩阵

$$\begin{Vmatrix} \partial x_1/\partial q_1 & \cdots & \partial x_1/\partial q_m \\ \partial y_1/\partial q_1 & \cdots & \partial y_1/\partial q_m \\ \partial z_1/\partial q_1 & \cdots & \partial z_1/\partial q_m \\ \cdots & \cdots & \cdots \\ \partial x_N/\partial q_1 & \cdots & \partial x_N/\partial q_m \\ \partial y_N/\partial q_1 & \cdots & \partial y_N/\partial q_m \\ \partial z_N/\partial q_1 & \cdots & \partial z_N/\partial q_m \end{Vmatrix} \tag{22}$$

的秩等于 m. 由此可知, 在 (21) 的 $3N$ 个关于 $q_1, q_2, \cdots, q_m$ 的函数 (t 为参数) x_ν, y_ν, z_ν 中, 有 m 个独立, 用它们可以表示出系统的其它坐标.

我们假设选择广义坐标 $q_1, q_2, \cdots, q_m$, 使得系统的任意可能位置都可以在 $q_1, q_2, \cdots, q_m$ 取某些值时利用 (21) 得到. 如果不能得到所有可能位置, 则局部地引入广义坐标, 即对于不同的可能位置集引入不同的广义坐标.

我们假设函数 (21) 对其所有自变量都是二阶连续可微的. 此外, 我们认为, 如果系统是定常的, 则通过选择广义坐标总是可以使时间 t 不显含在关系式 (21) 中.

在研究具体问题时, 经常完全不需要建立约束方程 (1), 根据问题的物理意义就能知道, 确定系统可能位置所必须的广义坐标的数量. 如果解题时需要关系式 (1), 可以借助几何意义建立.

15. 广义坐标空间 对于每个时刻 t, 系统的可能位置和 m 维空间 $(q_1, q_2, \cdots, q_m)$ 之间一一对应, 空间 $(q_1, q_2, \cdots, q_m)$ 称为坐标空间 (或构形空间). 系统的每个可能位置对应于坐标空间中的某个点, 该点称为映射点. 系统的运动对应于映射点在坐标空间中的运动.

坐标空间中点的距离自然地用系统相应的位置之间的距离定义, 这样, 在系统位置和坐标空间的点之间存在着连续的一一对应关系.

例 1 (质点在平面上运动) 坐标空间就是这个平面.

例 2 (N 个自由质点在空间中运动) 坐标空间是 $3N$ 维欧几里得空间.

例 3 (单摆) 将单摆看作一端固定不动的刚性杆, 单摆的位置用广义坐标角 φ 确定 (图 14), 将单摆的每个位置对应于坐标为 φ 的数轴上的点. 由于数轴上不同的点 φ 和 $\varphi + 2k\pi(k = \pm1, \pm2, \cdots)$ 对应着单摆的同一个位置, 因此单摆位置和数轴上点不是一一对应. 从数轴上划分出的一个半开区间 $0 \leqslant \varphi < 2\pi$ 可以实现与单摆位置的一一对应. 但这样破坏了连续性, 因为单摆的 2 个邻近位置 $\varphi = 0$ 和 $\varphi = 2k\pi - \varepsilon$ 不是半开区间的邻近点. 为了保证连续性, 需要认为 $\varphi = 0$ 和 $\varphi = 2k\pi$ 是同一个点. 直观地可以这样做: "粘接上" $\varphi = 0$ 点和 $\varphi = 2k\pi$ 点, 得到的几何形状——圆就是单摆的坐标空间.

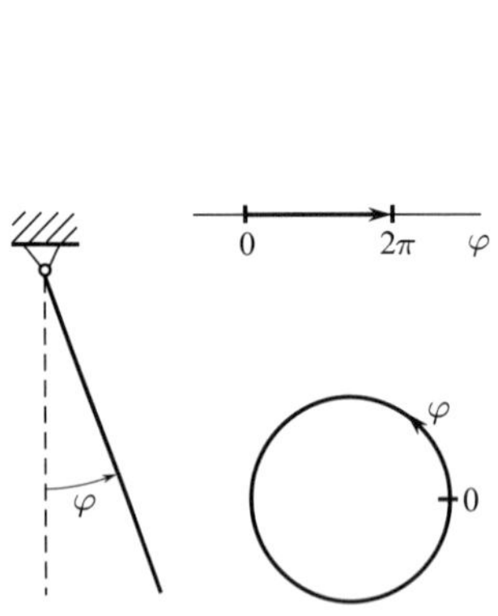

图 14

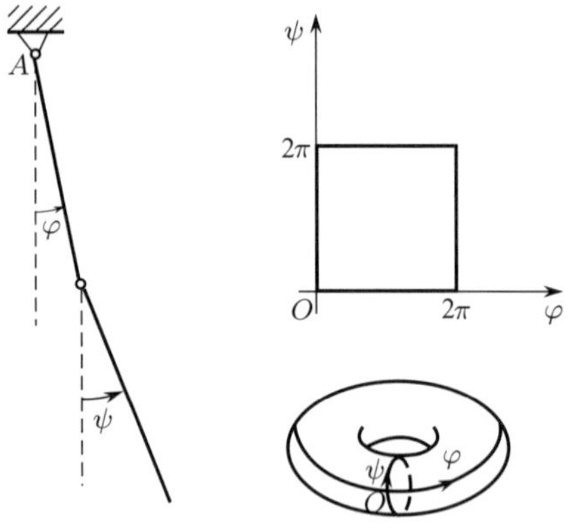

图 15

例 4 (双摆) 由 2 个刚性杆用柱铰链连接, 一个自由端悬挂于固定点 A (图 15), 另一个杆可以在一个平面内自由运动. 广义坐标可以取 2 个杆与竖直方向的夹角 φ 和 ψ, 双摆的每个位置对应于 2 个不超过 2π 的数 φ 和 ψ. 因此如果我们取 φ, ψ 平面上的边长为 2π 的正方形, 并认为对边是同一条线段, 则得到双摆的坐标空间. 直观地可以这样做: “粘接上”正方形的对边, 第一次粘接得到圆柱, 此后第二次粘接得到几何形状是圆环.

例 5 (用杆连接的 2 个质点在平面上运动 (图 16)) 广义坐标可以取一个点的笛卡儿坐标 x, y 和杆与 Ox 轴的夹角 φ; 坐标空间是空间 (x, y, φ) 中的一层, 用平面 $\varphi = 0$ 和 $\varphi = 2k\pi$ 分割开来, 并认为这 2 个平面是同一个. 这里与例 3 和例 4 不同的是, 无法直观地“粘接上”平面 $\varphi = 0$ 和 $\varphi = 2k\pi$.

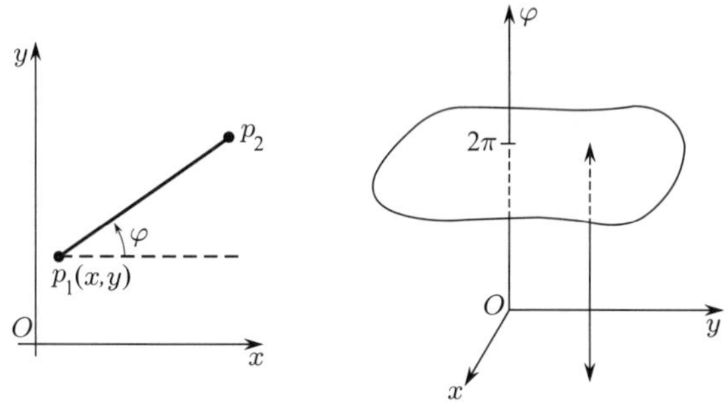

图 16

16. 广义速度与广义加速度 在系统运动时广义坐标随时间变化. $\dot{q}_j$ 和 $\ddot{q}_j$ $(j = 1, 2, \cdots, m)$ 称为广义速度和广义加速度. 微分复合函数 (21) 可以求出系统各点速度和加速度的笛卡儿坐标形式:

$$\boldsymbol{v}_\nu = \dot{\boldsymbol{r}}_\nu = \sum_{j=1}^{m} \frac{\partial \boldsymbol{r}_\nu}{\partial q_j} \dot{q}_j + \frac{\partial \boldsymbol{r}_\nu}{\partial t} \quad (\nu = 1, 2, \cdots, N), \tag{23}$$

$$\boldsymbol{w}_\nu = \ddot{\boldsymbol{r}}_\nu = \sum_{j=1}^{m} \frac{\partial \boldsymbol{r}_\nu}{\partial q_j} \ddot{q}_j + \sum_{j,k=1}^{m} \frac{\partial^2 \boldsymbol{r}_\nu}{\partial q_j \partial q_k} \dot{q}_j \dot{q}_k + 2 \sum_{j=1}^{m} \frac{\partial^2 \boldsymbol{r}_\nu}{\partial q_j \partial t} \dot{q}_j + \frac{\partial^2 \boldsymbol{r}_\nu}{\partial t^2} \quad (\nu = 1, 2, \cdots, N). \tag{24}$$

这里给出后面会用到的两个等式:

$$\frac{\partial \dot{\boldsymbol{r}}_\nu}{\partial \dot{q}_k} = \frac{\partial \boldsymbol{r}_\nu}{\partial q_k}, \qquad \frac{\mathrm{d}}{\mathrm{d}t} \left(\frac{\partial \boldsymbol{r}_\nu}{\partial q_k} \right) = \frac{\partial \dot{\boldsymbol{r}}_\nu}{\partial q_k} \qquad (k = 1, 2, \cdots, m), \tag{25}$$

第 1 个等式直接从 (23) 就可以得到. 利用 (23) 以及函数 $\boldsymbol{r}_\nu$ 对其自变量微分的顺序可交换, 第 2 个等式很容易通过微分推导出. 因为假设函数 $\boldsymbol{r}_\nu$ 是二阶连续可微的, 微分可交换性成立, 于是得

$$\frac{\mathrm{d}}{\mathrm{d}t} \left(\frac{\partial \boldsymbol{r}_\nu}{\partial q_k} \right) = \sum_{j=1}^{m} \frac{\partial^2 \boldsymbol{r}_\nu}{\partial q_k \partial q_j} \dot{q}_j + \frac{\partial^2 \boldsymbol{r}_\nu}{\partial q_k \partial t} = \sum_{j=1}^{m} \frac{\partial^2 \boldsymbol{r}_\nu}{\partial q_j \partial q_k} \dot{q}_j + \frac{\partial^2 \boldsymbol{r}_\nu}{\partial t \partial q_k} = \frac{\partial \dot{\boldsymbol{r}}_\nu}{\partial q_k}.$$

我们下面将非完整约束方程 (2) 写成广义坐标形式. 将 (21) 和 (23) 代入 (2) 得:

$$\sum_{j=1}^{m} b_{\beta j}(q_1, q_2, \cdots, q_m, t)\dot{q}_j + b_\beta(q_1, q_2, \cdots, q_m, t) = 0 \quad (\beta = 1, 2, \cdots, s), \tag{26}$$

其中 $b_{\beta j}, b_\beta$ 由下面等式确定

$$b_{\beta j} = \sum_{\nu=1}^{N} \frac{\partial \boldsymbol{r}_\nu}{\partial q_j} \cdot \boldsymbol{a}_{\beta\nu} \quad (\beta = 1, 2, \cdots, s; \quad j = 1, 2, \cdots, m),$$

$$b_\beta = \sum_{\nu=1}^{N} \frac{\partial \boldsymbol{r}_\nu}{\partial t} \cdot \boldsymbol{a}_{\beta\nu} + a_\beta \quad (\beta = 1, 2, \cdots, s).$$

这里的向量 $\boldsymbol{a}_{\beta\nu}$ 和标量 a_β 中的 $\boldsymbol{r}_1, \boldsymbol{r}_2, \cdots, \boldsymbol{r}_N$ 利用 (21) 做了代换.

对于完整系统, 广义速度 $\dot{q}_j$ 相互独立并且可以任意取值. 对于非完整系统, 广义坐标如同完整系统一样可以任意取值, 但广义速度不是独立的, 它们受 s 个关系式 (26) 限制.

为了用 δq_j 表示系统各点的虚位移 $\delta \boldsymbol{r}_\nu$, 根据 12, 必须扔掉 (23) 中的 $\partial \boldsymbol{r}_\nu / \partial t$ 并用 δq_j 代替 $\dot{q}_j$ 、用 $\delta \boldsymbol{r}_\nu$ 代替 $\dot{\boldsymbol{r}}_\nu$, 于是得①

$$\delta \boldsymbol{r}_\nu = \sum_{j=1}^{m} \frac{\partial \boldsymbol{r}_\nu}{\partial q_j} \delta q_j \quad (\nu = 1, 2, \cdots, N). \tag{27}$$

对于完整系统, δq_j 可以任意取值. 对于非完整系统, 它们受到从关系式 (26) 导出的限制. 扔掉 (26) 中的 b_β 并用 δq_j 代替 $\dot{q}_j$ 可得:

$$\sum_{j=1}^{m} b_{\beta j} \delta q_j = 0 \quad (\beta = 1, 2, \cdots, s). \tag{28}$$

由此可知, 完整系统的自由度与广义坐标数相等, 非完整系统的自由度小于广义坐标数 m, 在数量上少了不可积微分约束的个数 s②.

17. 伪坐标 在某些动力学问题中, 特别是在研究非完整系统的运动时, 为了方便, 需要引入称为伪坐标的更一般形式的坐标. 设 n 为系统的自由度, 我们来研究广义速度的 n 个相互独立的线性组合:

$$\dot{\pi}_i = \sum_{j=1}^{m} c_{ij} \dot{q}_j \quad (i = 1, 2, \cdots, n). \tag{29}$$

系数 c_{ij} 是 $q_1, q_2, \cdots, q_m, t$ 的函数, $\dot{\pi}_i$ 是广义速度的某些线性组合, 有完全确定的含义, 但是符号 π_i 可能没有意义, 即等式 (29) 的右端可能不是某个关于广义坐标和时

①一般地, 对任意函数 $\varphi(q_1, q_2, \cdots, q_m, t)$ 有 $\delta\varphi = \sum\limits_{j=1}^{m} \frac{\partial \varphi}{\partial q_j} \delta q_j$.

②当然, 假设约束 (26) 是相互独立的.

间的函数的全导数. 对 $\ddot{\pi}_i$ 也这样理解, 即等式 (29) 的右端对时间的导数. 我们称 π_i 为伪坐标, 而 $\dot{\pi}_i$ 和 $\ddot{\pi}_i$ 称为伪速度和伪加速度. π_i 中的一部分可以是广义坐标 q_i, 相应的 $\dot{\pi}_i$ 和 $\ddot{\pi}_i$ 就是广义速度和广义加速度.

我们选择系数 c_{ij}, 使得从 $m = n + s$ 个方程 (26), (29) 中解 $q_i(i = 1, 2, \cdots, m)$ 时, 系数行列式不等于零, 求解后得

$$\dot{q}_j = \sum_{i=1}^{n} d_{ij}\dot{\pi}_i + g_j \quad (j = 1, 2, \cdots, m). \tag{30}$$

伪速度 $\dot{\pi}_i$ 可以取任意值, 如果它们是给定的, 则广义速度可以用 (30) 求出. 在 (30) 中的 d_{ij}, g_j 是 $q_1, q_2, \cdots, q_m, t$ 的函数.

根据 (29), 引入

$$\delta\pi_i = \sum_{j=1}^{m} c_{ij}\delta q_j \quad (i = 1, 2, \cdots, n). \tag{31}$$

事实上公式 (31) 是 $\delta\pi_i$ 的定义, 就是说 $\delta\pi_i$ 这个量等于 (31) 的右端, 其中 δq_j 是广义坐标的变分.

从 (28) 和 (31) 求得用 $\delta\pi_i(i = 1, 2, \cdots, n)$ 表示的 δq_i:

$$\delta q_j = \sum_{i=1}^{n} d_{ij}\delta\pi_i \quad (j = 1, 2, \cdots, m), \tag{32}$$

这里 $\delta\pi_i$ 可以任意取值.

下面求出今后要用的用 $\delta\pi_i$ 表示的系统各点的虚位移 $\delta\boldsymbol{r}_\nu$. 将 (32) 代入 (27), 得

$$\delta\boldsymbol{r}_\nu = \sum_{i=1}^{n} \boldsymbol{e}_{\nu i}\delta\pi_i \quad (\nu = 1, 2, \cdots, N), \tag{33}$$

其中引入了记号

$$\boldsymbol{e}_{\nu i} = \sum_{j=1}^{m} \frac{\partial\boldsymbol{r}_\nu}{\partial q_j} d_{ij} \quad (\nu = 1, 2, \cdots, N; \quad i = 1, 2, \cdots, n).$$

我们可以将这个表达式写成另外的形式. 将等式 (30) 对时间求导, 再将得到的 $\ddot{q}_j$ 代入公式 (24), 得

$$\boldsymbol{w}_\nu = \sum_{i=1}^{n} \boldsymbol{e}_{\nu i}\ddot{\pi}_i + \boldsymbol{h}_\nu \quad (\nu = 1, 2, \cdots, N),$$

其中 $\boldsymbol{h}_\nu$ 不依赖于 $\ddot{\pi}_i$. 由此得

$$\boldsymbol{e}_{\nu i} = \frac{\partial\boldsymbol{w}_\nu}{\partial\ddot{\pi}_i} \quad (\nu = 1, 2, \cdots, N; \quad i = 1, 2, \cdots, n). \tag{34}$$

将 (34) 代入 (33), 得到 $\delta\boldsymbol{r}_\nu$ 的表达式如下

$$\delta\boldsymbol{r}_\nu = \sum_{i=1}^{n} \frac{\partial\boldsymbol{w}_\nu}{\partial\ddot{\pi}_i}\delta\pi_i \quad (\nu = 1, 2, \cdots, N). \tag{35}$$

§4. 刚体运动学

18. 刚体运动学的任务 · 简单位移的定义 *绝对刚体*是指质点之间的距离保持不变的质点系. 自然界和技术中的很多对象在理论力学中都可以用离散质点系和绝对刚体作为其力学模型, 由此可见研究绝对刚体运动的重要性. 今后为了简便, 我们将绝对刚体简称为*刚体*.

如果在笛卡儿直角坐标系中刚体上的点 P_k 的向径为 $\boldsymbol{r}_k$, 则按照定义, 对任意的 i, j, $|\boldsymbol{r}_i - \boldsymbol{r}_j| = r_{ij}$ 在整个运动过程中保持常数. 如果除了 2 点之间距离不变这个约束以外, 刚体没有任何其它约束, 则称之为*自由刚体*. 换句话说, 自由刚体是指其运动不受任何限制. 自由刚体是定常完整系统.

自由刚体 (其上有 3 个点 P_1, P_2, P_3 不共线) 有 6 个自由度. 完整系统的自由度与广义坐标数相等, 故广义坐标数等于 6. 事实上, 为了确定一个点的位置, 比如 P_1, 需要给出 3 个坐标; 如果给出了这 3 个坐标, 则确定 P_2 的位置只需 2 个参数, 因为它只能在以 P_1 为圆心以 r_{12} 为半径的圆周上运动; 当 P_1 和 P_2 的位置固定后, 点 P_3 只有 1 个自由度, 因为它只能在半径等于 P_3 到 P_1P_2 的距离的圆周上运动, 且该圆周位于垂直于 P_1P_2 的平面内. 因此, 无论组成刚体的质点数 N 有多大, 刚体的自由度都等于 6.

由前面的讨论可知, 有 1 个点固定的刚体有 3 个自由度; 有 2 个点固定的刚体有 1 个自由度. 如果自由刚体是细杆 (或者用细杆连接的 2 个质点), 则有 5 个自由度.

刚体运动学的任务是研究描述运动的方法, 以及如何根据为数不多的整个刚体的一般特性来确定刚体上每个点的运动.

现在给出下面将用到的刚体最简单的位移. 我们来研究刚体的 2 个位置, 一个叫*初位置*, 一个叫*末位置*. 当刚体从初位置变化到末位置时, 刚体完成了某个位移. 我们考察这些位移时, 完全不考虑刚体从初位置变化到末位置的中间位置, 也不考虑完成这个位移的时间. 这样, 我们所研究的位移完全由初位置和末位置确定, 如果初位置和末位置重合, 则没有任何位移.

*平动位移*是指刚体上所有点的位移在几何上相等的刚体位移. *转动*是指刚体从初位置绕某个固定直线旋转得到末位置的刚体位移, 该固定直线称为*转动轴*.

*螺旋位移*由平动位移和转动组成, 并且平动位移沿着转动轴.

19. 刚体运动的向量–矩阵描述 · 欧拉角 设 O_aXYZ 是固定坐标系 (图 17); O 是刚体上任意的固定点, 今后将 O 称为*基点*; $OXYZ$ 是平动坐标系, 从固定坐标系通过平动位移获得; $Oxyz$ 是固连坐标系, 它与刚体固结在一起. 我们将研究它的运动, 刚体在图 17 上没有画出来. 设 P 为刚体上某个点, 向量 $\boldsymbol{R}_O, \boldsymbol{R}$ 由其在坐标系 $OXYZ$ 中的分量给出, 而向量 $\boldsymbol{\rho} = \overline{OP}$ 由其在坐标系 $Oxyz$ 中的分量给出, 显然, $\boldsymbol{\rho}$

是常向量. 向量 $\overline{OP}$ 由其在坐标系 $OXYZ$ 中的分量给出, 用 $\boldsymbol{r}$ 表示. 于是有关系式

$$\boldsymbol{r} = \boldsymbol{A}\boldsymbol{\rho}, \tag{1}$$

其中 $\boldsymbol{A}$ 是从坐标系 $Oxyz$ 到坐标系 $OXYZ$ 的转换矩阵. 刚体上点 P 在固定坐标系中的位置由下面等式给出

$$\boldsymbol{R} = \boldsymbol{R}_O + \boldsymbol{A}\boldsymbol{\rho}. \tag{2}$$

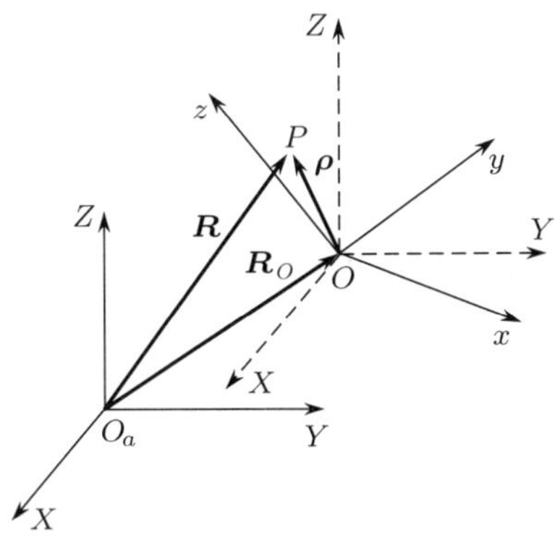

图 17

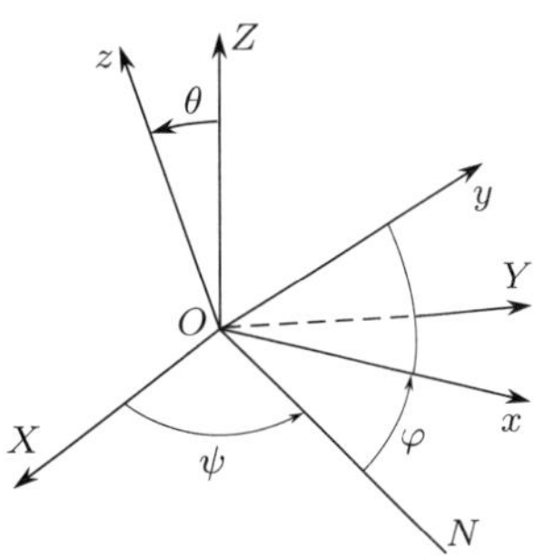

图 18

一般情况下, 在刚体运动中基点O 的位置是变化的, 刚体的方位在空间中也是变化的, 因此, 在(2) 中的$\boldsymbol{R}_O$ 和$\boldsymbol{A}$ 是时间的函数; 假设它们是二阶连续可微的.

矩阵 $\boldsymbol{A}$ 给出了一个正交坐标系到另一个正交坐标系的变换, 因此是正交矩阵, 即 $A^{-1} = A'$. 由此可知, 矩阵的元素满足 6 个关系式: 每一行 (列) 元素的平方和等于 1, 而任意 2 列 (行) 相应元素相乘再求和等于零, 因此矩阵 $\boldsymbol{A}$ 的 9 个元素中只有 3 个独立, 可以用 3 个独立参数给出矩阵 $\boldsymbol{A}$. 这些参数有很多种不同的具体选择, 我们介绍其中最常见的借助欧拉角描述刚体方位的方法, 并求出相应的矩阵$\boldsymbol{A}$.

欧拉角定义如下 (图 18): 平面 Oxy 与平面 OXY 相交于直线 ON, 我们称之为节线, 节线与 OX 轴的夹角 ψ 称为进动角, Oz 轴与 OZ 轴的夹角 θ 称为章动角, Ox 轴与节线的夹角 φ 称为自转角.

3 个角 ψ, θ, φ 是相互独立的, 可以任意取值. 如果给定 3 个角度的值 ψ, θ, φ, 则唯一地确定了刚体在空间中的方位, 通常假设 $0 \leqslant \psi < 2\pi$, $0 \leqslant \theta \leqslant \pi$, $0 \leqslant \varphi < 2\pi$.

从坐标系 $OXYZ$ 到坐标系 $Oxyz$ 的转换可以通过下面 3 个按顺序的转动实现: 绕 OZ 轴旋转 ψ 角, 绕 ON 旋转 θ 角, 绕 Oz 轴旋转 φ 角. 如果从转动轴的顶端看, 所有的旋转都按逆时针方向.

第 1 次转动将坐标系 $OXYZ$ 转到中间坐标系 OX_1Y_1Z, 相应的变换矩阵为 $\boldsymbol{A}_1$:

$$\begin{Vmatrix} X \\ Y \\ Z \end{Vmatrix} = \boldsymbol{A}_1 \begin{Vmatrix} X_1 \\ Y_1 \\ Z \end{Vmatrix}, \qquad \boldsymbol{A}_1 = \begin{Vmatrix} \cos\psi & -\sin\psi & 0 \\ \sin\psi & \cos\psi & 0 \\ 0 & 0 & 1 \end{Vmatrix}.$$

第 2 次转动将坐标系 OX_1Y_1Z 转到中间坐标系 OX_1Y_2z, 相应的变换矩阵为 $\boldsymbol{A}_2$:

$$\begin{Vmatrix} X_1 \\ Y_1 \\ Z \end{Vmatrix} = \boldsymbol{A}_2 \begin{Vmatrix} X_1 \\ Y_2 \\ z \end{Vmatrix}, \qquad \boldsymbol{A}_2 = \begin{Vmatrix} 1 & 0 & 0 \\ 0 & \cos\theta & -\sin\theta \\ 0 & \sin\theta & \cos\theta \end{Vmatrix}.$$

最后, 第 3 次转动将坐标系 OX_1Y_2z 转到中间坐标系 $Oxyz$, 相应的变换矩阵为 $\boldsymbol{A}_3$:

$$\begin{Vmatrix} X_1 \\ Y_2 \\ z \end{Vmatrix} = \boldsymbol{A}_3 \begin{Vmatrix} x \\ y \\ z \end{Vmatrix}, \qquad \boldsymbol{A}_3 = \begin{Vmatrix} \cos\varphi & -\sin\varphi & 0 \\ \sin\varphi & \cos\varphi & 0 \\ 0 & 0 & 1 \end{Vmatrix}.$$

从坐标系 $OXYZ$ 到坐标系 $Oxyz$ 的转换矩阵 $\boldsymbol{A}$ 等于矩阵相乘 $\boldsymbol{A}_1\boldsymbol{A}_2\boldsymbol{A}_3$, 它的元素 a_{ij} 用欧拉角表示成下面形式:

$$\begin{gathered} a_{11} = \cos\psi\cos\varphi - \sin\psi\sin\varphi\cos\theta, \\ a_{12} = -\cos\psi\sin\varphi - \sin\psi\cos\varphi\cos\theta, \\ a_{13} = \sin\psi\sin\theta, \quad a_{21} = \sin\psi\cos\varphi + \cos\psi\sin\varphi\cos\theta, \\ a_{22} = -\sin\psi\sin\varphi + \cos\psi\cos\varphi\cos\theta, \quad a_{23} = -\cos\psi\sin\theta, \\ a_{31} = \sin\varphi\sin\theta, \quad a_{32} = \cos\varphi\sin\theta, \quad a_{32} = \cos\theta. \end{gathered} \tag{3}$$

我们发现, 当 $\theta = 0$ 或 $\theta = \pi$ 时, 节线 ON 与角 φ 和 ψ 无法确定, 只能得到它们的和 $\varphi + \psi$. 当刚体的 Oz 轴接近 OZ 轴时, 欧拉角的这个特点对研究运动很不方便. 选择其它确定刚体在空间中方位的角度, 或者将欧拉角 θ 的定义改变为从 OX 或 OY 轴到 Oz 轴的角度, 可以避免这个困难.

评注 2 我们已经看到, 坐标系 $OXYZ$ 变换到坐标系 $Oxyz$ 的有限转动, 由矩阵 $\boldsymbol{A}$ 给出, 该矩阵等于 3 个相应于 3 个顺序转动的矩阵相乘. 因为矩阵乘法不具有可交换性, 所以刚体的有限转动也不具可交换性. 这就是说, 一般情况下, 2 个转动得到的刚体方位依赖于转动顺序.

练习题 1 给出刚体转动不可交换的具体例子.

20. 刚体定点运动与正交变换 如果在刚体运动过程中有一个点 O 始终保持不动, 则称刚体绕点 O 运动或者作*定点运动*.

当刚体绕 O 作定点运动时, 公式 (2) 中的 $\boldsymbol{R}_O$ 是常向量. 设 $t=0$ 时刚体固连坐标系 $Oxyz$ 与固定坐标系 $OXYZ$ 重合. 矩阵 $\boldsymbol{A}$ 等于单位矩阵 ($\boldsymbol{A}=\boldsymbol{E}$), 根据 (1) 和 (2) 有, $\boldsymbol{R}=\boldsymbol{r}=\boldsymbol{\rho}$, 并且这些向量都是用它们在同一个坐标系中的分量给出的, 即, 或者在 $Oxyz$ 或者在 $OXYZ$ 中, 这没有任何区别, 因为 $t=0$ 时它们重合. 我们认为向量在坐标系 $OXYZ$ 中给出.

当刚体开始运动后, 它将携带着向量 $\boldsymbol{\rho}$ 绕 O 点转动, 经过某个时间 t 后, 向量 $\boldsymbol{\rho}$ 变化为向量 $\boldsymbol{r}=\boldsymbol{A}(t)\boldsymbol{\rho}$. 这个公式定义了一个空间变换, 在该空间中给定了坐标系 $OXYZ$. 矩阵 $\boldsymbol{A}$ 是正交的, 即 $\boldsymbol{A}\boldsymbol{A}'=\boldsymbol{E}$, 由此根据方阵求行列式的法则可知, $(\mathtt{det}\boldsymbol{A})^2=1$. 因此, $\det\boldsymbol{A}$ 可以等于 $+1$ 或者 -1, 但是因为初始时刻 $\det\boldsymbol{A}$ 等于 1, 根据对 t 的连续性, 在任何时刻 t 它都不可能变为 -1.

这样, 刚体的定点运动给出了正交变换.

21. 刚体有限位移的基本定理

定理 (欧拉定理) *刚体定点运动的任意位移都可以通过绕过该定点的某个轴的一次转动实现.*

证明 我们发现, 欧拉定理等价于矩阵 $\boldsymbol{A}$ 有等于 1 的特征值, 相应的特征向量 $\boldsymbol{r}$ 就给出了转动轴.

事实上, 因为 $\boldsymbol{r}=\boldsymbol{A}\boldsymbol{r}$, 故这个轴在刚体运动过程中保持不动.

设 $f(\lambda)=\mathtt{det}(\boldsymbol{A}-\lambda\boldsymbol{E})$ 是矩阵 $\boldsymbol{A}$ 的特征多项式. 为了证明 $f(1)=0$, 我们看下面的连等式:

$$\begin{aligned}f(1)&=\mathtt{det}(\boldsymbol{A}-\boldsymbol{E})=\mathtt{det}(\boldsymbol{A}'-\boldsymbol{E}')=\mathtt{det}(\boldsymbol{A}^{-1}-\boldsymbol{E})\\&=\mathtt{det}(\boldsymbol{A}(\boldsymbol{A}^{-1}-\boldsymbol{E}))=\mathtt{det}(\boldsymbol{E}-\boldsymbol{A})=\mathtt{det}(-(\boldsymbol{A}-\boldsymbol{E}))\\&=(-1)^3\mathtt{det}(\boldsymbol{A}-\boldsymbol{E})=-f(1).\end{aligned}$$

由此可知 $f(1)=0$, 定理得证. □

现在我们求定理中提到的转动的转角. 为此将坐标系 $OXYZ$ 变换到 $O\widetilde{X}\widetilde{Y}\widetilde{Z}$, 其中 $O\widetilde{Z}$ 轴沿着转动轴, 在这个坐标系中矩阵 $\widetilde{\boldsymbol{A}}$ 可以用转角 α 给出:

$$\widetilde{\boldsymbol{A}}=\begin{Vmatrix}\cos\alpha & -\sin\alpha & 0\\ \sin\alpha & \cos\alpha & 0\\ 0 & 0 & 1\end{Vmatrix}.$$

注意到 $\boldsymbol{A}$ 和 $\widetilde{\boldsymbol{A}}$ 是相似矩阵, 利用相似矩阵的迹相等, 可得出确定角 α 的等式:

$$1+2\cos\alpha=a_{11}+a_{22}+a_{33}.$$

定理 (**夏莱定理**) 刚体最一般的位移可以分解为随任选基点的平动位移和绕通过基点的某个轴的转动. 选择刚体上不同的点为基点, 这种分解不是唯一的; 选择不同的基点时平动位移的长度和方向将改变, 而转动轴的方向和转角不依赖于基点的选择.

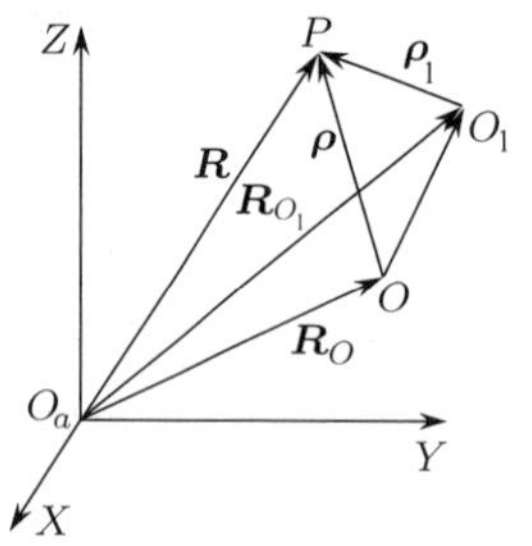

图 19

证明 有一个简单的几何解释. 在图 19 中 O_aXYZ 是固定坐标系, 坐标系 $OXYZ$ 和 $O_1X_1Y_1Z_1$ (没在图 19 中画出) 分别以 O 和 O_1 为基点, 由 O_aXYZ 的相应于向量 $\boldsymbol{R}_O$ 和 $\boldsymbol{R}_{O_1}$ 的平动位移得到. 假设向量 $\boldsymbol{R}_O$ 和 $\boldsymbol{R}_{O_1}$ 由它们在坐标系 O_aXYZ 中的分量给出, 则刚体上任意点 P 在固定坐标系中的位置由向量 $\boldsymbol{R}$ 确定. 在图 19 中画出的向量 $\boldsymbol{\rho}$, $\boldsymbol{\rho}_1$, $\overline{OO}_1$ 由它们在固连于刚体的坐标系 $Oxyz$ 中的分量给出, 于是有

$$\begin{aligned}\boldsymbol{R} &= \boldsymbol{R}_O + \boldsymbol{A}\boldsymbol{\rho} = \boldsymbol{R}_O + \boldsymbol{A}(\overline{OO}_1 + \boldsymbol{\rho}_1)\\ &= \boldsymbol{R}_O + \boldsymbol{A}\overline{OO}_1 + \boldsymbol{A}\boldsymbol{\rho}_1 = \boldsymbol{R}_{O_1} + \boldsymbol{A}\boldsymbol{\rho}_1.\end{aligned}$$

由此可知夏莱定理的正确性. 事实上, 刚体的位移可以看作是由基点位移确定的平动位移, 再加上矩阵 $\boldsymbol{A}$ 给出的转动. 并且从前面叙述可知, 矩阵 $\boldsymbol{A}$ 不依赖于基点的选择, 而由欧拉定理的证明又知, 转轴和转角仅由矩阵 $\boldsymbol{A}$ 的元素决定. 平动位移依赖于基点, 由前面的关系式可知, 对于不同基点 O 和 O_1, 相应于向量 $\boldsymbol{R}_O$ 和 $\boldsymbol{R}_{O_1}$ 的平动位移之间满足关系式 $\boldsymbol{R}_{O_1} = \boldsymbol{R}_O + \boldsymbol{A}\overline{OO}_1$. □

练习题 2 试证明刚体的最终位移不依赖于平动位移和转动的顺序.

定理 (**莫茨定理**) 刚体最一般的位移是螺旋位移.

证明 我们将刚体的位移分解为随某基点的平动位移和绕基点的转动. 根据夏莱定理, 转动轴的方向和转角不依赖于基点选择. 为了方便起见, 假设固定坐标系的 O_aZ 轴沿着转动轴, 并且在初始位置固定坐标系 O_aXYZ 与刚体固连坐标系 $Oxyz$ 重合. 如果 α 为转角, 则确定刚体相对固定坐标系方位的矩阵 $\boldsymbol{A}$ 在末位置有

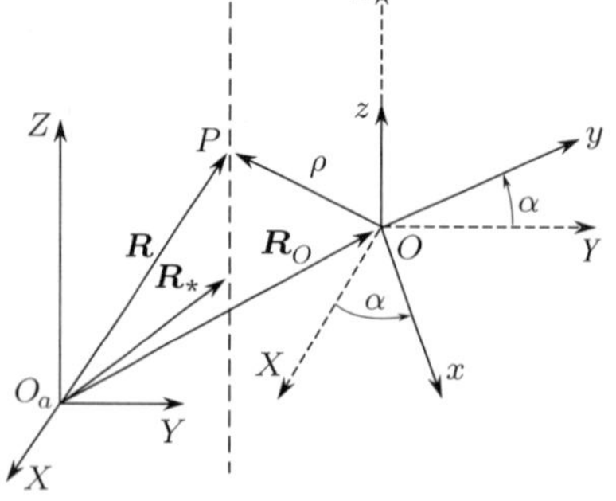

图 20

$$\boldsymbol{A} = \left\|\begin{matrix}\cos\alpha & -\sin\alpha & 0\\ \sin\alpha & \cos\alpha & 0\\ 0 & 0 & 1\end{matrix}\right\|.$$

如果在刚体上存在某直线, 在刚体完成从初位置到末位置的位移后, 该直线上的点的位移沿

着该直线, 那么莫茨定理就得证了. 事实上, 选这个直线上的点为基点, 刚体的位移是螺旋位移, 即说明莫茨定理是正确的.

我们将向量 $\boldsymbol{R}_O$ 写成 2 个向量的和 $\boldsymbol{R}_O = \boldsymbol{R}_O^{\shortparallel} + \boldsymbol{R}_O^{\perp}$, 在固定坐标系中为

$$\boldsymbol{R}_O = \begin{Vmatrix} X_O \\ Y_O \\ Z_O \end{Vmatrix}, \quad \boldsymbol{R}_O^{\shortparallel} = \begin{Vmatrix} 0 \\ 0 \\ Z_O \end{Vmatrix}, \quad \boldsymbol{R}_O^{\perp} = \begin{Vmatrix} X_O \\ Y_O \\ 0 \end{Vmatrix}.$$

设 P 为刚体上相对基点向径为 $\boldsymbol{\rho}$ 的点. 在刚体初位置 $\boldsymbol{\rho} = \boldsymbol{R}_*$, 在刚体末位置向量 $\boldsymbol{\rho}$ 在固定坐标系中变为 $\boldsymbol{R}_O + \boldsymbol{A}\boldsymbol{R}_*$. 我们研究过 $\boldsymbol{R}_*$ 端点并平行于 OZ 轴的直线, 如果刚体运动时这个直线上点的位移沿着该直线, 则 $\boldsymbol{R}_O + \boldsymbol{A}\boldsymbol{R}_* = \boldsymbol{R}_* + \boldsymbol{R}_O^{\shortparallel}$. 由此可知 $(\boldsymbol{A} - \boldsymbol{E})\boldsymbol{R}_* = -\boldsymbol{R}_O^{\perp}$. 如果 X_*, Y_*, Z_* 为向量 $\boldsymbol{R}_*$ 在固定坐标系 O_aXYZ 中的分量, 则由上面等式可以得到 X_*, Y_* 应满足的 2 个标量方程:

$$(\cos\alpha - 1)X_* - \sin\alpha Y_* = X_O,$$

$$\sin\alpha X_* + (\cos\alpha - 1)Y_* = Y_O.$$

因为第 3 个标量方程是恒等式, Z_* 可以是任意的.

这个线性方程组的行列式等于 $4\sin^2(\alpha/2)$. 如果 $\alpha \neq 0, 2\pi$, 即位移不是平动时, 则该行列式不等于零, 于是我们得到了刚体上的直线 $X = X_*$, $Y = Y_*$, 它平行于转轴, 在刚体有位移时它的点位移沿着该直线. □

推论 1 (**伯努利–夏莱定理**) 平面图形在自身平面内的最一般的位移, 要么是平动, 要么是绕某点的转动. 这个点称为有限转动中心.

例 1 设正方体运动使其顶点 A, B, C 变化到顶点 A_1, B_1, C_1 (图 21), 请指出何种简单运动可以实现这个变化. 因为立方体中心 O 在运动前后保持不变, 故可以使用欧拉定理. 建立坐标系 $OXYZ$, 其坐标轴分别垂直于正方体的面. 运动后 OX, OY 和 OZ 变为相应的 Ox, Oy 和 Oz (图 21). 不难发现, 确定立方体转动的矩阵 $\boldsymbol{A}$ 有如下形式

$$\boldsymbol{A} = \begin{Vmatrix} 0 & 0 & 1 \\ 1 & 0 & 0 \\ 0 & 1 & 0 \end{Vmatrix}.$$

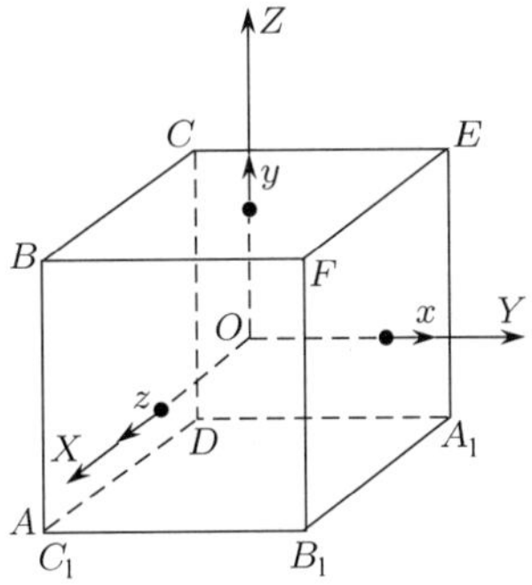

图 21

对于确定矩阵 $\boldsymbol{A}$ 相应于特征值等于 1 的特征向量 $\boldsymbol{r}$, 有 $\boldsymbol{r}' = (1, 1, 1)$, 转角由方程 $2\cos\Phi + 1 = 0$ 确定.

于是, 立方体的给定位移可以通过绕直径 DF 转动 120° 实现.

22. 刚体平动的速度与加速度 到现在为止, 我们研究刚体的位移都是只对其初位置和末位置感兴趣, 没有关注位移发生的快慢. 现在我们求刚体上点的速度和加速度.

如果在某时间段内任意 2 个时刻对应位置之间的位移是平动位移, 则刚体在该时间段内的运动称为*平动*. 刚体平动的例子有多层楼房的载客电梯的运动, 书桌抽屉开关时的运动, 公园里的"观光轮"的座舱的运动. 前 2 个例子中平动是直线平动 (所有点都作直线运动), 第 3 个例子的平动是曲线平动 (刚体的点沿着曲线——圆运动).

因为平动时刚体上任意 2 个点 P_1 和 P_2 在时间 Δt 内有几何相等的位移 $\Delta\boldsymbol{R}_1$ 和 $\Delta\boldsymbol{R}_2$, 故平动时所有点有相同的速度和加速度, 这些对刚体上所有点都相等的速度和加速度称为刚体的*平动速度*和*平动加速度*. 后面我们将看到, 刚体的速度和加速度的概念只有在刚体平动时才有意义, 因为刚体运动不是平动时, 不同点的速度和加速度都不同.

23. 刚体的瞬时运动状态 如果在给定时刻刚体上所有点的速度都等于 $\boldsymbol{v}$, 则称刚体以速度 $\boldsymbol{v}$ 作*瞬时平动*. 特别地, 如果 $\boldsymbol{v}=0$, 则刚体*瞬时静止*.

评注 3 *这里是指刚体各点在给定时刻的速度分布. 特别需要指出, 刚体各点的加速度不一定相等.*

如果在给定时刻刚体上某直线上各点的速度等于零, 则称刚体绕该直线作*瞬时转动*, 这条直线称为*瞬时转动轴*.

评注 4 *这里是指刚体上某直线上各点在给定时刻的速度分布, 特别需要指出, 瞬时转动轴在不同时刻在运动刚体和固定空间中占据不同位置.*

如果在给定时刻刚体参与 2 个瞬时运动: 沿着某个轴的平动和绕该轴的转动, 则称刚体作*瞬时螺旋运动*. 以后 (在第 28 小节中) 将证明, 自由刚体最一般的运动是螺旋运动.

24. 作一般运动刚体上点的速度与加速度 设 O_aXYZ 是固定坐标系 (图 17), O 是刚体上任选的基点, $Oxyz$ 是固连坐标系, 它与刚体固结在一起, $OXYZ$ 从固定坐标系 O_aXYZ 通过 $\boldsymbol{R}_O$ 确定的平动位移获得. 设 P 为刚体上某个点, 向量 $\boldsymbol{\rho}$ 和 $\boldsymbol{r}=\overline{OP}$ 分别由其在坐标系 $Oxyz$ 和 $OXYZ$ 中的分量给出.

定理 *存在唯一的称为刚体角速度的向量 $\boldsymbol{\omega}$, 使刚体上 P 点的速度可以写成*

$$\boldsymbol{v}=\boldsymbol{v}_O+\boldsymbol{\omega}\times\boldsymbol{r}, \tag{4}$$

其中 $\boldsymbol{v}_O$ 是基点的速度, 向量 $\boldsymbol{\omega}$ 不依赖于基点的选择.

证明 将等式 (2) 的两边微分, 考虑到 $\boldsymbol{\rho}$ 是常向量, 再利用 (1), 得

$$\boldsymbol{v}=\dot{\boldsymbol{R}}_O+\dot{\boldsymbol{A}}\boldsymbol{\rho}=\boldsymbol{v}_O+\dot{\boldsymbol{A}}\boldsymbol{A}^{-1}\boldsymbol{r}. \tag{5}$$

我们下面证明矩阵 $\dot{\boldsymbol{A}}\boldsymbol{A}^{-1}$ 是反对称的. 事实上, 将 $\boldsymbol{A}\boldsymbol{A}'=\boldsymbol{E}$ 对时间求导得 $\dot{\boldsymbol{A}}\boldsymbol{A}'+\boldsymbol{A}\dot{\boldsymbol{A}}'=\mathbf{0}$, 由此得 $\dot{\boldsymbol{A}}\boldsymbol{A}^{-1}=-\boldsymbol{A}\dot{\boldsymbol{A}}'$. 对该等式两边做转置运算得 $(\dot{\boldsymbol{A}}\boldsymbol{A}^{-1})'=-\dot{\boldsymbol{A}}\boldsymbol{A}'=-\dot{\boldsymbol{A}}\boldsymbol{A}^{-1}$. 现在给出反对称矩阵 $\dot{\boldsymbol{A}}\boldsymbol{A}^{-1}$ 的元素

$$\dot{\boldsymbol{A}}\boldsymbol{A}^{-1}=\begin{Vmatrix}0 & -\omega_Z & \omega_Y\\ \omega_Z & 0 & -\omega_X\\ -\omega_Y & \omega_X & 0\end{Vmatrix}.$$

如果用固定坐标系 O_aXYZ 中的分量构成向量 $\boldsymbol{\omega}'=(\omega_X,\omega_Y,\omega_Z)$, 则矩阵 $\dot{\boldsymbol{A}}\boldsymbol{A}^{-1}$ 乘以向量 $\boldsymbol{r}$ 的结果可以写成向量积 $\boldsymbol{\omega}\times\boldsymbol{r}$ 的形式, 于是由 (5) 可推出 (4). 这样也顺便证明了下面等式 (称为欧拉公式)

$$\dot{\boldsymbol{r}}=\boldsymbol{\omega}\times\boldsymbol{r}. \tag{6}$$

我们引入 $\boldsymbol{\omega}$ 时利用了固定空间中确定坐标系 O_aXYZ 的具体坐标基. 由 (4) 可知在这个坐标系中有 $\boldsymbol{\omega}=1/2\,\mathrm{rot}\,\boldsymbol{v}$. 在给定基点 O 时 $\boldsymbol{\omega}$ 的唯一性由旋度的不变性和 $\boldsymbol{v}$ 不依赖于坐标基得出 (见第 6 小节中的评注 1). $\boldsymbol{\omega}$ 不依赖于基点选择可以这样证明: $\boldsymbol{\omega}$ 的分量完全由矩阵 $\boldsymbol{A}$ 的元素及其对时间的导数决定, 而矩阵 $\boldsymbol{A}$ 不依赖于基点的选择 (见第 21小节). 定理得证. □

由公式 (4) 可以得到几个推论.

推论 1 在每个瞬时, 刚体上 2 个点的速度在其连线上的投影相等 (在图22 中, $v_1\cos\alpha_1=v_2\cos\alpha_2$. 这个等式的力学含义非常简单: 由于 $P_1P_2=\mathrm{const}$, 点 P_1 既不能赶上 P_2, 也不能被拉开距离.). 证明如下: 根据 (4), $\boldsymbol{v}_2=\boldsymbol{v}_1+\boldsymbol{\omega}\times\overline{P_1P_2}$. 由此得 $\boldsymbol{v}_1\cdot\overline{P_1P_2}=\boldsymbol{v}_2\cdot\overline{P_1P_2}$, 或者 $v_1\cos\alpha_1=v_2\cos\alpha_2$.

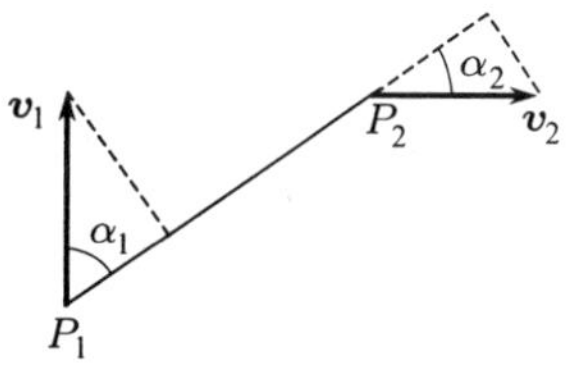

图 22

推论 2 刚体上不共线的 3 个点的速度完全决定刚体上任意点的速度 (利用上个推论, 可以得到非常简单的几何证明).

推论 3 如果刚体上不共线的 3 个点的速度在某时刻相等, 则刚体作瞬时平动.

推论 4 如果在给定瞬时刚体上 2 个点的速度等于零, 则刚体或者瞬时静止或者绕过这 2 个点的轴作瞬时转动.

推论 5 如果在给定瞬时刚体上某个点的速度等于零, 则刚体或者瞬时静止或者绕过这个点的轴作瞬时转动.

推论 6 刚体瞬时运动在最一般情况下可以分解为 2 个运动: 以基点速度的平动和绕过基点的轴的转动.

为了求 P 点的加速度 $\boldsymbol{w}$, 将 (4) 两边对时间求导, 得

$$\boldsymbol{w}=\dot{\boldsymbol{v}}_O+\dot{\boldsymbol{\omega}}\times\boldsymbol{r}+\boldsymbol{\omega}\times\dot{\boldsymbol{r}}.$$

向量 $\boldsymbol{\varepsilon}=\dot{\boldsymbol{\omega}}$ 称为角加速度. 利用 (6), 上面公式可以写成

$$\boldsymbol{w}=\boldsymbol{w}_O+\boldsymbol{\varepsilon}\times\boldsymbol{r}+\boldsymbol{\omega}\times(\boldsymbol{\omega}\times\boldsymbol{r}). \tag{7}$$

向量 $\boldsymbol{w}_{\mathrm{bp}}=\boldsymbol{\varepsilon}\times\boldsymbol{r}$ 称为转动加速度, 而 $\boldsymbol{w}_{\mathrm{oc}}=\boldsymbol{\omega}\times(\boldsymbol{\omega}\times\boldsymbol{r})$ 称为向心加速度. 可见, 刚体上任意点的加速度等于基点加速度、转动加速度和向心加速度之和. 公式 (7) 称为里瓦斯公式.

25. 刚体定轴转动 设刚体上有 2 个不动点 O 和 O_1, 过 O 和 O_1 的直线是转动轴, 固定坐标系的 OZ 轴和固连于刚体的坐标系的 Oz 轴都沿着转动轴. 刚体相对固定坐标系的方位由 OX 轴和 Ox 轴之间的夹角 $\varphi(t)$ 确定 (图 23), 刚体上不在转动轴上的点沿着以转动轴为圆心的圆周运动, 该圆周位于垂直转动轴的平面内. 设刚体上 P 点在固连坐标系中的向径为 $\boldsymbol{\rho}$, 于是有

$$\boldsymbol{r}=\boldsymbol{A}\boldsymbol{\rho},\qquad \boldsymbol{A}=\begin{Vmatrix}\cos\varphi & -\sin\varphi & 0\\ \sin\varphi & \cos\varphi & 0\\ 0 & 0 & 1\end{Vmatrix}.$$

直接计算可以验证

$$\dot{\boldsymbol{A}}\boldsymbol{A}^{-1}=\begin{Vmatrix}0 & -\dot\varphi & 0\\ \dot\varphi & 0 & 0\\ 0 & 0 & 0\end{Vmatrix},\qquad \boldsymbol{\omega}=\begin{Vmatrix}0\\ 0\\ \dot\varphi\end{Vmatrix},\qquad \boldsymbol{\varepsilon}=\begin{Vmatrix}0\\ 0\\ \ddot\varphi\end{Vmatrix}.$$

可见, 角速度沿着转动轴方向, 并且如果从向量 $\boldsymbol{\omega}$ 的顶端看, 则转动是逆时针方向. 角加速度 $\boldsymbol{\varepsilon}$ 也是沿着转动轴方向, 并且如果 $\dot\varphi\ddot\varphi>0$, 则与角速度 $\boldsymbol{\omega}$ 同向 (这种情况在图 24 中画出) ; 如果 $\dot\varphi\ddot\varphi<0$, 则与角速度 $\boldsymbol{\omega}$ 反向.

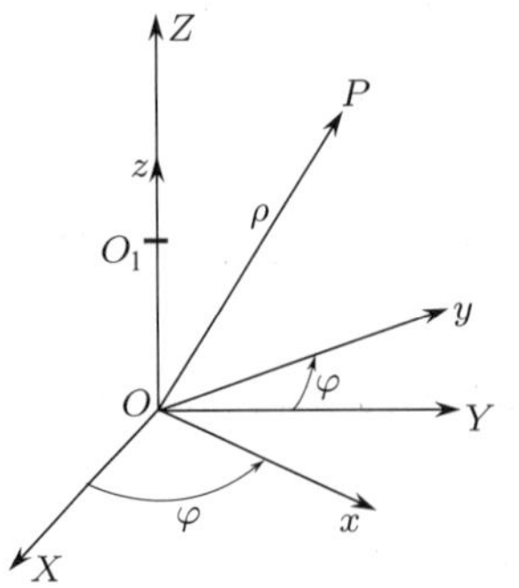

图 23

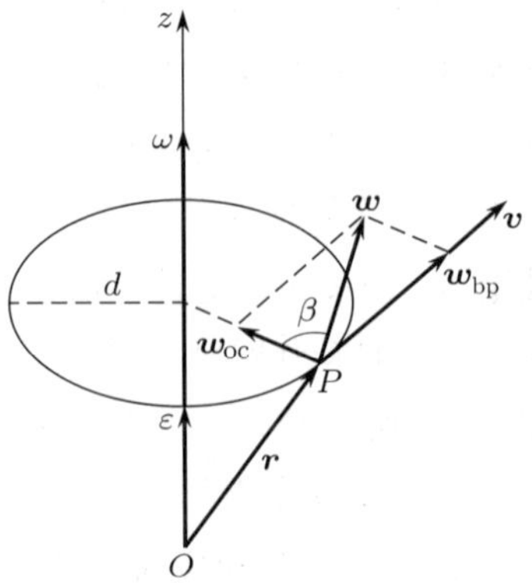

图 24

为了计算 P 点的速度和加速度, 首先要选坐标原点 O 为基点, 那么 $\boldsymbol{v}_O=\mathbf{0}$, 根据公式 (4) 有 $\boldsymbol{v}=\boldsymbol{\omega}\times\boldsymbol{r}$. 向量 $\boldsymbol{v}$ 在垂直于转动轴的平面内, 其大小为 $v=\omega d=|\dot{\varphi}|d$, 其中 d 是圆的半径, P 点沿着这个圆运动.

考虑到 $\boldsymbol{w}_O=\mathbf{0}$, 根据公式 (7) 得 $\boldsymbol{w}=\boldsymbol{\varepsilon}\times\boldsymbol{r}+\boldsymbol{\omega}\times(\boldsymbol{\omega}\times\boldsymbol{r})$. 转动加速度 $\boldsymbol{w}_{\text{bp}}=\boldsymbol{\varepsilon}\times\boldsymbol{r}$ 沿着 P 点轨迹 (半径为 d 的圆) 的切向, 其大小等于 $w_{\text{bp}}=\varepsilon d=|\ddot{\varphi}|d$ (图 24). 向心加速度 $\boldsymbol{w}_{\text{oc}}=\boldsymbol{\omega}\times\boldsymbol{v}$ 位于从 P 点指向转动轴的垂线上, 方向指向转动轴, 其大小等于 $w_{\text{oc}}=\omega^2 d$.

可以发现, 刚体定轴转动时, P 点的转动加速度是切向加速度 (见第 6 小节), 而向心加速度是法向加速度. P 点加速度的大小为 $w=d\sqrt{\varepsilon^2+\omega^4}$, 向心加速度与加速度之间的夹角 β 可以用公式 $\tan\beta=\varepsilon/\omega^2$ 计算.

26. 刚体定点运动 设刚体有一个不动点 O, 那么 $\boldsymbol{v}_O=\mathbf{0}$, $\boldsymbol{w}_O=\mathbf{0}$, 速度和加速度公式与第 25 小节中定轴转动的一样.

刚体在给定时刻的速度就如同刚体以角速度 $\boldsymbol{\omega}$ 绕某个固定轴转动, 这个轴在该时刻沿着向量 $\boldsymbol{\omega}$. 该轴称为*瞬时转动轴*, 向量 $\boldsymbol{\omega}$ 称为*瞬时角速度*. 瞬时转动轴上所有点的速度都等于零, 瞬时转动轴在刚体内和固定空间中都是变化的. 由此可见, 刚体定点运动 (以及更一般情况下自由刚体的运动) 时, ω 不是某个角度 φ 对时间的导数, 因为不存在这样的方向, 绕着它转动 φ.

在运动过程中瞬时转动轴在刚体内画出圆锥曲面——*本体极锥*, 而在固定空间中画出*空间极锥*. 这些圆锥曲面的顶点都是 O, 并沿着与瞬时转动轴重合的母线相切. 可以说, 刚体运动时本体极锥在空间极锥上无滑动地滚动. $\boldsymbol{\omega}$ 的向量端图位于空间极锥上. 因为 $\boldsymbol{\varepsilon}=\dot{\boldsymbol{\omega}}$, 角加速度 $\boldsymbol{\varepsilon}$ 沿着 $\boldsymbol{\omega}$ 的向量端图的切线, 不一定沿着瞬时转动轴 (图 25). 令 $\boldsymbol{\omega}=\omega\boldsymbol{e}$, 其中 $\boldsymbol{e}$ 是沿着 $\boldsymbol{\omega}$ 的单位向量, 那么 $\boldsymbol{\varepsilon}=\boldsymbol{\varepsilon}_1+\boldsymbol{\varepsilon}_2$, 其中向量 $\boldsymbol{\varepsilon}_1=\dot{\omega}\boldsymbol{e}$ 沿着瞬时转动轴, 向量 $\boldsymbol{\varepsilon}_2=\omega\dot{\boldsymbol{e}}$ 垂直瞬时转动轴. 向量 $\boldsymbol{\varepsilon}_1$ 刻画 $\boldsymbol{\omega}$ 大小的变化, 而向量 $\boldsymbol{\varepsilon}_2$ 刻画 $\boldsymbol{\omega}$ 方向的变化. 如果瞬时转动轴以角速度 $\boldsymbol{\Omega}$ 绕 O 转动, 则有 $\boldsymbol{\varepsilon}_2=\boldsymbol{\Omega}\times\boldsymbol{\omega}$.

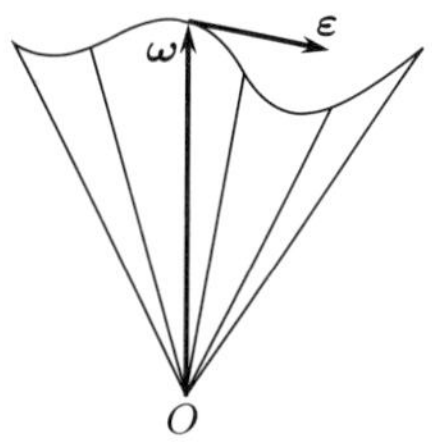

图 25

根据公式 (7), 刚体上任意点 P 的加速度 $\boldsymbol{w}$ 等于转动加速度和向心加速度之和, 转动加速度写成

$$\boldsymbol{w}_{\text{bp}}=\boldsymbol{\varepsilon}\times\boldsymbol{r}=\boldsymbol{\varepsilon}_1\times\boldsymbol{r}+\boldsymbol{\varepsilon}_2\times\boldsymbol{r}, \tag{8}$$

下面计算向心加速度. 设 Q 是瞬时转动轴与从 P 向转动轴作垂线的交点 (图 26), 向量 $\overline{PQ}$ 用 $\boldsymbol{l}$ 表示, 那么有

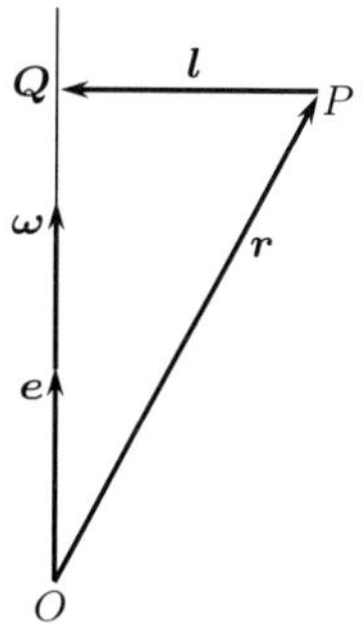

图 26

$$\begin{aligned}\boldsymbol{w}_{\text{oc}}&=\boldsymbol{\omega}\times(\boldsymbol{\omega}\times\boldsymbol{r})=\omega^2\boldsymbol{e}\times(\boldsymbol{e}\times\boldsymbol{r})\\&=\omega^2[\boldsymbol{e}(\boldsymbol{e}\cdot\boldsymbol{r})-\boldsymbol{r}]=\omega^2(\overline{OQ}-\boldsymbol{r})=\omega^2\boldsymbol{l}.\end{aligned} \tag{9}$$

可见, $\boldsymbol{w}_{\text{oc}}$ 等于刚体以角速度 $\boldsymbol{\omega}$ 作定轴转动时 P 点的法向加速度.

与定轴转动情况不同的是, 定点运动时 $\boldsymbol{w}_{\text{bp}}$ 和 $\boldsymbol{w}_{\text{oc}}$ 不一定是 P 点的切向和法向加速度.

练习题 3 试证明: 刚体定轴转动时, 刚体上某点加速度的转动分量与切向分量相同, 向心分量与法向相同当且仅当该点位于 $\boldsymbol{\omega}$ 和 $\boldsymbol{\varepsilon}$ 所在平面内.

例 1 半径为 $3a$ 的圆盘在水平面上无滑动地滚动时, 保持自身平面竖直, 以常角速度 $\boldsymbol{\omega}_1$ 画出一个半径为 $4a$ 的圆, 求圆盘最高点 P 的速度和加速度.

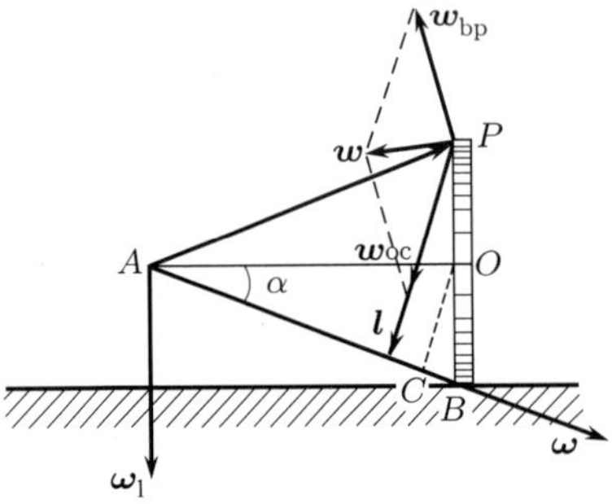

图 27

我们想像圆盘是一个绕固定点 A 转动的圆锥 (在图 27 中只画出了该圆锥的 APB 截面, 圆盘中心的速度垂直纸面指向读者).

由于圆盘与地面接触点 B 的速度等于零, 圆盘的角速度 $\boldsymbol{\omega}$ 沿着 AB 从 A 指向 B, 角速度的大小可以用下面等式求出

$$v_O = \omega_1 AO = \omega OC.$$

利用三角形 ΔAOB 有

$$\sin\alpha = \frac{3}{5}, \quad \cos\alpha = \frac{4}{5}, \quad OC = AO\sin\alpha = \frac{12}{5}a,$$

故

$$\omega = \frac{AO}{OC}\omega_1 = \frac{5}{3}\omega_1.$$

进一步有 $\boldsymbol{v}_P = \boldsymbol{\omega} \times \overline{AP}$, 速度 $\boldsymbol{v}_P$ 垂直于纸面指向读者, 其大小 $v_P = \omega AP\sin 2\alpha = 8\omega_1 a$.

由于角速度大小为常数, 圆盘角加速度由等式 $\boldsymbol{\varepsilon} = \boldsymbol{\omega}_1 \times \boldsymbol{\omega}$ 确定, 向量 $\boldsymbol{\varepsilon}$ 垂直于纸面指向读者, $\varepsilon = \omega_1\omega\sin(\pi/2-\alpha) = 4\omega_1^2/3$.

现在求 P 点的加速度. $\boldsymbol{w} = \boldsymbol{w}_{\text{bp}} + \boldsymbol{w}_{\text{oc}}$, 其中 $\boldsymbol{w}_{\text{bp}} = \boldsymbol{\varepsilon} \times \overline{AP}$, $\boldsymbol{w}_{\text{oc}} = \omega^2\boldsymbol{l}$, $w_{\text{bp}} = \varepsilon AP = 20\omega_1^2 a/3$, $w_{\text{oc}} = 40\omega_1^2 a/3$. 向量 $\boldsymbol{w}_{\text{bp}}$ 位于纸面内并垂直于 $\overline{AP}$, 与向量 $\boldsymbol{w}_{\text{oc}}$ 的夹角 $\beta = \pi - 2\alpha$, 于是有

$$w = \sqrt{w_{\text{bp}}^2 + w_{\text{oc}}^2 - 2w_{\text{bp}}w_{\text{oc}}\cos 2\alpha} = \frac{4\sqrt{97}}{3}\omega_1^2 a.$$

27. 刚体平面运动 如果刚体的所有点都在平行于某个固定平面的平面内运动, 则称刚体的运动是平面运动.

设这个固定平面是固定坐标系的坐标平面 O_aXY, 从刚体向该平面作垂线得到的所有直线都是作平动, 因此确定这样的直线的运动仅需知道直线上一点的运动. 如果刚体的任何一个平行于 O_aXY 的截面的运动已知, 则整个刚体的运动就知道了, 所以, 研究刚体平面运动归结为研究平面图形在自身平面内的运动.

平面图形在自身平面内运动有 3 个自由度, 广义坐标可以选基点 O 的两个坐标 X_O, Y_O 和角 φ, 其中 φ 是固连于平面图形的坐标系的 Ox 轴与固定坐标系的 O_aX 轴的夹角 (图 28).

平面图形上点的速度和加速度可以利用公式 (4) 和 (7) 求得, 这些公式对刚体最一般的运动都是成立的. 我们这里仅介绍刚体平面运动的几个特殊性质.

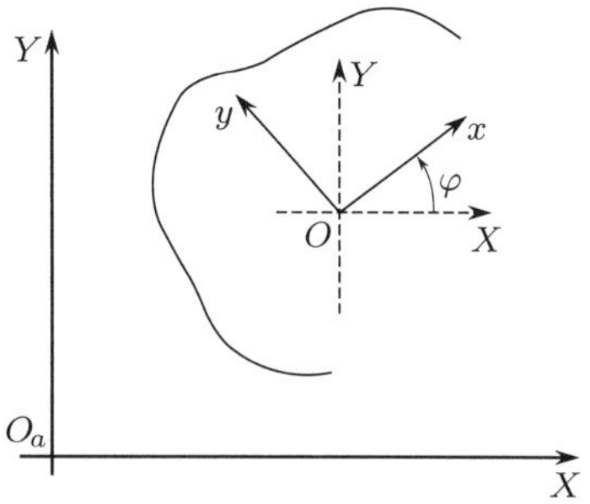

图 28

定理 如果在给定时刻平面图形在自身平面内的运动不是瞬时平动, 则该时刻在平面图形上存在唯一的速度等于零的点 C, 其它点的速度就像该图形绕 C 点作瞬时转动时一样.

证明 因为运动不是瞬时平动, $\boldsymbol{\omega} \neq 0$. 在固定坐标系中的向量 $\boldsymbol{v}_O$, $\boldsymbol{\omega}$ 和未知向量 $\overline{OC}$ 可以写成如下形式

$$\boldsymbol{v}_O = \begin{Vmatrix} \dot{X}_O \\ \dot{Y}_O \\ 0 \end{Vmatrix}, \quad \boldsymbol{\omega} = \begin{Vmatrix} 0 \\ 0 \\ \dot{\varphi} \end{Vmatrix}, \quad \overline{OC} = \begin{Vmatrix} X_C \\ Y_C \\ 0 \end{Vmatrix}.$$

因为待求点 C 的速度 $\boldsymbol{v}_C$ 等于零, 由公式 (4) 可得向量方程

$$\boldsymbol{v}_O + \boldsymbol{\omega} \times \overline{OC} = \mathbf{0},$$

该向量方程等价于 2 个标量方程:

$$\dot{X}_O - \dot{\varphi} Y_C = 0, \quad \dot{Y}_O + \dot{\varphi} X_C = 0,$$

由此得 $X_C = -\dot{Y}_O/\dot{\varphi}$, $Y_C = \dot{X}_O/\dot{\varphi}$, 或者写成向量形式

$$\overline{OC} = \frac{\boldsymbol{\omega} \times \boldsymbol{v}_O}{\omega^2}. \tag{10}$$

如果取 C 为基点, 则定理完全得证. □

点 C 称为瞬时速度中心. 如果已知 $\boldsymbol{\omega}$ 和基点速度 $\boldsymbol{v}_O$, 公式 (10) 给出了求瞬时速度中心的几何方法. 从 $\boldsymbol{\omega}$ 的顶端看, 将 $\boldsymbol{v}_O$ 逆时针旋转 $\pi/2$ (图 29), 然后从 O 点向旋转后 $\boldsymbol{v}_O$ 的方向截取长度为 v_O/ω 的线段, 该线段的顶端 C 就是瞬时速度中心. 通常 $\boldsymbol{\omega}$ 不是已知的, 但知道平面图形上两个点 A 和 B 的速度 $\boldsymbol{v}_A$, $\boldsymbol{v}_B$. 下面给出几种可能求出瞬时速度中心的情况.

1) 如果 $\boldsymbol{v}_A = \boldsymbol{v}_B$, 则运动为瞬时平动. 这是因为从 $\boldsymbol{v}_B = \boldsymbol{v}_A + \boldsymbol{\omega} \times \overline{AB}$ 可知 $\boldsymbol{\omega} = \mathbf{0}$ (这种情况下瞬时速度中心"位于无穷远处"; 或者准确地说, 当 $\dot{\varphi} \to 0$ 时 X_C 和 Y_C 的大小无限增大).

2) 如果 $\boldsymbol{v}_A \neq \boldsymbol{v}_B$, 其中一个点速度等于零, 比如 A 点速度等于零, 则 A 点就是瞬时速度中心.

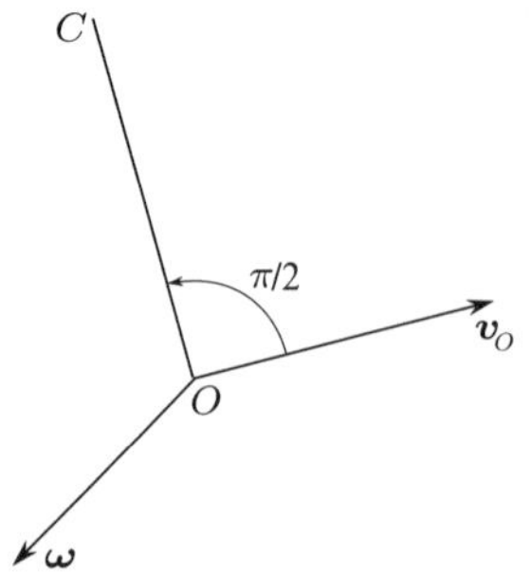

图 29

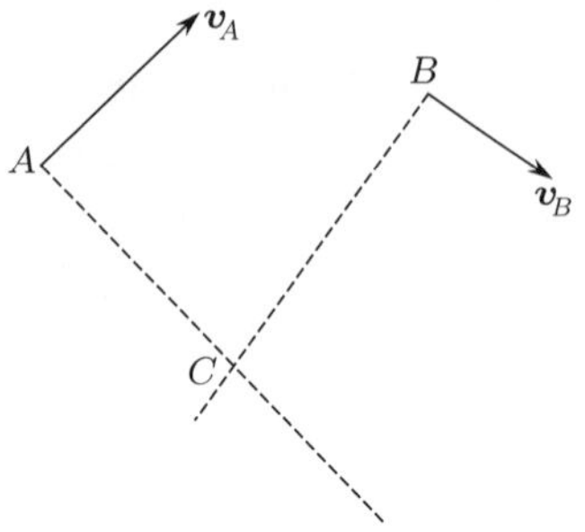

图 30

3) 如果向量 $\boldsymbol{v}_A$ 和 $\boldsymbol{v}_B$ 不平行 (图 30), 则瞬时速度中心位于过 A 和 B 的速度 $\boldsymbol{v}_A$, $\boldsymbol{v}_B$ 的垂线交点. 借助刚体上 2 个点速度投影的性质 (见第 24 小节中的第 1 个推论) 可以给出简单的证明. 事实上, 因为向量 $\boldsymbol{v}_A$ 垂直于 $\overline{CA}$, 向量 $\boldsymbol{v}_B$ 垂直于 $\overline{CB}$, 所以 $\boldsymbol{v}_C$ 在 $\overline{CA}$ 和 $\overline{CB}$ 上的投影等于零. 又因为 $\overline{CA}$ 和 $\overline{CB}$ 不平行, 故 $\boldsymbol{v}_C = \mathbf{0}$.

4) 设 $\boldsymbol{v}_A \neq \boldsymbol{v}_B$, 向量 $\boldsymbol{v}_A$ 和 $\boldsymbol{v}_B$ 平行. 向量 $\overline{AB}$ 不垂直于 $\boldsymbol{v}_A$ (或者 $\boldsymbol{v}_B$) 是不可能的, 因为 $\boldsymbol{v}_A$ 和 $\boldsymbol{v}_B$ 在 A 和 B 连线上的投影不相等. 如果向量 $\overline{AB}$ 垂直于 $\boldsymbol{v}_A$ (或者 $\boldsymbol{v}_B$), 不难验证瞬时速度中心位于 A 和 B 连线与向量 $\boldsymbol{v}_A$ 和 $\boldsymbol{v}_B$ 端点连线的交点 (图 31).

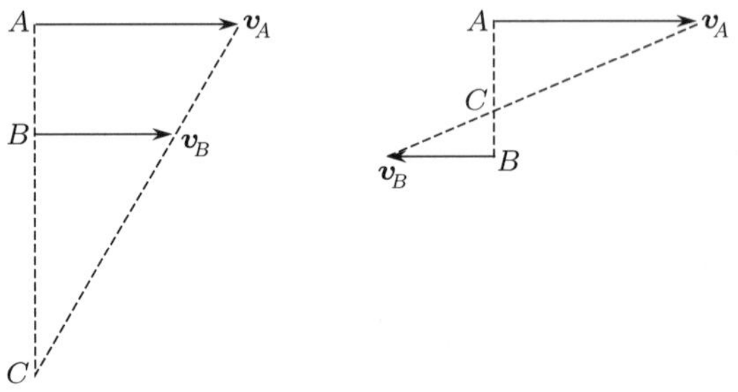

图 31

刚体运动时瞬时速度中心在刚体内和固定空间中都是变化的, 它在固定平面上的几何位置称为*定瞬时速度中心*, 而在运动的平面图形上的几何位置称为*动瞬时速度中心*. 可以证明当刚体运动时动瞬时速度中心轨迹在定瞬时速度中心轨迹上无滑动地滚动.

现在研究刚体平面运动时加速度分布特点.

定理 *设平面图形在自身平面内运动, 如果在给定时刻* $\dot{\varphi}$ *和* $\ddot{\varphi}$ *中至少有一个不等于零, 则该时刻在平面图形上存在唯一的加速度等于零的点* Q.

证明 设基点加速度 $\boldsymbol{w}_O$、瞬时角速度 $\boldsymbol{\omega}$ 和瞬时角加速度 $\boldsymbol{\varepsilon}$ 都是已知的, 求向量 $\overline{OQ}$ 满足 Q 点加速度等于零. 由 (7) 可得 $\overline{OQ}$ 满足的向量方程

$$\boldsymbol{w}_O + \boldsymbol{\varepsilon} \times \overline{OQ} + \boldsymbol{\omega} \times (\boldsymbol{\omega} \times \overline{OQ}) = 0. \tag{11}$$

在固定坐标系中有

$$\boldsymbol{w}_O = \begin{Vmatrix} \ddot{X}_O \\ \ddot{Y}_O \\ 0 \end{Vmatrix}, \quad \boldsymbol{\omega} = \begin{Vmatrix} 0 \\ 0 \\ \dot{\varphi} \end{Vmatrix}, \quad \boldsymbol{\varepsilon} = \begin{Vmatrix} 0 \\ 0 \\ \ddot{\varphi} \end{Vmatrix}, \quad \overline{OQ} = \begin{Vmatrix} X_Q \\ Y_Q \\ 0 \end{Vmatrix},$$

由公式 (11) 可得关于 X_Q, Y_Q 的线性方程组

$$\dot{\varphi}^2 X_Q + \ddot{\varphi} Y_Q = \ddot{X}_O, \qquad -\ddot{\varphi} X_Q + \dot{\varphi}^2 Y_Q = \ddot{Y}_O. \tag{12}$$

由定理条件知方程组 (12) 的系数行列式 $\ddot{\varphi}^2 + \dot{\varphi}^4$ 不等于零, 所以该方程组有唯一解

$$X_Q = \frac{1}{\ddot{\varphi}^2 + \dot{\varphi}^4}(\dot{\varphi}^2 \ddot{X}_O - \ddot{\varphi}\ddot{Y}_O), \quad Y_Q = \frac{1}{\ddot{\varphi}^2 + \dot{\varphi}^4}(\ddot{\varphi}\ddot{X}_O + \dot{\varphi}^2 \ddot{Y}_O).$$

这个公式可以写成向量形式

$$\overline{OQ} = \frac{1}{\varepsilon^2 + \omega^4}(\omega^2 \boldsymbol{w}_O + \boldsymbol{\varepsilon} \times \boldsymbol{w}_O), \tag{13}$$

点 Q 称为*瞬时加速度中心*.

公式 (13) 给出了求瞬时加速度中心的几何方法 (图 32), 确定角度 β 的方程为

$$\tan\beta = \frac{\varepsilon}{\omega^2},$$

这个角度不依赖于基点的选择并且对于刚体上所有点都取一个值. 为了得到 Q 点, 要将 $\boldsymbol{w}_O$ 旋转 β 角, 如果平面图形是加速转动, 则转 β 角的方向与平面图形转动一致; 如果平面图形是减速转动, 则转 β 角的方向与平面图形转动相反. 然后, 从基点向旋转后 $\boldsymbol{w}_O$ 的方向截取线段 OQ, 其长度等于

$$OQ = \frac{w_O}{\sqrt{\varepsilon^2 + \omega^4}}.$$

该线段的顶端 Q 就是瞬时加速度中心, 图 32 相应于逆时针加速转动情形.

如果以瞬时加速度中心为基点, 则在给定时刻任意点 P 的加速度可以像绕 Q 定轴转动一样确定:

$$\boldsymbol{w} = \boldsymbol{w}_{\mathrm{bp}} + \boldsymbol{w}_{\mathrm{oc}}, \qquad w = QP\sqrt{\varepsilon^2 + \omega^4}.$$

例 1 设圆盘沿着固定直线无滑动地滚动, 其中心 O 的速度为常数 (图 33). 由于圆盘上与直线接触的点 P 的速度等于零, 它就是瞬时速度中心. 动瞬时速度中心轨迹就是圆盘的圆周, 定瞬时速度中心轨迹是这条固定直线. 由于 O 点速度等于常数, 它就是瞬时加速度中心.

这个例子说明, 瞬时速度中心和瞬时加速度中心一般来说是不同的点.

例 2 细杆 AB 以 P 点靠在直角上, 端点 A 沿着水平方向以常速度 $\boldsymbol{v}$ 滑动, 求 P 点的绝对速度和绝对加速度随时间的变化规律. 设 $OP = h$, 初始时刻 $OA = 0$ (图 34).

P 点的速度沿着杆, 瞬时速度中心 C 是过 P 点的杆的垂线和过 A 点的铅垂线的交点. 设 $OA = x$ $(x = vt)$, 由 ΔAOP 和 ΔAPC 有

$$AP = \sqrt{h^2 + x^2}, \qquad CP = \frac{x\sqrt{h^2 + x^2}}{h}, \qquad CA = \frac{h^2 + x^2}{h}.$$

杆的角速度由等式 $v = \omega CA$ 求得

$$\omega = \frac{v}{CA} = \frac{vh}{h^2 + x^2} = \frac{vh}{h^2 + v^2t^2},$$

向量 $\boldsymbol{\omega}$ 垂直纸面指向读者. 角加速度向量 $\boldsymbol{\varepsilon}$ 也垂直纸面, 但方向与 $\boldsymbol{\omega}$ 相反 (因为 $\dfrac{\mathrm{d}\omega}{\mathrm{d}t} < 0$). 角加速度大小由 $\varepsilon = |\mathrm{d}\omega/\mathrm{d}t|$ 确定:

$$\varepsilon = \frac{2v^3ht}{(h^2 + v^2t^2)^2}.$$

P 点速度大小为

$$v_P = \omega CP = \frac{v^2t}{\sqrt{h^2 + v^2t^2}}.$$

因为 A 点是瞬时加速度中心 ($v = \mathrm{const}$), P 点加速度由下式给出

$$w_P = AP\sqrt{\varepsilon^2 + \omega^4} = \frac{v^2h\sqrt{h^2 + 4v^2t^2}}{(h^2 + v^2t^2)^{3/2}}.$$

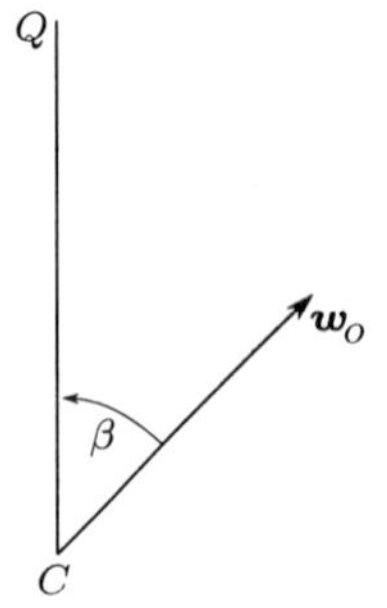

图 32

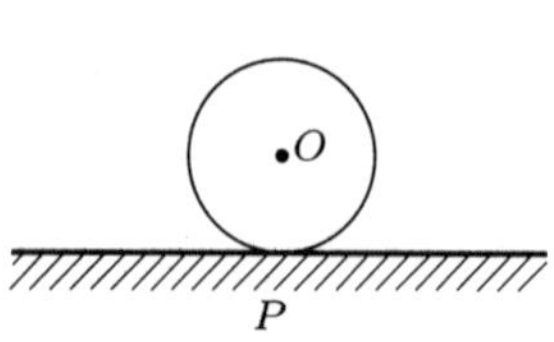

图 33

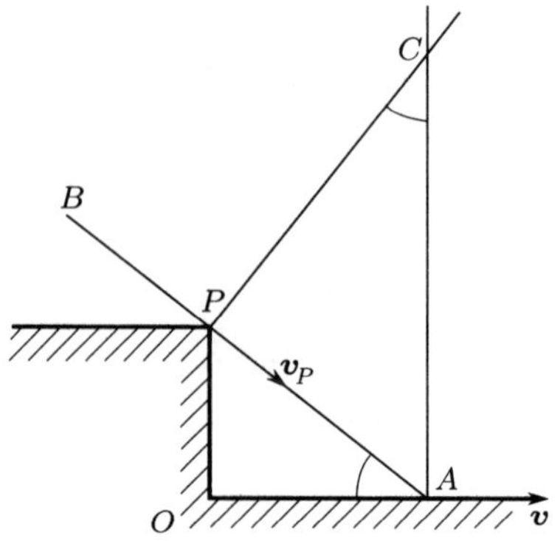

图 34

28. 运动学不变量 我们回到在第 24 小节中研究过的刚体一般运动. 在 P 点速度公式 (4) 中角速度 $\boldsymbol{\omega}$ 不依赖于点 P 的选择, 向量 $\boldsymbol{\omega}$ 称为第一运动学不变量. 更狭义地, 我们称 $I_1 = \omega^2$ 为第一运动学不变量. 再由公式 (4) 知, 刚体上任意 2 点 A 和 B 速度 $\boldsymbol{v}_A$ 和 $\boldsymbol{v}_B$ 与 $\boldsymbol{\omega}$ 标量积相等, 因为刚体上点的速度沿着角速度方向的投影不依赖于点的选择. 刚体上点的速度和刚体角速度的标量积 $I_2 = \boldsymbol{v} \cdot \boldsymbol{\omega}$ 称为第二运动学不变量.

我们将证明, 在刚体的最一般运动情况下, 如果 $I_2 \neq 0$, 则刚体上点的速度就如同刚体作螺旋运动一样. 为此, 根据第 23 小节, 需要证明存在直线 MN, 直线上所有点的速度在给定时刻沿着该直线并平行于 $\boldsymbol{\omega}$.

设选定 O 为基点, 基点速度 $\boldsymbol{v}_O$ 和刚体角速度 $\boldsymbol{\omega}$ 都是已知的, 在从固定坐标系 O_aXYZ 平动得到的坐标系 $OXYZ$ 中 (图 17) 有

$$\boldsymbol{v}_O = \begin{Vmatrix} v_{OX} \\ v_{OY} \\ v_{OZ} \end{Vmatrix}, \quad \boldsymbol{\omega} = \begin{Vmatrix} \omega_X \\ \omega_Y \\ \omega_Z \end{Vmatrix}.$$

如果刚体上 S 点 (图 35) 的速度不等于零并且平行于 $\boldsymbol{\omega}$, 则

$$\boldsymbol{v}_O + \boldsymbol{\omega} \times \overline{OS} = p\boldsymbol{\omega} \quad (p \neq 0),$$

这就是直线 MN 的向量方程. 如果 X, Y, Z 是该直线上的任意点的坐标, 则上面方程可以写成标量形式

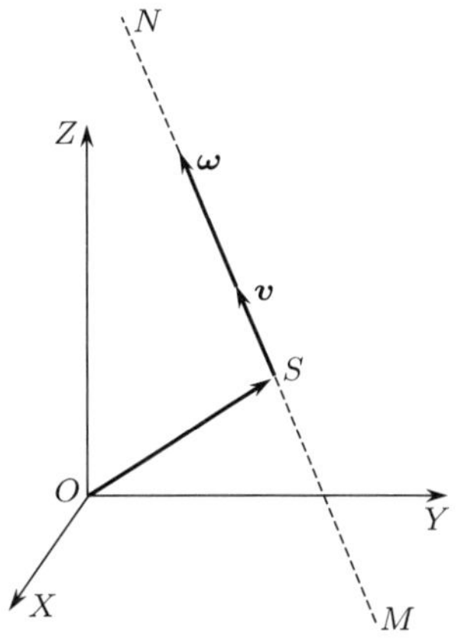

图 35

$$\frac{v_{OX} + (\omega_Y Z - \omega_Z Y)}{\omega_X} = \frac{v_{OY} + (\omega_Z X - \omega_X Z)}{\omega_Y} = \frac{v_{OZ} + (\omega_X Y - \omega_Y X)}{\omega_Z} = p. \tag{14}$$

直线 (14) 称为*瞬时螺旋轴*. 显然, 瞬时螺旋轴上所有点的速度都相同, 都等于刚体上任意点的速度在 $\boldsymbol{\omega}$ 方向上的投影. 刚体角速度 $\boldsymbol{\omega}$ 和瞬时螺旋轴上任意点的速度 $\boldsymbol{v}$ 的组合称为*运动螺旋*, p 称为*螺旋参数*. 螺旋参数 p 可以由运动学不变量得到

$$p = \frac{I_2}{I_1}.$$

根据螺旋参数的正或负, 运动学螺旋分别称为*右螺旋*或*左螺旋*, 图 35 画出的是右螺旋.

例 1 *设刚体在空间中运动, 在给定时刻已知 3 个点 $A(0,0,0)$, $B(1,1,0)$, $C(1,1,1)$ 的速度分别为 $\boldsymbol{v}_A(2,1,-3), \boldsymbol{v}_B(0,3,-1), \boldsymbol{v}_C(-1,2,-1)$, 求该给定时刻的运动螺旋的位置和螺旋参数.*

取 A 点为基点, 有 $\boldsymbol{v}_B = \boldsymbol{v}_A + \boldsymbol{\omega} \times \overline{AB}$, $\boldsymbol{v}_C = \boldsymbol{v}_A + \boldsymbol{\omega} \times \overline{AC}$. 这 2 个向量方程可以写成 6 个关于 $\boldsymbol{\omega}$ 的分量 $\omega_x, \omega_y, \omega_z$ 的线性方程组:

$$-\omega_z = -2, \quad \omega_z = 2, \quad \omega_x - \omega_y = 2, \quad \omega_y - \omega_z = -3, \quad \omega_z - \omega_x = 1, \quad \omega_x - \omega_y = 2.$$

解方程组得

$$\omega_x = 1, \qquad \omega_y = -1, \qquad \omega_z = 2.$$

运动学不变量 I_1 和 I_2 为

$$I_1 = \omega^2 = 6, \quad I_2 = \boldsymbol{v}_A \cdot \boldsymbol{\omega} = -5.$$

可见, 在该时刻刚体作瞬时螺旋运动, 并且螺旋参数等于 $-5/6$. 根据 (14), 瞬时螺旋轴方程为

$$\frac{2-2y-z}{1} = \frac{1+2x-z}{-1} = \frac{-3+x+y}{2} = -\frac{5}{6}.$$

§5. 点的复合运动

29. 基本定义 有时需要同时研究点相对 2 个坐标系的运动. 设坐标系 $Oxyz$ 相对固定坐标系 O_aXYZ 以给定规律运动 (图 17), 这就是说基点 O 的运动和确定坐标轴 Ox, Oy, Oz 相对固定坐标系方位的矩阵 $\boldsymbol{A}(t)$ 都是已知的. 设 P 点在空间中运动, 它相对坐标系 $Oxyz$ 的运动称为相对运动, 坐标系 $Oxyz$ 相对 O_aXYZ 的运动称为牵连运动, 点 P 相对坐标系 O_aXYZ 的运动称为复合运动或绝对运动. 我们的任务是建立点相对固定坐标系和运动坐标系的基本运动学特性之间的关系.

点相对固定坐标系 O_aXYZ 的速度 (加速度) 称为绝对速度$\boldsymbol{v}_{\mathrm{a}}$ (绝对加速度$\boldsymbol{w}_{\mathrm{a}}$), 点相对运动坐标系 $Oxyz$ 的速度 (加速度) 称为相对速度$\boldsymbol{v}_{\mathrm{r}}$ (相对加速度$\boldsymbol{w}_{\mathrm{r}}$). 相对坐标系 $Oxyz$ 不动, 在给定时刻与 P 点重合的 P' 点的速度 (加速度) 称为牵连速度$\boldsymbol{v}_{\mathrm{e}}$ (牵连加速度$\boldsymbol{w}_{\mathrm{e}}$). 换句话说, P 点的牵连速度 (加速度) 就如同该时刻它与运动坐标系固结在一起时所具有的速度 (加速度), 即没有相对运动.

30. 向量相对运动坐标系的导数 我们经常会遇到向量相对任意运动的坐标系 $Oxyz$ 微分的问题. 向量在固定坐标系 O_aXYZ 中改变的速度称为绝对导数, 而在坐标系 $Oxyz$ 中改变的速度称为相对导数或者局部导数. 下面求这 2 个导数之间的关系.

在图 17 中, $\overline{OP} = \boldsymbol{\rho}$ 是在 $Oxyz$ 中给定的向量, 这个向量 $\overline{OP}$ 在固定坐标系 O_aXYZ 中给出, 并记做 $\boldsymbol{r}$. 由于坐标系 $Oxyz$ 相对 O_aXYZ 的运动已知, 故确定运动坐标系相对固定坐标系方位的矩阵 $\boldsymbol{A}$ 是已知的, 并且有

$$\boldsymbol{r} = \boldsymbol{A}(t)\boldsymbol{\rho}. \tag{1}$$

向量 $\mathrm{d}\boldsymbol{r}/\mathrm{d}t$ 是向量 $\overline{OP}$ 的绝对导数, 而向量 $\widetilde{\mathrm{d}}\boldsymbol{r}/\mathrm{d}t = \boldsymbol{A}(t)\mathrm{d}\boldsymbol{\rho}/\mathrm{d}t$ 是向量 $\overline{OP}$ 的相对导数. 2 个导数都在 O_aXYZ 中给出 (由此可知, 向量 $\mathrm{d}\boldsymbol{\rho}/\mathrm{d}t$ 在坐标系 $Oxyz$ 中给出).

由 (1) 得

$$\frac{\mathrm{d}\boldsymbol{r}}{\mathrm{d}t} = \dot{\boldsymbol{A}}\boldsymbol{\rho} + \boldsymbol{A}\dot{\boldsymbol{\rho}} = \dot{\boldsymbol{A}}\boldsymbol{A}^{-1}\boldsymbol{r} + \boldsymbol{A}\dot{\boldsymbol{\rho}}. \tag{2}$$

又因为 (见第 24 小节)

$$\dot{\boldsymbol{A}}\boldsymbol{A}^{-1}\boldsymbol{r} = \boldsymbol{\omega} \times \boldsymbol{r}, \tag{3}$$

其中 $\boldsymbol{\omega}$ 是坐标系 $Oxyz$ 相对 O_aXYZ 的角速度, 于是公式 (2) 写成

$$\frac{\mathrm{d}\boldsymbol{r}}{\mathrm{d}t} = \boldsymbol{\omega} \times \boldsymbol{r} + \boldsymbol{A}\dot{\boldsymbol{\rho}}. \tag{4}$$

如果用相对导数的记号, 则最终得到

$$\frac{\mathrm{d}\boldsymbol{r}}{\mathrm{d}t} = \frac{\widetilde{\mathrm{d}}\boldsymbol{r}}{\mathrm{d}t} + \boldsymbol{\omega} \times \boldsymbol{r}. \tag{5}$$

这个公式建立了绝对导数和相对导数的关系.

练习题 4 证明: 如果刚体定点运动的角速度 $\boldsymbol{\omega}$ 相对刚体不变, 则它相对固定空间也不变; 反之亦然.

31. 速度合成定理 由绝对导数和相对导数的关系可以给出下面定理.

定理 点的绝对速度等于牵连速度与相对速度之和.

证明 根据图 17 和公式 (1) 知, P 点在固定坐标系中的向径 $\boldsymbol{R} = \boldsymbol{R}_O + \boldsymbol{r}$. 将 $\boldsymbol{R}$ 对时间求导并利用 (4) 得 P 点的绝对速度:

$$\boldsymbol{v}_{\mathrm{a}} = \dot{\boldsymbol{R}} = \dot{\boldsymbol{R}}_O + \dot{\boldsymbol{r}} = \boldsymbol{v}_O + \boldsymbol{\omega} \times \boldsymbol{r} + \boldsymbol{A}\dot{\boldsymbol{\rho}}. \tag{6}$$

向量 $\boldsymbol{v}_O + \boldsymbol{\omega} \times \boldsymbol{r}$ 是在给定时刻与 P 重合的运动坐标系上点的速度, 即牵连速度 $\boldsymbol{v}_{\mathrm{e}}$. 向量 $\boldsymbol{A}\dot{\boldsymbol{\rho}}$ 是在固定坐标系中给出的相对速度 $\boldsymbol{v}_{\mathrm{r}}$, 于是等式 (6) 可以写成

$$\boldsymbol{v}_{\mathrm{a}} = \boldsymbol{v}_{\mathrm{e}} + \boldsymbol{v}_{\mathrm{r}}. \tag{7}$$

32. 加速度合成定理 (科里奥利定理) 为了求点的绝对加速度, 将等式 (6) 两边对时间微分并利用等式 (4) 得

$$\begin{aligned}\boldsymbol{w}_{\mathrm{a}} = \dot{v}_{\mathrm{a}} &= \dot{\boldsymbol{v}}_O + \dot{\boldsymbol{\omega}} \times \boldsymbol{r} + \boldsymbol{\omega} \times \dot{\boldsymbol{r}} + \dot{\boldsymbol{A}}\dot{\boldsymbol{\rho}} + \boldsymbol{A}\ddot{\boldsymbol{\rho}} \\ &= \boldsymbol{w}_O + \boldsymbol{\varepsilon} \times \boldsymbol{r} + \boldsymbol{\omega} \times (\boldsymbol{\omega} \times \boldsymbol{r} + \boldsymbol{A}\dot{\boldsymbol{\rho}}) + \dot{\boldsymbol{A}}\dot{\boldsymbol{\rho}} + \boldsymbol{A}\ddot{\boldsymbol{\rho}}. \end{aligned} \tag{8}$$

其中 $\boldsymbol{\varepsilon}$ 是运动坐标系 $Oxyz$ 的角加速度, 向量 $\boldsymbol{A}\ddot{\boldsymbol{\rho}}$ 是相对加速度 $\boldsymbol{w}_r$. 将等式 (8) 重新写为

$$\boldsymbol{w}_{\mathrm{a}} = \boldsymbol{w}_O + \boldsymbol{\varepsilon} \times \boldsymbol{r} + \boldsymbol{\omega} \times (\boldsymbol{\omega} \times \boldsymbol{r}) + \boldsymbol{w}_{\mathrm{r}} + \boldsymbol{\omega} \times \boldsymbol{A}\dot{\boldsymbol{\rho}} + \dot{\boldsymbol{A}}\dot{\boldsymbol{\rho}}. \tag{9}$$

向量 $\boldsymbol{w}_O + \boldsymbol{\varepsilon} \times \boldsymbol{r} + \boldsymbol{\omega} \times (\boldsymbol{\omega} \times \boldsymbol{r})$ 是在给定时刻与 P 重合的运动坐标系上点的加速度, 即牵加连速度 $\boldsymbol{v}_{\mathrm{e}}$. 进一步, 根据 (3) 有 $\dot{\boldsymbol{A}}\dot{\boldsymbol{\rho}} = \dot{\boldsymbol{A}}\boldsymbol{A}^{-1}\boldsymbol{A}\dot{\boldsymbol{\rho}} = \boldsymbol{\omega} \times \boldsymbol{A}\dot{\boldsymbol{\rho}}$, 因此 (9) 中最后 2 项都等于 $\boldsymbol{\omega} \times \boldsymbol{v}_{\mathrm{r}}$, 于是 (9) 可以写成

$$\boldsymbol{w}_{\mathrm{a}} = \boldsymbol{w}_{\mathrm{e}} + \boldsymbol{w}_{\mathrm{r}} + \boldsymbol{w}_{\mathrm{c}}, \tag{10}$$

其中 $\boldsymbol{w}_{\mathrm{c}} = 2\boldsymbol{\omega} \times \boldsymbol{v}_{\mathrm{r}}$. 向量 $\boldsymbol{w}_{\mathrm{c}}$ 称为科里奥利加速度. 公式 (10) 给出了加速度合成定理.

定理 点的绝对速度等于牵连速度、相对速度和科里奥利加速度之和.

可以说, 绝对加速度中的科里奥利加速度部分改变绝对速度有 2 种方式: 1) 牵连运动影响相对速度 (当 $\boldsymbol{\omega} \neq \mathbf{0}$ 时, 向量 $\boldsymbol{v}_{\mathrm{r}}$ 由于运动坐标系的运动而相对固定坐标系转动) ; 2) 相对运动影响牵连速度 ($\boldsymbol{v}_{\mathrm{r}} \neq \mathbf{0}$ 时, 点的位置在运动坐标系中变化而改变牵连速度).

练习题 5 试证明: 上面指出的 2 个原因对科里奥利加速度的贡献相同, 都等于 $\boldsymbol{\omega} \times \boldsymbol{v}_{\mathrm{r}}$.

例 1 两根杆 AB 和 CD 以给定速度 $\boldsymbol{v}_1$ 和 $\boldsymbol{v}_2$ 在平面内作平动, 求 2 杆交点 P 的速度.

P 点的绝对速度等于杆 AB 的牵连速度 $\boldsymbol{v}_1$ 与 P 点相对这个杆的相对速度之和. 另一方面, P 点的绝对速度也等于杆 CD 的牵连速度 $\boldsymbol{v}_2$ 与 P 点相对这个杆的相对速度之和. 由此可得求 P 点绝对速度的方法: 过向量 $\boldsymbol{v}_1$ 和 $\boldsymbol{v}_2$ 的端点作平行于杆 AB 和 CD 的直线 (图 36), 它们的交点 P_1 就是 P 点绝对速度向量 $\overline{PP_1}$ 的端点.

例 2 P 点以常角速度 $\boldsymbol{\omega}$ 沿着半径为 R 的圆周运动, 该圆以同样角速度绕自己的直径转动, 求 P 点的绝对速度和绝对加速度, 用角 φ 表示 (图 37).

引入与转动圆周固连的坐标系 $Oxyz$, 其原点位于圆心, 坐标平面 Oyz 与圆周所在平面重合, Oz 轴沿着角速度 $\boldsymbol{\omega}$ 的方向.

P 点的牵连速度垂直于圆周平面: $\boldsymbol{v}_{\mathrm{e}}' = (-\omega R \sin\varphi, 0, 0)$, 相对速度沿着圆的切线: $\boldsymbol{v}_{\mathrm{r}}' = (0, \omega R \cos\varphi, -\omega R \sin\varphi)$. 按照公式 (7), P 点的绝对速度有

$$\boldsymbol{v}_{\mathrm{a}}' = \omega R(-\sin\varphi, \cos\varphi, -\sin\varphi), \qquad v_{\mathrm{a}} = \omega R\sqrt{1 + \sin^2\varphi}.$$

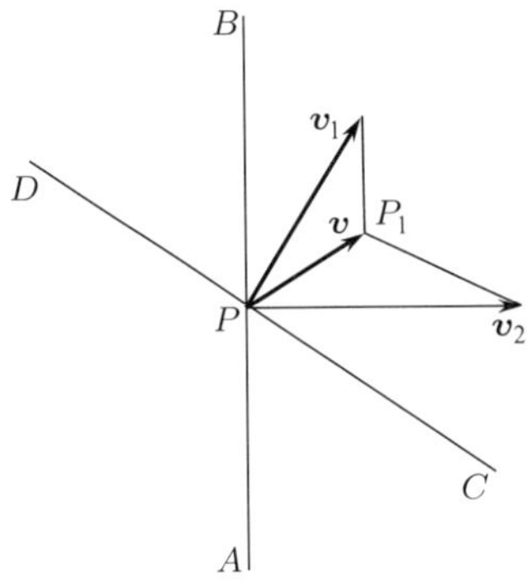

图 36

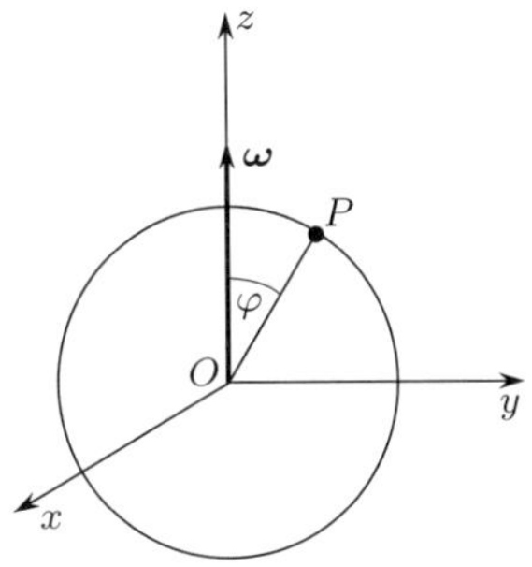

图 37

牵连加速度位于圆周平面内并垂直于转动轴: $\boldsymbol{w}'_{\mathrm{e}} = (0, -\omega^2 R\sin\varphi, 0)$, 相对加速度位于圆周平面内并指向圆心: $\boldsymbol{w}'_{\mathrm{r}} = (0, -\omega^2 R\sin\varphi, -\omega^2 R\cos\varphi)$. 科里奥利加速度 $\boldsymbol{w}'_{\mathrm{c}} = (-2\omega^2 R\cos\varphi, 0, 0)$. 按照公式 (10), P 点的绝对加速度有

$$\boldsymbol{w}'_{\mathrm{a}} = -\omega^2 R(2\cos\varphi, 2\sin\varphi, \cos\varphi), \qquad w_{\mathrm{a}} = \omega^2 R\sqrt{4+\cos^2\varphi}.$$

§6. 刚体复合运动

33. 问题的提法 设刚体相对坐标系 $O_1x_1y_1z_1$ 运动, 而坐标系 $O_1x_1y_1z_1$ 本身又相对固定坐标系 O_aXYZ 运动, 就是说, 刚体相对坐标系 O_aXYZ 作复合运动, 该运动由 2 个已知运动合成. 类似地可以定义 n 个运动合成的复合运动.

研究刚体复合运动的任务是寻找各个运动与复合运动的基本运动学特性之间的依赖关系. 我们只研究平动的速度之间的关系和角速度之间的关系. 为了方便, 我们限于研究 2 个运动组成的复合运动.

34. 瞬时平动的合成 设 $\boldsymbol{v}_1$ 是刚体相对坐标系 $O_1x_1y_1z_1$ 的瞬时平动速度, 而 $\boldsymbol{v}_2$ 是坐标系 $O_1x_1y_1z_1$ 相对固定坐标系 O_aXYZ 瞬时平动的速度, 我们选刚体上任意点 P 来求其绝对速度 $\boldsymbol{v}_{\mathrm{a}}$. 根据速度合成定理 (见第 31 小节) 有

$$\boldsymbol{v}_{\mathrm{a}} = \boldsymbol{v}_{\mathrm{e}} + \boldsymbol{v}_{\mathrm{r}}. \tag{1}$$

对刚体上任意点 P, 牵连速度 $\boldsymbol{v}_{\mathrm{e}}$ 为 $\boldsymbol{v}_2$, 而相对速度 $\boldsymbol{v}_{\mathrm{r}}$ 为 $\boldsymbol{v}_1$. 因此任意点 P 的速度

$$\boldsymbol{v}_{\mathrm{a}} = \boldsymbol{v}_1 + \boldsymbol{v}_2.$$

因为在给定时刻刚体上所有点有相同的速度, 故复合运动也是瞬时平动.

对于 n 个运动合成情况, 类似地可以得到瞬时平动速度

$$\boldsymbol{v} = \sum_{i=1}^{n} \boldsymbol{v}_i.$$

35. 瞬时定轴转动的合成 设刚体相对坐标系 $O_1x_1y_1z_1$ 以角速度 $\boldsymbol{\omega}_1$ 瞬时转动, 而坐标系 $O_1x_1y_1z_1$ 相对固定坐标系 O_aXYZ 以角速度 $\boldsymbol{\omega}_2$ 瞬时转动, 假设两个转动轴相交于 A 点 (图 38).

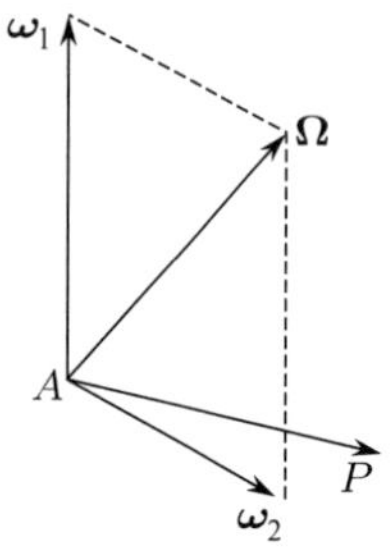

图 38

设点 A 在给定时刻的速度等于零, 于是复合运动是绕过 A 的轴的转动. 我们来求转动角速度 $\boldsymbol{\Omega}$, 选刚体上任意点 P, 为了求它的速度, 将 $\boldsymbol{v}_{\mathrm{e}} = \boldsymbol{\omega}_2 \times \overline{AP}$ 和 $\boldsymbol{v}_{\mathrm{r}} = \boldsymbol{\omega}_1 \times \overline{AP}$ 代入 (1), 求得 P 点绝对速度 $\boldsymbol{v}_{\mathrm{a}}$ 为

$$\begin{aligned} \boldsymbol{v}_{\mathrm{a}} &= \boldsymbol{\omega}_1 \times \overline{AP} + \boldsymbol{\omega}_2 \times \overline{AP} \\ &= (\boldsymbol{\omega}_1 + \boldsymbol{\omega}_2) \times \overline{AP}. \end{aligned} \tag{2}$$

另一方面又有

$$\boldsymbol{v}_{\mathrm{a}} = \boldsymbol{\Omega} \times \overline{AP}. \tag{3}$$

利用 $\overline{AP}$ 的任意性, 由 (2) 和 (3) 得

$$\boldsymbol{\Omega} = \boldsymbol{\omega}_1 + \boldsymbol{\omega}_2.$$

可见, 刚体绕两个相交轴的瞬时转动等价于角速度为 2 个转动角速度之和的瞬时转动.

对于 n 个瞬时转动合成情况, 类似地可以得到等价的瞬时转动角速度

$$\boldsymbol{\Omega} = \sum_{i=1}^{n} \boldsymbol{\omega}_i.$$

评注 5 如果 2 个转动的角速度大小相等方向相反且转动轴相同, 则 $\boldsymbol{\omega}_1 + \boldsymbol{\omega}_2 = \mathbf{0}$, 并且这 2 个转动的存在不影响作复合运动的刚体上点的速度. 由此可知, $\boldsymbol{\omega}$ 是滑移向量, 即该向量的起点可以沿着其作用线移动到任意点而不改变刚体上点的速度. 事实上, 设刚体绕某个轴以角速度 $\boldsymbol{\omega}$ 转动, 向量 $\boldsymbol{\omega}$ 位于转动轴上 A 点 (图 39), 在轴上 B 点增加 2 个向量 $\boldsymbol{\omega}_1$ 和 $\boldsymbol{\omega}_2$ 使得 $\boldsymbol{\omega} = \boldsymbol{\omega}_1 = -\boldsymbol{\omega}_2 = \mathbf{0}$, 我们研究刚体绕该轴以 3 个角速度 $\boldsymbol{\omega}$, $\boldsymbol{\omega}_1$, $\boldsymbol{\omega}_2$ 转动的复合运动. 根据前面指出的, 2 个角速度为 $\boldsymbol{\omega}_1$ 和 $\boldsymbol{\omega}_2$ 的转动不影响作复合运动的刚体上点的速度, 因此这 2 个转动可以消去, 于是向量 $\boldsymbol{\omega}$ 沿着其作用线移动了 AB 而不改变刚体上点的速度.

36. 欧拉运动学方程 我们来用欧拉角 (见第 19 小节) 及其导数表示刚体定点运动的瞬时角速度. 刚体定点运动由 3 个运动合成: 以角速度 $\dot{\psi}$ 绕 OZ 轴转动, 以

角速度 $\dot{\theta}$ 绕节线 ON 转动, 以角速度 $\dot{\varphi}$ 绕 Oz 轴转动 (图 40), 刚体瞬时角速度等于这些角速度之和. 设 p, q, r 分别是角速度 $\boldsymbol{\omega}$ 在刚体固连坐标系的 Ox, Oy, Oz 轴上的投影, 利用图 40 容易得到 p, q, r 用欧拉角及其导数给出的表达式, 其中辅助线 OM 位于平面 Oxy 内并垂直于节线, 于是我们有

$$\begin{aligned} p &= \dot{\psi}\sin\theta\sin\varphi + \dot{\theta}\cos\varphi, \\ q &= \dot{\psi}\sin\theta\cos\varphi - \dot{\theta}\sin\varphi, \\ r &= \dot{\psi}\cos\theta + \dot{\varphi}. \end{aligned} \tag{4}$$

关系式 (4) 称为欧拉运动学方程, 其在研究刚体运动时应用很广.

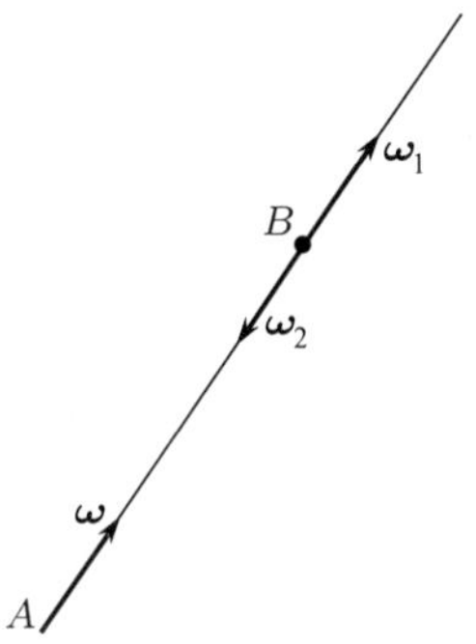

图 39

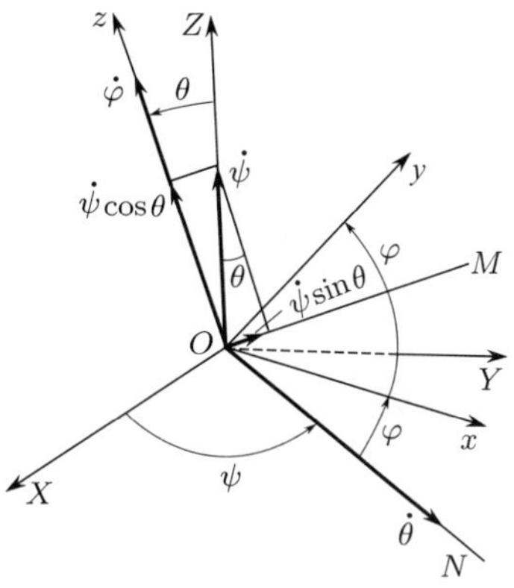

图 40

37. 绕平行轴瞬时转动的合成 设刚体相对坐标系 $O_1x_1y_1z_1$ 以角速度 $\boldsymbol{\omega}_1$ 瞬时转动, 而坐标系 $O_1x_1y_1z_1$ 相对固定坐标系 O_aXYZ 以角速度 $\boldsymbol{\omega}_2$ 瞬时转动, 并且 2 个转动轴平行. 显然, 在这种情况下, 复合运动刚体上点的速度与刚体平面运动一样. 如果在刚体内取某直线平行于转动轴, 则该直线上所有点的速度在给定时刻都相同, 因此只要研究位于垂直于 $\boldsymbol{\omega}_1$ 和 $\boldsymbol{\omega}_2$ 的平面内的点就可以了. 设该平面与 $\boldsymbol{\omega}_1$ 和 $\boldsymbol{\omega}_2$ 所在平面交于直线 AB (图 41 和图 42).

如果 $\boldsymbol{\omega}_1$ 和 $\boldsymbol{\omega}_2$ 方向相同, 则复合运动的角速度大小为 $\Omega = \omega_1 + \omega_2$; 角速度 $\boldsymbol{\Omega}$ 位于 $\boldsymbol{\omega}_1$ 和 $\boldsymbol{\omega}_2$ 所在平面 (图 41), 平行于 $\boldsymbol{\omega}_1$ 和 $\boldsymbol{\omega}_2$ 并指向同一个方向, 它将 $\boldsymbol{\omega}_1$ 和 $\boldsymbol{\omega}_2$ 的内线段分割成反比例于 ω_1 和 ω_2 的 2 部分, 即

$$\omega_1 AC = \omega_2 BC. \tag{5}$$

C 点的速度

$$\boldsymbol{v}_C = \boldsymbol{\omega}_1 \times \overline{AC} + \boldsymbol{\omega}_2 \times \overline{BC}.$$

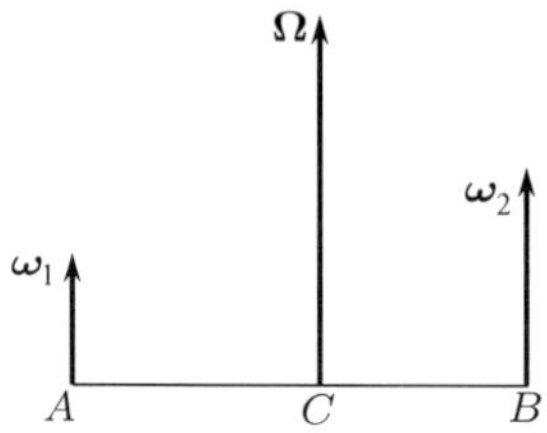

图 41

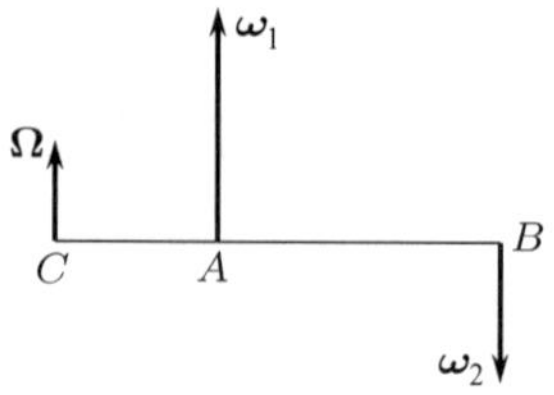

图 42

这个等式右端求和的 2 个向量平行且反向, 在满足等式 (5) 时它们的大小相等, 所以 $\boldsymbol{v}_C=\mathbf{0}$. 由此可知, 过 C 点平行于 $\boldsymbol{\omega}_1$ 和 $\boldsymbol{\omega}_2$ 的轴上所有点的速度等于零, 复合运动是绕该轴的瞬时转动.

为了求角速度 $\boldsymbol{\Omega}$, 只要研究一个不在瞬时转动轴上点的速度就可以了 (刚体上不共线的 3 个点的速度完全可以确定所有点的速度, 见第 24 小节). 我们来研究 B 点的速度, 一方面, $\boldsymbol{v}_B=\boldsymbol{\omega}_1\times\overline{AB}$; 另一方面, $\boldsymbol{v}_B=\boldsymbol{\Omega}\times\overline{CB}$. 由等式

$$\boldsymbol{\Omega}\times\overline{CB}=\boldsymbol{\omega}_1\times\overline{AB} \tag{6}$$

可知, $\boldsymbol{\omega}_1$ 和 $\boldsymbol{\Omega}$ 平行且同向. 为了求向量 $\boldsymbol{\Omega}$ 的大小, 令等式 (6) 两边的模相等:

$$\Omega CB=\omega_1 AB. \tag{7}$$

再利用 (5) 得

$$AB=AC+CB=\frac{\omega_2}{\omega_1}CB+CB=\frac{\omega_1+\omega_2}{\omega_1}CB. \tag{8}$$

由 (7) 和 (8) 可知 $\Omega=\omega_1+\omega_2$.

类似地研究 $\boldsymbol{\omega}_1$ 和 $\boldsymbol{\omega}_2$ 方向相反的情况. 不妨令 $\boldsymbol{\omega}_1>\boldsymbol{\omega}_2$, 这时复合运动是角速度为 $\Omega=\omega_1-\omega_2$ 的瞬时转动. 角速度 $\boldsymbol{\Omega}$ 位于 $\boldsymbol{\omega}_1$ 和 $\boldsymbol{\omega}_2$ 所在平面, 平行于 $\boldsymbol{\omega}_1$ 和 $\boldsymbol{\omega}_2$ 并指向较大的角速度方向, 它将 $\boldsymbol{\omega}_1$ 和 $\boldsymbol{\omega}_2$ 的外线段分割成反比例于 ω_1 和 ω_2 的 2 部分 (图 42), 即 $\omega_1 AC=\omega_2 BC$.

38. 转动偶 绕平行轴以大小相等方向相反的角速度进行的转动称为*转动偶*.

转动偶的两个角速度 $\boldsymbol{\omega}_1$ 和 $\boldsymbol{\omega}_2$ 所在平面称为*转动偶平面*, 角速度 $\boldsymbol{\omega}_1$ 和 $\boldsymbol{\omega}_2$ 之间的距离 d 称为*转动偶臂* (图 43), 向量 $\overline{AB}\times\boldsymbol{\omega}_2$ 称为*转动偶矩*.

我们下面证明, 转动偶使刚体作瞬时平动, 且平动速度等于转动偶矩. 为此, 我们计算刚体上任意点 P 的速度

$$\begin{aligned}\boldsymbol{v}&=\boldsymbol{\omega}_1\times\overline{AP}+\boldsymbol{\omega}_2\times\overline{BP}=\overline{AP}\times\boldsymbol{\omega}_2-\overline{BP}\times\boldsymbol{\omega}_2\\&=(\overline{AP}-\overline{BP})\times\boldsymbol{\omega}_2=\overline{AB}\times\boldsymbol{\omega}_2.\end{aligned}$$

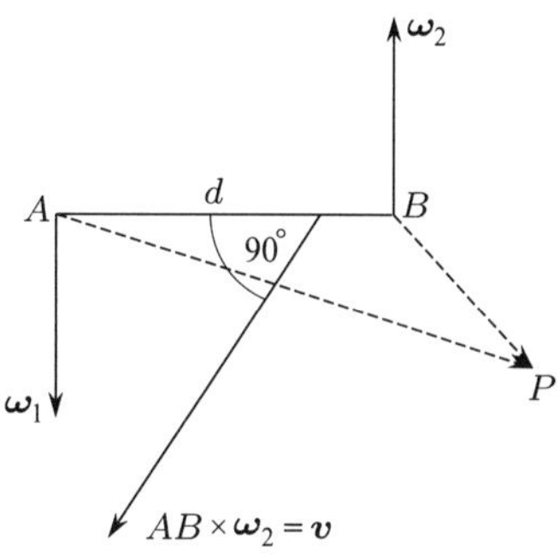

图 43

可见, 转动偶等价于速度 $\boldsymbol{v}$ 等于转动偶矩的瞬时平动. 这个速度 $\boldsymbol{v}$ 是自由向量, 因为它可以移动到刚体上的任何点 (刚体上所有点的速度都相同). 速度 $\boldsymbol{v}$ 垂直于转动偶平面, 从速度 $\boldsymbol{v}$ 的顶端观察, 转动偶 $\boldsymbol{\omega}_1$ 和 $\boldsymbol{\omega}_2$ 向量在转动偶平面内是逆时针的. 如果引进记号 $\omega=|\boldsymbol{\omega}_1|=|\boldsymbol{\omega}_2|$, 则有

$$v=\omega d. \tag{9}$$

相反地, 刚体的任何瞬时平动都可以 (用无穷多种方法) 用转动偶代替, 其中转动偶平面垂直于 $\boldsymbol{v}$, 而转动偶臂 d, $\boldsymbol{\omega}_1$ 和 $\boldsymbol{\omega}_2$ 的模 ω 满足关系式 (9). 选择 $\boldsymbol{\omega}_1$ 和 $\boldsymbol{\omega}_2$ 的方向使转动偶矩的方向与向量 $\boldsymbol{v}$ 重合.

39. 瞬时平动与瞬时转动的合成 设刚体相对坐标系 $O_1x_1y_1z_1$ 以角速度 $\boldsymbol{\omega}$ 瞬时转动, 而坐标系 $O_1x_1y_1z_1$ 相对固定坐标系 O_aXYZ 以速度 $\boldsymbol{v}$ 瞬时平动. 向量 $\boldsymbol{\omega}$ 和 $\boldsymbol{v}$ 之间的夹角等于 α.

为了研究刚体复合运动的性质, 我们将向量 $\boldsymbol{v}$ 分解为 $\boldsymbol{v}_1$ 和 $\boldsymbol{v}_2$, 第 1 个速度 $\boldsymbol{v}_1$ 的方向沿着向量 $\boldsymbol{\omega}$, 第 2 个速度 $\boldsymbol{v}_2$ 的方向垂直向量 $\boldsymbol{\omega}$ (图 44), $v_1=v\cos\alpha$, $v_2=v\sin\alpha$. 根据第 38 小节, 只要以相应的方式选择角速度和转动偶臂, 瞬时平动可以用转动偶代替. 这里将 $\boldsymbol{v}_2$ 用角速度 $\boldsymbol{\omega}_1=-\boldsymbol{\omega}_2=-\boldsymbol{\omega}$ 构成的转动偶代替, 像在图 44 中给出的那样, 使 $\boldsymbol{\omega}_1$ 和 $\boldsymbol{\omega}_2$ 垂直于 $\boldsymbol{v}_2$. 根据关系式 (9), $v_2=v\sin\alpha=AB\cdot\omega$. 绕过 A 点的同一个轴以大小相等方向相反的角速度 $\boldsymbol{\omega}$ 和 $\boldsymbol{\omega}_1$ 的 2 个瞬时转动可以消去, 因为它们不影响刚体上点的速度 (见第 35 小节). 现在只剩下角速度为 $\boldsymbol{\omega}_2$ 的瞬时转动和速度为 $\boldsymbol{v}_1$ 的瞬时平动, 且 $\boldsymbol{v}_1$ 平行于 $\boldsymbol{\omega}_2$.

可见, 复合运动是瞬时螺旋 (图 45), 瞬时螺旋轴平行于刚体角速度, 位于 $AB=$

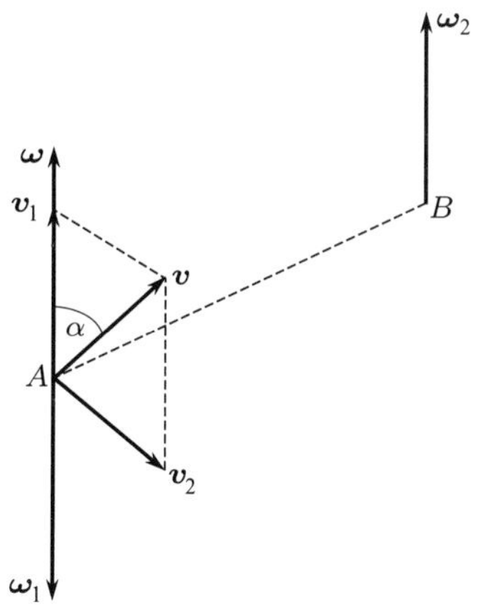

图 44

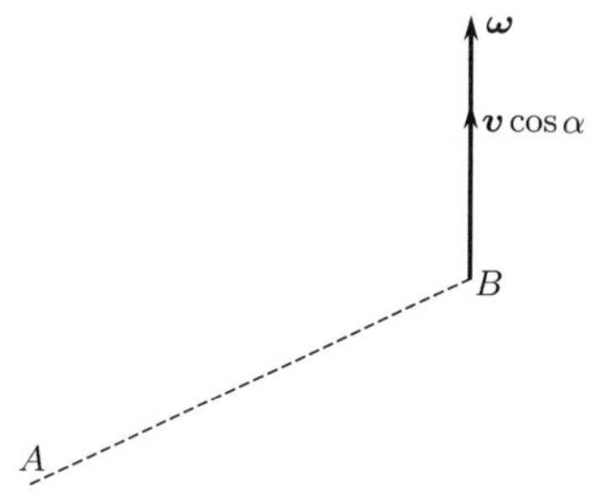

图 45

$v\sin\alpha/\omega$, 运动螺旋参数 p 等于 $v\cos\alpha/\omega$. 特殊情况下, 当 $\alpha=0$ 时 (速度 $\boldsymbol{v}$ 与角速度 $\boldsymbol{\omega}$ 平行), 不必引入上面的变换, 因为 $\boldsymbol{v}$ 与 $\boldsymbol{\omega}$ 已经是运动螺旋. 如果 $\alpha=\pi/2$ (速度 $\boldsymbol{v}$ 与角速度 $\boldsymbol{\omega}$ 垂直), 则运动螺旋参数等于零, 复合运动是角速度为 $\boldsymbol{\omega}$ 的瞬时转动, 转动轴过 B 点平行于角速度 $\boldsymbol{\omega}$, $AB=v/\omega$.

最后, 我们可以发现, 在研究瞬时运动学状态时, 存在 4 个最简单的刚体瞬时运动: 静止、平动、转动、螺旋运动. 自然界中和工程技术中的各种运动都可以通过连续有序的最简单瞬时运动得到.

第二部分

动力学

第二章

动力学基本概念和公理

§1. 牛顿定律 (公理) · 动力学的任务

40. 惯性参考系 · 伽利略相对性原理 动力学研究力学系统的运动以及产生或者改变运动的原因. 在理论力学中认为质点是具有力学性质的几何点, 点的这些性质由本节将介绍的*动力学定律* (*公理*) 决定. 本节还将顺便介绍几个重要的理论力学概念.

理论力学的基础是牛顿定律或者公理. 这些公理是一些数学假设, 其正确性由人类几个世纪的观察和实验得以验证.

在绝对 (静止) 空间中的力学运动定律由牛顿给出, 相对这个空间静止或者作匀速直线运动的坐标系称为*惯性参考系*.

在理论力学中认为惯性参考系对所有的力学关系都是等价的. 换句话说, 力学的所有定律和方程不依赖于具体的惯性参考系的选择, 这就是著名的*伽利略相对性原理*.

动力学的所有公理都是相对惯性参考系给出的.

41. 牛顿第一定律 (惯性公理) · 力 下面的动力学公理称为*牛顿第一定律*或者*惯性公理*: *如果在质点上没有力的作用, 则它将保持静止或者匀速直线运动*.

我们来详细讨论这个公理的含义. 如果系统只是在内部相互作用下运动, 即系统内部质点之间相互作用, 则称之为*封闭系统*. 当然严格地讲, 按照这个定义封闭系统是不存在的, 因为无论相距多远的质点之间都存在万有引力. 针对具体问题, 可否将某个质点系当作封闭系统由该问题的精度决定.

由一个质点组成的封闭系统称为孤立质点. 显然, 孤立质点也是一个理想化的概念.

惯性公理事实上假定了惯性参考系的存在, 就是说, 存在这样的惯性参考系: 孤立质点相对它静止或者匀速直线运动, 这个参考系就是惯性的.

惯性参考系实际上是不存在的, 但是, 取以太阳系中心为原点、各坐标轴指向“不动的”恒星的坐标系作为惯性参考系, 精度就很高了. 对于大部分工程技术问题, 可以取固连于地球的坐标系为惯性参考系.

物体对质点的力学作用就是使它改变静止或匀速直线运动的状态, 不深入导致质点加速度出现的物理原因, 我们说, 如果质点相对惯性参考系有加速度地运动, 则在该质点上有力作用. 在这个意义上, 我们说出了作用在质点上的力的本质: 力是质点产生加速度的原因, 是对质点的力学作用的度量, 力学作用的结果使质点产生加速度.

42. 质量 · 牛顿第二定律 (动力学基本公理) 观察和经验证明, 质点具有某种“天性”, 使它“很难”从静止开始运动或者改变运动. 质点“阻碍”改变其速度的“特性”称为惯性.

质点惯性的数量度量, 正比于这个质点包含的物质数量, 称之为质量. 质量是质点的基本动力学特性, 在动力学中质点是具有惯性的几何点, 而惯性以质量来刻画.

质量是具有可加性的正标量: 多个质点的质量可以算数相加.

质点的质量是不依赖于运动状态的常数. 在速度小于光速和不考虑物质内部原子过程时, 质量的这个性质得到了实验的验证. 在国际单位制中, 将保存在巴黎的标准物的质量取为单位质量, 质量的单位是千克 (kg).

牛顿第二定律给出了质点的质量、作用力以及由此产生的加速度的联系. 如果 m 为质点的质量, $\boldsymbol{w}$ 为质点在惯性参考系中的加速度, 则根据牛顿第二定律有

$$m\boldsymbol{w} = \boldsymbol{F}, \tag{1}$$

其中 $\boldsymbol{F}$ 为作用在质点上的力. 在国际单位制中, 力的单位取为这样的力: 作用在 1 千克的质点上使其在惯性参考系中产生加速度等于 1 m/s^2, 这个单位称为牛顿 (N). 今后我们认为力 $\boldsymbol{F}$ 仅可能依赖于质点的位置、速度和时间, 不依赖于质点的加速度.

43. 牛顿第三定律 (质点相互作用公理) 下面公理假定了质点之间相互作用的性质: 如果一个质点作用在另一个质点上, 则第 2 个质点也作用在第 1 个质点上, 并且作用在这两个质点上的力大小相等, 方向沿着 2 点连线指向相反.

44. 力的独力作用公理 (力的合成定律) 实验证明, 如果质点的位置、速度和其它物理状态 (电、磁和其它的) 不改变, 2 个质点的相互作用不可能改变其它质点对它们的作用. 当质点 $P_i(i = 1, 2, \cdots, k)$ 作用在同一个质点 P 上的力为 $\boldsymbol{F}_i$, 则它们单独作用时产生的加速度 $\boldsymbol{w}_i$ 可以相加. 这就是力的独立作用公理.

如果 m 是质点 P 的质量, 则根据公式 (1) 有 $\boldsymbol{w}_i = \dfrac{1}{m}\boldsymbol{F}_i$, 因此根据力的独立作用公理 P 点的加速度 $\boldsymbol{w}$ 的计算公式为

$$\boldsymbol{w} = \boldsymbol{w}_1 + \boldsymbol{w}_2 + \cdots + \boldsymbol{w}_k = \frac{1}{m}(\boldsymbol{F}_1 + \boldsymbol{F}_2 + \cdots + \boldsymbol{F}_k),$$

由此可见, P 点的加速度 $\boldsymbol{w}$ 就如同作用其上的不是 k 个独立的力, 而是一个等于 $\boldsymbol{F}_i$ 之和的力 $\boldsymbol{F}$:

$$\boldsymbol{F} = \boldsymbol{F}_1 + \boldsymbol{F}_2 + \cdots + \boldsymbol{F}_k.$$

这就是力的合成定律, 它与力的独立作用公理是等价的. 所有 k 个力 $\boldsymbol{F}_i$ 的作用由 $\boldsymbol{F}$ 代替, 这个力 $\boldsymbol{F}$ 称为作用在 P 点的力 $\boldsymbol{F}_1, \boldsymbol{F}_2, \cdots, \boldsymbol{F}_k$ 的合力.

45. 主动力和约束反力 我们研究 N 个质点 $P_\nu(\nu = 1, 2, \cdots, N)$ 相对某个惯性参考系的运动. 设 m_ν 是 P_ν 的质量, $\boldsymbol{r}_\nu$ 是 P_ν 相对坐标原点的向径, 如果系统是自由的, 则加速度 $\ddot{\boldsymbol{r}}_\nu$ 由牛顿第二定律确定: $m_\nu\ddot{\boldsymbol{r}}_\nu = \boldsymbol{F}_\nu$, 其中 $\boldsymbol{F}_\nu$ 是作用在 P_ν 上的合力; 如果系统不是自由的, 则其质点的加速度受到确定的限制. 这些限制在第 11 小节中已经介绍. 一般来说,

$$\ddot{\boldsymbol{r}}_\nu = \frac{1}{m_\nu}\boldsymbol{F}_\nu \qquad (\nu = 1, 2, \cdots, N)$$

不满足第 11 小节中的加速度方程 (4) 和 (5), 即非自由系统的 P_ν 的加速度 $\boldsymbol{w}_\nu$ 不同于自由系统情况下的加速度 $\ddot{\boldsymbol{r}}_\nu$, 因此约束导致出现了附加的加速度 $\boldsymbol{w}_\nu - \ddot{\boldsymbol{r}}_\nu$.

然而, 根据牛顿第二定律, 质点的任何加速度都是由于作用其上的某些力产生的, 这些产生附加的加速度的力是由于约束的存在才出现的, 称为*约束反力*. 为了不混淆约束反力和作用在非自由系统上的其它力, 我们称其它力为*主动力*. 可以发现, 这里的 $\boldsymbol{F}_\nu$ 是主动力的合力.

主动力也可以称为*给定力*, 如果约束瞬时消失, 这些力仍然保持作用在系统上. 约束反力有时也称为*被动力*, 约束力不是事先已知的, 不仅依赖于实现约束的物质机制, 而且依赖于主动力和系统的运动.

用 $\boldsymbol{R}_\nu$ 表示作用在 P_ν 点的约束反力的合力, 根据牛顿第二定律得 $m_\nu(\boldsymbol{w}_\nu - \ddot{\boldsymbol{r}}_\nu) = \boldsymbol{R}_\nu(\nu = 1, 2, \cdots, N)$. 再由等式 $m_\nu\ddot{\boldsymbol{r}}_\nu = \boldsymbol{F}_\nu$ 得到运动方程

$$m_\nu\boldsymbol{w}_\nu = \boldsymbol{F}_\nu + \boldsymbol{R}_\nu \qquad (\nu = 1, 2, \cdots, N). \tag{2}$$

这些方程表明, 按动力学的观点, 非自由系统可以看作主动力和约束反力作用下的自由系统. 今后研究非自由系统运动时我们经常利用这个观点.

在力学中认为*牛顿–拉普拉斯确定性原理*是正确的. 根据这个原理, 质点系的运动是完全确定的: 给定初始位置 $\boldsymbol{r}_{\nu 0}$ 和速度 $\boldsymbol{v}_{\nu 0}$, 系统后来的运动, 即函数 $\boldsymbol{r}_\nu(t)(\nu = 1, 2, \cdots, N)$ 就唯一确定了.

46. 外力与内力 作用在质点系上的所有力的集合 (有时也称“力系”), 可以分解为内力和外力. 内力是指质点系内部各质点之间的作用力, 外力是指系统外的其它质点对质点系中质点的作用力.

内力、外力的划分与主动力、约束反力的划分是没有联系的.

47. 动力学任务 · 平衡 · 静力学 动力学研究系统的运动与作用力之间的关系, 以解决下面 2 个基本问题为目标: 1) 给定力, 求系统的运动; 2) 系统按已知规律运动, 求作用在系统上的未知力.

在动力学中认为力学系统的平衡状态是运动的特殊情况. 系统的平衡状态理解为在某个时间段内系统所有质点的速度都等于零, 即当 $t_0 \leqslant t \leqslant t_1$ 时 $\boldsymbol{v}_\nu = 0$; 如果当 $t = t_0$ 时 $\boldsymbol{v}_\nu = 0$, 则这等价于当 $t_0 \leqslant t \leqslant t_1$ 时 $\boldsymbol{w}_\nu \equiv 0$. 特别地, 如果 t_0 等于零, t_1 为无穷, 则质点系初始时刻处于平衡状态并一直处于平衡状态.

力学系统的平衡状态将在动力学的静力学部分研究. 静力学研究 2 类问题: 1) 寻找力学系统平衡的条件; 2) 力的简化, 即用其它力系代替给定力系, 特别是用更简单的力系来代替给定力系, 并使得新力系对系统的作用与原力系相同.

§2. 力系的主向量与主矩

48. 力系的主向量 我们用 $\boldsymbol{F}_\nu$ 表示作用在质点 P_ν 上的所有力 (主动力和约束反力) 的合力, 向量和

$$\boldsymbol{R} = \sum_{\nu=1}^{N} \boldsymbol{F}_\nu \tag{1}$$

称为该力系的主向量. 设 $F_{\nu x}, F_{\nu y}, F_{\nu z}$ 是力 $\boldsymbol{F}_\nu$ 在笛卡儿坐标系 $Oxyz$ 中的分量, 那么主向量的分量 R_x, R_y, R_z 以及主向量的方向由下面公式确定

$$R_x = \sum_{\nu=1}^{N} F_{\nu x}, \quad R_y = \sum_{\nu=1}^{N} F_{\nu y}, \quad R_z = \sum_{\nu=1}^{N} F_{\nu z}; \tag{2}$$

$$\cos(\boldsymbol{R}, \boldsymbol{i}) = \frac{R_x}{R}, \quad \cos(\boldsymbol{R}, \boldsymbol{j}) = \frac{R_y}{R}, \quad \cos(\boldsymbol{R}, \boldsymbol{k}) = \frac{R_z}{R}, \tag{3}$$

$$R = \sqrt{R_x^2 + R_y^2 + R_z^2},$$

其中 $\boldsymbol{i}, \boldsymbol{j}, \boldsymbol{k}$ 是坐标轴 Ox, Oy, Oz 的单位向量.

力 $\boldsymbol{F}_\nu$ 是所有外力的合力与所有内力的合力之和, 即

$$\boldsymbol{F}_\nu = \boldsymbol{F}_\nu^{(\mathrm{e})} + \boldsymbol{F}_\nu^{(\mathrm{i})} \qquad (\nu = 1, 2, \cdots, N). \tag{4}$$

根据牛顿第三定律, 系统内 2 个点的相互作用力大小相等, 方向沿着它们的连线且指向相反. 我们将 (4) 代入 (1) 后发现内力相互抵消, 因此内力的主向量等于零, 并

且有

$$\boldsymbol{R}=\sum_{\nu=1}^{N}\boldsymbol{F}_{\nu}^{(\mathrm{e})} \tag{5}$$

即力系的主向量 $\boldsymbol{R}$ 等于外力主向量 $\boldsymbol{R}^{(\mathrm{e})}$.

49. 力对点的矩与力对轴的矩 向量

$$\boldsymbol{m}_O(\boldsymbol{F})=\boldsymbol{r}\times\boldsymbol{F} \tag{6}$$

称为力 $\boldsymbol{F}$ 相对 O 点的力矩, 其中 $\boldsymbol{r}$ 是力 $\boldsymbol{F}$ 的作用点相对 O 点的向径. 由向量积的性质知, 力相对点的矩的大小等于力的大小乘以力臂, 力臂是从 O 点到力 $\boldsymbol{F}$ 作用线的距离. 力矩的方向沿着 O 点和力 $\boldsymbol{F}$ 作用线所在平面的法线, 从力矩向量顶端看, 力产生逆时针“转动”. 我们称向量 $\boldsymbol{F}$ 沿着的直线为力 $\boldsymbol{F}$ 的作用线.

力$\boldsymbol{F}$对轴u的矩是指力 $\boldsymbol{F}$ 对该轴上点的矩在该轴上投影. 力 $\boldsymbol{F}$ 对轴 u 的矩用 $m_u(\boldsymbol{F})$ 表示.

设 $\boldsymbol{e}$ 为轴 u 的单位向量 (图 46), 在该轴上取两个点 O_1 和 O_2, 根据定义有 $m_u(\boldsymbol{F})=(\boldsymbol{r}_1\times\boldsymbol{F})\cdot\boldsymbol{e}$ 和 $m_u(\boldsymbol{F})=(\boldsymbol{r}_2\times\boldsymbol{F})\cdot\boldsymbol{e}$. 向量之差 $(\boldsymbol{r}_1\times\boldsymbol{F})\cdot\boldsymbol{e}-(\boldsymbol{r}_2\times\boldsymbol{F})\cdot\boldsymbol{e}$ 应该等于零, 这是因为 $(\boldsymbol{r}_1\times\boldsymbol{F})\cdot\boldsymbol{e}-(\boldsymbol{r}_2\times\boldsymbol{F})\cdot\boldsymbol{e}=((\boldsymbol{r}_1-\boldsymbol{r}_2)\times\boldsymbol{F})\cdot\boldsymbol{e}=(\overline{O_1O_2}\times\boldsymbol{F})\cdot\boldsymbol{e}$, 而向量 $\overline{O_1O_2}\times\boldsymbol{F}$ 和 $\boldsymbol{e}$ 垂直, 这就证明了 $m_u(\boldsymbol{F})$ 不依赖于轴上点的选择.

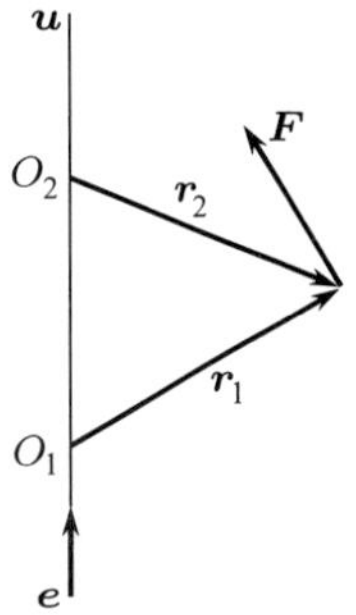

图 46

设 F_x,F_y,F_z 和 x,y,z 分别是力 $\boldsymbol{F}$ 及其作用点的向径 $\boldsymbol{r}$ 在笛卡儿直角坐标系 $Oxyz$ 中的分量. 由 (6) 可知, 力 $\boldsymbol{F}$ 对 O 点的矩在该坐标系中以下面分量形式给出

$$m_x(\boldsymbol{F})=yF_z-zF_y,\quad m_y(\boldsymbol{F})=zF_x-xF_z,\quad m_z(\boldsymbol{F})=xF_y-yF_x. \tag{7}$$

这里 $m_x(\boldsymbol{F}),m_y(\boldsymbol{F})$ 和 $m_z(\boldsymbol{F})$ 是力 $\boldsymbol{F}$ 对轴 Ox,Oy,Oz 的矩. 由 (7) 可知, 力对轴的矩等于零当且仅当力的作用线与该轴共面.

50. 力系的主矩 设 $\boldsymbol{F}_\nu$ 是作用在质点 P_ν 上的所有力的合力, $\boldsymbol{r}_\nu$ 是点 P_ν 相对 O 点的向径, 向量和

$$\boldsymbol{M}_O=\sum_{\nu=1}^{N}\boldsymbol{m}_O(\boldsymbol{F}_\nu)=\sum_{\nu=1}^{N}\boldsymbol{r}_\nu\times(\boldsymbol{F}_\nu) \tag{8}$$

称为该力系对 O 点的主矩.

类似主向量, 可以证明内力的主矩等于零,

$$\boldsymbol{M}_O=\sum_{\nu=1}^{N}\boldsymbol{m}_O(\boldsymbol{F}_\nu^{(\mathrm{e})}),$$

即力系的主矩等于外力系的主矩.

力系对轴u的主矩M_u 是指对该轴上任意点的主矩 $\boldsymbol{M}_O$ 在该轴上的投影. 类似第 49 小节中对一个力的讨论, 可以证明 M_u 不依赖于轴上点的选择.

主矩 $\boldsymbol{M}_O$ 在笛卡儿直角坐标系 $Oxyz$ 中的分量由下面公式计算

$$M_x = \sum_{\nu=1}^{N}(y_\nu F_{\nu z} - z_\nu F_{\nu y}),$$

$$M_y = \sum_{\nu=1}^{N}(z_\nu F_{\nu x} - x_\nu F_{\nu z}), \tag{9}$$

$$M_z = \sum_{\nu=1}^{N}(x_\nu F_{\nu y} - y_\nu F_{\nu x}),$$

这里 M_x, M_y 和 M_z 是力系对轴 Ox, Oy, Oz 的主矩. 主矩的方向由下面公式确定

$$\cos(\boldsymbol{M}_O, \boldsymbol{i}) = \frac{M_x}{M_O}, \quad \cos(\boldsymbol{M}_O, \boldsymbol{j}) = \frac{M_y}{M_O}, \quad \cos(\boldsymbol{M}_O, \boldsymbol{k}) = \frac{M_z}{M_O}, \tag{10}$$

$$M_O = \sqrt{M_x^2 + M_y^2 + M_z^2}.$$

§3. 功 · 力函数 · 理想约束

51. 力系的功 设 $\boldsymbol{F}_\nu$ 是作用在质点 P_ν 上的所有力 (内力和外力) 的合力, $\mathrm{d}\boldsymbol{r}_\nu$ 是 P_ν 点沿着其轨迹的位移, 下面的标量积

$$\mathrm{d}'A_\nu = \boldsymbol{F}_\nu \cdot \mathrm{d}\boldsymbol{r}_\nu = F_{\nu x}\mathrm{d}x_\nu + F_{\nu y}\mathrm{d}y_\nu + F_{\nu z}\mathrm{d}z_\nu \tag{1}$$

称为力 $\boldsymbol{F}_\nu$ 在位移 $\mathrm{d}\boldsymbol{r}_\nu$ 上的*元功*. 将 (1) 对 ν 求和可得*力系的元功*

$$\mathrm{d}'A = \sum_{\nu=1}^{N} \boldsymbol{F}_\nu \cdot \mathrm{d}\boldsymbol{r}_\nu = \sum_{\nu=1}^{N}(F_{\nu x}\mathrm{d}x_\nu + F_{\nu y}\mathrm{d}y_\nu + F_{\nu z}\mathrm{d}z_\nu), \tag{2}$$

符号 d' 表示 (1) 和 (2) 的右端不一定是全微分.

在元功表达式 (1) 和 (2) 中既包含外力的功也包含内力的功, 我们用 $\mathrm{d}'A^{(\mathrm{e})}$ 表示外力的功, 用 $\mathrm{d}'A^{(\mathrm{i})}$ 表示内力的功, 表达式 (2) 可以写成

$$\mathrm{d}'A = \mathrm{d}'A^{(\mathrm{e})} + \mathrm{d}'A^{(\mathrm{i})}.$$

设质点 P_ν 完成从位置 $M_{\nu 0}$ 到 $M_{\nu 1}$ 的有限位移时, 画出了弧 $M_{\nu 0}M_{\nu 1}$, 又假设 $\boldsymbol{F}_\nu$ 和 $\mathrm{d}\boldsymbol{r}_\nu$ 可以用同一个标量参数 t (不一定是时间) 表示出来, 并使得位置 $M_{\nu 0}$ 和 $M_{\nu 1}$ 对应于这个参数的 t_0 和 t_1. 那么表达式 (1) 可以写成参数 t 的函数乘以该参数的微分, 并可以在从 t_0 到 t_1 的区间上对 t 积分. 积分的结果称为力 $\boldsymbol{F}_\nu$ 沿着路径 $M_{\nu 0}M_{\nu 1}$ 的有限位移的*全功A_ν*, 将 A_ν 对 ν 求和可得*力系的全功*.

52. 作用在刚体上的力的元功 本小节将证明作用在刚体上的力系的元功只有外力功, 并推导得到以主向量、主矩和刚体瞬时运动状态特征量表示的元功.

假设刚体是由 $N(N\geqslant 2)$ 个相互距离保持不变的质点 P_ν 构成的系统, 设作用在质点 P_ν 上的合力 $\boldsymbol{F}_\nu$ 可以写成作用在质点 P_ν 上的内力和外力之和 $\boldsymbol{F}_\nu^{(\mathrm{e})}+\boldsymbol{F}_\nu^{(\mathrm{i})}$.

设 O 为刚体上任取的基点, 点 P_ν 相对固定坐标系的速度 $\boldsymbol{v}_\nu$ 由下面公式 (见第 24 小节) 给出

$$\boldsymbol{v}_\nu=\boldsymbol{v}_O+\boldsymbol{\omega}\times\boldsymbol{r}_\nu,$$

其中 $\boldsymbol{v}_O$ 是基点速度, $\boldsymbol{\omega}$ 是刚体的角速度, 因此点 P_ν 沿着轨迹的位移等于 $(\boldsymbol{v}_O+\boldsymbol{\omega}\times\boldsymbol{r}_\nu)\mathrm{d}t$, 其中 $\mathrm{d}t$ 是时间的微分, 于是得到元功表达式

$$\mathrm{d}'A=\sum_{\nu=1}^{N}\boldsymbol{F}_\nu\cdot(\boldsymbol{v}_O+\boldsymbol{\omega}\times\boldsymbol{r}_\nu)\mathrm{d}t=\left(\sum_{\nu=1}^{N}\boldsymbol{F}_\nu\right)\cdot\boldsymbol{v}_O\mathrm{d}t+\sum_{\nu=1}^{N}(\boldsymbol{\omega}\times\boldsymbol{r}_\nu)\cdot\boldsymbol{F}_\nu\mathrm{d}t.$$

利用向量混合积的性质, 上式可以写成

$$\mathrm{d}'A=\left(\sum_{\nu=1}^{N}\boldsymbol{F}_\nu\right)\cdot\boldsymbol{v}_O\mathrm{d}t+\left(\sum_{\nu=1}^{N}\boldsymbol{r}_\nu\times\boldsymbol{F}_\nu\right)\cdot\boldsymbol{\omega}\mathrm{d}t.$$

用 $\boldsymbol{F}_\nu^{(\mathrm{e})}+\boldsymbol{F}_\nu^{(\mathrm{i})}$ 代替 $\boldsymbol{F}_\nu$, 考虑到内力的主向量和主矩都等于零, 最终得到下面公式

$$\mathrm{d}'A=\boldsymbol{R}^{(\mathrm{e})}\cdot\boldsymbol{v}_O\mathrm{d}t+\boldsymbol{M}_O^{(\mathrm{e})}\cdot\boldsymbol{\omega}\mathrm{d}t,\tag{3}$$

其中 $\boldsymbol{R}^{(\mathrm{e})}$ 和 $\boldsymbol{M}_O^{(\mathrm{e})}$ 是外力的主向量和外力对 O 点的主矩.

53. 力场 · 力函数 · 势能 假设质点在全空间或其部分中相对惯性参考系运动, 在质点上作用的力依赖于质点的位置 (可能还依赖于时间), 但不依赖于质点的速度. 这种情况下, 我们说在全空间或其部分中给定了*力场*, 质点在力场中运动. 对于质点系也有类似的概念.

在力学中经常遇到依赖于位置的力, 例如, 在弹簧作用下沿着水平直线运动的质点上的力. 自然界中最重要的力场是引力场: 太阳对给定质量的行星在空间每一点的作用力完全由万有引力定律确定.

如果存在仅依赖于质点 P_ν 的坐标 x_ν, y_ν, z_ν (可能还依赖于时间) 的标量函数 U, 使得

$$F_{\nu x}=\frac{\partial U}{\partial x_\nu},\quad F_{\nu y}=\frac{\partial U}{\partial y_\nu},\quad F_{\nu z}=\frac{\partial U}{\partial z_\nu}\quad(\nu=1,2,\cdots,N),\tag{4}$$

则力场称为有势, 函数 U 称为*力函数*, 而函数 $\Pi=-U$ 称为势或者势能, 势能 Π 可以加减常数. 有势场根据函数 Π 是否显含时间称为非定常的或定常的.

满足 (4) 的力 $\boldsymbol{F}_\nu$ 称为*有势力*.

定常有势力的元功是全微分, 事实上, 由 (2) 和 (4) 可得

$$d'A = \sum_{\nu=1}^{N}\left(\frac{\partial U}{\partial x_\nu}dx_\nu + \frac{\partial U}{\partial y_\nu}dy_\nu + \frac{\partial U}{\partial z_\nu}dz_\nu\right) = dU = -d\Pi. \tag{5}$$

因此, 如果在我们研究的空间区域内 Π 是 x_ν, y_ν, z_ν $(\nu = 1, 2, \cdots, N)$ 的单值函数, 则在系统从一个位置到另一个位置的运动中, 有势力的全功不依赖于从初位置到末位置的运动途径. 特别地, 如果系统的所有点的轨迹都是封闭曲线, 则全功等于零.

例 1 (均匀引力场) 设 m 为质点的质量, g 为重力加速度, 于是有 (图 47)

$$F_x = 0, \quad F_y = 0, \quad F_z = -mg; \quad \Pi = mgz.$$

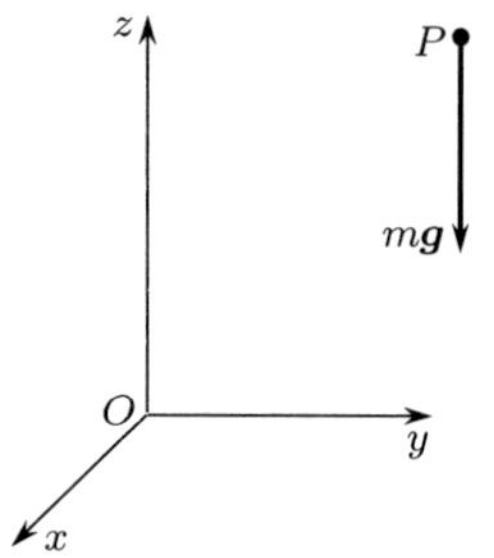

图 47

图 48

例 2 (弹簧弹性力场) 设质点在弹簧作用下沿着 Ox 轴运动 (图 48). 如果当 $x = 0$ 时弹簧未变形, 则当质点的位移很小时可以认为弹簧的作用力为 $F = -kx(k > 0)$, 而 $\Pi = 1/2kx^2$.

例 3 (中心引力场) 如果在力场中运动的质点所受力的方向始终沿着过固定点 O 的直线, 则称该力场为中心力场. 假设力的大小只依赖于质点到中心 O 的距离, 即 $\boldsymbol{F} = F(r)\boldsymbol{r}/r$, 其中 $\boldsymbol{r}$ 为质点 P 相对中心 O 的向径, 则有

$$d'A = \boldsymbol{F}\cdot d\boldsymbol{r} = F(r)\frac{\boldsymbol{r}\cdot d\boldsymbol{r}}{r} = \frac{1}{2}F(r)\frac{d\boldsymbol{r}^2}{r} = F(r)dr = -d\Pi.$$

因此

$$\Pi = -\int f(r)dr + \text{const}. \tag{6}$$

作为具体的例子, 我们来求质量为 m_2 的质点在质量为 m_1 的质点的牛顿引力场中的势能, 这时

$$F(r) = -\gamma\frac{m_1 m_2}{r^2},$$

其中 γ 是万有引力常数. 如果认为当 $r = \infty$ 时 $\Pi = 0$, 则由 (6) 可得牛顿中心引力场的势能表达式

$$\Pi = -\gamma\frac{m_1 m_2}{r}. \tag{7}$$

54. 广义坐标形式的力系的元功 · 广义力 设 $\boldsymbol{F}_\nu$ 是作用在质点 $P_\nu(\nu=1, 2, \cdots, N)$ 上的所有力的合力, $\boldsymbol{r}_\nu$ 是 P_ν 点相对坐标原点的向径, 系统的位置由广义坐标 $q_j\ (j=1,2,\cdots,m)$ 确定, 力系在虚位移 $\delta\boldsymbol{r}_\nu$ 上做的元功用 δA 表示. 下面我们来求用广义坐标及其变分表示的这个元功的表达式.

质点 P_ν 的向径是广义坐标和时间的函数, 利用第 16 小节中的公式 (27), 可以将虚位移 $\delta\boldsymbol{r}_\nu$ 用广义坐标的变分 δq_j 表示出来, 因此

$$\delta A=\sum_{\nu=1}^{N}\boldsymbol{F}_\nu\cdot\delta\boldsymbol{r}_\nu=\sum_{\nu=1}^{N}\boldsymbol{F}_\nu\cdot\sum_{j=1}^{m}\frac{\partial\boldsymbol{r}_\nu}{\partial q_j}\delta q_j=\sum_{j=1}^{m}\left(\sum_{\nu=1}^{N}\boldsymbol{F}_\nu\cdot\frac{\partial\boldsymbol{r}_\nu}{\partial q_j}\right)\delta q_j. \tag{8}$$

引入

$$Q_j=\sum_{\nu=1}^{N}\boldsymbol{F}_\nu\cdot\frac{\partial\boldsymbol{r}_\nu}{\partial q_j}\qquad(j=1,2,\cdots,m), \tag{9}$$

那么公式 (8) 可写成

$$\delta A=\sum_{j=1}^{m}Q_j\delta q_j.$$

Q_j 称为相应于广义坐标 $q_j\ (j=1,2,\cdots,m)$ 的广义力, 一般情况下广义力是广义坐标、广义速度和时间的函数.

在实际问题中并不用公式 (9) 来计算广义力, 通常给定系统一组虚位移, 使得对于所有 $k\neq j$ 有 $\delta q_k=0$, 这样就有 $\delta A=\delta A_j=Q_j\delta q_j$, 因此

$$Q_j=\frac{\delta A_j}{\delta q_j}.$$

设有势力 $\boldsymbol{F}_\nu$ 的势能为 $\Pi=\Pi(\boldsymbol{r}_\nu,t)$, 那么广义力也是有势的, 将 $\Pi(\boldsymbol{r}_\nu,t)$ 中的 $\boldsymbol{r}_\nu$ 用广义坐标表示就得到相应的势能. 事实上, 利用公式 (5) 可得

$$\delta A=\sum_{j=1}^{m}Q_j\delta q_j=\sum_{\nu=1}^{N}\boldsymbol{F}_\nu\cdot\delta\boldsymbol{r}_\nu=-\delta\Pi=-\sum_{j=1}^{m}\frac{\partial\Pi}{\partial q_j}\delta q_j.$$

由此可知, 有势力的广义力可以写成

$$Q_j=-\frac{\partial\Pi}{\partial q_j}\qquad(j=1,2,\cdots,m).$$

例 1 (质点在力 F_x 作用下沿 Ox 轴运动) 这种情况下 $m=1$, 广义坐标为质点的 x 坐标, $\delta A=F_x\delta x$, $Q_x=F_x$.

例 2 (刚体绕固定轴 u 转动) 这种情况下 $m=1$, 广义坐标为刚体绕固定轴的转角 φ, 设 $\boldsymbol{R}^{(\mathrm{e})}$ 和 $\boldsymbol{M}_O^{(\mathrm{e})}$ 是外力主向量和对转动轴上任意选定的 O 点的主矩. 为了利用第 52 小节中的公式 (3) 计算 δA, 我们取真实位移为虚位移. 可以这样取虚位

移的原因是: 刚体是定常系统 (参见第 18 小节), 而定常系统的真实位移是虚位移之一 (参见第 12 小节). 再考虑到 $\boldsymbol{v}_O=0$, 得

$$\delta A=\boldsymbol{R}^{(\mathrm{e})}\cdot\boldsymbol{v}_O\mathrm{d}t+\boldsymbol{M}_O^{(\mathrm{e})}\cdot\boldsymbol{\omega}\mathrm{d}t=M_u^{(\mathrm{e})}\delta\varphi.$$

因此

$$Q_\varphi=M_u^{(\mathrm{e})},$$

其中 $M_u^{(\mathrm{e})}$ 是外力对轴 u 的主矩.

例 3 (在重力场内双摆在竖直平面内运动 (图 15)) 设 2 根杆的长度均为 l, 质量均为 m, 这个系统有 2 个自由度, 广义坐标取为图 15 中的 φ 和 ψ. 为了计算势能 Π, 以 A 为坐标原点, Ax 轴方向向下, 用 x_1 和 x_2 表示上杆和下杆的质心坐标, 我们有

$$\Pi=-mgx_1-mgx_2.$$

由于

$$x_1=\frac{l}{2}\cos\varphi,\quad x_2=l\cos\varphi+\frac{l}{2}\cos\psi,$$

故

$$\Pi=-\frac{1}{2}mgl(3\cos\varphi+\cos\psi),$$

广义力为

$$Q_\varphi=-\frac{\partial\Pi}{\partial\varphi}=-\frac{3}{2}mgl\sin\varphi,\quad Q_\psi=-\frac{\partial\Pi}{\partial\psi}=-\frac{1}{2}mgl\sin\psi.$$

55. 理想约束 非自由系统在运动中受到约束反力作用, 设 $\boldsymbol{R}_\nu$ 是作用在质点 P_ν 上约束反力的合力 $(\nu=1,2,\cdots,N)$.

如果约束反力在任意虚位移上所做的功都等于零, 即

$$\sum_{\nu=1}^{N}\boldsymbol{R}_\nu\cdot\delta\boldsymbol{r}_\nu=0, \tag{10}$$

则约束称为理想约束. 理想约束的条件不是由约束方程得到的, 是附加条件. 下面来看几个理想约束的例子.

例 1 (质点 P 沿着光滑 (固定或运动的) 曲面运动) 无论是固定曲面还是运动曲面情况, 虚位移 $\delta\boldsymbol{r}$ 都位于曲面的切平面内 (参见第 12 小节), 曲面的约束反力垂直于切平面 (图 49), 因此 $\delta A=\boldsymbol{R}\cdot\delta\boldsymbol{r}=0$.

例 2 (自由刚体) 除了保证各个质点之间的距离保持不变, 自由刚体没有其它约束, 这些作用在刚体上的约束反力是内力. 根据第 52 小节, 刚体的内力不做功, 因此 $\delta A=0$.

作为对第 18 小节的补充, 我们现在可以证明, 自由刚体是受理想约束的定常完整系统.

例 3 (定点运动的刚体 (图 50)) 因为 $\delta \boldsymbol{r} = 0$ (约束反力 $\boldsymbol{R}$ 的作用点不运动), 因此 $\delta A = 0$.

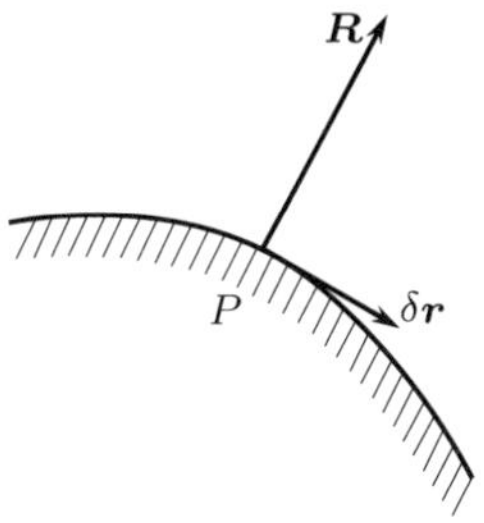

图 49

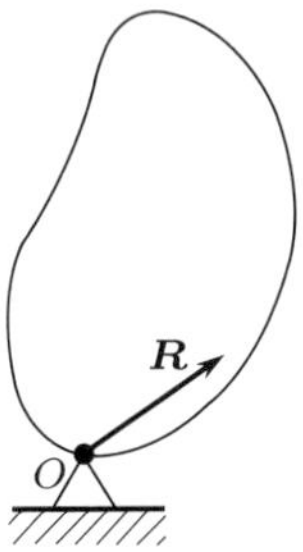

图 50

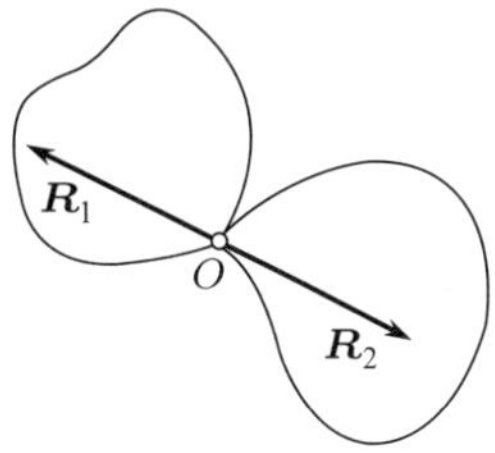

图 51

例 4 (定轴转动的刚体) $\delta A = 0$ 的原因与例 3 完全相同.

例 5 (两个刚体用铰链连接于 O 点 (图 51)) 因为 $\boldsymbol{R}_1 = -\boldsymbol{R}_2$, $\delta \boldsymbol{r}_1 = \delta \boldsymbol{r}_2$, 因此 $\delta A = \boldsymbol{R}_1 \cdot \delta \boldsymbol{r}_1 + \boldsymbol{R}_2 \cdot \delta \boldsymbol{r}_2 = \boldsymbol{R}_1 \cdot (\delta \boldsymbol{r}_1 - \delta \boldsymbol{r}_2) = 0$.

例 6 (两个刚体以光滑表面相切 (图 52)) 两个刚体的切点之间的相对速度位于公共切平面内, 切点的虚位移之差 $\delta \boldsymbol{r}_1 - \delta \boldsymbol{r}_2$ 也在该平面内. 此外, 约束反力 $\boldsymbol{R}_1$ 和 $\boldsymbol{R}_2$ 都垂直于这个切平面, 并且 $\boldsymbol{R}_1 = -\boldsymbol{R}_2$, 因此 $\delta A = \boldsymbol{R}_1 \cdot \delta \boldsymbol{r}_1 + \boldsymbol{R}_2 \cdot \delta \boldsymbol{r}_2 = \boldsymbol{R}_1 \cdot (\delta \boldsymbol{r}_1 - \delta \boldsymbol{r}_2) = 0$.

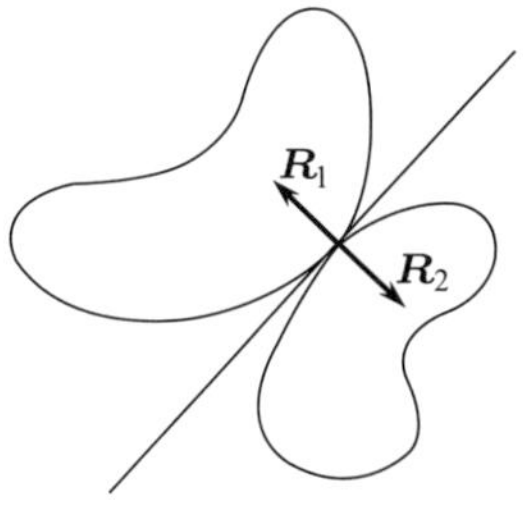

图 52

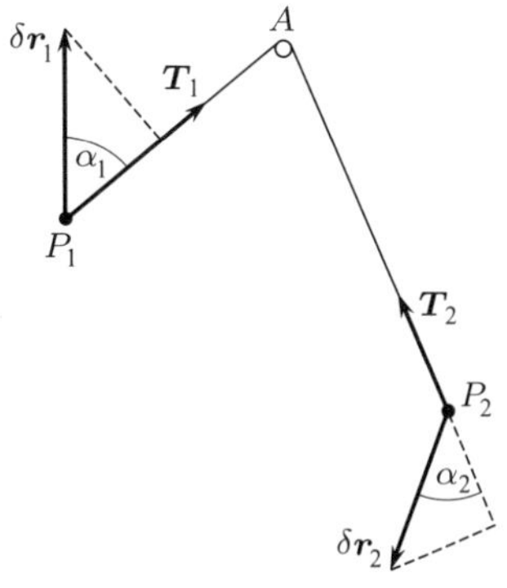

图 53

例 7 (两个刚体以粗糙的表面相切) 按照定义, 这意味着 2 个刚体的切点之间的相对速度等于零, 因此 $\delta(\boldsymbol{r}_1 - \boldsymbol{r}_2) = 0$, $\delta A = \boldsymbol{R}_1 \cdot \delta \boldsymbol{r}_1 + \boldsymbol{R}_2 \cdot \delta \boldsymbol{r}_2 = \boldsymbol{R}_1 \cdot \delta(\boldsymbol{r}_1 - \boldsymbol{r}_2) = 0$.

例 8 (两个质点以理想的细绳相连) 理想的细绳是指绳没有质量, 不可伸长, 也不能抵抗其变形. 我们假设绳绕过光滑杆 A (图 53), 因为绳没有质量, 作用在 P_1 和 P_2 点的约束反力 $\boldsymbol{T}_1$ 和 $\boldsymbol{T}_2$ 的大小相等, 即 $T_1 = T_2 = T$ (张力处处相等). 由绳不可伸长可知, $\delta r_1 \cos\alpha_1 = \delta r_2 \cos\alpha_2$, 因此 $\delta A = \boldsymbol{T}_1 \cdot \delta \boldsymbol{r}_1 + \boldsymbol{T}_2 \cdot \delta \boldsymbol{r}_2 = T_1 \delta r_1 \cos\alpha_1 - T_2 \delta r_2 \cos\alpha_2 = T(\delta r_1 \cos\alpha_1 - \delta r_2 \cos\alpha_2) = 0$.

很多机构可以看作例 1–8 中简单"零件"的组合. 但是实际上不存在绝对光滑和绝对粗糙的曲面, 也不存在绝对刚体和不可伸长的绳, 因此实际问题中约束反力的功不等于零, 通常这些功很小, 可以在允许的近似意义下认为等于零. 这个事实导致在理论力学中引入最重要的一类约束, 即理想约束.

当然, 很多情况下约束不能当作理想的, 例如, 刚体以表面非光滑的部分相切并且有相对滑动, 这时将摩擦力看作未知的主动力, 约束还可以认为是理想的. 新的未知数的出现要求附加新的实验给出的定律, 如摩擦定律.

今后我们只研究理想约束.

下面我们讨论一个非常重要的情形, 在第 47 小节中提到的非自由质点系的第 1 个动力学问题, 可以详细表述如下: 给定作用在质点 P_ν 上的主动力 $\boldsymbol{F}_\nu$、质量 m_ν、约束、可能初位置 $\boldsymbol{r}_{\nu 0}$ 和初速度 $\boldsymbol{v}_{\nu 0}$, 求作为时间函数的位置 $\boldsymbol{r}_\nu$ 和约束反力 $\boldsymbol{R}_\nu$. 这需要求 $6N$ 个标量未知数.

为了求解这个问题, 我们有 $3N + r + s$ 个标量方程: $3N$ 个由第 45 小节中向量运动方程 (2) 得到的方程, 以及由第 10 小节中约束 (1) 和 (2) 得到的方程. 因为 $6N$ 比 $3N + r + s$ 大 (恰好超出自由度数 $n = 3N - r - s$), 故该问题的表述是不确定的. 引入理想约束, 问题就可以确定了, 这是因为方程 (10) 等价于 n 个方程, 为了得到这 n 个方程, 需要将方程 (10) 左端的 $\delta x_1, \delta y_1, \delta z_1, \cdots, \delta x_N, \delta y_N, \delta z_N$ 中非独立的虚位移用独立的虚位移表示, 然后令独立的虚位移的系数等于零, 而独立的虚位移数等于自由度 n.

第三章

微分变分原理

§1. 达朗贝尔–拉格朗日原理

56. 力学变分原理的概念 原理是指: 第一, 某些基本原则, 在此基础上可以建立某个理论、科学体系等; 第二, 定律、基本规定. 经常还将原理理解为观点、论述等.

理论力学的原理分为变分的和非变分的, 例如前一章第一节中讨论的动力学公理、能量守恒定律、万有引力定律等, 都可以看作非变分的原理.

力学变分原理是用数学语言陈述的用于区别系统真实运动与可能运动的条件. 变分原理分为微分变分原理和积分变分原理, 前者给出固定时刻真实运动的判据, 后者给出有限时间段内真实运动的判据.

本章介绍力学的微分变分原理.

57. 动力学普遍方程 (达朗贝尔–拉格朗日原理) 我们研究由 N 个质点 $P_\nu(\nu = 1, 2, \cdots, N)$ 组成的系统, 系统可以是自由的, 也可以是非自由的. 在非自由情况下, 我们认为约束都是双面的、理想的. 设 $\boldsymbol{F}_\nu$ 和 $\boldsymbol{R}_\nu$ 分别是作用在质点 P_ν 的主动力的合力和约束反力的合力, 于是有下面方程 (参见第 45 小节)

$$m_\nu \boldsymbol{w}_\nu = \boldsymbol{F}_\nu + \boldsymbol{R}_\nu \qquad (\nu = 1, 2, \cdots, N), \tag{1}$$

其中 m_ν 是质点 P_ν 的质量, $\boldsymbol{w}_\nu$ 是质点 P_ν 相对于惯性参考系的加速度.

因为约束是理想的, 任意虚位移 $\delta \boldsymbol{r}_\nu$ 都满足下面等式

$$\sum_{\nu=1}^{N} \boldsymbol{R}_\nu \cdot \delta \boldsymbol{r}_\nu = 0. \tag{2}$$

公式 (1) 可以写成

$$\boldsymbol{F}_\nu - m_\nu \boldsymbol{w}_\nu = -\boldsymbol{R}_\nu \qquad (\nu = 1, 2, \cdots, N).$$

将上式两边点乘 $\delta \boldsymbol{r}_\nu$ 后对 ν 求和得

$$\sum_{\nu=1}^{N} (\boldsymbol{F}_\nu - m_\nu \boldsymbol{w}_\nu) \cdot \delta \boldsymbol{r}_\nu = 0. \tag{3}$$

关系式 (3) 是相应于主动力 $\boldsymbol{F}_\nu$ 的理想约束允许的系统运动的充分必要条件. 现在假设约束允许的某个运动满足条件 (3), 如果令 $\boldsymbol{R}_\nu = m_\nu \boldsymbol{w}_\nu - \boldsymbol{F}_\nu$ $(\nu = 1, 2, \cdots, N)$, 则得到等式 (2) 和直接由牛顿定律得到的方程 (1).

关系式 (3) 描述任意带理想约束的系统运动与主动力 $\boldsymbol{F}_\nu$ 和相应虚位移 (给定时刻) 之间的关系, 称之为*动力学普遍方程*.

在关系式 (3) 中, 质点的质量乘以加速度再取负号 $-m_\nu \boldsymbol{w}_\nu$ 称为*惯性力*. 利用这个术语可以说, 动力学普遍方程表明, 在任意固定时刻主动力与惯性力之和在任意虚位移上的元功都等于零.

动力学普遍方程 (3) 是在理想约束假设 (2) 下得到的. 如果全部或者部分约束反力 $\boldsymbol{G}_\nu$ 不满足 (2), 可以在主动力中附加 $\boldsymbol{G}_\nu$ 后, 将方程 (3) 写成

$$\sum_{\nu=1}^{N} (\boldsymbol{F}_\nu + \boldsymbol{G}_\nu - m_\nu \boldsymbol{w}_\nu) \cdot \delta \boldsymbol{r}_\nu = 0. \tag{4}$$

一般情况下力 $\boldsymbol{G}_\nu$ (或其中一部分) 是未知的, 要补偿这个不确定性, 需要根据产生 $\boldsymbol{G}_\nu$ 的约束的物理性质和特征补充条件.

动力学普遍方程的最重要的性质是不包含约束反力.

关系式 (3) 实际上不是一个方程, 它包含的方程数等于自由度 n, 即虚位移 $\delta x_1, \delta y_1, \delta z_1, \cdots, \delta x_N, \delta y_N, \delta z_N$ 中独立的个数 (参见第 55 小节). 这 n 个方程的每一个都不包含约束反力.

动力学普遍方程 (3) 包含了给定的带理想双面约束的系统在给定主动力作用下运动的全部信息, 在下面各章中将以此为基础得到完整或非完整系统的所有运动微分方程.

动力学普遍方程也称为*达朗贝尔–拉格朗日微分变分原理*. 称之为变分原理是因为在 (3) 中包含变分——虚位移, 称之为微分原理是因为它将系统给定位置和在任意固定时刻的变分位置做比较 (根据第 12 小节中等时变分).

按这个观点, 达朗贝尔–拉格朗日原理可以叙述如下: 在给定时刻的所有可能运动中, 只有真实运动使主动力和惯性力在任意虚位移上的元功等于零.

例 1 两个质量为 m_1 和 m_2 的质点以理想的细绳相连, 细绳跨过光滑的杆, 2 个质点在重力作用下在铅垂平面内运动 (图 54), 求 2 个质点的加速度.

设 x_1 和 x_2 是质点 m_1 和 m_2 的坐标, 由动力学普遍方程 (3) 得

$$(m_1 g - m_1\ddot{x}_1)\delta x_1 + (m_2 g - m_2\ddot{x}_2)\delta x_2 = 0. \tag{5}$$

因为细绳不可伸长, 有几何约束 $x_1 + x_2 + \pi R = \text{const}$, 其中 R 为杆截面的半径, 因此 $\delta x_1 = \delta x_2$, $\ddot{x}_1 = -\ddot{x}_2$, 方程 (5) 可以写成

$$[(m_2 - m_1)g - (m_1 + m_2)\ddot{x}_2]\delta x_2 = 0.$$

利用 δx_2 的任意性得

$$\ddot{x}_2 = \frac{m_2 - m_1}{m_1 + m_2} g.$$

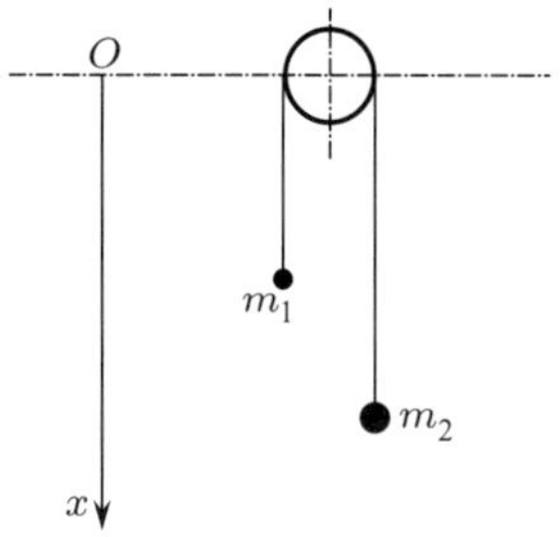

图 54

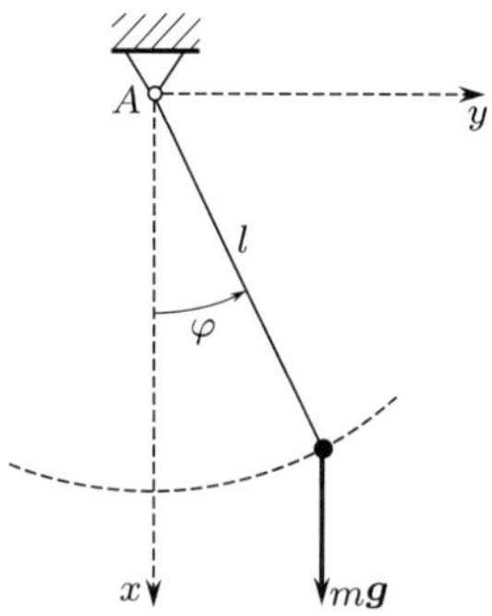

图 55

例 2 求平面单摆的运动微分方程. 为了简单, 假设质量为 m 的质点与长为 l 的无质量杆固结, 杆的另一端固定在 A 点, 杆可以绕 A 点在铅垂平面内无摩擦地转动. 设笛卡儿坐标系的 Ax 和 Ay 轴方向如图 55 所示, 有

$$x = l\cos\varphi, \quad y = l\sin\varphi,$$

$$\delta x = -l\sin\varphi\delta\varphi, \quad \delta y = l\cos\varphi\delta\varphi,$$

$$\ddot{x} = -l\sin\varphi\ddot{\varphi} - l\cos\varphi\dot{\varphi}^2, \quad \ddot{y} = l\cos\varphi\ddot{\varphi} - l\sin\varphi\dot{\varphi}^2,$$

$$F_x = mg, \quad F_y = 0.$$

动力学普遍方程

$$(F_x - m\ddot{x})\delta x + (F_y - m\ddot{y})\delta y = 0$$

给出等式

$$-ml(g\sin\varphi + l\ddot{\varphi})\delta\varphi = 0,$$

再利用 $\delta\varphi$ 的任意性得单摆的运动微分方程

$$\ddot{\varphi}+\frac{g}{l}\sin\varphi=0. \tag{6}$$

评注 1 由动力学普遍方程 (3) 可知, 如果力系 $\boldsymbol{F}_\nu^*$ 和力系 $\boldsymbol{F}_\nu$ 在任意的相同虚位移上所做的元功相等, 即

$$\sum_{\nu=1}^{N}\boldsymbol{F}_\nu\cdot\delta\boldsymbol{r}_\nu=\sum_{\nu=1}^{N}\boldsymbol{F}_\nu^*\cdot\delta\boldsymbol{r}_\nu,$$

那么力系 $\boldsymbol{F}_\nu^*$ 代替力系 $\boldsymbol{F}_\nu$ 后, 动力学普遍方程不会发生变化 (从而, 系统的运动也不会改变).

§2. 若尔当原理

58. 若尔当原理 将动力学普遍方程变换成基本上等价于第 57 小节中方程 (3) 的形式, 但具有不同的结构, 这很令人感兴趣. 因为第 57 小节中方程 (3) 本质上包含了理想双面约束系统的所有运动规律, 所以这些新的形式本质上不是新的原理, 但是, 它们可以给出新的解释, 并发现受约束系统运动的一般性质, 而这些无法直接从第 57 小节的方程 (3) 得到.

我们研究从可能位置 $\boldsymbol{r}_\nu^*$ 出发, 具有不同可能速度 $\boldsymbol{v}_\nu^*$ 的可能运动集合, 将它们与在相同时刻从相同位置出发的真实运动进行比较, 这样我们就得到了若尔当变分 (见第 12 小节), $\delta\boldsymbol{r}_\nu=\delta\boldsymbol{v}_\nu\Delta t$, 其中 $\delta\boldsymbol{v}_\nu=\boldsymbol{v}_{\nu1}^*-\boldsymbol{v}_{\nu2}^*$ 是被比较运动的可能速度之差 (这个值不一定是无穷小量).

将这个 $\delta\boldsymbol{r}_\nu$ 的表达式代入动力学普遍方程 (3) 并消去 Δt 得

$$\sum_{\nu=1}^{N}(\boldsymbol{F}_\nu-m_\nu\boldsymbol{w}_\nu)\cdot\delta\boldsymbol{v}_\nu=0. \tag{1}$$

公式 (1) 表示若尔当微分变分原理. 根据这个原理, 在比较的给定时刻运动学可能运动 ($\boldsymbol{r}_{\nu1}^*=\boldsymbol{r}_{\nu2}^*,\quad \delta\boldsymbol{v}_\nu\neq 0$) 中, 只有真实运动满足方程 (1).

§3. 高斯原理

59. 高斯原理 (最小拘束原理) 的公式 达朗贝尔–拉格朗日变分原理和若尔当变分原理不涉及极值的概念. 高斯提出了达朗贝尔–拉格朗日原理的显著变异, 引入了某个表达式的最小值概念. 达朗贝尔–拉格朗日原理的这个变异称为高斯原理或者最小拘束原理.

为了得到高斯原理的数学形式, 我们将在某时刻具有可能位置 $\boldsymbol{r}_\nu^*$ 和可能速度 $\boldsymbol{v}_\nu^*$ 的运动同真实运动相比较. 被比较的可能运动的加速度是不同的 (它们之差不一定是无穷小量). 这种等时变分的方法称为高斯变分 (参见第 12 小节).

如果将 2 个运动学可能运动的加速度之差 $\boldsymbol{w}_{\nu 1}^* - \boldsymbol{w}_{\nu 2}^*$ 用 $\delta\boldsymbol{w}_\nu$ 表示, 则根据第 12 小节, $\delta\boldsymbol{r}_\nu = 1/2\delta\boldsymbol{w}_\nu(\Delta t)^2$. 将这个虚位移表达式代入动力学普遍方程 (3) 并消去 $1/2(\Delta t)^2$ 得

$$\sum_{\nu=1}^{N}(\boldsymbol{F}_\nu - m_\nu\boldsymbol{w}_\nu)\cdot\delta\boldsymbol{w}_\nu = 0. \tag{1}$$

注意到 m_ν 是常数, 而力 $\boldsymbol{F}_\nu$ 不依赖于加速度, 方程 (1) 可以写成

$$\delta Z = 0, \tag{2}$$

其中

$$Z = \frac{1}{2}\sum_{\nu=1}^{N} m_\nu\left(\boldsymbol{w}_\nu - \frac{\boldsymbol{F}_\nu}{m_\nu}\right)^2 \tag{3}$$

称为*拘束*或者*拘束度*.

根据 (2) 可知, 可能加速度的函数 Z 在真实运动的加速度处取驻值.

函数 Z 在真实运动的加速度处不仅取驻值, 而且取最小值. 事实上, 设 $\boldsymbol{w}_{\nu 0}$ 为系统真实运动的加速度, 而 Z_0 是相应的拘束值, 那么, 假设在与真实运动相比较的运动学可能运动中 $\boldsymbol{w}_\nu = \boldsymbol{w}_{\nu 0} + \delta\boldsymbol{w}_{\nu 0}$, 于是有

$$Z - Z_0 = \sum_{\nu=1}^{N}(m_\nu\boldsymbol{w}_{\nu 0} - \boldsymbol{F}_\nu)\cdot\delta\boldsymbol{w}_{\nu 0} + \frac{1}{2}\sum_{\nu=1}^{N} m_\nu(\delta\boldsymbol{w}_{\nu 0})^2. \tag{4}$$

根据方程 (1), 等式 (4) 右端第 1 个求和等于零. 由于不是所有的 $\delta\boldsymbol{w}_{\nu 0}$ $(\nu = 1, 2, \cdots, N)$ 都等于零, 因此 (4) 式右端第 2 个求和是严格正的, 因此 Z 在真实运动的加速度处取最小值.

这样就得到了*高斯原理*或称*最小拘束原理*: 在比较的给定时刻运动学可能运动 $(\boldsymbol{r}_{\nu 1}^* = \boldsymbol{r}_{\nu 2}^*,\ \ \boldsymbol{v}_{\nu 1}^* = \boldsymbol{v}_{\nu 2}^*\ \ \ \delta\boldsymbol{w}_\nu \neq 0)$ 中, 真实运动的拘束最小.

例 1 利用高斯原理求第 57 小节中例 1 的 2 个质点的加速度.

$$Z = \frac{1}{2}m_1(-w-g)^2 + \frac{1}{2}m_2(w-g)^2,$$

$$\frac{\partial Z}{\partial w} = m_1(w+g) + m_2(w-g) = 0,$$

$$w = \frac{m_2 - m_1}{m_1 + m_2}g.$$

例 2 利用高斯原理求单摆的运动微分方程 (第57 小节的例 2).

$$\begin{aligned}Z&=\frac{1}{2}m\left[\left(\ddot{x}-\frac{F_x}{m}\right)^2+\left(\ddot{y}-\frac{F_y}{m}\right)^2\right]\\&=\frac{1}{2}(l^2\ddot{\varphi}^2+2gl\sin\varphi\ddot{\varphi})+\frac{1}{2}(l^2\dot{\varphi}^4+2gl\cos\varphi\dot{\varphi}^2+g^2).\end{aligned}$$

由条件 $\partial Z/\partial\ddot{\varphi}=0$ 可得第 57 小节的方程 (6).

例 3 质量为 m 的质点在力 $\boldsymbol{F}$ 作用下沿着光滑曲面 $z=f(x,y)$ 运动, 求该质点的运动微分方程. 由约束方程得

$$\ddot{z}=\frac{\partial f}{\partial x}\ddot{x}+\frac{\partial f}{\partial y}\ddot{y}+\frac{\partial^2 f}{\partial x^2}\dot{x}^2+2\frac{\partial^2 f}{\partial x\partial y}\dot{x}\dot{y}+\frac{\partial^2 f}{\partial y^2}\dot{y}^2. \tag{5}$$

令下面表达式取最小值

$$(m\ddot{x}-F_x)^2+(m\ddot{y}-F_y)^2+(m\ddot{z}-F_z)^2,$$

其中 $\ddot{z}$ 由公式 (5) 给出, $\ddot{x}$ 和 $\ddot{y}$ 是独立变量. 最后得方程组

$$m\ddot{x}-F_x+(m\ddot{z}-F_z)\frac{\partial f}{\partial x}=0,\quad m\ddot{y}-F_y+(m\ddot{z}-F_z)\frac{\partial f}{\partial y}=0,$$

其中 $\ddot{z}$ 应替代为方程 (5) 的右端项.

60. 高斯原理的物理意义 设在时刻 t 非自由系统的质点 P_ν 的质量为 m_ν, 向径为 $\boldsymbol{r}_\nu$, 速度为 $\boldsymbol{v}_\nu$. $\boldsymbol{F}_\nu$ 是作用在质点 P_ν 上的主动力的合力.

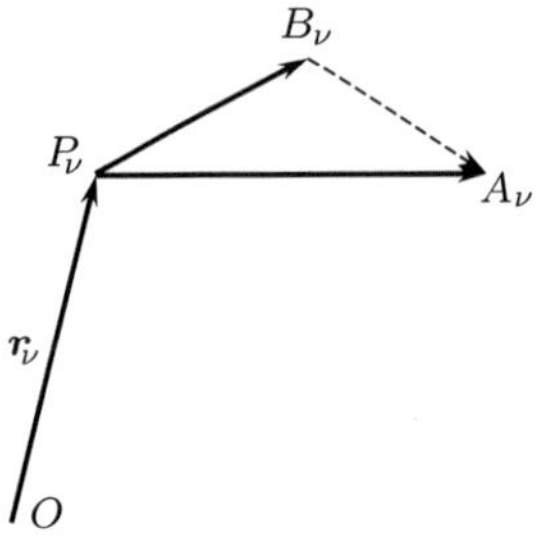

图 56

在时刻 $t+\mathrm{d}t$ 质点 P_ν 在位置 A_ν (如图 56所示), 这时

$$\overline{P_\nu A_\nu}=\boldsymbol{v}_\nu\mathrm{d}t+\frac{1}{2}\boldsymbol{w}_\nu(\mathrm{d}t)^2+\cdots,$$

其中省略了 $\mathrm{d}t$ 的二次方以上的项.

如果在时刻 t 系统约束被解除 (不改变 $\boldsymbol{F}_\nu, m_\nu, \boldsymbol{r}_\nu, \boldsymbol{v}_\nu$), 则在时间段 $\mathrm{d}t$ 内系统质点的运动偏离了非自由系统质点的运动. 设 B_ν 是 P_ν 点在时刻 $t+\mathrm{d}t$ 的位置, 那么

$$\overline{P_\nu B_\nu}=\boldsymbol{v}_\nu\mathrm{d}t+\frac{1}{2}\frac{\boldsymbol{F}_\nu}{m_\nu}(\mathrm{d}t)^2+\cdots,$$

质点在非自由运动时离开其自由运动的位置的距离 $\overline{B_\nu A_\nu}$ 是由约束引起的, 约束迫使质点的运动偏离自由系统的运动. 在数学上, 约束的强制作用可以用长度 $\overline{B_\nu A_\nu}$ 刻画. 另一方面, 为了使质点具有某加速度, 质量越大 (其它条件相同), 约束的作用也必须越大, 因此, 约束对质点的作用自然要用 $m_\nu\overline{B_\nu A_\nu}^2$ 来衡量. 而对于这个系统, 需要对所有质点 $P_\nu(\nu=1,2,\cdots,N)$ 求和. 如果略去 $\mathrm{d}t$ 的 4 次方以上的项, 则有

$$m_\nu\overline{B_\nu A_\nu}^2=m_\nu(\overline{P_\nu A_\nu}-\overline{P_\nu B_\nu})^2=\frac{1}{4}m_\nu(\mathrm{d}t)^4\left(\boldsymbol{w}_\nu-\frac{\boldsymbol{F}_\nu}{m_\nu}\right)^2.$$

如果对所有质点 P_ν $(\nu=1,2,\cdots,N)$ 求和, 并略去不包含 $(1/2)(\mathrm{d}t)^4$ 的项, 于是可得系统的拘束为

$$Z=\frac{1}{2}\sum_{\nu=1}^{N}m_\nu\left(\boldsymbol{w}_\nu-\frac{\boldsymbol{F}_\nu}{m_\nu}\right)^2.$$

Z 是衡量系统的真实运动偏离其自由运动的量. 根据高斯原理, Z 在真实运动时取最小值, 因此可以说, 非自由系统的真实运动最靠近自由运动.

例 1 质量为 m 的质点在重力作用下沿着倾角为 α 的斜面运动 (图 57), 利用真实运动偏离自由运动最小, 求质点的加速度. 设初始时质点位于 P 点且速度为零, 质点自由运动沿着铅垂方向, 在时间段 $\mathrm{d}t$ 内走过距离 $PB=1/2g(\mathrm{d}t)^2$. 真实受约束运动沿着直线 PC 以未知加速度 w 运动, 经过时间 $\mathrm{d}t$ 走过距离 $PA=1/2w(\mathrm{d}t)^2$, 因此,

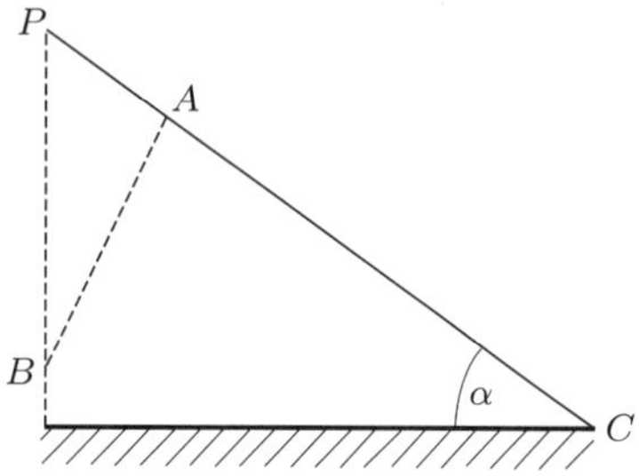

图 57

$$\begin{aligned}BA^2&=\left[\frac{g(\mathrm{d}t)^2}{2}\right]^2+\left[\frac{w(\mathrm{d}t)^2}{2}\right]^2-2\frac{g(\mathrm{d}t)^2}{2}\frac{w(\mathrm{d}t)^2}{2}\sin\alpha\\&=\frac{(\mathrm{d}t)^4}{4}(w^2-2gw\sin\alpha+g^2).\end{aligned}$$

这个量在 $w=g\sin\alpha$ 时达到最小值, 这就是真实加速度.

61. 约束反力的极值性质 高斯原理的物理意义可以用其它术语表述. 考虑到 $m_\nu\boldsymbol{w}_\nu=\boldsymbol{F}_\nu+\boldsymbol{R}_\nu$, 我们可以将拘束表达式写成

$$Z=\frac{1}{2}\sum_{\nu=1}^{N}\frac{R_\nu^2}{m_\nu}. \tag{6}$$

Z 对真实运动取最小值的条件变为约束反力的极值性质: 真实运动的约束反力最小 (意思是 (6) 取最小值).

第四章

静力学

---

§1. 任意质点系的静力学

62. 静力学普遍方程 (虚位移原理) 静力学的任务在第 47 小节已经介绍了. 在这一节中简单介绍一些受理想双面约束的力学系统的静力学基本问题, 在下一节将详细研究最重要的一类特殊质点系——刚体的静力学问题.

我们研究非自由质点系 $P_\nu(\nu = 1, 2, \cdots, N)$, 其约束由第 10 小节的方程 (1) 和 (2) 给出. 我们来研究约束应该满足什么条件, 可以使系统在时间段 $t_0 \leqslant t \leqslant t_1$ 内在 $\boldsymbol{r}_\nu = \boldsymbol{r}_{\nu 0}$ 处于平衡状态. 首先, 向径 $\boldsymbol{r}_\nu = \boldsymbol{r}_{\nu 0}$ 给出的位置应该是该时间段内的可能位置, 即在该时间段内下面恒等式成立

$$f_\alpha(\boldsymbol{r}_{\nu 0}, t) \equiv 0 \qquad (\alpha = 1, 2, \cdots, r). \tag{1}$$

其次, 由第 10 小节和第 11 小节中的方程 (2)–(5) 给出的速度和加速度限制, 在 $\boldsymbol{v}_\nu = \boldsymbol{0}$, $\boldsymbol{w}_\nu = \boldsymbol{0}$ 和 $t_0 \leqslant t \leqslant t_1$ 时可得恒等式

$$a_\beta(\boldsymbol{r}_{\nu 0}, t) \equiv 0, \quad \frac{\partial a_\beta(\boldsymbol{r}_{\nu 0}, t)}{\partial t} \equiv 0, \quad \frac{\partial f_\alpha(\boldsymbol{r}_{\nu 0}, t)}{\partial t} \equiv 0, \quad \frac{\partial^2 f_\alpha(\boldsymbol{r}_{\nu 0}, t)}{\partial t^2} \equiv 0 \tag{2}$$

$$(\alpha = 1, 2, \cdots, r; \quad \beta = 1, 2, \cdots, s).$$

由 (1) 和 (2) 可知, 系统在 $t_0 \leqslant t \leqslant t_1$ 时在某个可能位置 $\boldsymbol{r}_\nu = \boldsymbol{r}_{\nu 0}$ 处于平衡状态, 当且仅当约束满足条件

$$f_\alpha(\boldsymbol{r}_{\nu 0}, t) = 0, \qquad a_\beta(\boldsymbol{r}_{\nu 0}, t) = 0 \tag{3}$$

$$(t_0 \leqslant t \leqslant t_1; \quad \alpha = 1, 2, \cdots, r; \quad \beta = 1, 2, \cdots, s).$$

假设等式 (3) 成立, 即平衡状态 $\boldsymbol{r}_\nu = \boldsymbol{r}_{\nu 0}$ 是约束允许的, 又设在 $t = t_0$ 时有 $\boldsymbol{r}_\nu = \boldsymbol{r}_{\nu 0}$ 和 $\boldsymbol{v}_\nu = \boldsymbol{0}$. 在条件 (3) 成立时系统是否处于平衡状态取决于作用其上的力.

虚位移原理或称拉格朗日原理是力学系统静力学的基础, 可以叙述为定理形式.

定理 理想双面约束允许的某可能平衡状态是 $t_0 \leqslant t \leqslant t_1$ 内的真实平衡状态的充分必要条件是, 对于该时间段内的任意时刻主动力在任意虚位移上所做的元功等于零, 即

$$\sum_{\nu=1}^{N} \boldsymbol{F}_\nu \cdot \delta \boldsymbol{r}_\nu = 0 \qquad (t_0 \leqslant t \leqslant t_1). \tag{4}$$

方程 (4) 称为静力学普遍方程.

证明 为了证明 (4) 是系统平衡的必要条件, 我们利用动力学普遍方程

$$\sum_{\nu=1}^{N} (\boldsymbol{F}_\nu - m_\nu \boldsymbol{w}_\nu) \cdot \delta \boldsymbol{r}_\nu = 0, \tag{5}$$

该方程对理想双面约束系统在任意时刻都成立. 如果在 $t_0 \leqslant t \leqslant t_1$ 时系统处于平衡状态, 则 $\boldsymbol{w}_\nu = \boldsymbol{0}$ 且由 (5) 立刻得到条件 (4).

充分性证明要复杂得多, 我们将在第 158 小节中给出. 这里只是说明, 这个证明本质上是利用运动的完全确定性原理, 即系统的运动由其质点的初始位置和速度唯一确定. 下面例子表明, 没有运动完全确定性原理, 虚位移原理就不成立.

设单位质量的质点在力 $F(x) = \alpha x^\beta (\alpha > 0, 0 < \beta < 1)$ 的作用下沿着 Ox 轴运动, 该质点的运动方程为

$$\ddot{x} = \alpha x^\beta. \tag{6}$$

平衡位置 $x = 0$ 是约束允许的. 由于在平衡位置 $F = 0$, 条件 (4) 对所有的 t 都成立. 该质点在 $t = 0$ 时位于坐标原点而且速度为零, 但是当 $t > 0$ 时它可以不再位于坐标原点. 事实上, 方程 (6) 在初始条件 $x(0) = 0, \dot{x}(0) = 0$ 下除了 $x \equiv 0$ 这个解以外, 还有一个解

$$x(t) = a t^b, \tag{7}$$

其中

$$a = \left[\frac{\alpha(1-\beta)^2}{2(1+\beta)}\right]^{\frac{1}{1-\beta}}, \quad b = \frac{2}{1-\beta}.$$

我们还可以发现, 由于 $b > 2$, 对于解 (7) 有 $\ddot{x}(0) = 0$. 这表明, 即使在平衡位置处质点的加速度等于零, 条件 (3) 和 (4) 也都成立, 质点还是可以在 $t > 0$ 时不再位于平衡位置. 忽略这个情况导致了很多教科书和学术论文中对虚位移原理充分性的证明

或者不全面或者是错误的①. □

例 1 图 58 是一个由杆组成的机构, 形成 3 个平行四边形. MN, RS, SL 和 NQ 是整根杆, 它们的交点由柱铰链连接. 假设 A_0 和 A_1 用细绳连接, 求该绳的张力.

假设将细绳代替为作用在 A_1 点的力 $\boldsymbol{F}$. 设铰链 A_1 向下运动, 其虚位移为 δs. 由于 MN, RS, SL 和 NQ 是整根杆, 所有平行四边形的对角线的变化都相同. 于是, A_2 点向下运动 $2\delta s$, A_3 点向下运动 $3\delta s$.

力 $\boldsymbol{F}$ 和重力 $\boldsymbol{P}$ 在虚位移上所做的功之和等于零, 即

$$3P\delta s - F\delta s = 0.$$

由于 $\delta s \neq 0$ 可得

$$F = 3P.$$

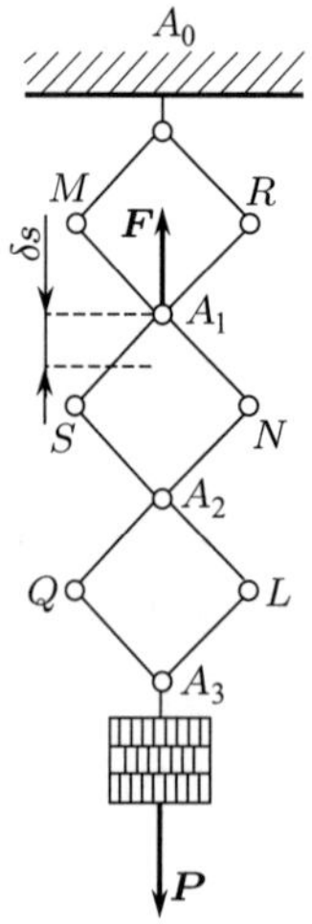

图 58

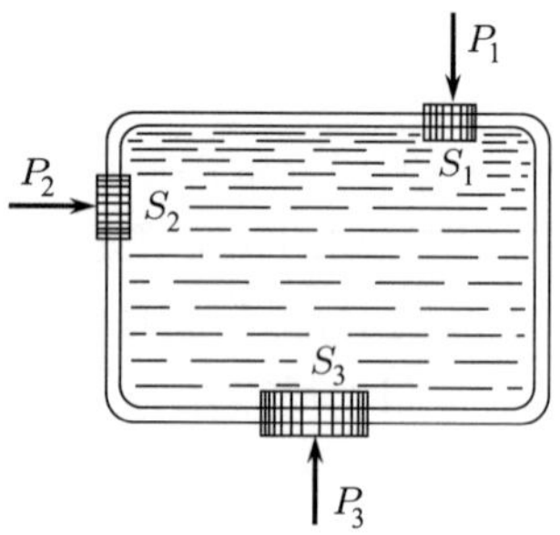

图 59

例 2 (帕斯卡定律) 帕斯卡定律描述了不可压液体的压力分布性质: 外力产生的液体表面的压力, 等值地传到所有方向.

为了说明帕斯卡定律, 我们研究一个盛满不可压液体的容器, 在容器上有 3 个开孔, 分别安装活塞 1, 2, 3 (图 59). 设 S_i 是第 i 个活塞的面积, 而 δl_i 是第 i 个活塞的虚位移 $(i = 1, 2, 3)$.

假设我们固定活塞 3, 活塞 1 和 2 运动. 由活塞 1 确定的运动可得到活塞 2 确定的运动. 被第 1 个活塞压入的液体体积等于 $S_1\delta l_1$; 进入第 2 个活塞孔的液体体积等于 $S_2\delta l_2$. 由液体不可压条件知 $S_1\delta l_1 = S_2\delta l_2$.

①关于这个问题有大量文献, 如: Геронимус Я. Л. О принципе виртуальных перемещений // Бюллетень Ясского Политехн. ин-та, 1963, Т. 9(13), вып. 3–4, С. 251–262; Блюмин Г. Д. О принципе виртуальных перемещений // Изв: АН СССР. МТТ, 1982, № 6, С. 22–28.

力 $\boldsymbol{P}_1$ 和 $\boldsymbol{P}_2$ 在这个虚位移上所做的功之和:

$$P_1\delta l_1 - P_2\delta l_2 = 0, \quad P_1\delta l_1 - P_2\frac{S_1}{S_2}\delta l_1 = 0.$$

由此可得

$$\frac{P_1}{S_1} = \frac{P_2}{S_2}.$$

类似地, 固定活塞 2 可以得到

$$\frac{P_1}{S_1} = \frac{P_3}{S_3},$$

即液体的压力等值地传到所有方向.

例 3 在墙边放置 3 个相同的圆管, 如图 60 所示. 每个管的重量为 P, 为了使这些圆管处于平衡状态, 需要怎样的水平力 $\boldsymbol{F}$ 作用在右边圆管的轴上?

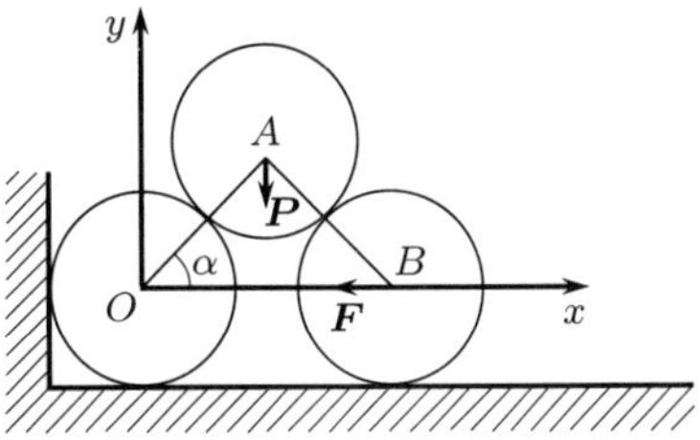

图 60

如果右边圆管的虚位移沿着 Ox 轴, 则只有图示的 2 个力 $\boldsymbol{P}$ 和 $\boldsymbol{F}$ 做功. 这 2 个力的作用点的向径 $\boldsymbol{r}_A$ 和 $\boldsymbol{r}_B$ 在坐标系 Oxy 中由等式

$$\boldsymbol{r}'_A = (2a\cos\alpha, 2a\sin\alpha), \quad \boldsymbol{r}'_B = (4a\cos\alpha, 0)$$

给出 (a 为圆管横截面的半径). 在所示的虚位移下, 角 α 的改变量为 $\delta\alpha$, 于是

$$\delta\boldsymbol{r}'_A = 2a\delta\alpha(-\sin\alpha, \cos\alpha), \quad \delta\boldsymbol{r}'_B = 4a\delta\alpha(-\sin\alpha, 0).$$

力 $\boldsymbol{P}$ 和 $\boldsymbol{F}$ 在该虚位移上做功之和等于零, 即

$$\boldsymbol{P}\cdot\delta\boldsymbol{r}_A + \boldsymbol{F}\cdot\delta\boldsymbol{r}_B = 0,$$

再考虑到

$$\boldsymbol{P}' = (0, -P), \quad \boldsymbol{F}' = (-F, 0),$$

可得

$$-P\cdot 2a\cos\alpha\cdot\delta\alpha + F\cdot 4a\sin\alpha\cdot\delta\alpha = 0.$$

利用 $\delta\alpha \neq 0$ 得

$$F = \frac{1}{2}\cot\alpha P.$$

63. 广义坐标下的静力学普遍方程 设 $q_1, q_2, \cdots, q_m$ 是系统的广义坐标, 而 $Q_j(\boldsymbol{q}, \dot{\boldsymbol{q}}, t)$ 是相应的广义力, 方程 (4) 的广义坐标形式为

$$\sum_{\nu=1}^{N}\boldsymbol{F}_\nu\cdot\delta\boldsymbol{r}_\nu = \sum_{j=1}^{m}Q_j(\boldsymbol{q}, \boldsymbol{0}, t)\delta q_j = 0. \tag{8}$$

如果系统是完整的, 则广义坐标数 m 等于自由度 n 且方程 (8) 中的 δq_j 是独立的. 令方程 (8) 中 δq_j 的系数等于零, 可得系统在平衡位置 $\boldsymbol{q} = \boldsymbol{q}_0$ (只有在该位置) 广义力等于零:

$$Q_i = 0 \quad (i = 1, 2, \cdots, n). \tag{9}$$

等式 (9) 构成了关于未知数 $q_{10}, q_{20}, \cdots, q_{n0}$ 的 n 个方程, 这些未知数确定了系统的平衡位置.

如果所有的主动力都有势, 则根据第 54 小节, 由方程 (9) 得

$$Q_i = -\frac{\partial \Pi}{\partial q_i} = 0 \quad (i = 1, 2, \cdots, n), \tag{10}$$

其中 Π 是系统的势能. 由此可知, 完整系统 (受双面理想约束, 在有势力场中) 平衡的充分必要条件就是系统在该平衡位置势能取极值的必要条件.

特别地, 如果系统在均匀重力场中运动, 则条件方程 (10) 可以变为 $\dfrac{\partial z_C}{\partial q_i} = 0 \quad (i = 1, 2, \cdots, n)$, 其中 z_C 是系统重心在以 Oz 为铅垂轴的固定坐标系中的坐标, 即系统平衡的充分必要条件就是系统重心高度取极值的必要条件.

如果系统是非完整的, 则方程 (8) 中的 δq_j 不是独立的, 它们满足第 16 小节中的 s 个约束方程 (28), 在 m 个 δq_j 中只有 $n(n = m - s)$ 个独立. 为了确定性假设 $\delta q_1, \delta q_2, \cdots, \delta q_n$ 独立, 从第 16小节的方程 (28) 中解出 $\delta q_{n+1}, \delta q_{n+2}, \cdots, \delta q_m$ 得

$$\delta q_{n+k} = \sum_{l=1}^{n} \alpha_{kl} \delta q_l \quad (k = 1, 2, \cdots, m - n = s), \tag{11}$$

其中 α_{kl} 是第 16 小节的方程 (28) 中系数 $b_{\beta j}$ 的函数. 在方程 (8) 中代入表达式 (11) 后合并同类项得

$$\sum_{i=1}^{n} Q_i' \delta q_i = 0, \tag{12}$$

其中

$$Q_i' = Q_i + \sum_{p=1}^{m-n} \alpha_{pi} Q_{n+p} \quad (i = 1, 2, \cdots, n). \tag{13}$$

由于 δq_i 独立, 由 (12) 可得

$$Q_i' = 0 \quad (i = 1, 2, \cdots, n). \tag{14}$$

等式 (14) 是关于 m 个未知数 $q_{10}, q_{20}, \cdots, q_{m0}$ 的 n 个方程, 这些未知数确定了系统的平衡位置. 由于未知数的个数超过方程数, 因此一般来说可以得到平衡状态流形, 其维数不小于非完整约束的数目 s.

从方程 (13) 和 (14) 可以看出, 对于在有势力场中的非完整系统, 势能的某些甚至全部导数在平衡位置都可以不等于零.

例 1 设非自由质点在约束

$$\dot{q}_3 = q_1 \dot{q}_2$$

下在势能为

$$\Pi = \frac{1}{2}(q_1^2 + q_2^2 + q_3^2)$$

的力场中运动, 那么 $m=3, s=1, n=2$; $\alpha_{11}=0, \alpha_{12}=q_1$; $Q_i=-q_i\ (i=1,2,3)$; $Q_1'=-q_1, Q_2'=-q_2-q_1q_3$. 平衡条件 (14) 可以写成 3 个位置数的 2 个方程:

$$q_1=0, \quad q_2+q_1q_3=0.$$

由此可知, 平衡位置构成一个一维流形

$$q_1=0, \quad q_2=0, \quad q_3=q_{30},$$

其中 q_{30} 是任意数.

如果 $q_{30}\neq 0$, 则在平衡位置导数 $\partial\Pi/\partial q_3$ 不为零.

例 2 两个相同的杆 OA 和 AB 重为 P, 长为 $2a$. OA 杆的端点 O 与固定柱铰链相连, 而 AB 杆的端点 B 上有水平力 $P/2$ 作用, 2 个杆位于铅垂平面内. 求系统平衡时的角度 α 和 β (图 61).

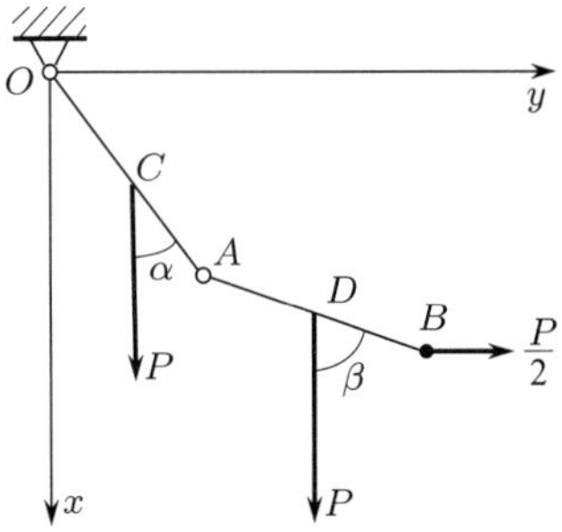

图 61

系统有 2 个自由度, 并且是完整的. 取角度 α 和 β 为广义坐标, 我们来求相应的广义力 Q_α 和 Q_β. 在杆所在平面内建立坐标系 Oxy, 其中 Ox 轴竖直向下. 主动力 $\boldsymbol{F}_C, \boldsymbol{F}_D$ 和 $\boldsymbol{F}_B$ 以及它们作用点的向径 $\boldsymbol{r}_C, \boldsymbol{r}_D, \boldsymbol{r}_B$ 为

$$\boldsymbol{F}_C'=(P,0), \quad \boldsymbol{F}_D'=(P,0), \quad \boldsymbol{F}_B'=\left(0,\frac{P}{2}\right);$$

$$\boldsymbol{r}_C'=a(\cos\alpha,\sin\alpha), \quad \boldsymbol{r}_D'=a(2\cos\alpha+\cos\beta, 2\sin\alpha+\sin\beta),$$
$$\boldsymbol{r}_B'=2a(\cos\alpha+\cos\beta,\sin\alpha+\sin\beta).$$

下面计算主动力在广义坐标变分 $\delta\alpha$ 和 $\delta\beta$ 相应的虚位移上的元功. 因为

$$\begin{aligned}\delta\boldsymbol{r}_C' &= a\delta\alpha(-\sin\alpha,\cos\alpha),\\ \delta\boldsymbol{r}_D' &= a(-2\sin\alpha\cdot\delta\alpha-\sin\beta\cdot\delta\beta, 2\cos\alpha\cdot\delta\alpha+\cos\beta\cdot\delta\beta),\\ \delta\boldsymbol{r}_B' &= 2a(-\sin\alpha\cdot\delta\alpha-\sin\beta\cdot\delta\beta,\cos\alpha\cdot\delta\alpha+\cos\beta\cdot\delta\beta),\end{aligned}$$

所以

$$\begin{aligned}\delta A &= \boldsymbol{F}_C\cdot\delta\boldsymbol{r}_C+\boldsymbol{F}_D\cdot\delta\boldsymbol{r}_D+\boldsymbol{F}_B\cdot\delta\boldsymbol{r}_B\\ &= Pa[(\cos\alpha-3\sin\alpha)\delta\alpha+(\cos\beta-\sin\beta)\delta\beta],\end{aligned}$$

于是得

$$Q_\alpha=Pa(\cos\alpha-3\sin\alpha), \quad Q_\beta=Pa(\cos\beta-\sin\beta).$$

由条件 (9) 可知, 系统平衡时

$$\tan\alpha=\frac{1}{3}, \qquad \tan\beta=1.$$

例 3 小圆环穿在金属丝上, 金属丝的形状由方程组

$$\frac{x^2}{36}+\frac{y^2}{9}+z^2=1,\quad \frac{x}{6}+\frac{y}{3}+z=1$$

确定, 其中 Oz 轴竖直向上. 求小圆环的平衡位置.

设小圆环的虚位移由 $\delta x, \delta y, \delta z$ 给出, 将金属丝的方程组求微分可得虚位移应该满足的方程组

$$x\delta x+4y\delta y+36z\delta z=0,\quad \delta x+2\delta y+6\delta z=0.$$

在平衡位置重力的元功 $P\delta z$ (P 为小圆环的重量) 应该等于零, 因此 $\delta z=0$, 上面 2 个方程变为

$$x\delta x+4y\delta y=0,\quad \delta x+2\delta y=0.$$

消去 δy 后得

$$(x-2y)\delta x=0.$$

对任何 δx 这个条件都应该满足, 故

$$x=2y.$$

再注意到金属丝的方程, 可以得到 2 组解:

$$1)\ x=4, y=2, z=-\frac{1}{3};$$

$$2)\ x=0, y=0, z=1.$$

例 4 均匀杆 AD 以 A 端靠在竖直墙上, 而棱 B 支持在杆上某点 (图 62). 已知杆长为 $2a$, 而 A 点到墙的距离为 b. 求杆平衡时的角 α.

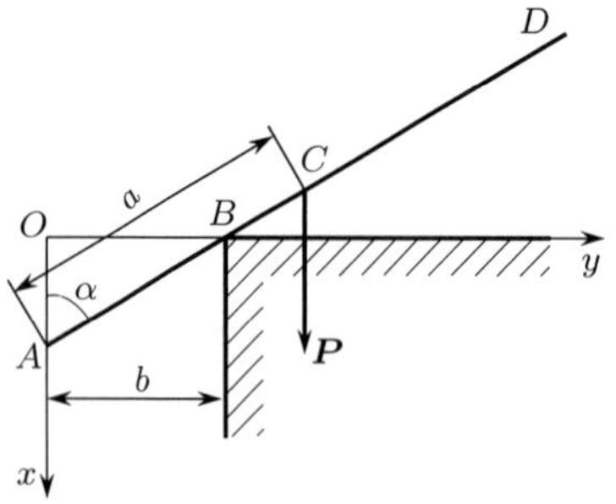

图 62

系统是完整的, 有一个自由度, 取 α 为广义坐标. 势能为 $\Pi=-Px_C$, 其中 x_C 是杆重心的坐标值:

$$x_C=b\cot\alpha-a\cos\alpha.$$

平衡条件 $\partial\Pi/\partial\alpha=0$ 给出 α 的方程:

$$-\frac{b}{\sin^2\alpha}+a\sin\alpha=0,$$

由此得

$$\sin\alpha=\sqrt[3]{\frac{b}{a}}.$$

只有在 $b\leqslant a$ 时杆才可能平衡.

64. 力系等效 设力系 $(\boldsymbol{F}_1,\boldsymbol{F}_2,\cdots,\boldsymbol{F}_k)$ 作用在某个系统上, 将这个力系代替为 $(\boldsymbol{F}_1^*,\boldsymbol{F}_2^*,\cdots,\boldsymbol{F}_l^*)$. 第 1 个力系和第 2 个力系中力的大小、作用线、方向都可以不同. 在第 1 个力系和第 2 个力系作用下, 具有相同的初始位置和初始速度的力学系统的运动可能相同, 也可能不同.

如果 2 个力系相互代替而不改变力学系统的运动 (或静止状态), 则这 2 个力系称为等效的.

特别地, 如果增加或者减去某个力系而不改变系统的运动, 则称该力系是平衡力系或零力系.

力系的等效用符号 $\sim$ 表示, 如果力系 $(\boldsymbol{F}_1,\boldsymbol{F}_2,\cdots,\boldsymbol{F}_k)$ 和 $(\boldsymbol{F}_1^*,\boldsymbol{F}_2^*,\cdots,\boldsymbol{F}_l^*)$ 等效, 则记作 $(\boldsymbol{F}_1,\boldsymbol{F}_2,\cdots,\boldsymbol{F}_k)\sim(\boldsymbol{F}_1^*,\boldsymbol{F}_2^*,\cdots,\boldsymbol{F}_l^*)$.

由动力学普遍方程可知 (参见第 57 小节中的评注 1), 2 个力系等效当且仅当它们在系统任意虚位移 (对 2 个力系是相同的) 上所做的功相等.

下面我们将这个等效判据用广义力表示. 设 Q_j 和 Q_j^* $(j=1,2,\cdots,m)$ 分别是对应于第 1 个力系和第 2 个力系的广义力, 而 δA 和 δA^* 分别是它们在虚位移 δq_1, $\delta q_2,\cdots,\delta q_m$ 上所做的元功, 求元功之差

$$\delta A-\delta A^*=\sum_{j=1}^{m}(Q_j-Q_j^*)\delta q_j. \tag{15}$$

对于完整系统, δq_j 是独立的, 因此, 由 (15) 左边等于零可知, 作用在完整系统上的力系等效的充分必要条件是对于任意选定的广义坐标它们的广义力都相同.

对于非完整系统, δq_j 不是独立的. 将 (11) 代入 (15) 合并同类项后可得结论: 作用在非完整系统上的力系等效, 当且仅当对于任意选定的广义坐标, 根据公式 (13) 计算出的 Q_j' 和 $Q_j'^*$ 都相同.

例 1 质点 $P(x,y)$ 在平面上运动, 其速度方向始终指向动点 $P_0(x_0(t),y_0(t))$, 约束方程的形式为

$$\dot{y}=\frac{y-y_0(t)}{x-x_0(t)}\dot{x}. \tag{16}$$

在 x_0,y_0 不是常数的条件下, 这个约束是不可积的, 故 $m=2,s=1,n=1$.

设在 P 点的作用力 $\boldsymbol{F}(y_0(t)-y,-x_0(t)+x)$, 相应的广义力 $(q_1=x,q_2=y)$ 为

$$Q_1=y_0(t)-q_2,\quad Q_2=-x_0(t)+q_1.$$

由约束方程 (16) 可得

$$\alpha_{11}=\frac{q_2-y_0(t)}{q_1-x_0(t)}.$$

由公式 (13) 有 $Q_1'=0$.

如果用 $\boldsymbol{F}^*=k\boldsymbol{F}(k\neq1)$ 代替作用在 P 点的力 $\boldsymbol{F}$, 则类似地得到 $Q_1'^*=0$, 因此对于该系统, 力 $\boldsymbol{F}$ 和 $\boldsymbol{F}^*$ 等效.

如果没有约束 (16), 则对应于完整系统情况, 力 $\boldsymbol{F}$ 和 $\boldsymbol{F}^*$ 不等效.

§2. 刚体静力学

65. 刚体平衡的充分必要条件 设作用在刚体上的外力系的主向量为 $\boldsymbol{R}^{(e)}$, 对任意选定的基点的主矩为 $\boldsymbol{M}_O^{(e)}$. 将刚体当作自由的, 可以得到其平衡的充分必要条件; 如果刚体不是自由的, 则可以解除约束并以约束反力 (见第 45小节) 代替, 就可以将刚体看作自由的, 在这种情况下, 通常要将未知的约束反力计算在主向量 $\boldsymbol{R}^{(e)}$ 和主矩 $\boldsymbol{M}_O^{(e)}$ 中.

自由刚体是理想系统, 可以采用给出双面理想系统平衡充分必要条件的虚位移原理, 我们的任务是将第 62 小节中的静力学普遍方程 (4), 用作用在刚体上的力系的主向量 $\boldsymbol{R}^{(e)}$ 和主矩 $\boldsymbol{M}_O^{(e)}$ 表示.

定理 刚体在 $t_0 \leqslant t \leqslant t_1$ 内平衡的充分必要条件是, 在初始时刻 t_0 刚体静止, 主向量 $\boldsymbol{R}^{(e)}$ 和对任意选定的基点的主矩 $\boldsymbol{M}_O^{(e)}$ 在 $t_0 \leqslant t \leqslant t_1$ 内等于零, 即

$$\boldsymbol{R}^{(e)} = \boldsymbol{0}, \quad \boldsymbol{M}_O^{(e)} = \boldsymbol{0}. \tag{1}$$

证明 因为自由刚体是定常系统, 它在时间段 $\mathrm{d}t$ 内的任意真实位移就是虚位移, 因此利用第 52 小节中的公式 (3), 可以将作用在刚体上的力系在虚位移上所做的元功写作

$$\delta A = \boldsymbol{R}^{(e)} \cdot \boldsymbol{v}_O \mathrm{d}t + \boldsymbol{M}_O^{(e)} \cdot \boldsymbol{\omega} \mathrm{d}t, \tag{2}$$

其中 $\boldsymbol{v}_O$ 是基点速度, $\boldsymbol{\omega}$ 是刚体在 $t(t_0 \leqslant t \leqslant t_1)$ 时刻的角速度. 因为 $\boldsymbol{v}_O$ 和 $\boldsymbol{\omega}$ 是任意的, 由静力学普遍方程 $\delta A = 0$ 可得到 (1), 定理得证. □

如果 $\boldsymbol{F}_1, \boldsymbol{F}_2, \cdots, \boldsymbol{F}_k$ 是作用在刚体上的外力系, 而 x_i, y_i, z_i 是力 $\boldsymbol{F}_i$ $(i = 1, 2, \cdots, k)$ 作用点在以基点 O 为原点的笛卡儿直角坐标系中的坐标, 则刚体平衡的充分必要条件 (1) 可以写成下面 6 个等式:

$$\sum_{i=1}^{k} F_{ix} = 0, \quad \sum_{i=1}^{k} F_{iy} = 0, \quad \sum_{i=1}^{k} F_{iz} = 0, \tag{3}$$

$$\begin{gathered} \sum_{i=1}^{k} (y_i F_{iz} - z_i F_{iy}) = 0, \\ \sum_{i=1}^{k} (z_i F_{ix} - x_i F_{iz}) = 0, \\ \sum_{i=1}^{k} (x_i F_{iy} - y_i F_{ix}) = 0. \end{gathered} \tag{4}$$

在特殊情况下, 等式 (3) 和 (4) 中 6 个方程中有些可能是恒等式.

全部约束反力可以完全由平衡条件确定的力学系统称为静定的, 反之称为静不定的. 如果本小节讨论的刚体是非自由的, 则等式 (3) 和 (4) 是关于约束反力分量的方程组, 力学系统是静定的当且仅当约束反力分量的数目不超过等式 (3) 和 (4) 中非恒等式的数目.

例 1 重量为 P 的均匀等腰三角形板 ABC $(AC=BC)$ 的顶点靠在 3 个坐标平面上, 点 C 和 O 用细绳 CO 连接 (图 63), 已知距离 a,b,c 和角度 $COy=\pi/4$, 求绳的拉力 T 和 A,B,C 3 点的约束反力 $\boldsymbol{X},\boldsymbol{Y},\boldsymbol{Z}$.

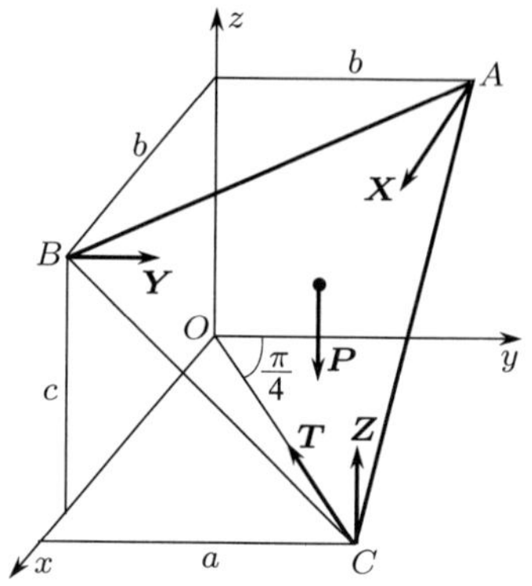

图 63

在板上有 5 个力作用: 重力、绳的拉力和 A,B,C 3 点的约束反力, 并且由于没有摩擦, 后 3 个约束反力垂直于坐标平面.

由几何关系不难得到, 板重心的坐标为 $\frac{a+b}{3}$, $\frac{a+b}{3}$, $\frac{2c}{3}$.

刚体平衡的充分必要条件 (3) 和 (4) 写成下面 6 个关于 4 个未知数 X,Y,Z,T 的线性方程组:

$$-T\frac{\sqrt{2}}{2}+X=0,\quad -T\frac{\sqrt{2}}{2}+Y=0,\quad Z-P=0,$$

$$Za-Yc-\frac{1}{3}P(a+b)=0,\quad -Za+Xc+\frac{1}{3}P(a+b)=0,\quad Yb-Xb=0.$$

解方程组得

$$X=Y=\frac{2a-b}{3c}P,\quad Z=P,\quad T=\frac{\sqrt{2}(2a-b)}{3c}P.$$

66. 作用在刚体上的力系等效判据 作用在双面理想力学系统上的力系等效判据在第 64 小节中已经给出, 这里将给出作用在刚体上的力系等效判据.

定理 作用在刚体上的 2 个力系等效的充分必要条件是它们有相同的主向量和对某个基点相同的主矩.

证明 设力系 $(\boldsymbol{F}_1,\boldsymbol{F}_2,\cdots,\boldsymbol{F}_k)$ 的主向量为 $\boldsymbol{R}^{(e)}$, 主矩为 $\boldsymbol{M}_O^{(e)}$, 而力系 $(\boldsymbol{F}_1^*,\boldsymbol{F}_2^*,\cdots,\boldsymbol{F}_l^*)$ 的主向量为 $\boldsymbol{R}^{*(e)}$, 主矩为 $\boldsymbol{M}_O^{*(e)}$. 利用公式 (2) 求这 2 个力系在刚体相同的虚位移上所做元功之差:

$$\delta A-\delta A^*=(\boldsymbol{R}^{(e)}-\boldsymbol{R}^{*(e)})\cdot\boldsymbol{v}_O\mathrm{d}t+(\boldsymbol{M}_O^{(e)}-\boldsymbol{M}_O^{*(e)})\cdot\boldsymbol{\omega}\mathrm{d}t.$$

根据定义, 力系等效的充分必要条件是这个差等于零, 由此, 根据 $\boldsymbol{v}_O$ 和 $\boldsymbol{\omega}$ 是任意的可得 $\boldsymbol{R}^{(e)}=\boldsymbol{R}^{*(e)}$ 和 $\boldsymbol{M}_O^{(e)}=\boldsymbol{M}_O^{*(e)}$. □

下面求力系对不同基点的主矩之间的关系, 根据图 64 有

$$\boldsymbol{M}_{O_1} = \sum_{i=1}^{k} \boldsymbol{\rho}_i \times \boldsymbol{F}_i = \sum_{i=1}^{k} (\overline{O_1 O} + \boldsymbol{r}_i) \times \boldsymbol{F}_i$$

$$= \overline{O_1 O} \times \left(\sum_{i=1}^{k} \boldsymbol{F}_i \right) + \sum_{i=1}^{k} \boldsymbol{r}_i \times \boldsymbol{F}_i,$$

或者

$$\boldsymbol{M}_{O_1} = \boldsymbol{M}_O + \overline{O_1 O} \times \boldsymbol{R}. \tag{5}$$

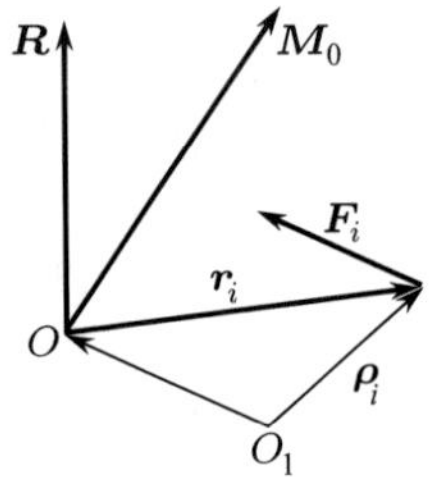

图 64

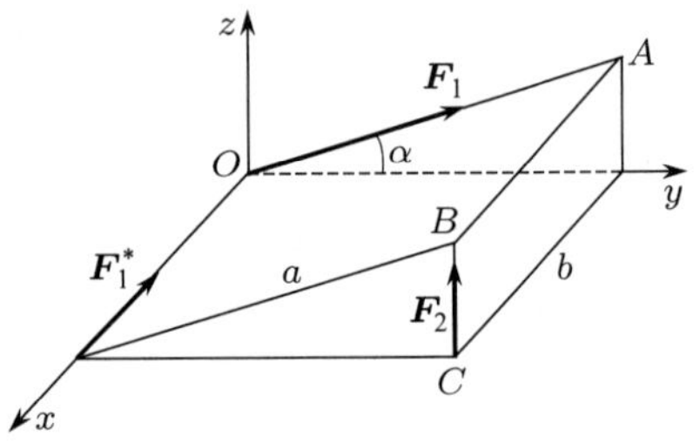

图 65

可见, 改变基点使主矩产生的改变量等于主向量 (位于老基点处) 相对新基点的矩. 由此可知, 如果 2 个力系主向量相等且对某个基点的主矩相等, 则它们对任意点的主矩都相等.

评注 1 在满足条件 (1) 的情况下, 作用在刚体上的力系是平衡力系或者零力系, 也就是说, 如果在刚体上增加或者去除满足 (1) 的力系, 不会对刚体运动有任何改变.

例 1 在直角楔的棱边上作用 2 个力 $\boldsymbol{F}_1$ 和 $\boldsymbol{F}_2$ (图 65), 需要用力 $\boldsymbol{F}_1^*$ 和 $\boldsymbol{F}_2^*$ 等效代替, 已知力 $\boldsymbol{F}_1$, $\boldsymbol{F}_2$ 和 $\boldsymbol{F}_1^*$ 的大小与相应的棱边长成正比, 求力 $\boldsymbol{F}_2^*$.

如果 a, b 为棱边 OA, AB 的长度, f 为比例系数, 则

$$F_1 = fa, \quad F_2 = fa \sin\alpha, \quad F_1^* = fb.$$

建立坐标系 $Oxyz$ 如图 65 所示, 力系 $(\boldsymbol{F}_1, \boldsymbol{F}_2)$ 的主向量和主矩在该坐标系中的分量为

$$R_x = 0, \quad R_y = fa\cos\alpha, \quad R_z = 2fa\sin\alpha,$$

$$M_x = fa^2 \sin\alpha\cos\alpha, \quad M_y = -fab\sin\alpha, \quad M_z = 0.$$

设力 $\boldsymbol{F}_2^*$ 的分量为 $F_{2x}^*, F_{2y}^*, F_{2z}^*$, 其作用点坐标为 x, y, z. 力系 $(\boldsymbol{F}_1^*, \boldsymbol{F}_2^*)$ 的主向量和主矩在该坐标系中的分量为

$$R_x^* = -fb + F_{2x}^*, \quad R_y^* = F_{2y}^*, \quad R_z^* = F_{2z}^*,$$

$$M_x^* = yF_{2z}^* - zF_{2y}^*, \quad M_y^* = zF_{2x}^* - xF_{2z}^*, \quad M_z^* = xF_{2y}^* - yF_{2x}^*.$$

由等效力系 $(\boldsymbol{F}_1, \boldsymbol{F}_2)$ 和 $(\boldsymbol{F}_1^*, \boldsymbol{F}_2^*)$ 的主向量相等的 3 个方程, 可以求得 $\boldsymbol{F}_2^*$ 的分量:

$$F_{2x}^* = fb, \quad F_{2y}^* = fa\cos\alpha, \quad F_{2z}^* = 2fa\sin\alpha.$$

这些等式给出了 $\boldsymbol{F}_2^*$ 的方向和大小

$$F_2^* = \sqrt{F_{2x}^{*2} + F_{2y}^{*2} + F_{2z}^{*2}} = \sqrt{F_1^2 + 3F_2^2 + F_1^{*2}}.$$

根据 2 个力系的主矩相等, 简化后可得力 $\boldsymbol{F}_2^*$ 的作用点 x, y, z 满足的方程:

$$2y\sin\alpha - z\cos\alpha = a\sin\alpha\cos\alpha, \quad 2ax\sin\alpha - bz = ab\sin\alpha,$$

$$ax\cos\alpha - by = 0.$$

这些方程不是确定力 $\boldsymbol{F}_2^*$ 的作用点, 而是作用线:

$$\frac{2x-b}{b} = \frac{2y - a\cos\alpha}{a\cos\alpha} = \frac{z}{a\sin\alpha}.$$

力 $\boldsymbol{F}_2^*$ 的作用线经过楔顶点 B 和楔底面对角线的交点.

67. 合力 · 伐里农定理 如果作用在刚体上的力系 $(\boldsymbol{F}_1, \boldsymbol{F}_2, \cdots, \boldsymbol{F}_k)$ 等效于一个力 $\boldsymbol{R}^*$, 则这个力称为给定力系的合力.

定理 如果力系有合力, 则这个合力 $\boldsymbol{R}^*$ 等于主向量 $\boldsymbol{R}$, 而它相对任意基点 O 的矩等于给定力系相对该基点的主矩 $\boldsymbol{M}_O$.

证明可以由合力定义和作用在刚体上的 2 个力系等效的判据得到. 该定理的第 2 部分称为伐里农定理.

68. 刚体平衡条件的特殊情况

1. 由条件 (1) 可知, 在一个不为零的力作用下, 刚体不可能处于平衡状态 (因为 $\boldsymbol{R}^{(e)} \neq \boldsymbol{0}$).

2. 在 2 个力作用下刚体在 $t_0 \leqslant t \leqslant t_1$ 内处于平衡状态, 当且仅当初始时刻 $t = t_0$ 刚体静止, 而在 $t_0 \leqslant t \leqslant t_1$ 内, 2 个力大小相等方向相反, 作用线相同. 第 1 个要求由条件 $\boldsymbol{R}^{(e)} = \boldsymbol{0}$ 得到, 第 2 个要求由条件 $\boldsymbol{M}_O^{(e)} = \boldsymbol{0}$ 得到.

3. 如果刚体在 3 个力 $\boldsymbol{F}_1, \boldsymbol{F}_2$ 和 $\boldsymbol{F}_3$ 作用下处于平衡状态, 2 个力 $\boldsymbol{F}_1$ 和 $\boldsymbol{F}_2$ 的作用线相交, 则这 3 个力都位于同一个平面内, 且它们的作用线交于一点. 这个结论 (常称为三力定理) 由刚体平衡条件 (1) 得到. 事实上, 由 $\boldsymbol{R}^{(e)} = \boldsymbol{0}$ 得到 $\boldsymbol{F}_3 = -(\boldsymbol{F}_1 + \boldsymbol{F}_2)$, 所以力 $\boldsymbol{F}_3$ 位于力 $\boldsymbol{F}_1$ 和 $\boldsymbol{F}_2$ 所在平面内. 注意到力 $\boldsymbol{F}_1$ 和 $\boldsymbol{F}_2$ 对它们作用线的交点 O 的力矩等于零, 由条件 $\boldsymbol{M}_O^{(e)} = \boldsymbol{0}$ 可知力 $\boldsymbol{F}_3$ 的作用线经过 O 点.

例 1 长为 $2l$ 的均质杆 AB 的一端靠在光滑竖直墙上, 另一端顶在角落 B 处, 距离 $OB = a$ (图 66), 试确定杆平衡时 B 点约束反力的方向.

A 点的约束反力垂直于墙, 其作用线与重力 P 的作用线相交于 S 点. 平衡时第 3 个力—— B 点约束反力——也通过 S 点. 由 $\triangle BCS$ 求得

$$\tan\varphi = 2\frac{\sqrt{4l^2 - a^2}}{a}.$$

评注 2 显然, 力系的任意力向量沿着其作用线滑移时, 力系的主向量及其对给定基点的主矩都保持不变, 所以由作用在刚体上的力系等效判据可知, 可以将力的作用点移动到该力作用线上任意点而不破坏刚体的运动 (特别地, 平衡状态), 即作用在刚体上的力是滑移向量.

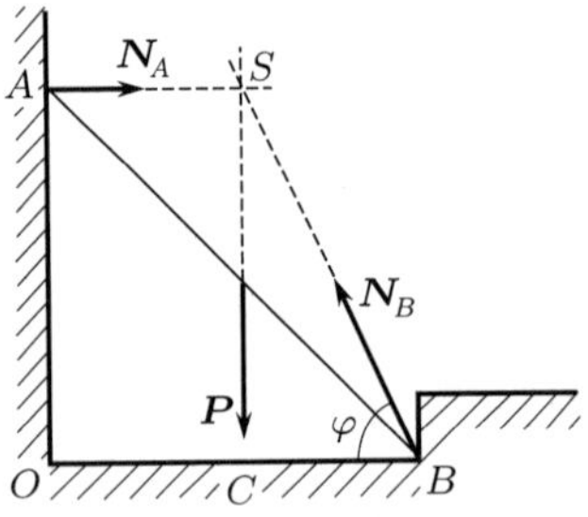

图 66

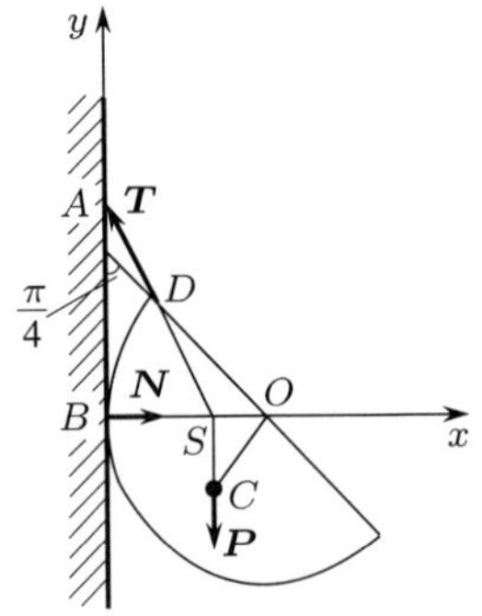

图 67

4. 汇交力系是指作用线交于一点的力构成的力系.

定理 汇交力系有合力, 该合力通过各力作用线的汇交点.

证明 证明可以从上面的评注和力的合成定律 (44) 得到. 设 O 是力系中各力作用线的交点①, 那么 $\boldsymbol{M}_O^{(e)} = \boldsymbol{0}$, 并由 (1) 推得向量方程 $\boldsymbol{R}^{(e)} = \boldsymbol{0}$, 该方程的标量形式写成 3 个方程 (3). □

例 2 重量为 P 半径为 r 的半球用细绳悬挂于光滑竖直墙的 A 点, 其凸面靠在墙上的 B 点 (图 67). 如果在平衡时底面大圆平面与墙的夹角等于 $\pi/4$, 绳长应该等于多少? 绳的张力和半球对墙的压力等于多少?

半球受 3 个力作用: 重力 P、压力 N 和绳的拉力 T. 重力 P 和压力 N 的作用线交于 S 点. 根据三力定理, 半球处于平衡位置时拉力 T 的作用线 (即绳的方向) 也通过 S 点. 可见, 半球在汇交力系作用下处于平衡状态.

在直角三角形 OSC 中 $\angle SOC = \pi/4$, 又由于半球质心 C 距离大圆圆心 O 的距离为 $OC = 3r/8$, 故 $OS = OC\cos(\pi/4) = 3\sqrt{2}r/16$.

①点 O 可以不是刚体上的点, 但是这不会影响我们的讨论, 这是因为可以认为 O 位于无质量的杆的一端, 而杆的另一端固结于刚体, 这样就可以认为 O 是刚体上的点.

用 α 表示绳与墙的夹角, 在三角形 $\triangle ODS$ 中 $\angle DOS=\pi/4$, $\angle OSD=\pi/2+\alpha$, $\angle ODS=\pi/4-\alpha$, 因此有

$$\frac{SD}{\sin(\pi/4)}=\frac{OD}{\sin(\pi/2+\alpha)}=\frac{OS}{\sin(\pi/4-\alpha)},$$

或者

$$\sqrt{2}SD=\frac{r}{\cos\alpha}=\frac{3r}{8(\cos\alpha-\sin\alpha)}.$$

由此可得

$$\tan\alpha=\frac{5}{8}\left(\sin\alpha=\frac{5}{\sqrt{89}},\quad \cos\alpha=\frac{8}{\sqrt{89}}\right),\qquad SD=\frac{\sqrt{178}}{16}r.$$

利用 $\triangle ABS$ 可以求出绳长

$$AD=\frac{\sqrt{89}}{10}(2-\sqrt{2})r.$$

令力 $\boldsymbol{P},\boldsymbol{N}$ 和 $\boldsymbol{T}$ 在坐标系 Bxy 的坐标轴上的投影之和等于零, 得到 2 个方程

$$T\cos\alpha=P,\quad T\sin\alpha=N,$$

可以求出绳的拉力和半球对墙的压力

$$T=\frac{\sqrt{89}}{8}P,\quad N=\frac{5}{8}P.$$

例 3 三根杆 AO,BO,CO 的一端铰接于竖直墙上, 另一端铰接于 O 点, 在 O 点有重为 P 的载荷. 杆 AO 和 BO 位于水平面内与墙成 60° 角. 第 3 根杆 CO 位于过 O 点和 AB 中点的竖直平面内, 与墙成 30° 角. 忽略杆的自重, 求杆的内力.

选择图 68 所示的坐标系, 将平衡条件写成 (3) 的形式得

$$\sum F_{ix}=S_A\cos 60^\circ-S_B\cos 60^\circ=0,$$

$$\sum F_{iy}=-S_A\sin 60^\circ-S_B\sin 60^\circ-S_C\sin 30^\circ=0,$$

$$\sum F_{iz}=-S_C\cos 30^\circ-P=0.$$

解此方程组得

$$S_A=S_B=\frac{1}{3}P,\qquad S_C=-\frac{2\sqrt{3}}{3}P.$$

S_A 和 S_B 的值是正的, 表明约束反力 $\boldsymbol{S}_A$ 和 $\boldsymbol{S}_B$ 的方向与图 68 中画出的一致 (杆 OA 和 OB 受拉). S_C 的值是负的 (杆 OC 受压).

5. 下面研究刚体在平面力系作用下的平衡. 平面力系是指作用线都在一个平面内的力构成的力系. 设这个平面就是 Oxy 平面, 那么力在 Oz 轴上投影 F_{iz} 和力作用点的坐标 $z_i(i=1,2,\cdots,k)$ 都等于零, 条件 (3) 和 (4) 变为下面 3 个等式

$$\sum_{i=1}^{k} F_{ix}=0, \quad \sum_{i=1}^{k} F_{iy}=0, \quad \sum_{i=1}^{k}(x_iF_{iy}-y_iF_{ix})=0. \tag{6}$$

因此, 在平面力系作用下, 自由刚体在 $t_0 \leqslant t \leqslant t_1$ 内处于平衡状态当且仅当初始时刻 $t=t_0$ 刚体静止, 而在 $t_0 \leqslant t \leqslant t_1$ 内所有力在 2 个坐标轴上投影之和为零, 所有力对第 3 个轴的力矩之和为零.

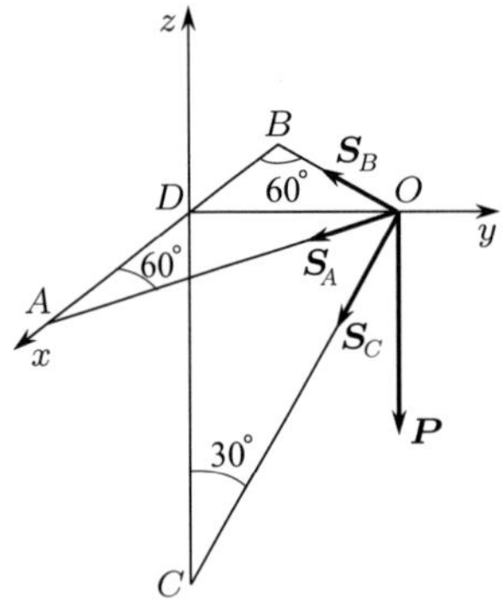

图 68

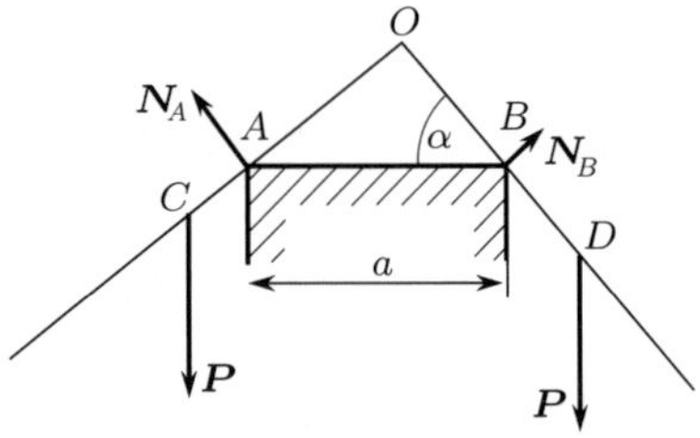

图 69

练习题 1 试证明刚体在平面力系作用下的平衡条件可以表述为下面几种与 (6) 等价的形式: 1) 对任意不共线的 3 个点的合力矩等于零 (三矩定理); 2) 对任意 2 个点的合力矩等于零, 并且各力在任意不垂直于该 2 点连线的方向上的投影之和为零.

例 4 均质杆折成直角, 2 边长均为 $2l$. 将它放在长为 $AB=a=2l/5$ 的桌子边缘上, 忽略摩擦, 求平衡位置以及对桌子边缘的压力 N_A 和 N_B.

设平衡位置由角 $\angle OBA=\alpha$ 确定 (图 69), 杆在图 69 画出的 4 个力构成的平面力系作用下平衡, A 和 B 点的约束反力分别垂直于杆的两边. 由力沿着 OC 和 OD 的投影等于零得

$$N_A=2P\sin\alpha, \qquad N_B=2P\cos\alpha.$$

对 O 点的合力矩等于零给出

$$\frac{2}{5}lN_A\sin\alpha+Pl\cos\alpha=\frac{2}{5}lN_B\cos\alpha+Pl\sin\alpha,$$

或者

$$\frac{4}{5}(\sin^2\alpha-\cos^2\alpha)=\sin\alpha-\cos\alpha.$$

最后的方程有 3 个解. 对于第 1 个解有

$$\sin\alpha = \cos\alpha, \qquad \alpha_1 = \frac{\pi}{4}, \qquad N_A = N_B = \sqrt{2}P.$$

对于第 2,3 个解有

$$\frac{4}{5}(\sin\alpha + \cos\alpha) = 1, \quad \alpha_2 = \alpha_* = \frac{1}{2}\arcsin\frac{9}{16}, \quad \alpha_3 = \frac{\pi}{2} - \alpha_*,$$

$$N_A = \frac{P}{2}\sqrt{\frac{16 \mp 5\sqrt{7}}{2}}, \qquad N_A = \frac{P}{2}\sqrt{\frac{16 \pm 5\sqrt{7}}{2}}.$$

最后 2 个等式中的上下符号分别对应于 $\alpha = \alpha_2$ 和 $\alpha = \alpha_3$.

例 5 两个重均为 P 的均质杆铰接于 B 点, 分别铰接于墙上的固定点 A 和 C, 已知杆 AB 水平, 杆 BC 与墙成 α 角 (图 70), 求铰的约束反力.

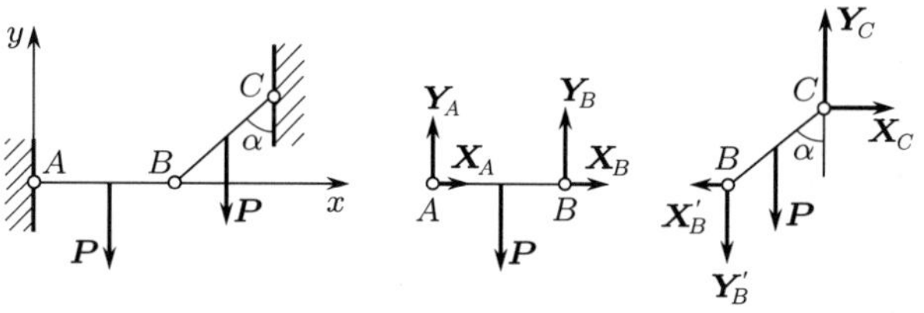

图 70

解除铰 B 来单独分析每个杆的平衡. 每个杆受到重力和铰的约束反力的作用, 将其分量在坐标系 Axy 中画出, 如图 70 所示. 根据牛顿第三定律, 铰 B 作用在 BC 杆上的约束反力 $\boldsymbol{X}'_B, \boldsymbol{Y}'_B$ 与作用在 AB 杆上的约束反力 $\boldsymbol{X}_B, \boldsymbol{Y}_B$ 应该方向相反, 大小满足

$$X'_B = X_B, \qquad Y'_B = Y_B.$$

对每个杆利用条件 (6), 令 $AB = BC = 2a$, 对杆 AB 有

$$\sum F_{ix} = X_A + X_B = 0, \quad \sum F_{iy} = Y_A + Y_B - P = 0,$$

$$\sum m_{Az}(\boldsymbol{F}_i) = Y_B \cdot 2a - Pa = 0.$$

对杆 BC 有

$$\sum F_{ix} = -X_B + X_C = 0, \quad \sum F_{iy} = -Y_B + Y_C - P = 0,$$

$$\sum m_{Bz}(\boldsymbol{F}_i) = -Pa\sin\alpha - X_C \cdot 2a\cos\alpha + Y_C \cdot 2a\sin\alpha = 0.$$

由这 6 个方程求出未知数

$$X_A = -X_B = -X_C = -P\tan\alpha, \quad Y_A = Y_B = \frac{1}{2}P, \quad Y_C = \frac{3}{2}P.$$

约束反力 $\boldsymbol{X}_A$ 的方向与图中画出的相反.

69. 两个平行力的合力

定理 作用在刚体上的 2 个平行且同向的力 $\boldsymbol{F}_1$ 和 $\boldsymbol{F}_2$ (图71) 有合力 $\boldsymbol{R}^* = \boldsymbol{F}_1 + \boldsymbol{F}_2$, 这个合力位于 $\boldsymbol{F}_1$ 和 $\boldsymbol{F}_2$ 平面内, 其作用线将连接作用点 P_1 和 P_2 的线段, 内分割成与力的大小 F_1 和 F_2 成反比的 2 部分. 作用在刚体上的 2 个平行且反向的力 $\boldsymbol{F}_1$ 和 $\boldsymbol{F}_2$ 有合力 $\boldsymbol{R}^* = \boldsymbol{F}_1 + \boldsymbol{F}_2$, 这个合力位于 $\boldsymbol{F}_1$ 和 $\boldsymbol{F}_2$ 平面内, 方向与较大的力相同, 其作用线将连接作用点 P_1 和 P_2 的线段, 外分割成与力的大小 F_1 和 F_2 成反比的 2 部分.

证明 如果令 $\boldsymbol{R}^* = \boldsymbol{F}_1 + \boldsymbol{F}_2$ 并选 O 点使得 $F_1 \cdot OP_1 = F_2 \cdot OP_2$, 则根据第 66 小节, 2 个力 $\boldsymbol{F}_1$ 和 $\boldsymbol{F}_2$ 组成的力系等效于一个力 $\boldsymbol{R}^*$ (即力 $\boldsymbol{R}^*$ 是 $\boldsymbol{F}_1$ 和 $\boldsymbol{F}_2$ 的合力). 事实上, 2 个力系有相同的主向量 $\boldsymbol{R} = \boldsymbol{R}^* = \boldsymbol{F}_1 + \boldsymbol{F}_2$, 并且对 O 点的主矩 $\boldsymbol{M}_O$ 也相同 (等于零). □

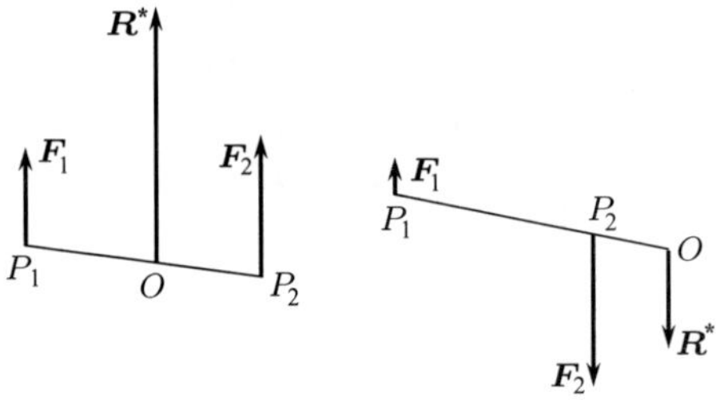

图 71

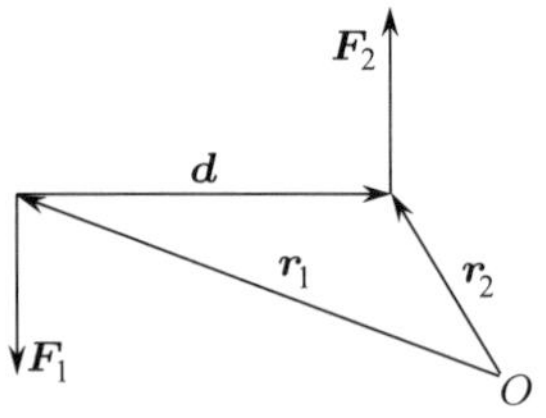

图 72

70. 力偶理论 设作用在刚体上的力 $\boldsymbol{F}_1$ 和 $\boldsymbol{F}_2$ 大小相等方向相反 ($\boldsymbol{F}_1 = -\boldsymbol{F}_2$). 这个力系称为力偶. 力 $\boldsymbol{F}_1$ 和 $\boldsymbol{F}_2$ 所在平面称为力偶平面, 2 个力的作用线之间的距离 d 称为力偶臂 ($d \neq 0$).

力偶的主矩不依赖于计算矩的点的选择. 事实上, 我们任选空间点 O (图 72) 并求 $\boldsymbol{F}_1$ 和 $\boldsymbol{F}_2$ 对这点的主矩:

$$\begin{aligned}\boldsymbol{M}_O &= \boldsymbol{r}_1 \times \boldsymbol{F}_1 + \boldsymbol{r}_2 \times \boldsymbol{F}_2 = -\boldsymbol{r}_1 \times \boldsymbol{F}_2 + \boldsymbol{r}_2 \times \boldsymbol{F}_2 \\ &= (\boldsymbol{r}_2 - \boldsymbol{r}_1) \times \boldsymbol{F}_2 = \boldsymbol{d} \times \boldsymbol{F}_2.\end{aligned}$$

由此可见 $\boldsymbol{M}_O$ 不依赖于 O 点的选择.

向量积 $\boldsymbol{M} = \boldsymbol{d} \times \boldsymbol{F}_2$ 称为力偶矩. 向量 $\boldsymbol{M}$ 垂直于力偶平面, 从向量 $\boldsymbol{M}$ 的顶端看, 向量 $\boldsymbol{F}_1$ 和 $\boldsymbol{F}_2$ 是逆时针方向. 如果 $\boldsymbol{F}_1$ 和 $\boldsymbol{F}_2$ 的大小为 F, 则 $M = Fd$. 力偶矩是自由向量, 从下面定理可以看出, 力偶矩完全确定了力偶对刚体的作用.

定理 力偶没有合力.

证明 假设不然, 存在 $\boldsymbol{R}^*$ 使得 $(\boldsymbol{F}_1, \boldsymbol{F}_2) \sim \boldsymbol{R}^*$, 在 $\boldsymbol{R}^*$ 的作用线上任取一点 O. 根据作用在刚体上的力系等效判据 (66), 力系 $(\boldsymbol{F}_1, \boldsymbol{F}_2)$ 对 O 点的主矩 $\boldsymbol{M}_O$ 应该等

于力 $\boldsymbol{R}^*$ 对该点的矩, 即应该等于零. 但是 $\boldsymbol{M}_O$ 等于力偶矩, 不等于零. 这个矛盾证明了定理的正确性. □

定理 力偶矩相等的两个力偶是等效的.

证明 由第 66 小节中关于作用在刚体上的力系等效的定理立刻就可以得到这个定理, 这是因为 2 个力偶的主向量相等 (都等于零), 主矩 (即力偶矩) 也相等. □

推论 1 如果不改变力偶矩的大小和方向, 作用在刚体上的力偶可以用共面的力偶代替.

推论 2 作用在刚体上的力偶可以平移到与力偶平面平行的平面内.

定理 力偶矩等于 $\boldsymbol{M}_i(i=1,2,\cdots,n)$ 的力偶系等效于一个力偶, 其力偶矩 $\boldsymbol{M}$ 等于:

$$\boldsymbol{M}=\boldsymbol{M}_1+\boldsymbol{M}_2+\cdots+\boldsymbol{M}_n. \tag{7}$$

证明 这个定理是第 66 小节中关于作用在刚体上的力系等效的定理的直接推论. □

因为对于力偶系有 $\boldsymbol{R}^{(\mathrm{e})}=\boldsymbol{0}$, 故刚体平衡条件 (1) 变为向量等式 $\boldsymbol{M}=\boldsymbol{0}$, 该向量等式在公式 (7) 的基础上可以写成下面 3 个标量方程

$$\sum_{i=1}^{n} M_{ix}=0, \qquad \sum_{i=1}^{n} M_{iy}=0, \qquad \sum_{i=1}^{n} M_{iz}=0. \tag{8}$$

如果所有力偶都在一个平面内或者位于平行平面内, 则平衡条件可以写成一个标量方程. 例如, 如果力偶都垂直于 Oz 轴, 则平衡条件就是 (8) 的最后一个方程.

例 1 在多面体的各面上作用力偶, 其力偶矩正比于相应面的面积, 方向垂直于相应的面, 并指向多面体内, 试证明这个力偶系是平衡力系.

设 S 是某个面的面积, 而 M 是相应力偶的力偶矩大小, 那么 $M=kS$, 其中 k 是比例系数 $(k>0)$, 它对所有面都相等.

作用在此面上的力偶可以用等效力系来代替, 这些力作用在该面的每条边上, 如果从外法线方向看, 它们是顺时针方向. 这些力的大小都等于 $1/2ka$, 其中 a 是相应的边长.

如果对每个力偶重复这个过程, 则沿着多面体的每个棱边都有 2 个大小相等方向相反的力. 因此, 作用在该多面体上的力偶系是平衡力系.

71. 泊松定理 前面几小节研究了作用在刚体上的力系简化问题, 包括汇交力系、平行力系和力偶系, 现在我们来研究一般力系的简化问题.

定理 (泊松定理) 作用在刚体上的任意力系等效于由一个力和一个力偶组成的力系, 这个力过刚体上的某个点 O (简化中心) 且等于原力系的主向量 $\boldsymbol{R}$, 这个力偶的力偶矩等于原力系对 O 点的主矩.

这个定理的正确性直接由关于作用在刚体上的力系等效的定理 (见第66 小节) 得到.

推论 1 (力的平行搬移) 作用在刚体上某点的力等效于作用在刚体上另一个点的同一个力和一个力偶, 该力偶的力偶矩等于原来的力对新的作用点的矩.

例 1 力 $\boldsymbol{F}$ 作用在刚体上 $A(2,2,2)$ 点, 其分量为 $F_x = 1, \quad F_y = -2, \quad F_z = 3.$ 不改变力的作用, 试将其搬移到新的作用点 $B(-1,4,2)$.

给定力对 B 点的矩有分量 $M_x = -6, \quad M_y = -9, \quad M_z = -4.$

于是, 搬移的结果变为力 $\boldsymbol{F}$ 和一个力偶, 其中力偶矩大小等于 $M = \sqrt{133}$, 方向余弦为

$$-\frac{6}{\sqrt{133}}, \qquad -\frac{9}{\sqrt{133}}, \qquad -\frac{4}{\sqrt{133}}.$$

72. 静力学不变量 · 动力学螺旋 力系的主向量 $\boldsymbol{R}$ 是力系中所有力的和, 不依赖于简化中心的选择. 向量 $\boldsymbol{R}$ 称为静力学第一不变量, 狭义上也称向量 $\boldsymbol{R}$ 大小的平方为静力学第一不变量:

$$I_1 = R_x^2 + R_y^2 + R_z^2. \tag{9}$$

力系的主矩依赖于简化中心的选择, 作用在刚体上的力系对于 2 个不同简化中心的主矩之间的关系由公式 (5) 确定. 由此公式可得, 力系的主矩和主向量的标量积不依赖于简化中心的选择, 这个标量积

$$I_2 = \boldsymbol{M}_O \cdot \boldsymbol{R} \tag{10}$$

称为静力学第二不变量.

静力学不变量的存在表明, 力系主矩在主向量方向的投影 M^* 不依赖于简化中心的选择.

动力学螺旋是指力和力偶构成的力系, 其中力偶矩与力共线. 根据泊松定理 (第 71 小节), 任何力系都可以简化为力和力偶. 这就引起疑问: 是否可以选择简化中心使泊松定理中提到的力偶的平面垂直于主向量, 即力系简化为动力学螺旋?

定理 如果静力学第二不变量不为零, 则力系可以简化为动力学螺旋.

证明 假设对于某个简化中心 O, 力系简化为力 $\boldsymbol{R}$ 和力偶, 其中力偶矩 $\boldsymbol{M}_O$ 等于力系对 O 点的主矩. 以 O 为原点建立笛卡儿直角坐标系, 设 R_x, R_y, R_z 和 M_x, M_y, M_z 分别是主向量和主矩在坐标轴上的投影.

设 O^* 是新的简化中心 (图 73), 而 x, y, z 是其坐标, 为了证明定理, 只需证明可以选择简化中心 O^* 使得主矩 $\boldsymbol{M}_{O^*}$ 和 $\boldsymbol{R}$ 共线:

$$\boldsymbol{M}_{O^*} = p\boldsymbol{R}. \tag{11}$$

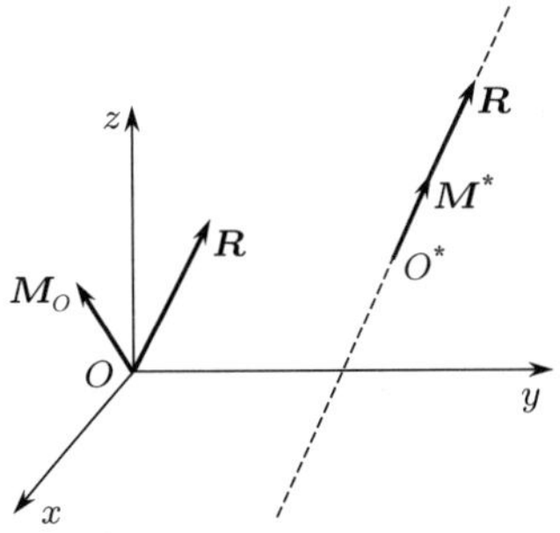

图 73

由 (9)–(11) 可知 p 不为零:

$$p = \frac{I_2}{I_1},$$

其中 I_2 不为零是定理的条件.

利用公式 (5) 将 (11) 重新写成下面等式

$$\boldsymbol{M}_O + \overline{O^*O} \times \boldsymbol{R} = p\boldsymbol{R}. \tag{12}$$

这个等式确定的不是一个点 O^*, 而是一条直线, 简化中心选在该直线上, 力系就简化为动力学螺旋. 将 (12) 写成标量形式为

$$\frac{M_{Ox} + (zR_y - yR_z)}{R_x} = \frac{M_{Oy} + (xR_z - zR_x)}{R_y} = \frac{M_{Oz} + (yR_x - xR_y)}{R_z} = p. \tag{13}$$

直线 (13) 称为力系的中心轴. 如果 $p > 0$ 则动力学螺旋称为*右螺旋*, 如果 $p < 0$ 则称为*左螺旋*. □

73. 力系简化的特殊情况 假设 $I_2 = 0$ 但 $I_1 \neq 0$, 这可能是 $\boldsymbol{M}_O = \boldsymbol{0}$ 或者 $\boldsymbol{M}_O$ 和 $\boldsymbol{R}$ 垂直. 根据作用在刚体上的力系等效判据, 这 2 种情况下的力系都可以简化为合力, 合力位于公式 (13) 确定的直线上 ($p = 0$). 特别地, 如果 $\boldsymbol{M}_O = \boldsymbol{0}$ 则合力通过 O 点.

假设 $I_2 = I_1 = 0$ 但 $\boldsymbol{M}_O \neq \boldsymbol{0}$, 这时力系简化为力偶, 其力偶矩等于 $\boldsymbol{M}_O$.

最后, 如果 $I_2 = I_1 = 0$ 并且 $\boldsymbol{M}_O = \boldsymbol{0}$, 则力系是平衡力系.

在下面的表中给出了作用在刚体上的力系简化的各种可能情况, 为了比较, 表的最后一列给出了与刚体运动学中的相似性.

$\boldsymbol{M}_O \cdot \boldsymbol{R}$	$\boldsymbol{R}$	$\boldsymbol{M}_O$	简化情况	运动学的相似性
$\neq 0$	$\neq \boldsymbol{0}$	$\neq \boldsymbol{0}$	动力学螺旋	瞬时螺旋运动 (运动学螺旋)
$= 0$	$\neq \boldsymbol{0}$	$\neq \boldsymbol{0}$	合力	瞬时转动
$= 0$	$= \boldsymbol{0}$	$\neq \boldsymbol{0}$	力偶	瞬时平动
$= 0$	$= \boldsymbol{0}$	$= \boldsymbol{0}$	平衡力系	静止

练习题 2 试证明平面力系和空间平行力系不可能简化为动力学螺旋.

例 1 在刚体上作用有力系: $F_1 = 1\text{N}$, 方向沿着 Oz 轴; $F_2 = 1\text{N}$, 方向平行于 Oy 轴, 如图 74 所示, 其中 $OA = 1\text{m}$. 试将这个力系简化为最简单的形式, 并求作用在 O 点的最小的第 3 个力, 这 3 个力可以简化为合力.

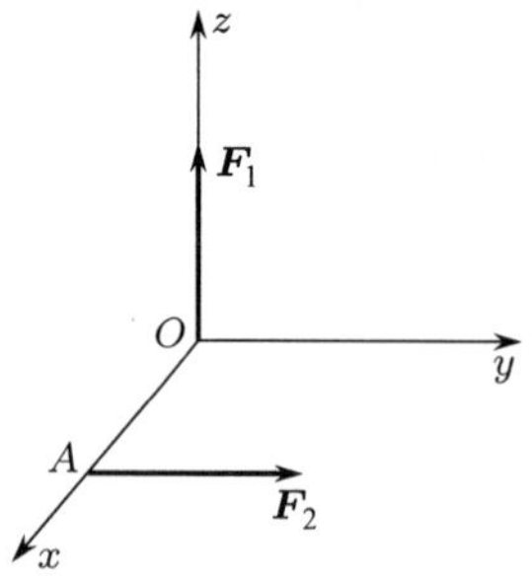

图 74

主向量和主矩为 $\boldsymbol{R}' = (0, 1, 1)$ 和 $\boldsymbol{M}'_O = (0, 0, 1)$, 计算静力学不变量[①]: $I_1 = \boldsymbol{R}^2 = 2$, $I_2 = \boldsymbol{M}_O \cdot \boldsymbol{R} = 1$. 因为 $I_2 \neq 0$, 力系 $(\boldsymbol{F}_1, \boldsymbol{F}_2)$ 可以简化为动力学螺旋. 螺旋参数 $p = I_2/I_1 = 1/2$. 对于动力学螺旋的力偶矩有 $\boldsymbol{M}' = p\boldsymbol{R}' = (0, 1/2, 1/2)$.

中心轴方程 (13) 的形式为

$$\frac{z-y}{0} = \frac{x}{1} = \frac{1-x}{1} = \frac{1}{2},$$

或者 $z = y$, $x = 1/2$. 中心轴通过线段 OA 的中点, 垂直于 Ox 轴, 与 Oy 和 Oz 轴成 $\pi/4$ 角.

如果在坐标原点作用力 $\boldsymbol{F}_3$, $\boldsymbol{F}'_3 = (X, Y, Z)$, 则主矩不变, 而主向量变为 $\boldsymbol{R}' = (X, Y+1, Z+1)$.

由新力系可以简化为合力的条件 $\boldsymbol{M}_O \cdot \boldsymbol{R} = 0$ 得到等式 $Z + 1 = 0$, 即 $Z = -1$, 因此力 $\boldsymbol{F}'_3 = (X, Y, -1)$, 其中的 X, Y 是任意的. 当 $X = Y = 0$ 时 $F_3 = \sqrt{X^2 + Y^2 + 1}$ 有最小值, 由此可得 $\boldsymbol{F}_3 = -\boldsymbol{F}_1$.

---

① 译者注: 原文此处有错, 已更正.

第五章

质量几何

§1. 质心 · 惯性矩

74. 质心 我们考虑质点系 P_ν $(\nu = 1, 2, \cdots, N)$, 设 m_ν 是质点 P_ν 的质量, $\boldsymbol{r}_\nu$ 是质点 P_ν 相对某个坐标系 $Oxyz$ 原点的向径.

系统的质心是指空间中的几何点 C, 其向径为

$$\boldsymbol{r}_C = \left(\sum_{\nu=1}^{N} m_\nu \boldsymbol{r}_\nu\right) / M, \tag{1}$$

其中 M 是系统的质量

$$M = \sum_{\nu=1}^{N} m_\nu.$$

系统的质心也称为惯性中心.

75. 系统对轴的惯性矩 · 回转半径 设 P_ν 点到某个轴 u 的距离等于 ρ_ν, 称

$$J_u = \sum_{\nu=1}^{N} m_\nu \rho_\nu^2$$

为系统相对轴 u 的惯性矩.

惯性矩 J_u 可以写成 $M\rho^2$ 的形式, 正数 ρ 称为系统相对 u 轴的回转半径.

评注 1 在具体问题中求连续体的质心和惯性矩时, $\boldsymbol{r}_C, M, J_u$ 公式中的求和变为积分.

练习题 1 系统相对 O 点的极惯性矩是指

$$J_O=\sum_{\nu=1}^{N}m_\nu r_\nu^2,$$

试证明系统的质心是极惯性矩最小的空间点. 由此推出, 质心在空间中的位置不依赖于具体坐标系的选择.

例 1 计算质量为 m、棱边长为 a,b,c 的均匀立方体相对于过其质心平行于棱边的直线的惯性矩.

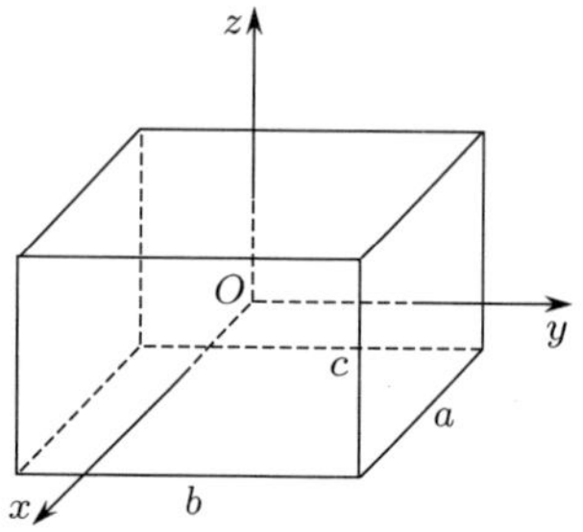

图 75

设坐标系 $Oxyz$ 的原点位于立方体质心, 坐标轴平行于立方体的相应棱边 (图 75), 将立方体划分为质量为 $\mathrm{d}m$、棱边长为 $\mathrm{d}x,\mathrm{d}y,\mathrm{d}z$ 的小立方体微元, 那么

$$\mathrm{d}m=\frac{m}{abc}\mathrm{d}x\mathrm{d}y\mathrm{d}z.$$

设 x,y,z 是微元的坐标, 先计算积分

$$\begin{aligned}\int x^2\mathrm{d}m&=\frac{m}{abc}\int_{-\frac{c}{2}}^{\frac{c}{2}}\int_{-\frac{b}{2}}^{\frac{b}{2}}\int_{-\frac{a}{2}}^{\frac{a}{2}}x^2\mathrm{d}x\mathrm{d}y\mathrm{d}z\\&=\frac{m}{abc}\cdot c\cdot b\cdot\int_{-\frac{a}{2}}^{\frac{a}{2}}x^2\mathrm{d}x\\&=\frac{1}{12}ma^2.\end{aligned}$$

类似地, 有

$$\int y^2\mathrm{d}m=\frac{1}{12}mb^2$$

和

$$\int z^2\mathrm{d}m=\frac{1}{12}mc^2,$$

于是可以得到惯性矩

$$\begin{aligned}J_x&=\int(y^2+z^2)\mathrm{d}m=\frac{1}{12}m(b^2+c^2),\\J_y&=\int(z^2+x^2)\mathrm{d}m=\frac{1}{12}m(c^2+a^2),\\J_z&=\int(x^2+y^2)\mathrm{d}m=\frac{1}{12}m(a^2+b^2).\end{aligned}$$

如果求长为 a 的均匀细杆相对于垂直于杆且过杆中轴线的 z 轴的惯性矩, 则可以在上面第 3 个式子中令 $b=0$ 得到, 即

$$J_z=ma^2/12.$$

例 2 求均匀圆管对其旋转轴的惯性矩, 圆管的质量为 m、内半径为 r、外半径为 R (图 76).

取质量为 $\mathrm{d}m$、由半径为 ρ 和 $\rho+\mathrm{d}\rho$ 的 2 个同心圆柱围成的微元, 那么

$$\mathrm{d}m=\frac{m}{\pi(R^2-r^2)H}2\pi\rho H\cdot\mathrm{d}\rho=\frac{2m\rho\mathrm{d}\rho}{R^2-r^2},$$

$$J_z=\int\rho^2\mathrm{d}m=\frac{2m}{R^2-r^2}\int_r^R\rho^3\mathrm{d}\rho=\frac{1}{2}m(R^2+r^2).$$

当 $r=0$ 时可以得到圆柱对其转轴的惯性矩

$$J_z=mR^2/2.$$

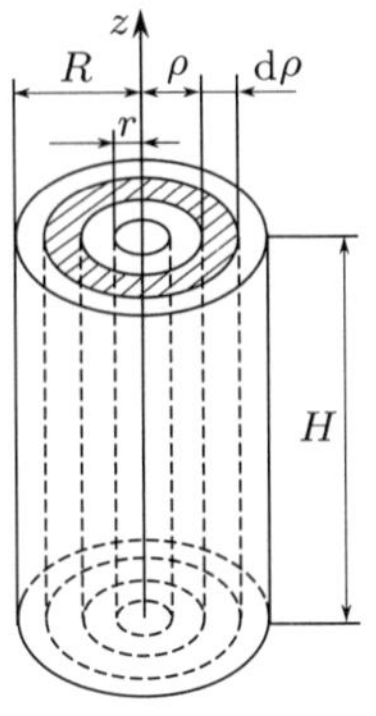

图 76

例 3 求质量为 m 半径为 R 的均匀球对其直径的惯性矩.

以球心为坐标原点建立坐标系 $Oxyz$, 由对称性知 $J_x=J_y=J_z$. 将球对直径的惯性矩记为 J, 那么有

$$3J=J_x+J_y+J_z=2\int(x^2+y^2+z^2)\mathrm{d}m.$$

取质量为 $\mathrm{d}m$、由半径为 ρ 和 $\rho+\mathrm{d}\rho$ 的 2 个同心球围成的微元, 有

$$\mathrm{d}m=\frac{m}{4\pi R^3/3}4\pi\rho^2\mathrm{d}\rho=\frac{3m}{R^3}\rho^2\mathrm{d}\rho.$$

因此有

$$J=\frac{2}{3}\int(x^2+y^2+z^2)\mathrm{d}m=\frac{2}{3}\cdot\frac{3m}{R^3}\int_0^R\rho^4\mathrm{d}\rho=\frac{2}{5}mR^2.$$

例 4 求质量为 m 底面半径为 R 的圆锥对其轴的惯性矩.

取厚度为 $\mathrm{d}z$ 平行于底面的圆盘为微元 $\mathrm{d}m$, 微元与底面距离为 z (图 77), 于是有

$$\mathrm{d}m=\frac{m}{\pi R^2h/3}\cdot\pi\left[\frac{(h-z)R}{h}\right]^2\mathrm{d}z=\frac{3m}{h^3}(h-z)^2\mathrm{d}z$$

以及

$$\begin{aligned}J_z&=\int\frac{1}{2}\left[\frac{(h-z)R}{h}\right]^2\mathrm{d}m=\frac{3mR^2}{2h^5}\int_0^h(h-z)^4\mathrm{d}z\\&=\frac{3}{10}mR^2.\end{aligned}$$

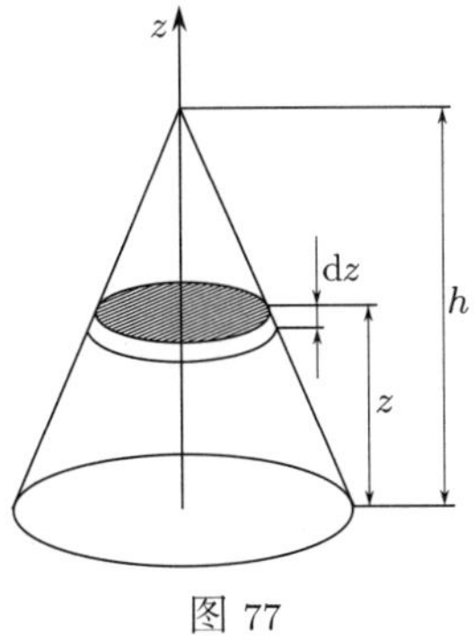

图 77

76. 对平行轴的惯性矩 显然惯性矩依赖于轴 u 的选择, 下面我们来研究相对于相互平行的轴的惯性矩之间的关系. 首先证明, 如果 J_C 是相对于过系统质心的某个轴的惯性矩, 则相对于平行于该轴的任意轴的惯性矩 J_u 为

$$J_u=J_C+Md^2, \tag{2}$$

其中 d 是 2 个轴之间的距离①. 事实上, 将坐标原点取为系统质心 C, 坐标轴 Cz 沿着惯性矩 J_C 对应的轴, 而 Cy 轴垂直于 u 轴 (图 78), 于是

$$J_u=\sum_{\nu=1}^{N}m_\nu[x_\nu^2+(y_\nu-d)^2]=\sum_{\nu=1}^{N}m_\nu(x_\nu^2+y_\nu^2)-2d\sum_{\nu=1}^{N}m_\nu y_\nu+\left(\sum_{\nu=1}^{N}m_\nu\right)d^2.$$

上面等式右端第 1 个和就是 J_C; 第 2 个和等于零, 这是因为它等于 My_C, 而对于所选坐标系有 $y_C=0$; 第 3 个和等于系统质量 M. 这就证明了 (2).

由公式 (2) 可以得到相对于任意 2 个平行轴 u_1 和 u_2 的惯性矩的关系式:

$$J_{u_1}=J_{u_2}+M(d_1^2-d_2^2),$$

其中 d_1 和 d_2 分别为轴 u_1 和 u_2 到质心的距离.

例 1 计算长为 a 质量为 m 的均质细杆相对于垂直于杆并过杆端点的 z' 轴的惯性矩 (图 79) .

因为 (参见第 75 小节中例 1) $J_C=ma^2/12$, 故

$$J_{z'}=J_C+m(a/2)^2=ma^2/3.$$

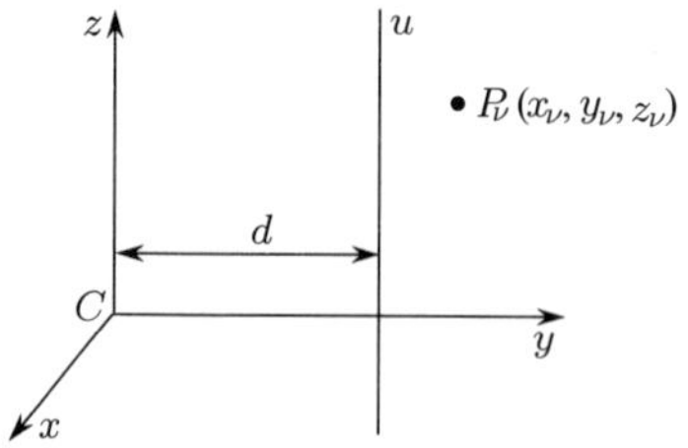

图 78

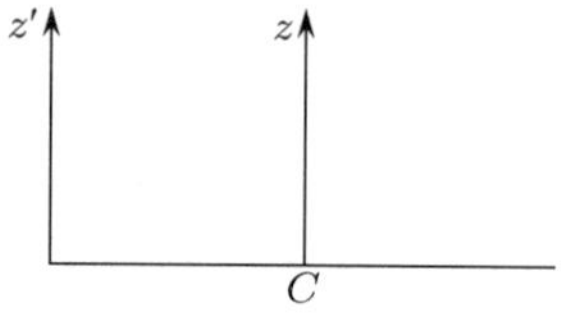

图 79

§2. 惯性张量与惯性椭球

77. 相对过同一点的不同轴的惯性矩 设轴 u 经过坐标系 $Oxyz$ 的原点, 其与 Ox, Oy, Oz 轴夹角的余弦分别为 α,β,γ (图 80), 于是

$$\begin{aligned}J_u&=\sum_{\nu=1}^{N}m_\nu\rho_\nu^2=\sum_{\nu=1}^{N}m_\nu[(x_\nu^2+y_\nu^2+z_\nu^2)-(x_\nu\alpha+y_\nu\beta+z_\nu\gamma)^2]\\&=\sum_{\nu=1}^{N}m_\nu[(1-\alpha^2)x_\nu^2+(1-\beta^2)y_\nu^2+(1-\gamma^2)z_\nu^2-2\alpha\beta x_\nu y_\nu-2\alpha\gamma x_\nu z_\nu-2\beta\gamma y_\nu z_\nu].\end{aligned}$$

①这个结论称为惠更斯–施泰那定理.

利用恒等式 $\alpha^2+\beta^2+\gamma^2=1$, 将 $1-\alpha^2, 1-\beta^2, 1-\gamma^2$ 分别用 $\beta^2+\gamma^2, \alpha^2+\gamma^2, \alpha^2+\beta^2$ 代替, 并合并方括号内的同类项得

$$J_u = J_x\alpha^2 + J_y\beta^2 + J_z\gamma^2 - 2J_{xy}\alpha\beta - 2J_{xz}\alpha\gamma - 2J_{yz}\beta\gamma, \tag{1}$$

其中引入了下面的记号:

$$J_x = \sum_{\nu=1}^{N} m_\nu(y_\nu^2+z_\nu^2), \quad J_y = \sum_{\nu=1}^{N} m_\nu(z_\nu^2+x_\nu^2), \quad J_z = \sum_{\nu=1}^{N} m_\nu(x_\nu^2+y_\nu^2), \tag{2}$$

$$J_{xy} = \sum_{\nu=1}^{N} m_\nu x_\nu y_\nu, \qquad J_{xz} = \sum_{\nu=1}^{N} m_\nu x_\nu z_\nu, \qquad J_{yz} = \sum_{\nu=1}^{N} m_\nu y_\nu z_\nu. \tag{3}$$

显然 (2) 和 (3) 不依赖于轴 u 的选择. (2) 中各量称为轴惯性矩: J_x 是对 Ox 轴的惯性矩, J_y 是对 Oy 轴的惯性矩, J_z 是对 Oz 轴的惯性矩. (3) 中各量称为离心惯性矩. 轴惯性矩是系统绕相应轴转动时的惯性度量, 离心惯性矩可以理解为系统质量非平衡性的度量: 它们描述系统相对坐标平面质量分布的非对称性.

轴惯性矩和离心惯性矩对于不同的点 O 是不同的, 当坐标系绕 O 点转动时它们也会改变. 可以证明, 转动时 (2) 和 (3) 中的量按照二阶对称张量确定的公式变化, 矩阵

$$\boldsymbol{J} = \begin{Vmatrix} J_x & -J_{xy} & -J_{xz} \\ -J_{xy} & J_y & -J_{yz} \\ -J_{xz} & -J_{yz} & J_z \end{Vmatrix} \tag{4}$$

确定的二阶张量, 称为系统相对 O 点的惯性张量.

78. 惯性椭球 · 惯性主轴 公式 (1) 有明确的几何解释. 在轴 u 上截出线段 ON (图 80), 其长度为

$$ON = 1/\sqrt{J_u},$$

我们来求点 $N(x,y,z)$ 的几何位置. 显然有

$$\alpha = \sqrt{J_u}x, \qquad \beta = \sqrt{J_u}y,$$
$$\gamma = \sqrt{J_u}z.$$

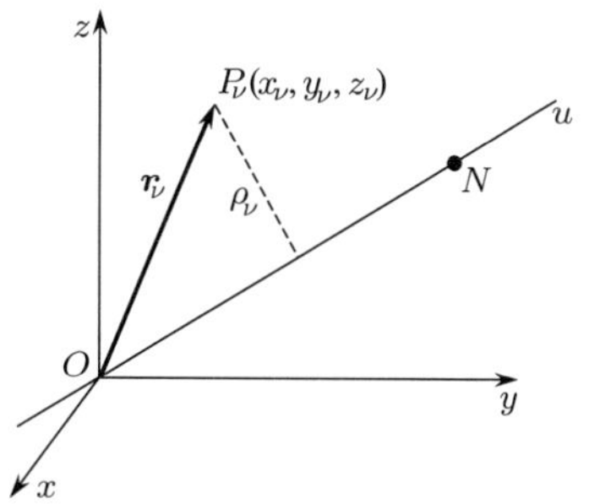

图 80

将这些代入公式 (1) 得

$$J_x x^2 + J_y y^2 + J_z z^2 - 2J_{xy}xy - 2J_{xz}xz - 2J_{yz}yz = 1. \tag{5}$$

二次曲面 (5) 是椭球, 事实上因为 $J_u \geqslant \delta > 0$, 线段 ON 长度是有限的. 上述情况的特例是系统所有点位于一条直线上 (如无限细的杆的情况), 这时惯性矩 $J_u = 0$, 惯性椭球退化为圆柱.

椭球 (5) 称为系统对 O 点的惯性椭球, 在坐标系 $Oxyz$ 转动时惯性椭球方程发生改变, 惯性椭球的主轴称为系统对 O 点的惯性主轴. 在坐标轴与惯性主轴重合的坐标系 $Ox_*y_*z_*$ 中, 方程 (5) 的形式为

$$Ax_*^2 + By_*^2 + Cz_*^2 = 1. \tag{6}$$

在这个坐标系中离心惯性矩等于零: $J_{x_*y_*} = J_{x_*z_*} = J_{y_*z_*} = 0$, 而 A, B, C 是相应于主轴 Ox_*, Oy_*, Oz_* 的惯性矩, 称为系统对 O 点的主惯性矩. 如果 O 点与系统质心重合, 则 Ox_*, Oy_*, Oz_* 称为中心惯性主轴, A, B, C 称为中心主惯性矩.

由解析几何可知, 对任意椭球都存在主轴, A, B, C 就是矩阵 (4) 的特征值, 如果它们各不相同, 则主轴是唯一确定的. 如果对 O 点的惯性椭球是关于 Oz_* 的旋转椭球, 则主轴可以选 Oz_* 轴和位于椭球赤道平面内的任意 2 个垂直的轴. 如果 $A = B = C$, 则所有过 O 点的轴都是惯性主轴.

如果有了对 O 点的惯性椭球, 则对任意轴 u 的惯性矩就等于 $1/ON^2$, 其中 ON 是连接 O 点和轴 u 与椭球交点的线段. 相对椭球最短轴的惯性矩最大, 相对椭球最长轴的惯性矩最小.

评注 2 假设选择某坐标系 $Oxyz$ 使得 3 个离心惯性矩中只有 2 个等于零, 例如 $J_{xz} = J_{yz} = 0$ 但 $J_{xy} \neq 0$, 我们来证明 Oz 轴是主轴. 为此需要证明, 将坐标系 $Oxyz$ 转动一个角度 α 得到坐标系 $Ox'y'z$ 后, 所有的离心惯性矩都等于零. 事实上, 假设坐标系 $Ox'y'z$ 是由坐标系 $Oxyz$ 逆时针 (从 Oz 轴正向往下看) 转动一个角度 α 得到的, 那么 P_ν 点在 2 个坐标系中的坐标满足下面关系

$$x'_\nu = x_\nu \cos\alpha + y_\nu \sin\alpha, \quad y'_\nu = -x_\nu \sin\alpha + y_\nu \cos\alpha, \quad z'_\nu = z_\nu. \tag{7}$$

利用等式 (7) 和 $J_{xz} = J_{yz} = 0$ 可得

$$\begin{aligned}
J_{x'z'} &= \sum_{\nu=1}^{N} m_\nu x'_\nu z'_\nu = \sum_{\nu=1}^{N} m_\nu (x_\nu \cos\alpha + y_\nu \sin\alpha) z_\nu \\
&= \left(\sum_{\nu=1}^{N} m_\nu x_\nu z_\nu\right)\cos\alpha + \left(\sum_{\nu=1}^{N} m_\nu y_\nu z_\nu\right)\sin\alpha \\
&= J_{xz}\cos\alpha + J_{yz}\sin\alpha = 0.
\end{aligned}$$

类似地可以得到 $J_{y'z'} = 0$, 即转动前等于零的离心惯性矩在绕 Oz 轴转动任意角度后仍然为零. 下面计算第 3 个离心惯性矩:

$$\begin{aligned}
J_{x'y'} &= \sum_{\nu=1}^{N} m_\nu x'_\nu y'_\nu \\
&= \sum_{\nu=1}^{N} m_\nu (x_\nu \cos\alpha + y_\nu \sin\alpha)(-x_\nu \sin\alpha + y_\nu \cos\alpha)
\end{aligned}$$

$$= -\frac{1}{2}\left(\sum_{\nu=1}^{N} m_\nu (x_\nu^2 - y_\nu^2)\right)\sin 2\alpha + \left(\sum_{\nu=1}^{N} m_\nu x_\nu y_\nu\right)\cos 2\alpha.$$

可以发现①,

$$\sum_{\nu=1}^{N} m_\nu (x_\nu^2 - y_\nu^2) = J_y - J_x.$$

令 $J_{x'y'} = 0$ 得到关于角度 α 的方程:

$$-\frac{1}{2}(J_y - J_x)\sin 2\alpha + J_{xy}\cos 2\alpha = 0.$$

如果 $J_x = J_y$, 则 $\alpha = \pi/4$; 如果 $J_x \neq J_y$, 则

$$\alpha = \frac{1}{2}\arctan\frac{2J_{xy}}{J_y - J_x}.$$

因此 Oz 轴是惯性主轴.

练习题 2 试证明, 如果底面半径为 R 高为 h 的均质圆锥满足关系式 $R = 2h$, 则圆锥对其顶点的惯性椭球是球.

练习题 3 证明: 1) 惯性主轴对其上所有点都是主轴当且仅当该轴是中心惯性主轴; 2) 如果系统有质量对称轴, 则该轴是中心惯性主轴; 3) 如果系统有质量对称面, 则任意垂直于该平面的直线是系统对该直线与对称面交点的惯性主轴; 4) 对于均质旋转体, 旋转轴和任意 2 个相互垂直并垂直于旋转轴的轴构成惯性主轴系.

79. 主惯性矩的性质 不是所有椭球都可以当作惯性椭球, 事实上, 如果取 Ox_*, Oy_*, Oz_* 为对 O 点的惯性主轴, 则惯性椭球的方程具有 (6) 的形式, 其中

$$A = \sum_{\nu=1}^{N} m_\nu (y_{*\nu}^2 + z_{*\nu}^2), \quad B = \sum_{\nu=1}^{N} m_\nu (z_{*\nu}^2 + x_{*\nu}^2), \quad C = \sum_{\nu=1}^{N} m_\nu (x_{*\nu}^2 + y_{*\nu}^2).$$

主惯性矩 (其实, 轴惯性矩 (2) 也是) 满足三角不等式:

$$A + B \geqslant C, \qquad A + C \geqslant B, \qquad B + C \geqslant A. \tag{8}$$

我们来验证这些不等式中的第 1 个:

$$\begin{aligned} A + B &= \sum_{\nu=1}^{N} m_\nu (x_{*\nu}^2 + y_{*\nu}^2 + 2z_{*\nu}^2) \\ &= \sum_{\nu=1}^{N} m_\nu (x_{*\nu}^2 + y_{*\nu}^2) + 2\sum_{\nu=1}^{N} m_\nu z_{*\nu}^2 = C + 2\sum_{\nu=1}^{N} m_\nu z_{*\nu}^2 \geqslant C, \end{aligned}$$

并且等号成立仅当系统的所有点位于平面 Ox_*y_* 内, 即对所有的 ν 都有 $z_{*\nu} = 0$. 第 2 和第 3 个不等式可以类似地验证.

①译者注: 原文下式有错, 已更正.

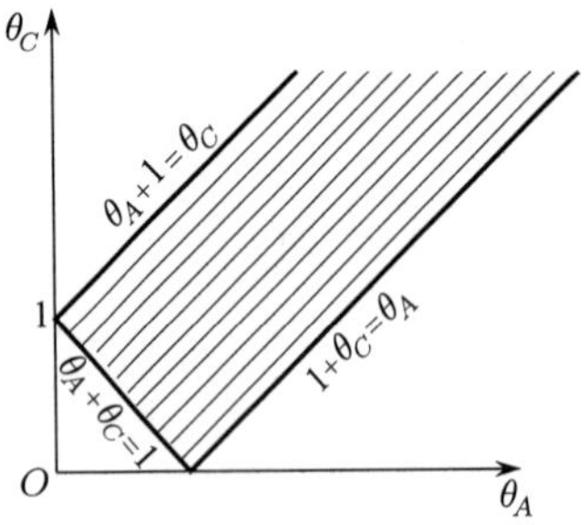

图 81

为了给出惯性矩允许取值范围的几何解释, 引入记号 $\theta_A = A/B, \theta_C = C/B$. 不等式 (8) 可以写成下面形式

$$\theta_A + 1 \geqslant \theta_C, \quad \theta_A + \theta_C \geqslant 1, \quad 1 + \theta_C \geqslant \theta_A.$$

参数允许取值区域在图 81 上用阴影表示, 是位于平行直线 $\theta_A + 1 = \theta_C$ 和 $1 + \theta_C = \theta_A$ 之间以及直线 $\theta_A + \theta_C = 1$ 右上方的无穷大带状区域. 参数允许取值区域的边界 $\theta_A + 1 = \theta_C, 1 + \theta_C = \theta_A$ 和 $\theta_A + \theta_C = 1$ 相应于位于 Ox_*y_*, Ox_*z_* 和 Oy_*z_* 平面内的质点系. 图 81 上的点 $(1, 0)$, 点 $(0, 1)$, 直线 $\theta_A + 1 = \theta_C$ 和 $1 + \theta_C = \theta_A$ 上无穷远点, 相应于位于 Oz_*, Ox_* 和 Oy_* 轴上的质点系.

练习题 4 试证明, 元素 $J_{ij} \quad (i, j = 1, 2, 3; J_{ij} = J_{ji})$ 构成的对称矩阵可以看作实际刚体惯性张量矩阵当且仅当下面不等式同时成立①:

$$x_1 > 0, \qquad x_1 x_2 - J_{12}^2 > 0,$$

$$x_1 x_2 x_3 - x_1 J_{23}^2 - x_2 J_{13}^2 - x_3 J_{12}^2 - 2 J_{12} J_{13} J_{23} > 0,$$

其中

$$x_1 = \frac{J_{22} + J_{33} - J_{11}}{2}, \quad x_2 = \frac{J_{11} + J_{33} - J_{22}}{2}, \quad x_3 = \frac{J_{11} + J_{22} - J_{33}}{2}.$$

①参见: Пеньков В. И., Сарычев В. А. Оптимизация гравитационной системы стабилизации спутников с одностепенным подвесом на слабоэллиптической орбите, М.: Ин-т прикладной математики АН СССР, препринт № 90, 1974.

第六章

动力学基本定理与定律

§1. 力学系统的基本动力学量

80. 系统动量 力学系统的动量是指向量

$$\boldsymbol{Q}=\sum_{\nu=1}^{N} m_\nu \boldsymbol{v}_\nu. \tag{1}$$

由于 $M\boldsymbol{r}_C=\sum\limits_{\nu=1}^{N} m_\nu \boldsymbol{r}_\nu$, 因此有 $M\boldsymbol{v}_C=\sum\limits_{\nu=1}^{N} m_\nu \boldsymbol{v}_\nu=\boldsymbol{Q}$, 于是

$$\boldsymbol{Q}=M\boldsymbol{v}_C, \tag{2}$$

即系统的动量等于系统的质量乘以质心速度.

81. 系统动量的主矩 (动量矩) 设 $\boldsymbol{\rho}_\nu$ 是系统的质点 P_ν 相对某个点 A 的向径, 而 A 点称为矩心(图 82). 质点 P_ν相对矩心A 的动量矩是指向量

$$\boldsymbol{K}_{\nu A}=\boldsymbol{\rho}_\nu \times m_\nu \boldsymbol{v}_\nu.$$

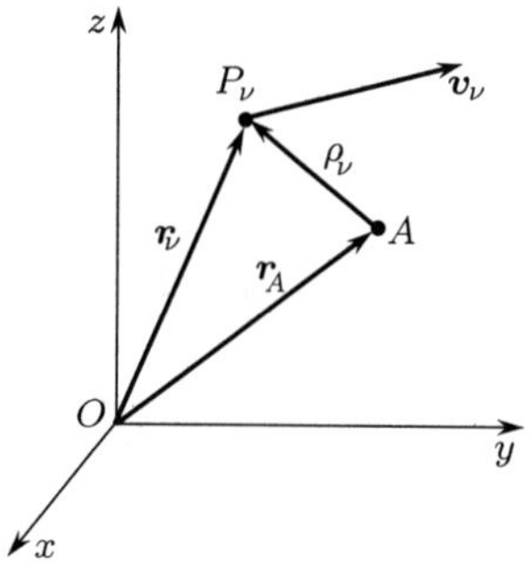

图 82

质点 P_ν 相对轴的动量矩是指质点相对在该轴上任选点为矩心的动量矩在该轴上的投影. 相对轴的动量矩不依赖于在该轴上矩心的选择, 这个证明完全类似于在第 49 小节中力对轴的矩.

系统动量相对矩心A的主矩 (动量矩) 是指向量

$$\boldsymbol{K}_A = \sum_{\nu=1}^{N} \boldsymbol{\rho}_\nu \times m_\nu \boldsymbol{v}_\nu. \tag{3}$$

系统相对轴的动量主矩 (动量矩) 是指系统动量相对在该轴上任选点为矩心的主矩在该轴上的投影.

改变矩心也会改变系统的动量矩. 下面推导系统相对 2 个不同的矩心 A 和 B 的动量矩之间的关系, 设 $\boldsymbol{\rho}_{\nu A}$ 和 $\boldsymbol{\rho}_{\nu B}$ 是质点 P_ν 相对矩心 A 和 B 的向径, 那么

$$\boldsymbol{K}_B = \sum_{\nu=1}^{N} \boldsymbol{\rho}_{\nu B} \times m_\nu \boldsymbol{v}_\nu = \sum_{\nu=1}^{N} (\boldsymbol{\rho}_{\nu A} + \overline{BA}) \times m_\nu \boldsymbol{v}_\nu$$

$$= \sum_{\nu=1}^{N} \boldsymbol{\rho}_{\nu A} \times m_\nu \boldsymbol{v}_\nu + \overline{BA} \times \sum_{\nu=1}^{N} m_\nu \boldsymbol{v}_\nu = \boldsymbol{K}_A + \overline{BA} \times \boldsymbol{Q},$$

即

$$\boldsymbol{K}_B = \boldsymbol{K}_A + \overline{BA} \times \boldsymbol{Q}. \tag{4}$$

接下来研究系统相对任意矩心和相对质心的动量矩之间的关系. 首先介绍在这里和今后都非常重要的概念: *系统相对质心的运动*, 这个运动是指系统质点相对以质心为原点的平动坐标系的运动, 这个坐标系也称为*柯尼希坐标系*.

下面证明, 系统相对质心 C 的绝对动量矩 $\boldsymbol{K}_C$ 等于相对 C 的相对动量矩 $\boldsymbol{K}_{C\mathrm{r}}$. 事实上, 设 $\boldsymbol{v}_C$ 是质心的绝对速度, $\boldsymbol{v}_\nu$ 是系统质点 P_ν 的绝对速度, $\boldsymbol{v}_{\nu\mathrm{r}}$ 是系统质点 P_ν 相对质心运动的速度. 由于柯尼希坐标系作平动, 系统所有点的牵连速度都等于 $\boldsymbol{v}_C$, 因此质点 P_ν 的绝对速度由下面公式确定

$$\boldsymbol{v}_\nu = \boldsymbol{v}_C + \boldsymbol{v}_{\nu\mathrm{r}}. \tag{5}$$

设 $\boldsymbol{\rho}_{\nu\mathrm{r}}$ 是质点 P_ν 相对质心的向径, 那么

$$\boldsymbol{K}_{C\mathrm{r}} = \sum_{\nu=1}^{N} \boldsymbol{\rho}_{\nu\mathrm{r}} \times m_\nu \boldsymbol{v}_{\nu\mathrm{r}}. \tag{6}$$

现在计算系统相对 C 点的绝对动量矩:

$$\boldsymbol{K}_C = \sum_{\nu=1}^{N} \boldsymbol{\rho}_{\nu\mathrm{r}} \times m_\nu \boldsymbol{v}_\nu = \sum_{\nu=1}^{N} \boldsymbol{\rho}_{\nu\mathrm{r}} \times m_\nu (\boldsymbol{v}_C + \boldsymbol{v}_{\nu\mathrm{r}})$$

$$= \left(\sum_{\nu=1}^{N} m_\nu \boldsymbol{\rho}_{\nu\mathrm{r}}\right) \times \boldsymbol{v}_C + \sum_{\nu=1}^{N} \boldsymbol{\rho}_{\nu\mathrm{r}} \times m_\nu \boldsymbol{v}_{\nu\mathrm{r}}. \tag{7}$$

因为在柯尼希坐标系中质心位于坐标原点 ($\boldsymbol{\rho}_{C\mathrm{r}} = \mathbf{0}$), 所以 $\sum_{\nu=1}^{N} m_\nu \boldsymbol{\rho}_{\nu\mathrm{r}} = M\boldsymbol{\rho}_{C\mathrm{r}} = 0$, 再由 (6) 和 (7) 可得 $\boldsymbol{K}_C = \boldsymbol{K}_{C\mathrm{r}}$.

注意到

$$\sum_{\nu=1}^{N} m_\nu \boldsymbol{v}_{\nu\mathrm{r}} = M\boldsymbol{v}_{C\mathrm{r}} = \mathbf{0},$$

即在相对质心的运动中系统的动量等于零, 由 (4) 可得, 在相对质心的运动中系统对空间任意点的动量矩都等于 $\boldsymbol{K}_C$.

假设 O 为质心, 系统对矩心 O 的动量矩等于系统的相对动量矩 (对空间任意点都相同) 加上向量 $\boldsymbol{Q}$ 对矩心 O 的矩.

82. 定点运动刚体的动量矩 以刚体的固定点为原点建立坐标系 $Oxyz$ 并且坐标轴相对刚体不动. 设 $\boldsymbol{\rho}_\nu$ 是刚体的质点 P_ν 相对坐标原点的向径, 在 Ox, Oy, Oz 轴上的投影表示为 x_ν, y_ν, z_ν, 刚体瞬时角速度 $\boldsymbol{\omega}$ 在 Ox, Oy, Oz 轴上的投影表示为 p, q, r.

我们计算刚体相对 O 点的动量矩. 考虑到 P_ν 点的速度 $\boldsymbol{v}_\nu$ 等于 $\boldsymbol{\omega} \times \boldsymbol{\rho}_\nu$, 有

$$\boldsymbol{K}_O = \sum_{\nu=1}^{N} \boldsymbol{\rho}_\nu \times m_\nu \boldsymbol{v}_\nu = \sum_{\nu=1}^{N} \boldsymbol{\rho}_\nu \times m_\nu(\boldsymbol{\omega} \times \boldsymbol{\rho}_\nu) = \sum_{\nu=1}^{N} m_\nu \boldsymbol{\rho}_\nu \times (\boldsymbol{\omega} \times \boldsymbol{\rho}_\nu).$$

利用 3 个向量混合积公式 $\boldsymbol{a} \times (\boldsymbol{b} \times \boldsymbol{c}) = \boldsymbol{b}(\boldsymbol{a} \cdot \boldsymbol{c}) - \boldsymbol{c}(\boldsymbol{a} \cdot \boldsymbol{b})$ 可以将 $\boldsymbol{K}_O$ 的表达式重新写成

$$\begin{aligned}\boldsymbol{K}_O &= \sum_{\nu=1}^{N} m_\nu \rho_\nu^2 \boldsymbol{\omega} - \sum_{\nu=1}^{N} m_\nu(\boldsymbol{\omega} \cdot \boldsymbol{\rho}_\nu)\boldsymbol{\rho}_\nu \\ &= \sum_{\nu=1}^{N} m_\nu(x_\nu^2 + y_\nu^2 + z_\nu^2)\boldsymbol{\omega} - \sum_{\nu=1}^{N} m_\nu(px_\nu + qy_\nu + rz_\nu)\boldsymbol{\rho}_\nu.\end{aligned}$$

由此可得向量 $\boldsymbol{K}_O$ 在 Ox 轴上的投影:

$$\begin{aligned}K_{Ox} &= \sum_{\nu=1}^{N} m_\nu(x_\nu^2 + y_\nu^2 + z_\nu^2)p - \sum_{\nu=1}^{N} m_\nu(px_\nu + qy_\nu + rz_\nu)x_\nu \\ &= \left(\sum_{\nu=1}^{N} m_\nu(y_\nu^2 + z_\nu^2)\right)p - \left(\sum_{\nu=1}^{N} m_\nu x_\nu y_\nu\right)q - \left(\sum_{\nu=1}^{N} m_\nu x_\nu z_\nu\right)r.\end{aligned}$$

类似地可以写出投影 K_{Oy} 和 K_{Oz} 的表达式. 利用第 77 小节中关于轴惯性矩和离心惯性矩的公式, 最终得

$$K_{Ox} = J_x p - J_{xy} q - J_{xz} r,$$

$$K_{Oy} = -J_{xy} p + J_y q - J_{yz} r, \tag{8}$$

$$K_{Oz} = -J_{xz}p - J_{yz}q + J_z r.$$

利用确定刚体对 O 点惯性张量的矩阵 $\boldsymbol{J}$ (参见第 77 小节), 这些公式可以写得更紧凑

$$\boldsymbol{K}_O = \boldsymbol{J}\boldsymbol{\omega}. \tag{9}$$

特别地, 当 Ox, Oy, Oz 是对 O 点的惯性主轴时, 矩阵 $\boldsymbol{J}$ 是对角的, 其对角元素是刚体对 O 点的主惯性矩, 即 $J_x = A, \quad J_y = B, \quad J_z = C$, 这时有

$$K_{Ox} = Ap, \quad K_{Oy} = Bq, \quad K_{Oz} = Cr. \tag{10}$$

如果刚体绕固定轴转动, 例如绕 Oz 轴转动, 则 $p = q = 0$ 且根据 (8) 有

$$K_{Ox} = -J_{xz}r, \quad K_{Oy} = -J_{yz}r, \quad K_{Oz} = J_z r. \tag{11}$$

由 (11) 可知, 在刚体定轴转动时, 动量矩与转动轴的方向一般是不同的, 它们重合的充分必要条件是转动轴是刚体的惯性主轴.

83. 系统动能 · 柯尼希定理 系统的动能是指

$$T = \frac{1}{2}\sum_{\nu=1}^{N} m_\nu v_\nu^2. \tag{12}$$

在计算动能时经常用到下面定理:

定理 系统的动能等于位于系统质心处且具有系统质量的质点的动能, 再加上系统相对质心运动的动能.

证明 根据 (5) 和 (12) 有

$$\begin{aligned}
T &= \frac{1}{2}\sum_{\nu=1}^{N} m_\nu (\boldsymbol{v}_C + \boldsymbol{v}_{\nu\mathrm{r}})^2 \\
&= \frac{1}{2}\left(\sum_{\nu=1}^{N} m_\nu\right) v_C^2 + \left(\sum_{\nu=1}^{N} m_\nu \boldsymbol{v}_{\nu\mathrm{r}}\right)\cdot \boldsymbol{v}_C + \frac{1}{2}\sum_{\nu=1}^{N} m_\nu v_{\nu\mathrm{r}}^2 \\
&= \frac{1}{2}Mv_C^2 + M\boldsymbol{v}_{C\mathrm{r}}\cdot \boldsymbol{v}_C + \frac{1}{2}\sum_{\nu=1}^{N} m_\nu v_{\nu\mathrm{r}}^2.
\end{aligned}$$

因为质心的相对速度 $\boldsymbol{v}_{C\mathrm{r}}$ 等于零, 所以有

$$T = \frac{1}{2}Mv_C^2 + \frac{1}{2}\sum_{\nu=1}^{N} m_\nu v_{\nu\mathrm{r}}^2. \tag{13}$$

定理得证. □

84. 定点运动刚体的动能 设 $Oxyz$ 是与刚体固连的坐标系, 原点位于刚体的固定点 O. 又设刚体的瞬时角速度 $\boldsymbol{\omega}$ 方向沿着轴 u, 该轴与坐标轴 Ox, Oy, Oz 的夹角的余弦分别为 α, β, γ, 那么角速度 $\boldsymbol{\omega}$ 在坐标轴 Ox, Oy, Oz 上的投影分别等于

$$p = \omega\alpha, \qquad q = \omega\beta, \qquad r = \omega\gamma. \tag{14}$$

如果 d_ν 是 P_ν 点到轴 u 的距离, 则 $v_\nu = \omega d_\nu$, 刚体动能有如下形式

$$T = \frac{1}{2}\sum_{\nu=1}^{N} m_\nu v_\nu^2 = \frac{1}{2}\left(\sum_{\nu=1}^{N} m_\nu d_\nu^2\right)\omega^2 = \frac{1}{2}J_u\omega^2, \tag{15}$$

其中 J_u 是刚体相对轴 u 的惯性矩. 将第 77 小节中 J_u 的表达式 (1) 代入 (15), 再利用公式 (14) 最终得到

$$T = \frac{1}{2}(J_x p^2 + J_y q^2 + J_z r^2) - J_{xy}pq - J_{xz}pr - J_{yz}qr. \tag{16}$$

如果 Ox, Oy, Oz 是刚体对 O 点的惯性主轴, 则公式 (16) 有下面形式

$$T = \frac{1}{2}(Ap^2 + Bq^2 + Cr^2), \tag{17}$$

其中 A, B, C 是刚体相对 Ox, Oy, Oz 轴的惯性矩.

对于绕 Oz 轴作定轴转动的刚体, 公式 (16) 将更加简化, 因为这时 $p = q = 0, |r| = \omega$, 所以有

$$T = \frac{1}{2}J_z\omega^2. \tag{18}$$

评注 1 刚体瞬时角速度 $\boldsymbol{\omega}$ 和相对固定点 O 的动量矩之间存在简单的几何关系, 事实上, 由公式 (8) 和 (16) 可知

$$T = \frac{1}{2}(\boldsymbol{K}_O \cdot \boldsymbol{\omega}). \tag{19}$$

由运动刚体的动能是正的可知, 向量 $\boldsymbol{K}_O$ 和 $\boldsymbol{\omega}$ 之间的夹角总是锐角. 当 2 个向量 $\boldsymbol{K}_O$ 和 $\boldsymbol{\omega}$ 之中有一个方向给定, 可以利用公式 (19) 求出另一个的方向.

练习题 1 假设已知刚体对固定点 O 的惯性椭球以及瞬时角速度, 求刚体对 O 点的动量矩 $\boldsymbol{K}_O$ 的大小和方向.

§2. 系统动力学基本定理

85. 关于动力学定理与定律的一般评述 我们研究质点系 P_ν ($\nu = 1, 2, \cdots, N$) 在某个惯性坐标系中的运动. 设 m_ν 是 P_ν 的质量, $\boldsymbol{\rho}_\nu$ 是 P_ν 对坐标原点的向

径, 如果系统是非自由的, 则除了作用在系统上的主动力, 还要考虑约束反力. 如果将作用在系统上的所有力分为外力和内力, 则由牛顿定律得到系统的运动微分方程

$$m_\nu \boldsymbol{w}_\nu = \boldsymbol{F}_\nu^{(\mathrm{e})} + \boldsymbol{F}_\nu^{(\mathrm{i})} \qquad (\nu = 1, 2, \cdots, N), \tag{1}$$

其中 $\boldsymbol{w}_\nu$ 是 P_ν 在惯性参考系中的加速度, $\boldsymbol{F}_\nu^{(\mathrm{e})}$ 和 $\boldsymbol{F}_\nu^{(\mathrm{i})}$ 分别是作用在 P_ν 点的所有外力的合力和所有内力的合力.

为了研究运动, 必须在给定初始条件下求解方程组 (1) 得到 $\boldsymbol{r}_\nu$ 依赖于时间的关系. 在多数情况下这是不可能的, 特别是当方程数很大时.

然而, 在实际研究运动时经常不需要研究方程组 (1), 只需知道某些量随时间的变化, 这些量对整个系统具有一般性, 是坐标和速度 (也可能包括时间) 的函数. 如果该函数在系统运动过程中保持常数, 则称之为*运动方程(1)的第一积分*. 利用第一积分可以简化研究运动的问题, 有时还可以完全求解问题.

最常用于获得方程组 (1) 第一积分的方法的基础是研究基本动力学量: 动量、动量矩和动能, 这些量随时间的变化以直接从方程组 (1) 得到的动力学基本定理来描述. 某些基本动力学量保持为常量的定理称为守恒定律.

86. 动量定理　将方程组 (1) 求和得

$$\sum_{\nu=1}^{N} m_\nu \boldsymbol{w}_\nu = \sum_{\nu=1}^{N} \boldsymbol{F}_\nu^{(\mathrm{e})} + \sum_{\nu=1}^{N} \boldsymbol{F}_\nu^{(\mathrm{i})}. \tag{2}$$

等式 (2) 右边第 1 个和等于外力主向量 $\boldsymbol{R}^{(\mathrm{e})}$; 根据牛顿第三定律系统的内力两两等值反向, 所以第 2 个和等于零. 考虑到系统每个质点的质量是常数, 方程组 (1) 可以写成

$$\frac{\mathrm{d}\boldsymbol{Q}}{\mathrm{d}t} = \boldsymbol{R}^{(\mathrm{e})}. \tag{3}$$

这个等式给出了系统动量定理: *系统动量随时间的变化率等于系统的外力主向量*.

这个定理可以写成积分形式: 将方程 (3) 两边从 t_1 到 t_2 积分得

$$\Delta \boldsymbol{Q} = \boldsymbol{Q}_2 - \boldsymbol{Q}_1 = \int_{t_1}^{t_2} \boldsymbol{R}^{(\mathrm{e})} \mathrm{d}t. \tag{4}$$

公式 (4) 右边的积分称为在时间 $t_2 - t_1$ 内的*外力冲量*, 于是, *动量在有限时间内的增量等于该时间内外力的冲量*.

动量定理微分形式还有另一种表达. 由于 $\boldsymbol{Q} = M\boldsymbol{v}_C$, 其中 M 是系统的质量, $\boldsymbol{v}_C$ 是质心的速度, 考虑到 M 是常数, (3) 可以写成

$$M\frac{\mathrm{d}\boldsymbol{v}_C}{\mathrm{d}t} = \boldsymbol{R}^{(\mathrm{e})}. \tag{5}$$

这个等式意味着, 系统质心的运动就好像系统全部质量集中在质心形成的质点, 在等于系统外力主向量的力作用下运动. 这个结论称为质心 (惯性中心) 运动定理.

如果系统是封闭的, 则 $\boldsymbol{R}^{(e)}=\mathbf{0}$, 由 (3) 可得动量守恒定律: 封闭系统在运动中其动量保持为常量. 在公式 (5) 的基础上动量守恒定律也可以表述为: 封闭系统质心的速度是常量. 显然这些结论对于非封闭的但是 $\boldsymbol{R}^{(e)}=\mathbf{0}$ 的系统也是正确的.

将向量 $\boldsymbol{Q}$ 向坐标轴投影, 由动量守恒定律可得 3 个第一积分

$$Q_x=c_1,\quad Q_y=c_2,\quad Q_z=c_3,$$

或者

$$\dot{x}_C=c_1',\quad \dot{y}_C=c_2',\quad \dot{z}_C=c_3',$$

其中 Q_x,Q_y,Q_z 和 $\dot{x}_C,\dot{y}_C,\dot{z}_C$ 分别是系统的动量和质心速度在 Ox,Oy,Oz 轴上的投影, 而 c_i,c_i' $(i=1,2,3)$ 是常数.

如果外力主向量在某一个轴, 例如 Ox 轴上投影为零, 则有 1 个第一积分

$$Q_x=\text{const} \quad 或 \quad \dot{x}_C=\text{const}.$$

例 1 两个人站在绝对光滑的水平面上, 相互的距离为 a, 其中一人抛出 1 个质量为 m 的球, 另一人经过 t 秒后接到球. 如果抛球人质量为 M, 他将以什么速度开始沿着水平面滑动.

因为平面是绝对光滑的, 故外力 (重力和平面的约束反力) 的主向量的水平方向分量等于零. 由此可知, 由抛球人和球组成的系统的动量在平面上投影为常量 (由于在初始时刻系统静止, 该常量等于零).

设 v 是抛球人在抛球后开始运动的速度, 注意到系统质心绝对速度的水平分量等于 a/t, 可得

$$Mv-m\frac{a}{t}=0.$$

由此得

$$v=\frac{ma}{Mt}.$$

例 2 两个质量相同的点按某种规律相互吸引, 分别沿着 Ox 轴和 Oy 轴从静止开始无摩擦地滑动 (图 83). 试证明无论引力规律如何, 2 个质点都同时到达坐标原点.

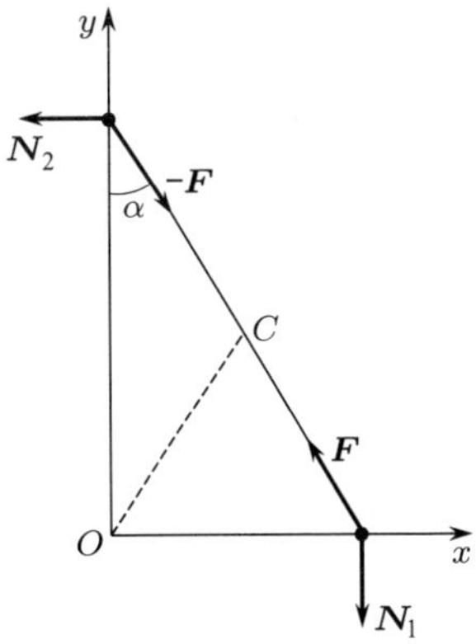

图 83

作用在由 2 个质点组成的系统上的外力是 Ox 和 Oy 轴的约束反力 $\boldsymbol{N}_1$ 和 $\boldsymbol{N}_2$, 这 2 个力分别垂直于相应的坐标轴. 由于每个质点被约束在相应的坐标轴上运动, 因此有 $N_1=F\cos\alpha,\ \ N_2=F\sin\alpha$, 其中 F 是质点间引力的大小. 外力主向量的分量为 $-N_2,-N_1$, 即 $\boldsymbol{R}^{(e)}$ 与以系统质心为起点以坐标原点为终点的向量 $\overline{CO}$ 共线. 因为 $t=0$ 时系统静止, 根据

质心运动定理, 点 C 在 $t>0$ 时将沿着过 O 点和质心初始位置的不变直线运动, 因此 2 个质点同时到达坐标原点.

87. 动量矩定理 设 $\boldsymbol{v}_\nu$ 是系统的质点 P_ν 在惯性参考系中的速度, $\boldsymbol{r}_\nu$ 是 P_ν 相对坐标原点的向径 (图 82). 设 A 为空间的任意点, 它在运动过程中可以不与系统的任何质点重合, 它可以是不动的, 也可以是作任意运动的, 用 $\boldsymbol{v}_A$ 表示其在选定惯性系中的速度. 设 $\boldsymbol{\rho}_\nu$ 是 P_ν 相对 A 点的向径, 那么系统对 A 点的动量矩为

$$\boldsymbol{K}_A=\sum_{\nu=1}^{N}\boldsymbol{\rho}_\nu\times m_\nu\boldsymbol{v}_\nu. \tag{6}$$

将 (6) 两边对时间求导, 考虑到 m_ν 是常数并利用 (1) 得

$$\begin{aligned}\frac{\mathrm{d}\boldsymbol{K}_A}{\mathrm{d}t}&=\sum_{\nu=1}^{N}\frac{\mathrm{d}\boldsymbol{\rho}_\nu}{\mathrm{d}t}\times m_\nu\boldsymbol{v}_\nu+\sum_{\nu=1}^{N}\boldsymbol{\rho}_\nu\times m_\nu\boldsymbol{w}_\nu\\&=\sum_{\nu=1}^{N}\frac{\mathrm{d}\boldsymbol{\rho}_\nu}{\mathrm{d}t}\times m_\nu\boldsymbol{v}_\nu+\sum_{\nu=1}^{N}\boldsymbol{\rho}_\nu\times(\boldsymbol{F}_\nu^{(\mathrm{e})}+\boldsymbol{F}_\nu^{(\mathrm{i})}).\end{aligned}$$

这个等式的最后一个和等于外力对 A 点的主矩 $\boldsymbol{M}_A^{(\mathrm{e})}$ (参见第 50 小节). 根据图 82 计算得

$$\frac{\mathrm{d}\boldsymbol{\rho}_\nu}{\mathrm{d}t}=\frac{\mathrm{d}\boldsymbol{r}_\nu}{\mathrm{d}t}-\frac{\mathrm{d}\boldsymbol{r}_A}{\mathrm{d}t}=\boldsymbol{v}_\nu-\boldsymbol{v}_A,$$

以及

$$\sum_{\nu=1}^{N}m_\nu\boldsymbol{v}_\nu=M\boldsymbol{v}_C.$$

于是可得

$$\begin{aligned}\frac{\mathrm{d}\boldsymbol{K}_A}{\mathrm{d}t}&=\sum_{\nu=1}^{N}(\boldsymbol{v}_\nu-\boldsymbol{v}_A)\times m_\nu\boldsymbol{v}_\nu+\boldsymbol{M}_A^{(\mathrm{e})}\\&=\left(\sum_{\nu=1}^{N}m_\nu\boldsymbol{v}_\nu\right)\times\boldsymbol{v}_A+\boldsymbol{M}_A^{(\mathrm{e})}=M\boldsymbol{v}_C\times\boldsymbol{v}_A+\boldsymbol{M}_A^{(\mathrm{e})}.\end{aligned}$$

最终得

$$\frac{\mathrm{d}\boldsymbol{K}_A}{\mathrm{d}t}=M\boldsymbol{v}_C\times\boldsymbol{v}_A+\boldsymbol{M}_A^{(\mathrm{e})}. \tag{7}$$

如果 A 点不运动, 则在系统运动过程中 $\boldsymbol{v}_A=\mathbf{0}$, 相对任意矩心的动量矩定理 (7) 变为下面常见的形式

$$\frac{\mathrm{d}\boldsymbol{K}_A}{\mathrm{d}t}=\boldsymbol{M}_A^{(\mathrm{e})}. \tag{8}$$

方程 (8) 给出了相对固定矩心的动量矩定理: 系统相对固定矩心的动量矩对时间的导数等于系统的外力对该矩心的主矩.

这个定理可以写成积分形式: 将 (8) 两边从 t_1 到 t_2 积分得

$$\Delta \boldsymbol{K}_A = \boldsymbol{K}_{A_2} - \boldsymbol{K}_{A_1} = \int_{t_1}^{t_2} \boldsymbol{M}_A^{(\mathrm{e})} \mathrm{d}t. \tag{9}$$

这个公式右边的积分称为时间 $t_2 - t_1$ 内外力的冲量矩. 可见, 在有限时间内系统相对固定矩心的动量矩的增量等于这段时间内外力对该矩心的冲量矩.

如果系统是封闭的, 则 $\boldsymbol{M}_A^{(\mathrm{e})} = \boldsymbol{0}$, 由 (8) 可得动量矩守恒定律: 封闭系统在运动中, 系统相对任意固定矩心的动量矩保持为常量:

$$\boldsymbol{K}_A = \text{const}. \tag{10}$$

如果 K_{Ax}, K_{Ay}, K_{Az} 是 $\boldsymbol{K}_A$ 在相应坐标轴上的投影, 则由 (10) 得下面 3 个第一积分

$$K_{Ax} = c_1, \quad K_{Ay} = c_2, \quad K_{Az} = c_3,$$

其中 $c_i (i = 1, 2, 3)$ 是任意常数. 这些第一积分不仅对封闭系统成立, 有时当系统不是封闭的, 但是在运动过程中对某个固定的矩心 A 总有 $\boldsymbol{M}_A^{(\mathrm{e})} = \boldsymbol{0}$ 时也成立.

我们还可以发现, 如果运动过程中 $\boldsymbol{M}_A^{(\mathrm{e})} = \boldsymbol{0}$ 总成立, 则积分 (10) 不仅在矩心 A 不动的条件下存在, 而且在更一般的情况下成立, 只要在运动过程中, 点 A 和 C 对坐标原点的向径 $\boldsymbol{r}_A$ 和 $\boldsymbol{r}_C$ 满足关系式 $\boldsymbol{r}_A = \alpha \boldsymbol{r}_C + \boldsymbol{a}$, 其中 $\boldsymbol{a}$ 是常向量, α 是常数. 事实上, 这时 $\boldsymbol{v}_A = \alpha \boldsymbol{v}_C$, 等式 (7) 右边第 1 项恒等于零, 所以当 $\boldsymbol{M}_A^{(\mathrm{e})} = \boldsymbol{0}$ 时存在第一积分 (10).

上面讨论的固定矩心 A 的情况可以由此令 $\alpha = 0$ 得到. 如果 $\alpha = 1$ 且 $\boldsymbol{a} = \boldsymbol{0}$, 则 $\boldsymbol{r}_A = \boldsymbol{r}_C$, 并且 (7) 有下面形式

$$\frac{\mathrm{d}\boldsymbol{K}_C}{\mathrm{d}t} = \boldsymbol{M}_C^{(\mathrm{e})}, \tag{11}$$

由此可得, 系统对固定矩心 A 和质心 C 的动量矩定理有相同的形式: 方程左边是对点 (固定矩心 A 或质心 C) 的动量矩的导数, 右边是外力对该点的主矩. 可以发现, 在方程 (11) 右边, 系统对质心的绝对动量矩 $\boldsymbol{K}_C$ 可以代替为系统对质心的相对动量矩 $\boldsymbol{K}_{C\mathrm{r}}$ (参见第 82 小节).

设 u 是某个不动轴或者是过系统质心的某个动轴, 由 (8) 和 (11), 系统相对该轴的动量矩 K_u 满足下面的微分方程

$$\frac{\mathrm{d}K_u}{\mathrm{d}t} = M_u^{(\mathrm{e})}, \tag{12}$$

其中 $M_u^{(\mathrm{e})}$ 是外力对 u 轴的主矩. 如果在运动过程中 $M_u^{(\mathrm{e})} = 0$, 则有第一积分

$$K_u = \text{const}. \tag{13}$$

最后这个结果有一般性, 有下面结论.

定理 设在运动过程中 $M_u^{(e)}=0$, 那么存在第一积分 (13) 的充分必要条件是系统质心速度和轴上任意点 A 的速度在垂直于该轴的平面上的投影, 在运动过程中保持平行.

证明 设 $\boldsymbol{e}$ 是轴 u 的单位向量, 将等式 (7) 两边点乘向量 $\boldsymbol{e}$ 并考虑到 $\boldsymbol{e}$ 的大小是常数, 得

$$\frac{\mathrm{d}(\boldsymbol{K}_A\cdot\boldsymbol{e})}{\mathrm{d}t}=M(\boldsymbol{v}_C\times\boldsymbol{v}_A)\cdot\boldsymbol{e}+\boldsymbol{M}_A^{(e)}\cdot\boldsymbol{e}.$$

由于 $\boldsymbol{K}_A\cdot\boldsymbol{e}=K_u$, $\boldsymbol{M}_A^{(e)}\cdot\boldsymbol{e}=M_u^{(e)}$, 故上面等式可以写成

$$\frac{\mathrm{d}K_u}{\mathrm{d}t}=M(\boldsymbol{v}_C\times\boldsymbol{v}_A)\cdot\boldsymbol{e}+M_u^{(e)}.$$

如果 $M_u^{(e)}\equiv 0$, 则 K_u 是常数当且仅当 $(\boldsymbol{v}_C\times\boldsymbol{v}_A)\cdot\boldsymbol{e}\equiv 0$. 如果将 u 轴取为 Oz 轴, 则该条件等价于

$$\frac{\dot{x}_A}{\dot{y}_A}=\frac{\dot{x}_C}{\dot{y}_C},$$

即点 A 和 C 的速度在垂直于 u 轴的平面上投影平行, 也正是需要证明的. □

例 1 质量为 M 的均质圆锥, 其对称轴固定且沿着竖直方向, 顶点向上. 沿着母线有一道细槽. 圆锥以角速度 ω_0 绕其轴转动, 同时从顶点沿着细槽无初速度释放质量为 m 的小球. 当小球滑出细槽时, 圆锥的角速度等于多少?

因为圆锥和小球组成的系统的外力对转轴没有力矩, 系统对转轴的动量矩 K_z 等于常数. 在初始时刻

$$K_z=J_z\omega_0,$$

在小球滑出细槽的时刻

$$K_z=J_z\omega+mR^2\omega,$$

其中 R 是圆锥底面半径, $J_z=\dfrac{3}{10}MR^2$ 是圆锥相对转轴的惯性矩. 由等式

$$J_z\omega_0=J_z\omega+mR^2\omega.$$

解得

$$\omega=\frac{3M}{3M+10m}\omega_0.$$

例 2 质量为 M 半径为 R 的细圆环位于光滑水平面上, 质量为 m 的质点 A 以常速 $\boldsymbol{v}$ 沿着圆环运动. 如果初始时刻质点和圆环都静止, 求该系统在平面内的运动.

因为外力主向量的水平分量等于零, 初始时刻系统质心 C 静止, 所以在系统后来的运动中质心保持静止. 设 C 点到圆环中心 O 的距离为 (图 84)

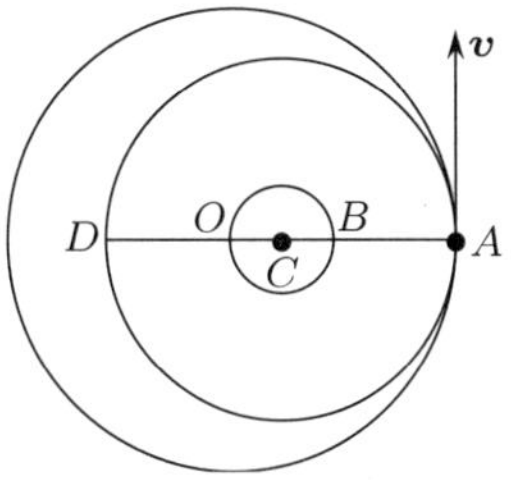

图 84

$$OC = \frac{m}{M+m}R,$$

C 点到 A 点的距离为

$$AC = \frac{M}{M+m}R.$$

因此, 圆环中心 O 和质点 A 沿着以 C 为圆心的同心圆运动, 并且 O 和 A 总是位于各自轨迹直径上 C 点的两边.

为了确定圆环的角速度 ω, 根据外力对固定轴 Cz 的主矩等于零, 系统相对该轴的动量矩为常数 (等于零, 这是因为初始时刻系统静止), 即有

$$J_C\omega + m(v + \omega \cdot AC) \cdot AC = 0,$$

其中 J_C 是圆环对 Cz 轴的惯性矩. 因为圆环对平行于 Cz 的 Oz 轴的惯性矩等于 MR^2, 根据第 76 小节得

$$J_C = MR^2 + M \cdot OC^2.$$

再利用上面给出的 AC 和 OC 的表达式得

$$\omega = -\frac{v}{R} \cdot \frac{m(M+m)}{M^2 + 3mM + 2m^2}.$$

上面得到的 ω 的表达式中负号表明, 如果从 Cz 轴的正向看, 圆环的旋转方向是顺时针的.

例 3 两个薄圆盘 1 和 2 质量均为 m_1, 半径分别为 r_1 和 r_2, 可以分别绕相互垂直的轴 Oz_1 和 Oz_2 转动 (图 85). 圆盘 1 开始以角速度 ω 转动, 然后与静止圆盘 2 接触, 接触点到圆盘 1 的转轴距离为 a. 经过若干时间, (考虑到摩擦) 2 个圆盘开始稳定地无滑动地转动, 求稳定转动时 2 个圆盘的角速度.

为了求解这个问题, 我们利用动量矩定理的积分形式. 当 $t = 0$ 时圆盘 1 和 2 的动量矩 K_{z_1} 和 K_{z_2} 分别等于

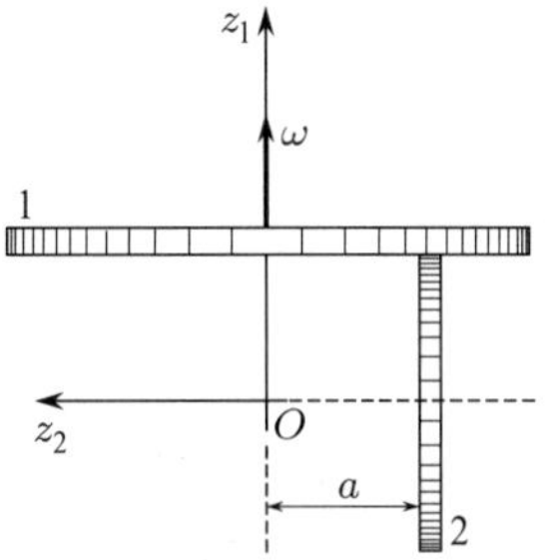

图 85

$$K_{z_1} = J_{z_1}\omega, \qquad K_{z_2} = 0,$$

而在开始稳定转动后的 Δt 时刻有

$$K_{z_1} = J_{z_1}\omega_1, \qquad K_{z_2} = J_{z_2}\omega_2.$$

其中 ω_i 是稳定转动角速度的大小, 而 $J_{z_i} = \dfrac{1}{2}m_i r_i^2$ 是第 i 个圆盘相对 Oz_i $(i = 1, 2)$

的惯性矩. 第 1 和第 2 个圆盘的动量矩增量分别为 $J_{z_1}(\omega_1-\omega)$ 和 $J_{z_2}\omega_2$, 动量矩改变的原因是 Δt 内接触点的摩擦力. 对于 2 个圆盘, 摩擦力大小 F 相同, 它制动圆盘 1 而加速圆盘 2. 根据等式 (9) 有

$$\frac{1}{2}m_1r_1^2(\omega_1-\omega)=-a\int_0^{\Delta t}F\mathrm{d}t,\quad \frac{1}{2}m_2r_2^2\omega_2=r_2\int_0^{\Delta t}F\mathrm{d}t.$$

补充稳定转动的无滑动条件

$$\omega_1 a=\omega_2 r_2,$$

就得到了关于 ω_1,ω_2 和 $\int_0^{\Delta t}F\mathrm{d}t$ 的 3 个方程. 求解得

$$\omega_1=\frac{m_1r_1^2}{m_1r_1^2+m_2a^2}\omega,\quad \omega_2=\frac{m_1ar_1^2}{r_2(m_1r_1^2+m_2a^2)}\omega.$$

例 4 质量为 m 半径为 a 的圆盘沿着水平面无滑动地滚动. 圆盘的重心 C 到其几何中心的距离为 b, 圆盘对过 C 垂直于圆盘的轴的惯性矩等于 J_C. 设 φ 是线段 OC 与竖直方向的夹角 (图 86), 试建立用角 φ 随时间的变化表示的运动微分方程.

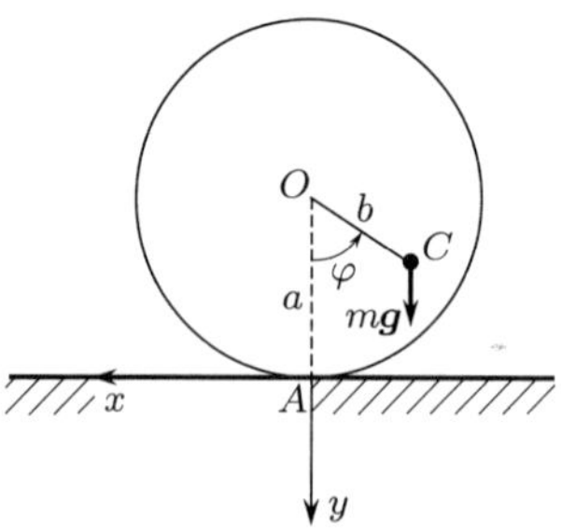

图 86

为了求解该问题, 我们利用 (7) 形式的动量矩定理. 设 A 为圆盘与平面的切点轨迹 (直线) 上的点, 由于没有滑动, 点 A 的速度在坐标系 $Axyz$ (Ax, Ay 在图中画出了, Az 轴垂直纸面指向读者) 中有: $\boldsymbol{v}_A'=(a\dot\varphi,0,0)$. 向量 $\overline{AC}$ 有分量: $-b\sin\varphi,-a+b\cos\varphi,0$, $AC^2=a^2+b^2-2ab\cos\varphi$. 对于角速度 $\boldsymbol{\omega}$, 质心速度 $\boldsymbol{v}_C=\boldsymbol{\omega}\times\overline{AC}$ 以及圆盘对 A 点的动量矩 $\boldsymbol{K}_A$ 有

$$\boldsymbol{\omega}'=(0,0,\dot\varphi),\quad \boldsymbol{v}_C'=((a-b\cos\varphi)\dot\varphi,-b\sin\varphi\dot\varphi,0),$$

$$\boldsymbol{K}_A'=(0,0,(J_C+mAC^2)\dot\varphi).$$

外力对 A 点的主矩仅由重力产生:

$$\boldsymbol{M}_A'^{(\mathrm{e})}=(0,0,-mgb\sin\varphi).$$

将向量方程 (7) 的两边向 Az 轴投影, 可得用角 φ 随时间的变化表示的运动微分方程:

$$[J_C+m(a^2+b^2-2ab\cos\varphi)]\ddot\varphi+mab\sin\varphi\dot\varphi^2+mgb\sin\varphi=0.$$

88. 动能定理 设系统的质点 P_ν 的向径为 $\boldsymbol{r}_\nu$, 在惯性坐标系中运动产生的位移为 $\mathrm{d}\boldsymbol{r}_\nu$, 我们研究系统动能 T 的变化. 因为

$$T=\frac{1}{2}\sum_{\nu=1}^{N}m_\nu\boldsymbol{v}_\nu^2,$$

所以动能微分后有

$$\begin{aligned}\mathrm{d}T &= \sum_{\nu=1}^{N} m_\nu \boldsymbol{v}_\nu \cdot \mathrm{d}\boldsymbol{v}_\nu = \sum_{\nu=1}^{N} m_\nu \boldsymbol{v}_\nu \cdot \frac{\mathrm{d}\boldsymbol{v}_\nu}{\mathrm{d}t}\mathrm{d}t \\ &= \sum_{\nu=1}^{N} m_\nu \boldsymbol{w}_\nu \cdot \boldsymbol{v}_\nu \mathrm{d}t = \sum_{\nu=1}^{N} m_\nu \boldsymbol{w}_\nu \cdot \mathrm{d}\boldsymbol{r}_\nu.\end{aligned}$$

考虑到微分方程 (1), 上面最后等式变为

$$\begin{aligned}\mathrm{d}T &= \sum_{\nu=1}^{N} (\boldsymbol{F}_\nu^{(\mathrm{e})} + \boldsymbol{F}_\nu^{(\mathrm{i})}) \cdot \mathrm{d}\boldsymbol{r}_\nu \\ &= \sum_{\nu=1}^{N} \boldsymbol{F}_\nu^{(\mathrm{e})} \cdot \mathrm{d}\boldsymbol{r}_\nu + \sum_{\nu=1}^{N} \boldsymbol{F}_\nu^{(\mathrm{i})} \cdot \mathrm{d}\boldsymbol{r}_\nu = \mathrm{d}'A^{(\mathrm{e})} + \mathrm{d}'A^{(\mathrm{i})}.\end{aligned}$$

于是有

$$\mathrm{d}T = \mathrm{d}'A^{(\mathrm{e})} + \mathrm{d}'A^{(\mathrm{i})}. \tag{14}$$

这个等式给出了系统动能定理: *系统动能的微分等于所有力的元功*.

需要强调的是, 与前面 2 个基本定理不同, 系统动能定理中涉及所有力: 外力和内力. 系统内 2 个质点之间的作用力大小相等方向相反不一定导致系统内力的元功 $\mathrm{d}'A^{(\mathrm{i})}$ 等于零. 这是因为在计算功时质点的位移也很重要, 2 个相互作用的质点的位移不一定相同.

正像我们在第 52 小节中看到的, 对于刚体来说内力的功等于零, 所以公式 (14) 对于刚体有简单的形式

$$\mathrm{d}T = \mathrm{d}'A^{(\mathrm{e})}. \tag{15}$$

将公式 (14) 两边从 t_1 到 t_2 积分, 可得动能定理的积分形式

$$\Delta T = T_2 - T_1 = \int_{t_1}^{t_2} \mathrm{d}'A^{(\mathrm{e})} + \int_{t_1}^{t_2} \mathrm{d}'A^{(\mathrm{i})}, \tag{16}$$

即系统动能在有限时间内的增量等于系统全部力在这段时间内所做的功.

设系统所有力 (外力和内力) 都有势并且势能 Π 不显含时间, 这时系统的力的元功是全微分 (参见第 52 小节)

$$\mathrm{d}'A^{(\mathrm{e})} + \mathrm{d}'A^{(\mathrm{i})} = -\mathrm{d}\Pi. \tag{17}$$

由 (17) 和 (14) 得

$$\mathrm{d}T + \mathrm{d}\Pi = 0.$$

动能与势能之和称为系统的机械能. 由上面等式得,

$$E = T + \Pi = h = \text{const}, \tag{18}$$

即如果系统所有力都有势且势能不显含时间, 则系统在运动过程中其机械能保持常数①. 这是机械能守恒定律, 等式 (18) 称为能量积分.

可以发现, 能量守恒定律不一定要求系统的所有力都有势, 只需在系统的真实位移上做功不为零的力有势. 例如, 定常理想约束的反力做功等于零, 如果其它力有势且势能不显含时间, 则系统在运动过程中其机械能保持常数.

例 1 长为 l 的均质细杆在竖直平面内绕 O 点的铰转动 (图 87). 为使杆偏离竖直方向的最大角度达到 $\pi/2$, 杆的最低点的速度 v 应该等于多少? 除了重力和铰的约束反力以外, 在杆上还作用有阻碍杆转动的常力矩 m_{conp}.

如果杆最低点的初始速度为 v, 则杆的初始角速度为 v/l. 设 m 为杆的质量, 那么杆对转动轴的惯性矩等于 $1/3 \cdot ml^2$, 杆的初始动能等于 $1/2 \cdot 1/3 \cdot ml^2 \cdot (v/l)^2$.

当杆运动到水平位置时重力做功为 $-mgl/2$, 而阻力做功为 $-(\pi/2)m_{\text{conp}}$. 利用动能定理的积分形式得

$$\frac{1}{6}mv^2 = \frac{1}{2}mgl + \frac{\pi}{2}m_{\text{conp}},$$

由此进一步得

$$v = \sqrt{3(gl + \pi m_{\text{conp}}/m)}.$$

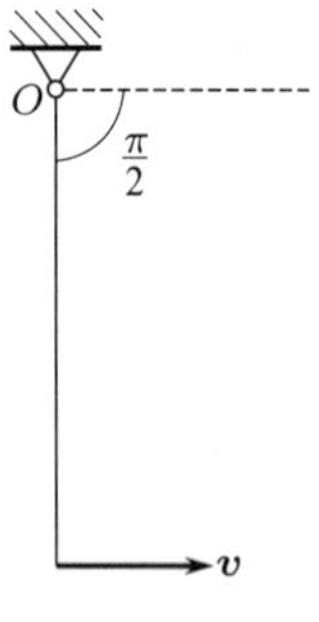

图 87

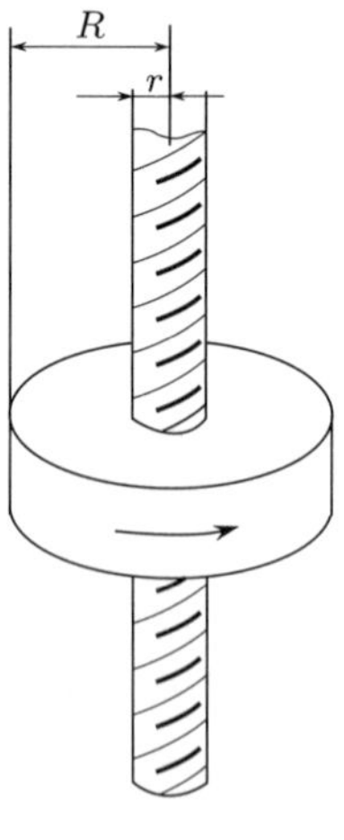

图 88

例 2 在竖直螺栓上套一个重螺母, 给定其角速度 ω 使之向上运动, 求螺母能上升的高度. 不考虑摩擦, 螺栓半径为 r, 螺距为 h, 螺母半径为 R (图 88).

①原文此处叙述有误, 已修正.

设 v 是螺母沿着螺栓运动的初始速度, 可以由比例关系得到

$$\frac{v}{h}=\frac{\omega}{2\pi}.$$

设螺母形状为圆柱内挖去半径为 r 的轴, 如果 m 是螺母的质量, 则其对螺栓轴的惯性矩等于

$$J=\frac{1}{2}m(R^2+r^2).$$

设 H 为螺母上升的高度, 则由能量积分

$$\frac{1}{2}m(\frac{\omega h}{2\pi})^2+\frac{1}{2}\cdot\frac{1}{2}m(R^2+r^2)\omega^2=mgH$$

可得

$$H=\frac{\omega^2}{4g}\left(R^2+r^2+\frac{h^2}{2\pi^2}\right).$$

例 3 圆柱可绕竖直轴 AB 转动, 其表面上有一条光滑的螺旋槽, 质量为 m 的小球可以看作质点, 它沿着槽运动. 假设圆柱质量与小球相等, 半径为 a, 螺旋槽的升角 α 等于 $\pi/4$, 求在重力作用下小球的相对速度 u 和圆柱的角速度 ω, 以及小球对槽的压力 (图 89).

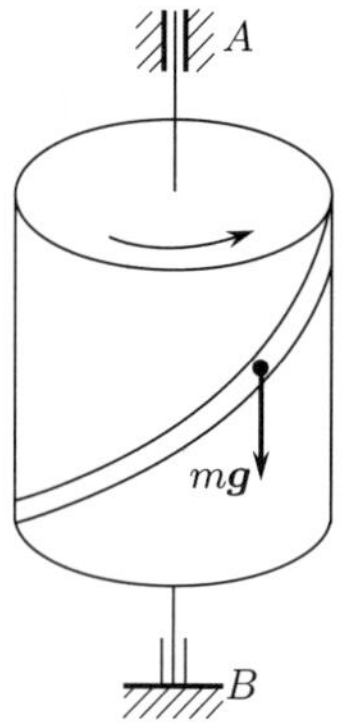

图 89

如果小球在竖直方向上运动了距离 z, 则其势能减少了 mgz, 令其等于系统的动能, 有

$$mgz=\frac{1}{2}\cdot\frac{1}{2}ma^2\omega^2+\frac{1}{2}m\left[\left(a\omega-u\cos\frac{\pi}{4}\right)^2+\left(u\sin\frac{\pi}{4}\right)^2\right],$$

或者

$$2gz=\frac{3}{2}a^2\omega^2-\sqrt{2}a\omega u+u^2.$$

为了求 ω 和 u, 由动量矩定理可得第 2 个方程. 因为外力对竖直轴的矩等于零, 并且初始时刻系统静止, 所以系统对 AB 轴的动量矩为常数且等于零:

$$\frac{1}{2}ma^2\omega+m\left(a\omega-u\cos\frac{\pi}{4}\right)a=0,$$

由此得

$$3a\omega-\sqrt{2}u=0.$$

联立求解关于 ω 和 u 的方程, 得

$$u=\sqrt{3gz},\qquad \omega=\frac{\sqrt{6gz}}{3a}.$$

设 N 为小球对槽的压力, 对圆柱应用方程 (14) 得

$$\mathrm{d}\left(\frac{1}{2}\cdot\frac{1}{2}ma^2\omega^2\right)=N\cos\frac{\pi}{4}\cdot a\mathrm{d}\varphi,$$

或者, 由于 $\mathrm{d}\varphi=\omega\mathrm{d}t$, 有

$$ma\mathrm{d}\omega=\sqrt{2}N\mathrm{d}t.$$

又由

$$\frac{\mathrm{d}\omega}{\mathrm{d}t}=\frac{\mathrm{d}\omega}{\mathrm{d}z}\frac{\mathrm{d}z}{\mathrm{d}t}=\frac{1}{a}\sqrt{\frac{g}{6z}}u\sin\frac{\pi}{4},$$

最后得

$$N=\frac{ma}{\sqrt{2}}\frac{1}{a}\sqrt{\frac{g}{6z}}\sqrt{3gz}\frac{\sqrt{2}}{2}=\frac{\sqrt{2}}{4}mg.$$

89. 在非惯性系中的动力学基本定理 现在我们研究力学系统在任意非惯性坐标系中的运动. 利用加速度合成定理 (参见第 32小节) 可以求得系统的 P_ν 点的绝对加速度 $\boldsymbol{w}_\nu$:

$$\boldsymbol{w}_\nu=\boldsymbol{w}_{\nu\mathrm{r}}+\boldsymbol{w}_{\nu\mathrm{e}}+\boldsymbol{w}_{\nu\mathrm{c}}\qquad(\nu=1,2,\cdots,N).\tag{19}$$

其中 $\boldsymbol{w}_{\nu\mathrm{r}}$ 和 $\boldsymbol{w}_{\nu\mathrm{e}}$ 是质点 P_ν 的相对加速度和牵连加速度, 而 $\boldsymbol{w}_{\nu\mathrm{c}}$ 是科里奥利加速度, $\boldsymbol{w}_{\nu\mathrm{c}}=2\boldsymbol{\omega}\times\boldsymbol{v}_{\nu\mathrm{r}}$, 这里的 $\boldsymbol{\omega}$ 是非惯性坐标系相对惯性坐标系的角速度, $\boldsymbol{v}_{\nu\mathrm{r}}$ 是 P_ν 点的相对速度. 将绝对加速度表达式 (19) 代入方程 (1) 得

$$m_\nu\boldsymbol{w}_{\nu\mathrm{r}}=\boldsymbol{F}_\nu^{(\mathrm{e})}+\boldsymbol{F}_\nu^{(\mathrm{i})}+\boldsymbol{j}_{\nu\mathrm{e}}+\boldsymbol{j}_{\nu\mathrm{c}}\quad(\nu=1,2,\cdots,N),\tag{20}$$

其中 $\boldsymbol{j}_{\nu\mathrm{e}}=-m_\nu\boldsymbol{w}_{\nu\mathrm{e}}$, $\boldsymbol{j}_{\nu\mathrm{c}}=-m_\nu\boldsymbol{w}_{\nu\mathrm{c}}=-2m_\nu\boldsymbol{\omega}\times\boldsymbol{v}_{\nu\mathrm{r}}$. $\boldsymbol{j}_{\nu\mathrm{e}}$ 称为牵连惯性力, 而 $\boldsymbol{j}_{\nu\mathrm{c}}$ 称为科里奥利惯性力.

于是, 在系统的作用力中补充牵连惯性力和科里奥利惯性力之后, 牛顿第二定律就可以用于非惯性系了.

在第 86 小节~第88 小节中的动力学定理是由 (1) 得到的, 因此, 在系统的作用力中补充牵连惯性力和科里奥利惯性力之后, 这些动力学定理在非惯性系中也是正确的.

例如, 在非惯性系中的动量定理的形式为

$$\frac{\mathrm{d}\boldsymbol{Q}_\mathrm{r}}{\mathrm{d}t}=\boldsymbol{R}^{(\mathrm{e})}+\boldsymbol{J}_\mathrm{e}+\boldsymbol{J}_\mathrm{c},\tag{21}$$

其中

$$\boldsymbol{Q}_\mathrm{r}=\sum_{\nu=1}^{N}m_\nu\boldsymbol{v}_{\nu\mathrm{r}},$$

$\boldsymbol{R}^{(\mathrm{e})}$ 是作用在系统上的外力的主向量,

$$\boldsymbol{J}_\mathrm{e}=\sum_{\nu=1}^{N}\boldsymbol{j}_{\nu\mathrm{e}}$$

是牵连惯性力的主向量,

$$\boldsymbol{J}_{\mathrm{c}}=\sum_{\nu=1}^{N}\boldsymbol{j}_{\nu\mathrm{c}}$$

是科里奥利惯性力的主向量.

动量矩定理 (对固定矩心 A) 在非惯性系中写成

$$\frac{\mathrm{d}\boldsymbol{K}_{A\mathrm{r}}}{\mathrm{d}t}=\boldsymbol{M}_{A}^{(\mathrm{e})}+\boldsymbol{M}_{AJ_{\mathrm{e}}}+\boldsymbol{M}_{AJ_{\mathrm{c}}}. \tag{22}$$

其中

$$\boldsymbol{K}_{A\mathrm{r}}=\sum_{\nu=1}^{N}\boldsymbol{\rho}_{\nu}\times m_{\nu}\boldsymbol{v}_{\nu\mathrm{r}},$$

$\boldsymbol{\rho}_{\nu}$ 是 P_{ν} 相对 A 的向径, $\boldsymbol{M}_{AJ_{\mathrm{e}}}$ 和 $\boldsymbol{M}_{AJ_{\mathrm{c}}}$ 分别是牵连惯性力和科里奥利惯性力对 A 点的矩.

系统的动能定理在非惯性系中写成

$$\mathrm{d}T_{\mathrm{r}}=\mathrm{d}'A^{(\mathrm{e})}+\mathrm{d}'A^{(\mathrm{i})}+\mathrm{d}'A_{J_{\mathrm{e}}}. \tag{23}$$

其中

$$T_{\mathrm{r}}=\frac{1}{2}\sum_{\nu=1}^{N}m_{\nu}\boldsymbol{v}_{\nu\mathrm{r}}^{2}. \tag{24}$$

$\mathrm{d}'A^{(\mathrm{e})}$ 和 $\mathrm{d}'A^{(\mathrm{i})}$ 是系统的外力和内力在相对位移 $\mathrm{d}\boldsymbol{\rho}_{\nu}$ 上所做的元功, 而 $\mathrm{d}'A_{J_{\mathrm{e}}}$ 是牵连惯性力在相对位移上所做的元功. 在 (23) 中没有科里奥利惯性力的功, 这是因为每个点的科里奥利惯性力总是垂直于其相对位移, 它的功等于零.

例 1 装有液体的容器绕竖直轴作定轴转动, 液体在容器内形成漏斗形旋转曲面 (图 90), 试确定该曲面的形状.

我们研究位移曲面上的某个质点, 其质量为 m, 坐标为 x, y (图 90), 该问题是求 y 和 x 的关系.

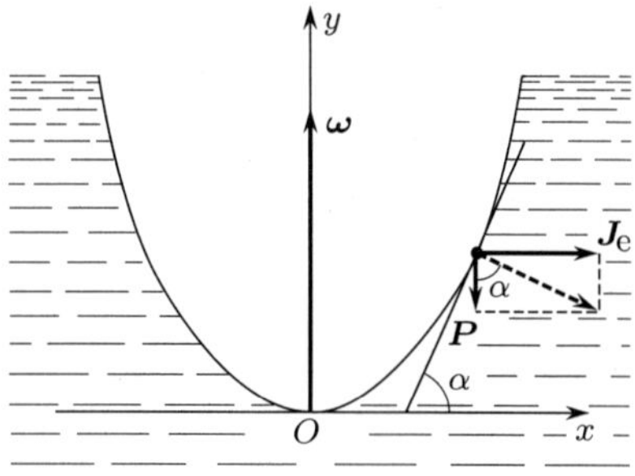

图 90

在与液体一起旋转的坐标系 Oxy 中液体静止. 重力 $P=mg$ 和惯性力 $J_{\mathrm{e}}=m\omega^{2}x$ (ω 是液体旋转角速度) 的合力垂直于液体表面. 由图 90 可以看出

$$\tan\alpha=\frac{J_{\mathrm{e}}}{P}=\frac{\omega^{2}x}{g}.$$

由于 $\tan\alpha=\mathrm{d}y/\mathrm{d}x$, 故

$$\mathrm{d}y/\mathrm{d}x=\frac{\omega^{2}x}{g}.$$

解此微分方程 (初始条件 $y(0) = 0$) 得

$$y = \frac{\omega^2}{2g}x^2.$$

因此, 液体旋转形成的漏斗形是旋转抛物面.

例 2 质点位于光滑水平面 Oxy 上, 该平面以匀角速度 ω 绕固定轴 Oz 转动, 质点具有某初速度, 试证明质点在相对运动中满足下面等式

$$\dot{x}^2 + \dot{y}^2 - \omega^2(x^2 + y^2) = \text{const}, \tag{a}$$

$$x\dot{y} - \dot{x}y + \omega(x^2 + y^2) = \text{const}, \tag{b}$$

在选定坐标系中有

$$\boldsymbol{\omega}' = (0, 0, \omega), \quad \boldsymbol{v}_{\mathrm{r}}' = (\dot{x}, \dot{y}, 0), \quad \boldsymbol{w}_{\mathrm{e}}' = (-\omega^2 x, -\omega^2 y, 0).$$

质点的相对运动动能等于

$$T_{\mathrm{r}} = \frac{1}{2}m(\dot{x}^2 + \dot{y}^2).$$

牵连惯性力和科里奥利惯性力分别等于 (m 为质点的质量):

$$\boldsymbol{j}_{\mathrm{e}}' = m\omega^2(x, y, 0), \quad \boldsymbol{j}_{\mathrm{c}}' = 2m\omega(\dot{y}, -\dot{x}, 0).$$

由牵连惯性力的表达式可知其为有势的, 势能为

$$\Pi_{\mathrm{r}} = -\frac{1}{2}m\omega^2(x^2 + y^2).$$

外力 (重力和平面的约束反力) 垂直于平面 Oxy, 质点在这个平面内运动, 因此外力不做功. 由 (23) 可得相对运动的能量积分 $T_{\mathrm{r}} + \Pi_{\mathrm{r}} = \text{const}$, 即

$$\frac{1}{2}m(\dot{x}^2 + \dot{y}^2) - \frac{1}{2}m\omega^2(x^2 + y^2) = \text{const}.$$

这个积分除以 $m/2$ 就是要证明的等式 (a).

为了证明等式 (b), 我们取点 O 为矩心 A, 利用动量矩定理 (22), 将向量等式 (22) 的两边向 Oz 轴投影.

外力对 Oz 轴的矩等于零, 牵连惯性力通过 O 点, 对 Oz 轴也不产生力矩, 科里奥利惯性力的矩为

$$M_z = -2m\omega(x\dot{x} + y\dot{y}).$$

质点相对运动的动量矩在 Oz 轴上的投影等于 $m(x\dot{y} - \dot{x}y)$, 由 (22) 得

$$m\frac{\mathrm{d}}{\mathrm{d}t}(x\dot{y} - \dot{x}y) = -2m\omega(x\dot{x} + y\dot{y}),$$

或者

$$\frac{\mathrm{d}}{\mathrm{d}t}(x\dot{y} - \dot{x}y) + \omega\frac{\mathrm{d}}{\mathrm{d}t}(x^2 + y^2) = 0.$$

由此可得等式 (b).

90. 相对质心运动的动力学基本定理 在前一小节我们看到, 动力学基本定理在非惯性坐标系中可以写成与惯性坐标系一样的形式, 差别仅在于在基本定理表达式中出现了非惯性系引起的附加项.

但是也存在运动坐标系, 一般是非惯性系, 对于相对该坐标系的运动, 动量矩定理和动能定理具有与惯性系相同的形式. 科尼希坐标系 (参见第 81 小节), 即以系统质心为原点的平动坐标系, 就是这样的坐标系. 动量矩定理在第 87 小节中已经给出, 现在我们来看动能定理.

由于牵连加速度 $\boldsymbol{w}_{\nu\mathrm{e}}$ 对系统所有质点都相同并等于系统质心的加速度 $\boldsymbol{w}_C$, 再根据 (20) 和 (22) 得

$$\begin{aligned}\mathrm{d}T_{\mathrm{r}} &= \sum_{\nu=1}^{N} m_\nu \boldsymbol{v}_{\nu\mathrm{r}} \cdot \mathrm{d}\boldsymbol{v}_{\nu\mathrm{r}} = \sum_{\nu=1}^{N} m_\nu \boldsymbol{w}_{\nu\mathrm{r}} \cdot \mathrm{d}\boldsymbol{\rho}_\nu = \sum_{\nu=1}^{N} (\boldsymbol{F}_\nu^{(\mathrm{e})} + \boldsymbol{F}_\nu^{(\mathrm{i})} + \boldsymbol{j}_{\nu\mathrm{e}} + \boldsymbol{j}_{\nu\mathrm{c}}) \cdot \mathrm{d}\boldsymbol{\rho}_\nu \\ &= \sum_{\nu=1}^{N} \boldsymbol{F}_\nu^{(\mathrm{e})} \cdot \mathrm{d}\boldsymbol{\rho}_\nu + \sum_{\nu=1}^{N} \boldsymbol{F}_\nu^{(\mathrm{i})} \cdot \mathrm{d}\boldsymbol{\rho}_\nu - \sum_{\nu=1}^{N} m_\nu \boldsymbol{w}_{\nu\mathrm{e}} \cdot \mathrm{d}\boldsymbol{\rho}_\nu + \sum_{\nu=1}^{N} \boldsymbol{j}_{\nu\mathrm{c}} \cdot \mathrm{d}\boldsymbol{\rho}_\nu \\ &= \mathrm{d}'A^{(\mathrm{e})} + \mathrm{d}'A^{(\mathrm{i})} - \left(\sum_{\nu=1}^{N} m_\nu \mathrm{d}\boldsymbol{\rho}_\nu\right) \cdot \boldsymbol{w}_C + \sum_{\nu=1}^{N} \boldsymbol{j}_{\nu\mathrm{c}} \cdot \mathrm{d}\boldsymbol{\rho}_\nu.\end{aligned}$$

因为科里奥利惯性力 $\boldsymbol{j}_{\nu\mathrm{c}}$ 垂直于 $\mathrm{d}\boldsymbol{\rho}_\nu$, 上面等式最后一个和等于零. 由于选择系统质心为坐标系原点, 和

$$\sum_{\nu=1}^{N} m_\nu \boldsymbol{\rho}_\nu = \boldsymbol{0},$$

因此有

$$\sum_{\nu=1}^{N} m_\nu \mathrm{d}\boldsymbol{\rho}_\nu = \boldsymbol{0}.$$

于是得系统相对质心运动的动能的微分如下

$$\mathrm{d}T_{\mathrm{r}} = \mathrm{d}'A^{(\mathrm{e})} + \mathrm{d}'A^{(\mathrm{i})}. \tag{25}$$

可见, 动能定理在这种非惯性坐标系中可以写成与惯性坐标系一样的形式, 唯一的差别是计算元功时位移是相对系统质心的.

例 1 我们研究在真空中均匀重力场内运动的力学系统. 将系统的所有力都移到质心 C, 得到合力 $\boldsymbol{P}$, 等于系统的总重量. 根据质心运动定理 (第 86 小节), C 点将画出一条抛物线.

外力对科尼希坐标系的各个坐标轴的矩都等于零, 因此系统相对质心的动量矩 $\boldsymbol{K}_C$ 在运动中保持为常量.

又因为外力合力—重力 $\boldsymbol{P}$ 的作用点在科尼希坐标系中固定不动 (与原点重合), 所有外力在相对位移上的功等于零. 根据 (25), 改变系统相对动能的只有内力, 如果所研究的系统是刚体, 则动能保持常数.

第七章

刚体动力学

§1. 刚体定轴转动

91. 运动方程 · 确定约束反力 我们研究有 2 个点 O 和 O_1 不动的刚体(图91). 设 $\boldsymbol{F}$ 和 $\boldsymbol{F}_1$ 是点 O 和 O_1 的约束反力, $\boldsymbol{R}$ 是主动力的主向量, $\boldsymbol{M}_O$ 是主动力对点 O 的主矩.

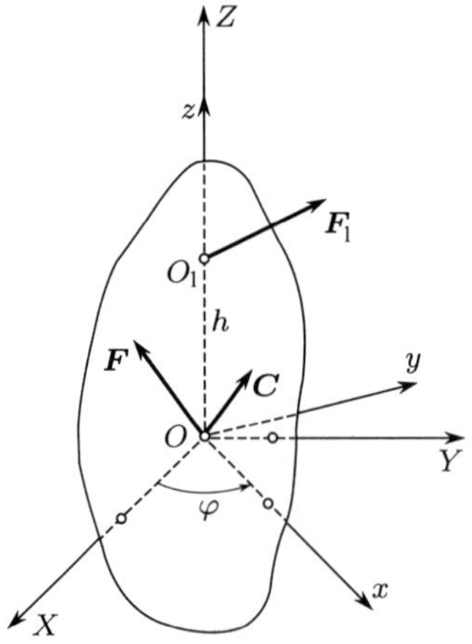

图 91

以点 O 为固定坐标系 $OXYZ$ 的原点, OZ 轴沿着 OO_1, 与刚体固连的坐标系 $Oxyz$ 的 Oz 轴也沿着 OO_1. 刚体有 1 个自由度, 取坐标轴 OX 与 Ox 的夹角 φ 为广义坐标.

为了得到描述刚体运动的微分方程, 我们利用动量定理和动量矩定理, 将第 86 小节中的方程 (5) 和第 87 小节中的方程 (8) 的两边分别向旋转坐标系 $Oxyz$ 的各坐标轴投影. 为此还需要利用第 30 小节中的公式 (5) 给出的绝对导数和相对导数的关系, 于是有

$$M\frac{\widetilde{\mathrm{d}}\boldsymbol{v}_C}{\mathrm{d}t} + M\boldsymbol{\omega}\times\boldsymbol{v}_C = \boldsymbol{R} + \boldsymbol{F} + \boldsymbol{F}_1, \tag{1}$$

$$\frac{\widetilde{\mathrm{d}}\boldsymbol{K}_O}{\mathrm{d}t} + \boldsymbol{\omega}\times\boldsymbol{K}_O = \boldsymbol{M}_O + \overline{OO_1}\times\boldsymbol{F}_1, \tag{2}$$

其中 M 是刚体的质量, $\boldsymbol{\omega}$ 是刚体的角速度, $\boldsymbol{v}_C$ 是刚体质心的速度. 约束反力 $\boldsymbol{F}$ 没

有出现在方程 (2) 中, 这是因为它对 O 点的矩等于零. 设在刚体固连坐标系中有

$$\boldsymbol{R}=\begin{Vmatrix}R_x\\R_y\\R_z\end{Vmatrix},\qquad \boldsymbol{M}_O=\begin{Vmatrix}M_x\\M_y\\M_z\end{Vmatrix},\qquad \boldsymbol{F}=\begin{Vmatrix}F_x\\F_y\\F_z\end{Vmatrix},\qquad \boldsymbol{F}_1=\begin{Vmatrix}F_{1x}\\F_{1y}\\F_{1z}\end{Vmatrix},$$

$$\boldsymbol{\omega}=\begin{Vmatrix}p\\q\\r\end{Vmatrix},\qquad \overline{OC}=\begin{Vmatrix}x_C\\y_C\\z_C\end{Vmatrix},\qquad \boldsymbol{K}_O=\begin{Vmatrix}K_x\\K_y\\K_z\end{Vmatrix}.$$

显然, $p=0,\ q=0,\ r=\dot{\varphi}$, 由第 82 小节的 (8) 可知, $K_x=-J_{xz}\dot{\varphi},\ K_y=-J_{yz}\dot{\varphi},\ r=J_z\dot{\varphi}$, 其中 $J_{xz},\ J_{yz}$ 是刚体对 O 的离心惯性矩, J_z 是刚体对 O 的轴惯性矩.

注意到 $\boldsymbol{v}_C=\boldsymbol{\omega}\times\overline{OC}$, 用 h 表示刚体上 2 个固定点 O 和 O_1 的距离, 可将向量方程组 (1) 和 (2) 写成下面形式

$$\begin{aligned}-My_C\ddot{\varphi}-Mx_C\dot{\varphi}^2&=R_x+F_x+F_{1x},\\ Mx_C\ddot{\varphi}-My_C\dot{\varphi}^2&=R_y+F_y+F_{1y},\\ 0&=R_z+F_z+F_{1z},\\ -J_{xz}\ddot{\varphi}+J_{yz}\dot{\varphi}^2&=M_x-hF_{1y},\\ -J_{yz}\ddot{\varphi}-J_{xz}\dot{\varphi}^2&=M_y+hF_{1x},\\ J_z\ddot{\varphi}&=M_z.\end{aligned}\tag{3}$$

最后一个方程不包含约束反力, 是刚体定轴转动的运动微分方程, 其它 5 个方程包含待求的约束反力. 该问题是不能完全确定的, 事实上, 由方程组 (3) 的第 3 个方程可知不能单独求出轴向约束反力 F_z 和 F_{1z}, 只能确定它们的和, 这个和不依赖于刚体的转动特性. 侧向约束反力 $F_x,\ F_{1x},\ F_y,\ F_{1y}$ 可以由方程组 (3) 的第 1, 2, 4, 5 个方程求出, 它们依赖于刚体的转动.

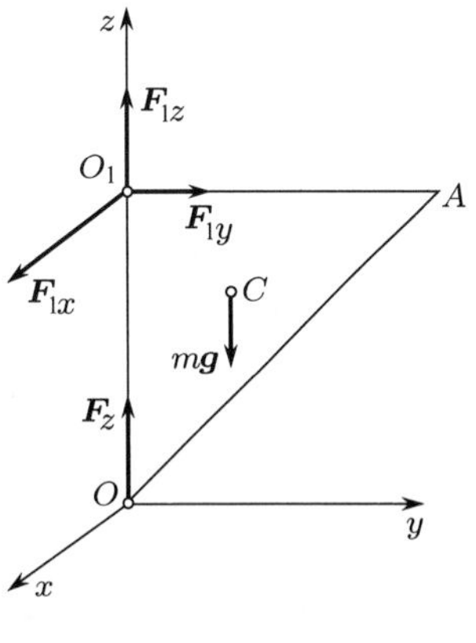

图 92

例 1 均质直角三角形 OO_1A 以直角边 $OO_1=a$ 绕竖直轴转动 (图 92), 转动角速度等于多大时下支撑点 O 处的侧向压力等于零? 设直角三角形为均质的薄板.

为求解该问题, 我们利用方程组 (3), 在这个问题中

$$x_C=0,\qquad y_C=a/3,\qquad h=a,\qquad J_{xz}=0,$$

$$J_{yz}=\int yz\mathrm{d}m=\frac{2m}{a^2}\int_0^a z\left(\int_0^z y\mathrm{d}y\right)\mathrm{d}z=\frac{m}{a^2}\int_0^a z^3\mathrm{d}z=\frac{1}{4}ma^2.$$

又有

$$R_x = R_y = 0, \quad R_z = -mg,$$
$$M_x = -\frac{1}{3}mga, \quad M_y = M_z = 0.$$

再考虑到问题的条件 $F_x = F_y = 0$, 可将方程组 (3) 写成

$$-\frac{1}{3}ma\ddot{\varphi} = F_{1x}, \quad -\frac{1}{3}ma\dot{\varphi}^2 = F_{1y},$$
$$0 = -mg + F_z + F_{1z},$$

$$\frac{1}{4}ma\dot{\varphi}^2 = -\frac{1}{3}mga - aF_{1y}, \quad -\frac{1}{4}ma\ddot{\varphi} = aF_{1x},$$
$$J_z\ddot{\varphi} = 0.$$

由最后一个方程可知 $\dot{\varphi} = \omega = \mathrm{const}$, 即三角形以常角速度转动.
从第 2 和第 4 个方程中消去 F_{1y} 可得到角速度满足的关系式, 最后得

$$\omega = 2\sqrt{g/a}.$$

92. 动反力等于静反力的条件 如果在方程组 (3) 的第 1,2,4,5 个方程中令 $\dot{\varphi} = 0$, $\ddot{\varphi} = 0$, 则可得确定侧向静反力的方程. 如果刚体转动, 则 $\dot{\varphi}$ 或者 $\ddot{\varphi}$ 或者两者不等于零, 一般情况下这些方程的左边不等于零, 即动反力不同于静反力.

下面我们来研究动反力等于静反力的条件. 令方程组 (3) 的第 1,2,4,5 个方程的左边等于零, 得下面 2 对方程

$$y_C\ddot{\varphi} + x_C\dot{\varphi}^2 = 0, \qquad -y_C\dot{\varphi}^2 + x_C\ddot{\varphi} = 0; \tag{4}$$

$$J_{xz}\ddot{\varphi} - J_{yz}\dot{\varphi}^2 = 0, \qquad J_{xz}\dot{\varphi}^2 + J_{yz}\ddot{\varphi} = 0. \tag{5}$$

等式 (4) 和 (5) 可以看作相对于 x_C, y_C 和 J_{xz}, J_{yz} 的 2 个齐次线性方程组, 它们的系数行列式都等于 $\ddot{\varphi}^2 + \dot{\varphi}^4$. 如果刚体转动, 则这个值不可能恒等于零, 因此方程 (4) 和 (5) 只有在下面条件下成立

$$x_C = y_C = 0, \qquad J_{xz} = J_{yz} = 0.$$

可见, 刚体定轴转动的动反力等于静反力, 当且仅当转动轴是刚体的中心惯性主轴.

93. 物理摆的运动方程 在重力作用下绕固定水平轴转动的刚体称为物理摆. 取固定坐标系 $OXYZ$, 使 OZ 轴与刚体转动轴重合, OY 轴竖直向下. 再取与刚体固连的坐标系 $Oxyz$, 使刚体质心位于 Oy 轴上, 而 Oz 轴与 OZ 轴重合. 如果 a 是

重心到转轴的距离, 则 $M_z = -mga\sin\varphi$, 由方程组 (3) 的最后一个方程得物理摆的运动微分方程

$$\ddot{\varphi} + \frac{mga}{J_z}\sin\varphi = 0. \tag{6}$$

比较这个方程和第 57 小节中数学摆的方程 (6) 可以发现, 物理摆运动的规律与摆长为

$$l = \frac{J_z}{ma} \tag{7}$$

的数学摆相同, 公式 (7) 定义的 l 称为物理摆的等价摆长.

94. 摆运动方程的相平面 相平面方法对研究单自由度系统运动的一般性质是非常方便的, 我们以下面微分方程为例

$$\ddot{x} = f(x), \tag{8}$$

假设该方程的右边满足解的存在性和唯一性条件.

可以认为方程 (8) 描述 1 个自由度系统的运动, 其中 x 可当作广义坐标, 动能和势能由下面等式确定

$$T = \frac{1}{2}\dot{x}^2, \quad \Pi = -\int f(x)\mathrm{d}x.$$

机械能 $E = T + \Pi$ 在运动过程中保持常数, 即方程 (8) 有第一积分

$$E(x,\dot{x}) \equiv \frac{1}{2}\dot{x}^2 + \Pi(x) = h = \text{const}. \tag{9}$$

方程 (8) 等价于 2 个方程

$$\dot{x} = y, \qquad \dot{y} = f(x). \tag{10}$$

坐标平面 Oxy 称为方程 (8) 的*相平面*, 相平面上的点称为*相点*. 在函数 $f(x)$ 确定的相平面的每个点上, 方程组 (10) 给出一个以 $\dot{x}, \dot{y}$ 为分量的向量, 该向量称为*相速度*. 方程组 (10) 的解给出了相点在相平面上的运动, 并且相点运动的速度等于该点所在位置的相速度. 相点画出的曲线称为*相曲线*, 在特殊情况下相曲线可以由一个点构成, 这样的点称为*平衡位置*, 在平衡位置相速度向量等于零.

利用积分 (9) 很容易得到相曲线, 在每一条相曲线上机械能的值 E 都是常数, 所以每条相曲线对应一个能量条件 $E(x,\dot{x}) = h$.

我们将积分 (9) 写成

$$\dot{x}^2 = 2(h - \Pi(x)), \tag{11}$$

相曲线具有下列便于分析方程 (8) 的性质:

1. 当给定 h 时, 相曲线只能分布在相平面上满足不等式 $\Pi(x)\leqslant h$ 的区域内, 这个区域称为*可能运动区域*. 不等式 $\Pi(x)\leqslant h$ 是根据 (11) 右边不能为负得到的.

2. 由方程 (10) 可知, 平衡位置位于相平面的 x 轴上, 并且在平衡位置 $x=x_*$, 其中 x_* 是势能的极值点, 即在该点 $\mathrm{d}\Pi/\mathrm{d}x=0$.

3. 如果 $x=x_*$ 是函数 $\Pi(x)$ 的局部最小点, 且在该点 $\mathrm{d}^2\Pi/\mathrm{d}x^2>0$, 则相平面上的点 $(x_*,0)$ 是中心型奇点; 如果 $x=x_*$ 是函数 $\Pi(x)$ 的局部最大点, 且在该点 $\mathrm{d}^2\Pi/\mathrm{d}x^2<0$, 则相平面上的点 $(x_*,0)$ 是鞍型奇点.

4. 相曲线相对 x 轴对称, 这个性质由公式 (11) 得到.

5. 在 x 轴上非平衡位置的点, 相曲线垂直于 x 轴. 这个性质由公式 (10) 可以立刻得到, 这是因为在这些点 $\dot{x}=0, \dot{y}=f(x)\neq 0$.

根据这些性质, 只要画出函数 $\Pi(x)$ 的曲线就可以得到方程 (8) 所描述运动的特性. 在图 93 中给出了势能曲线和相应相曲线的例子, 相点的运动方向用箭头表示, $h=h_1$ 是中心型平衡位置, 这个平衡位置被封闭的相曲线包围. 在 $h>h_3$ 时相曲线不封闭, $h=h_3$ 是鞍型平衡位置. 当 $h=h_3$ 时还有这样的相曲线, 它在初始时刻起于鞍点附近, 当 $t\to\infty$ 时回到鞍点, 这条曲线是围绕中心型平衡位置的封闭曲线族和相应于 $h>h_3$ 的不封闭曲线族的分界线. 这种分离不同性质相曲线的区域的曲线称为分离线.

下面给出描述摆运动的微分方程 (6) 的相平面, 摆的动能和势能表达式为

$$T=\frac{1}{2}J_z\dot{\varphi}^2, \qquad \Pi=-mga\cos\varphi.$$

如果令 $\omega_0^2=g/l$, $\Pi^*=-\omega_0^2\cos\varphi$, 则能量积分 $T+\Pi=\text{const}$ 可以写成

$$\frac{1}{2}\dot{\varphi}^2+\Pi^*=h=\text{const}. \tag{12}$$

函数 $\Pi^*(\varphi)$ 的曲线和相曲线在图 94 中给出, 曲线图对 φ 是以 2π 为周期的. 当 $h<-\omega_0^2$ 时运动是不可能的; 在 $h=-\omega_0^2$ 时摆处于平衡位置, 刚体的质心位于

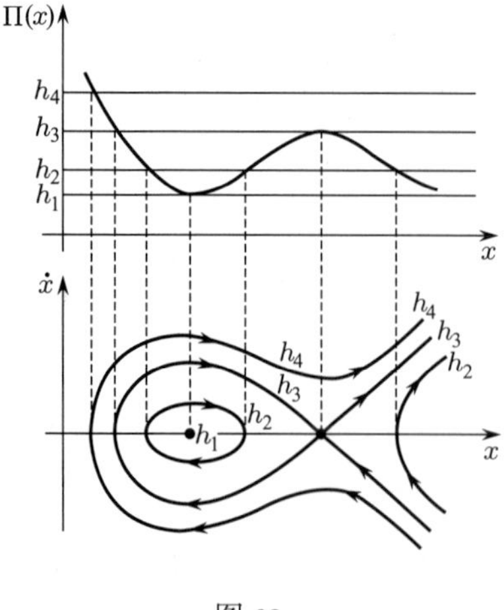

图 93

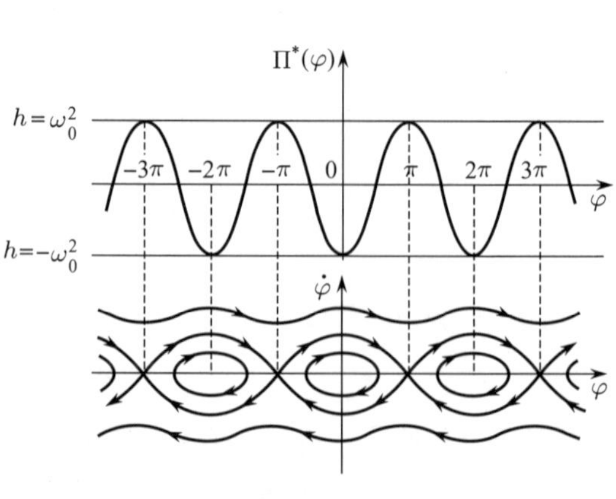

图 94

可能位置中的最低位置. 在相平面 $\varphi,\dot{\varphi}$ 上这些平衡位置相应于点 $\varphi=2k\pi$ $(k=0,\pm1,\pm2,\cdots)$, $\dot{\varphi}=0$. 这些点是中心型的, 它们被对应于摆振动的封闭相曲线包围, 摆的振动相应于满足 $-\omega_0^2<h<\omega_0^2$ 的 h 值.

在 $h=\omega_0^2$ 时, 有 2 种可能运动: 一个是对应于摆的平衡位置, 刚体质心位于可能位置的最高点, 这个平衡位置在相平面上对应点 $\varphi=\pi+2k\pi$ $(k=0,\pm1,\pm2,\cdots)$, $\dot{\varphi}=0$, 这些点是鞍型的. 对于在 $h=\omega_0^2$ 时的另一种运动类型, 刚体质心在 $t\to\infty$ 时渐近地趋近于最高位置, 这种渐近运动在相平面上对应于连接鞍点的曲线, 这些曲线是分离线.

当 $h>\omega_0^2$ 时刚体的运动是转动, 对于这种运动, 角度 φ 的绝对值单调增加. 这些运动在相平面上对应于非封闭曲线, 分离线将振动和振动区域分开.

95. 椭圆积分和雅可比椭圆函数理论的某些推论 在本章和书中其它部分将用到椭圆积分和椭圆函数, 这里给出必要的定义和概念.

积分

$$u=F(\varphi,k)=\int_0^{\varphi}\frac{\mathrm{d}x}{\sqrt{1-k^2\sin^2x}} \tag{13}$$

称为第一类椭圆积分, 而 k 称为椭圆积分的模, 通常认为 k 满足不等式 $0\leqslant k<1$.

积分

$$E(\varphi,k)=\int_0^{\varphi}\sqrt{1-k^2\sin^2x}\mathrm{d}x \tag{14}$$

称为第二类椭圆积分.

积分值

$$K(k)=F(\frac{\pi}{2},k)=\int_o^{\pi/2}\frac{\mathrm{d}x}{\sqrt{1-k^2\sin^2x}} \tag{15}$$

称为第一类全椭圆积分.

积分值

$$E(k)=E(\frac{\pi}{2},k)=\int_0^{\pi/2}\sqrt{1-k^2\sin^2x}\mathrm{d}x \tag{16}$$

称为第二类全椭圆积分.

当 k 很小时, 积分 (15) 和 (16) 可以写成 k 的收敛级数形式

$$K=\frac{\pi}{2}\left(1+\frac{1}{4}k^2+\frac{9}{64}k^4+\cdots\right), \tag{17}$$

$$E=\frac{\pi}{2}\left(1-\frac{1}{4}k^2-\frac{3}{64}k^4-\cdots\right). \tag{18}$$

由 (13) 和 (14) 可得下面椭圆积分对其模 k 的导数表达式

$$\frac{\partial F(\varphi,k)}{\partial k}=\frac{1}{k'^2}\left(\frac{E(\varphi,k)-k'^2F(\varphi,k)}{k}-\frac{k\sin\varphi\cos\varphi}{\sqrt{1-k^2\sin^2\varphi}}\right), \tag{19}$$

$$\frac{\partial E(\varphi,k)}{\partial k}=\frac{E(\varphi,k)-F(\varphi,k)}{k}, \tag{20}$$

其中 $k'^2=1-k^2$, k' 是补模.

如果在等式 (19) 和 (20) 中令 $\varphi=\pi/2$ 可得全椭圆积分 (15) 和 (16) 对 k 的导数:

$$\frac{\mathrm{d}K}{\mathrm{d}k}=\frac{E(k)-k'^2K(k)}{kk'^2},\quad \frac{\mathrm{d}E}{\mathrm{d}k}=\frac{E(k)-K(k)}{k}. \tag{21}$$

第一类椭圆积分的反函数称为幅值, 表示为

$$\varphi=\mathrm{am}u. \tag{22}$$

函数 $z=\mathrm{sn}(u,k)$ (椭圆正弦) 和 $z=\mathrm{cn}(u,k)$ (椭圆余弦) 定义如下:

$$z=\mathrm{sn}(u,k)=\sin\varphi=\sin\mathrm{am}u,\quad z=\mathrm{cn}(u,k)=\cos\varphi=\cos\mathrm{am}u. \tag{23}$$

由于 $\sin\varphi$ 和 $\cos\varphi$ 对 φ 是以 2π 为周期的函数, 故根据 (13) 和 (15), 椭圆正弦和椭圆余弦对 u 是以 $4K(k)$ 为周期的函数.

幅值的 δ 函数 $z=\mathrm{dn}(u,k)$ 定义如下:

$$z=\mathrm{dn}(u,k)=\frac{\mathrm{d}\varphi}{\mathrm{d}u}=\sqrt{1-k^2\sin^2\varphi}=\sqrt{1-k^2\mathrm{sn}^2(u,k)}. \tag{24}$$

幅值的 δ 函数对 u 是以 $2K(k)$ 为周期的. 函数 $\varphi=\mathrm{am}u$, $z=\mathrm{sn}(u,k)$, $z=\mathrm{cn}(u,k)$, $z=\mathrm{dn}(u,k)$ 对于 u 都是解析的, 并且当 $k\to 0$ 时相应地趋近于函数 $\varphi=u$, $z=\sin u$, $z=\cos u$, $z=1$.

雅可比椭圆函数满足如下容易验证的恒等式:

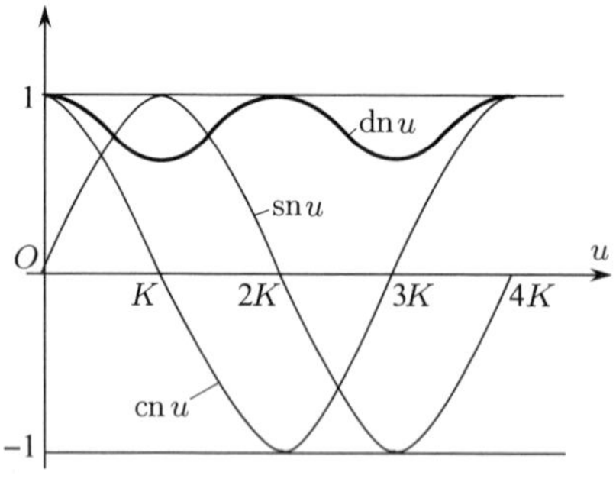

图 95

$$\mathrm{sn}^2u+\mathrm{cn}^2u=1, \tag{25}$$
$$\mathrm{dn}^2u+k^2\mathrm{sn}^2u=1.$$

下面关于椭圆函数的公式是正确的:

$$\frac{\mathrm{d}}{\mathrm{d}u}\mathrm{sn}u=\mathrm{cn}u\cdot\mathrm{dn}u,$$
$$\frac{\mathrm{d}}{\mathrm{d}u}\mathrm{cn}u=-\mathrm{sn}u\cdot\mathrm{dn}u, \tag{26}$$
$$\frac{\mathrm{d}}{\mathrm{d}u}\mathrm{dn}u=-k^2\mathrm{sn}u\cdot\mathrm{cn}u.$$

雅可比椭圆函数的图形在图 95 中给出.

96. 摆运动方程的积分 我们研究积分 (12) 中常数 h 的 3 种可能取值情况.

1. $-\omega_0^2 < h < \omega_0^2$. 在第 94 小节中已经知道这种情况对应摆的振动. 设 β 是最大摆角, 即偏离竖直位置 $\varphi = 0$ 的最大角度, 那么 $h = -\omega_0^2 \cos\beta$ 且积分 (12) 可以写成

$$\dot{\varphi}^2 = 2\omega_0^2(\cos\varphi - \cos\beta). \tag{27}$$

令 $k_1 = \sin(\beta/2)$ 并做变量代换

$$\sin(\varphi/2) = k_1 \sin\psi, \tag{28}$$

那么能量积分 (27) 有下面形式:

$$\dot{\psi}^2 = \omega_0^2(1 - k_1^2 \sin^2\psi). \tag{29}$$

如果 $t = 0$ 时取 $\varphi = 0$ 可得

$$\omega_0 t = \int_0^{\psi} \frac{\mathrm{d}x}{\sqrt{1 - k_1^2 \sin^2 x}} = F(\psi, k_1), \tag{30}$$

即 $\psi = \mathrm{am}(\omega_0 t)$, 因此由 (23) 和 (28) 最终可得

$$\varphi = 2\arcsin(k_1 \mathrm{sn}\omega_0 t). \tag{31}$$

函数 φ 对 t 以 τ 为周期, 其中 τ 可根据第 95 小节计算

$$\tau = 4K(k_1)/\omega_0. \tag{32}$$

利用 (17) 得, 最大摆角 β 不大时周期 τ 的近似值为

$$\tau = 2\pi\sqrt{l/g}, \tag{33}$$

这与已知的摆小幅振动周期相同. 计算 τ 关于 β 的级数的前两阶可得更精确的周期

$$\tau = 2\pi\sqrt{\frac{l}{g}}\left(1 + \frac{\beta^2}{16}\right). \tag{34}$$

如果 $\beta \to \pi$, 则有 $k_1 \to 1$ 且振动周期无限增大.

2. $h > \omega_0^2$. 这种情况下摆处于转动机制下. 设 $t = 0$ 时 $\varphi = 0$, $\dot{\varphi} = \dot{\varphi}_0$, 于是 $h = (1/2)\dot{\varphi}_0^2 - \omega_0^2$, 积分 (12) 可以写成

$$\dot{\varphi}^2 = \dot{\varphi}_0^2\left(1 - k_2^2 \sin^2\frac{\varphi}{2}\right), \tag{35}$$

其中

$$k_2^2 = 4\frac{\omega_0^2}{\dot{\varphi}_0^2}. \tag{36}$$

因为 $h > \omega_0^2$, 所以 $\dot{\varphi}_0^2 > 4\omega_0^2$, 进而有 $k_2^2 < 1$, 由 (35) 得

$$\frac{\dot{\varphi}_0}{2}t = F\left(\frac{\varphi}{2}, k_2\right) = \int_0^{\varphi/2} \frac{\mathrm{d}x}{\sqrt{1 - k_2^2 \sin^2 x}}. \tag{37}$$

最后得

$$\varphi = 2\mathrm{am}(\dot{\varphi}_0 t/2). \tag{38}$$

如果初始角速度很大, 即 $\dot{\varphi}_0^2 \gg \omega_0^2$, 则近似地有 $\varphi = \dot{\varphi}_0 t$, 且摆转动接近等速.

3. $h = \omega_0^2$. 这种情况对应摆的渐近运动. 积分 (12) 可以写成

$$\dot{\varphi}^2 = 4\omega_0^2 \cos^2(\varphi/2). \tag{39}$$

如果 $t = 0$ 时 $\varphi = 0,\quad \dot{\varphi} > 0$, 积分后得

$$\varphi = -\pi + 4\arctan(\mathrm{e}^{\omega_0 t}). \tag{40}$$

§2. 刚体定点运动

97. 刚体定点运动微分方程 · 欧拉动力学方程 设刚体在运动中它的点 O 始终固定不动, 为了得到刚体运动方程我们利用动量矩定理. 如果 $\boldsymbol{K}_O$ 和 $\boldsymbol{M}_O$ 分别是刚体对固定点 O 的动量矩和外力对 O 点的主矩, 则根据第 87 小节有

$$\frac{\mathrm{d}\boldsymbol{K}_O}{\mathrm{d}t} = \boldsymbol{M}_O^{(\mathrm{e})}. \tag{1}$$

设 $Oxyz$ 是与刚体固连的坐标系, p, q, r 是刚体角速度 $\boldsymbol{\omega}$ 在固连轴上的投影, 那么向量 $\boldsymbol{K}_O$ 的分量可以用 p, q, r 和刚体对 O 点惯性张量的元素表示, 具体公式见第 82 小节中 (8).

如果向量 $\boldsymbol{K}_O$ 的绝对导数用其相对导数表示, 则方程 (1) 写作

$$\frac{\widetilde{\mathrm{d}}\boldsymbol{K}_O}{\mathrm{d}t} + \boldsymbol{\omega} \times \boldsymbol{K}_O = \boldsymbol{M}_O^{(\mathrm{e})}. \tag{2}$$

设 M_x, M_y, M_z 是向量 $\boldsymbol{M}_O^{(\mathrm{e})}$ 在 Ox, Oy, Oz 轴上的投影, 向量方程 (2) 可以写成下面的标量形式:

$$\begin{aligned}
&J_x\dot{p} - J_{xy}\dot{q} - J_{xz}\dot{r} + (J_z - J_y)qr + J_{yz}(r^2 - q^2) + p(J_{xy}r - J_{xz}q) = M_x, \\
&-J_{xy}\dot{p} + J_y\dot{q} - J_{yz}\dot{r} + (J_x - J_z)rp + J_{xz}(p^2 - r^2) + q(J_{yz}p - J_{xy}r) = M_y, \\
&-J_{xz}\dot{p} - J_{yz}\dot{q} + J_z\dot{r} + (J_y - J_x)pq + J_{xy}(q^2 - p^2) + r(J_{xz}q - J_{yz}p) = M_z.
\end{aligned} \tag{3}$$

如果 Ox, Oy, Oz 是刚体对 O 点的惯性主轴, 则这些方程可以得到简化, 这时 $J_{xy} = J_{xz} = J_{yz} = 0$, 而 J_x, J_y, J_z 是主惯性矩: $J_x = A, J_y = B, J_z = C$, 方程组 (3) 变为下面形式

$$\begin{aligned} A\dot{p} + (C - B)qr &= M_x, \\ B\dot{q} + (A - C)rp &= M_y, \\ C\dot{r} + (B - A)pq &= M_z. \end{aligned} \tag{4}$$

方程组 (4) 称为欧拉动力学方程. 如果 M_x, M_y, M_z 是 p, q, r, t 的函数, 则方程 (4) 构成封闭方程组, 其积分给出 p, q, r 依赖于时间 t 以及初始条件 p_0, q_0, r_0 的关系. 此后由欧拉运动学方程 (第 36 小节)

$$\begin{gathered} p = \dot{\psi}\sin\theta\sin\varphi + \dot{\theta}\cos\varphi, \\ q = \dot{\psi}\sin\theta\cos\varphi - \dot{\theta}\sin\varphi, \\ r = \dot{\psi}\cos\theta + \dot{\varphi} \end{gathered} \tag{5}$$

可以求出 ψ, θ, φ 依赖于时间及其初始条件的关系.

这样, 求解刚体定点运动的问题就分解为求解 2 个包含 3 个一阶微分方程的方程组. 一般情况下 M_x, M_y, M_z 是时间、欧拉角及其导数的函数, 这时方程组 (4) 和 (5) 必须同时积分.

最简单也是最重要的情况是外力对固定点的主矩等于零, 这时称为刚体定点运动的欧拉情况. 显然, 当刚体完全不受外力, 或者外力的合力通过固定点时, 就是这种情况. 在欧拉情况下方程组 (4) 的形式为

$$\begin{aligned} A\dot{p} + (C - B)qr &= 0, \\ B\dot{q} + (A - C)rp &= 0, \\ C\dot{r} + (B - A)pq &= 0. \end{aligned} \tag{6}$$

下面我们将详细讨论欧拉情况下刚体的运动.

98. 第一积分 因为欧拉情况下外力对点 O 的主矩 $\boldsymbol{M}_O^{(\mathrm{e})}$ 等于零, 由方程 (1) 得

$$\boldsymbol{K}_O = \mathrm{const}, \tag{7}$$

即刚体对点 O 的动量矩 $\boldsymbol{K}_O$ 在固定坐标系中方向不变, 大小为常数.

因为 Ap, Bq, Cr 是向量 $\boldsymbol{K}_O$ 在主轴 Ox, Oy, Oz 上的投影, 而 K_O^2 是向量 $\boldsymbol{K}_O$ 的大小的平方, 由 (7) 得下面的第一积分

$$K_O^2 = A^2p^2 + B^2q^2 + C^2r^2 = \mathrm{const}. \tag{8}$$

由动量矩定理可得, 刚体的动能也是常数. 事实上, 因为

$$\mathrm{d}T = \boldsymbol{M}_O^{(\mathrm{e})} \cdot \boldsymbol{\omega}\mathrm{d}t + \boldsymbol{R}^{(\mathrm{e})} \cdot \boldsymbol{v}_O\mathrm{d}t,$$

又有 $\boldsymbol{v}_O = \boldsymbol{0}$ 和 $\boldsymbol{M}_O^{(\mathrm{e})} = \boldsymbol{0}$, 故 $\mathrm{d}T = 0$, 所以存在第一积分

$$T = \frac{1}{2}(Ap^2 + Bq^2 + Cr^2) = \text{const}. \tag{9}$$

第一积分 (8) 和 (9) 可以直接由方程组 (6) 得到. 事实上, 如果将 (6) 的第 1 个方程乘以 Ap, 第 2 个方程乘以 Bq, 第 3 个方程乘以 Cr, 然后相加起来可得 $A^2p\dot{p} + B^2q\dot{q} + C^2r\dot{r} = 0$, 由此可得第一积分 (8). 如果将第 1,2,3 个方程分别乘以 p, q, r 再相加得 $Ap\dot{p} + Bq\dot{q} + Cr\dot{r} = 0$, 由此得到第一积分 (9).

99. 欧拉情况下刚体永久转动 如果角速度相对刚体不变 (相对固定坐标系也不变, 见第 30 小节), 这种刚体定点运动称为永久转动, 这时 p, q, r 是常数. 由方程 (6) 得

$$(C - B)qr = 0, \quad (A - C)rp = 0, \quad (B - A)pq = 0. \tag{10}$$

由此可得, 刚体永久转动只能绕着对 O 点的惯性主轴, 并且刚体角速度的大小可以是任意的.

事实上, 如果 $A = B = C$, 则方程 (10) 对任意 p, q, r 都成立, 即刚体转动轴可以是任意方向. 当 $A = B = C$ 时, 刚体对 O 点的惯性椭球成为球, 所以过 O 点的任意轴都是惯性主轴.

如果 2 个惯性矩相等, 例如 $A = B$, 则方程 (10) 对 $p = q = 0$ 和任意的 r 都成立 (绕惯性主轴 Oz 转动), 同样对 $r = 0$ 和任意 p, q 也都成立 (转动轴为通过 O 点位于惯性椭球赤道面内的任意轴, 都是惯性主轴).

如果 A, B, C 各不相同, 则方程 (10) 的解只能是 p, q, r 之中有 2 个为零, 第 3 个为任意值, 即转动绕惯性主轴.

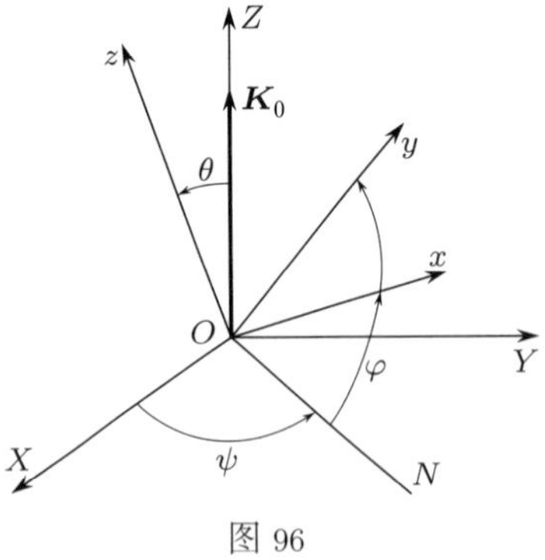

图 96

100. 欧拉情况下动力学对称刚体的运动 · 规则进动 如果刚体对 O 点的 2 个主惯性矩相等, 例如 $A = B$, 则称刚体动力学对称, 轴 Oz 称为动力学对称轴. 下面我们研究欧拉情况下的动力学对称刚体的运动.

取固定坐标系 $OXYZ$ 使其 OZ 轴沿着向量 $\boldsymbol{K}_O$ (在欧拉情况下是常量). 对于向量 $\boldsymbol{K}_O$ 在与刚体固连的主轴坐标系 $Oxyz$ 的坐标轴上的投影 Ap, Aq, Cr 有如下表达式 (图 96):

$$Ap = K_O \sin\theta \sin\varphi, \quad Aq = K_O \sin\theta \cos\varphi, \quad Cr = K_O \cos\theta. \tag{11}$$

根据 (6) 的最后一个方程, 在 $A=B$ 时有

$$r=r_0= \text{const}, \tag{12}$$

即刚体角速度在其动力学对称轴上的投影为常数. 由 (11) 的第 3 个等式和 (12) 可得

$$\cos\theta=Cr_0/K_O=\text{const}, \tag{13}$$

即章动角为常数.

在 $\theta=\theta_0=\text{const},\quad r=r_0=\text{const}$ 时欧拉运动学方程 (5) 可以写成

$$p=\dot\psi\sin\theta_0\sin\varphi,\quad q=\dot\psi\sin\theta_0\cos\varphi,\quad r_0=\dot\psi\cos\theta_0+\dot\varphi. \tag{14}$$

将 (14) 中 p 的表达式代入 (11) 的第 1 个等式得

$$\dot\psi=K_0/A=\omega_2=\text{const}. \tag{15}$$

这里的 ω_2 称为进动角速度. 现在利用 (14) 中最后一个等式来求 $\dot\varphi$, 利用公式 (13) 和 (15) 得

$$\dot\varphi=r_0-\dot\psi\cos\theta_0=r_0-\frac{K_O}{A}\cos\theta_0=r_0-\frac{C}{A}r_0=\frac{A-C}{A}r_0=\omega_1=\text{const}. \tag{16}$$

这里的 ω_1 称为自转角速度.

由绕刚体固连轴的转动和该轴绕固定坐标系中固定轴的转动组成的刚体定点运动称为进动. 如果绕刚体固连轴转动和该轴绕固定轴转动的角速度大小为常数, 则称为规则进动.

可见, 欧拉情况下的动力学对称刚体作规则进动. 在进动过程中, 刚体的对称轴画出一个以 $\boldsymbol{K}_O$ 为轴以 $2\theta_0$ 为顶角的圆锥, 对称轴绕 $\boldsymbol{K}_O$ 以常角速度 $\boldsymbol{\omega}_2$ 转动, 同时刚体以常角速度 $\boldsymbol{\omega}_1$ 绕其对称轴转动.

例 1 试证明, 在惯性矩满足 $A=B<C$的条件下, 在刚体定点运动中, 空间极锥的轴和母线的夹角不超过 19°28′.

由关系式 (13), (15) 和 (16) 可知, 当 $A<C$ 时自转角速度 $\boldsymbol{\omega}_1$ 和进动角速度 $\boldsymbol{\omega}_2$ 的交角为钝角 (图 97).

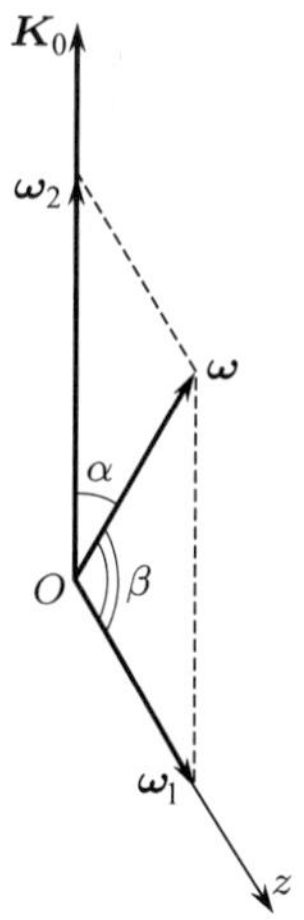

图 97

设 α 是刚体角速度 $\boldsymbol{\omega}$ 和向量 $\boldsymbol{\omega}_2$ 之间的夹角, 它等于空间极锥的轴和母线的夹角. 用 β 表示向量 $\boldsymbol{\omega}$ 和 $\boldsymbol{\omega}_1$ 之间的夹角. 由于规则进动时章动角 θ 以及角速度 ω_1,ω_2 都是常数, 因此 ω, α,β 也都是常数, 我们有下面关系式

$$\cos\beta=\frac{r_0}{\omega}<0,\quad \sin\beta=\sqrt{1-\frac{r_0^2}{\omega^2}}=\frac{\sqrt{p^2+q^2}}{\omega},\quad \tan\beta=\frac{\sqrt{p^2+q^2}}{r_0}<0;$$

$$\cos\theta = \frac{Cr_0}{K_O} < 0, \quad \sin\theta = \sqrt{1 - \frac{C^2 r_0^2}{K_O^2}} = \frac{A\sqrt{p^2+q^2}}{K_O},$$

$$\tan\theta = \frac{A}{C}\frac{\sqrt{p^2+q^2}}{r_0} < 0.$$

故

$$\tan\beta = \gamma\tan\theta.$$

其中 $\gamma = C/A$. 由条件 $C > A$ 以及惯性矩总是满足的不等式 $A+B \geqslant C$ (参见第 79小节), 在 $A = B$ 时有 $2A \geqslant C$, 因此 γ 满足不等式 $1 < \gamma \leqslant 2$. 不难得到下面的一系列关系式:

$$\begin{aligned}\tan\alpha &= \tan(\theta-\beta) = \frac{\tan\theta - \tan\beta}{1+\tan\theta\tan\beta} = (1-\gamma)\frac{\tan\theta}{1+\gamma\tan^2\theta} \\ &= \frac{\gamma-1}{2\sqrt{\gamma}}\frac{2\sqrt{\gamma}|\tan\theta|}{1+(\sqrt{\gamma}\tan\theta)^2} \leqslant \frac{1}{2}\left(\sqrt{\gamma} - \frac{1}{\sqrt{\gamma}}\right) \leqslant \frac{1}{2}\left(\sqrt{2} - \frac{1}{\sqrt{2}}\right) = \frac{\sqrt{2}}{4}.\end{aligned}$$

由此可知, 空间极锥的轴和母线的夹角满足不等式 $\alpha \leqslant \arctan(\sqrt{2}/4) = 19°28'$.

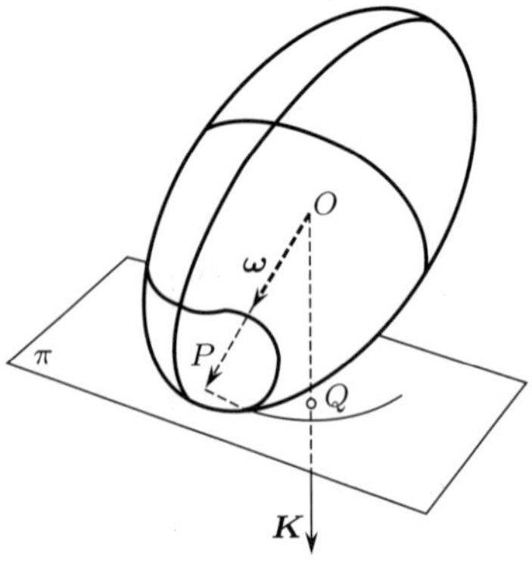

图 98

101. 泊松几何解释 泊松给出了欧拉情况下刚体运动的几何解释. 这个解释非常直观, 可以简单方便地解释欧拉情况下刚体运动的定性特点, 因此欧拉情况下的刚体运动也称为欧拉–泊松运动.

设 P 为刚体对 O 点的惯性椭球面

$$Ax^2 + By^2 + Cz^2 = 1$$

与瞬时转动轴的交点 (图 98), 用 π 表示惯性椭球在 P 点的切平面, 也称为泊松平面, 可以发现我们所研究的运动有如下性质 (图 98):

1. 角速度的大小 ω 正比于 P 对 O 的向径. 事实上, 因为向量 $\overline{OP}$ 和 $\boldsymbol{\omega}$ 共线, 即 $\overline{OP} = \lambda\boldsymbol{\omega}$, 只需证明 λ 是常数. 将 P 点坐标 $x_P = \lambda p, y_P = \lambda q, z_P = \lambda r$ 代入惯性椭球的方程并利用积分 (9) 得

$$\lambda^2(Ap^2 + Bq^2 + Cr^2) = 1, \quad \lambda = \frac{1}{\sqrt{2T}} = \text{const}.$$

2. 平面 π 垂直于动量矩 $\boldsymbol{K}_O$. 为了证明这一点只需注意到, 在 P 点计算的函数 $Ax^2 + By^2 + Cz^2$ 的梯度向量 $\boldsymbol{N}$ 沿着平面 π 的法线, 而

$$\boldsymbol{N} = \left\|\begin{matrix} 2Ax_P \\ 2By_P \\ 2Cz_P \end{matrix}\right\| = 2\lambda\left\|\begin{matrix} Ap \\ Bq \\ Cr \end{matrix}\right\| = 2\lambda\boldsymbol{K}_O.$$

3. 向径 $\overline{OP}$ 在动量矩 $\boldsymbol{K}_O$ 方向的投影 OQ 为常数. 事实上, 利用第 84 小节中公式 (19) 可得

$$OQ = \frac{\boldsymbol{K}_O \cdot \overline{OP}}{K_O} = \lambda \frac{\boldsymbol{K}_O \cdot \boldsymbol{\omega}}{K_O} = \lambda \frac{2T}{K_O} = \lambda \frac{\sqrt{2T}}{K_O} = \text{const.}$$

而动量矩 $\boldsymbol{K}_O$ 的方向不变, 根据性质 2, 该方向垂直于 π 平面, 因此 π 平面到 O 点的距离是常数, 且在空间中保持不动.

于是得到泊松对欧拉情况下刚体运动的几何解释: 对固定点的惯性椭球沿着空间中固定平面作无滑动的滚动, 这个平面垂直于动量矩, 刚体角速度正比于切点向径.

因为 P 点位于瞬时转动轴上, 其速度等于零, 所以惯性椭球在平面 π 上作无滑动的滚动.

在刚体运动时 P 点在惯性椭球上画出的曲线称为本体极迹, 相应地在平面 π 上画出的曲线称为空间极迹. 因为 P 点位于瞬时转动轴上, 显然本体极迹是刚体定点运动的本体极锥的准线, 而空间极迹是刚体定点运动的空间极锥的准线 (参见第 26 小节).

102. 欧拉方程的积分 在第 99 小节和第 100 小节中, 在刚体的运动或质量几何的特殊假设下研究了欧拉方程 (6). 下面给出一般情况下欧拉方程 (6) 的解析解, 为了确定性我们假设 $A > B > C$.

由第一积分 (8) 和 (9), 将 p^2 和 r^2 用 q^2, A, B, C 和常量 T, K_O 表示出来:

$$p^2 = \frac{1}{A(C-A)}[(2TC - K_O^2) - B(C-B)q^2],$$

$$r^2 = \frac{1}{C(C-A)}[(K_O^2 - 2TA) - B(B-A)q^2]. \tag{17}$$

将由此确定的 p 和 r 的值代入 (6) 的第 2 个方程, 得 q 的微分方程

$$\frac{\mathrm{d}q}{\mathrm{d}t} = \pm \frac{1}{B\sqrt{AC}} \sqrt{[(2TC - K_O^2) - B(C-B)q^2][(K_O^2 - 2TA) - B(B-A)q^2]}. \tag{18}$$

平方根前面可能有 2 种符号: 正号和负号, 具体符号的选择要借助方程 (6). 如果这个方程可积, 则函数 p 和 r 可由 (17) 求得.

下面研究不同常数 T 和 K_O 的关系所对应的 3 种情况:

1. $2TB > K_O^2 \geqslant 2TC$. 这种情况下 r 总是不等于零, 并且本体极迹包括惯性椭球的最大轴 Oz, 所有的本体极迹位于图 99 中画出的惯性椭球上的 I 和 II 区域. 为了积分 (18) 我们做变换

$$q = \pm \sqrt{\frac{K_O^2 - 2TC}{B(B-C)}} \sin \lambda,$$

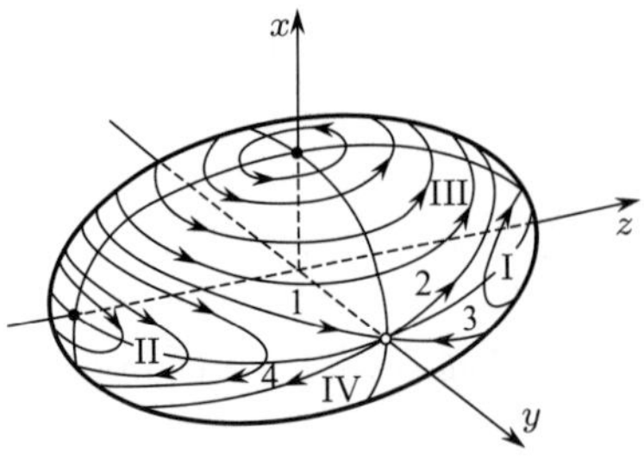

图 99

$$\tau=\sqrt{\frac{(B-C)(2TA-K_O^2)}{ABC}}t,$$

按下面公式引入正参数 $k^2<1$,

$$k^2=\frac{(A-B)(K_O^2-2TC)}{(B-C)(2TA-K_O^2)},$$

利用新变量将方程 (18) 写成

$$\frac{\mathrm{d}\lambda}{\mathrm{d}\tau}=\sqrt{1-k^2\sin^2\lambda}. \tag{19}$$

设 $t=0$ 时 $q=0$. 根据第 95 小节, 由 (19) 得 $\lambda=\mathrm{am}\tau$. 在这种情况下欧拉方程 (6) 的解通过雅可比椭圆函数写成

$$\begin{aligned}&p=\mp\sqrt{\frac{K_O^2-2TC}{A(A-C)}}\mathrm{cn}(\tau,k),\quad q=\pm\sqrt{\frac{K_O^2-2TC}{B(B-C)}}\mathrm{sn}(\tau,k),\\&r=\sqrt{\frac{2TA-K_O^2}{C(A-C)}}\mathrm{dn}(\tau,k),\end{aligned} \tag{20}$$

式中的正负号或者同时取上面的或者同时取下面的. 解 (20) 相应于位于图 99 中 I 区域的本体极迹. 为了得到相应于位于图 99 中 II 区域的本体极迹的解, 需要在解 (20) 中同时改变 p 和 r 的符号, 而 q 的符号不变.

在图 99 中用沿着本体极迹的箭头表示运动方向, 如果 $K_O^2>2TC$, 则本体极迹退化为位于 Oz 轴上的椭球的 2 个顶点, 它们相应于刚体绕 Oz 轴的永久转动.

2. $2TA\geqslant K_O^2>2TB$. 这种情况下 p 总是不等于零, 本体极迹包括惯性椭球的最小轴 Ox, 所有的本体极迹位于图 99 中画出的惯性椭球上的 III 和 IV 区域. 做变换

$$q=\pm\sqrt{\frac{2TA-K_O^2}{B(A-B)}}\sin\lambda,$$

$$\tau=\sqrt{\frac{(A-B)(K_O^2-2TC)}{ABC}}t,$$

如果按下面公式引入正参数 $k^2<1$,

$$k^2=\frac{(B-C)(2TA-K_O^2)}{(A-B)(K_O^2-2TC)},$$

则方程 (18) 有 (19) 的形式. 又设 $t=0$ 时 $q=0$, 则图 99 中惯性椭球上的 III 区域的本体极迹对应的解为

$$\begin{aligned}&p=\sqrt{\frac{K_O^2-2TC}{A(A-C)}}\mathrm{dn}(\tau,k),\quad q=\pm\sqrt{\frac{2TA-K_O^2}{B(A-B)}}\mathrm{sn}(\tau,k),\\&r=\mp\sqrt{\frac{2TA-K_O^2}{C(A-C)}}\mathrm{cn}(\tau,k),\end{aligned} \tag{21}$$

式中的正负号或者同时取上面的或者同时取下面的. 为了得到相应于位于图 99 中 IV 区域本体极迹的解, 需要在解 (21) 中同时改变 p 和 r 的符号, 而 q 的符号不变.

如果 $K_O^2 = 2TA$, 则本体极迹退化为位于 Ox 轴上的点, 相应于绕 Ox 轴的永久转动.

可以看到, 在前面这 2 种情况下 p, q, r 都是周期函数, 因此本体极迹是封闭曲线. 还可以看出, 本体极迹在惯性椭球上相对主平面是对称的, 刚体的每一个运动对应于一条完整的具体的本体极迹, 具体对应哪一条极迹取决于 p, q, r 的初值.

下面还有第 3 种情况, 是介于前 2 种情况中间的:

3. $K_O^2 = 2TB$. 等式 (17) 有下面形式

$$
\begin{aligned}
p^2 &= \frac{(B-C)}{A(A-C)}(2T - Bq^2),\\
r^2 &= \frac{(A-B)}{C(A-C)}(2T - Bq^2).
\end{aligned}
\tag{22}
$$

由 (22) 得 $A(A-B)p^2 = C(C-B)r^2$. 考虑到欧拉–泊松运动的性质 1 (第101小节) 可知, 这种情况下本体极迹位于过惯性椭球中间轴的平面

$$
x = \pm\sqrt{\frac{C(B-C)}{A(A-B)}}z \tag{23}
$$

内. 平面 (23) 与惯性椭球交线是包含 2 类本体极迹的椭圆: 第 1 类是位于 Oy 轴上的极迹点, 相应于绕惯性椭球中间轴具有任意角速度的永久转动; 第 2 类是连接上述极迹点的 4 条椭圆弧形状的曲线. 这 4 条本体极迹在图 99 中用数字 1, 2, 3, 4 表示, 它们是惯性椭球上包含不同性质的本体极迹的区域 I, II, III, IV 的分界线. 如果令

$$
\tau = \sqrt{\frac{2T(A-B)(B-C)}{ABC}}t,
$$

则方程 (18) 在该情况下有如下形式

$$
\frac{\mathrm{d}q}{\mathrm{d}\tau} = \pm\frac{1}{\sqrt{2TB}}(2T - Bq^2). \tag{24}
$$

如果 $t = 0$ 时 $q = 0$, 那么由方程 (24) 和等式 (22), 再利用双曲函数的已知关系式

$$
\mathrm{ch}^2\tau - \mathrm{sh}^2\tau = 1, \quad \mathrm{th}\tau = \frac{\mathrm{sh}\tau}{\mathrm{ch}\tau}
$$

可得欧拉方程 (6) 的相应于图 99 中本体极迹 1 的解

$$
p = \sqrt{\frac{2T(B-C)}{A(A-C)}}\frac{1}{\mathrm{ch}\tau}, \quad q = \sqrt{\frac{2T}{B}}\mathrm{th}\tau, \quad r = -\sqrt{\frac{2T(A-B)}{C(A-C)}}\frac{1}{\mathrm{ch}\tau}. \tag{25}
$$

如果在 (25) 中改变 p, r 的符号, 就可以得到方程 (6) 相应于本体极迹 3 的解. 类似地, 如果在 (25) 中分别改变 q, r 和 q, p 的符号, 就可以得到方程 (6) 分别相应于本体极迹 2 和 4 的解.

公式 (25) 中的双曲函数的曲线在图 100 中给出.

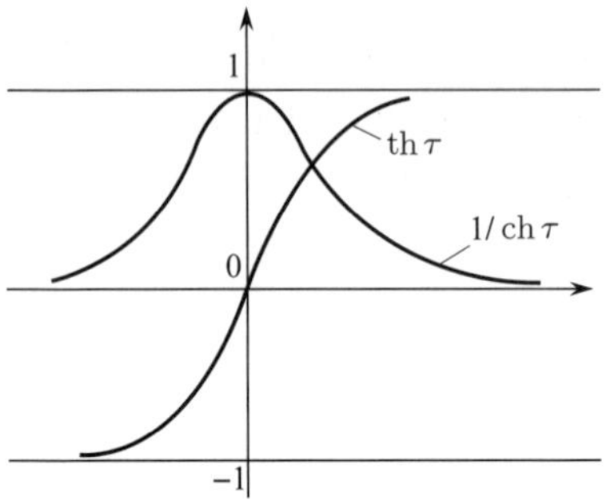

图 100

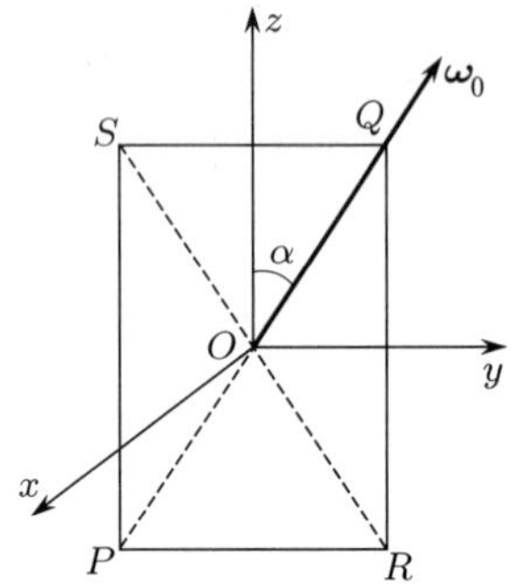

图 101

例 1 均质矩形板以质心为固定点作惯性转动, 初始时刻 $t=0$ 时板以角速度 $\boldsymbol{\omega}_0$ 绕对角线 PQ 转动 (图 101), 用 α 表示对角线之间的夹角的一半, 试证明经过时间

$$t' = \frac{2K(\sin\alpha)}{\omega_0\sqrt{\cos 2\alpha}}$$

后, 板将绕对角线 RS 转动, 其中 K 是第二类全椭圆积分, $\sin\alpha$ 是椭圆积分的模①.

设 $QS=b, QR=c, b<c$, 坐标系 $Oxyz$ 的轴 Oy, Oz 分别垂直于矩形的边, 而 Ox 轴垂直于板所在平面, 这些坐标轴是板的惯性主轴. 根据第 75 小节 (例 1) 有

$$A = J_x = \frac{1}{12}m(b^2+c^2), \quad B = J_y = \frac{1}{12}mc^2, \quad C = J_z = \frac{1}{12}mb^2.$$

如果板的对角线等于 d, 则 $b=d\sin\alpha, \quad c=d\cos\alpha$ 并且

$$A = \frac{1}{12}md^2, \quad B = \frac{1}{12}md^2\cos^2\alpha, \quad C = \frac{1}{12}md^2\sin^2\alpha.$$

在 $t=0$ 时 $p=0, q=\omega_0\sin\alpha, r=\omega_0\cos\alpha$, 因此

$$T = \frac{1}{2}(Ap^2+Bq^2+Cr^2) = \frac{1}{12}md^2\sin^2\alpha\cos^2\alpha\cdot\omega_0^2,$$

$$K_O^2 = A^2p^2+B^2q^2+C^2r^2 = \frac{1}{144}m^2d^4\sin^2\alpha\cos^2\alpha\cdot\omega_0^2.$$

因为 $b<c$ 时角 α 不超过 $\pi/4$, 通过直接计算不难验证有如下不等式成立

$$A>B>C, \quad 2TB>K_O^2>2TC.$$

①原文此处关于 t' 的公式和关于 α 的定义有误, 已改正.

可见, 这属于上面讨论的欧拉–泊松运动的第 1 种情况.

根据前面对这种情况的分析, 经过不复杂的计算可得

$$p(t) = -\sin\alpha\sqrt{\cos 2\alpha}\cdot\omega_0\cdot\mathrm{cn}[\tau + K(k), k],$$
$$q(t) = \sin\alpha\cdot\omega_0\cdot\mathrm{sn}[\tau + K(k), k],$$
$$r(t) = \omega_0\cdot\mathrm{dn}[\tau + K(k), k],$$

其中 $\tau = \sqrt{\cos 2\alpha}\cdot\omega_0\cdot t, k = \sin\alpha$.

在求上面的动力学方程 (6) 的解 $p(t), q(t), r(t)$ 时, 对应于该问题的具体初始条件, 在公式 (20) 中选取了上面符号并将 τ 用 $\tau + K(k)$代替. 这个解对应于惯性椭球区域 I 内的本体极迹 (图 99).

在 $t = t'$ 时有

$$\tau = \sqrt{\cos 2\alpha}\cdot\omega_0\cdot t' = 2K(k);$$

又由于 (图 95) $\mathrm{cn}[3K(k), k] = 0$, $\mathrm{sn}[3K(k), k] = -1$, $\mathrm{dn}[3K(k), k] = \sqrt{1-k^2}$, 因此

$$p(t') = 0, \quad q(t') = -\omega_0\sin\alpha, \quad r(t') = \omega_0\cos\alpha.$$

由此可得, $t = t'$ 时板绕对角线 RS 转动.

103. 关于空间极迹的讨论 从图 98 可以看出, $QP = \sqrt{OP^2 - OQ^2}$; 又根据第 101 小节有 $OP = \omega/\sqrt{2T}$, $OQ = \sqrt{2T}/K_O$, 因此

$$QP = \sqrt{\frac{\omega^2}{2T} - \frac{2T}{K_O^2}}. \tag{26}$$

从这个公式可以得出空间极迹的某些一般性质.

对每个永久转动 $\omega = \text{const}$, 空间极迹是与 Q 重合的点.

我们来研究运动的一般情况. 设 $A > B > C$, 对应于图 99 中区域 I~IV 内本体极迹的运动, $\omega = \sqrt{p^2 + q^2 + r^2}$ 有最小值 ω_1 和最大值 ω_2; 根据 (26), QP 也有最小值 ρ_1 和最大值 ρ_2, 所以空间极迹位于以 Q 为中心的同心圆之间 (图 102 和图 103).

无需证明可以发现, 空间极迹没有任何拐点, 没有回归点, 总是旋转并以凹面对着 Q 点, 而 Q 是动量矩向量 $\boldsymbol{K}_O$ 与泊松平面 π 的交点.

与本体极迹 (区域 I~IV 内) 是封闭曲线相反, 空间极迹尽管也是由对称部分构成, 但是一般不是封闭曲线. 空间极迹与圆 $\rho_1 = \text{const}$ 和 $\rho_2 = \text{const}$ 都相切, 相切时刻对应于向量 $\boldsymbol{\omega}$ 穿过惯性椭球主平面的时刻, 空间极迹的弧段 ab (图 102) 相应于四分之一本体极迹弧段. 当点 P 重新回到惯性椭球上的同一位置时, 刚好画出一条完整的本体极迹, 而向径 $\overline{QP}$ 转过了 4α, 其中 α 是图 102 中 Qa 和 Qb 之间的夹角. 如果 α/π 是有理数, 则空间极迹是封闭的, 反之不是封闭的. 在 $K_O^2 = 2TB$ 时存在的本体极迹 1~4 (图 99) 中的每一条相对应的空间极迹是绕向 Q 点的螺旋线 (图 103). 然而螺旋线的总长度是有限的, 这是因为它等于相应的本体极迹的弧长.

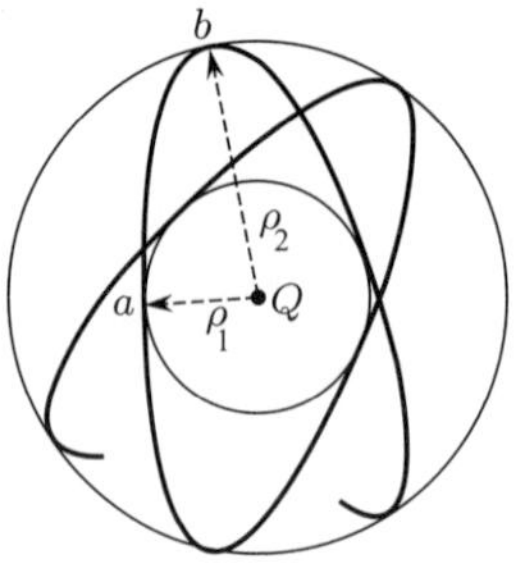

图 102

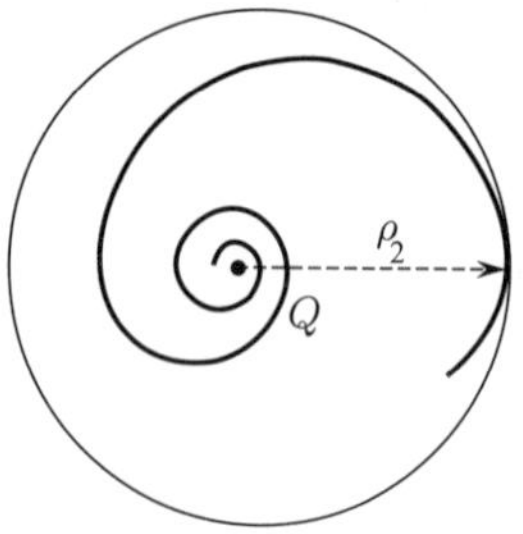

图 103

如果惯性椭球是旋转椭球, 则本体极迹和空间极迹都是圆.

104. 欧拉–泊松运动中刚体在空间中方向的确定 在第 102 小节中已经求出 p, q, r 作为时间的函数, 可以从欧拉运动学方程 (5) 再求出角 ψ, θ, φ, 这些角可以确定刚体相对固定坐标系 $OXYZ$ 的方向. 如果像在第 100 小节中 OZ 轴沿着动量矩 $\boldsymbol{K}_O$ 的方向 (图 96)一样, 则问题可以简化. 这样选择固定坐标系后, 根据图 96, 向量 $\boldsymbol{K}_O$ 在固连主轴坐标系的 Ox, Oy, Oz 上的投影 Ap, Bq, Cr 的计算公式为

$$Ap = K_O \sin\theta \sin\varphi, \quad Bq = K_O \sin\theta \cos\varphi, \quad Cr = K_O \cos\theta. \tag{27}$$

在已知 p, q, r 时, 利用这些公式可以立即确定角 θ 和 φ 作为时间的函数:

$$\cos\theta = \frac{Cr}{K_O}, \qquad \tan\varphi = \frac{Ap}{Bq}. \tag{28}$$

为了求得 ψ 先由 (5) 的前 2 个方程求出 $\dot{\psi}$, 即

$$\dot{\psi} = \frac{p\sin\varphi + q\cos\varphi}{\sin\theta}.$$

如果将 (27) 的前 2 个式子求出的 $\sin\varphi$ 和 $\cos\varphi$ 代入上式, 则可以重新写作

$$\dot{\psi} = \frac{Ap^2 + Bq^2}{K_O \sin^2\theta}.$$

利用 (27) 的第 3 个式子和公式 (8) 最终得

$$\dot{\psi} = K_O \frac{Ap^2 + Bq^2}{A^2p^2 + B^2q^2}. \tag{29}$$

由此积分可得 ψ. 由于 (29) 右边为正, 故 ψ 角在第 102 小节讨论的 3 种情况下都是单调递增的, 即无论 p, q, r 对时间的依赖关系如何, ψ 角都是单调递增的.

如果刚体的运动不是永久转动或者渐近运动, 根据第 102小节, p, q, r 是时间的周期函数, 当时间 t 增加一个周期, 角度 θ 和 φ 的正弦和余弦重新回到初始值. 因为角 ψ 在一个周期内增加某个常数值, 一般来说 $\sin\psi$ 和 $\cos\psi$ 经过一个周期会改变,

这一点可以从 (21) 得到. 事实上, 设 τ_* 是函数 p 和 q 对时间的周期, 则由 (29) 得 $\dot\psi(t+\tau_*)=\dot\psi(t)$, 积分后得

$$\psi(t+\tau_*)=\psi(t)+c,$$

其中 c 是积分常数.

如果数 $c/(2\pi)$ 不是有理数, 则刚体永远不会回到初始方向. 如果

$$\frac{c}{2\pi}=\frac{m}{n},$$

其中 m,n 是整数 $(n\neq 0)$, 则刚体的运动是周期性的, 其周期等于 $n\tau_*$.

105. 重刚体定点运动方程及其第一积分 下面研究刚体在重力场中绕固定点 O 的运动. 固定坐标系的 OZ 轴竖直向上, $Oxyz$ 是与刚体一起运动的固连坐标系, 其坐标轴为刚体对固定点 O 的惯性主轴. 刚体重心 G 在 $Oxyz$ 中的坐标为 a, b, c, 刚体相对固定坐标系的方向借助欧拉角 ψ,θ,φ 确定, 欧拉角按通常方式定义 (图 104).

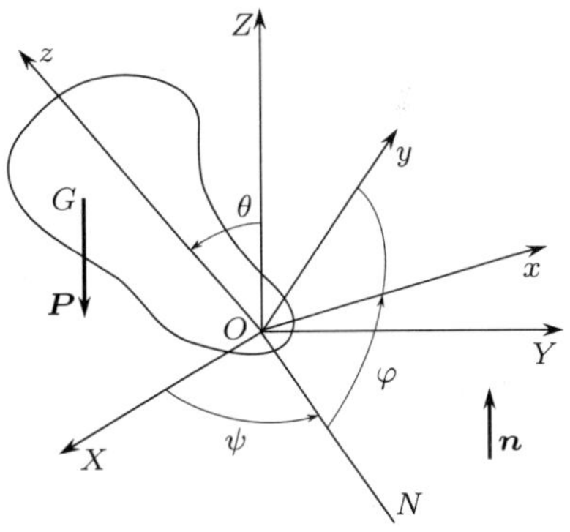

图 104

刚体相对 Ox,Oy,Oz 轴的惯性矩用 A,B,C 表示, 而重力用 $\boldsymbol{P}$ 表示.

设竖直轴 OZ 的单位向量 $\boldsymbol{n}$ 在固连坐标系 $Oxyz$ 中的分量为 $\gamma_1,\gamma_2,\gamma_3$, 在欧拉运动学方程 (5) 中 p,q,r 的表达式中 $\dot\psi$ 的系数就是$\gamma_1,\gamma_2,\gamma_3$:

$$\gamma_1=\sin\theta\sin\varphi,\quad \gamma_2=\sin\theta\cos\varphi,\quad \gamma_3=\cos\theta. \tag{30}$$

向量 $\boldsymbol{n}$ 在固连坐标系中是常量, 所以其绝对导数等于零:

$$\frac{\mathrm{d}\boldsymbol{n}}{\mathrm{d}t}=\boldsymbol{0}.$$

考虑到绝对导数和相对导数的关系 (第 30 小节), 上面方程可以写成

$$\frac{\widetilde{\mathrm{d}}\boldsymbol{n}}{\mathrm{d}t}+\boldsymbol{\omega}\times\boldsymbol{n}=\boldsymbol{0}, \tag{31}$$

其中 $\boldsymbol{\omega}$ 是刚体角速度, 方程 (31) 称为*泊松方程*. 用 p,q,r 表示 $\boldsymbol{\omega}$ 在 Ox,Oy,Oz 轴上的投影, 泊松向量方程可以写成下面 3 个标量方程:

$$\frac{\mathrm{d}\gamma_1}{\mathrm{d}t}=r\gamma_2-q\gamma_3,\quad \frac{\mathrm{d}\gamma_2}{\mathrm{d}t}=p\gamma_3-r\gamma_1,\quad \frac{\mathrm{d}\gamma_3}{\mathrm{d}t}=q\gamma_1-p\gamma_2. \tag{32}$$

作用在刚体上的外力是重力和 O 点的约束反力, 约束反力对 O 点没有矩, 而重力 $\boldsymbol{P}$ 对 O 的矩 $\boldsymbol{M}_O$ 等于 $\overline{OG}\times\boldsymbol{P}$. 考虑到 $\boldsymbol{P}=-P\boldsymbol{n}$, 有

$$\boldsymbol{M}_O=P\boldsymbol{n}\times\overline{OG}. \tag{33}$$

如果 M_x, M_y, M_z 是 $\boldsymbol{M}_O$ 在 Ox, Oy, Oz 上的投影, 则由 (33) 得

$$M_x = P(\gamma_2 c - \gamma_3 b), \quad M_y = P(\gamma_3 a - \gamma_1 c), \quad M_z = P(\gamma_1 b - \gamma_2 a). \tag{34}$$

于是, 动力学方程 (4) 有如下形式

$$\begin{aligned} A\frac{\mathrm{d}p}{\mathrm{d}t} + (C-B)qr &= P(\gamma_2 c - \gamma_3 b), \\ B\frac{\mathrm{d}q}{\mathrm{d}t} + (A-C)rp &= P(\gamma_3 a - \gamma_1 c), \\ C\frac{\mathrm{d}r}{\mathrm{d}t} + (B-A)pq &= P(\gamma_1 b - \gamma_2 a). \end{aligned} \tag{35}$$

方程组 (32) 和 (35) 构成了封闭方程组, 包含描述重刚体定点运动的 6 个微分方程.

如果从方程组 (32) 和 (35) 求出 $p, q, r, \gamma_1, \gamma_2, \gamma_3$ 作为时间的函数, 则由方程 (30)求出 $\theta(t), \varphi(t)$, 而求 $\psi(t)$ 需要利用欧拉运动学方程中的任意一个.

这样, 积分方程组 (32) 和 (35) 称为基本问题, 这个封闭方程组的分析也构成了重刚体定点运动问题的主要困难.

我们将给出方程组 (32) 和 (35) 的 3 个第一积分, 其中一个是向量 $\boldsymbol{n}$ 的模等于 1, 即

$$\gamma_1^2 + \gamma_2^2 + \gamma_3^2 = 1. \tag{36}$$

还有一个积分由动量矩定理可以得到. 事实上, 因为外力——重力和约束反力对竖直轴没有矩, 则动量矩 $\boldsymbol{K}_O$ 在竖直轴上的投影为常数 (参见第 87 小节), 即

$$\boldsymbol{K}_O \cdot \boldsymbol{n} = \text{const}.$$

在固定坐标系中 $\boldsymbol{K}_O$ 的分量为 Ap, Bq, Cr, 因此上面方程可写作

$$Ap\gamma_1 + Bq\gamma_2 + Cr\gamma_3 = \text{const}. \tag{37}$$

进一步可以发现, O 点约束反力的功等于零, 重力有势且势能不显含时间, 因此在运动过程中机械能 $E = T + \Pi$ 守恒 (参见第 88 小节).

注意到当重心位于水平面 OXY 上时势能等于零, 可得 $\Pi = Ph$, 其中 h 是重心到平面 OXY 的距离, $h = \overline{OG} \cdot \boldsymbol{n} = a\gamma_1 + b\gamma_2 + c\gamma_3$. 又因为

$$T = \frac{1}{2}(Ap^2 + Bq^2 + Cr^2),$$

所以能量积分可以写成

$$\frac{1}{2}(Ap^2 + Bq^2 + Cr^2) + P(a\gamma_1 + b\gamma_2 + c\gamma_3) = \text{const}. \tag{38}$$

如果利用雅可比乘子理论, 则可以证明①, 为了在任何初始条件下将 (32) 和 (35) 完全积分, 除了上面的 3 个第一积分 (36)–(38) 以外, 还需要一个独立于它们的第一积分.

现在我们证明, 对于 $p, q, r, \gamma_1, \gamma_2, \gamma_3$ 的第 4 个代数第一积分只有在下面 3 种情况下存在, 就是欧拉情况、拉格朗日情况和柯娃列夫斯卡娅情况.

在欧拉情况下刚体是任意的, 但其重心位于固定点 O, 即 $a = b = c = 0$, 这种情况在第 98 小节∼ 第103 小节已经做了详细讨论.

在拉格朗日情况下刚体对固定点的惯性椭球是旋转椭球, 重心位于旋转轴上, 例如 $A = B, a = b = 0$. 由 (35) 的最后一个方程可知, 在这种情况下刚体角速度在动力学对称轴上的投影是第 4 个代数积分: $r = \text{const}$.

在柯娃列夫斯卡娅情况下刚体对固定点 O 的惯性椭球是旋转椭球, 例如绕着 Oz 轴旋转, 惯性矩满足关系式 $A = B = 2C$, 而重心位于惯性椭球的赤道面上, 即 $c = 0$.

对于旋转惯性椭球, 任何过 O 点并位于赤道面内的轴都是惯性主轴, 所以为了计算简单, 我们假设 Ox 轴通过重心, 即 $b = 0$, 那么欧拉动力学方程 (35) 在柯娃列夫斯卡娅情况下写成

$$2\frac{\mathrm{d}p}{\mathrm{d}t} - qr = 0, \quad 2\frac{\mathrm{d}q}{\mathrm{d}t} + rp = \alpha\gamma_3, \quad \frac{\mathrm{d}r}{\mathrm{d}t} = -\alpha\gamma_2 \quad \left(\alpha = \frac{Pa}{C}\right), \tag{39}$$

不难借助方程组 (32),(39) 直接通过微分验证, 第 4 个代数第一积分是

$$(p^2 - q^2 - \alpha\gamma_1)^2 + (2pq - \alpha\gamma_2)^2 = \text{const}. \tag{40}$$

还有很多情况存在第 4 个代数积分使方程组 (32) 和 (35) 完全积分, 但是这些积分不是对所有初速条件成立的, 而是对于特别选定的初始条件才成立的②.

106. 陀螺基本公式 惯性椭球是旋转椭球的定点运动刚体称为陀螺. 在第 100 小节中我们已经看到, 如果外力对固定点 O 的主矩为零, 则陀螺绕不变的动量矩 $\boldsymbol{K}_O$ 作规则进动.

但是为了使陀螺作规则进动, 不一定要外力对固定点的主矩为零, 我们来详细研究这个问题. 设 $OXYZ$ 是以固定点 O 为原点的固定坐标系, 而 $Oxyz$ 的坐标轴沿着刚体对 O 点的惯性主轴, 又设 A, B, C 是刚体对 Ox, Oy, Oz 轴的惯性矩并且 $A = B$,

①见第 162 小节.

②参见: Горр Г. В., Кудряшова Л. В., Степанова Л. А. Классические задачи динамики твердого тела, Киев: Наукова думка, 1978.

这种情况下欧拉动力学方程 (4) 可以写成

$$\begin{aligned} &A\frac{\mathrm{d}p}{\mathrm{d}t} + (C - A)qr = M_x, \\ &A\frac{\mathrm{d}q}{\mathrm{d}t} - (C - A)rp = M_y, \\ &C\frac{\mathrm{d}r}{\mathrm{d}t} = M_z. \end{aligned} \tag{41}$$

欧拉角 ψ, θ, φ 按通常的定义, 欧拉运动学方程的形式为 (5).

下面我们来求陀螺规则进动的条件, 在该条件下刚体绕 OZ 轴规则进动, 章动角保持常数 ($\theta = \theta_0$), 自转角速度 $\dot{\varphi} = \omega_1$ 和进动角速度 $\dot{\psi} = \omega_2$ 也都是常数. 换句话说, 我们来求外力对 O 点的主矩 $\boldsymbol{M}_O$ 使陀螺以给定的 $\theta_0, \omega_1, \omega_2$ 作规则进动.

对于给定的 $\theta, \dot{\varphi}, \dot{\psi}$ 欧拉运动学方程 (5) 有如下形式

$$p = \omega_2 \sin\theta_0 \sin\varphi, \quad q = \omega_2 \sin\theta_0 \cos\varphi, \quad r = \omega_2 \cos\theta_0 + \omega_1. \tag{42}$$

由 (42) 的最后一个等式可知, r 是常值, 所以由 (41) 的第 3 个方程给出

$$M_z = 0. \tag{43}$$

将 (42) 中的 p, q, r 代入 (41) 的第 1 个方程可以求出

$$M_x = A\omega_2 \sin\theta_0 \cos\varphi \frac{\mathrm{d}\varphi}{\mathrm{d}t} + (C - A)\omega_2 \sin\theta_0 \cos\varphi(\omega_2 \cos\theta_0 + \omega_1).$$

将导数 $\dfrac{\mathrm{d}\varphi}{\mathrm{d}t}$ 代替为 ω_1 得

$$M_x = \omega_2\omega_1 \sin\theta_0 \cos\varphi \left[C + (C - A)\frac{\omega_2}{\omega_1}\cos\theta_0\right]. \tag{44}$$

类似地, 由 (42) 和 (41) 的第 2 个方程得

$$M_y = -\omega_2\omega_1 \sin\theta_0 \sin\varphi \left[C + (C - A)\frac{\omega_2}{\omega_1}\cos\theta_0\right]. \tag{45}$$

注意到在坐标系 $Oxyz$ 中向量 $\boldsymbol{\omega_1}$ 和 $\boldsymbol{\omega_2}$ 的分量分别为 $0, 0, \omega_1$ 和 $\omega_2 \sin\theta_0 \sin\varphi$, $\omega_2 \sin\theta_0 \cos\varphi, \omega_2 \cos\theta_0$, 公式 (43)–(45) 可以写成一个向量等式

$$\boldsymbol{M}_O = \boldsymbol{\omega}_2 \times \boldsymbol{\omega}_1 \left[C + (C - A)\frac{\omega_2}{\omega_1}\cos\theta_0\right]. \tag{46}$$

由此可见, 向量 $\boldsymbol{M}_O$ 的大小为常数, 方向沿着节线 ON.

公式 (46) 称为*陀螺基本公式*. 在已知惯性矩 A, C, 章动角 θ_0 和角速度向量 $\boldsymbol{\omega}_1, \boldsymbol{\omega}_2$ 的情况下, 用陀螺基本公式可以给出规则进动所需的力矩 $\boldsymbol{M}_O$.

可以发现, 与第 100 小节讨论的欧拉情况不同, 这里的动量矩 $\boldsymbol{K}_O$ 不是常量, 根据动量矩定理, 它满足

$$\frac{\mathrm{d}\boldsymbol{K}_O}{\mathrm{d}t} = \boldsymbol{M}_O. \tag{47}$$

这个公式可以给出非常方便和广泛使用的解释: 向量 $\boldsymbol{K}_O$ 端点的速度等于 $\boldsymbol{M}_O$ (莱沙尔定理).

例 1 质量为 m 高为 h 顶角为 2α 的均质圆锥, 顶点 O 固定, 圆锥在水平面上无滑动滚动, 圆锥底面中心具有水平速度 $\boldsymbol{v}$, 求水平面约束反力的合力 (大小、方向和作用点) 以及固定点的约束反力.

设 G 是圆锥的质心 (图 105), R 是底面半径, C 是圆锥对其对称轴的惯性矩, A 是圆锥对过顶点且垂直于对称轴的轴的惯性矩, 于是

$$OG = \frac{3}{4}h, \quad C = \frac{3}{10}mR^2, \quad A = \frac{3}{20}m(R^2 + 4h^2).$$

又 $R = O_1L = h\tan\alpha$, 所以

$$C = \frac{3}{10}mh^2\tan^2\alpha, \quad A = \frac{3}{20}mh^2(4 + \tan^2\alpha).$$

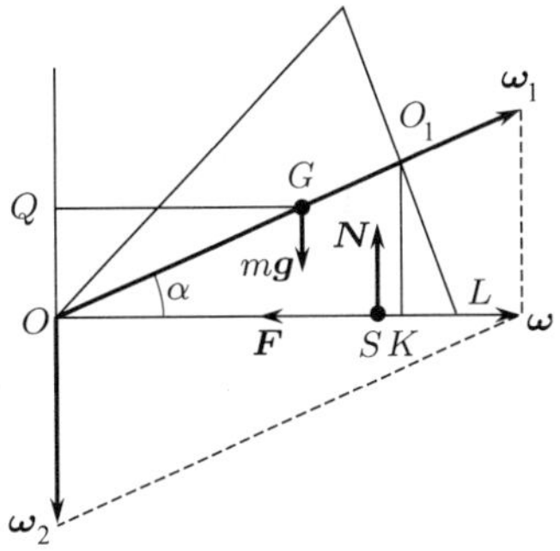

图 105

此外还有

$$O_1K = h\sin\alpha, \quad QG = \frac{3}{4}h\cos\alpha.$$

设圆锥底面速度向量垂直于图 105 所在平面指向读者, 由于圆锥无滑动滚动, 其瞬时转动轴沿着母线 OL. 由 $v_{O_1} = v = \omega \cdot O_1K$ 可以求出角速度的大小

$$\omega = \frac{v}{h\sin\alpha}.$$

圆锥作规则进动, 自转角速度 $\boldsymbol{\omega}_1$ 和进动角速度 $\boldsymbol{\omega}_2$ 的方向在图 105 中已给出, 它们的大小为

$$\omega_1 = \frac{\omega}{\cos\alpha} = \frac{v}{h\sin\alpha\cos\alpha},$$

$$\omega_2 = \omega\tan\alpha = \frac{v}{h\cos\alpha}.$$

章动角 ($\boldsymbol{\omega}_1$ 和 $\boldsymbol{\omega}_2$ 的夹角) 等于 $\pi/2 + \alpha$.

进动在重力、平面约束反力和 O 点约束反力作用下进行, 这些力对 O 点的主矩 $\boldsymbol{M}_O$ 可以用陀螺基本公式 (46) 计算. 利用上面得到的 $A, C, \omega_1, \omega_2, \theta$, 可以求出力矩的大小

$$M_O = \omega_2\omega_1\cos\alpha\left[C - (C - A)\frac{\omega_2}{\omega_1}\sin\alpha\right] = \frac{3}{20}\frac{mv^2\sin\alpha}{\cos^3\alpha}(1 + 5\cos^2\alpha).$$

向量 $\boldsymbol{M}_O$ 垂直于图 105 平面指向读者, 再考虑到重力沿竖直方向, 待求的水平面约束反力的合力以及 O 点的约束反力位于图面内. 设水平面约束反力的合力作用点位于圆锥母线 OL 上的 S 点, 将其分解为竖直力 $\boldsymbol{N}$ 和沿着母线的水平力 $\boldsymbol{F}$.

根据质心运动定理可以求得 N, F (第 86 小节), 重心的竖直加速度等于零, 因此 $N = mg$; 当重心沿着半径为 QG 的圆周运动时, 力 $\boldsymbol{F}$ 产生重心的法向加速度:

$$F = m \cdot \omega_2^2 \cdot QG = \frac{3}{4}\frac{mv^2}{h\cos\alpha}.$$

力 $\boldsymbol{F}, \boldsymbol{N}$ 和 $m\boldsymbol{g}$ 对过 O 垂直于纸面的轴力矩之和应该等于

$$N \cdot OS - mg \cdot QG = M_O.$$

由此可得 S 到圆锥顶点的距离:

$$OS = \frac{3}{4}h\cos\alpha + \frac{3}{20}\frac{v^2\sin\alpha}{g\cos^3\alpha}(1 + 5\cos^2\alpha).$$

107. 陀螺基本理论 现代技术中使用的陀螺的自转角速度通常远大于进动角速度, 即 $\omega_1 \gg \omega_2$, 如果忽略公式 (46) 中方括号内的二次项, 则有

$$\boldsymbol{M}_O = C\boldsymbol{\omega}_2 \times \boldsymbol{\omega}_1. \tag{48}$$

这个公式是陀螺基本理论或近似理论的基础, 称为陀螺近似公式①.

在陀螺基本理论的假设下, 公式 (48) 可以由莱沙尔定理立刻得到. 这个基本假设是: 高速转动的陀螺在任意时刻的瞬时角速度与动量矩都沿着动力学对称轴, 并且

$$\boldsymbol{K}_O = C\boldsymbol{\omega}_1. \tag{49}$$

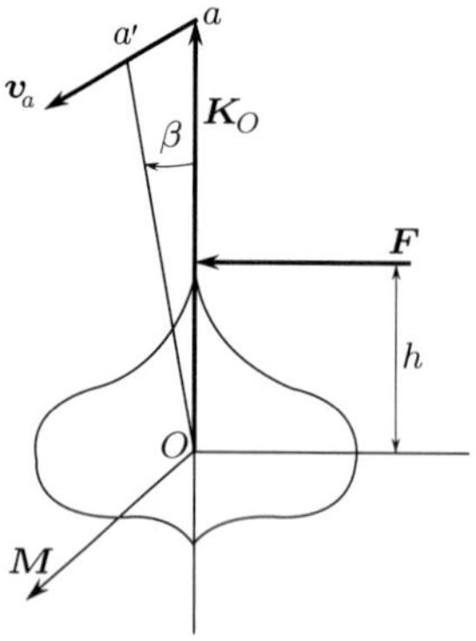

图 106

我们可以看到高速转动的陀螺有一些性质. 设陀螺的重心与固定点重合, 这种陀螺称为平衡陀螺. 设陀螺绕对称轴转动的角速度为 $\boldsymbol{\omega}_1$, 由于这种情况下对称轴是中心惯性主轴, 陀螺的动量矩 $\boldsymbol{K}_O$ 沿着对称轴并且 $\boldsymbol{K}_O = C\boldsymbol{\omega}_1$.这个等式不是近似的, 而是精确的. 如果外力对重心的主矩为零, 则向量 $\boldsymbol{K}_O$ 是常量, 陀螺轴在固定坐标系中保持其初始方向.

假设在陀螺轴上作用一个力 $\boldsymbol{F}$, 它对 O 点的主矩等于 $\boldsymbol{M}$ (图 106). 根据公式 (47), 向量 $\boldsymbol{K}_O$ (以及陀螺对称轴) 将发生偏移, 但不是偏向力的作用方向, 而是偏向力矩 $\boldsymbol{M}$ 的方向 (即垂直于力的方向), 这是高速转动陀螺的一个有趣的性质.

①如果章动角 θ_0 等于 $\pi/2$, 则公式 (48) 对 $\boldsymbol{M}_O$ 不是近似的, 而是精确的, 无论不等式 $\omega_1 \gg \omega_2$ 是否成立.

设在高速转动陀螺上在很短的时间段 τ 内作用力 $\boldsymbol{F}$, 且 $F\tau$ 是有限值, 向量 $\boldsymbol{K}_O$ 的端点有速度 $\boldsymbol{v}_a$, 根据莱沙尔定理, 该速度大小等于 Fh. 点 a 在 τ 时间内的位移 $aa' = v_a\tau = Fh\tau$. 考虑到 Oa 等于 $C\omega_1$ 可得, 陀螺轴在 τ 时间内转动的角度 β 为

$$\beta = \frac{aa'}{Oa} = \frac{Fh\tau}{C\omega_1}. \tag{50}$$

因为 $Fh\tau$ 是有限值, 而 $C\omega_1$ 很大, 所以角 β 很小.

可见, 当力的作用时间很短时, 陀螺轴实际上能保持自己的初始空间位置.

当力长时间作用时, 陀螺的上述性质就不会继续保持了, 陀螺动量矩 $C\omega_1$ 的增大只会增加陀螺轴偏离初始位置到一定值所需的时间.

在工程技术中陀螺在长期存在常值或慢变力矩的条件下工作, 当陀螺动量矩足够大时陀螺进行非常缓慢的进动. 这种陀螺轴的缓慢变化是陀螺的最重要的 (但不是唯一的) 性质, 在实践中也得到广泛应用.

我们研究以角速度$\boldsymbol{\omega}_1$ 绕自己的轴转动的陀螺. 由于在陀螺上安装了以角速度$\boldsymbol{\omega}_2$ 转动的刚体, 陀螺产生进动. 进动所需的力矩$\boldsymbol{M}_O$ 由陀螺上刚体的压力提供, 这个力矩可以用陀螺基本公式(46) 计算. 根据牛顿第三定律, 陀螺也对安装其上的刚体作用大小相等方向相反的力, 这些力形成作用在刚体上的力矩$\boldsymbol{M}_{\text{gup}}$, 保证陀螺的进动, 这个力矩称为*陀螺力矩*. 显然$\boldsymbol{M}_{\text{gup}} = -\boldsymbol{M}_O$. 利用陀螺近似理论有

$$\boldsymbol{M}_{\text{gup}} = C\boldsymbol{\omega}_1 \times \boldsymbol{\omega}_2. \tag{51}$$

最后, 我们根据陀螺基本理论来研究重刚体定点运动的拉格朗日情况 (参见第 105 小节). 设重为 P 的动力学对称刚体有固定点 O (图 107), 在初始时刻刚体对称轴 Oz 与竖直方向成 θ 角. 设刚体以角速度$\boldsymbol{\omega}_1$ 绕对称轴旋转, 如图107 所示. 无论 Oz 在什么方向, 重力 $\boldsymbol{P}$ 的力矩 $\boldsymbol{M}_O$ 总是沿着水平方向, 因此竖直轴 OZ 是进动轴. 陀螺轴在顶角为 2θ 的圆锥面上运动, 运动方向在图 107 上用箭头表示.

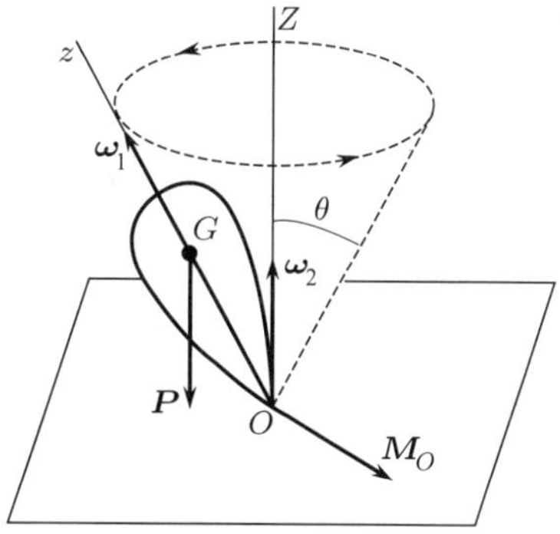

图 107

进动角速度可以由公式 (48) 求得. 力矩 $\boldsymbol{M}_O$ 的大小为 $P \cdot OG \cdot \sin\theta$, 根据公式 (48) 这个值应该等于 $C\omega_1\omega_2 \sin\theta$, 由此可得

$$\omega_2 = \frac{P \cdot OG}{C\omega_1}. \tag{52}$$

进动角速度不依赖于角 θ.

可见, 高速转动重刚体在拉格朗日情况下作规则进动, 这个结论是近似的, 是在陀螺基本理论的假设下得到的. 陀螺的实际运动不同于规则进动, 特别是, 角 θ 不一定是常数, 可以在某个区间内变化. 陀螺对称轴的振动称为*章动*.

例 1 陀螺由半径 $R = 0.1$ m 转速为 $n = 100$ rpm 的轮构成. 在图 108 中没有画出的陀螺框架可绕固定点 O 自由转动, 轮到 O 的距离 OO_1 等于 0.2 m. 假设轮是均质圆盘且框架质量忽略不计, 如果 OO_1 处于水平位置, 求陀螺进动的方向和角速度. 重力加速度取 10 m/s^2.

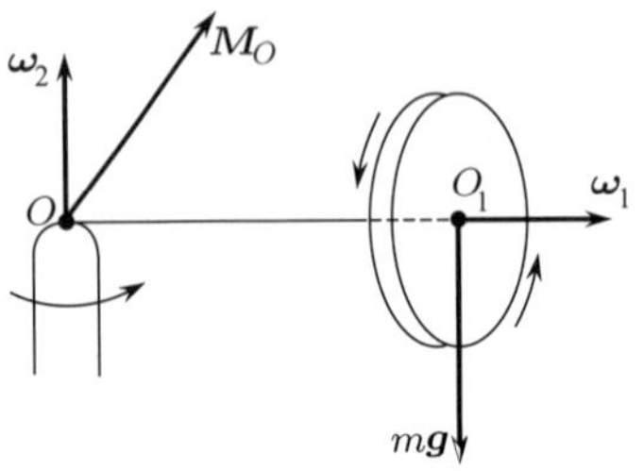

图 108

重力的力矩 $\boldsymbol{M}_O$ 沿水平方向并垂直于 OO_1, 指向如图 108 所示, 其大小为 $M_O = mg \cdot OO_1$, 其中 m 是轮的质量. 对于图 108 给出的轮的转动方向, 根据公式 (46), 力矩 $\boldsymbol{M}_O$ 引起陀螺以角速度 $\boldsymbol{\omega}_2$ 规则进动, $\boldsymbol{\omega}_2$ 的方向竖直向上.

为了计算进动角速度的大小, 可以利用陀螺基本公式 (46) 或者陀螺近似公式 (48) ($\theta = \pi/2$, 所以 2 个公式是相同的), 于是有

$$C\omega_1\omega_2 = mg \cdot OO_1.$$

考虑到 $C = 1/2mR^2$, 可以求得

$$\omega_2 = \frac{mg \cdot OO_1}{C\omega_1} = \frac{mg \cdot OO_1}{1/2mR^2 \cdot 2\pi n} = \frac{2}{\pi}.$$

按照陀螺近似理论, $\theta = \text{const}$ 并且点 O_1 按图示箭头方向画圆, 这时 OO_1 的角速度等于 $\dfrac{2}{\pi}\left(\dfrac{1}{\text{s}}\right)$.

例 2 飞机模型以速度 v 绕半径为 ρ 的水平圆盘旋, 螺旋桨和马达相对它们共同转动轴的惯性矩等于 C, 螺旋桨和马达以角速度 ω_1 转动, 求陀螺力矩.

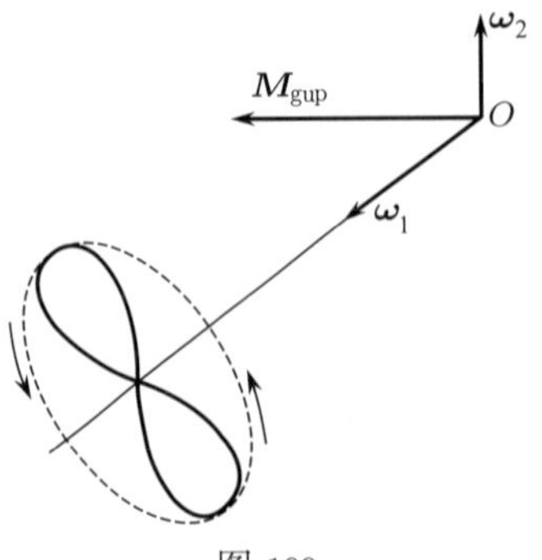

图 109

进动角速度沿竖直方向, 大小等于 v/ρ, 章动角 θ 等于 $\pi/2$. 根据 (46) 得

$$\boldsymbol{M}_{\text{gup}} = C\boldsymbol{\omega}_1 \times \boldsymbol{\omega}_2, \quad M_{\text{gup}} = \frac{Cv\omega_1}{\rho}.$$

陀螺力矩 $\boldsymbol{M}_{\text{gup}}$ 沿水平方向, 陀螺压力沿着竖直方向, 按照图 109 给出的螺旋桨和马达的转动方向, 在飞机由航行方向向左转弯时, 陀螺压力使飞机头部抬起.

§3. 自由刚体运动

108. 自由刚体运动微分方程 设需要求解自由刚体相对固定坐标系 O_aXYZ 的运动. 根据夏莱定理 (第 21 小节), 刚体的任何运动都可以看作刚体上任意点 (基点) 确定的平动和刚体绕该点的定点运动之和. 在描述运动时希望选择基点使其运动的确定最简单. 由动力学基本定理可知, 选择质心为基点是非常方便的, 这是因为质心运动可以看作一个质点在系统全部外力作用下的运动, 而刚体绕质心运动的动量矩和动能 (这些概念的定义参见第 81 小节) 的公式就像定点运动时一样.

设 M 是刚体质量, $\boldsymbol{v}_C$ 是质心速度, $\boldsymbol{K}_C$ 是相对质心的动量矩 (参见第 81 小节), 即相对以质心为原点的平动坐标系. 如果 $\boldsymbol{R}^{(\mathrm{e})}$ 和 $\boldsymbol{M}_C^{(\mathrm{e})}$ 是外力的主向量和对 C 点的主矩, 则由质心运动定理 (第 86 小节) 和动量矩定理 (第 87 小节) 可得 2 个向量方程

$$M\frac{\mathrm{d}\boldsymbol{v}_C}{\mathrm{d}t}=\boldsymbol{R}^{(\mathrm{e})},\quad \frac{\mathrm{d}\boldsymbol{K}_C}{\mathrm{d}t}=\boldsymbol{M}_C^{(\mathrm{e})}. \tag{1}$$

如果 X_C, Y_C, Z_C 是刚体质心在固定坐标系 O_aXYZ 中的坐标, 而 R_X, R_Y, R_Z 是向量 $\boldsymbol{R}^{(\mathrm{e})}$ 在坐标轴 O_aX, O_aY, O_aZ 上的投影, 则 (1) 的第 1 个方程可以写成下面标量形式

$$M\frac{\mathrm{d}^2X_C}{\mathrm{d}t^2}=R_X,\quad M\frac{\mathrm{d}^2Y_C}{\mathrm{d}t^2}=R_Y,\quad M\frac{\mathrm{d}^2Z_C}{\mathrm{d}t^2}=R_Z. \tag{2}$$

设 $CXYZ$ 是平动科尼希坐标系, 而 $Cxyz$ 是与运动刚体固连的坐标系. 如果 p, q, r 是刚体角速度在 Cx, Cy, Cz 上的投影, 而 M_x, M_y, M_z 是向量 $\boldsymbol{M}_C^{(\mathrm{e})}$ 在坐标系 $Cxyz$ 中的分量, 则 (1) 的第 2 个方程可以写成第 97 小节中 (3) 的形式:

$$\begin{aligned}
&J_x\frac{\mathrm{d}p}{\mathrm{d}t}-J_{xy}\frac{\mathrm{d}q}{\mathrm{d}t}-J_{xz}\frac{\mathrm{d}r}{\mathrm{d}t}+(J_z-J_y)qr+J_{yz}(r^2-q^2)+p(J_{xy}r-J_{xz}q)=M_x,\\
&-J_{xy}\frac{\mathrm{d}p}{\mathrm{d}t}+J_y\frac{\mathrm{d}q}{\mathrm{d}t}-J_{yz}\frac{\mathrm{d}r}{\mathrm{d}t}+(J_x-J_z)rp+J_{xz}(p^2-r^2)+q(J_{yz}p-J_{xy}r)=M_y,\\
&-J_{xz}\frac{\mathrm{d}p}{\mathrm{d}t}-J_{yz}\frac{\mathrm{d}q}{\mathrm{d}t}+J_z\frac{\mathrm{d}r}{\mathrm{d}t}+(J_y-J_x)pq+J_{xy}(q^2-p^2)+r(J_{xz}q-J_{yz}p)=M_z.
\end{aligned} \tag{3}$$

这里 $J_x, J_y, J_z, J_{xy}, J_{xz}, J_{yz}$ 是刚体对质心的惯性张量在坐标系 $Cxyz$ 中的分量. 如果 Cx, Cy, Cz 是刚体对质心的惯性主轴, 则方程组 (3) 可以写成第 97 小节中欧拉动力学方程 (4) 的形式.

可以将欧拉运动学方程

$$p=\dot\psi\sin\theta\sin\varphi+\dot\theta\cos\varphi,\quad q=\dot\psi\sin\theta\cos\varphi-\dot\theta\sin\varphi,\quad r=\dot\psi\cos\theta+\dot\varphi \tag{4}$$

给出的 p, q, r 的表达式代入方程组 (3). 欧拉角给出了坐标系 $Cxyz$ 和 $CXYZ$ 之间的方向关系.

方程组 (2)–(4) 构成了描述自由刚体运动的微分方程组. 一般情况下方程组 (2) 和 (3) 的右端依赖于 $X_C, Y_C, Z_C, \psi, \theta, \varphi$ 以及它们的一阶导数和时间, 这种情况下方程组 (2)–(4) 必须同时求解.

在简单情况下单独积分方程组 (2) 和 (3)–(4), 例如自由刚体在均匀重力场中运动, 作用在刚体上的唯一外力是重力, 它作用在重心上, 方向竖直向下. 如果轴 O_aZ 的方向竖直向上, 则方程组 (2) 有如下形式

$$\frac{\mathrm{d}^2X_C}{\mathrm{d}t^2}=0,\quad \frac{\mathrm{d}^2Y_C}{\mathrm{d}t^2}=0,\quad \frac{\mathrm{d}^2Z_C}{\mathrm{d}t^2}=-g,$$

其中 g 为重力加速度. 由此可知, 对任意初始条件, 质心都是沿着抛物线运动. 又由于重力对质心的力矩 $\boldsymbol{M}_C$ 等于零, 因此刚体绕质心的运动是欧拉–泊松运动.

如果刚体不是自由的, 则 X_C, Y_C, Z_C, ψ, θ, φ 以及它们的一阶导数可能满足某些关系式, 方程组还是具有前面的 (2)–(4) 的形式, 但是方程组 (2) 和 (3) 的右边包含约束反力.

例 1 在掷铁饼的时刻, 铁饼面水平, 而质心高于地面 h. 铁饼质心具有水平速度 $\boldsymbol{v}_0$, 而铁饼自身以角速度 $\boldsymbol{\omega}_0$ 转动, $\boldsymbol{\omega}_0$ 与铁饼面的夹角为 $\delta=\pi/4$, 向量 $\boldsymbol{v}_0$ 和 $\boldsymbol{\omega}_0$ 位于固定的竖直平面 O_aYZ 内 (图 110). 忽略空气阻力, 将铁饼当作均质薄圆盘, 求铁饼的运动.

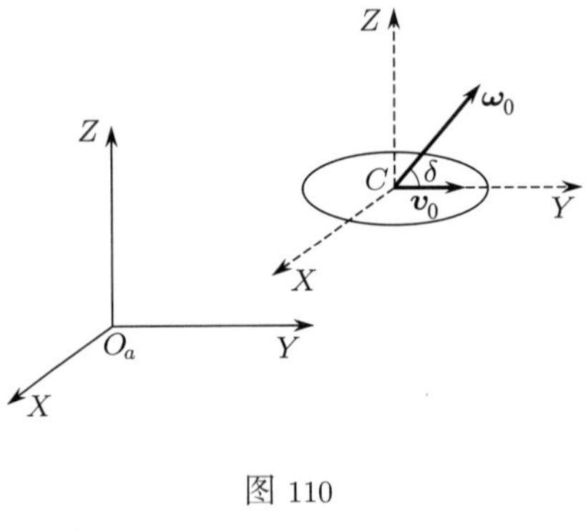

图 110

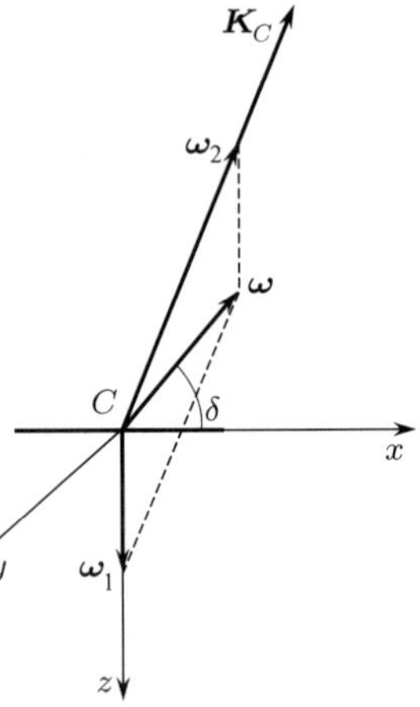

图 111

在固定坐标系 O_aXYZ 中 O_aXY 与水平面重合, 而 O_aZ 轴竖直, 铁饼质心 C 沿着抛物线

$$X_C(t)=0,\quad Y_C(t)=v_0t+Y_C(0),\quad Z_C(t)=h-\frac{gt^2}{2}$$

运动, 铁饼相对平动科尼希坐标系 $CXYZ$ 的运动是规则进动. 为使固连坐标系 $Cxyz$ 的坐标轴是铁饼的中心惯性主轴, 在掷铁饼的时刻, 即 $t=0$ 时, Cx 轴与 CY 重合, Cy 与 CX 重合, 而 Cz 的方向与 CZ 相反 (如图 110 和图 111).

铁饼的中心主惯性矩为 $J_z = 2J_x = J_y = 1/2mR^2$ (m 为铁饼质量, R 为铁饼半径). 因为 $J_z > J_x$, 根据第 100 小节, 向量 $\boldsymbol{\omega}_1$ 和 $\boldsymbol{\omega}_2$ 的夹角 θ 是钝角 (图 111).

在图 111 中画出了 $t=0$ 时向量 $\boldsymbol{\omega}$ 相对铁饼的方向, 显然有 $p=\omega_0\cos\delta,\quad q=0,\quad r=r_0=-\omega_0\sin\delta$, 因此铁饼对质心动量矩的大小为

$$K_C = \sqrt{J_x^2p^2+J_y^2q^2+J_z^2r^2} = J_x\omega_0\sqrt{1+3\sin^2\delta}.$$

由第 100 小节中的公式 (13), (15) 和 (16) 可给出

$$\cos\theta = \frac{J_zr_0}{K_C} = -\frac{2\sin\delta}{\sqrt{1+3\sin^2\delta}},\quad \omega_2=\frac{K_C}{J_x}=\omega_0\sqrt{1+3\sin^2\delta},$$

$$\omega_1 = \frac{J_x-J_z}{J_x}r_0 = \omega_0\sin\delta.$$

向量 $\boldsymbol{K}_C$ 确定了进动轴, 它在空间中的方向不变: 在 CYZ 平面内与水平轴 CY 的夹角为常数 $\theta-\pi/2$. 沿着 $\boldsymbol{K}_C$ 的单位向量 $\boldsymbol{e}$ 在坐标系 $CXYZ$ 中有:

$$\boldsymbol{e}' = \left(0, \frac{\cos\delta}{\sqrt{1+3\sin^2\delta}}, \frac{2\sin\delta}{\sqrt{1+3\sin^2\delta}}\right).$$

将 $\delta=\pi/4$ 代入上式可得, 在科尼希坐标系中铁饼作规则进动:

$$\theta = \pi-\arccos\frac{2}{\sqrt5},\quad \dot\psi=\omega_2=\frac{\sqrt{10}}{2}\omega_0,\quad \dot\varphi=\omega_1=\frac{\sqrt2}{2}\omega_0,$$

进动轴由向量 $\boldsymbol{e}'=(0,1/\sqrt5,2/\sqrt5)$ 确定.

109. 刚体平面运动 设刚体上所有点的运动都平行于平面 O_aXY, 下面研究描述这种平面运动的微分方程. 不失一般性, 可以假设刚体质心位于平面 O_aXY 内, 因此 $Z_C\equiv 0$. 我们还可以假设, 与刚体固连的坐标系 $Cxyz$ 的 Cx, Cy 轴位于平面 O_aXY 内, 即 Cz 轴垂直于该平面, 于是在假设 $\theta\equiv 0, \psi\equiv 0$ 下由欧拉运动学方程 (4) 有

$$p\equiv 0,\quad q\equiv 0,\quad r=\dot\varphi. \tag{5}$$

将 $Z_C\equiv 0$ 代入方程组 (2), 将 (5) 中 p,q,r 的表达式代入方程 (3) 得

$$M\frac{\mathrm{d}^2X_C}{\mathrm{d}t^2}=R_X,\quad M\frac{\mathrm{d}^2Y_C}{\mathrm{d}t^2}=R_Y,\quad R_Z=0. \tag{6}$$

$$-J_{xz}\frac{\mathrm{d}^2\varphi}{\mathrm{d}t^2}+J_{yz}\left(\frac{\mathrm{d}\varphi}{\mathrm{d}t}\right)^2=M_x,\quad -J_{yz}\frac{\mathrm{d}^2\varphi}{\mathrm{d}t^2}-J_{xz}\left(\frac{\mathrm{d}\varphi}{\mathrm{d}t}\right)^2=M_y,\quad J_z\frac{\mathrm{d}^2\varphi}{\mathrm{d}t^2}=M_z. \tag{7}$$

方程组 (6) 的最后一个方程和 (7) 的前两个方程给出了对刚体质心、外力和部分初始条件的限制, 在满足这些限制下平面运动才是可能的. 其它 3 个方程

$$M\frac{\mathrm{d}^2X_C}{\mathrm{d}t^2}=R_X,\quad M\frac{\mathrm{d}^2Y_C}{\mathrm{d}t^2}=R_Y,\quad J_z\frac{\mathrm{d}^2\varphi}{\mathrm{d}t^2}=M_z \tag{8}$$

是刚体平面运动微分方程.

例 1 刚体在大小和方向都不变的力 $\boldsymbol{F}$ 的作用下作平面运动, 力的作用线位于过刚体质心并平行于运动的平面内 (图 112), 求刚体的运动.

设 m 为刚体质量, a 是质心到力作用点的距离, J 是刚体对过质心并垂直于运动平面的轴的惯性矩, 我们来写出刚体运动方程 (8). 选择 O_aX 的方向使其与力 $\boldsymbol{F}$ 的方向重合 (图 112), 那么

$$m\ddot{X}_C = F, \qquad m\ddot{Y}_C = 0, \qquad J\ddot{\varphi} = -Fa\sin\varphi.$$

由前两个方程可知, 刚体质心沿着抛物线运动 (在 $\dot{Y}_C \neq 0$ 时)

$$X_C(t) = \frac{Ft^2}{2m} + \dot{X}_C(0)t + X_C(0), \quad Y_C(t) = \dot{Y}_C(0)t + Y_C(0);$$

如果 $\dot{Y}_C = 0$, 则质心以常加速度 F/m 沿着平行于 O_aX 轴的直线运动, 在时间 t 内运动的距离为 $s = \dfrac{Ft^2}{2m} + \dot{X}_C(0)t$.

刚体同时绕质心转动, 由运动方程中第 3 个方程描述. 将该方程与数学摆运动方程 (第57 小节中方程 (6)) 相比可以发现, 刚体相对质心的运动类似于摆长为 $l = Jg/(Fa)$ 的单摆运动.

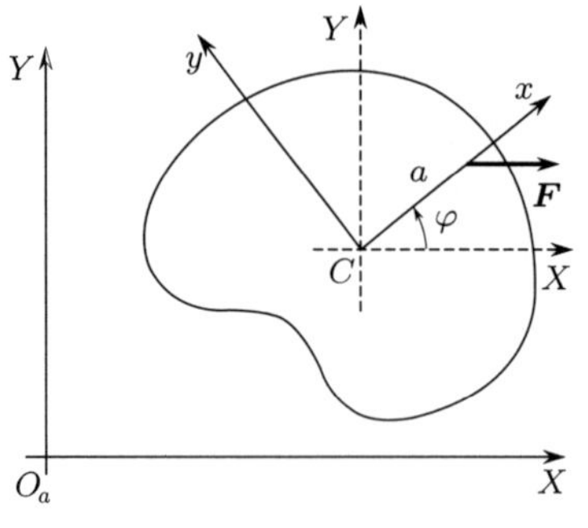

图 112

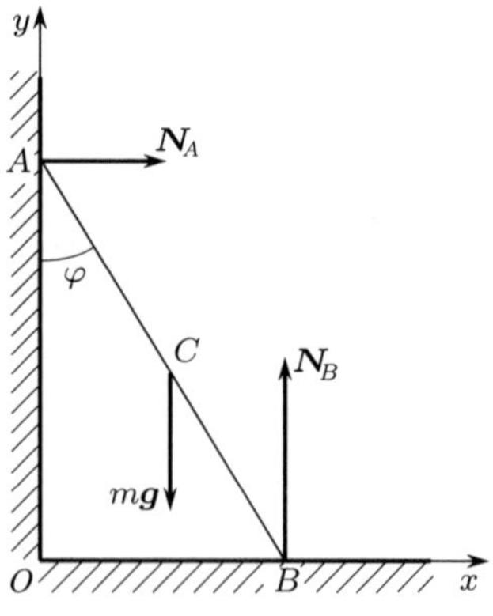

图 113

例 2 均质细杆一端放在光滑地面上, 另一端靠在光滑墙上 (图 113). 当杆与墙成 α 角时由静止开始运动, 求运动开始时杆对地和墙的压力.

杆受重力 mg 以及地和墙的约束反力 $\boldsymbol{N}_B, \boldsymbol{N}_A$, 其中 $\boldsymbol{N}_A$ 沿水平方向, $\boldsymbol{N}_B$ 沿竖直方向. 设 a 为杆长, 而 x, y 是杆的质心在图 113 所示坐标系 Oxy 中的坐标, 杆的运动微分方程为

$$m\ddot{x} = N_A, \quad m\ddot{y} = N_B - mg,$$

$$\frac{1}{12}ma^2\ddot{\varphi} = -\frac{1}{2}N_A a\cos\varphi + \frac{1}{2}N_B a\sin\varphi.$$

由

$$x = \frac{1}{2}a\sin\varphi, \qquad y = \frac{1}{2}a\cos\varphi$$

可得

$$\ddot{x} = \frac{a}{2}(\cos\varphi\cdot\ddot{\varphi} - \sin\varphi\cdot\dot{\varphi}^2), \quad \ddot{y} = -\frac{a}{2}(\sin\varphi\cdot\ddot{\varphi} + \cos\varphi\cdot\dot{\varphi}^2),$$

因此由杆的运动微分方程的前 2 个可得

$$N_A = \frac{1}{2}ma(\cos\varphi\cdot\ddot{\varphi} - \sin\varphi\cdot\dot{\varphi}^2), \quad N_B = mg - \frac{1}{2}ma(\sin\varphi\cdot\ddot{\varphi} + \cos\varphi\cdot\dot{\varphi}^2).$$

将这些表达式代入杆运动微分方程的第 3 个, 并考虑到 $t=0$ 时有 $\varphi=\alpha, \dot{\varphi}=0$, 可得在 $t=0$ 时有

$$\ddot{\varphi} = \frac{3g}{2a}\sin\alpha,$$

进而可得初始压力的大小为

$$N_A = \frac{3}{4}mg\sin\alpha\cos\alpha,$$

$$N_B = mg\left(1 - \frac{3}{4}\sin^2\alpha\right).$$

例 3 非均质圆盘在固定水平面上无滑动滚动, 圆盘面始终位于固定竖直平面内 (见第 87 小节的例 4). 圆盘质量为 m, 半径为 a, 质心 C 与圆盘几何中心的距离为 b, 圆盘对垂直于盘面并过质心的轴的惯性矩为 J_C, 试利用平面运动理论求圆盘的运动微分方程.

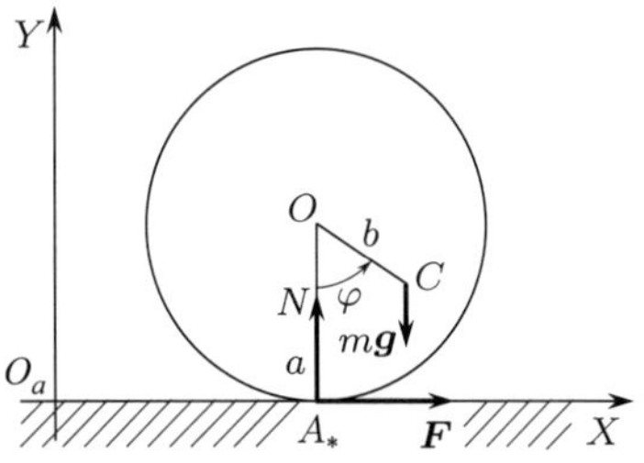

图 114

圆盘在重力和水平面的约束反力作用下运动, 约束反力作用在圆盘上, 与地面接触点为 A_*, 将约束反力分解为竖直力 $\boldsymbol{N}$ 和水平力 $\boldsymbol{F}$ (图 114).

对于该问题, 方程组 (8) 写成

$$m\ddot{X}_C = F,$$
$$m\ddot{Y}_C = N - mg,$$
$$J_C\ddot{\varphi} = F(a - b\cos\varphi) - Nb\sin\varphi.$$

由无滑动条件 (A_* 点速度等于零) 可知, 在运动过程中应该满足下面等式

$$\dot{X}_C = -(a - b\cos\varphi)\dot{\varphi}, \quad \dot{Y}_C = b\sin\varphi\cdot\dot{\varphi},$$

进而有

$$\ddot{X}_C = -(a - b\cos\varphi)\ddot{\varphi} - b\sin\varphi\cdot\dot{\varphi}^2, \quad \ddot{Y}_C = b\sin\varphi\cdot\ddot{\varphi} + b\cos\varphi\cdot\dot{\varphi}^2,$$

因此在圆盘的 3 个运动微分方程中前 2 个给出水平面约束反力依赖于 $\varphi,\dot{\varphi},\ddot{\varphi}$ 的关系:

$$N = mg + mb(\sin\varphi\cdot\ddot{\varphi} + \cos\varphi\cdot\dot{\varphi}^2),$$

$$F = -m[(a - b\cos\varphi)\ddot{\varphi} + b\sin\varphi\cdot\dot{\varphi}^2].$$

将这些表达式代入第 3 个运动微分方程就得到 φ 满足的微分方程

$$[J_C + m(a^2 + b^2 - 2ab\cos\varphi)]\ddot{\varphi} + mab\sin\varphi\cdot\dot{\varphi}^2 + mgb\sin\varphi = 0.$$

在第 87 小节的例 4 中利用动量矩定理也得到过这个方程.

§4. 重刚体沿水平面的运动

110. 一般引言 · 摩擦概念 设刚性曲面 S 沿着固定曲面 S_1 运动 (图 115), 假设曲面 S 和 S_1 都是凸的, 相切于 O 点. 一般来说, 在 S 运动时点 O 既沿着 S 运动又沿着 S_1 运动, 假设在每个时刻, 经过 O 点只能有唯一的 S 和 S_1 切平面. 显然, 点 O 的速度 $\boldsymbol{v}_O$ 位于过 O 点的公共切平面内. 如果 $\boldsymbol{v}_O = \mathbf{0}$ 则称运动是无滑动的, 如果 $\boldsymbol{v}_O \neq \mathbf{0}$ 则称运动是有滑动的, 而 $\boldsymbol{v}_O$ 称为*滑动速度*.

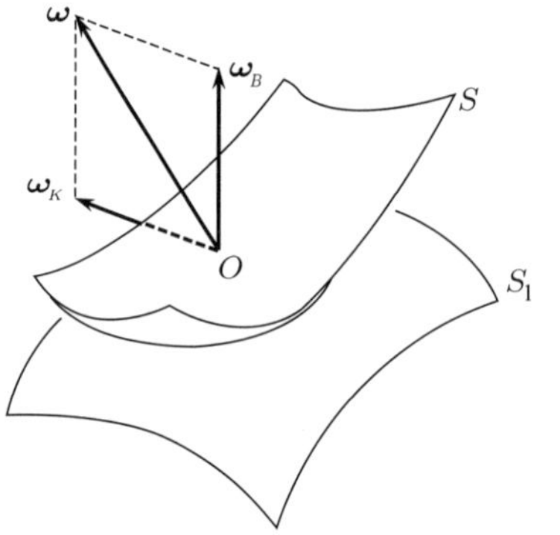

图 115

取 O 为基点, 那么在每个时刻曲面 S 的运动可以看作以速度 $\boldsymbol{v}_O$ 平动和以角速度 $\boldsymbol{\omega}$ 绕 O点转动. 将向量 $\boldsymbol{\omega}$ 分解为 2 个向量 $\boldsymbol{\omega}_B$ 和 $\boldsymbol{\omega}_K$, 其中 $\boldsymbol{\omega}_B$ 垂直于公共切平面, 称为曲面 S 的*转动角速度*; 而 $\boldsymbol{\omega}_K$ 位于公共切平面内, 称为曲面 S 的*滚动角速度*.

如果 $\boldsymbol{v}_O = \mathbf{0}$ 则称曲面 S 在曲面 S_1 上滚动; 如果同时 $\boldsymbol{\omega}_B = \mathbf{0}, \boldsymbol{\omega}_K \neq \mathbf{0}$, 则曲面 S 在曲面 S_1 上作纯滚动, 而如果 $\boldsymbol{\omega}_B \neq \mathbf{0}, \boldsymbol{\omega}_K = \mathbf{0}$, 则曲面 S 作转动. 当 $\boldsymbol{v}_O \neq \mathbf{0}$ 而 $\boldsymbol{\omega}_B = \mathbf{0}, \boldsymbol{\omega}_K = \mathbf{0}$ 时, 则称曲面 S 在曲面 S_1 上滑动. 一般来说, $\boldsymbol{v}_O \neq \mathbf{0}$, $\boldsymbol{\omega}_B \neq \mathbf{0}$, $\boldsymbol{\omega}_K \neq \mathbf{0}$, 曲面 S 在曲面 S_1 上既滑动又转动和滚动.

曲面 S_1 对 S 的作用力包括以下几个: 1) 作用在 S 上的 $\boldsymbol{N}$ 垂直于公共切平面, 从 S_1 指向 S, 这个力称为*法向约束反力*, 对于实际运动来说 $N \geqslant 0$; 2) 作用在 S 上的摩擦力 $\boldsymbol{F}$ 位于公共切平面内. 根据库仑摩擦定律, 摩擦力的大小 F 不超过其最大可能值 kN, 其中 k 是摩擦系数. 如果这时 $\boldsymbol{v}_O = \mathbf{0}$ 则 $F < kN$. 这时 $\boldsymbol{F}$ 称为*静摩擦力*. 当 $\boldsymbol{v}_O \neq \mathbf{0}$ 时有 $F = kN$, 而 $\boldsymbol{F}$ 称为*滑动摩擦力*①.

①应该指出, 摩擦是非常复杂的现象, 库仑摩擦定律只是近似的.

有时理想化地认为曲面是绝对光滑的,就是说,k 充分小以至于摩擦力可以忽略不计. 如果曲面 S_1 绝对光滑, 则它对 S 的作用力只有法向约束反力 $\boldsymbol{N}$.

实际上刚体的相互接触不是一个点,而是一个很小的面,那么曲面 S_1 对 S 的作用力不能简化为一个力 (法向约束反力和摩擦力的几何和). 根据泊松定理 (第 77 小节),接触面上所有点作用在 S 上的力可以简化为力和力偶,其中力还可以分解为法向约束反力和摩擦力,而力偶看作 2 个力偶之和更加方便,一个力偶的力偶矩与 $\boldsymbol{\omega}_B$ 共线,另一个与 $\boldsymbol{\omega}_K$ 共线,第 1 个是转动摩擦力偶,第 2 个是滚动摩擦力偶. 转动摩擦和滚动摩擦与滑动摩擦相比通常是非常小的,在实际问题中经常只考虑滑动摩擦.

111. 陀螺在绝对光滑平面上的运动 设刚体对其质心的惯性椭球是旋转椭球,陀螺在绝对光滑平面上的运动问题是研究刚体在重力场中的运动,这时假设刚体动力学对称轴上一个点沿着水平面运动. 我们假设陀螺有非常锋利的尖端,可以看成一个点 D,在陀螺运动过程中 D 点始终保持在固定水平面上 (图 116).

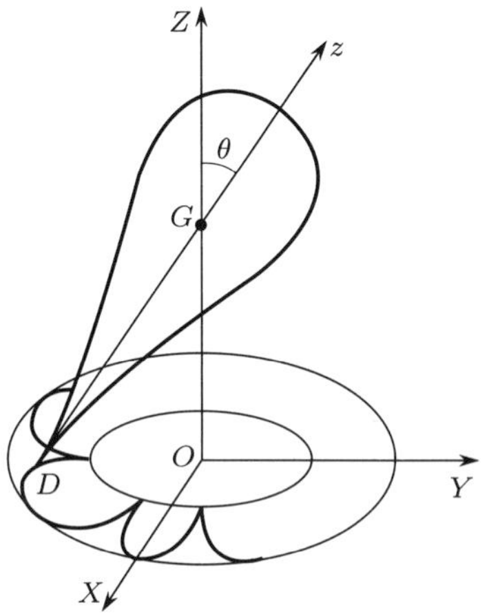

图 116

我们还假设平面是绝对光滑的,那么平面对陀螺的作用力可以简化为竖直方向的约束反力$\boldsymbol{N}$. 因为主动力重力也在竖直方向上,根据质心运动定理 (第 86 小节) 可知,质心 G 在水平面上的投影作等速直线运动. 不失一般性,假设该投影是固定不动的,那么质心在给定竖直方向上运动.

选取固定坐标系 $OXYZ$ 使其 OZ 轴竖直向上并通过陀螺质心,而 OXY 平面与陀螺上的 D 点运动的水平面重合 (图 116).

陀螺相对固定坐标系的方向由欧拉角 ψ, θ, φ 给出.

设 m 是陀螺质量,l 是质心 G 到 D 点的距离,C 是陀螺对其对称轴 Gz 的惯性矩,A 和 B $(A = B)$ 是陀螺对任意相互垂直并垂直于 Gz 的固连于陀螺的 Gx 和 Gy 轴的惯性矩. 对于陀螺质心在支撑面的高度 h 有 $h = l\cos\theta$.

因为 $A = B$ 且外力 (平面约束反力和重力) 对 Gz 轴没有力矩,故由欧拉动力学方程 (第 97 小节中的公式 (4)) 的第 3 个方程可知,陀螺角速度 $\boldsymbol{\omega}$ 在其动力学对称轴上的投影为常数,即有第一积分

$$r = r_0 = \text{const}. \tag{1}$$

设 p, q 是 $\boldsymbol{\omega}$ 在 Gx 和 Gy 轴上的投影. 因为外力沿竖直方向,对竖直轴 OZ 没有力矩,所以由动量矩定理可知陀螺对质心的动量矩在竖直方向投影为常数

$$Ap\gamma_1 + Aq\gamma_2 + Cr\gamma_3 = \text{const},$$

其中 $\gamma_1, \gamma_2, \gamma_3$ 按第 105 小节中公式 (30) 计算. 利用欧拉运动学方程 (第 97 小节中的公式 (5)) 和关系式 (1), 上面等式可以写成

$$A\sin^2\theta\dot{\psi} + Cr_0\cos\theta = \text{const}. \tag{2}$$

又因为陀螺的约束 ($h = l\cos\theta$) 是定常理想的, 主动力有势 $\Pi = mgh$ 且不显含时间, 所以机械能守恒 (第 88 小节):

$$E = T + \Pi = \text{const},$$

其中 T 是陀螺的动能, 根据科尼希定理 (第 83 小节) 有

$$T = \frac{1}{2}mv_G^2 + \frac{1}{2}A(p^2+q^2) + \frac{1}{2}Cr^2,$$

其中 $v_G = \dot{h}$ 是陀螺质心的速度. 利用欧拉运动学方程, 关系式 (1) 以及 $\dot{h} = -l\sin\theta\dot{\theta}$, 能量积分重新写成为

$$(A + ml^2\sin^2\theta)\dot{\theta}^2 + A\sin^2\theta\dot{\psi}^2 + 2mgl\cos\theta = \text{const}. \tag{3}$$

利用积分 (1)–(3) 可以将问题的解积分出来. 我们不研究一般情况的运动, 只研究一个特殊情况, 设初始时刻陀螺绕对称轴旋转, 质心没有初始速度, 在初始时刻陀螺对称轴与竖直方向夹角为 θ_0. 这就是说, 在初始时刻 $t = 0$ 有

$$\dot{\psi} = 0, \quad \dot{\theta} = 0, \quad \theta = \theta_0, \quad \dot{\varphi} = r_0.$$

此外, 我们前面已经假设质心在 OXY 平面上投影的速度为零.

对于这样的初始条件, 积分 (2) 和 (3) 可以重新写成

$$A\sin^2\theta\dot{\psi} = Cr_0(\cos\theta_0 - \cos\theta), \tag{4}$$

$$(A + ml^2\sin^2\theta)\dot{\theta}^2 + A\sin^2\theta\dot{\psi}^2 = 2mgl(\cos\theta_0 - \cos\theta). \tag{5}$$

由 (4) 求出

$$\dot{\psi} = \frac{Cr_0(\cos\theta_0 - \cos\theta)}{A\sin^2\theta}. \tag{6}$$

利用 (6) 将积分 (5) 写成

$$A\sin^2\theta(A + ml^2\sin^2\theta)\dot{\theta}^2 = f(\theta), \tag{7}$$

其中

$$f(\theta) = (\cos\theta_0 - \cos\theta)[2Amgl\sin^2\theta - C^2r_0^2(\cos\theta_0 - \cos\theta)]. \tag{8}$$

公式 (7) 左边非负, 因此角 θ 取值必须满足 $f(\theta)\geqslant 0$. 由此可知 $\theta\geqslant\theta_0$, 这是因为在 $\theta < \theta_0$ 时函数 $f(\theta)$ 的 2 个因子符号相反. 角 θ 在 θ_0 和 θ_1 之间震荡, θ_1 是方程

$f(\theta)=0$ 的 θ_0 附近的根. 由 $f(\pi)=-(1+\cos\theta_0)^2C^2r_0^2<0$ 可知 $\theta_1<\pi$, 可见陀螺的运动满足不等式 $\theta_0\leqslant\theta\leqslant\theta_1<\pi$. 线段 OD (图 116) 的长度满足不等式

$$l\sin\theta_0\leqslant OD\leqslant l\sin\theta_1.$$

因此 D 点在支撑平面上的轨迹位于以 O 为中心, 半径分别为 $l\sin\theta_0$ 和 $l\sin\theta_1$ 的同心圆之间.

由 (6) 可知, 当 θ 在运动过程中取初始值 θ_0 时有 $\dot\psi=0$, 由此可得, D 点的轨迹在半径为 $l\sin\theta_0$ 的圆内有拐点 (图 116).

如果陀螺绕自己对称轴的转动角速度 r_0 很大, 则角 θ 偏离初始值很小. 事实上, 令等式 (8) 中的方括号等于零, 忽略 $1/r_0^3$ 量级后得角 θ_1 的公式

$$\theta_1=\theta_0+\frac{2Amgl\sin\theta_0}{C^2r_0^2}.$$

由此可见, 如果 r_0 充分大, θ_1 以及 θ 非常接近 θ_0.

112. 摩擦对陀螺运动的影响 实际上陀螺的固定支撑平面不是绝对光滑的, 而陀螺尖端也不够锋利, 是多多少少有点锋利的旋转曲面, 使得陀螺与平面的接触点 D 不在对称轴上. 由于这个原因, 陀螺运动将会不同于第 111 小节中描述的运动.

摩擦力影响的最有趣的效果之一是, 它使陀螺对称轴接近竖直方向. 根据动量矩定理来定性研究这个效果, 设陀螺绕对称轴高速旋转, 质心无初速度, 其对称轴与竖直方向夹角 θ_0 为锐角.

陀螺对质心的动量矩 $\boldsymbol{K}$ 在初始时刻的方向如图 117 所示. 设 D 是陀螺足上的点, 陀螺以该点与平面接触. 现在陀螺足不是锋利的, 摩擦力 $\boldsymbol{F}$ 的方向与 D 点速度相反, 摩擦力对陀螺质心的矩 $\boldsymbol{M}$ 垂直于通过质心 G 和力 $\boldsymbol{F}$ 的平面. 向量 $\boldsymbol{M}$ 可以分解为 $\boldsymbol{M}_1$ 和 $\boldsymbol{M}_2$, 其中向量 $\boldsymbol{M}_1$ 垂直于 $\boldsymbol{K}$, 而向量 $\boldsymbol{M}_2$ 与 $\boldsymbol{K}$ 共线, 但 (在图 117 上) 方向与 $\boldsymbol{K}$ 相反. 按照动量矩定理, 向量 $\boldsymbol{K}$ 的端点速度等于 $\boldsymbol{M}$. 由此可知, 向量 $\boldsymbol{K}$ 大小减少 (因为存在摩擦力矩的分量 $\boldsymbol{M}_2$), 方向趋向竖直 (因为存在摩擦力矩的分量 $\boldsymbol{M}_1$), 于是, 向量 $\boldsymbol{K}$ 与陀螺对称轴在摩擦力的作用下趋向竖直方向. 如果摩擦力的作用持续时间足够长, 则陀螺对称轴最终会达到严格的竖直位置并保持不动, 这种情况称为陀螺在“睡眠”.

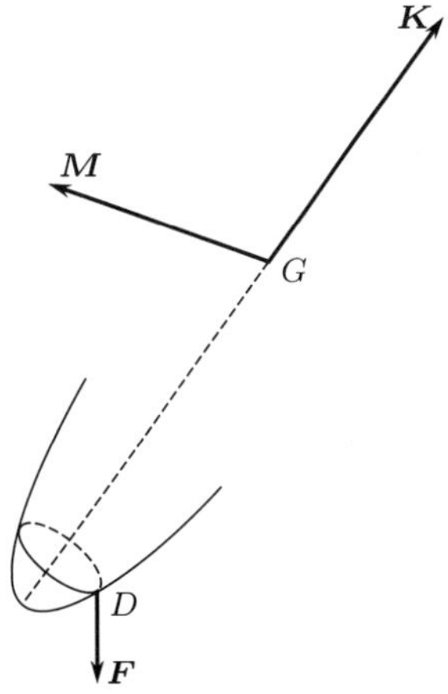

图 117

113. 存在摩擦时均匀球在平面上的运动 设质量为 m 半径为 a 的均质球在固定的粗糙水平面上运动, 引进 2 个坐标系: 固定坐标系 $OXYZ$, 以固定平面上任意

点 O 为原点, OZ 轴竖直; 平动坐标系 $GXYZ$, 以球的质心 G 为原点, 坐标轴相应地平行于固定坐标系各轴 (图 118).

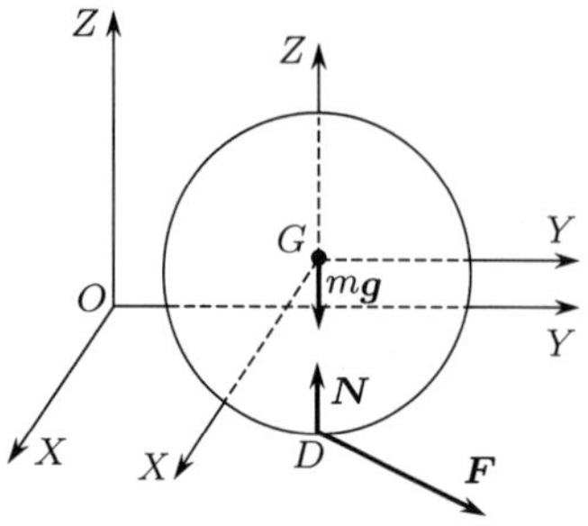

图 118

平面的约束反力 $\boldsymbol{R}$ 为 2 个力的和: $\boldsymbol{R}=\boldsymbol{N}+\boldsymbol{F}$, 其中 $\boldsymbol{N}$ 是平面的法向约束反力, 而 $\boldsymbol{F}$ 是摩擦力. 如果 $\boldsymbol{\omega}$ 是球的角速度, 而 $\boldsymbol{v}_G$ 为质心速度, 则球上与平面接触的 D 点的速度 $\boldsymbol{v}_D$ 计算公式如下

$$\boldsymbol{v}_D=\boldsymbol{v}_G+\boldsymbol{\omega}\times\overline{GD}, \tag{9}$$

滑动摩擦力为

$$\boldsymbol{F}=-kN\boldsymbol{u}, \tag{10}$$

其中 k 为摩擦系数, $\boldsymbol{u}$ 是单位向量, 沿着 D 点的速度方向: $\boldsymbol{v}_D=v_D\boldsymbol{u}$.

根据质心运动定理有

$$m\frac{\mathrm{d}\boldsymbol{v}_G}{\mathrm{d}t}=m\boldsymbol{g}+\boldsymbol{R}. \tag{11}$$

设 $\boldsymbol{K}_G$ 是球对质心的动量矩, 那么考虑到球对任意直径的惯性矩等于 $(2/5)ma^2$, 有

$$\boldsymbol{K}_G=\frac{2}{5}ma^2\boldsymbol{\omega}. \tag{12}$$

对质心的动量矩定理给出方程

$$\frac{\mathrm{d}\boldsymbol{\omega}}{\mathrm{d}t}=\frac{5}{2ma^2}\overline{GD}\times\boldsymbol{R}. \tag{13}$$

设 X_G, Y_G, Z_G 是质心在坐标系 $OXYZ$ 中的坐标, 而 F_X, F_Y 是摩擦力在 OX, OY 轴上的投影, 方程 (11) 的标量形式为

$$\frac{\mathrm{d}^2X_G}{\mathrm{d}t^2}=\frac{1}{m}F_X,\quad \frac{\mathrm{d}^2Y_G}{\mathrm{d}t^2}=\frac{1}{m}F_Y,\quad \frac{\mathrm{d}^2Z_G}{\mathrm{d}t^2}=-g+\frac{1}{m}N. \tag{14}$$

因为 $Z_G=a=\mathrm{const}$, 上面最后一个方程给出 $N=mg$, 即平面的法向约束反力等于球的重量, 并且不依赖于球在平面上滑动 ($\boldsymbol{v}_D\neq\boldsymbol{0}$) 或是不滑动 ($\boldsymbol{v}_D=\boldsymbol{0}$).

如果 $\omega_X, \omega_Y, \omega_Z$ 是向量 $\boldsymbol{\omega}$ 在 GX, GY, GZ 轴上的投影, 则向量方程 (13) 给出下面 3 个标量方程

$$\frac{\mathrm{d}\omega_X}{\mathrm{d}t}=\frac{5}{2ma}F_Y,\quad \frac{\mathrm{d}\omega_Y}{\mathrm{d}t}=-\frac{5}{2ma}F_X,\quad \frac{\mathrm{d}\omega_Z}{\mathrm{d}t}=0. \tag{15}$$

最后一个方程表明, 在球运动过程中其角速度在竖直方向的投影为常数, 这个结论不依赖于球是否滑动.

设初始时刻 $\boldsymbol{v}_D\neq\boldsymbol{0}$, 即有滑动. 由于 $N=mg$, 从方程 (10) 可得, 存在滑动时摩擦力大小为常数: $F=kmg$. 我们将证明摩擦力的方向不变, 为此将方程 (9) 的

两边对时间求导并利用方程 (11) 和 (13) 以及等式 $\boldsymbol{R} = -m\boldsymbol{g} + \boldsymbol{F}$, $\overline{GD} = (a/g)\boldsymbol{g}$, 可得

$$\frac{\mathrm{d}\boldsymbol{v}_D}{\mathrm{d}t} = \frac{7}{2m}\boldsymbol{F}. \tag{16}$$

将 $\boldsymbol{v}_D$ 用 $v_D\boldsymbol{u}$ 代替, $\boldsymbol{F}$ 用 (10) 的右端代替, 可得

$$\frac{\mathrm{d}v_D}{\mathrm{d}t}\boldsymbol{u} + v_D\frac{\mathrm{d}\boldsymbol{u}}{\mathrm{d}t} = -\frac{7}{2}kg\boldsymbol{u}. \tag{17}$$

因为 $\boldsymbol{u}$ 是单位向量, 故 $\mathrm{d}\boldsymbol{u}/\mathrm{d}t$ 垂直于 $\boldsymbol{u}$, 因此由 (17) 可知,

$$\frac{\mathrm{d}\boldsymbol{u}}{\mathrm{d}t} = \boldsymbol{0}, \quad \frac{\mathrm{d}v_D}{\mathrm{d}t} = -\frac{7}{2}kg. \tag{18}$$

可见, 向量 $\boldsymbol{u}$ 的方向不变, 进而摩擦力是常量:

$$\boldsymbol{F} = -kmg\boldsymbol{u}. \tag{19}$$

根据 (18), D 点的速度随时间的变化规律为

$$v_D(t) = v_D(0) - \frac{7}{2}kgt. \tag{20}$$

如果用 α 表示 D 点的速度与 OX 轴的夹角, 则由 (14) 的前 2 个方程得

$$\begin{aligned} X_G(t) &= -\frac{1}{2}kg\cos\alpha\cdot t^2 + \dot{X}_G(0)t + X_G(0), \\ Y_G(t) &= -\frac{1}{2}kg\sin\alpha\cdot t^2 + \dot{Y}_G(0)t + Y_G(0). \end{aligned} \tag{21}$$

由 (15) 的前 2 个方程得

$$\omega_X(t) = \omega_X(0) - \frac{5kg\sin\alpha}{2a}t, \quad \omega_Y(t) = \omega_Y(0) + \frac{5kg\cos\alpha}{2a}t. \tag{22}$$

由 (21) 可知, 如果初始时刻质心速度和接触点速度不平行, 则在滑动阶段球的质心沿着抛物线运动. 根据 (20) 这样的运动一直持续到 $t = t_*$ 时刻, 其中

$$t_* = \frac{2v_D(0)}{7kg}. \tag{23}$$

当 $t = t_*$ 时 $v_D = 0$, 滑动球停止滑动开始滚动 (也转动). 因为 $v_D = 0$, 由 (16) 可知, 在滚动阶段摩擦力为零, 进而由 (14) 可知质心沿直线运动. 又根据 (15), 在球滚动时角速度 $\boldsymbol{\omega}$ 大小和方向都不变, D 点在平面上沿直线运动, 而在球面上沿着垂直于向量 $\boldsymbol{\omega}$ 的固定圆运动.

在转换到滚动状态过程中球心沿着抛物线 (20) 的切线运动, 如果该切线与球心初始速度成钝角, 则球可以向后返回: 这是杂技中的著名节目.

114. 任意凸形重刚体的运动方程 设刚体在重力场中沿着固定水平面运动, 刚体以其非锋利的没有楞边的凸面上的点与水平面接触.

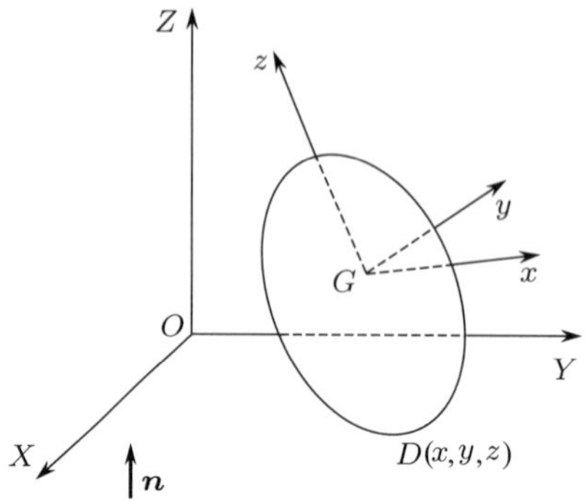

图 119

我们研究刚体相对以支撑水平面上某点 O 为原点的固定坐标系 $OXYZ$ 的运动, OZ 轴竖直向上 (图 119), 该轴的单位向量用 $\boldsymbol{n}$ 表示. 与运动刚体固连的坐标系 $Gxyz$ 以刚体质心为原点, 坐标轴为中心惯性主轴. 刚体与平面接触点 D 相对质心的向径 $\boldsymbol{\rho}$ 在坐标系 $Gxyz$ 中的坐标为 x, y, z. 刚体的表面方程在坐标系 $Gxyz$ 中写作

$$f(x, y, z) = 0, \tag{24}$$

选择函数 f 的符号使得曲面 (24) 在 D 点的法线与单位向量 $\boldsymbol{n}$ 重合

$$\boldsymbol{n} = -\frac{\mathrm{grad} f}{|\mathrm{grad} f|}. \tag{25}$$

设 m 是刚体质量, g 是重力加速度, $\boldsymbol{v}$ 是质心速度, $\boldsymbol{\omega}$ 是刚体角速度, $\boldsymbol{K}$ 是刚体对质心的动量矩, $\boldsymbol{R}$ 是平面的约束反力. 刚体的运动微分方程写成 2 个向量方程:

$$\dot{\boldsymbol{v}} + \boldsymbol{\omega} \times \boldsymbol{v} = -g\boldsymbol{n} + \frac{1}{m}\boldsymbol{R} \tag{26}$$

和

$$\dot{\boldsymbol{K}} + \boldsymbol{\omega} \times \boldsymbol{K} = \boldsymbol{\rho} \times \boldsymbol{R}, \tag{27}$$

这就是动量定理和动量矩定理. 在方程 (26), 方程 (27) 中符号上面的点表示在动坐标系 $Gxyz$ 中对时间的导数.

向量 $\boldsymbol{n}$ 相对固定坐标系 $OXYZ$ 是不变的, 所以它满足泊松方程 (参见第 105 小节):

$$\dot{\boldsymbol{n}} + \boldsymbol{\omega} \times \boldsymbol{n} = \boldsymbol{0}. \tag{28}$$

方程 (26)–(28) 对无滑动情况、有滑动也有摩擦力的情况以及平面绝对光滑情况都是成立的. 但这些情况下的补充方程是各不相同的, 反映了刚体与平面的相互作用.

设运动是无滑动的, 那么刚体与平面的接触点 D 的速度为零, 这就给出了向量约束方程:

$$\dot{\boldsymbol{v}} + \boldsymbol{\omega} \times \boldsymbol{\rho} = \boldsymbol{0}. \tag{29}$$

方程 (26)–(29) 再加上 (24) 和 (25), 是完整的方程组, 可以确定 12 个未知数: $v_x, v_y, v_z, p, q, r, x, y, z, R_x, R_y, R_z$, 它们是向量 $\boldsymbol{v}, \boldsymbol{\omega}, \boldsymbol{\rho}, \boldsymbol{R}$ 在坐标系 $Gxyz$ 中的分量.

由动能定理可知, 在没有滑动时机械能守恒, 即

$$E = \frac{1}{2}mv^2 + \frac{1}{2}(\boldsymbol{K}\cdot\boldsymbol{\omega}) - mg(\boldsymbol{\rho}\cdot\boldsymbol{n}) = \text{const}. \tag{30}$$

设平面绝对光滑, 那么约束反力 $\boldsymbol{R}$ 垂直于平面:

$$\boldsymbol{R} = N\boldsymbol{n}. \tag{31}$$

约束限制了刚体上 D 点速度沿着水平方向

$$\boldsymbol{n}\cdot(\boldsymbol{v} + \boldsymbol{\omega}\times\boldsymbol{\rho}) = 0. \tag{32}$$

设 X_G, Y_G, Z_G 是质心在固定坐标系 $OXYZ$ 中的坐标, 关系式 (32) 也可以写成

$$\dot{Z}_G = -\boldsymbol{n}\cdot(\boldsymbol{\omega}\times\boldsymbol{\rho}), \tag{33}$$

不难验证该等式可以从几何约束 $Z_G = -(\boldsymbol{\rho}\cdot\boldsymbol{n})$ 得到.

方程 (26) 在坐标系 $OXYZ$ 中有

$$\ddot{X}_G = 0, \quad \ddot{Y}_G = 0, \quad \ddot{Z}_G = -g + \frac{N}{m}. \tag{34}$$

由前 2 个方程可知, 在平面绝对光滑情况下, 刚体质心在平面上的投影作等速直线运动. 由第 3 个方程以及关系式 (33) 和 (28) 可以得到法向约束反力

$$N = mg - m\boldsymbol{n}\cdot[\dot{\boldsymbol{\omega}}\times\boldsymbol{\rho} + \boldsymbol{\omega}\times\dot{\boldsymbol{\rho}} + \boldsymbol{\omega}\times(\boldsymbol{\omega}\times\boldsymbol{\rho})]. \tag{35}$$

方程 (27), (28) 再加上 (24), (25), (31), (35) 构成的方程组可以确定 6 个未知数 p, q, r, x, y, z. 求出这些未知数后, 约束反力和质心在竖直方向的运动规律就可以利用 (35) 和 (34) 确定.

可以发现, 在平面绝对光滑情况下, 除了能量积分 (30) 和前面指出的与质心在平面上投影运动相关的积分之外, 还有刚体动量矩在竖直方向投影为常数:

$$\boldsymbol{K}\cdot\boldsymbol{n} = \text{const}. \tag{36}$$

这个积分可以从动量矩定理得到, 这是因为作用在刚体上的外力 (重力和平面约束反力) 沿着竖直方向, 对过质心的竖直轴没有矩.

我们再来研究刚体有滑动也有摩擦的情况, 摩擦力按库仑定律计算. 设 $\boldsymbol{v}_D = \boldsymbol{v} + \boldsymbol{\omega}\times\boldsymbol{\rho}$ 是球上 D 点的速度并且 $\boldsymbol{v}_D \neq \boldsymbol{0}$, 那么平面约束反力 $\boldsymbol{R}$ 可以写成

$$\boldsymbol{R} = N\boldsymbol{n} + \boldsymbol{F}, \tag{37}$$

其中 $N\boldsymbol{n}$ 是平面的法向约束反力, 而 $\boldsymbol{F}$ 是摩擦力, 在给定摩擦系数 k 情况下等于

$$\boldsymbol{F} = -kN\frac{\boldsymbol{v}_D}{v_D}. \tag{38}$$

约束方程像在平面绝对光滑情况下一样写成等式 (33), 而法向约束力大小按公式 (35) 计算.

在所有 3 种情况下研究运动时, 都要有法向约束反力大小是非负的, 否则刚体将可能脱离平面.

第八章

天体力学基础

§1. 二体问题

115. 运动方程 天体力学研究自然和人造天体在天体之间的引力、由气体和其它介质引起的阻力、光压力等作用下的运动. 天体力学的应用问题中最重要的是二体问题, 准确地说是 2 个质点的问题.

二体问题表述如下: 在真空中有 2 个质点运动, 它们之间的相互引力按牛顿万有引力定律计算, 给定 2 个点的初始位置和速度, 求它们在以后任意时刻的位置.

因为在大多数情况下行星之间的引力、行星对地球卫星的引力、宇宙介质的阻力、恒星压力等, 与行星和太阳、卫星和地球之间的引力相比都是很小的, 所以二体问题是太阳系内行星运动的基础, 也是人造地球、月球和行星的卫星运动的基础.

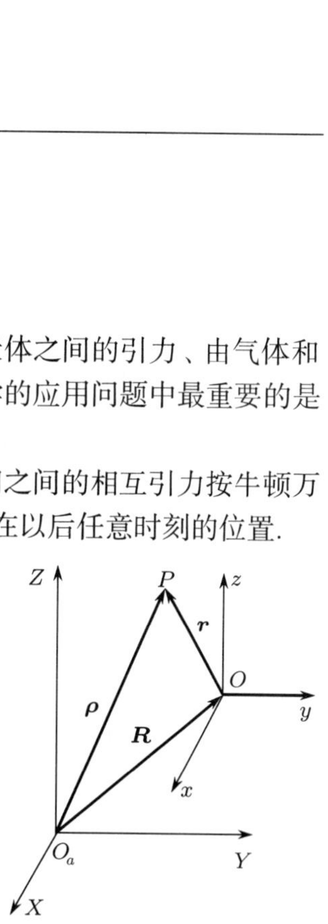

图 120

值得注意的是, 二体问题的运动微分方程可以完全积分出来. 为了得到运动微分方程, 我们引入惯性坐标系 O_aXYZ, 其原点位于太阳系的质心, 坐标轴指向不动的恒星, 质点 P 和 O 的向径分别为 $\boldsymbol{\rho}$ 和 $\boldsymbol{R}$ (图 120). 在 O 点建立平动坐标系 $Oxyz$, 其坐标轴平行于 O_aXYZ 的相应各轴, 点 P 相对 O 的位置由向径 $\boldsymbol{r}$ 给出.

设 M 和 m 是质点 O 和 P 的质量, 而 γ 是万有引力常数. 质点 O 对 P 的作用力 $\boldsymbol{F}$ 由万有引力定律给出

$$\boldsymbol{F} = -\gamma\frac{mM}{r^3}\boldsymbol{r},$$

质点 P 对 O 的作用力为 $-\boldsymbol{F}$, 向径 $\boldsymbol{\rho}$ 和 $\boldsymbol{R}$ 满足微分方程

$$\frac{\mathrm{d}^2\boldsymbol{\rho}}{\mathrm{d}t^2}=-\gamma\frac{M}{r^3}\boldsymbol{r},\quad \frac{\mathrm{d}^2\boldsymbol{R}}{\mathrm{d}t^2}=-\gamma\frac{m}{r^3}\boldsymbol{r}.$$

因为 $\boldsymbol{r}=\boldsymbol{\rho}-\boldsymbol{R}$, 所以有

$$\frac{\mathrm{d}^2\boldsymbol{r}}{\mathrm{d}t^2}=-\gamma\frac{M}{r^3}\boldsymbol{r}-\gamma\frac{m}{r^3}\boldsymbol{r}=-\gamma(m+M)\frac{\boldsymbol{r}}{r^3}.$$

如果引入记号 $k=\gamma(m+M)$, 则可得

$$\frac{\mathrm{d}^2\boldsymbol{r}}{\mathrm{d}t^2}=-k\frac{\boldsymbol{r}}{r^3}. \tag{1}$$

这个方程确定点 P 相对 O 的运动. 如果向量函数 $\boldsymbol{r}=\boldsymbol{r}(t)$ 已经求出, 则确定相对坐标系 O_aXYZ 的运动就没有困难了. 事实上, 设 C 是质点 P 和 O 的质心, 因为质点 P 和 O 构成一个封闭系统, 所以根据质心运动定理, 质心 C 作匀速直线运动; 其速度完全由 P 和 O 的初始速度确定. 如果 $\boldsymbol{R}_C$ 是质心向径, 则

$$\boldsymbol{\rho}=\boldsymbol{R}_C+\frac{M}{m+M}\boldsymbol{r},\quad \boldsymbol{R}=\boldsymbol{R}_C-\frac{m}{m+M}\boldsymbol{r}.$$

116. 面积积分 · 开普勒第二定律 微分方程 (1) 描述点 P 在运动坐标系 $Oxyz$ 中的运动. 可以像点 P 在中心引力 $-mk\boldsymbol{r}/r^3$ 作用下相对固定引力中心 O 的运动微分方程一样, 积分这个方程 (这对将来非常方便).

根据动量矩定理, P 点相对 O 点的动量矩是常量, 由此得

$$\boldsymbol{r}\times\boldsymbol{v}=\boldsymbol{c}, \tag{2}$$

这个关系式称为*面积积分*, 其中 $\boldsymbol{v}=\dot{\boldsymbol{r}}$ 是 P 点相对 O 点的速度, $\boldsymbol{c}$ 是面积积分的常向量.

向量 $\boldsymbol{c}$ 在坐标系 $Oxyz$ 各轴上的投影等于

$$c_x=y\dot{z}-\dot{y}z,\quad c_y=z\dot{x}-\dot{z}x,\quad c_z=x\dot{y}-\dot{x}y, \tag{3}$$

其中右边部分可以对任意时刻 (如初始时刻) 计算.

如果 $c_x=c_y=c_z=0$, 则显然 P 点沿着过 O 点的直线运动. 如果在 (3) 中即使有一个不等于零, 则向量 $\boldsymbol{r}$ 在运动过程中始终位于垂直于向量 $\boldsymbol{c}$ 的固定平面内, 这个平面的方程为

$$c_xx+c_yy+c_zz=0. \tag{4}$$

可见, P 点的轨道是平面曲线. 轨道平面由向量 $\boldsymbol{c}$ 或者初始位置 $\boldsymbol{r}_0$ 和 P 相对 O 的

速度 $\boldsymbol{v}_0$ 唯一确定.

下面我们来解释面积积分的几何意义. 引进坐标系 $O\widetilde{x}\widetilde{y}\widetilde{z}$ 使其坐标面 $O\widetilde{x}\widetilde{y}$ 与轨道面重合, 那么 $c_{\widetilde{x}} = c_{\widetilde{y}} = 0$, $c_{\widetilde{z}} = \widetilde{x}\dot{\widetilde{y}} - \dot{\widetilde{x}}\widetilde{y}$ $\left(c = \sqrt{c_x^2 + c_y^2 + c_z^2} = |c_{\widetilde{z}}|\right)$. 设 θ 是向径 $\boldsymbol{r}$ 与 $O\widetilde{x}$ 轴的夹角, 那么

$$\widetilde{x} = r\cos\theta, \qquad \widetilde{y} = r\sin\theta,$$

$$\dot{\widetilde{x}} = \dot{r}\cos\theta - \dot{\theta}r\sin\theta, \quad \dot{\widetilde{y}} = \dot{r}\sin\theta + \dot{\theta}r\cos\theta.$$

由这些表达式和 $c_{\widetilde{z}}$ 的表达式可得面积积分的极坐标形式

$$r^2\frac{\mathrm{d}\theta}{\mathrm{d}t} = c_{\widetilde{z}}. \tag{5}$$

设 P 和 P' (图 121) 是质点 P 在时刻 t 和 $t + \Delta t$ 所在的位置, 其中 Δt 是小量. 对于曲线三角形 OPP' 的面积, 精确到 $\Delta\theta$ 的一阶量有表达式

$$\Delta S = \frac{1}{2}r^2\Delta\theta.$$

在该等式两边同时除以 Δt 并令 Δt 趋于零得

$$\frac{\mathrm{d}S}{\mathrm{d}t} = \frac{1}{2}r^2\frac{\mathrm{d}\theta}{\mathrm{d}t}. \tag{6}$$

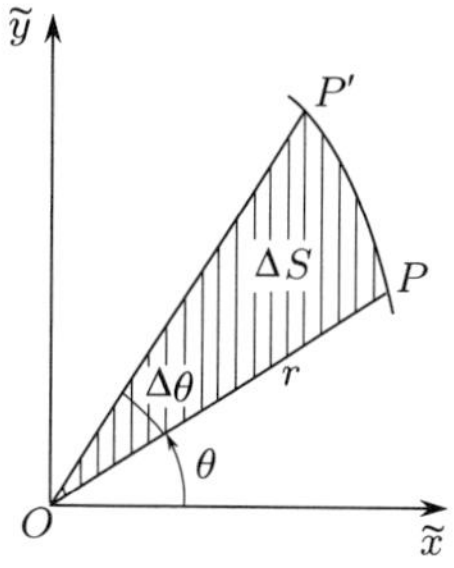

图 121

导数 $\mathrm{d}S/\mathrm{d}t$ 在力学中称为*扇形速度*. 由 (5) 和 (6) 可得

$$\frac{\mathrm{d}S}{\mathrm{d}t} = \frac{1}{2}c_{\widetilde{z}},$$

可见 P 点的扇形速度为常数, 这就是面积积分的几何意义.

由此可得*开普勒第二定律: 从太阳指向行星的向径扫过的面积正比于其走过的时间*.

117. 二体问题的能量积分 P 点在相对引力中心 O 的运动中的动能和势能为

$$T = \frac{1}{2}mv^2, \qquad \Pi = -\frac{mk}{r}.$$

由于除了有势力以外没有其它力, 并且势能 Π 不显含时间, 机械能 $E = T + \Pi$ 为常数, 因此在二体问题中存在能量积分

$$v^2 - \frac{2k}{r} = h \quad (h = \mathrm{const}). \tag{7}$$

能量常数 h 由 P 点的初始位置和速度决定:

$$h = v_0^2 - \frac{2k}{r_0}.$$

由积分 (7) 可知, 当 P 点远离 O 点时速度减少, 而在 P 点接近 O 点时速度增大. 如果 $h\geqslant 0$ 则 P 点可以远离 O 点任意距离; 如果 $h<0$ 则由 (7) 可知, P 点和 O 点的距离 r 不可能超过 $2k/|h|$, 即 P 点在空间的有限范围内运动.

118. 拉普拉斯积分 由 (1) 和 (2) 可得等式

$$\boldsymbol{c}\times\ddot{\boldsymbol{r}}=-\frac{k}{r^3}(\boldsymbol{r}\times\dot{\boldsymbol{r}})\times\boldsymbol{r}. \tag{8}$$

但因为

$$\boldsymbol{c}\times\ddot{\boldsymbol{r}}=\frac{\mathrm{d}}{\mathrm{d}t}(\boldsymbol{c}\times\boldsymbol{v})$$

和

$$(\boldsymbol{r}\times\dot{\boldsymbol{r}})\times\boldsymbol{r}=\dot{\boldsymbol{r}}(\boldsymbol{r}\cdot\boldsymbol{r})-\boldsymbol{r}(\boldsymbol{r}\cdot\dot{\boldsymbol{r}})=\dot{\boldsymbol{r}}r^2-\boldsymbol{r}r\dot{r}=r^3\frac{r\dot{\boldsymbol{r}}-\boldsymbol{r}\dot{r}}{r^2}=r^3\frac{\mathrm{d}}{\mathrm{d}t}\left(\frac{\boldsymbol{r}}{r}\right),$$

由等式 (8) 可得

$$\frac{\mathrm{d}}{\mathrm{d}t}(\boldsymbol{c}\times\boldsymbol{v})=-k\frac{\mathrm{d}}{\mathrm{d}t}\left(\frac{\boldsymbol{r}}{r}\right),$$

由此可得

$$\boldsymbol{c}\times\boldsymbol{v}+k\frac{\boldsymbol{r}}{r}=-\boldsymbol{f}. \tag{9}$$

关系式 (9) 称为拉普拉斯积分, 而向量 $\boldsymbol{f}$ 称为拉普拉斯向量. (9) 式右边的符号是为了进一步使用该积分方便而引进的.

由关系式 (9) 立刻得到

$$\boldsymbol{c}\cdot\boldsymbol{f}=0, \tag{10}$$

即拉普拉斯向量垂直于常面积向量, 并且位于轨道平面内.

拉普拉斯向量的大小可以用 k、能量积分常数和面积常数 h,c 表示. 事实上, 考虑到向量 $\boldsymbol{c}$ 和 $\boldsymbol{v}$ 垂直, 由 (9) 有

$$f^2=k^2\frac{\boldsymbol{r}^2}{r^2}+c^2v^2+\frac{2k}{r}(\boldsymbol{c}\times\boldsymbol{v})\cdot\boldsymbol{r}. \tag{11}$$

利用向量混合积的性质和等式 (2) 得

$$(\boldsymbol{c}\times\boldsymbol{v})\cdot\boldsymbol{r}=-(\boldsymbol{r}\times\boldsymbol{v})\cdot\boldsymbol{c}=-\boldsymbol{c}\cdot\boldsymbol{c}=-c^2.$$

由此式和 (7) 可知, 关系式 (11) 可以写成

$$f^2=k^2+hc^2. \tag{12}$$

119. 轨道方程 · 开普勒第一定律 利用拉普拉斯积分和面积积分可以得到 P 点的轨道方程.

由 (9) 立即可得, 当 $\boldsymbol{c}=\mathbf{0}$ 时点的轨道是直线: $\boldsymbol{r}=-\dfrac{r}{k}\boldsymbol{f}$. 设 $\boldsymbol{c}\neq\mathbf{0}$, 将拉普拉斯积分 (9) 的两边点乘 $\boldsymbol{r}$ 可得等式

$$\boldsymbol{r}\cdot(\boldsymbol{c}\times\boldsymbol{v})+\frac{k}{r}(\boldsymbol{r}\cdot\boldsymbol{r})=-(\boldsymbol{f}\cdot\boldsymbol{r}).$$

又因为 $\boldsymbol{r}\cdot(\boldsymbol{c}\times\boldsymbol{v})=-c^2$, 上面等式可以写成

$$-c^2+kr=-fr\cos\nu, \tag{13}$$

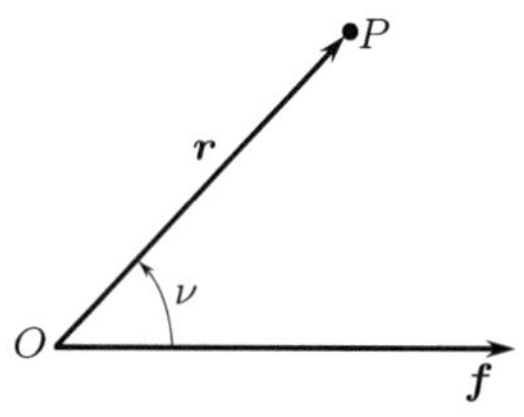

图 122

其中 ν 是 P 点向径 $\boldsymbol{r}$ 和拉普拉斯向量 $\boldsymbol{f}$ 之间的夹角 (图 122), 角 ν 称为*真近点角*.

如果引进记号

$$e=\frac{f}{k},\qquad p=\frac{c^2}{k}, \tag{14}$$

则由 (13) 可得 P 点的轨道方程

$$r=\frac{p}{1+e\cos\nu}. \tag{15}$$

关系式 (15) 是焦点位于 O 的圆锥曲线的方程, 其中 p 是椭圆参数, e 是轨道偏心率. P 点相对 O 点的轨道或者是椭圆 ($e<1$), 或者是抛物线 ($e=1$), 或者是双曲线 ($e>1$), 当 $e=0$ 时轨道是圆.

对于行星轨道有*开普勒第一定律: 行星沿着椭圆运动, 太阳是其焦点之一*.

120. 轨道性质对初始速度的依赖性 · 第一与第二宇宙速度 设 P 点的轨道不是直线, 即 $c\neq0$, 如果给定 P 点相对 O 点的初始距离 r_0, 轨道性质完全取决于速度 v_0. 我们来研究轨道偏心率对 v_0 的依赖性.

由 (12) 和 (14) 可得偏心率

$$e=\sqrt{1+h\frac{c^2}{k^2}}.$$

能量常数 h 等于 v_0^2-2k/r_0. 由此可知, 如果 $h<0$ 则轨道是椭圆 ($e<1$), 这就意味着 $v_0<\sqrt{2k/r_0}$. 满足这个不等式的速度称为*椭圆速度*.

如果 $h=0$, 即 $v_0=\sqrt{2k/r_0}$, 则 $e=1$, 轨道是抛物线. 速度 $v_0=\sqrt{2k/r_0}$ 称为*抛物线速度*, 这是距 O 为 r_0 的 P 点可以远离 O 无限远所具有的最小速度.

如果 $h>0$, 即 $v_0>\sqrt{2k/r_0}$, 则轨道是双曲线 ($e>1$), 这个速度称为双曲线速度.

第一宇宙速度v_I 是地球表面处的圆速度. 我们来求这个速度, 设 m 是卫星的质量, M 是地球的质量, γ 是万有引力常数, g_0 是地球表面的重力加速度, 那么

$$\frac{mv_I^2}{r_0} = mg_0 = \gamma \frac{mM}{r_0^2}. \tag{16}$$

由于 $m \ll M$, 可以认为 $k = \gamma(m+M) \approx \gamma M$, 因此由 (16) 可知, 近似地有

$$v_I = \sqrt{g_0 r_0} = \sqrt{\frac{k}{r_0}}.$$

取地球半径 r_0 为 6371km, 而 g_0 取 9.82m/s^2, 可得 $v_I \approx 7.91$km/s.

第二宇宙速度v_{II} 是在地球表面处的抛物线速度, 即

$$v_{II} = \sqrt{\frac{2k}{r_0}} = \sqrt{2} v_I \approx 11.2\text{km/s}.$$

121. 开普勒第三定律 设 P 点的轨道是半轴为 a 和 b 的椭圆, 根据解析几何可知 a 和 b 可以用椭圆参数和偏心率直接表示

$$a = \frac{p}{1-e^2}, \qquad b = \frac{p}{\sqrt{1-e^2}}. \tag{17}$$

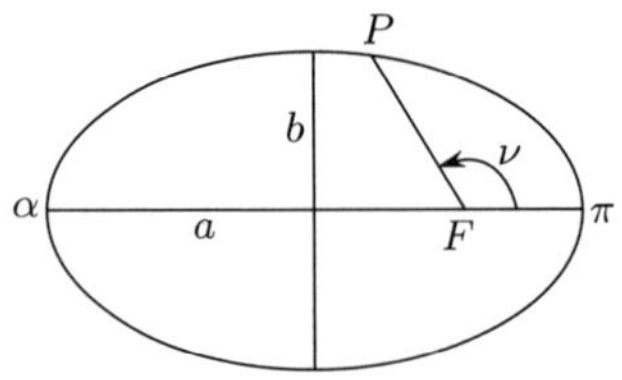

图 123

椭圆轨道上最接近焦点的点称为近心点, 而最远离焦点的点称为远心点, 它们在图 123 上分别用 π 和 α 表示.

点 P 沿轨道运动一个周期 T, 向径 $\overline{FP}$ 扫过整个椭圆. 考虑到椭圆面积为 πab, 又根据面积积分, P 点的扇形速度为常数并等于 $c/2$, 可得

$$\pi ab = \frac{1}{2} cT. \tag{18}$$

又由 (14) 和 (17) 可知 $c = \sqrt{pk}$ 和 $p = b^2/a$, 所以由 (18) 可导出 P 点运行周期的不等式:

$$T = \frac{2\pi a^{3/2}}{\sqrt{k}}. \tag{19}$$

向径 $\overline{FP}$ 转动的平均角速度 $n = 2\pi/T$ 在天文学中称为平运动, 根据 (19) 有

$$n = \frac{\sqrt{k}}{a^{3/2}}. \tag{20}$$

我们研究质量分别为 m_1 和 m_2 的点 P_1 和 P_2. 如果忽略 2 个点之间的引力, 则每个点绕 O 沿着圆锥曲线运动, 那么它们的运行周期为

$$T_1 = \frac{2\pi a_1^{3/2}}{\sqrt{\gamma(m_1+M)}}, \quad T_2 = \frac{2\pi a_2^{3/2}}{\sqrt{\gamma(m_2+M)}}.$$

由此得

$$\frac{T_1^2}{T_2^2}=\frac{m_2+M}{m_1+M}\frac{a_1^3}{a_2^3}. \tag{21}$$

在 $m_1 \ll M$ 和 $m_2 \ll M$ 时, 这个关系式写成下面近似形式:

$$\frac{T_1^2}{T_2^2}=\frac{a_1^3}{a_2^3}. \tag{22}$$

等式 (22) 给出了开普勒第三定律: 行星绕太阳运行周期的平方之比等于它们轨道的半长轴立方之比.

122. 开普勒运动中的时间 · 开普勒方程 在前面几小节中确定了 P 点轨道的几何性质: 轨道是圆锥曲线并位于垂直于定常面积向量 $\boldsymbol{c}$ 的平面内. 轨道在该平面内的位置由拉普拉斯向量 $\boldsymbol{f}$ 唯一确定, 向量 $\boldsymbol{f}$ 过圆锥曲线焦点 O 指向近心点 π.

为了完全求解二体问题, 还需确定 P 点沿着其轨道的运动规律. 我们假设轨道是椭圆, 由面积积分有 $r^2\dot{\nu}=c$. 据此, 又利用轨道方程 (15) 和不等式 (14), (17) 和 (20) 可得

$$\begin{aligned}\frac{\mathrm{d}\nu}{\mathrm{d}t}&=\frac{c}{r^2}=\frac{c}{p^2}(1+e\cos\nu)^2=\frac{\sqrt{k}}{p^{3/2}}(1+e\cos\nu)^2\\&=\frac{n}{(1-e^2)^{3/2}}(1+e\cos\nu)^2.\end{aligned}$$

设 τ 是 P 点经过近心点的时间, 那么由上面方程可得 $\nu=\nu(t)$ 满足的关系:

$$\int_0^{\nu}\frac{\mathrm{d}\nu}{(1+e\cos\nu)^2}=\frac{n}{(1-e^2)^{3/2}}(t-\tau). \tag{23}$$

如果由此求出函数 $\nu=\nu(t)$, 则点沿着轨道的运动规律就知道了.

求得的二体问题解依赖于 6 个任意常数, 这 6 个常数可以取常数 τ 和 7 个常数 $c_x, c_y, c_z, h, f_x, f_y, f_z$ 中的 5 个, 这 7 个常数与关系式 (10) 和 (12) 有关.

从超越方程 (23) 中求解出 $\nu=\nu(t)$ 是非常困难的. 我们引进新变量 E 代替 ν, 用 E 表示 ν 非常简单, 而确定 $E=E(t)$ 的方程, 尽管也是超越方程, 但比 (23) 的求解要简单得多.

E 和 ν 之间的联系由下面等式给出

$$\tan\frac{E}{2}=\sqrt{\frac{1-e}{1+e}}\tan\frac{\nu}{2}, \tag{24}$$

其中 E 称为*偏近点角*. 可以证明偏近点角有下面几何意义: 过 P 点作轨道半长轴的垂线 (图 124), 与以轨道长轴为直径的圆交于 Q 点, Q 点和椭圆中心的连线与轨道半长轴的夹角就是偏近点角 E, E 依赖于 ν 的关系在图 125 中给出. 由 (24) 可知,

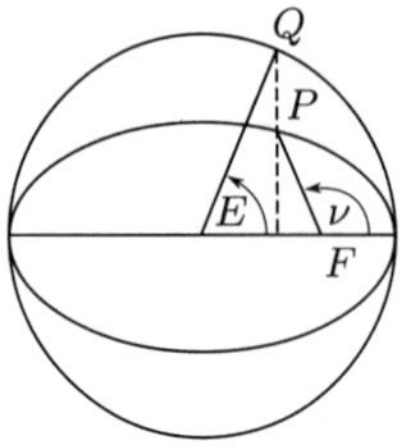

图 124

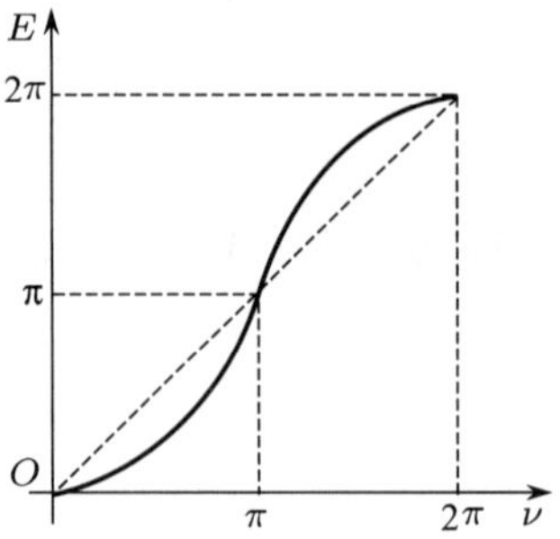

图 125

$$\mathrm{d}\nu = \frac{\sqrt{1-e^2}}{1-e\cos E}\mathrm{d}E, \quad 1+e\cos\nu = \frac{1-e^2}{1-e\cos E}.$$

利用这些关系式可得等式 (23) 左边积分的表达式如下

$$\int_0^\nu \frac{\mathrm{d}\nu}{(1+e\cos\nu)^2} = \frac{1}{(1-e^2)^{3/2}}\int_0^E (1-e\cos E)\mathrm{d}E = \frac{1}{(1-e^2)^{3/2}}(E-e\sin E). \quad (25)$$

引进记号 $M=n(t-\tau)$, 这个 M 在天文学中称为*平近点角*, 那么由 (23) 和 (25) 有下面方程

$$E - e\sin E = M, \quad (26)$$

这个方程称为*开普勒方程*.

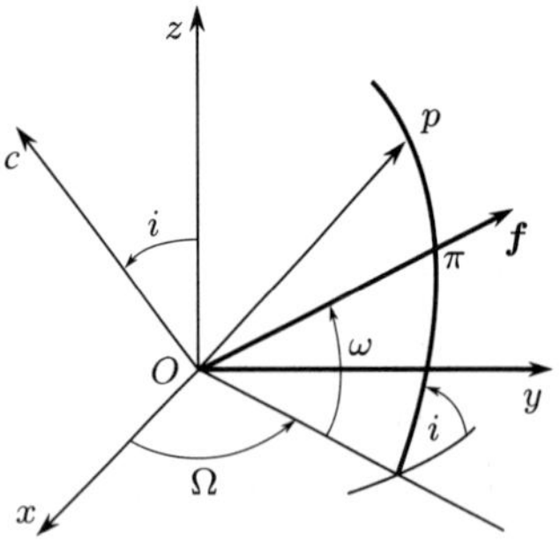

图 126

123. 开普勒轨道要素 二体问题的解依赖于由方程初始条件决定的 6 个任意常数. 这些常数的选择有很多不同的方式, 不一定要像前面几小节求解二体问题的过程中所做的那样. 我们来研究称为开普勒轨道要素的任意常数, 它们在天体力学中很常用. 开普勒要素取下面 6 个由初始条件唯一确定的量: $\Omega, i, p, e, \omega, \tau$.

p, e, τ 的含义在前面小节已经说明: p 是轨道参数, e 是偏心率, τ 是过近心点时间. Ω 是轨道面和坐标面 Oxy 交线与 Ox 轴之间的夹角 (图 126), 称为*升交点赤经*. 要素 i 是轨道面与坐标面 Oxy 之间的夹角, 称为*轨道倾角*. 参数 ω 确定轨道在轨道面内的位置, 称为*近心点幅角*, 是从 O 到近心点连线与轨道面和坐标面 Oxy 交线之间的夹角.

124. 三体问题与多体问题 n 体问题 ($n\geqslant 2$) 是指, 在真空中有 n 个质点, 相互按牛顿万有引力作用, 给定各点的初始位置和速度, 求各点位置随时间的变化函数. 这个问题至今没有解决, 甚至对于三体情况. 可以证明, 除了根据动量定理、动量矩定理和动能定理存在经典的积分外, 再也没有其它可以用坐标和速度的代数或者单值超越函数给出的积分.

对于天体力学和宇航动力学来说, 最重要的是*限制性三体问题*, 它是研究质量很小的质点在 2 个有限质量的质点引力作用下运动, 其中假设该点的质量不影响有限质量的 2 个点的运动. 在限制性三体问题中, 2 个有限质量的质点按照二体问题确定的已知规律运动, 于是限制性三体问题的分析归结为研究一个小质量质点的运动. 当然, 这个问题远比一般 (非限制性) 三体问题简单, 但是也不能彻底积分出来 (准确地说它是不可积的).

§2. 刚体在中心牛顿引力场中的运动

125. 引力主向量 · 引力矩 在通常"地球的"力学问题中, 在处理临近地球空间或地球表面上的研究对象时, 作用在两个质量相等的质点上的引力大小和法向都相同, 因此对质心的引力矩等于零.

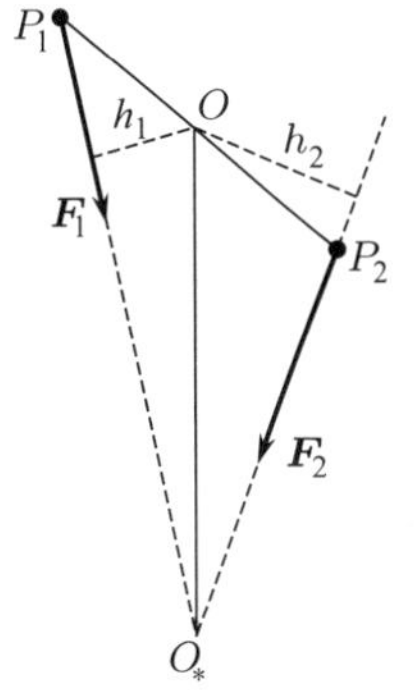

图 127

实际上地球对物体不同质点的引力不是平行的, 因为它们都指向地心①, 此外, 物体上不同的点一般到地心的距离不同, 由于这个原因, 引力不一定可以简化为过物体质心的合力, 也可能对质心产生引力矩. 引力矩可以用非常简单的例子解释. 设两个质点 P_1 和 P_2 质量相同, 用无质量的刚性杆连接, 设 O 是杆中心 (质点 P_1 和 P_2 的质心), 而 O_* 是引力中心 (图 127). 假设 $O_*P_1 > O_*P_2$, 如果 h_1 是力 $\boldsymbol{F}_1$ 对 O 点的力臂, h_2 是力 $\boldsymbol{F}_2$ 对 O 点的力臂, 则比较三角形 O_*P_1O 和 O_*P_2O 的面积可得

$$\frac{h_2}{h_1} = \frac{O_*P_1}{O_*P_2} > 1.$$

再由等式 $F_2 > F_1$ 可知, 在 $O_*P_1 > O_*P_2$ 情况下有 $F_2h_2 > F_1h_1$, 因此出现了使杆 P_1P_2 趋向直线 O_*O 的力矩.

在通常"地球的"条件下, 引力矩与其它力矩相比非常小. 但在天体力学中引力矩经常具有决定性作用, 例如月球相对质心的运动差不多完全由地球的引力矩决定.

我们来研究自由刚体在中心牛顿引力场中的运动, 根据第 108 小节, 为了得到运动微分方程, 需要知道引力主向量和对刚体质心的引力矩.

设 $OXYZ$ 是以刚体质心为原点的坐标系, OZ 轴沿着连接引力中心 O_* 和刚体质心 O 的直线 (图 128), 轴 OY 沿着质心轨迹的副法线, 从该轴上看质心的运动是逆时针的, OX 轴与 OY 和 OZ 构成右手直角坐标系. $OXYZ$ 通常称为*轨道坐标系*.

①我们假设地球是均质或者非均质的球, 在它的每个点的密度仅依赖于该点到球心的距离. 可以证明, 在这种情况下地球引力场与位于球心的等质量质点的引力场相同.

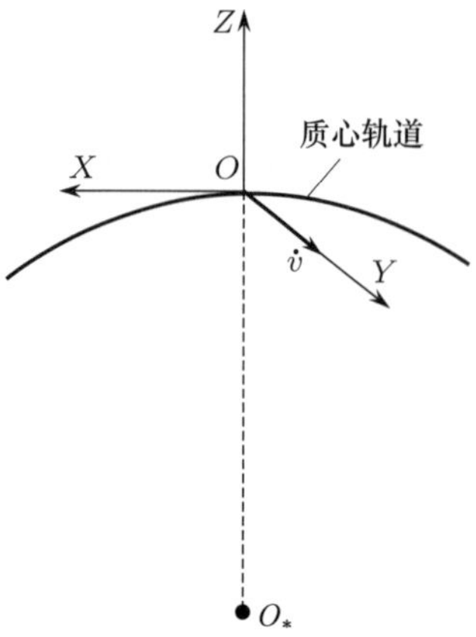

图 128

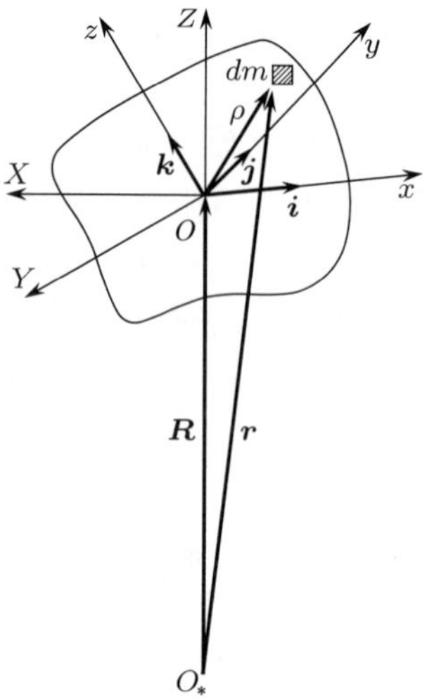

图 129

设 $\boldsymbol{R}$ 是刚体质心相对引力中心的向径, $\boldsymbol{r}$ 是刚体内质量为 $\mathrm{d}m$ 的微元的向径 (图 129), 微元所受的引力为

$$\mathrm{d}\boldsymbol{F} = -\gamma\frac{M\mathrm{d}m}{r^3}\boldsymbol{r}, \tag{1}$$

其中 γ 是万有引力常数, M 是引力中心 O_* 的质量. 刚体所受引力的主向量 $\boldsymbol{F}$ 可由 (1) 积分得到. 在计算中要考虑到刚体的尺寸远远小于刚体质心到引力中心的距离, 这对于行星的自然卫星和人造卫星都是正确的.

设 $\boldsymbol{\rho}$ 是微元 $\mathrm{d}m$ 的向径, X, Y, Z 是微元在轨道坐标系中的坐标, 那么有

$$\boldsymbol{r} = \boldsymbol{R} + \boldsymbol{\rho}, \quad r = \sqrt{1 + 2\frac{Z}{R} + \frac{\rho^2}{R^2}}. \tag{2}$$

如果忽略 $(\rho/R)^2$ 及其更高阶量, 则由 (2) 可得 $1/r^3$ 的泰勒级数为

$$\frac{1}{r^3} = \frac{1}{R^3}\left(1 - \frac{3Z}{R}\right). \tag{3}$$

将 (2) 中的 $\boldsymbol{r}$ 和 (3) 中的 $1/r^3$ 代入公式 (1) 并进行积分, 再考虑到质心位于坐标原点有

$$\int X\mathrm{d}m = \int Y\mathrm{d}m = \int Z\mathrm{d}m = 0.$$

在上面指出的精度下, 积分给出引力主向量为

$$\boldsymbol{F} = -\gamma\frac{Mm}{R^3}\boldsymbol{R},$$

其中 m 是刚体质量. 由此可知, 如果忽略 $(\rho/R)^2$ 及其更高阶量, 则刚体的尺寸不影响引力主向量的大小和方向. 进而可以认为, 质心沿着圆锥曲线运动, 这个运动在前面几小节中已经详细研究了.

下面来求引力矩. 设 $Oxyz$ 是与刚体固连的坐标系, 其各轴沿着刚体的中心惯性主轴 (图 129), 刚体相对轨道坐标系的方向可以用欧拉角 ψ, θ, φ 确定. 从坐标系 $Oxyz$ 到坐标系 $OXYZ$ 的变换矩阵的元素 a_{ij} 用欧拉角表示的公式就是第 19 小节中的 (3).

在公式 (1) 的基础上可得引力对质心的主矩 $\boldsymbol{M}_O$ 的表达式

$$\boldsymbol{M}_O = \int \boldsymbol{\rho} \times \mathrm{d}\boldsymbol{F} = -\gamma M \int \frac{\boldsymbol{\rho} \times \boldsymbol{r}}{r^3} \mathrm{d}m, \tag{4}$$

式中的积分是对整个刚体进行的. 我们利用坐标系 $Oxyz$ 来计算积分 (4), 在这个坐标系中有

$$\boldsymbol{\rho} = x\boldsymbol{i} + y\boldsymbol{j} + z\boldsymbol{k}, \quad \boldsymbol{R} = R(a_{31}\boldsymbol{i} + a_{32}\boldsymbol{j} + a_{33}\boldsymbol{k}), \tag{5}$$

$$\boldsymbol{r} = \boldsymbol{R} + \boldsymbol{\rho} = (x + Ra_{31})\boldsymbol{i} + (y + Ra_{32})\boldsymbol{j} + (z + Ra_{33})\boldsymbol{k}, \tag{6}$$

$$\boldsymbol{\rho} \times \boldsymbol{r} = R[(ya_{33} - za_{32})\boldsymbol{i} + (za_{31} - xa_{33})\boldsymbol{j} + (xa_{32} - ya_{31})\boldsymbol{k}]. \tag{7}$$

如果在 $1/r^3$ 的泰勒级数中忽略 $(\rho/R)^2$ 以及更高阶, 则得

$$\frac{1}{r^3} = \frac{1}{R^3}[1 - \frac{3}{R}(xa_{31} + ya_{32} + za_{33})]. \tag{8}$$

在同样的精度下, 由 (7) 和 (8) 得

$$\begin{aligned}\frac{\boldsymbol{\rho} \times \boldsymbol{r}}{r^3} = \frac{1}{R^2}\left[1 - \frac{3}{R}(xa_{31} + ya_{32} + za_{33})\right][(ya_{33} - za_{32})\boldsymbol{i} \\ +(za_{31} - xa_{33})\boldsymbol{j} + (xa_{32} - ya_{31})\boldsymbol{k}].\end{aligned} \tag{9}$$

将这个表达式代入公式 (4) 并进行积分, 因为 Ox, Oy, Oz 轴是刚体的中心惯性主轴, 所以有

$$\begin{gathered}\int x\mathrm{d}m = \int y\mathrm{d}m = \int z\mathrm{d}m = 0, \\ \int xy\mathrm{d}m = \int xz\mathrm{d}m = \int yz\mathrm{d}m = 0.\end{gathered} \tag{10}$$

考虑到 (10), 积分 (4) 得

$$\begin{aligned}\boldsymbol{M}_O = \frac{3\gamma M}{R^3} \int [(y^2 - z^2)a_{32}a_{33}\boldsymbol{i} + (z^2 - x^2)a_{33}a_{31}\boldsymbol{j} \\ +(x^2 - y^2)a_{31}a_{32}\boldsymbol{k}]\mathrm{d}m.\end{aligned} \tag{11}$$

可以看出

$$\int (y^2 - z^2)\mathrm{d}m = C - B, \quad \int (z^2 - x^2)\mathrm{d}m = A - C, \quad \int (x^2 - y^2)\mathrm{d}m = B - A,$$

其中 A, B, C 是刚体对 Ox, Oy, Oz 轴的惯性矩, 从 (11) 可得引力矩在刚体固连系 Ox, Oy, Oz 轴上的投影 M_x, M_y, M_z 如下:

$$M_x = \frac{3\gamma M}{R^3}(C-B)a_{32}a_{33}, \quad M_y = \frac{3\gamma M}{R^3}(A-C)a_{33}a_{31},$$

$$M_z = \frac{3\gamma M}{R^3}(B-A)a_{31}a_{32}. \tag{12}$$

可以发现, 表达式 (12) 是近似的, 忽略了 $(\rho/R)^2$ 以及更高阶量.

126. 刚体相对质心的运动方程 为了得到刚体相对质心的运动微分方程, 我们利用欧拉动力学方程

$$A\frac{\mathrm{d}p}{\mathrm{d}t} + (C-B)qr = M_x, \quad B\frac{\mathrm{d}q}{\mathrm{d}t} + (A-C)rp = M_y, \quad C\frac{\mathrm{d}r}{\mathrm{d}t} + (B-A)pq = M_z, \tag{13}$$

其中 M_x, M_y, M_z 按公式 (12) 计算, 并且有

$$R = \frac{p'}{1 + e\cos\nu}, \tag{14}$$

其中 p' 和 e 是轨道参数和偏心率, ν 是真近点角, 即质心向径 $\boldsymbol{R}$ 与过引力中心 O_* 并垂直轨道的直线之间夹角. 根据第 122 小节, ν 满足方程

$$\frac{\mathrm{d}\nu}{\mathrm{d}t} = \frac{\sqrt{k}}{p'^{3/2}}(1 + e\cos\nu)^2. \tag{15}$$

因为刚体质量 m 远远小于引力中心质量, 故可以认为 $k = \gamma M$.

将刚体绝对角速度在 Ox, Oy, Oz 轴上的投影 p, q, r 用欧拉角及其导数和质心轨道运动角速度 (15) 表示. 可以发现, 刚体参与复合运动: 刚体相对轨道坐标系 $OXYZ$ 转动, 而轨道坐标系由于质心沿轨道运动而绕 OY 轴转动. 刚体相对轨道坐标系的角速度分量可以由欧拉运动学方程得到, 而轨道坐标系绕 OY 轴转动的角速度等于 $\dot{\nu}$, 因此有

$$\begin{aligned} p &= \dot{\psi}\sin\theta\sin\varphi + \dot{\theta}\cos\varphi + \dot{\nu}a_{21}, \\ q &= \dot{\psi}\sin\theta\cos\varphi - \dot{\theta}\sin\varphi + \dot{\nu}a_{22}, \\ r &= \dot{\psi}\cos\theta + \dot{\varphi} + \dot{\nu}a_{23}, \end{aligned} \tag{16}$$

其中 a_{ij} 由第 19 小节中 (3) 确定.

考虑到等式 (12), (14) 和第 19 小节中 (3), (13),(15) 和 (16) 共 7 个方程构成了刚体相对质心运动的封闭方程组, 这些方程广泛应用于研究人造地球卫星的运动.

如果在方程 (13), (16) 中利用 (15) 引进新自变量——真近点角 ν 来代替时间 t, 则得 6 个一阶方程. 如果将 (16) 中的 p, q, r 代入 (13) 则得欧拉角 ψ, θ, φ 的 3 个方程.

还可以发现, 如果质心的轨道是椭圆, a 为轨道的半长轴, 则根据第 120小节–第 122 小节可得

$$\begin{aligned} \frac{\mathrm{d}\nu}{\mathrm{d}t} &= \frac{n}{(1-e^2)^{3/2}}(1+e\cos\nu)^2, \\ \frac{\gamma M}{R^3} &= \frac{n^2}{(1-e^2)^3}(1+e\cos\nu)^3, \end{aligned} \tag{17}$$

其中常数 n 是质心的平运动, $n=\sqrt{\gamma M}/a^{3/2}$, 对于圆轨道 $(e=0)$ n 是向径 $\boldsymbol{R}$ 转动的角速度.

127. 在圆轨道上刚体的相对平衡 如果刚体质心沿着圆轨道运动, 则存在相应于相对平衡位置的运动. 刚体的相对平衡是指在轨道坐标系中静止, 即 $\psi=\text{const}$, $\theta=\text{const}$, $\varphi=\text{const}$. 这些运动之一是

$$\psi=0, \quad \theta=0, \quad \varphi=0. \tag{18}$$

对于这个运动, 刚体固连坐标系的坐标轴 Ox, Oy, Oz 分别沿着轨道坐标系的 OX, OY, OZ.

为了证明存在解 (18), 我们由方程 (16) 和第 19 小节中 (3) 可知, 对于圆轨道, 当 $\psi=0$, $\theta=0$, $\varphi=0$ 时有 $a_{ij}=\delta_{ij}$ (δ_{ij} 是克罗尼克记号, 当 $i=j$ 时 $\delta_{ij}=1$, 当 $i\neq j$ 时 $\delta_{ij}=0$), $p=0$, $r=0$, $q=n=\text{const}$. 由此可知, 对于解 (18), 引力矩 (12) 等于零且方程 (13) 为恒等式.

可以证明, 存在 24 个不同的几何平衡位置, 它们相应于卫星中心惯性主轴与轨道坐标轴重合的全部情况. 从力学观点看 (在引力场中刚体动力学研究的框架内), 只是刚体中心惯性主轴中的哪一个沿着给定方向的问题. 显然, 在 24 个不同的几何平衡位置中在力学上不同的只有 6 个: 1 个惯性主轴的 3 个位置 (沿着质心向径、沿着轨道切线和沿着轨道法线) 中的每一个, 其它惯性主轴存在 2 个不同的位置 (第 3 个惯性主轴自动沿着 2 个不同的方向).

还可以证明, 如果引力矩用近似表达式 (12) 确定, 则不存在刚体中心惯性主轴与轨道坐标轴重合的相对平衡位置.

对于相对平衡位置, 刚体绝对角速度向量沿着轨道平面的法线, 刚体绝对角速度的大小等于质心圆周运动的角速度 n, 即刚体转动周期等于质心运动周期. 由此可知, 刚体始终以同一个面对着引力中心. 在自然界中这样的例子是月球的运动 (它始终以同一个面"看着"地球) 和行星的很多卫星的运动, 在工程技术中这样的例子是大量的人造地球卫星.

128. 平面运动 在中心牛顿引力场中刚体运动微分方程有平面运动解. 对于这样的运动, 刚体的中心惯性主轴之一始终垂直于质心轨道平面.

我们来推导平面运动微分方程. 设我们所研究的运动中刚体惯性主轴 Oz 垂直于轨道平面, 即

$$\theta = \frac{\pi}{2}, \qquad \psi = \pi, \tag{19}$$

那么第 19 小节中 (3) 变为下面形式

$$\begin{gathered} a_{11} = -\cos\varphi, \quad a_{12} = \sin\varphi, \quad a_{13} = 0, \\ a_{21} = 0, \qquad a_{22} = 0, \qquad a_{23} = 1, \\ a_{31} = \sin\varphi, \quad a_{32} = \cos\varphi, \quad a_{33} = 0. \end{gathered} \tag{20}$$

对于运动 (19), 刚体惯性主轴 Ox, Oy 位于轨道平面内, 它们相对轨道坐标系的 OX, OY 轴的位置如图 130 所示.

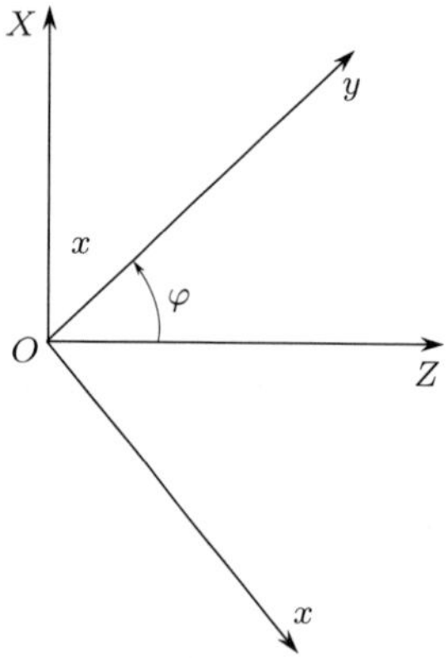

图 130

由 (12), (16) 和 (17) 可得, 在 (19) 成立时有

$$p = 0, \qquad q = 0, \qquad r = \dot{\varphi} + \dot{\nu}, \tag{21}$$

$$M_x = 0, \qquad M_y = 0,$$

$$M_z = \frac{3n^2}{(1-e^2)^3}(1+e\cos\nu)^3(B-A)\sin\varphi\cos\varphi. \tag{22}$$

将 (21) 和 (22) 代入 (13) 得, 前 2 个方程是恒等式, 第 3 个方程为

$$C(\ddot{\varphi}+\ddot{\nu}) = 3\frac{n^2}{(1-e^2)^3}(1+e\cos\nu)^3(B-A)\sin\varphi\cos\varphi. \tag{23}$$

这个方程和关系式 (17) 中的第 1 个

$$\dot{\nu} = \frac{n}{(1-e^2)^{3/2}}(1+e\cos\nu)^2 \tag{24}$$

构成了描述刚体平面运动的微分方程组. 如果利用 (24) 引进新自变量——真近点角 ν 来代替时间 t, 由方程 (23) 可得 1 个微分方程. 利用关系式

$$\dot{\varphi} = \frac{d\varphi}{d\nu}\dot{\nu} = \frac{n}{(1-e^2)^{3/2}}\frac{d\varphi}{d\nu}(1+e\cos\nu)^2,$$

$$\begin{aligned} \ddot{\varphi} &= \frac{n}{(1-e^2)^{3/2}}\left[-\frac{d\varphi}{d\nu}\cdot 2e\sin\nu(1+e\cos\nu)\dot{\nu} + (1+e\cos\nu)^2\frac{d^2\varphi}{d\nu^2}\dot{\nu}\right] \\ &= \frac{n^2}{(1-e^2)^3}(1+e\cos\nu)^3\left[(1+e\cos\nu)\frac{d^2\varphi}{d\nu^2} - 2e\sin\nu\frac{d\varphi}{d\nu}\right], \end{aligned}$$

$$\ddot{\nu} = \frac{d\dot{\nu}}{d\nu}\cdot\dot{\nu} = -\frac{2n^2 e\sin\nu}{(1-e^2)^3}(1+e\cos\nu)^3.$$

将 $\ddot{\varphi}$ 和 $\ddot{\nu}$ 代入方程 (23) 得

$$C\frac{n^2}{(1-e^2)^3}(1+e\cos\nu)^3[(1+e\cos\nu)\frac{\mathrm{d}^2\varphi}{\mathrm{d}\nu^2}-2e\sin\nu\frac{\mathrm{d}\varphi}{\mathrm{d}\nu}-2e\sin\nu]$$

$$=3\frac{n^2}{(1-e^2)^3}(1+e\cos\nu)^3(B-A)\sin\varphi\cos\varphi.$$

由此可得牛顿中心引力场中刚体平面运动微分方程①

$$(1+e\cos\nu)\frac{\mathrm{d}^2\varphi}{\mathrm{d}\nu^2}-2e\sin\nu\frac{\mathrm{d}\varphi}{\mathrm{d}\nu}+3\frac{A-B}{C}\sin\varphi\cos\varphi=2e\sin\nu. \tag{25}$$

设刚体质心轨道是圆, 如果引进记号 $2\varphi=\alpha$, 则在 $e=0$ 时由方程 (25) 得刚体沿圆轨道运动时的平面运动方程

$$\frac{\mathrm{d}^2\alpha}{\mathrm{d}\nu^2}+3\frac{A-B}{C}\sin\alpha=0\quad(\nu=nt). \tag{26}$$

如果 $A>B$, 则方程 (26) 是物理摆的方程, 其运动在第 93 小节~第 96 小节中已详细讨论. 如果 $A<B$, 则用变换 $2\varphi=\alpha+\pi$ 来代替变换 $2\varphi=\alpha$ 又可以得到摆的方程. 如果 $A=B$, 则 $\ddot{\varphi}=0$, 即刚体绕轨道平面的法线以任意角速度等速转动.

①这个方程首次见于: Белецкий В. В. О либрации спутника. В сб.: Искусственные спутники Земли, 1959, вып. 3, М.: Изд–во АН СССР, с. 13–31.

第九章

变质量系统动力学

§1. 基本概念与定理

129. 变质量系统的概念 至今为止我们都是认为组成质点系的质点 P_ν 的质量 m_ν $(\nu = 1, 2, \cdots, N)$ 是不变的, 质点数目 N 也是不变的. 但是在自然界和工程技术中也有这样的情况, 在某时刻有一些质点离开或者进入我们所研究的系统, 结果使系统的成分, 即组成给定系统的质点的集合, 随着时间改变质量.

如果系统的质量或者组成系统的质点, 或者两者同时随着时间变化, 我们称该系统为*变质量系统*.

在很多自然现象中都有变质量系统运动情况, 例如, 地球的质量由于陨石的溅落而增加, 下降的陨石由于空气的作用发生破碎或者燃烧使质量减少, 浮冰由于溶化而减少质量, 又由于结冰或者降雪到其表面而增加质量. 变质量系统的例子在工程技术中也有很多: 运动的传送带在某时刻添加或者取走货物, 火箭在燃料燃烧中质量发生变化, 喷气飞机的质量因空气进入发动机而增加, 又因燃烧的燃料喷出而减少.

前面章节得到的关于力学系统运动的所有结论, 都利用了牛顿第二定律给出的质点加速度与其受力之间的关系. 然而, 牛顿第二定律只对常质量系统成立, 变质量系统动力学需要专门研究.

我们将采用如下关于变质量系统模型的假设: 系统的分离或并入质量是小量, 2 次发生分离或并入的时间间隔是小量. 在这些理想化假设下, 离开质点系的质量 $M_1(t)$ 和进入质点系的质量 $M_2(t)$ 是时间的连续可微函数.

如果系统的质量 $M(t)$ 在 $t=0$ 时刻为 M_0, 则它随着时间的变化规律为

$$M(t)=M_0-M_1(t)+M_2(t),$$

其中 M_1, M_2 是时间的非递减的非负函数, $M(t)$ 是连续可微的.

变质量质点是指变质量微粒足够小, 使得确定其位置和运动时可以看作无尺寸的物体.

130. 变质量系统动量定理 设某个质点系相对惯性坐标系 $Oxyz$ 运动, 我们来研究相对 $Oxyz$ 运动和变形的封闭曲面 S. 质点按照各自的运动可以进入或者离开曲面 S 围成的空间区域.

我们用 G 表示曲面 S 内的质点组成的变质量系统, 其动量用 $\boldsymbol{Q}$ 表示.

固定时刻 $t=t'$, 并用 G^*, 表示在该时刻位于曲面 S 内的质点组成的变质量系统, 系统 G^* 的动量用 $\boldsymbol{Q}^*$ 表示. 因为在 $t=t'$ 时系统 G 和 G^* 重合, 所以在该时刻有

$$\boldsymbol{Q}=\boldsymbol{Q}^*. \tag{1}$$

在时刻 $t''=t'+\Delta t$, 系统 G 和 G^* 的动量分别为 $\boldsymbol{Q}+\Delta\boldsymbol{Q}$ 和 $\boldsymbol{Q}^*+\Delta\boldsymbol{Q}^*$. 在图 131 中实线表示曲面 S 在 t'' 时刻的位置, 而虚线表示组成系统 G^* 的质点在 t'' 时刻形成的曲面的位置, 显然,

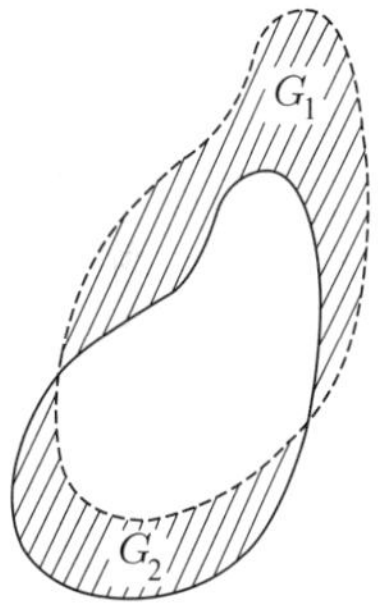

图 131

$$\boldsymbol{Q}+\Delta\boldsymbol{Q}=\boldsymbol{Q}^*+\Delta\boldsymbol{Q}^*-\Delta\boldsymbol{Q}_1+\Delta\boldsymbol{Q}_2, \tag{2}$$

其中 $\Delta\boldsymbol{Q}_1$ 是在 Δt 时间内离开曲面 S 围成区域的质点在 t'' 时刻动量之和, 而 $\Delta\boldsymbol{Q}_2$ 是在 Δt 时间内进入曲面 S 围成区域的质点在 t'' 时刻动量之和. 这些质点分别填充了图 131 中的区域 G_1 和 G_2.

由 (1) 和 (2) 可得

$$\Delta\boldsymbol{Q}=\Delta\boldsymbol{Q}^*-\Delta\boldsymbol{Q}_1+\Delta\boldsymbol{Q}_2. \tag{3}$$

设 $\boldsymbol{R}^{(\mathrm{e})}$ 是在 t' 时刻作用在系统 G (也就是系统 G^*) 上的外力主向量. 因为系统 G^* 是常质量系统, 所以可以对它使用动量定理, 即

$$\frac{\mathrm{d}\boldsymbol{Q}^*}{\mathrm{d}t}=\boldsymbol{R}^{(\mathrm{e})}. \tag{4}$$

将公式 (3) 两边除以 Δt 并令 $\Delta t\to 0$, 再考虑到等式 (4) 可得

$$\frac{\mathrm{d}\boldsymbol{Q}}{\mathrm{d}t}=\boldsymbol{R}^{(\mathrm{e})}+\boldsymbol{F}, \tag{5}$$

其中 $\boldsymbol{F}=\boldsymbol{F}_1+\boldsymbol{F}_2$, 而

$$\boldsymbol{F}_1=-\lim_{\Delta t\to 0}\frac{\Delta\boldsymbol{Q}_1}{\Delta t},\quad \boldsymbol{F}_2=\lim_{\Delta t\to 0}\frac{\Delta\boldsymbol{Q}_2}{\Delta t}. \tag{6}$$

向量 $\boldsymbol{F}_1$ 和 $\boldsymbol{F}_2$ 有力的量纲, 称为*反推力*. 反推力 $\boldsymbol{F}_1$ 是由质点分离引起的, 而 $\boldsymbol{F}_2$ 是由质点并入引起的.

131. 变质量系统动量矩定理 设 A 为惯性坐标系 $Oxyz$ 中的不动点, $\boldsymbol{M}_A^{(\mathrm{e})}$ 是外力对 A 点的主矩, $\boldsymbol{K}_A$ 是系统 G 对 A 点的动量矩. 类似第 130 小节可以证明,

$$\frac{\mathrm{d}\boldsymbol{K}_A}{\mathrm{d}t}=\boldsymbol{M}_A^{(\mathrm{e})}+\boldsymbol{M}_A^{(\mathrm{F})}, \tag{7}$$

其中 $\boldsymbol{M}_A^{(\mathrm{F})}=\boldsymbol{M}_{A1}^{(\mathrm{F})}+\boldsymbol{M}_{A2}^{(\mathrm{F})}$ 是变质量系统 G 产生的附加力矩:

$$\boldsymbol{M}_{A1}^{(\mathrm{F})}=-\lim_{\Delta t\to 0}\frac{\Delta\boldsymbol{K}_{A1}}{\Delta t},\quad \boldsymbol{M}_{A2}^{(\mathrm{F})}=\lim_{\Delta t\to 0}\frac{\Delta\boldsymbol{K}_{A2}}{\Delta t}. \tag{8}$$

这里的 $\Delta\boldsymbol{K}_{A1}$ 是在 Δt 时间内离开曲面 S 围成区域的质点在 $t=t''$ 时刻的动量矩之和, 而 $\Delta\boldsymbol{K}_{A2}$ 是在 Δt 时间内进入曲面 S 围成区域的质点在 $t=t''$ 时刻的动量矩之和.

§2. 变质量质点的运动

132. 运动微分方程 设变质量质点 P 相对惯性坐标系 $Oxyz$ 运动, 质点 P 的质量由于尺寸可以忽略不计的小质量微粒同时分离和并入而随着时间变化.

设 $\boldsymbol{u}_1$ 是在 t' 时刻离开质点 P 的微粒的绝对速度 (相对 $Oxyz$ 的速度), 而 $\boldsymbol{u}_2$ 是在 t' 时刻并入质点 P 的微粒的绝对速度, 设 ΔM_1 和 ΔM_2 分别是离开和并入微粒的质量, 那么, 利用上一节的记号, 精确到 Δt 和 $\Delta M_i\quad(i=1,2)$ 的一阶小量, 有下面等式

$$\Delta\boldsymbol{Q}_1=\Delta M_1\boldsymbol{u}_1,\quad \Delta\boldsymbol{Q}_2=\Delta M_2\boldsymbol{u}_2,$$

根据第 130 小节中 (6) 得

$$\boldsymbol{F}_1=-\frac{\mathrm{d}M_1}{\mathrm{d}t}\boldsymbol{u}_1,\quad \boldsymbol{F}_2=\frac{\mathrm{d}M_2}{\mathrm{d}t}\boldsymbol{u}_2, \tag{1}$$

这里的 $M_1(t),M_2(t)$ 分别是在时间段 t 内离开和并入质点 P 的质量, 在 $t=0$ 时 P 点质量为 M_0.

设 $\boldsymbol{v}$ 是 P 点的绝对速度, 那么其动量为

$$\boldsymbol{Q}=M\boldsymbol{v}. \tag{2}$$

将 (1) 和 (2) 代入第 130 小节的方程 (5) 得

$$\frac{\mathrm{d}M}{\mathrm{d}t}\boldsymbol{v}+M\frac{\mathrm{d}\boldsymbol{v}}{\mathrm{d}t}=\boldsymbol{R}-\frac{\mathrm{d}M_1}{\mathrm{d}t}\boldsymbol{u}_1+\frac{\mathrm{d}M_2}{\mathrm{d}t}\boldsymbol{u}_2,$$

其中 $\boldsymbol{R}$ 是作用在 P 点的合力. 利用关系式 $M = M_0 - M_1 + M_2$ 可将上面等式改写为

$$M\frac{\mathrm{d}\boldsymbol{v}}{\mathrm{d}t} = \boldsymbol{R} - \frac{\mathrm{d}M_1}{\mathrm{d}t}(\boldsymbol{u}_1 - \boldsymbol{v}) + \frac{\mathrm{d}M_2}{\mathrm{d}t}(\boldsymbol{u}_2 - \boldsymbol{v}). \tag{3}$$

方程 (3) 是变质量质点的运动微分方程, 称为广义密歇尔斯基方程.

可以发现, $\boldsymbol{u}_1 - \boldsymbol{v} = \boldsymbol{u}_{1\mathrm{r}}$ 是分离微粒相对质点 P 的速度, 类似地 $\boldsymbol{u}_2 - \boldsymbol{v} = \boldsymbol{u}_{2\mathrm{r}}$ 是并入微粒相对质点 P 的速度.

设只有分离微粒, 则 $M_2 \equiv 0$, $M(t) = M_0 - M_1(t)$, $\mathrm{d}M/\mathrm{d}t = -\mathrm{d}M_1/\mathrm{d}t$, 这时方程 (3) 变为

$$M\frac{\mathrm{d}\boldsymbol{v}}{\mathrm{d}t} = \boldsymbol{R} + \frac{\mathrm{d}M}{\mathrm{d}t}\boldsymbol{u}_{1\mathrm{r}}. \tag{4}$$

方程 (4) 称为密歇尔斯基方程. 由此可见, 微粒分离等效于在质点 P 作用附加力 $\boldsymbol{F}_1 = \dfrac{\mathrm{d}M}{\mathrm{d}t}\boldsymbol{u}_{1\mathrm{r}}$ (称为反推力), 类似地可以看出微粒并入质点的效果. 反推力在数值上等于 $\dfrac{\mathrm{d}M}{\mathrm{d}t}$ (称为每秒质量消耗) 乘以分离 (或并入) 微粒相对变质量质点的速度. 在微粒分离情况下反推力方向与分离微粒相对速度 $\boldsymbol{u}_{1\mathrm{r}}$ 相反, 而在微粒并入情况下反推力方向与并入微粒相对速度 $\boldsymbol{u}_{2\mathrm{r}}$ 相同.

设只有微粒从变质量质点 P 分离出去, 如果分离微粒的绝对速度 $\boldsymbol{u}_1$ 等于零, 则密歇尔斯基方程 (4) 变为

$$M\frac{\mathrm{d}\boldsymbol{v}}{\mathrm{d}t} = \boldsymbol{R} - \frac{\mathrm{d}M}{\mathrm{d}t}\boldsymbol{v},$$

或者

$$\frac{\mathrm{d}(M\boldsymbol{v})}{\mathrm{d}t} = \boldsymbol{R},$$

即, 如果分离微粒的绝对速度等于零, 则变质量质点 P 的动量对时间的导数等于作用在质点 P 上的合力. 如果分离微粒的相对速度 $\boldsymbol{u}_{1\mathrm{r}}$ 等于零, 则由方程 (4) 可得

$$M\frac{\mathrm{d}\boldsymbol{v}}{\mathrm{d}t} = \boldsymbol{R},$$

即, 如果分离微粒的相对速度等于零, 则变质量质点 P 的运动方程写成常质量质点运动方程的形式.

133. 火箭在引力场外的运动 设变质量质点 P 在重力场外的真空中运动, 如果将火箭看作质点并忽略宇宙介质阻力、引力和光压等, 这样的变质量质点可以作为在宇宙空间中运动的火箭的模型, 那么 $\boldsymbol{R} = \boldsymbol{0}$, 由方程 (4) 可得火箭运动的向量方程

$$M\frac{\mathrm{d}\boldsymbol{v}}{\mathrm{d}t} = \frac{\mathrm{d}M}{\mathrm{d}t}\boldsymbol{u}_\mathrm{r}, \tag{5}$$

其中 $\boldsymbol{u}_\mathrm{r}$ 是燃料分离相对速度. 假设 $\boldsymbol{u}_\mathrm{r}$ 的大小是常数并且方向与火箭速度 $\boldsymbol{v}$ 相反,

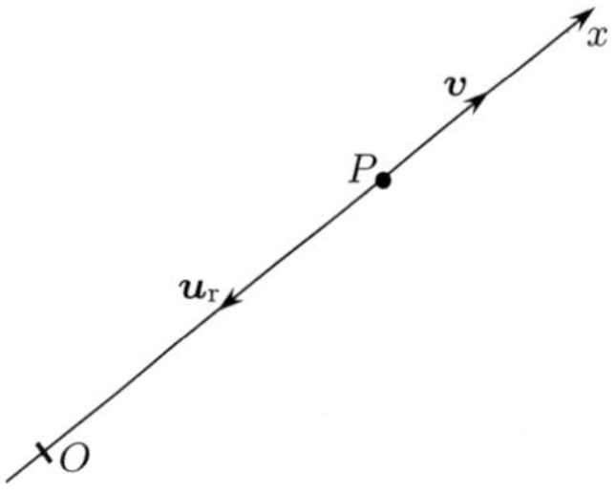

图 132

那么火箭将沿着向量 $\boldsymbol{v}$ 的方向作直线运动, 我们取这个直线为 Ox 轴 (图 132), 将方程 (5) 向 Ox 轴投影得

$$M\frac{\mathrm{d}v}{\mathrm{d}t}=-\frac{\mathrm{d}M}{\mathrm{d}t}u_{\mathrm{r}},\tag{6}$$

其中 u_{r} 是相对速度 $\boldsymbol{u}_{\mathrm{r}}$ 的大小. 假设 $t=0$ 时火箭质量等于 M_0, 速度等于 v_0, 积分方程 (6) 得

$$v(t)=v_0+u_{\mathrm{r}}\ln\frac{M_0}{M(t)}.\tag{7}$$

由此可见, 在给定时刻火箭的速度依赖于火箭初始质量与当前质量之比. 设 M_{T} 是燃料的初始质量, 而 M_{K} 是燃料耗尽后火箭的质量 (即火箭结构、有效载荷和设备的质量), 那么 $M_0=M_{\mathrm{T}}+M_{\mathrm{K}}$, 在燃料耗尽时火箭的速度可由 (7) 得到

$$v_{\mathrm{K}}=v_0+u_{\mathrm{r}}\ln\left(1+\frac{M_{\mathrm{T}}}{M_{\mathrm{K}}}\right),\tag{8}$$

这就是齐奥尔科夫斯基公式. 由此公式可知, 火箭的极限速度仅依赖于燃料的相对储备和燃烧物相对速度, 火箭极限速度不依赖于质量变化规律 (发动机工作机制); 如果给定关系式 $M_{\mathrm{T}}/M_{\mathrm{K}}=Z$ (称为齐奥尔科夫斯基数), 则极限速度与燃料消耗快慢完全无关.

火箭在轨迹主动段走过的路径依赖于燃料消耗规律. 假设在 $t=0$ 时 $x=0$, 则由 (7) 得

$$x=v_0t+u_{\mathrm{r}}\int_0^t\ln\frac{M_0}{M(t)}\mathrm{d}t.\tag{9}$$

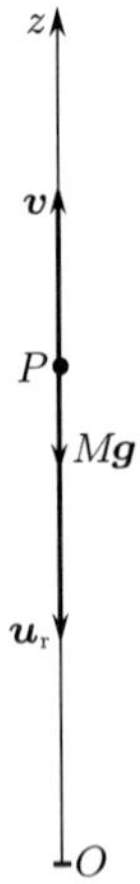

图 133

134. 火箭在均匀重力场中的竖直运动 设火箭在均匀重力场中竖直向上运动, 不考虑介质阻力, 将火箭看作质点, 初始速度为零, 初始质量为 M_0, 燃料分离的相对速度 $\boldsymbol{u}_{\mathrm{r}}$ 大小是常数, 方向竖直向下. 假设火箭质量随时间的变化规律已知, 求火箭速度和上升高度随时间变化的函数.

在火箭上作用的外力为重力, 方向竖直向下, 取火箭运动的直线为 Oz 轴 (图 133), 将方程 (4) 的两边向 Oz 轴投影得

$$M\frac{\mathrm{d}v}{\mathrm{d}t}=-Mg-\frac{\mathrm{d}M}{\mathrm{d}t}u_{\mathrm{r}}.$$

将该方程积分后可得火箭速度

$$v=u_{\mathrm{r}}\ln\frac{M_0}{M(t)}-gt.\tag{10}$$

如果设 $t=0$ 时 $z=0$, 则积分方程 (10) 可得火箭上升高度随时间变化的公式

$$z=u_{\mathrm{r}}\int_0^t \ln\frac{M_0}{M(t)}\mathrm{d}t-\frac{gt^2}{2}. \tag{11}$$

设火箭质量按指数规律变化

$$M=M_0\mathrm{e}^{-\alpha t}, \tag{12}$$

其中 α 是正常数, 描述燃料消耗的快慢. 燃料消耗质量 M_1 的增加规律为

$$M_1=M_0\left(1-\mathrm{e}^{-\alpha t}\right).$$

根据第 132 小节的 (5) 可得反推力 F_1 的表达式

$$F_1=\alpha M_0\mathrm{e}^{-\alpha t}u_{\mathrm{r}}=\alpha u_{\mathrm{r}}M,$$

即 αu_{r} 是火箭反推力产生的加速度.

对于质量变化规律 (12), 由 (10) 和 (11) 得

$$v=(\alpha u_{\mathrm{r}}-g)t,\qquad z=\frac{1}{2}(\alpha u_{\mathrm{r}}-g)t^2. \tag{13}$$

由此可知, 只有在 $\alpha u_{\mathrm{r}}>g$ 时火箭才会竖直上升, 这就是说, 火箭反推力产生的加速度应该大于重力加速度.

设燃料质量 M_{T} 给定, 由 (12) 可得燃料耗尽时刻 t_{K}. 因为在燃烧结束时 $M=M_{\mathrm{K}}$, 所有由 (12) 得

$$M_{\mathrm{K}}=M_0e^{-\alpha t_{\mathrm{K}}}.$$

考虑到 $M_0=M_{\mathrm{T}}+M_{\mathrm{K}}$ 并引入记号 $\beta=\ln(1+M_{\mathrm{T}}/M_{\mathrm{K}})$, 得

$$t_{\mathrm{K}}=\frac{\beta}{\alpha}. \tag{14}$$

由 (13) 可知, 在燃料耗尽时火箭的速度 v_{K} 和火箭主动段轨迹长度 z_{K} 由下面公式确定

$$v_{\mathrm{K}}=\beta\left(u_{\mathrm{r}}-\frac{g}{\alpha}\right),\qquad z_{\mathrm{K}}=\frac{\alpha u_{\mathrm{r}}-g}{2\alpha^2}\beta^2. \tag{15}$$

燃料耗尽后, 即 $t>t_{\mathrm{K}}$, 火箭质量保持常数, 在 $t=t_{\mathrm{K}}$ 时有速度 v_{K}, 火箭此后上升的最大高度为

$$s=\frac{v_{\mathrm{K}}^2}{2g}=\frac{\beta^2}{2g}\left(u_{\mathrm{r}}-\frac{g}{\alpha}\right)^2. \tag{16}$$

由公式 (15) 和 (16) 可得火箭上升的总高度 $h=z_{\mathrm{K}}+s$ 的表达式

$$h=\frac{\beta^2u_{\mathrm{r}}}{2}\left(\frac{u_{\mathrm{r}}}{g}-\frac{1}{\alpha}\right). \tag{17}$$

由此可知, 随着 α 增加, 火箭上升最大高度也增加. 在 $\alpha=\infty$, 即燃料瞬间消耗完的情况下, 相应的火箭上升最大高度为

$$h_{\max}=\frac{\beta^2u_{\mathrm{r}}^2}{2g}. \tag{18}$$

下面我们求使火箭主动段上升最高的 α 值. 由 (15) 得

$$\frac{\partial z_{\mathrm{K}}}{\partial\alpha}=\beta^2\frac{2g-\alpha u_{\mathrm{r}}}{2\alpha^3},\quad \frac{\partial^2 z_{\mathrm{K}}}{\partial\alpha^2}=\beta^2\frac{\alpha u_{\mathrm{r}}-3g}{\alpha^4}, \tag{19}$$

由此可知, 当 $\alpha=2g/u_{\mathrm{r}}$ 时, 即火箭反推力产生的加速度是重力加速度的 2 倍时, z_{K} 取最大值. 由 (15) 得

$$z_{\mathrm{K}\max}=\frac{\beta^2u_{\mathrm{r}}^2}{8g}.$$

根据 (17) 得火箭在这种情况下上升的高度

$$h=\frac{\beta^2u_{\mathrm{r}}^2}{4g},$$

即火箭主动段最长时, 火箭上升高度是公式 (18) 给出的一半.

§3. 变质量刚体的运动

135. 定点运动 变质量刚体是指质点之间距离保持不变且至少包括一个变质量质点的力学系统.

如果 $m_\nu(t)$ 是质点 P_ν 的质量, 则

$$m_\nu(t)=m_\nu(0)-m_{\nu1}(t)+m_{\nu2}(t)\quad(\nu=1,2,\cdots,N), \tag{1}$$

其中 $m_{\nu1}(t)$ ($m_{\nu2}(t)$) 是在时间 t 内离开 (并入) 质点 P_ν 的微粒的质量, 非负非递减函数 $m_{\nu1}(t), m_{\nu2}(t)$ 是连续可微的.

设变质量刚体有一个固定点 O, 为了得到刚体的运动微分方程, 我们利用变质量系统的动量矩定理. 设坐标系 $Oxyz$ 与刚体固连, $\boldsymbol{K}_O$ 是刚体对 O 点的动量矩, 如果 $\boldsymbol{\omega}$ 是刚体角速度, 则由第 131 小节中等式 (7) 可得

$$\frac{\tilde{\mathrm{d}}\boldsymbol{K}_O}{\mathrm{d}t}+\boldsymbol{\omega}\times\boldsymbol{K}_O=\boldsymbol{M}_O^{(\mathrm{e})}+\boldsymbol{M}_O^{(\mathrm{F})}, \tag{2}$$

其中 $\tilde{\mathrm{d}}/\mathrm{d}t$ 是 (在坐标系 $Oxyz$ 中的) 相对导数, $\boldsymbol{M}_O^{(\mathrm{e})}$ 是外力对 O 点的主矩, $\boldsymbol{M}_O^{(\mathrm{F})}$ 是变质量刚体的附加力矩.

我们来求出向量 $\boldsymbol{M}_O^{(\mathrm{F})}$. 设 $\Delta m_{\nu1}$ 是在 Δt 时间内离开质点 P_ν 的微粒质量, 而 $\Delta m_{\nu2}$ 是在 Δt 时间内并入质点 P_ν 的微粒质量, 如果 $\boldsymbol{u}_{\nu1}$ 和 $\boldsymbol{u}_{\nu2}$ 分别是在时刻 t 离

开和并入微粒的绝对速度, 则精确到 $\Delta m_{\nu 1}, \Delta m_{\nu 2}, \Delta t$ 的一阶小量, 有

$$\Delta \boldsymbol{K}_{O1} = \sum_{\nu=1}^{N} \Delta m_{\nu 1} \boldsymbol{\rho}_\nu \times \boldsymbol{u}_{\nu 1},$$

$$\Delta \boldsymbol{K}_{O2} = \sum_{\nu=1}^{N} \Delta m_{\nu 2} \boldsymbol{\rho}_\nu \times \boldsymbol{u}_{\nu 2}, \tag{3}$$

其中 $\boldsymbol{\rho}_\nu$ 是质点 P_ν 相对固定点 O 的向径. 由 (3) 和第 131 小节中等式 (8) 可得

$$\boldsymbol{M}_O^{(\mathrm{F})} = -\sum_{\nu=1}^{N} \frac{\mathrm{d}m_{\nu 1}}{\mathrm{d}t} \boldsymbol{\rho}_\nu \times \boldsymbol{u}_{\nu 1} + \sum_{\nu=1}^{N} \frac{\mathrm{d}m_{\nu 2}}{\mathrm{d}t} \boldsymbol{\rho}_\nu \times \boldsymbol{u}_{\nu 2}. \tag{4}$$

设 $\boldsymbol{v}_\nu$ 是 P_ν 点的速度, $\boldsymbol{u}_{\nu 1}^{(\mathrm{r})}$ 和 $\boldsymbol{u}_{\nu 2}^{(\mathrm{r})}$ 分别是离开和并入微粒相对 P_ν 点的速度, 那么有 $\boldsymbol{u}_{\nu i} = \boldsymbol{v}_\nu + \boldsymbol{u}_{\nu i}^{(\mathrm{r})} \quad (i = 1, 2)$, 方程 (4) 可以写成为

$$\boldsymbol{M}_O^{(\mathrm{F})} = \sum_{\nu=1}^{N} \boldsymbol{\rho}_\nu \times \left(-\frac{\mathrm{d}m_{\nu 1}}{\mathrm{d}t} \boldsymbol{u}_{\nu 1}^{(\mathrm{r})} + \frac{\mathrm{d}m_{\nu 2}}{\mathrm{d}t} \boldsymbol{u}_{\nu 2}^{(\mathrm{r})} \right)$$

$$+ \sum_{\nu=1}^{N} \boldsymbol{\rho}_\nu \times \left(-\frac{\mathrm{d}m_{\nu 1}}{\mathrm{d}t} + \frac{\mathrm{d}m_{\nu 2}}{\mathrm{d}t} \right) \boldsymbol{v}_\nu. \tag{5}$$

利用关系式 (1) 上面等式可以写成

$$\boldsymbol{M}_O^{(\mathrm{F})} = \sum_{\nu=1}^{N} \boldsymbol{\rho}_\nu \times \left(-\frac{\mathrm{d}m_{\nu 1}}{\mathrm{d}t} \boldsymbol{u}_{\nu 1}^{(\mathrm{r})} + \frac{\mathrm{d}m_{\nu 2}}{\mathrm{d}t} \boldsymbol{u}_{\nu 2}^{(\mathrm{r})} \right) + \sum_{\nu=1}^{N} \boldsymbol{\rho}_\nu \times \frac{\mathrm{d}m_\nu}{\mathrm{d}t} \boldsymbol{v}_\nu. \tag{6}$$

根据第 132 小节中等式 (3), 等式 (6) 中第 1 个和是反推力对 O 点的主矩 $\boldsymbol{M}_O^{(\mathrm{r})}$. 考虑到 $\boldsymbol{v}_\nu = \boldsymbol{\omega} \times \boldsymbol{\rho}_\nu$, 再做类似于第 82 小节中的变换可得, 等式 (6) 中第 2 个和等于

$$\frac{\mathrm{d}\boldsymbol{J}}{\mathrm{d}t} \boldsymbol{\omega},$$

其中 $\boldsymbol{J}$ 是刚体对 O 点的惯性张量矩阵 (是时间的函数). 于是, 变质量刚体的附加力矩可以写成

$$\boldsymbol{M}_O^{(\mathrm{F})} = \boldsymbol{M}_O^{(\mathrm{r})} + \frac{\mathrm{d}\boldsymbol{J}}{\mathrm{d}t} \boldsymbol{\omega}. \tag{7}$$

根据第 82 小节中等式 (9), 刚体动量矩 $\boldsymbol{K}_O$ 可以写成 $\boldsymbol{K}_O = \boldsymbol{J}\boldsymbol{\omega}$. 再由等式 (2) 和 (7) 可得

$$\frac{\mathrm{d}\boldsymbol{J}}{\mathrm{d}t} \boldsymbol{\omega} + \boldsymbol{J} \frac{\mathrm{d}\boldsymbol{\omega}}{\mathrm{d}t} + \boldsymbol{\omega} \times \boldsymbol{J}\boldsymbol{\omega} = \boldsymbol{M}_{\mathrm{O}}^{(\mathrm{e})} + \boldsymbol{M}_O^{(\mathrm{r})} + \frac{\mathrm{d}\boldsymbol{J}}{\mathrm{d}t} \boldsymbol{\omega},$$

或者

$$\boldsymbol{J} \frac{\mathrm{d}\boldsymbol{\omega}}{\mathrm{d}t} + \boldsymbol{\omega} \times \boldsymbol{J}\boldsymbol{\omega} = \boldsymbol{M}_O^{(\mathrm{e})} + \boldsymbol{M}_O^{(\mathrm{r})}. \tag{8}$$

如果 J_x, J_y, J_z 和 J_{xy}, J_{xz}, J_{yz} 分别是轴惯性矩和离心惯性矩, 而 p, q, r 是刚体角速度在 Ox, Oy, Oz 轴上的投影, 则向量方程 (8) 可以写成类似于第 97 小节中 (3) 形式的 3 个标量方程, 这些方程右边会出现附加项 $M_x^{(\mathrm{r})}, M_y^{(\mathrm{r})}, M_z^{(\mathrm{r})}$, 它们是反推力矩在 Ox, Oy, Oz 轴上的投影. 一般来说, 外力矩依赖于刚体在空间中的方向, 在研究刚体定点运动时还需要补充欧拉运动学方程.

如果在微粒离开和并入过程中 Ox, Oy, Oz 轴还是惯性主轴, 则方程 (8) 可以写成为类似欧拉动力学方程的标量形式

$$\begin{aligned}
A\frac{\mathrm{d}p}{\mathrm{d}t} + (C-B)qr &= M_x + M_x^{(\mathrm{r})},\\
B\frac{\mathrm{d}q}{\mathrm{d}t} + (A-C)rp &= M_y + M_y^{(\mathrm{r})},\\
C\frac{\mathrm{d}r}{\mathrm{d}t} + (B-A)pq &= M_z + M_z^{(\mathrm{r})},
\end{aligned} \tag{9}$$

其中 A, B, C 是刚体对 Ox, Oy, Oz 轴的惯性矩 (依赖于时间), 而 M_x, M_y, M_z 是外力主矩在 Ox, Oy, Oz 轴上的投影.

136. 定轴转动 设 Oz 是固定轴, 变质量刚体绕着该轴作定轴转动, 那么 $p \equiv 0, q \equiv 0, r = \omega_z(t)$. 将方程 (8) 向 Oz 轴投影, 得

$$J_z\frac{\mathrm{d}\omega_z}{\mathrm{d}t} = M_z + M_z^{(\mathrm{r})}, \tag{10}$$

这就是变质量刚体定轴转动的运动微分方程. 与常质量刚体定轴转动微分方程的差别就是方程右边出现了附加项 $M_z^{(\mathrm{r})}$, 就是反推力矩在 Oz 轴上的投影. 另外, 刚体对 Oz 轴的惯性矩 J_z 也是变量.

例 1 半径为 r 的圆环形刚体在常力矩 M 作用下绕竖直轴转动, 转动轴与刚体对称轴重合. 当刚体角速度为 ω_0 时开始制动, 为此在圆环直径的两端安装两个反推发动机. 在发动机内气体喷出的相对速度沿着圆环的切线, 大小等于 u; 每秒燃料消耗为 q, 带燃料的刚体初始惯性矩等于 J_0, 求完全制动刚体所需的燃料.

根据方程 (10), 描述刚体转动的微分方程为

$$(J_0 - qr^2t)\frac{\mathrm{d}\omega}{\mathrm{d}t} = M - qur. \tag{11}$$

如果反推力矩足够大 ($qur > M$), 刚体转动才可能被制动. 解方程 (11) 可得刚体角速度随时间的变化

$$\omega(t) = \omega_0 + \frac{qur - M}{qr^2}\ln\left(1 - \frac{qr^2}{J_0}t\right).$$

由方程 $\omega(\tau) = 0$ 求出制动时间 τ, 然后由公式 $m = q\tau$ 求出制动所需燃料为

$$m = \frac{J_0}{r^2}\left(1 - \mathrm{e}^{-\frac{qr^2\omega_0}{qur-M}}\right).$$

第十章

分析动力学微分方程

§1. 拉格朗日方程 (第二类)

137. 广义坐标下的动力学普遍方程 我们研究 N 个质点 P_ν $(\nu = 1, 2, \cdots, N)$ 组成的系统. 如果系统是非自由的, 则约束是双面理想的. 设质点 P_ν 的虚位移为 $\delta\boldsymbol{r}_\nu$, 质量为 m_ν, 加速度为 $\boldsymbol{w}_\nu$, 而 $\boldsymbol{F}_\nu$ 是作用在质点 P_ν 的合力, 那么动力学普遍方程 (第 57 小节) 写成

$$\sum_{\nu=1}^{N}(\boldsymbol{F}_\nu - m_\nu\boldsymbol{w}_\nu)\cdot\delta\boldsymbol{r}_\nu = 0. \tag{1}$$

在某些约束或者全部约束是非理想的情况下, 在 $\boldsymbol{F}_\nu$ 中只要补充非理想约束反力 $\boldsymbol{G}_\nu$, 就可以在形式上与理想约束系统一样来研究.

动力学普遍方程 (1) 是我们推导本章的分析动力学微分方程的基础, 实际上, 下面所有的质点系运动方程都是方程 (1) 的不同形式, 对应于不同性质的主动力和约束.

设系统有 r 个几何约束和 s 个不可积的运动学约束, 设 $q_1, q_2, \cdots, q_m$ 是系统的广义坐标, 其数目 m 等于 $3N - r$, 那么质点 P_ν 相对于惯性坐标系原点的向径 $\boldsymbol{r}_\nu$ 可以写成 $q_1, q_2, \cdots, q_m, t$ 的函数形式

$$\boldsymbol{r}_\nu = \boldsymbol{r}_\nu(q_1, q_2, \cdots, q_m, t), \tag{2}$$

这些函数是二次连续可微的. 如果系统是定常的, 则可以选择广义坐标 $q_1, q_2, \cdots, q_m$ 使函数 $\boldsymbol{r}_\nu$ 不显含时间 t. 由 (2) 可得 (参见第 16 小节)

$$\boldsymbol{v}_\nu = \dot{\boldsymbol{r}}_\nu = \sum_{j=1}^{m} \frac{\partial \boldsymbol{r}_\nu}{\partial q_j}\dot{q}_j + \frac{\partial \boldsymbol{r}_\nu}{\partial t} \quad (\nu = 1, 2, \cdots, N), \tag{3}$$

$$\delta \boldsymbol{r}_\nu = \sum_{j=1}^{m} \frac{\partial \boldsymbol{r}_\nu}{\partial q_j}\delta q_j \quad (\nu = 1, 2, \cdots, N). \tag{4}$$

我们将动力学普遍方程 (1) 写成广义坐标的形式, 主动力的元功形式为

$$\sum_{\nu=1}^{N} \boldsymbol{F}_\nu \cdot \delta \boldsymbol{r}_\nu = \sum_{j=1}^{m} Q_j \delta q_j, \tag{5}$$

其中 Q_j 是对应于广义坐标 q_j 的广义力, 一般是 $q_l, \dot{q}_l, t \quad (l = 1, 2, \cdots, m)$ 的函数.

我们再对惯性力在虚位移上所做的功表达式进行变换. 利用公式 (4), 改变求和次序

$$\begin{aligned} -\sum_{\nu=1}^{N} m_\nu \boldsymbol{w}_\nu \cdot \delta \boldsymbol{r}_\nu &= -\sum_{\nu=1}^{N} m_\nu \frac{\mathrm{d}\dot{\boldsymbol{r}}_\nu}{\mathrm{d}t} \cdot \sum_{j=1}^{m} \frac{\partial \boldsymbol{r}_\nu}{\partial q_j}\delta q_j \\ &= -\sum_{j=1}^{m} \left(\sum_{\nu=1}^{N} m_\nu \frac{\mathrm{d}\dot{\boldsymbol{r}}_\nu}{\mathrm{d}t} \cdot \frac{\partial \boldsymbol{r}_\nu}{\partial q_j} \right) \delta q_j. \end{aligned} \tag{6}$$

又

$$\sum_{\nu=1}^{N} m_\nu \frac{\mathrm{d}\dot{\boldsymbol{r}}_\nu}{\mathrm{d}t} \cdot \frac{\partial \boldsymbol{r}_\nu}{\partial q_j} = \frac{\mathrm{d}}{\mathrm{d}t}\left(\sum_{\nu=1}^{N} m_\nu \dot{\boldsymbol{r}}_\nu \cdot \frac{\partial \boldsymbol{r}_\nu}{\partial q_j} \right) - \sum_{\nu=1}^{N} m_\nu \dot{\boldsymbol{r}}_\nu \cdot \frac{\mathrm{d}}{\mathrm{d}t}\frac{\partial \boldsymbol{r}_\nu}{\partial q_j}$$
$$(j = 1, 2, \cdots, m).$$

借助第 16 小节的公式 (25) 可将上式写成

$$\sum_{\nu=1}^{N} m_\nu \frac{\mathrm{d}\dot{\boldsymbol{r}}_\nu}{\mathrm{d}t} \cdot \frac{\partial \boldsymbol{r}_\nu}{\partial q_j} = \frac{\mathrm{d}}{\mathrm{d}t}\left(\sum_{\nu=1}^{N} m_\nu \dot{\boldsymbol{r}}_\nu \cdot \frac{\partial \dot{\boldsymbol{r}}_\nu}{\partial \dot{q}_j} \right) - \sum_{\nu=1}^{N} m_\nu \dot{\boldsymbol{r}}_\nu \cdot \frac{\partial \dot{\boldsymbol{r}}_\nu}{\partial q_j} \tag{7}$$
$$(j = 1, 2, \cdots, m).$$

如果利用系统动能表达式

$$T = \frac{1}{2}\sum_{\nu=1}^{N} m_\nu \dot{\boldsymbol{r}}_\nu^2,$$

则等式 (7) 可以写成

$$\sum_{\nu=1}^{N} m_\nu \frac{\mathrm{d}\dot{\boldsymbol{r}}_\nu}{\mathrm{d}t} \cdot \frac{\partial \boldsymbol{r}_\nu}{\partial q_j} = \frac{\mathrm{d}}{\mathrm{d}t}\frac{\partial T}{\partial \dot{q}_j} - \frac{\partial T}{\partial q_j} \quad (j = 1, 2, \cdots, m). \tag{8}$$

将 (8) 代入 (6) 可得惯性力虚功表达式

$$-\sum_{\nu=1}^{N} m_\nu \boldsymbol{w}_\nu \cdot \delta \boldsymbol{r}_\nu = -\sum_{j=1}^{m} \left(\frac{\mathrm{d}}{\mathrm{d}t} \frac{\partial T}{\partial \dot{q}_j} - \frac{\partial T}{\partial q_j} \right) \delta q_j. \tag{9}$$

将 (5) 和 (9) 代入 (1) 并两边乘以 -1 得广义坐标形式的动力学普遍方程

$$\sum_{j=1}^{m} \left(\frac{\mathrm{d}}{\mathrm{d}t} \frac{\partial T}{\partial \dot{q}_j} - \frac{\partial T}{\partial q_j} - Q_j \right) \delta q_j = 0. \tag{10}$$

138. 拉格朗日方程 假设系统是完整的, 那么 δq_j $(j = 1, 2, \cdots, m)$ 是相互独立的, 且广义坐标数等于自由度 $(m = n)$. 利用 δq_j 独立性, 方程 (10) 成立当且仅当所有 δq_j 的系数都等于零, 所以方程 (10) 等价于下面 n 个方程:

$$\frac{\mathrm{d}}{\mathrm{d}t} \frac{\partial T}{\partial \dot{q}_i} - \frac{\partial T}{\partial q_i} = Q_i \quad (i = 1, 2, \cdots, n). \tag{11}$$

方程 (11) 称为第二类拉格朗日方程①, 这是关于 n 个函数 $q_i(t)$ 的 n 个二阶微分方程. 这个方程组的阶数为 $2n$, 这是所研究系统的运动微分方程的最小可能阶数, 因为 $q_i, \dot{q}_i$ $(i = 1, 2, \cdots, n)$ 的初始值可以任意选取.

为了得到拉格朗日方程, 必须将系统的动能 T 表示成广义坐标和广义速度的函数, 必须求出广义力, 并且要像 (11) 中那样将 $T(q_j, \dot{q}_j, t)$ 对广义坐标、广义速度和时间求导. 可以发现, 拉格朗日方程的形式不依赖于广义坐标的选择, 选取其它广义坐标只会改变函数 T 和 Q_i, 而方程 (11) 的形式不会改变, 这就是说拉格朗日方程具有不变性.

在拉格朗日方程中不包含理想约束的约束反力. 如果想求约束反力, 需要在积分拉格朗日方程后将函数 $q_i(t)$ 代入表达式 (2), 则作用在 P_ν 点的约束反力的合力 $\boldsymbol{R}_\nu$ 由下面关系式求出

$$\boldsymbol{R}_\nu = m_\nu \ddot{\boldsymbol{r}}_\nu - \boldsymbol{F}_\nu(\boldsymbol{r}_\nu, \dot{\boldsymbol{r}}_\nu, t).$$

例 1 (刚体绕固定轴 u 的转动) 这里 $n = 1$, 广义坐标取刚体绕 u 轴的转角 φ, 广义力 Q_φ 等于外力对 u 轴的主矩 (参见第 54 小节的例 1), 刚体的动能为

$$T = \frac{1}{2} J_u \dot{\varphi}^2,$$

其中 J_u 为刚体对 u 轴的惯性矩. 于是有

$$\frac{\partial T}{\partial \dot{\varphi}} = J_u \dot{\varphi}, \quad \frac{\mathrm{d}}{\mathrm{d}t} \frac{\partial T}{\partial \dot{\varphi}} = J_u \ddot{\varphi}, \quad \frac{\partial T}{\partial \varphi} = 0.$$

拉格朗日方程

$$\frac{\mathrm{d}}{\mathrm{d}t} \frac{\partial T}{\partial \dot{\varphi}} - \frac{\partial T}{\partial \varphi} = Q_\varphi$$

①方程 (11) 经常简称为拉格朗日方程.

的具体形式为

$$J_u\ddot{\varphi} = M_u^{(\mathrm{e})}.$$

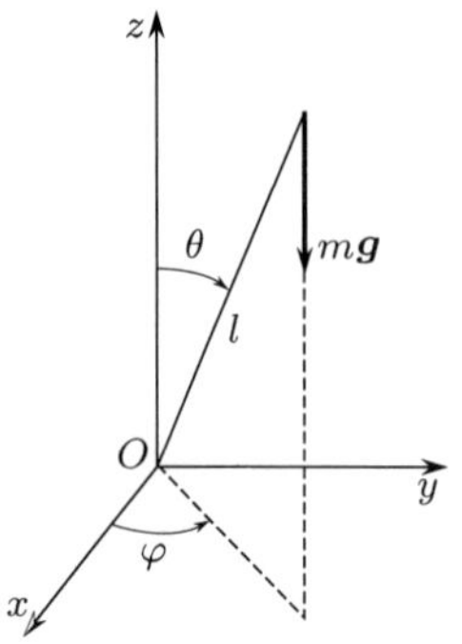

图 134

例2 (球面摆的运动方程) 球面摆是指在均匀重力场中沿着半径为常数的球面运动的质点. 可以认为质点的质量为 m, 固定于长度为 l 的无质量杆的一端, 杆的另一端固定于 O 点且使杆可以沿着空间中任意方向 (图 134). 忽略摩擦.

球面摆有两个自由度, 广义坐标取 m 点的球面坐标 φ, θ. 因为质点 m 到坐标原点的距离等于 l, 根据第 9 小节的公式 (9), 质点的动能表达式为

$$T = \frac{1}{2}ml^2(\dot{\theta}^2 + \sin^2\theta\dot{\varphi}^2). \tag{12}$$

为了得到广义力 Q_φ, 我们给出质点 m 沿着经线的虚位移, 那么 $\delta A_\varphi = 0$, 于是得 $Q_\varphi = 0$. 为了求广义力 Q_θ, 我们给出质点沿着纬线的虚位移, 那么 $\delta A_\theta = mg\sin\theta \cdot l\delta\theta = Q_\theta\delta\theta$, 于是得 $Q_\theta = mgl\sin\theta$.

对于坐标 θ, φ 可得方程 (在拉格朗日方程两边同时除以常数因子):

$$\ddot{\theta} - \sin\theta\cos\theta\dot{\varphi}^2 - \frac{g}{l}\sin\theta = 0, \qquad \frac{\mathrm{d}}{\mathrm{d}t}(\sin^2\theta\dot{\varphi}) = 0. \tag{13}$$

139. 动能表达式分析 我们来研究以广义坐标和广义速度表示的系统动能表达式的结构. 利用公式 (3), 动能可以写成

$$\begin{aligned} T &= \frac{1}{2}\sum_{\nu=1}^{N} m_\nu \dot{\boldsymbol{r}}_\nu^2 = \frac{1}{2}\sum_{\nu=1}^{N} m_\nu \left(\sum_{j=1}^{m}\frac{\partial \boldsymbol{r}_\nu}{\partial q_j}\dot{q}_j + \frac{\partial \boldsymbol{r}_\nu}{\partial t}\right)^2 \\ &= \frac{1}{2}\sum_{j,k=1}^{m} a_{jk}\dot{q}_j\dot{q}_k + \sum_{j=1}^{m} a_j\dot{q}_j + a_0, \end{aligned} \tag{14}$$

这里引进了记号

$$a_{jk} = \sum_{\nu=1}^{N} m_\nu \frac{\partial \boldsymbol{r}_\nu}{\partial q_j}\cdot\frac{\partial \boldsymbol{r}_\nu}{\partial q_k}, \quad a_j = \sum_{\nu=1}^{N} m_\nu \frac{\partial \boldsymbol{r}_\nu}{\partial q_j}\cdot\frac{\partial \boldsymbol{r}_\nu}{\partial t}, \quad a_0 = \frac{1}{2}\sum_{\nu=1}^{N} m_\nu \left(\frac{\partial \boldsymbol{r}_\nu}{\partial t}\right)^2, \tag{15}$$

其中 a_{jk}, a_j, a_0 是 $q_1, q_2, \cdots, q_m, t$ 的函数.

公式 (14) 表明动能是广义速度的二次多项式, 可以写成

$$T = T_2 + T_1 + T_0, \tag{16}$$

其中

$$T_2 = \frac{1}{2}\sum_{j,k=1}^{m} a_{jk}\dot{q}_j\dot{q}_k, \qquad T_1 = \sum_{j=1}^{m} a_j\dot{q}_j, \qquad T_0 = a_0.$$

对于定常系统有 $\partial \boldsymbol{r}_\nu/\partial t = 0 \quad (\nu = 1, 2, \cdots, N)$, 由 (15) 可知 $a_j = 0, a_0 = 0 \quad (j = 1, 2, \cdots, m)$, 所以

$$T = T_2 = \frac{1}{2}\sum_{j,k=1}^{m} a_{jk}\dot{q}_j\dot{q}_k, \tag{17}$$

即定常系统的动能是广义速度的二次型, 并且 (17) 中的系数 a_{jk} 不显含时间.

我们将证明二次型 T_2 是非退化的, 这就是说其系数行列式

$$\det\|a_{jk}\|_{j,k=1}^{m} \neq 0 \tag{18}$$

对任何 $q_1, q_2, \cdots, q_m, t$ 都成立. 事实上, 二次型 T_2 可以写成

$$T_2 = \frac{1}{2}\sum_{\nu=1}^{N} m_\nu \left(\sum_{j=1}^{m}\frac{\partial \boldsymbol{r}_\nu}{\partial q_j}\dot{q}_j\right)^2, \tag{19}$$

立刻可知其为非负: $T_2 \geqslant 0$.

下面我们证明 T_2 等于零当且仅当所有 $\dot{q}_j \quad (j = 1, 2, \cdots, m)$ 都等于零. 假设不是这样, 即在某些不完全为零的 $\dot{q}_1^*, \dot{q}_2^*, \cdots, \dot{q}_m^*$ 情况下 T_2 可以等于零, 那么在公式 (19) 中每个括号内的表达式都应该等于零, 即

$$\sum_{j=1}^{m}\frac{\partial \boldsymbol{r}_\nu}{\partial q_j}\dot{q}_j^* = 0 \quad (\nu = 1, 2, \cdots, N).$$

这些向量等式可以写成标量形式

$$\sum_{j=1}^{m}\dot{q}_j^*\frac{\partial x_\nu}{\partial q_j} = 0, \quad \sum_{j=1}^{m}\dot{q}_j^*\frac{\partial y_\nu}{\partial q_j} = 0, \quad \sum_{j=1}^{m}\dot{q}_j^*\frac{\partial z_\nu}{\partial q_j} = 0, \tag{20}$$

$$(\nu = 1, 2, \cdots, N)$$

等式 (20) 表明第 14 小节中矩阵 (22) 的各列线性相关, 即这个矩阵的秩小于 m. 根据第 14 小节, 对于广义坐标 $q_1, q_2, \cdots, q_m$ 这是不可能的.

于是, 二次型 T_2 是正定的, 由此可知其系数行列式是正的, 即 (18) 成立.

评注 1 如果选定广义坐标 $q_1, q_2, \cdots, q_m$ 对于系统的某个位置不等式 (18) 不成立, 则意味着不适合以 $q_1, q_2, \cdots, q_m$ 为广义坐标研究系统在这个位置附近的运动, 在这个位置附近的邻域内需要引进其它广义坐标.

注释 1 作为例子我们来研究刚体绕 O 点的定点运动. 设 A, B, C 是主惯性矩, p, q, r 是刚体角速度在对 O 点的惯性主轴上的投影, 刚体动能计算公式如下

$$T = \frac{1}{2}(Ap^2 + Bq^2 + Cr^2). \tag{21}$$

取广义坐标为欧拉角 ψ, θ, φ (第 19 小节). 我们来求 θ 角等于 0 或者 π 时的 T. 利用欧拉运动学方程 (第36 小节), 由 (21) 可得

$$T = \frac{1}{2}\left[(A\cos^2\varphi + B\sin^2\varphi)\dot{\theta}^2 + C(\dot{\varphi} \pm \dot{\psi})^2\right], \tag{22}$$

其中正号和负号分别对应于 θ 等于 0 和 π. 二次型 (22) 的行列式等于零, 因此在 θ 接近 0 和 π 时, 通常定义的欧拉角不适合用于描述刚体的运动, 这个事实已经在第 19 小节中指出了.

140. 拉格朗日方程相对广义速度的可解性 利用动能表达式的结构 (16), 拉格朗日方程 (11) 可以写成

$$\sum_{k=1}^{n} a_{ik}\ddot{q}_k = g_i \quad (i = 1, 2, \cdots, n), \tag{23}$$

其中函数 g_i 不依赖于广义加速度. 由前一小节可知, 对于 $\ddot{q}_i$ 的线性方程组 (23) 的系数行列式不等于零, 因此该方程组可解并有唯一解

$$\ddot{q}_i = G_i(q_k, \dot{q}_k, t). \tag{24}$$

由微分方程理论可知, 在 G_i 满足某些限制条件 (例如, 在力学中总是假设 G_i 有连续的偏导数) 时, 对任意初始条件: $t = t_0$ 时 $q_i = q_i^0, \dot{q}_i = \dot{q}_i^0 \quad (i = 1, 2, \cdots, n)$, 方程组 (24) 都有唯一解, 因此拉格朗日方程满足运动确定性条件.

141. 有势力情况下的拉格朗日方程 · 拉格朗日函数 设广义力 Q_i 由下面公式计算

$$Q_i = -\frac{\partial \Pi}{\partial q_i} \qquad (i = 1, 2, \cdots, n),$$

其中势能 Π 是 $q_1, q_2, \cdots, q_n, t$ 的函数.

拉格朗日方程 (11) 在有势力情况下写成

$$\frac{\mathrm{d}}{\mathrm{d}t}\frac{\partial T}{\partial \dot{q}_i} - \frac{\partial T}{\partial q_i} = -\frac{\partial \Pi}{\partial q_i} \quad (i = 1, 2, \cdots, n).$$

令 $L = T - \Pi$, 那么上面方程写成

$$\frac{\mathrm{d}}{\mathrm{d}t}\frac{\partial L}{\partial \dot{q}_i} - \frac{\partial L}{\partial q_i} = 0 \quad (i = 1, 2, \cdots, n), \tag{25}$$

函数 L 称为拉格朗日函数 (动势).

利用表达式 (16), 拉格朗日函数可以写成广义速度的二阶多项式

$$L = L_2 + L_1 + L_0, \tag{26}$$

其中

$$L_2 = T_2, \quad L_1 = T_1, \quad L_0 = T_0 - \Pi. \tag{27}$$

评注 2 为了得到完整系统在有势力场中的运动微分方程 (25), 只需知道拉格朗日函数 L. 如果拉格朗日函数 L 加上广义坐标和时间的二次连续可微函数 f 的全导数

$$\frac{\mathrm{d}f}{\mathrm{d}t}=\sum_{i=1}^{n}\frac{\partial f}{\partial q_i}\dot{q}_i+\frac{\partial f}{\partial t},$$

则拉格朗日方程不会改变. 事实上, 由该等式可得下面两个关系式

$$\frac{\mathrm{d}}{\mathrm{d}t}\left(\frac{\partial}{\partial \dot{q}_i}\frac{\mathrm{d}f}{\mathrm{d}t}\right)=\sum_{k=1}^{n}\frac{\partial^2 f}{\partial q_i\partial q_k}\dot{q}_k+\frac{\partial^2 f}{\partial q_i\partial t},$$

$$\frac{\partial}{\partial q_i}\left(\frac{\mathrm{d}f}{\mathrm{d}t}\right)=\sum_{k=1}^{n}\frac{\partial^2 f}{\partial q_k\partial q_i}\dot{q}_k+\frac{\partial^2 f}{\partial t\partial q_i}.$$

因为 f 是二次连续可微的, 它对 (q_i, q_k, t) 的求导顺序可以交换, 所以上两式右边相等. 因此如果在 (25) 中以 $L+\dfrac{\mathrm{d}f}{\mathrm{d}t}$ 代替 L, 则 $\dfrac{\mathrm{d}}{\mathrm{d}t}\left(\dfrac{\partial}{\partial \dot{q}_i}\dfrac{\mathrm{d}f}{\mathrm{d}t}\right)$ 和 $\dfrac{\partial}{\partial q_i}\left(\dfrac{\mathrm{d}f}{\mathrm{d}t}\right)$ 相互抵消, 拉格朗日方程保持不变.

142. 关于完整系统机械能变化的定理 设系统除了有势力以外还受某些非有势力作用, 相应于非有势力的广义力用 Q_i^* 表示, 那么有

$$Q_i=-\frac{\partial \Pi}{\partial q_i}+Q_i^* \quad (i=1,2,\cdots,n),$$

而拉格朗日方程 (11) 有如下形式

$$\frac{\mathrm{d}}{\mathrm{d}t}\frac{\partial T}{\partial \dot{q}_i}-\frac{\partial T}{\partial q_i}=-\frac{\partial \Pi}{\partial q_i}+Q_i^* \quad (i=1,2,\cdots,n). \tag{28}$$

动能 $T(q_k, \dot{q}_k, t)$ 对时间的导数为

$$\begin{aligned}\frac{\mathrm{d}T}{\mathrm{d}t}&=\sum_{i=1}^{n}\left(\frac{\partial T}{\partial \dot{q}_i}\ddot{q}_i+\frac{\partial T}{\partial q_i}\dot{q}_i\right)+\frac{\partial T}{\partial t} \\ &=\frac{\mathrm{d}}{\mathrm{d}t}\left(\sum_{i=1}^{n}\frac{\partial T}{\partial \dot{q}_i}\dot{q}_i\right)-\sum_{i=1}^{n}\left(\frac{\mathrm{d}}{\mathrm{d}t}\frac{\partial T}{\partial \dot{q}_i}-\frac{\partial T}{\partial q_i}\right)\dot{q}_i+\frac{\partial T}{\partial t}.\end{aligned} \tag{29}$$

下面将利用表达式 (16) 和欧拉齐次函数定理. 根据这个定理, 对于 k 阶齐次函数 $f(x_1, x_2, \cdots, x_n)$ 有下面等式

$$\sum_{i=1}^{n}\frac{\partial f}{\partial x_i}x_i=kf.$$

将该定理应用于表达式 (16) 可得

$$\sum_{i=1}^{n}\frac{\partial T}{\partial \dot{q}_i}\dot{q}_i=2T_2+T_1.$$

再次利用方程 (28) 将等式 (29) 写成

$$\frac{\mathrm{d}T}{\mathrm{d}t}=\frac{\mathrm{d}}{\mathrm{d}t}(2T_2+T_1)+\sum_{i=1}^{n}\frac{\partial\Pi}{\partial q_i}\dot{q}_i-\sum_{i=1}^{n}Q_i^*\dot{q}_i+\frac{\partial T}{\partial t},$$

或者

$$\frac{\mathrm{d}T}{\mathrm{d}t}=\frac{\mathrm{d}}{\mathrm{d}t}(2T_2+2T_1+2T_0)-\frac{\mathrm{d}}{\mathrm{d}t}(T_1+2T_0)+\frac{\mathrm{d}\Pi}{\mathrm{d}t}-\frac{\partial\Pi}{\partial t}-\sum_{i=1}^{n}Q_i^*\dot{q}_i+\frac{\partial T}{\partial t}.$$

因为 $2T_2+2T_1+2T_0=2T$, 由此可得下面的系统机械能对时间导数的表达式

$$\frac{\mathrm{d}E}{\mathrm{d}t}=N^*+\frac{\mathrm{d}}{\mathrm{d}t}(T_1+2T_0)+\frac{\partial\Pi}{\partial t}-\frac{\partial T}{\partial t}, \tag{30}$$

其中

$$N^*=\sum_{i=1}^{n}Q_i^*\dot{q}_i, \tag{31}$$

称为*非有势力功率*.

公式 (30) 给出了*关于完整系统机械能变化的定理*. 我们来看下面几种特殊情况:

1. 设系统是定常的, 那么 $T_1=0, T_0=0, \partial T/\partial t=0$ 并且

$$\frac{\mathrm{d}E}{\mathrm{d}t}=N^*+\frac{\partial\Pi}{\partial t}. \tag{32}$$

2. 设系统是定常的且势能不显含时间, 这时 $\partial\Pi/\partial t=0$, 由 (33) 可得

$$\frac{\mathrm{d}E}{\mathrm{d}t}=N^*. \tag{33}$$

3. 设系统满足下面条件: 1) 定常, 2) 系统所有的力有势, 3) 势能不显含时间, 满足这些条件的系统称为*保守系统*. 对该系统有

$$\frac{\mathrm{d}E}{\mathrm{d}t}=0. \tag{34}$$

即保守系统的机械能在运动中保持不变, 系统有能量积分

$$E=T+\Pi=h=\mathrm{const}.$$

143. 陀螺力 如果非有势力的功率等于零, 则称之为*陀螺力*.
由等式 (33) 可知, 势能不显含时间的定常系统在陀螺力存在时也有能量积分.
设非有势力是广义速度的线性函数

$$Q_i^*=\sum_{i=1}^{n}\gamma_{ik}\dot{q}_k \qquad (i=1,2,\cdots,n),$$

如果由系数 γ_{ik} 构成的矩阵是反对称的, 即 $\gamma_{ik} = -\gamma_{ki} \quad (i = 1, 2, \cdots, n)$, 那么力 Q_i^* 是陀螺力, 而系数 γ_{ik} 所构成矩阵的反对称性为 Q_i^* 是陀螺力的充分必要条件.

事实上, 注意到反对称矩阵的对角元素 $\gamma_{ii} \quad (i = 1, 2, \cdots, n)$ 总是等于零, 因此有

$$N^* = \sum_{i=1}^{n} Q_i^* \dot{q}_i = \sum_{i,k=1}^{n} \gamma_{ik} \dot{q}_i \dot{q}_k = 0.$$

在给出例子之前我们先看下面等式

$$\sum_{\nu=1}^{N} \boldsymbol{F}_\nu \cdot \boldsymbol{v}_\nu = \sum_{\nu=1}^{N} \boldsymbol{F}_\nu \cdot \left(\sum_{i=1}^{n} \frac{\partial \boldsymbol{r}_\nu}{\partial q_i} \dot{q}_i + \frac{\partial \boldsymbol{r}_\nu}{\partial t} \right) = \sum_{i=1}^{n} \left(\sum_{\nu=1}^{N} \boldsymbol{F}_\nu \cdot \frac{\partial \boldsymbol{r}_\nu}{\partial q_i} \right) \dot{q}_i + \sum_{\nu=1}^{N} \boldsymbol{F}_\nu \cdot \frac{\partial \boldsymbol{r}_\nu}{\partial t}.$$

注意到

$$\sum_{\nu=1}^{N} \boldsymbol{F}_\nu \cdot \frac{\partial \boldsymbol{r}_\nu}{\partial q_i} = Q_i$$

以及定常系统有 $\dfrac{\partial \boldsymbol{r}_\nu}{\partial t} = \mathbf{0}$ 可得

$$\sum_{\nu=1}^{N} \boldsymbol{F}_\nu \cdot \boldsymbol{v}_\nu = \sum_{i=1}^{n} Q_i \dot{q}_i.$$

所以在定常系统情况下 $N^* = 0$ 给出了作用在系统上的非有势力 $\boldsymbol{F}_\nu^*$ 是陀螺力的条件

$$\sum_{\nu=1}^{N} \boldsymbol{F}_\nu^* \cdot \boldsymbol{v}_\nu = 0.$$

例 1 试证明, 作用在旋转陀螺上保证其规则进动的力是陀螺力 (由此产生术语“陀螺力”). 设 O 是陀螺的固定点, $\boldsymbol{\omega}_1$ 是陀螺自转角速度, $\boldsymbol{\omega}_2$ 是进动角速度. 根据第 106 小节, 作用在陀螺上的主矩由下面公式计算

$$\boldsymbol{M}_O = \boldsymbol{\omega}_2 \times \boldsymbol{\omega}_1 \left[C + (C - A) \frac{\omega_2}{\omega_1} \cos\theta_0 \right],$$

其中 C 和 A 是陀螺惯性矩 (相对于对称轴和过陀螺固定点垂直于对称轴的主轴), θ_0 为章动角, 是常值.

作用在陀螺 (定常系统) 上的力的元功为

$$\delta A = \boldsymbol{M}_O \cdot \boldsymbol{\omega} \mathrm{d}t = \boldsymbol{M}_O \cdot \boldsymbol{\omega}_1 \mathrm{d}t + \boldsymbol{M}_O \cdot \boldsymbol{\omega}_2 \mathrm{d}t = 0,$$

因此保证陀螺规则进动的力的功率为零, 是陀螺力.

例 2 在定常系统中科里奥利惯性力是陀螺力. 事实上, 设 P_ν 点的质量为 m_ν, 在非惯性坐标系中的速度为 $\boldsymbol{v}_\nu$, 非惯性坐标系相对某个惯性坐标系的角速度为 $\boldsymbol{\omega}$, 那么 P_ν 点的科里奥利惯性力 $\boldsymbol{j}_{\nu\mathrm{c}}$ 计算公式为

$$\boldsymbol{j}_{\nu\mathrm{c}} = -2m_\nu(\boldsymbol{\omega} \times \boldsymbol{v}_\nu).$$

对于定常系统, 真实位移 $\mathrm{d}\boldsymbol{r}_\nu$ 是虚位移之一, 因此科里奥利惯性力的元功为

$$\delta A = \sum_{\nu=1}^{N} \boldsymbol{j}_{\nu\mathrm{c}} \cdot \delta \boldsymbol{r}_\nu = \sum_{\nu=1}^{N} \boldsymbol{j}_{\nu\mathrm{c}} \cdot \mathrm{d}\boldsymbol{r}_\nu = \sum_{\nu=1}^{N} \boldsymbol{j}_{\nu\mathrm{c}} \cdot \boldsymbol{v}_\nu \mathrm{d}t = -2\sum_{\nu=1}^{N} m_\nu(\boldsymbol{\omega} \times \boldsymbol{v}_\nu) \cdot \boldsymbol{v}_\nu \mathrm{d}t.$$

于是, 科里奥利惯性力的功率等于零, 是陀螺力.

144. 耗散力 · 瑞利函数 如果非有势力的功率是负的或者等于零 ($N^*\leqslant 0$ 且 $N^* \neq 0$), 则称之为耗散力.

由等式 (33) 可知, 对于势能不显含时间的定常系统, 在耗散力存在时有

$$\frac{\mathrm{d}E}{\mathrm{d}t}\leqslant 0,$$

即在运动过程中系统机械能减少. 这种情况下系统称为耗散系统, 有时也说能量发生耗散, 由此产生了术语“耗散力”.

如果耗散力 N^* 的功率是广义速度 $\dot{q}_i \quad (i = 1, 2, \cdots, n)$ 的负定函数①, 则耗散称为完全耗散. 如果耗散力 N^* 的功率是广义速度的常负函数②, 则耗散称为非完全耗散或者部分耗散.

设给定正定二次型

$$R = \frac{1}{2}\sum_{i,k=1}^{n} b_{ik}\dot{q}_i\dot{q}_k \qquad (b_{ik} = b_{ki}),$$

使得非有势力满足关系式

$$Q_i^* = -\frac{\partial R}{\partial \dot{q}_i} = -\sum_{k=1}^{n} b_{ik}\dot{q}_k \qquad (i = 1, 2, \cdots, n), \tag{35}$$

那么对于定常系统, 非有势力的功率 N^* 为

$$\sum_{\nu=1}^{N} \boldsymbol{F}_\nu^* \cdot \boldsymbol{v}_\nu = \sum_{i=1}^{n} Q_i^*\dot{q}_i = -2R\leqslant 0, \tag{36}$$

①这意味着, 对于足够小的正数 ε, 当 $|\dot{q}_i| < \varepsilon \quad (i = 1, 2, \cdots, n)$ 时, $N^*\leqslant 0$, 当且仅当所有广义速度都为零时 N^* 等于零.

②就是说, 对于足够小的正数 ε, 在 $|\dot{q}_i| < \varepsilon \quad (i = 1, 2, \cdots, n)$ 领域内 $N^*\leqslant 0$, 并非所有广义速度都为零时 N^* 才能等于零.

函数 R 称为瑞利耗散函数. 由 (33) 和 (36) 可知, 对于势能不显含时间的定常系统,

$$\frac{\mathrm{d}E}{\mathrm{d}t} = -2R,$$

即机械能减少的速度等于 2 倍的瑞利函数.

作为例子我们来看一个定常系统, 在其每个质点上作用一个正比于该点速度的阻力

$$\boldsymbol{F}_\nu = -k\boldsymbol{v}_\nu \qquad (\nu = 1, 2, \cdots, N), \tag{37}$$

其中 $k > 0$. 这些力的功率为

$$N^* = \sum_{\nu=1}^{N} \boldsymbol{F}_\nu \cdot \boldsymbol{v}_\nu = -2R,$$

其中

$$R = \frac{1}{2}k\sum_{\nu=1}^{N} v_\nu^2. \tag{38}$$

145. 广义势能 设存在广义坐标、广义速度和时间的函数 V 使得广义力 Q_i 由下面公式确定

$$Q_i = \frac{\mathrm{d}}{\mathrm{d}t}\frac{\partial V}{\partial \dot{q}_i} - \frac{\partial V}{\partial q_i} \qquad (i = 1, 2, \cdots, n), \tag{39}$$

那么函数 V 称为广义势能.

如果令 $L = T - V$, 则拉格朗日方程 (11) 可以写成 (25) 的形式, 与力的普通势能情况一样.

由 (39) 可得

$$Q_i = \sum_{k=1}^{n} \frac{\partial^2 V}{\partial \dot{q}_i \partial \dot{q}_k}\ddot{q}_k + f_i,$$

其中函数 f_i 不依赖于广义加速度. 在理论力学中通常只研究不依赖于加速度的力, 因此广义势能应该是广义速度的线性函数:

$$V = V_1 + V_0, \qquad V_1 = \sum_{i=1}^{n} A_i\dot{q}_i, \tag{40}$$

其中 V_0, A_i $(i = 1, 2, \cdots, n)$ 是广义坐标和时间的函数.

由 (39) 和 (40) 可求得广义力的表达式

$$\begin{aligned} Q_i &= \frac{\mathrm{d}A_i}{\mathrm{d}t} - \frac{\partial}{\partial q_i}\left(\sum_{k=1}^{n} A_k\dot{q}_k + V_0\right) \\ &= -\frac{\partial V_0}{\partial q_i} + \frac{\partial A_i}{\partial t} + \sum_{k=1}^{n}\left(\frac{\partial A_i}{\partial q_k} - \frac{\partial A_k}{\partial q_i}\right)\dot{q}_k. \end{aligned} \tag{41}$$

如果 $\partial A_i/\partial t=0 \quad (i=1,2,\cdots,n)$, 即广义势能的线性部分 V_1 不显含时间, 则广义力由有势力 $-\partial V_0/\partial q_i \quad (i=1,2,\cdots,n)$ 和下面的陀螺力组成

$$Q_i^*=\sum_{k=1}^{n}\gamma_{ik}\dot{q}_k \quad (i=1,2,\cdots,n), \tag{42}$$

其中

$$\gamma_{ik}=-\gamma_{ki}=\frac{\partial A_i}{\partial q_k}-\frac{\partial A_k}{\partial q_i} \quad (i=1,2,\cdots,n). \tag{43}$$

如果系统定常且广义势能的 V_0 部分不显含时间, 则根据第 143 小节, 在系统运动过程中 $T+V_0$ 保持常数 (但 $T+V\neq const$).

可以看出, 存在广义势能情况下拉格朗日函数是广义速度的二阶多项式 $L=L_2+L_1+L_0$, 其中

$$L_2=T_2, \quad L_1=T_1-V_1, \quad L_0=T_0-V_0. \tag{44}$$

函数 L 的二次部分与动能的二次部分相同, 与存在普通势能情况一样, 拉格朗日方程对于广义加速度是可解的.

练习题 1 试证明, 所有系统的牵连惯性力和科里奥利惯性力之和都有广义势能.

146. 描述相对非惯性参考系运动的拉格朗日方程 获得系统相对非惯性坐标系运动的运动方程有多种不同的方法, 下面介绍其中 2 种:

第 1 种方法与相对运动理论无关, 这里的问题表述无需引入惯性力. 将系统绝对运动的动能用相对广义坐标和相对速度表示, 广义力的计算用通常的方法 (对于给定主动力). 在这种方法中, 惯性力将在计算拉格朗日方程过程中自动计入.

第 2 种方法以相对运动理论为基础, 引入牵连惯性力和科里奥利惯性力来表述问题. 这里动能要相对于相对运动来计算, 而计算广义力时除了给定主动力以外, 还要考虑牵连惯性力和科里奥利惯性力.

如果在第 1 种方法和第 2 种方法中取同样的广义坐标, 则得到的运动方程也相同, 在具体问题中可以看出哪种方法更方便. 当然, 还可能有其它得到描述系统相对非惯性坐标系运动的拉格朗日方程的方法.

147. 自然系统与非自然系统 有普通势能 $\Pi(q_i,t)$ 或者广义势能 $V(q_i,\dot{q}_i,t)$ 的系统称为*自然系统*. 在这样的系统中引进的拉格朗日函数 $L=T-\Pi$ 或者 $L=T-V$ 是广义速度的二阶多项式, 拉格朗日函数的海斯式满足

$$\det\left\|\frac{\partial^2 L}{\partial\dot{q}_i\partial\dot{q}_k}\right\|_{i,k=1}^{n}=\det\left\|\frac{\partial^2 T}{\partial\dot{q}_i\partial\dot{q}_k}\right\|_{i,k=1}^{n}=\det\|a_{ik}\|_{i,k=1}^{n}\neq 0, \tag{45}$$

并且拉格朗日方程对于广义加速度是可解的.

进一步, 如果预先声明, 我们可以研究更一般的系统, 其拉格朗日函数 L 不一定是动能和势能之差, 就是说可以是任意函数 $L(q_i, \dot{q}_i, t)$, 我们只要求该函数对于广义速度的海斯式不等于零

$$\det\left\|\frac{\partial^2 L}{\partial \dot{q}_i \partial \dot{q}_k}\right\|_{i,k=1}^{n} \neq 0, \tag{46}$$

这样的系统称为非自然系统. 条件 (46) 与 (45) 类似, 是为了保证拉格朗日方程对于广义加速度是可解的.

§2. 哈密顿正则方程

148. 勒让德变换 · 哈密顿函数 描述完整系统在有势力场中运动的第二类拉格朗日方程

$$\frac{\mathrm{d}}{\mathrm{d}t}\frac{\partial L}{\partial \dot{q}_i} - \frac{\partial L}{\partial q_i} = 0 \quad (i = 1, 2, \cdots, n) \tag{1}$$

中的函数 L 依赖于变量 $q_i, \dot{q}_i, t \quad (i = 1, 2, \cdots, n)$. 这些变量确定时刻和系统的运动状态, 即各质点的位置和速度, 变量 $q_i, \dot{q}_i, t \quad (i = 1, 2, \cdots, n)$ 称为拉格朗日变量.

系统的状态也可以利用其它参数确定. 可以取 $q_i, p_i, t \quad (i = 1, 2, \cdots, n)$ 为这样的参数, 其中 p_i 是广义冲量, 由下面等式确定

$$p_i = \frac{\partial L}{\partial \dot{q}_i} \quad (i = 1, 2, \cdots, n). \tag{2}$$

变量 $q_i, p_i, t \quad (i = 1, 2, \cdots, n)$ 称为哈密顿变量.

函数 L 对变量 $\dot{q}_i \quad (i = 1, 2, \cdots, n)$ 的海斯式不等于零 (参见第 147 小节中不等式 (45) 和 (46)). 注意到该行列式就是 (2) 右边部分的雅可比行列式, 根据隐函数定理可知, 这些对于 $\dot{q}_i$ 可解:

$$\dot{q}_i = \varphi_i(q_1, q_2, \cdots, q_n, p_1, p_2, \cdots, p_n, t) \quad (i = 1, 2, \cdots, n), \tag{3}$$

因此拉格朗日变量可以用哈密顿变量表示, 反之亦然.

哈密顿提出了用变量 q_i, p_i, t 描述运动方程, 使拉格朗日方程 (1) 变为 $2n$ 个具有对称形式的对于导数可解的一阶方程. 这些方程称为哈密顿方程 (或者正则方程), 变量 q_i 和 $p_i \quad (i = 1, 2, \cdots, n)$ 称为正则共轭变量.

在引入哈密顿方程之前, 我们先给出某些辅助定义. 设给定函数 $X(x_1, x_2, \cdots, x_n)$, 其海斯式不等于零:

$$\det\left\|\frac{\partial^2 X}{\partial x_i \partial x_k}\right\|_{i,k=1}^{n} \neq 0. \tag{4}$$

从变量 $x_1, x_2, \cdots, x_n$ 到变量 $y_1, y_2, \cdots, y_n$ 变换由下面公式定义

$$y_i = \frac{\partial X}{\partial x_i} \quad (i = 1, 2, \cdots, n). \tag{5}$$

函数 $X(x_1, x_2, \cdots, x_n)$ 的勒让德变换是指下面等式确定的新变量的函数 $Y(y_1, y_2, \cdots, y_n)$

$$Y = \sum_{i=1}^{n} y_i x_i - X, \tag{6}$$

该等式右端的变量 x_i 需要借助方程 (5)①用新变量表示出来.

在数学分析课程中已经证明②, 勒让德变换有逆变换, 并且如果在勒让德变换下 X 变为 Y, 则勒让德变换将 Y 重新变为 X.

函数 $L(q_i, \dot{q}_i, t)$ 对变量 $\dot{q}_i$ 的勒让德变换为函数

$$H(q_i, p_i, t) = \sum_{i=1}^{n} p_i \dot{q}_i - L(q_i, \dot{q}_i, t), \tag{7}$$

其中变量 $\dot{q}_i$ 需要借助方程 (2) 用 q_i, p_i, t 表示出来, 在这个变换中变量 q_i, t 看作参数, 函数 H 称为哈密顿函数.

149. 哈密顿方程 哈密顿函数的全微分为

$$\mathrm{d}H = \sum_{i=1}^{n} \frac{\partial H}{\partial q_i}\mathrm{d}q_i + \sum_{i=1}^{n} \frac{\partial H}{\partial p_i}\mathrm{d}p_i + \frac{\partial H}{\partial t}\mathrm{d}t. \tag{8}$$

另一方面, 等式 (7) 的右边的全微分在条件 (2) 下计算得

$$\mathrm{d}H = \sum_{i=1}^{n} \dot{q}_i \mathrm{d}p_i - \sum_{i=1}^{n} \frac{\partial L}{\partial q_i}\mathrm{d}q_i - \frac{\partial L}{\partial t}\mathrm{d}t. \tag{9}$$

因为全微分在变换为新变量后不发生变化, 故等式 (8) 和 (9) 的右边相等, 由此可知,

$$\frac{\partial H}{\partial q_i} = -\frac{\partial L}{\partial q_i}, \quad \frac{\partial H}{\partial p_i} = \dot{q}_i \quad (i = 1, 2, \cdots, n), \tag{10}$$

以及

$$\frac{\partial H}{\partial t} = -\frac{\partial L}{\partial t}. \tag{11}$$

根据 (1) 和 (2),

$$\dot{p}_i = \frac{\partial L}{\partial q_i} \quad (i = 1, 2, \cdots, n),$$

因此由 (10) 可得运动方程

$$\frac{\mathrm{d}q_i}{\mathrm{d}t} = \frac{\partial H}{\partial p_i}, \quad \frac{\mathrm{d}p_i}{\mathrm{d}t} = -\frac{\partial H}{\partial q_i}, \quad (i = 1, 2, \cdots, n). \tag{12}$$

这些方程称为哈密顿方程 (或者正则方程).

---

①根据 (4) 这些方程对于 $x_i \quad (i = 1, 2, \cdots, n)$ 可解.

②参见: Фихтенгольц Г. М. Курс дифференциального и интегрального нсчисления. Т. 1. — М.: Наука, 1966.

可以发现, 我们顺便得到的等式 (11) 表明, 如果拉格朗日函数不显含时间, 则哈密顿函数也不显含时间, 反之亦然. 类似地, 由等式 (10) 可知, 如果拉格朗日函数不显含某个广义坐标, 则哈密顿函数也不显含这个广义坐标, 反之亦然.

例 1 求第 57 小节中例 1 的数学摆的哈密顿方程. 动能和势能为 (参见图 55)

$$T=\frac{1}{2}ml^2\dot{\varphi}^2,\quad \Pi=-mgl\cos\varphi,$$

因此

$$L=T-\Pi=\frac{1}{2}ml^2\dot{\varphi}^2+mgl\cos\varphi.$$

由等式

$$p_\varphi=\frac{\partial L}{\partial\dot{\varphi}}=ml^2\dot{\varphi}$$

求出

$$\dot{\varphi}=\frac{1}{ml^2}p_\varphi.$$

利用公式 (7) 求出哈密顿函数

$$H=p_\varphi\dot{\varphi}-L=\frac{1}{2ml^2}p_\varphi^2-mgl\cos\varphi.$$

正则方程 (12) 写成

$$\frac{\mathrm{d}\varphi}{\mathrm{d}t}=\frac{\partial H}{\partial p_\varphi}=\frac{1}{ml^2}p_\varphi,\quad \frac{\mathrm{d}p_\varphi}{\mathrm{d}t}=-\frac{\partial H}{\partial\varphi}=-mgl\sin\varphi.$$

150. 哈密顿函数的物理意义 设有自然系统, $L=L_2+L_1+L_0$, 根据公式 (2) 和 (7) 有

$$H=\sum_{i=1}^{n}\frac{\partial(L_2+L_1+L_0)}{\partial\dot{q}_i}\dot{q}_i-(L_2+L_1+L_0),$$

根据欧拉齐次函数定理有

$$\sum_{i=1}^{n}\frac{\partial L_2}{\partial\dot{q}_i}\dot{q}_i=2L_2,\quad \sum_{i=1}^{n}\frac{\partial L_1}{\partial\dot{q}_i}\dot{q}_i=L_1,$$

因此

$$H=(2L_2+L_1)-(L_2+L_1+L_0)=L_2-L_0. \tag{13}$$

设 $T=T_2+T_1+T_0$, 如果力有普通势能 Π, 则 $L_0=T_0-\Pi$, 根据 (13) 有

$$H=T_2-T_0+\Pi. \tag{14}$$

如果力有广义势能 $V=V_1+V_0$, 则 $L_0=T_0-V_0$ 并且

$$H=T_2-T_0+V_0. \tag{15}$$

如果自然系统是定常的, 那么 $T_1=0, T_0=0, T=T_2$. 在力有普通势能的情况下有

$$H=T+\Pi. \tag{16}$$

即有普通势能的定常自然系统的哈密顿函数就是系统的机械能, 这就是哈密顿函数的物理意义.

还可以发现, 对于有广义势能的定常自然系统, 有

$$H = T + V_0. \tag{17}$$

151. 雅可比积分 我们来求哈密顿函数对时间的全导数. 利用方程 (12) 可得

$$\frac{\mathrm{d}H}{\mathrm{d}t} = \sum_{i=1}^{n}\left(\frac{\partial H}{\partial q_i}\dot{q}_i + \frac{\partial H}{\partial p_i}\dot{p}_i\right) + \frac{\partial H}{\partial t} = \sum_{i=1}^{n}\left(\frac{\partial H}{\partial q_i}\frac{\partial H}{\partial p_i} - \frac{\partial H}{\partial p_i}\frac{\partial H}{\partial q_i}\right) + \frac{\partial H}{\partial t} = \frac{\partial H}{\partial t},$$

即哈密顿函数的全导数恒等于它的偏导数:

$$\frac{\mathrm{d}H}{\mathrm{d}t} = \frac{\partial H}{\partial t}. \tag{18}$$

如果哈密顿函数不显含时间, 则称系统是广义保守的. 在这种情况下 $\partial H/\partial t \equiv 0$, 再利用等式 (18) 有 $\mathrm{d}H/\mathrm{d}t \equiv 0$, 即在系统运动过程中

$$H(q_i, p_i) = h, \tag{19}$$

其中 h 是任意常数. 函数 H 称为广义能量, 等式 (19) 称为广义能量积分.

有普通势能的自然系统的哈密顿函数由公式 (14) 计算, 如果该哈密顿不显含时间, 则有

$$T_2 - T_0 + \Pi = h, \tag{20}$$

其中 h 是任意常数. 关系式 (20) 称为雅可比积分.

如果系统是保守的, 即系统定常、力有不显含时间的势能, 则 $T_0 = 0$, $T_1 = 0$, $T = T_2$ 且雅可比积分写成

$$E = T + \Pi = h. \tag{21}$$

于是, 保守系统是广义保守系统的特殊情况, 在这种特殊情况下广义能量积分变为普通的能量积分.

例 1 光滑管在水平面内以常角速度 ω 转动, 质量为 m 的小球在管内运动.

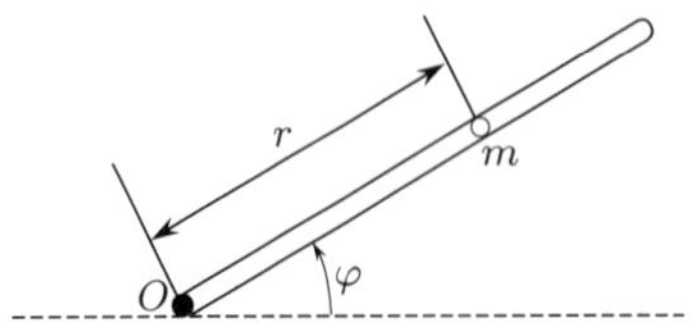

图 135

小球可以看作质点. 管与水平面内某个固定方向的夹角 φ 是已知的 ($\varphi = \omega t$), 小球的位置用它到转动轴的距离 r 表示 (图 135).

小球的势能是常数, 并且 $\Pi = 0$. 小球的动能为

$$T = \frac{1}{2}m(\dot{r}^2 + \omega^2 r^2),$$

即

$$T_2 = \frac{1}{2}m\dot{r}^2, \quad T_1 = 0, \quad T_0 = \frac{1}{2}m\omega^2 r^2.$$

雅可比积分 (20) 写成

$$H = \frac{1}{2}m\dot{r}^2 - \frac{1}{2}m\omega^2 r^2 = h = \text{const}.$$

因为系统 (在转动管内的小球) 是非保守的, 认为机械能 $E = T + \Pi$ 守恒是错误的.

152. 惠特克方程与雅可比方程 设系统的运动由正则方程 (12) 描述, 如果哈密顿函数不显含时间, 则存在广义能量积分

$$H(q_1, q_2, \cdots, q_n, p_1, p_2, \cdots, p_n) = h, \tag{22}$$

其中 h 是由初始条件确定的任意常数, $h = H(q_1^0, q_2^0, \cdots, q_n^0, p_1^0, p_2^0, \cdots, p_n^0)$. 在 $2n$ 维空间①$q_1, q_2, \cdots, q_n, p_1, p_2, \cdots, p_n$ 中方程 (22) 给出一个曲面, 我们来研究这个曲面对应的运动. 换句话说, 我们来研究系统在固定等能量线 $H(q_1, q_2, \cdots, q_n, p_1, p_2, \cdots, p_n) = h$ 上的运动.

我们将证明, 所研究的系统在等能量线上的运动可以用 $2n-2$ 阶微分方程刻画, 并且这个方程组可以写成正则方程形式. 假设在相空间的某个区域内满足不等式 $\partial H/\partial p_1 \neq 0$, 那么在该区域内等式 (22) 对于 p_1 可解:

$$p_1 = -K(q_1, q_2, \cdots, q_n, p_2, \cdots, p_n, h). \tag{23}$$

将方程组 (12) 分为两组

$$\frac{\mathrm{d}q_1}{\mathrm{d}t} = \frac{\partial H}{\partial p_1}, \quad \frac{\mathrm{d}p_1}{\mathrm{d}t} = -\frac{\partial H}{\partial q_1}, \tag{24}$$

$$\frac{\mathrm{d}q_j}{\mathrm{d}t} = \frac{\partial H}{\partial p_j}, \quad \frac{\mathrm{d}p_j}{\mathrm{d}t} = -\frac{\partial H}{\partial q_j} \quad (j = 2, 3, \cdots, n). \tag{25}$$

将方程 (25) 逐个除以方程 (24) 的第 1 个方程得

$$\frac{\mathrm{d}q_j}{\mathrm{d}q_1} = \frac{\frac{\partial H}{\partial p_j}}{\frac{\partial H}{\partial p_1}}, \quad \frac{\mathrm{d}p_j}{\mathrm{d}q_1} = -\frac{\frac{\partial H}{\partial q_j}}{\frac{\partial H}{\partial p_1}} \quad (j = 2, 3, \cdots, n). \tag{26}$$

将等式 (23) 确定的 p_1 代入积分 (22) 左边, 并对 q_j 微分得

$$\frac{\partial H}{\partial q_j} - \frac{\partial H}{\partial p_1}\frac{\partial K}{\partial q_j} = 0 \quad (j = 2, 3, \cdots, n). \tag{27}$$

类似地有

$$\frac{\partial H}{\partial p_j} - \frac{\partial H}{\partial p_1}\frac{\partial K}{\partial p_j} = 0 \quad (j = 2, 3, \cdots, n). \tag{28}$$

①这个空间称为相空间.

借助等式 (27) 和 (28) 对方程 (26) 右边做变换, 最后得

$$\frac{\mathrm{d}q_j}{\mathrm{d}q_1}=\frac{\partial K}{\partial p_j},\quad \frac{\mathrm{d}p_j}{\mathrm{d}q_1}=-\frac{\partial K}{\partial q_j}\quad (j=2,3,\cdots,n). \tag{29}$$

方程 (29) 描述系统在 $H=h=\mathrm{const}$ 时的运动, 称为惠特克方程. 将公式 (23) 中的函数 K 看作哈密顿函数, 将坐标 q_1 看作时间, 惠特克方程具有正则方程的形式.

积分惠特克方程 (29) 给出

$$q_j=q_j(q_1,h,c_1,\cdots,c_{2n-2}),\quad p_j=p_j(q_1,h,c_1,\cdots,c_{2n-2})\quad (j=2,3,\cdots,n), \tag{30}$$

其中 $c_1,\cdots,c_{2n-2}$ 是任意常数. 将这些表达式代入等式 (23) 可得

$$p_1=f_1(q_1,h,c_1,\cdots,c_{2n-2}). \tag{31}$$

等式 (30) 和 (31) 给出了运动的几何性质: 它们确定在相空间中 (确切地说, 在相空间的超曲面 $H=h$ 上) 轨迹的方程. 为了得到运动与时间的关系, 可以利用 (24) 的第 1 个方程. 将 (30) 和 (31) 代入 (24) 的第 1 个方程可得

$$\frac{\mathrm{d}q_1}{\mathrm{d}t}=g_1(q_1,h,c_1,\cdots,c_{2n-2}),$$

由此可得

$$t=\int\frac{\mathrm{d}q_1}{g_1}+c_{2n-1}. \tag{32}$$

从方程 (32) 解出 q_1 得

$$q_1=q_1(t,h,c_1,\cdots,c_{2n-1}). \tag{33}$$

惠特克方程 (29) 具有哈密顿方程的结构, 也可以写成拉格朗日类型的方程. 设函数 K 对变量 p_j 的海斯式不为零:

$$\det\left\|\frac{\partial^2 K}{\partial p_j\partial p_l}\right\|_{j,l=2}^{n}\neq 0. \tag{34}$$

设 P 是函数 K 对变量 $p_j\quad (j=2,3,\cdots,n)$ 的勒让德变换, 那么

$$P=P(q_2,\cdots,q_n,q_2',\cdots,q_n',q_1,h)=\sum_{j=2}^{n}q_j'p_j-K, \tag{35}$$

其中 $q_j'=\mathrm{d}q_j/\mathrm{d}q_1$. 公式 (35) 中的 p_j 需要从 (29) 的前 $n-1$ 个方程

$$q_j'=\frac{\partial K}{\partial p_j}\quad (j=2,3,\cdots,n)$$

中解出, 用 $q_2',\cdots,q_n'$ 表示.

利用函数 P 可将方程 (29) 写成下面等价形式

$$\frac{\mathrm{d}}{\mathrm{d}q_1}\frac{\partial P}{\partial q_j'}-\frac{\partial P}{\partial q_j}=0 \quad (j=2,3,\cdots,n). \tag{36}$$

这是拉格朗日类型的方程, 称为雅可比方程. 在雅可比方程中将 P 看作拉格朗日函数, 将坐标 q_1 看作时间, 就如同在惠特克方程 (29) 那样.

考虑到 (7), (23) 以及 $q_1'\equiv 1$, 变换表达式 (35) 为:

$$P=\sum_{j=2}^{n}p_jq_j'+p_1=\sum_{i=1}^{n}p_iq_i'=\frac{1}{\dot q_1}\sum_{i=1}^{n}p_i\dot q_i=\frac{1}{\dot q_1}(L+H). \tag{37}$$

设系统是保守的, 那么 $L=T-\Pi,\quad H=T+\Pi$ 并由 (37) 可得

$$P=\frac{2T}{\dot q_1}. \tag{38}$$

在保守系统中

$$T=\frac{1}{2}\sum_{i,k=1}^{n}a_{ik}\dot q_i\dot q_k=\dot q_1^2G(q_1,\cdots,q_n,q_2',\cdots,q_n'), \tag{39}$$

其中

$$G=\frac{1}{2}\sum_{i,k=1}^{n}a_{ik}q_i'q_k'.$$

由能量积分 $T+\Pi=h$ 和等式 (39) 可以求出

$$\dot q_1=\sqrt{\frac{h-\Pi}{G}}.$$

再由 (38) 和 (39) 最终解出保守系统情况下函数 P 的表达式:

$$P=2\sqrt{(h-\Pi)G}. \tag{40}$$

例 1 我们来求描述质量为 m 的质点在均匀重力场中运动的惠特克方程与雅可比方程. 设固定坐标系 $Oxyz$ 的 Oz 轴竖直向上, 那么

$$\begin{aligned}
T&=\frac{1}{2}m(\dot x^2+\dot y^2+\dot z^2),\quad \Pi=mgz,\\
L&=\frac{1}{2}m(\dot x^2+\dot y^2+\dot z^2)-mgz,\\
p_x&=m\dot x,\quad p_y=m\dot y,\quad p_z=m\dot z,\\
H&=\frac{1}{2m}(p_x^2+p_y^2+p_z^2)+mgz.
\end{aligned}$$

假设 $\dot x$ 是正的, 由方程 $H=h$ 可得

$$p_x=-K,$$

其中

$$K=-\sqrt{2m(h-mgz)-p_y^2-p_z^2}.$$

惠特克方程写成为

$$\begin{aligned}
&\frac{\mathrm{d}y}{\mathrm{d}x}=\frac{p_y}{\sqrt{2m(h-mgz)-p_y^2-p_z^2}},\\
&\frac{\mathrm{d}z}{\mathrm{d}x}=\frac{p_z}{\sqrt{2m(h-mgz)-p_y^2-p_z^2}},\\
&\frac{\mathrm{d}p_y}{\mathrm{d}x}=0,\\
&\frac{\mathrm{d}p_z}{\mathrm{d}x}=-\frac{m^2g}{\sqrt{2m(h-mgz)-p_y^2-p_z^2}}.
\end{aligned}$$

因为系统是保守的, 函数 P 可以用公式 (40) 计算, 于是有

$$\begin{aligned}
&G=\frac{1}{2}m(1+y'^2+z'^2),\\
&P=\sqrt{2m(h-mgz)(1+y'^2+z'^2)}.
\end{aligned}$$

雅可比方程写成为

$$\frac{\mathrm{d}}{\mathrm{d}x}\left(\sqrt{\frac{h-mgz}{1+y'^2+z'^2}}\cdot y'\right)=0,\quad \frac{\mathrm{d}}{\mathrm{d}x}\left(\sqrt{\frac{h-mgz}{1+y'^2+z'^2}}\cdot z'\right)+\frac{mg}{2}\sqrt{\frac{1+y'^2+z'^2}{h-mgz}}=0.$$

§3. 罗斯方程

153. 罗斯函数 为了描述完整系统在给定时刻的状态, 罗斯提出了拉格朗日和哈密顿组合变量. 罗斯变量是指

$$q_i,\dot q_i;\quad q_\alpha,p_\alpha;\quad t\quad (i=1,2,\cdots,k;\quad \alpha=k+1,\cdots,n),$$

其中 k 是小于 n 的任意固定数. 假设拉格朗日函数对变量 $\dot q_\alpha\quad(\alpha=k+1,\cdots,n)$ 的海斯式不等于零:

$$\det\left\|\frac{\partial^2 L}{\partial\dot q_\alpha\partial\dot q_\beta}\right\|_{\alpha,\beta=k+1}^n\neq 0. \tag{1}$$

对于自然系统有

$$\det\left\|\frac{\partial^2 L}{\partial\dot q_\alpha\partial\dot q_\beta}\right\|_{\alpha,\beta=k+1}^n=\det\left\|\frac{\partial^2 T_2}{\partial\dot q_\alpha\partial\dot q_\beta}\right\|_{\alpha,\beta=k+1}^n=\det\left\|a_{\alpha\beta}\right\|_{\alpha,\beta=k+1}^n. \tag{2}$$

因为 T_2 是广义速度的正定二次型, 我们利用西尔维斯特判据可知, (2) 的最后一个行列式不等于零. 因此, 对于自然系统, 不等式 (1) 总是成立的. 对于非自然系统情况, 这个不等式是第 147 小节中条件 (46) 对函数 L 限制的补充.

广义冲量按通常方式定义:

$$p_\alpha = \frac{\partial L}{\partial \dot{q}_\alpha} \quad (\alpha = k+1, \cdots, n). \tag{3}$$

罗斯函数 $R(q_1, \cdots, q_k, q_{k+1}, \cdots, q_n, \dot{q}_1, \cdots, \dot{q}_k, p_{k+1}, \cdots, p_n, t)$ 是指函数 L 对变量 $\dot{q}_{k+1}, \cdots, \dot{q}_n$ 的勒让德变换, 即

$$R = \sum_{\alpha=k+1}^{n} p_\alpha \dot{q}_\alpha - L(q_i, q_\alpha, \dot{q}_i, \dot{q}_\alpha, t), \tag{4}$$

其中 $\dot{q}_\alpha$ $(\alpha = k+1, \cdots, n)$ 从方程 (3) 中解出, 用 $q_i, q_\alpha, \dot{q}_i, p_\alpha, t$ 表示.

154. 罗斯方程 罗斯函数的全微分为

$$\mathrm{d}R = \sum_{i=1}^{k} \left(\frac{\partial R}{\partial q_i} \mathrm{d}q_i + \frac{\partial R}{\partial \dot{q}_i} \mathrm{d}\dot{q}_i \right) + \sum_{\alpha=k+1}^{n} \left(\frac{\partial R}{\partial q_\alpha} \mathrm{d}q_\alpha + \frac{\partial R}{\partial p_\alpha} \mathrm{d}p_\alpha \right) + \frac{\partial R}{\partial t} \mathrm{d}t. \tag{5}$$

另一方面, 在条件 (3) 下公式 (4) 右边的全微分为

$$\mathrm{d}R = -\sum_{i=1}^{k} \left(\frac{\partial L}{\partial q_i} \mathrm{d}q_i + \frac{\partial L}{\partial \dot{q}_i} \mathrm{d}\dot{q}_i \right) + \sum_{\alpha=k+1}^{n} \left(\dot{q}_\alpha \mathrm{d}p_\alpha - \frac{\partial L}{\partial q_\alpha} \mathrm{d}q_\alpha \right) - \frac{\partial L}{\partial t} \mathrm{d}t. \tag{6}$$

比较等式 (5) 和 (6) 的右边可得

$$\frac{\partial R}{\partial q_i} = -\frac{\partial L}{\partial q_i}, \quad \frac{\partial R}{\partial \dot{q}_i} = -\frac{\partial L}{\partial \dot{q}_i} \quad (i = 1, 2, \cdots, k), \tag{7}$$

$$\frac{\partial R}{\partial q_\alpha} = -\frac{\partial L}{\partial q_\alpha}, \quad \frac{\partial R}{\partial p_\alpha} = \dot{q}_\alpha \quad (\alpha = k+1, \cdots, n), \tag{8}$$

$$\frac{\partial R}{\partial t} = -\frac{\partial L}{\partial t}. \tag{9}$$

对我们所研究的系统, 有拉格朗日方程

$$\frac{\mathrm{d}}{\mathrm{d}t} \frac{\partial L}{\partial \dot{q}_i} - \frac{\partial L}{\partial q_i} = 0 \quad (i = 1, 2, \cdots, n). \tag{10}$$

由 (7) 和 (10) 可知,

$$\frac{\mathrm{d}}{\mathrm{d}t} \frac{\partial R}{\partial \dot{q}_i} - \frac{\partial R}{\partial q_i} = 0 \quad (i = 1, 2, \cdots, k), \tag{11}$$

而公式 (3), (8) 和 (10) 给出

$$\frac{\mathrm{d}q_\alpha}{\mathrm{d}t} = \frac{\partial R}{\partial p_\alpha}, \quad \frac{\mathrm{d}p_\alpha}{\mathrm{d}t} = -\frac{\partial R}{\partial q_\alpha} \quad (\alpha = k+1, \cdots, n). \tag{12}$$

(11) 和 (12) 构成了*罗斯方程*, 它由 k 个具有第二类拉格朗日方程结构的二阶方程 (11) 和 $2(n-k)$ 个具有哈密顿方程结构的一阶方程组成.

罗斯方程在研究有循环坐标 (见第 165 小节) 的系统运动时有广泛的应用.

§4. 非完整系统运动方程

155. 带约束乘子的运动方程 设系统有 s 个微分约束, 由第 16 小节中等式 (26) 给出:

$$\sum_{j=1}^{m} b_{\beta j}(q_1, \cdots, q_m, t)\dot{q}_j + b_\beta(q_1, \cdots, q_m, t) = 0 \quad (\beta = 1, 2, \cdots, s), \tag{1}$$

那么在动力学普遍方程 (见第 137 小节)

$$\sum_{j=1}^{m} \left(\frac{\mathrm{d}}{\mathrm{d}t}\frac{\partial T}{\partial \dot{q}_j} - \frac{\partial T}{\partial q_j} - Q_j \right) \delta q_j = 0 \tag{2}$$

中的 δq_j 不是任意的, 它们满足 s 个独立的关系式

$$\sum_{j=1}^{m} b_{\beta j}\delta q_j = 0 \quad (\beta = 1, 2, \cdots, s), \tag{3}$$

系统自由度等于 $n = m - s$.

为了得到运动方程我们利用拉格朗日不定乘子法. 将 s 个等式 (3) 的每一个乘以相应的不定标量乘子 λ_β, 并从 (2) 减去这个结果, 得

$$\sum_{j=1}^{m} \left(\frac{\mathrm{d}}{\mathrm{d}t}\frac{\partial T}{\partial \dot{q}_j} - \frac{\partial T}{\partial q_j} - Q_j - \sum_{\beta=1}^{s} \lambda_\beta b_{\beta j} \right) \delta q_j = 0. \tag{4}$$

根据等式 (3) 的独立性, 由系数 $b_{\beta j} \quad (\beta = 1, 2, \cdots, s; \quad j = 1, 2, \cdots, m)$ 构成的矩阵的秩等于 s, 因此该矩阵的 s 阶子式中至少有 1 个不等于零. 为了确定性我们可以认为

$$\det ||b_{\beta, n+k}||_{\beta, k=1}^{s} \neq 0, \tag{5}$$

那么可以取 $\delta q_1, \delta q_2, \cdots, \delta q_n$ 为独立的, 而 $\delta q_{n+k} \quad (k = 1, 2, \cdots, s)$ 通过公式 (3) 唯一地用 $\delta q_1, \delta q_2, \cdots, \delta q_n$ 表示.

我们选择 $\lambda_\beta \quad (\beta = 1, 2, \cdots, s)$, 使得在表达式 (4) 中 $\delta q_{n+1}, \cdots, \delta q_m$ 的系数等于零, 在条件 (5) 下这样选取是可能的, 而且是唯一的. 在这种 λ_β 选择下, 表达式 (4) 中只包含独立变分 $\delta q_i \quad (i = 1, 2, \cdots, n)$, 并且其系数应该等于零.

于是我们得到下面 m 个方程:

$$\frac{\mathrm{d}}{\mathrm{d}t}\frac{\partial T}{\partial \dot{q}_j} - \frac{\partial T}{\partial q_j} = Q_j + \sum_{\beta=1}^{s} \lambda_\beta b_{\beta j} \quad (j = 1, 2, \cdots, m). \tag{6}$$

它们还要与 s 个约束方程 (1) 联立, 那么我们就得到 $m+s$ 个方程来确定 $q_j, \lambda_\beta \quad (j = 1, 2, \cdots, m; \quad \beta = 1, 2, \cdots, s)$. λ_β 称为约束乘子, 而方程 (6) 中的 $\sum_{\beta=1}^{s} \lambda_\beta b_{\beta j}$ 称为广义约束反力.

例 1 作为例子我们来研究冰刀在水平冰面上的运动 (见第 10 小节中例 5 和图 10). 设 C 是冰刀的质心, 冰刀的位置由 3 个广义坐标 x, y, φ 确定, 这些广义坐标的含义如图 10, 不可积约束方程为

$$\dot{x}\tan\varphi - \dot{y} = 0. \tag{7}$$

如果 m 是冰刀质量, J_C 是冰刀对过质心的竖直轴的惯性矩, 则动能为

$$T = \frac{1}{2}m(\dot{x}^2 + \dot{y}^2) + \frac{1}{2}J_C\dot{\varphi}^2. \tag{8}$$

方程 (6) 有如下形式

$$\begin{aligned}
\frac{\mathrm{d}}{\mathrm{d}t}\frac{\partial T}{\partial \dot{x}} - \frac{\partial T}{\partial x} &= Q_x + \lambda\tan\varphi, \\
\frac{\mathrm{d}}{\mathrm{d}t}\frac{\partial T}{\partial \dot{y}} - \frac{\partial T}{\partial y} &= Q_y - \lambda, \\
\frac{\mathrm{d}}{\mathrm{d}t}\frac{\partial T}{\partial \dot{\varphi}} - \frac{\partial T}{\partial \varphi} &= Q_\varphi.
\end{aligned} \tag{9}$$

因为没有摩擦, 而冰刀势能为常数, 所以广义力 Q_x, Q_y, Q_φ 都为零. 考虑到 (8), 方程 (9) 可以写成

$$m\ddot{x} = \lambda\tan\varphi, \quad m\ddot{y} = -\lambda, \quad \ddot{\varphi} = 0. \tag{10}$$

设在初始时刻冰刀质心位于坐标原点, 冰刀沿着 Ox 轴, 即 $t = 0$ 时有 $x = 0, y = 0, \varphi = 0$. 进一步假设在初始时刻冰刀质心速度等于 v_0, 而冰刀角速度为 ω_0, 即 $\dot{x} = v_0, \dot{\varphi} = \omega_0$. 由约束方程 (7) 可知, 当 $t = 0$ 时 $\dot{y} = 0$. 在这些初始条件下, 方程组 (10) 的第 3 个方程给出

$$\varphi = \omega_0 t, \tag{11}$$

即冰刀绕竖直轴等速转动.

下面从 (10) 的前 2 个方程消去 λ 得

$$\ddot{x} + \tan\omega_0 t\ddot{y} = 0.$$

利用约束方程 (7) 消去 $\ddot{y}$, 那么考虑到等式 (11) 可得 x 的方程:

$$\ddot{x} + \omega_0\tan\omega_0 t\dot{x} = 0. \tag{12}$$

由 (7),(11) 和 (12) 以及初始条件可得

$$x = \frac{v_0}{\omega_0}\sin\omega_0 t, \qquad y = \frac{v_0}{\omega_0}(1 - \cos\omega_0 t). \tag{13}$$

由此可知, 冰刀质心以速度 v_0 绕中心位于 Oy 轴上半径为 v_0/ω_0 的圆周等速转动(图 136).

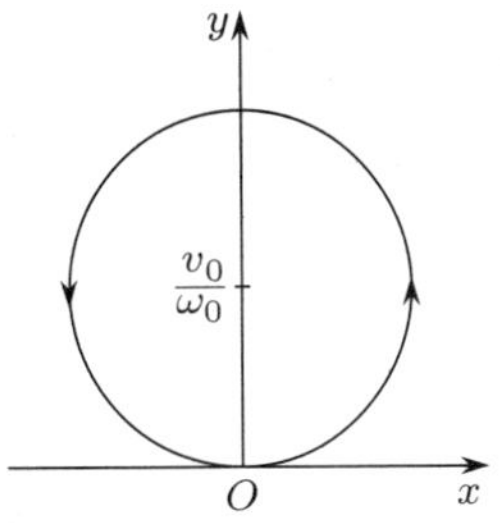

图 136

约束乘子 λ 可以从 (13) 和 (10) 的第 2 个方程求出:

$$\lambda=-m\omega_0 v_0\cos\omega_0 t. \tag{14}$$

在已知 λ 后可以求出约束反力 $\boldsymbol{R}$. 该约束反力的投影 R_x, R_y 可由 (10) 和 (11) 得到

$$R_x=\lambda\tan\omega_0 t,\quad R_y=-\lambda.$$

将 (14) 代入得

$$R_x=-m\omega_0 v_0\sin\omega_0 t,\quad R_y=m\omega_0 v_0\cos\omega_0 t.$$

约束反力的大小为常值 $m\omega_0 v_0$, 其方向指向冰刀质心运动轨迹的圆心.

156. 沃洛涅茨方程 方程 (1) 和 (6) 除了函数 $q_j \quad (j=1,2,\cdots,m)$ 以外还包含 s 个补充的未知数——约束乘子 $\lambda_\beta \quad (\beta=1,2,\cdots,s)$, 方程数等于 $m+s=n+2s$, 即比系统自由度数还多出 2 倍的不可积约束数.

方程数目多以及乘子的存在使对系统运动的研究变得复杂. 如果研究的目的只是确定运动, 即确定 $q_j(t) \quad (j=1,2,\cdots,m)$, 则求约束反力所需的 λ_β 的计算完全是多余的.

对于含约束 (1) 的非完整系统, 沃洛涅茨得到了形式上接近第二类拉格朗日方程的方程, 避免了上述缺点. 假设系统是定常的, 我们来介绍这些方程.

对于定常系统, 约束 (1) 中的 b_β 等于零, 而系数 $b_{\beta j}$ 不显含时间. 在 m 个广义速度中有 n 个独立, 设为广义速度 $\dot q_1,\dot q_2,\cdots,\dot q_n$, 那么由 (1) 可得

$$\dot q_{n+k}=\sum_{i=1}^{n}\alpha_{ki}\dot q_i \quad (k=1,2,\cdots,s=m-n), \tag{15}$$

其中 α_{ki} 是 $q_1,q_2,\cdots,q_m$ 的函数.

当系统是非完整的, 则

$$A_{ij}^{(k)}=\left(\frac{\partial\alpha_{ki}}{\partial q_j}+\sum_{\mu=1}^{s}\frac{\partial\alpha_{ki}}{\partial q_{n+\mu}}\alpha_{\mu j}\right)-\left(\frac{\partial\alpha_{kj}}{\partial q_i}+\sum_{\mu=1}^{s}\frac{\partial\alpha_{kj}}{\partial q_{n+\mu}}\alpha_{\mu i}\right) \tag{16}$$

不能同时恒等于零[①]. 包含乘子的运动方程可以写成

$$\begin{aligned}&\frac{\mathrm{d}}{\mathrm{d}t}\frac{\partial T}{\partial\dot q_i}-\frac{\partial T}{\partial q_i}=Q_i-\sum_{\beta=1}^{s}\lambda_k\alpha_{ki}\quad(i=1,2,\cdots,n),\\&\frac{\mathrm{d}}{\mathrm{d}t}\frac{\partial T}{\partial\dot q_{n+k}}-\frac{\partial T}{\partial q_{n+k}}=Q_{n+k}+\lambda_k\quad(k=1,2,\cdots,s).\end{aligned} \tag{17}$$

① 如果不是这样, 则对所有的 k 有 $q_{n+k}=f_k(q_1,q_2,\cdots,q_m)$, 即系统不是非完整的. 事实上, 条件 $A_{ij}^{(k)}=0 \quad (i,j=1,2,\cdots,n;\quad k=1,2,\cdots,s)$ 是考虑到等式 (15) 后写出的 $\mathrm{d}q_{n+k}=\sum_{i=1}^{n}\alpha_{ki}\mathrm{d}q_i$ 完全可积的条件.

这些方程应该与约束 (15) 联立.

用 Θ 表示利用约束 (15) 从动能表达式中消去 $\dot{q}_{n+k}\quad(k=1,2,\cdots,s)$ 后的函数:

$$T(q_1,q_2,\cdots,q_m,\dot{q}_1,\dot{q}_2,\cdots,\dot{q}_m,t)=\Theta(q_1,q_2,\cdots,q_m,\dot{q}_1,\dot{q}_2,\cdots,\dot{q}_n,t).$$

根据 (15) 有下面等式成立

$$\frac{\partial\Theta}{\partial\dot{q}_i}=\frac{\partial T}{\partial\dot{q}_i}+\sum_{k=1}^{s}\frac{\partial T}{\partial\dot{q}_{n+k}}\alpha_{ki}\quad(i=1,2,\cdots,n),$$

于是有

$$\frac{\mathrm{d}}{\mathrm{d}t}\frac{\partial\Theta}{\partial\dot{q}_i}=\frac{\mathrm{d}}{\mathrm{d}t}\frac{\partial T}{\partial\dot{q}_i}+\sum_{k=1}^{s}\alpha_{ki}\frac{\mathrm{d}}{\mathrm{d}t}\frac{\partial T}{\partial\dot{q}_{n+k}}+\sum_{k=1}^{s}\frac{\mathrm{d}\alpha_{ki}}{\mathrm{d}t}\frac{\partial T}{\partial\dot{q}_{n+k}}.\tag{18}$$

利用方程 (17) 对 $\frac{\mathrm{d}}{\mathrm{d}t}\frac{\partial T}{\partial\dot{q}_i}$ 和 $\frac{\mathrm{d}}{\mathrm{d}t}\frac{\partial T}{\partial\dot{q}_{n+k}}$ 进行代换, 包含乘子的项相互抵消, 等式 (18) 写成下面形式

$$\frac{\mathrm{d}}{\mathrm{d}t}\frac{\partial\Theta}{\partial\dot{q}_i}=\frac{\partial T}{\partial q_i}+Q_i+\sum_{k=1}^{s}\alpha_{ki}\frac{\partial T}{\partial q_{n+k}}+\sum_{k=1}^{s}\alpha_{ki}Q_{n+k}+\sum_{k=1}^{s}\frac{\mathrm{d}\alpha_{ki}}{\mathrm{d}t}\frac{\partial T}{\partial\dot{q}_{n+k}}.\tag{19}$$

考虑到 (15) 有

$$\frac{\partial\Theta}{\partial q_l}=\frac{\partial T}{\partial q_l}+\sum_{k=1}^{s}\frac{\partial T}{\partial\dot{q}_{n+k}}\left(\sum_{j=1}^{n}\frac{\partial\alpha_{kj}}{\partial q_l}\dot{q}_j\right)\quad(l=1,2,\cdots,n).$$

由 (19) 得

$$\begin{aligned}\frac{\mathrm{d}}{\mathrm{d}t}\frac{\partial\Theta}{\partial\dot{q}_i}=&\frac{\partial\Theta}{\partial q_i}-\sum_{k=1}^{s}\frac{\partial T}{\partial\dot{q}_{n+k}}\left(\sum_{j=1}^{n}\frac{\partial\alpha_{kj}}{\partial q_i}\dot{q}_j\right)+Q_i+\sum_{k=1}^{s}\alpha_{ki}\frac{\partial\Theta}{\partial q_{n+k}}\\&-\sum_{\mu=1}^{s}\alpha_{\mu i}\left(\sum_{k=1}^{s}\frac{\partial T}{\partial\dot{q}_{n+k}}\left(\sum_{j=1}^{n}\frac{\partial\alpha_{kj}}{\partial q_{n+\mu}}\dot{q}_j\right)\right)+\sum_{k=1}^{s}\alpha_{ki}Q_{n+k}+\sum_{k=1}^{s}\frac{\mathrm{d}\alpha_{ki}}{\mathrm{d}t}\frac{\partial T}{\partial\dot{q}_{n+k}},\end{aligned}\tag{20}$$

或者

$$\begin{aligned}\frac{\mathrm{d}}{\mathrm{d}t}\frac{\partial\Theta}{\partial\dot{q}_i}-\frac{\partial\Theta}{\partial q_i}=&Q_i+\sum_{k=1}^{s}\alpha_{ki}\left(Q_{n+k}+\frac{\partial\Theta}{\partial q_{n+k}}\right)\\&+\sum_{k=1}^{s}\frac{\partial T}{\partial\dot{q}_{n+k}}\left[\frac{\mathrm{d}\alpha_{ki}}{\mathrm{d}t}-\sum_{j=1}^{n}\left(\frac{\partial\alpha_{kj}}{\partial q_i}+\sum_{\mu=1}^{s}\frac{\partial\alpha_{kj}}{\partial q_{n+\mu}}\alpha_{\mu i}\right)\dot{q}_j\right].\end{aligned}\tag{21}$$

可以发现, 关系式 (21) 的方括号内表达式恒等于

$$\sum_{j=1}^{n}A_{ij}^{(k)}\dot{q}_j\qquad(i=1,2,\cdots,n;\quad k=1,2,\cdots,s),$$

其中 $A_{ij}^{(k)}$ 由等式 (16) 确定. 引入冲量记号

$$\theta_k = \frac{\partial T}{\partial \dot{q}_{n+k}} \qquad (k = 1, 2, \cdots, s), \tag{22}$$

最后得方程

$$\frac{\mathrm{d}}{\mathrm{d}t}\frac{\partial \Theta}{\partial \dot{q}_i} - \frac{\partial \Theta}{\partial q_i} = Q_i + \sum_{k=1}^{s} \alpha_{ki}\left(Q_{n+k} + \frac{\partial \Theta}{\partial q_{n+k}}\right) + \sum_{k=1}^{s} \theta_k \left(\sum_{j=1}^{n} A_{ij}^{(k)} \dot{q}_j\right) \qquad (i = 1, 2, \cdots, n). \tag{23}$$

这些方程称为*沃洛涅茨方程*, 需要和约束方程 (15) 联立, 这些非完整系统运动微分方程不包含约束乘子, 方程数目等于 $n+s$, 即等于广义坐标数.

157. 恰普里金方程 假设动能 T 、约束方程中的系数 α_{ki} $(k = 1, 2, \cdots, s;\ i = 1, 2, \cdots, n)$ 和广义力 Q_l $(l = 1, 2, \cdots, m)$ 都不显含广义坐标 q_{n+k} $(k = 1, 2, \cdots, s)$, 那么方程 (23) 写成

$$\frac{\mathrm{d}}{\mathrm{d}t}\frac{\partial \Theta}{\partial \dot{q}_i} - \frac{\partial \Theta}{\partial q_i} = Q_i + \sum_{k=1}^{s} \alpha_{ki} Q_{n+k} + \sum_{k=1}^{s} \theta_k \left(\sum_{j=1}^{n} A_{ij}^{(k)} \dot{q}_j\right) \tag{24}$$

$$(i = 1, 2, \cdots, n),$$

其中

$$A_{ij}^{(k)} = \frac{\partial \alpha_{ki}}{\partial q_j} - \frac{\partial \alpha_{kj}}{\partial q_i} \quad (i, j = 1, 2, \cdots, n; \quad k = 1, 2, \cdots, s). \tag{25}$$

如果在广义力 Q_l $(l = 1, 2, \cdots, m)$ 和冲量 θ_k $(k = 1, 2, \cdots, s)$ 的表达式中利用约束方程 (15) 消去广义速度 $\dot{q}_{n+k}$ $(k = 1, 2, \cdots, s)$, 则得到可以独立于 (15) 求解的关于 q_i $(i = 1, 2, \cdots, n)$ 的方程组. 这些方程首先由恰普里金得到, 并以他的名字命名.

积分方程 (24) 之后, 可以从 (15) 积分求出 $q_{n+1}, \cdots, q_m$.

如果广义力有势且势能不显含广义坐标 q_{n+k}, 则方程 (24) 写成

$$\frac{\mathrm{d}}{\mathrm{d}t}\frac{\partial \Theta}{\partial \dot{q}_i} - \frac{\partial \Theta}{\partial q_i} = -\frac{\partial \Pi}{\partial q_i} + \sum_{k=1}^{s} \theta_k \left(\sum_{j=1}^{n} A_{ij}^{(k)} \dot{q}_j\right) \quad (i = 1, 2, \cdots, n). \tag{26}$$

例 1 (圆盘在固定水平面上滚动) 设均质圆盘沿着固定水平面作无滑动滚动, 以圆盘边缘上一个点与地面接触. 固定坐标系 $OXYZ$ 的原点位于支撑平面上某点 O, OZ 轴竖直向上 (图 137). 设 $GXYZ$ 是平动坐标系, 坐标轴分别与 $OXYZ$ 的轴

平行. 坐标系 $Gxyz$ 与圆盘固连, 其 Gz 轴垂直于圆盘平面. 广义坐标取欧拉角和质心 G 在支撑平面上投影 Q 在坐标系 $OXYZ$ 的两个坐标 x, y. 由图 137 可知,

$$z = \rho\sin\theta, \tag{27}$$

其中 ρ 是圆盘半径.

圆盘的动能和势能为

$$T = \frac{1}{2}m(\dot{x}^2 + \dot{y}^2 + \dot{z}^2) + \frac{1}{2}(Ap^2 + Bq^2 + Cr^2), \quad \Pi = mg\rho\sin\theta,$$

其中 m 是圆盘质量, g 是重力加速度, p, q, r 是圆盘角速度 $\boldsymbol{\omega}$ 在圆盘惯性主轴 Gx, Gy, Gz 上的投影, A, B, C 是圆盘对轴 Gx, Gy, Gz 的惯性矩, 并且

$$A = B = \frac{1}{4}m\rho^2, \qquad C = \frac{1}{2}m\rho^2,$$

而 p, q, r 由欧拉运动学方程给出

$$\begin{aligned} p &= \dot{\psi}\sin\theta\sin\varphi + \dot{\theta}\cos\varphi, \\ q &= \dot{\psi}\sin\theta\cos\varphi - \dot{\theta}\sin\varphi, \\ r &= \dot{\psi}\cos\theta + \dot{\varphi}. \end{aligned} \tag{28}$$

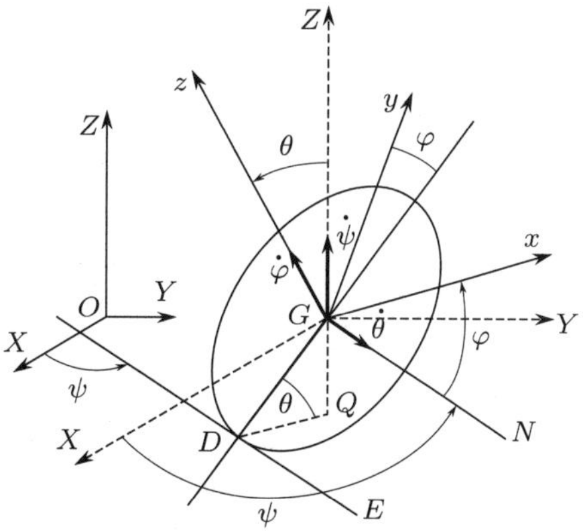

图 137

根据 (27) 有

$$\dot{z} = \rho\dot{\theta}\cos\theta, \tag{29}$$

于是动能表达式写成

$$\begin{aligned} T = {} & \frac{1}{2}m(\dot{x}^2 + \dot{y}^2) + \frac{1}{8}m\rho^2(1 + 4\cos^2\theta)\dot{\theta}^2 \\ & + \frac{1}{8}m\rho^2\sin^2\theta\dot{\psi}^2 + \frac{1}{4}m\rho^2(\dot{\psi}\cos\theta + \dot{\varphi})^2. \end{aligned} \tag{30}$$

约束方程可由无滑动条件得到. 如果没有滑动, 则圆盘上与支撑面接触点的速度 $\boldsymbol{v}_D$ 等于零, 即

$$\boldsymbol{v}_G + \boldsymbol{\omega} \times \overline{GD} = \mathbf{0}, \tag{31}$$

其中 $\boldsymbol{v}_G$ 是圆盘质心速度, $\overline{GD}$ 是 D 点相对 G 的向径.

在图 137 中直线 DE 是在 D 点圆盘的切线, 平行于节线 GN. 直线 DG 垂直于 DE, 位于 GZ 和 Gz 确定的平面内, 与 Gy 轴形成 φ 角. 在坐标系 $OXYZ$ 中

$$\begin{aligned} \boldsymbol{v}'_G &= (\dot{x}, \dot{y}, \dot{z}), \\ \overline{GD'} &= \rho(\cos\theta\sin\psi, -\cos\theta\cos\psi, -\sin\theta), \\ \boldsymbol{\omega}' &= (\dot{\theta}\cos\psi + \dot{\varphi}\sin\psi\sin\theta, \dot{\theta}\sin\psi - \dot{\varphi}\cos\psi\sin\theta, \dot{\psi} + \dot{\varphi}\cos\theta). \end{aligned} \tag{32}$$

根据 (29), 向量式 (31) 的第 3 个分量恒等于零, 令其它 2 个分量为零给出约束方程如下

$$\begin{aligned}\dot{x} &= \rho[\dot{\theta}\sin\psi\sin\theta - (\dot{\psi}\cos\theta + \dot{\varphi})\cos\psi],\\ \dot{y} &= -\rho[\dot{\theta}\cos\psi\sin\theta + (\dot{\psi}\cos\theta + \dot{\varphi})\sin\psi].\end{aligned} \tag{33}$$

因为 Π, T 和约束方程都不含广义坐标 x, y, 故圆盘运动方程可以写成恰普里金方程的形式.

为了方便, 我们引入记号

$$q_1 = \theta, q_2 = \varphi, q_3 = \psi, q_4 = x, q_5 = y,$$

那么利用第 156 小节、第 157 小节的记号有

$$\begin{aligned}&\alpha_{11} = \rho\sin q_1\sin q_3, &&\alpha_{12} = -\rho\cos q_3,\\ &\alpha_{13} = -\rho\cos q_1\cos q_3, &&\alpha_{21} = -\rho\sin q_1\cos q_3,\\ &\alpha_{22} = -\rho\sin q_3, &&\alpha_{23} = -\rho\cos q_1\sin q_3.\end{aligned}$$

由此和 (25) 可得

$$A_{23}^{(1)} = -A_{32}^{(1)} = \rho\sin q_3, \quad A_{23}^{(2)} = -A_{32}^{(2)} = -\rho\cos q_3,$$

其余的 $A_{ij}^{(k)} \quad (i, j = 1, 2, 3; \quad k = 1, 2)$ 都恒等于零.

广义冲量 θ_1, θ_2 的表达式为

$$\begin{aligned}\theta_1 &= m\dot{x} = m\rho(\sin q_1\sin q_3\dot{q}_1 - \cos q_3\dot{q}_2 - \cos q_1\cos q_3\dot{q}_3),\\ \theta_2 &= m\dot{y} = -m\rho(\sin q_1\cos q_3\dot{q}_1 + \sin q_3\dot{q}_2 + \cos q_1\sin q_3\dot{q}_3).\end{aligned}$$

如果我们用原来的记号, 则恰普里金方程写成

$$\begin{aligned}\frac{\mathrm{d}}{\mathrm{d}t}\frac{\partial\Theta}{\partial\dot{\theta}} - \frac{\partial\Theta}{\partial\theta} &= -mg\rho\cos\theta,\\ \frac{\mathrm{d}}{\mathrm{d}t}\frac{\partial\Theta}{\partial\dot{\varphi}} - \frac{\partial\Theta}{\partial\varphi} &= m\rho^2\sin\theta\dot{\theta}\dot{\psi},\\ \frac{\mathrm{d}}{\mathrm{d}t}\frac{\partial\Theta}{\partial\dot{\psi}} - \frac{\partial\Theta}{\partial\psi} &= -m\rho^2\sin\theta\dot{\theta}\dot{\varphi}.\end{aligned} \tag{34}$$

这里 Θ 是利用约束方程 (33) 将动能 (30) 消去 $\dot{x}, \dot{y}$ 后的表达式

$$\Theta = \frac{5}{8}m\rho^2\dot{\theta}^2 + \frac{1}{8}m\rho^2\sin^2\theta\dot{\psi}^2 + \frac{3}{4}m\rho^2(\dot{\psi}\cos\theta + \dot{\varphi})^2. \tag{35}$$

将函数 Θ 代入 (34) 可得运动方程

$$\ddot{\theta} + \sin\theta\cos\theta\dot{\psi}^2 + \frac{6}{5}\sin\theta\dot{\varphi}\dot{\psi} + \frac{4}{5}\frac{g}{\rho}\cos\theta = 0,$$

$$\frac{\mathrm{d}}{\mathrm{d}t}(\dot{\psi}\cos\theta+\dot{\varphi})=\frac{2}{3}\sin\theta\dot{\theta}\dot{\psi}, \tag{36}$$

$$\frac{\mathrm{d}}{\mathrm{d}t}[(\dot{\psi}\cos\theta+\dot{\varphi})\cos\theta+\frac{1}{6}\sin^2\theta\dot{\psi}]=-\frac{2}{3}\sin\theta\dot{\theta}\dot{\varphi}.$$

如果将这个方程组积分，则圆盘质心的运动可以利用关系式 (27) 和积分 (33) 求出.

方程 (36) 有特解 $\theta=\theta_0=\text{const}$, 这时有

$$\dot{\varphi}=\omega_1=\text{const},\qquad \dot{\psi}=\omega_2=\text{const}, \tag{37}$$

而角 θ_0 满足下面由 (36) 的第 1 个方程推出的关系式

$$\sin\theta_0\cos\theta_0\omega_2^2+\frac{6}{5}\sin\theta_0\omega_1\omega_2+\frac{4}{5}\frac{g}{\rho}\cos\theta_0=0. \tag{38}$$

如果 $\theta_0=\pi/2$, 则这个关系式变为 $\omega_1\omega_2=0$. 由此可知, 存在下面的圆盘运动:

$$\theta_0=\pi/2,\qquad \omega_1=0,\qquad \omega_2\neq 0, \tag{39}$$

$$\theta_0=\pi/2,\qquad \omega_1\neq 0,\qquad \omega_2=0, \tag{40}$$

$$\theta_0=\pi/2,\qquad \omega_1=0,\qquad \omega_2=0, \tag{41}$$

在运动 (39) 中圆盘以任意常角速度 ω_2 绕自己的直径转动, 该直径固定且竖直. 在运动 (40) 中圆盘沿着直线滚动, 圆盘面竖直, 质心以任意常速度 $|\omega_1\rho|$ 运动. 在运动 (41) 中圆盘在竖直面内静止不动.

一般情况下 $\theta_0\neq\pi/2$, $\omega_1,\omega_2,\theta_0$ 满足关系式 (38), 该关系式确定了两参数圆盘运动簇. 对于这些运动, 由约束 (33) 可得

$$x=\alpha-\rho\frac{\omega_2\cos\theta_0+\omega_1}{\omega_2}\sin\psi,\quad y=\beta+\rho\frac{\omega_2\cos\theta_0+\omega_1}{\omega_2}\cos\psi,$$

其中 α,β 是积分常数, 由初始条件确定, 而 $\psi=\omega_2t+\psi_0$. 由此和 (27) 可知, 圆盘质心沿圆周运动, 该圆周位于竖直平面内, 圆心位于 $(\alpha,\beta,\rho\sin\theta_0)$, 半径为

$$R=\rho\left|\frac{\omega_2\cos\theta_0+\omega_1}{\omega_2}\right|.$$

由此和图 137 可知, 在运动过程中切点 D 在支撑平面上画出中心为 (α,β) 半径为 $\rho|\omega_1/\omega_2|$ 的圆.

在最一般的情况下, 圆盘运动的解析研究归结为积分一个二阶线性微分方程. 为了证明这一点, 我们做变换 $\dot{\psi}\cos\theta+\dot{\varphi}=r$ 并在 $\dot{\theta}\neq 0$ 的时间段内研究该问题. 我们将 (36) 的第 2 和第 3 个方程变为对自变量 θ 的方程

$$\frac{\mathrm{d}r}{\mathrm{d}\theta}=\frac{2}{3}\sin\theta\dot{\psi},\quad \frac{\mathrm{d}}{\mathrm{d}\theta}\left(r\cos\theta+\frac{1}{6}\sin^2\theta\dot{\psi}\right)=-\frac{2}{3}\sin\theta(r-\dot{\psi}\cos\theta). \tag{42}$$

从这些方程中消去 $\dot{\psi}$ 可得微分方程

$$\frac{\mathrm{d}^2 r}{\mathrm{d}\theta^2}+\cot\theta\frac{\mathrm{d}r}{\mathrm{d}\theta}-\frac{4}{3}r=0,$$

如果令 $u=\cos^2\theta$, 则该方程变为

$$u(1-u)\frac{\mathrm{d}^2 r}{\mathrm{d}u^2}+\frac{1}{2}(1-3u)\frac{\mathrm{d}r}{\mathrm{d}u}-\frac{1}{3}r=0.$$

这个二阶线性微分方程是微分方程理论中证明的高斯超几何方程, 该方程的积分给出 r 关于角 θ 的函数. 由方程组 (42) 的第一个方程和等式 $\dot{\psi}\cos\theta+\dot{\varphi}=r$ 可以确定 $\dot{\psi}$ 和 $\dot{\varphi}$ 关于 θ 的函数. 这样, 求欧拉角的问题归结为求 θ 关于时间的函数, 因为 $\psi(t)$ 和 $\varphi(t)$ 在已知函数 $\theta(t)$ 时可以直接积分求出.

$\theta(t)$ 也可以直接积分得到, 事实上, 方程 (34) 有第一积分

$$\Theta+\Pi=h=\text{const}.\tag{43}$$

这个结论可以根据下面方法得出: 将方程 (34) 看作是在陀螺力 $Q_\varphi=m\rho^2\sin\theta\dot{\theta}\dot{\psi}$, $Q_\psi=-m\rho^2\sin\theta\dot{\theta}\dot{\varphi}$ 和有势力 $Q_\theta=-mg\rho\cos\theta$ 作用下的定常系统的运动, 并且有势力的势能不显含时间.

将 $\dot{\psi},\dot{\varphi}$ 作为角 θ 的函数代入等式 (43) 并解得 $\dot{\theta}$ 关于 θ 的函数, 由此可通过一次积分将 t 用 θ 表示, 再反解得到 $\theta=\theta(t)$.

158. 阿佩尔方程 阿佩尔提出了不包含约束乘子的运动方程, 既适用于完整系统, 也适用于有不可积约束 (1) 的非完整系统. 我们将这些方程用伪坐标 (见第 17 小节) 表示, 设伪坐标 $\dot{\pi}_i$ 按照第 17 小节中公式 (29) 定义:

$$\dot{\pi}_i=\sum_{j=1}^{m}c_{ij}(q_1,q_2,\cdots,q_m,t)\dot{q}_j\quad(i=1,2,\cdots,n).\tag{44}$$

为了得到阿佩尔方程, 我们将动力学普遍方程

$$\sum_{\nu=1}^{N}(\boldsymbol{F}_\nu-m_\nu\boldsymbol{w}_\nu)\cdot\delta\boldsymbol{r}_\nu=0\tag{45}$$

用伪坐标表示. 代入

$$\sum_{\nu=1}^{N}\boldsymbol{F}_\nu\cdot\delta\boldsymbol{r}_\nu=\sum_{j=1}^{m}Q_j\delta q_j,$$

其中 Q_j 为相应于关于坐标 q_j 的广义力, 按第 17 小节的公式 (32) 将 δq_j 用 $\delta\pi_i$ 表示, 可得主动力元功

$$\delta A=\sum_{\nu=1}^{N}\boldsymbol{F}_\nu\cdot\delta\boldsymbol{r}_\nu=\sum_{j=1}^{m}Q_j\sum_{i=1}^{n}d_{ij}\delta\pi_i=\sum_{i=1}^{n}\Pi_i\delta\pi_i,\tag{46}$$

其中

$$\Pi_i = \Pi_i(q_1, q_2, \cdots, q_m, \dot{\pi}_i, \cdots, \dot{\pi}_n, t) = \sum_{j=1}^{m} d_{ij} Q_j \quad (i = 1, 2, \cdots, n). \tag{47}$$

Π_i 称为对应于伪坐标$\pi_i \quad (i = 1, 2, \cdots, n)$的广义力.

为了将惯性力的元功用伪坐标表示, 利用第 17 小节的等式 (35), 可得下面表达式

$$\begin{aligned} -\sum_{\nu=1}^{N} m_\nu \boldsymbol{w}_\nu \cdot \delta \boldsymbol{r}_\nu &= -\sum_{\nu=1}^{N} m_\nu \boldsymbol{w}_\nu \cdot \sum_{i=1}^{n} \frac{\partial \boldsymbol{w}_\nu}{\partial \ddot{\pi}_i} \delta \pi_i \\ &= -\sum_{i=1}^{n} \left(\sum_{\nu=1}^{N} m_\nu \boldsymbol{w}_\nu \cdot \frac{\partial \boldsymbol{w}_\nu}{\partial \ddot{\pi}_i} \right) \delta \pi_i. \end{aligned} \tag{48}$$

如果引入函数 S 为

$$S = \frac{1}{2} \sum_{\nu=1}^{N} m_\nu \boldsymbol{w}_\nu^2, \tag{49}$$

则等式 (48) 可以写成

$$-\sum_{\nu=1}^{N} m_\nu \boldsymbol{w}_\nu \cdot \delta \boldsymbol{r}_\nu = -\sum_{i=1}^{n} \frac{\partial S}{\partial \ddot{\pi}_i} \delta \pi_i. \tag{50}$$

函数 S 称为加速度能, 一般情况下它是 $q_1, \cdots, q_m, \dot{\pi}_1, \cdots, \dot{\pi}_n, \ddot{\pi}_1, \cdots, \ddot{\pi}_n, t$ 的函数.

由等式 (46) 和 (50) 可知, 伪坐标形式的动力学普遍方程为

$$\sum_{i=1}^{n} \left(\frac{\partial S}{\partial \ddot{\pi}_i} - \Pi_i \right) \delta \pi_i = 0. \tag{51}$$

因为 $\delta \pi_i$ 可以任意取值, 故由此可得

$$\frac{\partial S}{\partial \ddot{\pi}_i} = \Pi_i \quad (i = 1, 2, \cdots, n). \tag{52}$$

这些方程称为阿佩尔方程, 它们需要与 s 个约束方程 (1)、伪速度关系式 (44) 联立.

类似于在第 140 小节中证明拉格朗日方程对于加速度 $\ddot{q}_i$ 的可解性, 可以证明阿佩尔方程对于伪加速度 $\ddot{\pi}_i \ (i = 1, 2, \cdots, n)$ 是可解的. 此外方程 (1) 和 (44) 按照伪速度的选择对于 $\dot{q}_i$ 是可解的 (见第 17 小节的 (30)), 于是得到 $m+n$ 个对于任意未知函数 $q_1, q_2, \cdots, q_m, \dot{\pi}_1, \cdots, \dot{\pi}_n$ 可解的方程. 如果给定初始值 $q_1^0, q_2^0, \cdots, q_m^0, \dot{\pi}_1^0, \cdots, \dot{\pi}_n^0$, 则在力学上不是很苛刻的力的条件下, 系统的运动可以唯一确定. 根据 $q_1^0, q_2^0, \cdots, q_m^0, \dot{\pi}_1^0, \cdots, \dot{\pi}_n^0$, 由第 17 小节的 (30) 以及约束方程 (1) 可以确定广义速度的初始值 $\dot{q}_1^0, \cdots, \dot{q}_m^0$, 而由 $q_i^0, \dot{q}_i^0$ 和约束方程可以确定系统各质点在笛卡儿坐标系中的初始位置和初始速度. 由此可知, 如果给定系统各质点的位置和速度, 而不与有限约束和微分约束矛盾, 则系统的运动可以唯一确定.

如果 $\dot{\pi}_i$ 就取 $\dot{q}_i \quad (i=1,2,\cdots,n)$, 则相应的广义力 Π_i 等于由第 63 小节中 (13) 确定的 Q_i', 在这种情况下加速度能是 $q_1,q_2,\cdots,q_m,\dot{q}_1,\cdots,\dot{q}_n,\ddot{q}_1,\cdots,\ddot{q}_n$ 的函数, 阿佩尔方程

$$\frac{\partial S}{\partial \ddot{q}_i}=Q_i' \quad (i=1,2,\cdots,n) \tag{53}$$

和约束方程 (1) 构成确定非完整系统运动的方程组, 方程数等于 $n+s=m$, 即像沃洛涅茨方程情况一样等于广义坐标数. 如果系统是完整的, 则 $m=n, \quad Q_i'=Q_i$, 方程 (53) 只是第二类拉格朗日方程的另一种形式.

为了得到阿佩尔方程, 需要按公式 (49) 计算加速度能. 这是很繁琐的过程, 因此计算阿佩尔方程比沃洛涅茨方程和恰普里金方程更困难, 在这两类方程中不需要计算 S 而需要计算动能 T.

作为例子, 我们利用阿佩尔方程证明对于系统平衡虚位移原理条件的充分性 (第 62 小节) .

设第 62 小节的条件 (3) 和 (4) 成立, 当 $t=t_0$ 时有 $\boldsymbol{r}_\nu=\boldsymbol{r}_{\nu 0}, \quad \boldsymbol{v}_\nu=\mathbf{0} \quad (\nu=1,2,\cdots,N)$, 我们来证明, 在时间段 $t_0 \leqslant t \leqslant t_1$ 内系统处于平衡状态, 即在该时间段内 $\boldsymbol{r}_\nu=\boldsymbol{r}_{\nu 0} \quad (\nu=1,2,\cdots,N)$.

由 (44),(46) 和第 62 小节的条件 (4) 可知, 当 $\boldsymbol{r}_\nu \equiv \boldsymbol{r}_{\nu 0}$ 时, 对于 $t_0 \leqslant t \leqslant t_1$ 有 $\Pi_i(q_{10},q_{20},\cdots,q_{m0},0,\cdots,0,t)\equiv 0$ (这里 $q_{10},q_{20},\cdots,q_{m0}$ 是相应于平衡位置的广义坐标). 另一方面,

$$\frac{\partial S}{\partial \ddot{\pi}_i}=\sum_{\nu=1}^{N} m_\nu \boldsymbol{w}_\nu \cdot \frac{\partial \boldsymbol{w}_\nu}{\partial \ddot{\pi}_i} \quad (i=1,2,\cdots,n)$$

当 $\boldsymbol{r}_\nu=\boldsymbol{r}_{\nu 0}$ 时也等于零, 这是因为 $\boldsymbol{w}_\nu \equiv \mathbf{0}$, 于是阿佩尔方程有相应于平衡位置 $\boldsymbol{r}_\nu=\boldsymbol{r}_{\nu 0} \quad (\nu=1,2,\cdots,N)$ 的特解 $q_j=q_{j0} \quad (j=1,2,\cdots,m)$.

虚位移原理条件的充分性现在可以由牛顿–拉普拉斯运动确定性原理 (见第 45 小节) 得出, 这是因为根据这个力学中采用的原理, 系统的运动由其初始位置和初始速度唯一确定.

159. 加速度能的计算 · 科尼希定理的类比 设 $\boldsymbol{w}_C$ 是系统质心的绝对加速度, $\boldsymbol{w}_\nu$ 是系统的质点 P_ν 的绝对加速度, 而 $\boldsymbol{w}_{\nu\mathrm{r}}$ 是该质点相对质心的加速度, 那么对于系统的所有质点有

$$\boldsymbol{w}_\nu=\boldsymbol{w}_C+\boldsymbol{w}_{\nu\mathrm{r}}. \tag{54}$$

为计算加速度能

$$S=\frac{1}{2}\sum_{\nu=1}^{N} m_\nu \boldsymbol{w}_\nu^2, \tag{55}$$

将 (54) 代入公式 (55) 得

$$S=\frac{1}{2}\left(\sum_{\nu=1}^{N} m_\nu\right)\boldsymbol{w}_C^2+\left(\sum_{\nu=1}^{N} m_\nu \boldsymbol{w}_{\nu\mathrm{r}}\right)\cdot \boldsymbol{w}_C+\frac{1}{2}\sum_{\nu=1}^{N} m_\nu \boldsymbol{w}_{\nu\mathrm{r}}^2. \tag{56}$$

由于 $\sum_{\nu=1}^{N} m_\nu = M$, 而 $\sum_{\nu=1}^{N} m_\nu \boldsymbol{w}_{\nu\mathrm{r}} = M\boldsymbol{w}_{Cr} = \mathbf{0}$, 所以由 (56) 可得

$$S = \frac{1}{2}Mw_C^2 + \frac{1}{2}\sum_{\nu=1}^{N} m_\nu w_{\nu\mathrm{r}}^2. \tag{57}$$

即系统加速度能等于位于质心的质量等于系统质量的质点的加速度能与系统相对质心运动的加速度能之和.

这个结论类似于关于动能的科尼希定理 (见第 83 小节).

160. 定点运动刚体的加速度能 设 $Oxyz$ 是与刚体固连的坐标系, 坐标原点位于刚体的固定点 O, Ox, Oy, Oz 是刚体对 O 点的惯性主轴, 刚体的质点 m_ν 的位置由其向径 $\boldsymbol{r}_\nu$ 确定, $\boldsymbol{r}_\nu' = (x_\nu, y_\nu, z_\nu)$. 设 $\boldsymbol{\omega}$ 是刚体角速度, $\boldsymbol{\omega}' = (p, q, r)$, 而 $\boldsymbol{\varepsilon}$ 是刚体角加速度, 因为 $\boldsymbol{\omega}$ 的绝对导数等于其相对导数, 故

$$\boldsymbol{\varepsilon}' = (\dot{p}, \dot{q}, \dot{r}). \tag{58}$$

根据第 24 小节, 质点 m_ν 的加速度由下面公式确定

$$\boldsymbol{w}_\nu = \boldsymbol{\varepsilon} \times \boldsymbol{r}_\nu + \boldsymbol{\omega} \times (\boldsymbol{\omega} \times \boldsymbol{r}_\nu),$$

或者

$$\boldsymbol{w}_\nu = \boldsymbol{\varepsilon} \times \boldsymbol{r}_\nu + \boldsymbol{\omega}(\boldsymbol{\omega} \cdot \boldsymbol{r}_\nu) - \boldsymbol{r}_\nu \omega^2, \tag{59}$$

由此可得加速度 $\boldsymbol{w}_\nu$ 在 Ox, Oy, Oz 轴上投影的表达式

$$\begin{aligned} w_{\nu x} &= -x_\nu(q^2 + r^2) + y_\nu(qp - \dot{r}) + z_\nu(pr + \dot{q}), \\ w_{\nu y} &= -y_\nu(r^2 + p^2) + z_\nu(rq - \dot{p}) + x_\nu(qp + \dot{r}), \\ w_{\nu z} &= -z_\nu(p^2 + q^2) + x_\nu(pr - \dot{q}) + y_\nu(rq + \dot{p}). \end{aligned} \tag{60}$$

如果我们将刚体分为 N 个质点, 则加速度能表达式为

$$S = \frac{1}{2}\sum_{\nu=1}^{N} m_\nu (w_{\nu x}^2 + w_{\nu y}^2 + w_{\nu z}^2).$$

代入表达式 (60) 并考虑到 Ox, Oy, Oz 是惯性主轴, 因而有

$$J_{xy} = \sum_{\nu=1}^{N} m_\nu x_\nu y_\nu = 0,$$

$$J_{xz} = \sum_{\nu=1}^{N} m_\nu x_\nu z_\nu = 0,$$

$$J_{yz} = \sum_{\nu=1}^{N} m_\nu y_\nu z_\nu = 0.$$

如果去掉 S 中对于阿佩尔方程来说不存在的不依赖于 p, q, r 的部分, 则得

$$\begin{aligned} S = & \frac{1}{2}\left(\sum_{\nu=1}^{N} m_\nu x_\nu^2\right)(\dot{r}^2 + 2qp\dot{r} + \dot{q}^2 - 2pr\dot{q}) \\ & + \frac{1}{2}\left(\sum_{\nu=1}^{N} m_\nu y_\nu^2\right)(\dot{p}^2 + 2rq\dot{p} + \dot{r}^2 - 2qp\dot{r}) \\ & + \frac{1}{2}\left(\sum_{\nu=1}^{N} m_\nu z_\nu^2\right)(\dot{q}^2 + 2pr\dot{q} + \dot{p}^2 - 2rq\dot{p}). \end{aligned}$$

或者

$$S = \frac{1}{2}(A\dot{p}^2 + B\dot{q}^2 + C\dot{r}^2) + (C - B)qr\dot{p} + (A - C)rp\dot{q} + (B - A)pq\dot{r}, \tag{61}$$

其中 A, B, C 是刚体对 Ox, Oy, Oz 轴的惯性矩.

例 1 (利用阿佩尔方程推导欧拉动力学方程) 设 M_x, M_y, M_z 是外力对 O 点的主矩 $\boldsymbol{M}_O$ 在 Ox, Oy, Oz 轴上的投影, 伪坐标取 $\dot{\pi}_1 = p, \dot{\pi}_2 = q, \dot{\pi}_3 = r$, 外力的元功为

$$\delta A = \boldsymbol{M}_O \cdot \boldsymbol{\omega} \mathrm{d}t = M_x p \mathrm{d}t + M_y q \mathrm{d}t + M_z r \mathrm{d}t = M_x \delta\pi_1 + M_y \delta\pi_2 + M_z \delta\pi_3,$$

所以相应于伪坐标 $\dot{\pi}_i$ 的广义力 Π_i 计算公式为

$$\Pi_1 = M_x, \quad \Pi_2 = M_y, \quad \Pi_3 = M_z. \tag{62}$$

考虑到表达式 (61) 和 (62), 由方程 (52) 直接得到欧拉动力学方程.

例 2 (球在平面上滚动) 设均质球沿着固定水平面无滑动滚动, 固定坐标系 $OXYZ$ 原点位于固定平面上某点 O, OZ 轴竖直向上. 设 $\omega_X, \omega_Y, \omega_Z$ 是球角速度在 OX, OY, OZ 轴上的投影, p, q, r 是球角速度在以球心为原点而与球固连的坐标系 Gx, Gy, Gz 轴上的投影.

设 x, y, z 是球心在 $OXYZ$ 的坐标, $z = a$, 其中 a 是球半径. 由无滑动条件 (球上与平面接触点 D 的速度等于零) 可得关系式

$$\dot{x} = \omega_Y a, \qquad \dot{y} = -\omega_X a. \tag{63}$$

球相对任意直径的惯性矩等于 $2ma^2/5$, 其中 m 是球的质量. 由 (57) 和 (61) 得加速度能表达式

$$S = \frac{1}{2}m(\ddot{x}^2 + \ddot{y}^2) + \frac{1}{5}ma^2(\dot{p}^2 + \dot{q}^2 + \dot{r}^2). \tag{64}$$

引入伪速度

$$\dot{\pi}_1 = \omega_X, \quad \dot{\pi}_2 = \omega_Y, \quad \dot{\pi}_3 = \omega_Z, \tag{65}$$

由 (63) 得

$$\ddot{x} = a\ddot{\pi}_2, \qquad \ddot{y} = -a\ddot{\pi}_1. \tag{66}$$

设 ε 是球的角加速度, 那么注意到

$$\dot{p}^2 + \dot{q}^2 + \dot{r}^2 = \varepsilon^2 = \dot{\omega}_X^2 + \dot{\omega}_Y^2 + \dot{\omega}_Z^2 = \ddot{\pi}_1^2 + \ddot{\pi}_2^2 + \ddot{\pi}_3^2,$$

并利用 (66), 由 (64) 可得加速度能的最终表达式

$$S = \frac{1}{10}ma^2[7(\ddot{\pi}_1^2 + \ddot{\pi}_2^2) + 2\ddot{\pi}_3^2].$$

因为广义力 $\Pi_i \quad (i = 1, 2, 3)$ 等于零, 故由阿佩尔方程 $\partial S/\partial\ddot{\pi}_i = 0$ $(i = 1, 2, 3)$ 可知 $\ddot{\pi}_i = 0 \quad (i = 1, 2, 3)$ 或者 $\omega_X = \mathrm{const}, \omega_Y = \mathrm{const}, \omega_Z = \mathrm{const}$. 于是由阿佩尔方程可知, 在运动过程中角速度不变, 这个结论在第 113 小节中用其它方法得到过.

第十一章

动力学方程的积分

§1. 雅可比乘子

161. 方程组的乘子 · 乘子的微分方程 本章将得到动力学方程积分的某些一般性结论. 首先介绍后面需要用到的微分方程理论的辅助知识.

设给定微分方程组

$$\frac{\mathrm{d}x_1}{X_1} = \frac{\mathrm{d}x_2}{X_2} = \cdots = \frac{\mathrm{d}x_k}{X_k}, \tag{1}$$

其中 $X_i \quad (i = 1, 2, \cdots, k)$ 是变量 $x_1, x_2, \cdots, x_k$ 的给定函数.

如果当 $x_1, x_2, \cdots, x_k$ 满足方程组 (1) 时, 函数 $f(x_1, x_2, \cdots, x_k)$ 是常数, 则称 f 为方程组 (1) 的第一积分. 如果 $f(x_1, x_2, \cdots, x_k)$ 是第一积分, 则沿着 (1) 的解曲线的微分 $\mathrm{d}f$ 恒等于零, 即沿着 (1) 的解曲线有

$$\mathrm{d}f = \frac{\partial f}{\partial x_1}\mathrm{d}x_1 + \frac{\partial f}{\partial x_2}\mathrm{d}x_2 + \cdots + \frac{\partial f}{\partial x_k}\mathrm{d}x_k = 0.$$

这就是说, 函数 $f(x_1, x_2, \cdots, x_k)$ 是第一积分的充分必要条件是

$$X(f) \equiv \frac{\partial f}{\partial x_1}X_1 + \frac{\partial f}{\partial x_2}X_2 + \cdots + \frac{\partial f}{\partial x_k}X_k = 0. \tag{2}$$

引入记号 $X(f)$ 是为了书写上简捷. 显然, 如果 $f_1, f_2, \cdots, f_l \quad (l \leqslant k = 1)$ 是第一积分, 则任意函数 $F(f_1, f_2, \cdots, f_l)$ 都是方程组 (1) 的第一积分. 如果已知 l 个独立的第一积分

$$f_1 = c_1, \quad f_2 = c, \cdots, \quad f_l = c_l \quad (c_j = \mathrm{const}; \quad j = 1, 2, \cdots, l), \tag{3}$$

则它们可以用来使方程组 (1) 降阶 l 次. 事实上, 如果 $f_1, f_2, \cdots, f_l$ 是独立的, 则下面矩阵的秩等于 l

$$\left\|\begin{matrix} \frac{\partial f_1}{\partial x_1} & \frac{\partial f_1}{\partial x_2} & \cdots & \frac{\partial f_1}{\partial x_k} \\ \frac{\partial f_2}{\partial x_1} & \frac{\partial f_2}{\partial x_2} & \cdots & \frac{\partial f_2}{\partial x_k} \\ \cdots & \cdots & \cdots & \cdots \\ \frac{\partial f_l}{\partial x_1} & \frac{\partial f_l}{\partial x_2} & \cdots & \frac{\partial f_l}{\partial x_k} \end{matrix}\right\|. \tag{4}$$

不失一般性, 假设矩阵 (4) 的前 l 列构成的 l 阶主子式不等于零, 即函数 $f_1, f_2, \cdots, f_l$ 对变量 $x_1, x_2, \cdots, x_l$ 的雅可比行列式

$$\frac{\partial(f_1, f_2, \cdots, f_l)}{\partial(x_1, x_2, \cdots, x_l)} = \begin{vmatrix} \frac{\partial f_1}{\partial x_1} & \frac{\partial f_1}{\partial x_2} & \cdots & \frac{\partial f_1}{\partial x_l} \\ \frac{\partial f_2}{\partial x_1} & \frac{\partial f_2}{\partial x_2} & \cdots & \frac{\partial f_2}{\partial x_l} \\ \cdots & \cdots & \cdots & \cdots \\ \frac{\partial f_l}{\partial x_1} & \frac{\partial f_l}{\partial x_2} & \cdots & \frac{\partial f_l}{\partial x_l} \end{vmatrix} \neq 0. \tag{5}$$

在这个不等式满足时, 关系式 (3) 对于 $x_1, x_2, \cdots, x_l$ 可解, 可以用变量 $x_{l+1}, \cdots, x_k$ 和常数 $c_1, c_2, \cdots, c_l$ 表示. 代入函数 $X_{l+1}, \cdots, X_k$ 并将结果用 $X^*_{l+1}, \cdots, X^*_k$ 表示, 其中 $X^*_j \quad (j = l+1, \cdots, k)$ 是 $x_{l+1}, \cdots, x_k$ 和 $c_1, c_2, \cdots, c_l$ 的函数, 方程组 (1) 变为

$$\frac{\mathrm{d}x_{l+1}}{X^*_{l+1}} = \cdots = \frac{\mathrm{d}x_k}{X^*_k},$$

它比方程组 (1) 低 l 阶. 方程组 (1) 只能有 $k-1$ 个独立的第一积分, 如果它们都是已知的, 则

$$f_1 = c_1, \quad f_2 = c, \quad \cdots, \quad f_{k-1} = c_{k-1} \tag{6}$$

给出微分方程组 (1) 的一般积分, 任何其它积分 f 都是独立的第一积分 $f_1, f_2, \cdots, f_{k-1}$ 的函数. 为了证明这个结论, 需要验证函数 $f, f_1, \cdots, f_{k-1}$ 对变量 $x_1, x_2, \cdots, x_k$ 的雅可比行列式等于零:

$$\frac{\partial(f, f_1, \cdots, f_{k-1})}{\partial(x_1, x_2, \cdots, x_k)} = 0. \tag{7}$$

事实上, 如果 $f, f_1, f_2, \cdots, f_{k-1}$ 都是第一积分, 则

$$X(f) = X_1\frac{\partial f}{\partial x_1} + X_2\frac{\partial f}{\partial x_2} + \cdots + X_k\frac{\partial f}{\partial x_k} = 0,$$

$$X(f_1) = X_1\frac{\partial f_1}{\partial x_1} + X_2\frac{\partial f_1}{\partial x_2} + \cdots + X_k\frac{\partial f_1}{\partial x_k} = 0,$$

$$\cdots\cdots\cdots\cdots\cdots\cdots\cdots\cdots\cdots\cdots$$

$$X(f_{k-1}) = X_1\frac{\partial f_{k-1}}{\partial x_1} + X_2\frac{\partial f_{k-1}}{\partial x_2} + \cdots + X_k\frac{\partial f_{k-1}}{\partial x_k} = 0.$$

这 k 个关于 $X_1, \cdots, X_k$ 的齐次线性方程应该有非平凡解, 于是等式 (7) 成立, 这就是所要证明的.

将等式 (7) 左边的雅可比行列式按其第一列元素分解为

$$\Delta_1 \frac{\partial f}{\partial x_1} + \Delta_2 \frac{\partial f}{\partial x_2} + \cdots + \Delta_k \frac{\partial f}{\partial x_k} = 0, \tag{8}$$

其中 $\Delta_i \quad (i = 1, 2, \cdots, k)$ 是雅可比行列式第一列第 i 个元素的代数余子式.

条件 (8) 表明 f 是 $f_1, f_2, \cdots, f_{k-1}$ 的函数. 如果 f 是第一积分, 则条件 (8) 成立, 而如果条件 (8) 成立, 则 f 是 $f_1, f_2, \cdots, f_{k-1}$ 的函数, 是第一积分, 所以条件 (8) 为 f 是第一积分的充分必要条件 (已知第一积分 $f_1, f_2, \cdots, f_{k-1}$), 也就是说条件 (2) 和 (8) 是等价的, 所以在等式 (2) 和 (8) 中导数 $\partial f/\partial x_i \quad (i = 1, 2, \cdots, k)$ 的相应系数成比例, 即存在函数 $M(x_1, x_2, \cdots, x_k)$ 使得

$$\Delta_i = M X_i \quad (i = 1, 2, \cdots, k). \tag{9}$$

函数 M 称为雅可比乘子或者简称方程组 (1) 的乘子.

等式 (9) 中包含积分 $f_1, f_2, \cdots, f_{k-1}$, 然而, 我们也可以得到不含 $f_1, f_2, \cdots, f_{k-1}$ 的关于 M 的微分方程. 我们将证明 M 满足下面的线性偏微分方程

$$\frac{\partial (M X_1)}{\partial x_1} + \frac{\partial (M X_2)}{\partial x_2} + \cdots + \frac{\partial (M X_k)}{\partial x_k} = 0. \tag{10}$$

事实上, 如果利用 (9) 用 Δ_i 代替 (10) 中的 MX_i, 则在 (10) 中的微分后可知, 等式 (10) 左边是一个和, 其每一项都是形如 $\partial^2 f_s/(\partial x_i \partial x_j)(i \neq j)$ 的二阶导数与 $k-2$ 个一阶导数的乘积, 所以要证明 (10), 只需验证 (10) 左边不包含任何二阶导数. 比如我们来看导数 $\partial^2 f_1/(\partial x_1 \partial x_2)$, 它包含在 2 个被加项中. 在第 1 个被加项中, $\partial^2 f_1/(\partial x_1 \partial x_2)$ 的系数是 Δ_1 中 $\partial f_1/\partial x_2$ 的系数, 即行列式

$$\frac{\partial (f_2, f_3, \cdots, f_{k-1})}{\partial (x_3, x_4, \cdots, x_k)}, \tag{11}$$

而在第 2 个被加项中, $\partial^2 f_1/(\partial x_1 \partial x_2)$ 的系数是 Δ_2 中 $\partial f_1/\partial x_1$ 的系数, 即符号相反的行列式 (11), 其它被加项也是这样.

方程 (10) 的解称为乘子, 可以证明, 2 个乘子的商是方程组 (1) 的第一积分.

事实上, 设 M_1 和 M_2 是乘子, 即方程 (10) 的解, 那么有下面等式

$$\sum_{i=1}^{k} \left(M_1 \frac{\partial X_i}{\partial x_i} + X_i \frac{\partial M_1}{\partial x_i} \right) = 0, \tag{12}$$

$$\sum_{i=1}^{k} \left(M_2 \frac{\partial X_i}{\partial x_i} + X_i \frac{\partial M_2}{\partial x_i} \right) = 0, \tag{13}$$

将 (12) 乘以 $-M_2$, 将 (13) 乘以 M_1, 然后相加得

$$\sum_{i=1}^{k} X_i \left(M_1 \frac{\partial M_2}{\partial x_i} - M_2 \frac{\partial M_1}{\partial x_i} \right) = M_1^2 \sum_{i=1}^{k} X_i \frac{\partial \left(\frac{M_2}{M_1} \right)}{\partial x_i} = M_1^2 X \left(\frac{M_2}{M_1} \right) = 0.$$

可见, M_2/M_1 确实是第一积分. 反之亦然: 任何乘子与方程组 (1) 的第一积分之积还是乘子, 这个结论不难直接验证.

为了进一步对动力学方程应用乘子理论, 我们可以发现, 由 (10) 可得, 如果

$$\sum_{i=1}^{k} \frac{\partial X_i}{\partial x_i} = 0,$$

则 $M = 1$ 是乘子.

162. 乘子的不变性 · 雅可比最后乘子 我们对方程组 (1) 做变量替换, 引入 $y_1, y_2, \cdots, y_k$ 代替 $x_1, x_2, \cdots, x_k$, 变换公式为

$$x_i = x_i(y_1, y_2, \cdots, y_k) \quad (i = 1, 2, \cdots, k). \tag{14}$$

假设雅可比行列式

$$\frac{\partial(x_1, x_2, \cdots, x_k)}{\partial(y_1, y_2, \cdots, y_k)} \tag{15}$$

不为零, 那么变换 (14) 是可逆的. 为了得到变换后的方程组, 引入辅助变量 t 使得 $\mathrm{d}x_i/X_i$ 的每个都等于 $\mathrm{d}t$, 那么方程组 (1) 可以写成

$$\frac{\mathrm{d}x_i}{\mathrm{d}t} = X_i(x_1, x_2, \cdots, x_k) \quad (i = 1, 2, \cdots, k). \tag{16}$$

将 $y_i \quad (i = 1, 2, \cdots, k)$ 的每一个都看作 t 的复合函数: $y_i(x_1(t), x_2(t), \cdots, x_k(t))$, 于是有

$$\frac{\mathrm{d}y_i}{\mathrm{d}t} = \sum_{j=1}^{k} \frac{\partial y_i}{\partial x_j} \frac{\mathrm{d}x_j}{\mathrm{d}t} = \sum_{j=1}^{k} \frac{\partial y_i}{\partial x_j} X_j = X(y_i).$$

将 $y_1, y_2, \cdots, y_k$ 的函数 $X(y_i)$ 用记号 Y_i 表示, 那么方程组 (1) 用新变量表示为

$$\frac{\mathrm{d}y_1}{Y_1} = \frac{\mathrm{d}y_2}{Y_2} = \cdots = \frac{\mathrm{d}y_k}{Y_k}. \tag{17}$$

可以发现, 表达式 $X(f)$ 在下面意义下是不变的

$$X(f) = \sum_{j=1}^{k} Y_j \frac{\partial f}{\partial y_j} = Y(f). \tag{18}$$

事实上,

$$\begin{aligned} X(f) &= \sum_{i=1}^{k} X_i \frac{\partial f}{\partial x_i} = \sum_{i=1}^{k} X_i \left(\sum_{j=1}^{k} \frac{\partial f}{\partial y_j} \frac{\partial y_j}{\partial x_i} \right) \\ &= \sum_{j=1}^{k} \left(\sum_{i=1}^{k} X_i \frac{\partial y_j}{\partial x_i} \right) \frac{\partial f}{\partial y_j} = \sum_{j=1}^{k} Y_j \frac{\partial f}{\partial y_j} = Y(f). \end{aligned}$$

等式 (18) 表明, 将原方程组 (1) 的第一积分用新变量写出后就是变换后方程组 (17) 的第一积分.

设 $f_1, f_2, \cdots, f_{k-1}$ 是方程组 (1) 的独立的第一积分, 而 f 是任意函数, M_0 是满足下面恒等式的乘子①:

$$M_0 X(f) = \frac{\partial(f_1, f_2, \cdots, f_{k-1})}{\partial(x_1, x_2, \cdots, x_k)}. \tag{19}$$

在这个恒等式两边乘以行列式 (15) 得

$$M_0 \frac{\partial(x_1, x_2, \cdots, x_k)}{\partial(y_1, y_2, \cdots, y_k)} X(f) = \frac{\partial(f, f_1, \cdots, f_{k-1})}{\partial(x_1, x_2, \cdots, x_k)} \frac{\partial(x_1, x_2, \cdots, x_k)}{\partial(y_1, y_2, \cdots, y_k)}.$$

利用 $X(f)$ 的不变性和函数行列式的乘法法则②, 则上面等式写成:

$$M_0 \frac{\partial(x_1, x_2, \cdots, x_k)}{\partial(y_1, y_2, \cdots, y_k)} Y(f) = \frac{\partial(f_1, f_2, \cdots, f_{k-1})}{\partial(y_1, y_2, \cdots, y_k)}.$$

由此可知, 函数

$$M_0^* = M_0 \frac{\partial(x_1, x_2, \cdots, x_k)}{\partial(y_1, y_2, \cdots, y_k)} \tag{20}$$

是变换后方程组 (17) 的乘子. 设 M 是任意乘子, 即偏微分方程 (10) 的解, 而 M_0 是恒等式 (19) 中的乘子, 根据第 161 小节有

$$M = M_0 F,$$

其中 F 是方程组 (1) 的第一积分 (也是 (17) 的第一积分). 在这个等式两边乘以行列式 (15) 并利用公式 (20) 得

$$M \frac{\partial(x_1, x_2, \cdots, x_k)}{\partial(y_1, y_2, \cdots, y_k)} = M_0 \frac{\partial(x_1, x_2, \cdots, x_k)}{\partial(y_1, y_2, \cdots, y_k)} F = M_0^* F. \tag{21}$$

我们已经证明了 M_0^* 是对于变量 $y_1, y_2, \cdots, y_k$ 的乘子, 又因为 F 是第一积分, 根据第 161 小节函数 $M_0^* F$ 也是乘子.

于是我们证明了乘子不变性定理: *如果M是对于变量$x_1, x_2, \cdots, x_k$的乘子, 则它与雅可比行列式的乘积是对于变量$y_1, y_2, \cdots, y_k$的乘子.*

乘子不变性是乘子理论实际应用的基础. 假设已知方程组 (1) 的 $k-2$ 个第一积分

$$f_j = c_j \quad (c_j = \text{const}; \quad j = 1, 2, \cdots, k-2),$$

即为了得到一般积分还少 1 个第一积分.

①利用等式 (2),(7)–(9) 给出的方程组 (1) 的乘子定义.

②参见: Гурса Э. Курс математического анализа. Т. 1, ч. 1, М.; Л.: ГТТИ, 1933.

按下面公式引入新变量 $y_1, y_2, \cdots, y_k$

$$y_1 = x_1, \quad y_2 = x_2, \quad y_3 = f_1, \quad \cdots, \quad y_k = f_{k-2},$$

那么当 $i \geqslant 3$ 时有 $Y_i = X(y_i) = 0$, 且方程组 (1) 用新变量写成

$$\frac{\mathrm{d}y_1}{Y_1} = \frac{\mathrm{d}y_2}{Y_2} = \frac{\mathrm{d}y_3}{0} = \cdots = \frac{\mathrm{d}y_k}{0}, \tag{22}$$

即变为一个方程

$$Y_2 \mathrm{d}y_1 - Y_1 \mathrm{d}y_2 = 0, \tag{23}$$

而 $y_3, \cdots, y_k$ 看作常数.

如果已知对于变量 $x_1, x_2, \cdots, x_k$ 的乘子 M, 则根据乘子不变性定理, 函数

$$M^* = M \frac{\partial(x_1, x_2, \cdots, x_k)}{\partial(y_1, y_2, \cdots, y_k)} \tag{24}$$

是对于变量 $y_1, y_2, \cdots, y_k$ 的乘子, 即满足方程

$$\sum_{i=1}^{k} \frac{\partial(M^* Y_i)}{\partial y_i} = 0.$$

考虑到 $i \geqslant 3$ 时 $Y_i = 0$, 上面方程写成

$$\frac{\partial(M^* Y_1)}{\partial y_1} + \frac{\partial(M^* Y_2)}{\partial y_2} = 0. \tag{25}$$

这个等式表明, 函数 M^* 是方程 (23) 的欧拉可积乘子, 即表达式 $M^*(Y_2 \mathrm{d}y_1 - Y_1 \mathrm{d}y_2)$ 是全微分, 于是, 缺少的 1 个第一积分可以写成

$$\int M^*(Y_2 \mathrm{d}y_1 - Y_1 \mathrm{d}y_2) = \mathrm{const}.$$

函数 M^* 称为最后乘子, 或者雅可比最后乘子.

因此, 如果已知方程组 (1) 的某个乘子, 则该方程组的积分需要寻找 $k-2$ 个独立的第一积分. 得到最后 1 个缺少的积分后可以使方程组完全可积.

例 1 (非均匀球在平面上滚动[①]) 我们来研究球在固定水平面上的运动, 球是非均匀的, 其质心与几何中心重合, 运动是无滑动的滚动.

$Gxyz$ 是主轴坐标系, a 是球半径, A, B, C 是球对 Gx, Gy, Gz 轴的惯性矩, m 是球的质量. 如果 $\boldsymbol{v}' = (v_x, v_y, v_z)$ 是球质心速度, $\boldsymbol{\omega}' = (p, q, r)$ 是球的角速度, $\boldsymbol{n}' = (\gamma_1, \gamma_2, \gamma_3)$ 是竖直向上的单位向量, 则无滑动条件 (球上与水平面接触点 D 的速度为零) 写成

$$\boldsymbol{v} = a\boldsymbol{\omega} \times \boldsymbol{n}. \tag{26}$$

[①]参见: Чаплыгин С. А. Собр. соч. Т. 1, М.; Л.: Гостехиздат, 1948. — С. 76–101.

球的运动方程写成阿佩尔方程的形式, 加速度能的计算公式 (见第 159小节、第160小节) 为

$$S=\frac{1}{2}mw^2+\frac{1}{2}(A\dot{p}^2+B\dot{q}^2+C\dot{r}^2)+(C-B)qr\dot{p}+(A-C)rp\dot{q}+(B-A)pq\dot{r},\quad(27)$$

其中 $\boldsymbol{w}'=(w_x,w_y,w_z)$ 是球质心的加速度. 由 (26) 得

$$\boldsymbol{w}=a[\dot{\boldsymbol{\omega}}\times\boldsymbol{n}+\boldsymbol{\omega}\times\dot{\boldsymbol{n}}+\boldsymbol{\omega}\times(\boldsymbol{\omega}\times\boldsymbol{n})]$$

或者

$$\begin{aligned}w_x&=a[\dot{q}\gamma_3-\dot{r}\gamma_2+q\dot{\gamma}_3-r\dot{\gamma}_2+p\omega_n-\gamma_1\omega^2],\\w_y&=a[\dot{r}\gamma_1-\dot{p}\gamma_3+r\dot{\gamma}_1-p\dot{\gamma}_3+q\omega_n-\gamma_2\omega^2],\\w_z&=a[\dot{p}\gamma_2-\dot{q}\gamma_1+p\dot{\gamma}_2-q\dot{\gamma}_1+r\omega_n-\gamma_3\omega^2],\end{aligned}\quad(28)$$

其中 $\omega_n=p\gamma_1+q\gamma_2+r\gamma_3$ 是向量 $\boldsymbol{\omega}$ 在竖直方向的投影.

取 p,q,r 为伪速度 $\dot{\pi}_1,\dot{\pi}_2,\dot{\pi}_3$, 并注意到相应的广义力 Π_1,Π_2,Π_3 都等于零, 由阿佩尔方程得

$$\begin{aligned}A_1\dot{p}+(A_3-A_2)qr&=ma^2\gamma_1(\dot{p}\gamma_1+\dot{q}\gamma_2+\dot{r}\gamma_3),\\A_2\dot{q}+(A_1-A_3)rp&=ma^2\gamma_2(\dot{p}\gamma_1+\dot{q}\gamma_2+\dot{r}\gamma_3),\\A_3\dot{r}+(A_2-A_1)pq&=ma^2\gamma_3(\dot{p}\gamma_1+\dot{q}\gamma_2+\dot{r}\gamma_3),\end{aligned}\quad(29)$$

其中 $A_1=A+ma^2,\quad A_2=B+ma^2,\quad A_3=C+ma^2.$

方程 (29) 与泊松方程 (见第 114 小节)

$$\dot{\gamma}_1=r\gamma_2-q\gamma_3,\quad \dot{\gamma}_2=p\gamma_3-r\gamma_1,\quad \dot{\gamma}_3=q\gamma_1-p\gamma_2\quad(30)$$

构成了描述球相对质心运动的封闭方程组. 解出该方程组后, 则可以由 (26) 积分后得质心运动轨迹. 下面将证明, 方程组 (29), (30) 完全可积.

方程组 (29), (30) 有能量积分

$$\frac{1}{2}(A_1p^2+A_2q^2+A_3r^2)-\frac{1}{2}ma^2\omega_n^2=h=\text{const}.\quad(31)$$

第一积分还有球对其与平面接触点 D 的动量矩的大小

$$(A_1p-ma^2\gamma_1\omega_n)^2+(A_2q-ma^2\gamma_2\omega_n)^2+(A_3r-ma^2\gamma_3\omega_n)^2=\text{const}\quad(32)$$

及其在竖直方向的投影

$$A_1p\gamma_1+A_2q\gamma_2+A_3r\gamma_3-ma^2\omega_n=\text{const}.\quad(33)$$

此外, 显然存在几何积分

$$\gamma_1^2+\gamma_2^2+\gamma_3^2=1. \tag{34}$$

积分 (31) 由动能定理得到 (见第 88 小节, (31) 左边是球的动能, 由于作用在球上的外力的功为零, 因此动能为常数); 积分 (32) 和 (33) 由动量矩定理的一般形式得到 (见第 87 小节中 (7)). 事实上, 外力 (重力和平面约束力) 对球与平面接触点的矩等于零, 又因为“画出”球在平面上的轨迹的“几何点”的速度显然等于球质心的速度, 故根据动量矩定理可知, 在运动中球对接触点的动量矩 $\boldsymbol{K}_D$ 保持不变, 利用第 81 小节中公式 (4) 容易得到

$$\boldsymbol{K}_D'=(A_1p-ma^2\gamma_1\omega_n,A_2q-ma^2\gamma_2\omega_n,A_3r-ma^2\gamma_3\omega_n).$$

由此可得积分 (32) 和 (33). 上述积分的存在性也可以直接验证: 基于方程 (29) 和 (30), 方程 (31)–(33) 对时间的全导数为恒等式.

上述 4 个积分足以将方程组 (29), (30) 完全积分, 为此需要找到雅可比乘子 M. 从 (29) 解出

$$\begin{aligned}\dot p&=\frac{1}{A_1}[(A_2-A_3)qr+\gamma_1\varphi],\\ \dot q&=\frac{1}{A_2}[(A_3-A_1)rp+\gamma_2\varphi],\\ \dot r&=\frac{1}{A_3}[(A_1-A_2)pq+\gamma_3\varphi],\end{aligned}\tag{35}$$

其中

$$\varphi=\frac{1}{f}\left(\frac{A_2-A_3}{A_1}\gamma_1qr+\frac{A_3-A_1}{A_2}\gamma_2rp+\frac{A_1-A_2}{A_3}\gamma_3pq\right), \tag{36}$$

$$f=\frac{1}{ma^2}-\left(\frac{\gamma_1^2}{A_1}+\frac{\gamma_2^2}{A_2}+\frac{\gamma_3^2}{A_3}\right). \tag{37}$$

乘子满足方程

$$\frac{\partial}{\partial p}(M\dot p)+\frac{\partial}{\partial q}(M\dot q)+\frac{\partial}{\partial r}(M\dot r)+\frac{\partial}{\partial\gamma_1}(M\dot\gamma_1)+\frac{\partial}{\partial\gamma_2}(M\dot\gamma_2)+\frac{\partial}{\partial\gamma_3}(M\dot\gamma_3)=0,$$

其中 $\dot p,\dot q,\dot r,\dot\gamma_1,\dot\gamma_2,\dot\gamma_3$ 为方程 (35) 和 (30) 的右边. 考虑到 (30), 乘子方程变为

$$\dot M+M\left(\frac{\partial\dot p}{\partial p}+\frac{\partial\dot q}{\partial q}+\frac{\partial\dot r}{\partial r}\right)=0. \tag{38}$$

将 (35) 右边代入上面公式的括号内并进行必要的微分, 方程 (38) 可以写成

$$f\dot M+M\left(\frac{r\gamma_2-q\gamma_3}{A_1}\gamma_1+\frac{p\gamma_3-r\gamma_1}{A_2}\gamma_2+\frac{q\gamma_1-p\gamma_2}{A_3}\gamma_3\right)=0.$$

考虑到 (30) 和 (37) 最终得到

$$2f\dot M-M\dot f=0.$$

积分这个方程给出乘子表达式: $M = c\sqrt{f}$ (c 是任意常数). 由雅可比最后乘子理论可知, 微分方程组 (29) 和 (30) 完全可积.

练习题 1 试证明, 为了得到第 105 小节中方程 (32) 和 (35) 的一般积分, 除了 3 个积分 (36), (37) 和 (38) 以外只需再找到 1 个第一积分.

163. 乘子理论在正则方程中的应用 设质点系的运动由下面哈密顿正则方程描述:

$$\frac{\mathrm{d}q_i}{\mathrm{d}t} = \frac{\partial H}{\partial p_i}, \qquad \frac{\mathrm{d}p_i}{\mathrm{d}t} = -\frac{\partial H}{\partial q_i} \quad (i = 1, 2, \cdots, n). \tag{39}$$

这个方程组可以写成对称形式

$$\frac{\mathrm{d}q_1}{\frac{\partial H}{\partial p_1}} = \cdots = \frac{\mathrm{d}q_n}{\frac{\partial H}{\partial p_n}} = \frac{\mathrm{d}p_1}{-\frac{\partial H}{\partial q_1}} = \cdots = \frac{\mathrm{d}p_n}{-\frac{\partial H}{\partial q_n}} = \frac{\mathrm{d}t}{1}. \tag{40}$$

由于

$$\frac{\partial}{\partial q_1}\left(\frac{\partial H}{\partial p_1}\right) + \cdots + \frac{\partial}{\partial q_n}\left(\frac{\partial H}{\partial p_n}\right) + \frac{\partial}{\partial p_1}\left(-\frac{\partial H}{\partial q_1}\right) + \cdots + \frac{\partial}{\partial p_n}\left(-\frac{\partial H}{\partial q_n}\right) + \frac{\partial(1)}{\partial t} = 0,$$

所以正则方程存在乘子 $M = 1$ (见第 161 小节最后一段).

因为 (39) 的乘子已知, 故得到其一般积分只需 $2n-1$ 个第一积分, 建立第 $2n$ 个第一积分就可以使问题完全求解.

我们将发现, 还有一个简化正则方程求解的可能. 设哈密顿函数 H 不显含时间, 那么在 (40) 中去掉最后一个包含 $\mathrm{d}t$ 的项可得 $2n-1$ 个方程, 仍然有乘子 $M = 1$, 所以为了得到一般积分只需 $2n-2$ 个第一积分. 又由于这种情况下系统是广义保守的, 故有 1 个第一积分我们早已知道. 这就是广义能量积分 $H = h = \text{const}$ (见第 151 小节), 所以得到一般积分还需要 $2n-3$ 个第一积分. 例如, 如果 $n = 2$ 则除了能量积分 $H = h$ 只需再找一个第一积分.

例 1 (限制性三体问题 (见第 124 小节)) 设小质量的质点 P 在 2 个有限质量质点 S 和 J 的引力作用下运动, P 对其它 2 个点的运动没有影响. 假设点 J 相对 S 沿着圆轨道运动, 而 P 在这个轨道平面内运动 (即平面限制性三体问题).

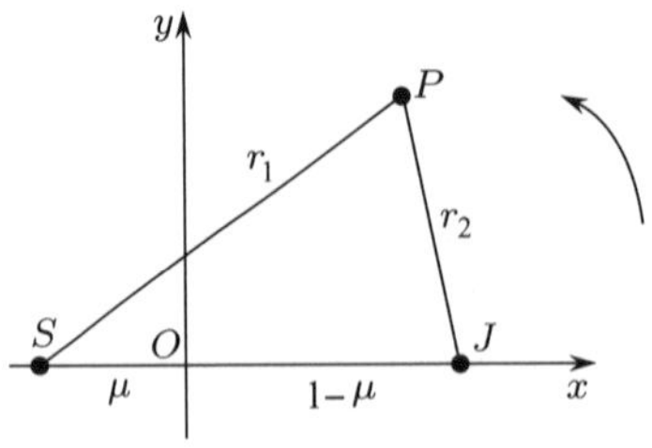

图 138

取测量单位使得 S 和 J 的质量之和、它们之间的不变距离、它们的转动周期都等于 1. 设 m 是 P 点质量, 而 $1-\mu$ 和 μ 分别是 S 和 J 的质量.

我们研究 P 点在旋转坐标系 Oxy 中的运动, 该坐标系原点位于 S 和 J 的质心, Ox 轴指向 J (图 138). 用 x, y 表示 P 点的坐标, 根据速度合成定理 (第 31 小节) 可得 P 点绝对速度投影如下:

$$v_x = \dot{x} - y, \qquad v_y = \dot{y} + x.$$

P 点的动能为

$$T=\frac{1}{2}m(v_x^2+v_y^2)=T_2+T_1+T_0, \tag{41}$$

其中

$$T_2=\frac{1}{2}m(\dot{x}^2+\dot{y}^2),\quad T_1=m(x\dot{y}-\dot{x}y),\quad T_0=\frac{1}{2}m(x^2+y^2). \tag{42}$$

P 点的势能为

$$\Pi=-m\frac{1-\mu}{r_1}-m\frac{\mu}{r_2},\quad r_1^2=(x+\mu)^2+y^2,\quad r_2^2=(x-1+\mu)^2+y^2. \tag{43}$$

P 点的运动方程可以写成哈密顿正则方程的形式. 哈密顿函数不显含时间, 所以存在广义能量积分——雅可比积分:

$$T_2-T_0+\Pi=h=\text{const}. \tag{44}$$

因为自由度 $n=2$, 得到一般积分还需 1 个第一积分.

§2. 含循环坐标的系统

164. 循环坐标 运动微分方程得以简化的一个重要的源泉是循环坐标. 我们研究完整系统在有势力场中的运动. 设系统有 n 个自由度, 而 $q_1,q_2,\cdots,q_n$ 是广义坐标. 如果 q_α 不包含在拉格朗日函数中, 即 $\partial L/\partial q_\alpha=0$, 则称为循环坐标. ①

定理 设 q_α 是循环坐标, 则其相应的广义冲量是第一积分: $p_\alpha=c_\alpha=\text{const}$, 这时其它广义坐标随时间的变化就如同 $n-1$ 个自由度的系统, 而 c_α 看作参数.

证明 哈密顿形式的系统运动方程为

$$\frac{\mathrm{d}q_i}{\mathrm{d}t}=\frac{\partial H}{\partial p_i},\qquad \frac{\mathrm{d}p_i}{\mathrm{d}t}=-\frac{\partial H}{\partial q_i}\qquad (i=1,2,\cdots,n), \tag{1}$$

其中 $H=H(q_1,\cdots,q_{\alpha-1},q_{\alpha+1},\cdots,q_n,p_1,\cdots,p_{\alpha-1},p_\alpha,p_{\alpha+1},\cdots,p_n,t)$. 如果在 (1) 中 $i=\alpha$ 则 $\partial H/\partial q_\alpha=0$, $\mathrm{d}p_\alpha/\mathrm{d}t=0$, 所以 $p_\alpha=c_\alpha=\text{const}$. 在 (1) 中代入 $p_\alpha=c_\alpha$ 得到 $2n-2$ 阶方程组

$$\frac{\mathrm{d}q_i}{\mathrm{d}t}=\frac{\partial H}{\partial p_i}\quad \frac{\mathrm{d}p_i}{\mathrm{d}t}=-\frac{\partial H}{\partial q_i}\qquad (i=1,2,\cdots,n;\quad i\neq\alpha), \tag{2}$$

其中 $H=H(q_1,\cdots,q_{\alpha-1},q_{\alpha+1},\cdots,q_n,p_1,\cdots,p_{\alpha-1},c_\alpha,p_{\alpha+1},\cdots,p_n,t)$

积分方程 (2) 给出

$$q_i=q_i(t,c_\alpha,c_1,\cdots,c_{2n-2}),\quad p_i=p_i(t,c_\alpha,c_1,\cdots,c_{2n-2}), \tag{3}$$

① 由第 148 小节和第 153 小节可知, $\partial L/\partial q_\alpha=-\partial H/\partial q_\alpha=-\partial R/\partial q_\alpha$, 所以如果 q_α 是循环坐标, 则它也不出现在哈密顿函数和罗斯函数中, 反之依然.

其中 $c_1,\cdots,c_{2n-2}$ 是任意常数. 循环坐标 q_α 对时间的依赖性由 (1) 中的一个方程确定

$$\frac{\mathrm{d}q_\alpha}{\mathrm{d}t}=\frac{\partial H}{\partial p_\alpha}, \tag{4}$$

其中右边部分利用函数 (3) 的代入, 用 t 和 $2n-1$ 个常数 $c_\alpha,c_1,\cdots,c_{2n-2}$ 表示. 积分方程 (4) 给出

$$q_\alpha=\int\frac{\partial H}{\partial p_\alpha}\mathrm{d}t+c,$$

其中 c 是第 $2n$ 个常数.

类似地, 如果不是 1 个而是 l 个广义坐标是循环坐标, 则有 l 个广义冲量是第一积分, 微分方程组 (1) 可以降 $2l$ 阶. □

165. 利用罗斯方程降阶 设 $q_\alpha\quad(\alpha=k+1,\cdots,n)$ 是循环坐标, 那么有 $n-k$ 个第一积分

$$p_\alpha=\frac{\partial L}{\partial\dot{q}_\alpha}=c_\alpha=\mathrm{const}\quad(\alpha=k+1,\cdots,n). \tag{5}$$

设拉格朗日函数对变量 $\dot{q}_\alpha$ 的海斯式不等于零:

$$\det\left\|\frac{\partial^2 L}{\partial\dot{q}_\alpha\partial\dot{q}_\beta}\right\|_{\alpha,\beta=k+1}^{n}\neq 0. \tag{6}$$

罗斯函数 (第 153 小节) 为

$$R=\sum_{\alpha=k+1}^{n}c_\alpha\dot{q}_\alpha-L, \tag{7}$$

其中 $\dot{q}_\alpha$ 利用方程 (5) 由 $q_i,\dot{q}_i,c_\alpha,t\quad(i=1,2,\cdots,k;\quad\alpha=k+1,\cdots,n)$ 表示.① 罗斯函数不包含循环坐标相应的广义速度

$$R=R(q_i,\dot{q}_i,c_\alpha,t)\quad(i=1,2,\cdots,k;\quad\alpha=k+1,\cdots,n). \tag{8}$$

所以罗斯方程的一部分

$$\frac{\mathrm{d}}{\mathrm{d}t}\frac{\partial R}{\partial\dot{q}_i}-\frac{\partial R}{\partial q_i}=0\quad(i=1,2,\cdots,k) \tag{9}$$

描述非循环坐标随时间的变化, 可以独立于方程组的其它部分积分. 方程组的其它部分

$$\frac{\mathrm{d}q_\alpha}{\mathrm{d}t}=\frac{\partial R}{\partial c_\alpha},\quad\frac{\mathrm{d}p_\alpha}{\mathrm{d}t}=0\quad(\alpha=k+1,\cdots,n) \tag{10}$$

相应于循环坐标.

积分 $2k$ 阶微分方程组 (9) 给出

$$q_i=q_i(t,c_\alpha,c_1,c_1',\cdots,c_k,c_k')\quad(i=1,2,\cdots,k), \tag{11}$$

①在条件 (6) 满足时方程 (5) 对于 $\dot{q}_\alpha$ 可解.

其中 c_i, c_i' $(i = 1, 2, \cdots, k)$ 是任意常数. 然后由 (10) 的前 $n - k$ 个方程得到循环坐标依赖时间的关系

$$q_\alpha = \int \frac{\partial R}{\partial c_\alpha} \mathrm{d}t + c_\alpha' \quad (\alpha = k + 1, \cdots, n), \tag{12}$$

其中在函数 $\partial R / \partial c_\alpha$ 中 q_i 要用其表达式 (11) 代替.

在第 164 小节和本小节中给出的运动微分方程组降阶过程, 是在积分运动方程时最有效和实践中最重要的方法. 由问题的任何对称性都可以给出广义坐标的选择, 使得某些广义坐标 q_α 是循环坐标, 导致存在第一积分 $p_\alpha = \mathrm{const}$, 正像我们已经看到的, 这将研究运动归结为研究少于广义坐标数的系统的运动. 对于 2 个自由度的广义保守系统, 存在 1 个循环坐标使运动微分方程完全可积 (第 164 小节).

例 1 (球面摆的运动) 球面摆 (见第 138 小节的例 1) 有 2 个自由度, 如果广义坐标取为 θ 和 φ (图 134), 则动能和势能为

$$T = \frac{1}{2} m l^2 (\dot{\theta}^2 + \sin^2 \theta \dot{\varphi}^2), \quad \Pi = mgl \cos \theta.$$

因为拉格朗日函数

$$L = T - \Pi = \frac{1}{2} m l^2 (\dot{\theta}^2 + \sin^2 \theta \dot{\varphi}^2) - mgl \cos \theta$$

不包含 φ, 故这个广义坐标是循环坐标, 其相应的第一积分为

$$p_\varphi = \frac{\partial L}{\partial \dot{\varphi}} = m l^2 \sin^2 \theta \dot{\varphi} = m l^2 \omega_0 \alpha, \tag{13}$$

其中 α 是任意无量纲常数, 记号 $\omega_0 = \sqrt{g/l}$ 是为了方便引入的.

因为由 (13) 可得,

$$\dot{\varphi} = \frac{\omega_0}{\sin^2 \theta} \alpha, \tag{14}$$

所以对于罗斯函数

$$R = p_\varphi \dot{\varphi} - L$$

有如下表达式

$$R = -\frac{1}{2} m l^2 \dot{\theta}^2 + \frac{1}{2} \frac{m l^2 \omega_0^2 \alpha^2}{\sin^2 \theta} + mgl \cos \theta. \tag{15}$$

方程

$$\frac{\mathrm{d}}{\mathrm{d}t} \frac{\partial R}{\partial \dot{\theta}} - \frac{\partial R}{\partial \theta} = 0$$

相应于一个自由度系统, 其动能和势能分别为

$$T^* = \frac{1}{2} m l^2 \dot{\theta}^2, \quad \Pi^* = mgl \cos \theta + \frac{1}{2} \frac{m l^2 \omega_0^2 \alpha^2}{\sin^2 \theta}.$$

这个系统称为导出系统, 函数 Π^* 是导出势能或者罗斯势能.

导出系统有能量积分

$$\frac{1}{2}ml^2\dot{\theta}^2 + mgl\cos\theta + \frac{1}{2}\frac{ml^2\omega_0^2\alpha^2}{\sin^2\theta} = \frac{1}{2}ml^2\omega_0^2\beta, \tag{16}$$

其中 β 是无量纲常数.

引入记号 $u=\cos\theta$, 那么 $\dot{u}=-\sin\theta\dot{\theta}$, 由 (16) 可得

$$\frac{1}{\omega_0^2}\dot{u}^2 = G(u), \tag{17}$$

其中 $G(u)$ 是三次多项式

$$G(u) = (1-u^2)(\beta-2u)-\alpha^2, \tag{18}$$

也可以写成

$$G(u) = 2(u-u_1)(u-u_2)(u-u_3), \tag{19}$$

其中 u_1, u_2, u_3 是方程 $G(u)=0$ 的根.

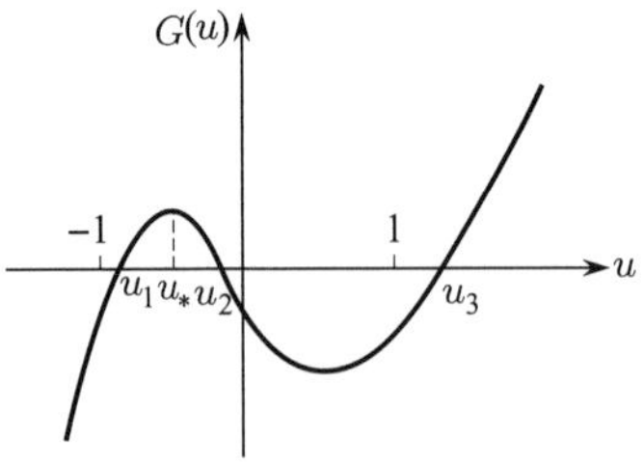

图 139

我们发现, $G(+\infty)=+\infty$, $G(-\infty)=-\infty$, $G(\pm1)=-\alpha^2<0$ (如果 $\alpha\neq0$). 因为 $G(u)$ 是连续函数, 故至少有 1 个根不小于 1, 例如 u_3. 在区间 $-1\leqslant u\leqslant+1$ 应该存在 u 使函数 $G(u)$ 为正或者等于零, 否则等式 (17) 不可能对实数 u 成立. 由于球面摆的运动在物理上是存在的, u 应该是实数. 由此可知, 函数 $G(u)$ 在区间 $-1\leqslant u\leqslant+1$ 有 2 个实根 u_1, u_2 和 1 个根 $u_3\geqslant1$. 函数 $G(u)$ 曲线如图 139 所示.

因为对于实际运动有 $G(u)\geqslant0$, 故我们感兴趣的 u 的变化区间为 $u_1\leqslant u\leqslant u_2$, 这相应于摆在实际运动中 θ 角的变换区间 $\theta_2\leqslant\theta\leqslant\theta_1$.

我们来研究相应于不同常数 α, β 的运动. 可以发现, 由 $G(u)\geqslant0$ 和 $u_1\leqslant u\leqslant u_2$ 可知, β 不能完全自由, 而应该满足不等式 $\beta\geqslant-2$. 如果 $\beta=-2$, 则常数 α 只能等于零, 相应于摆的竖直平衡位置 ($u=1$ 即 $\theta=\pi$).

函数 $G(u)$ 有极大值点

$$u = u_* = \frac{1}{6}(\beta - \sqrt{\beta^2+12}), \tag{20}$$

并且

$$G(u_*) = f(\beta) - \alpha^2,$$

其中

$$f(\beta) = \frac{1}{54}[(\beta^2+12)^{3/2} + 36\beta - \beta^3]. \tag{21}$$

对于实际运动必须满足 $G(u_*)\geqslant 0$, 即

$$0\leqslant\alpha^2\leqslant f(\beta). \tag{22}$$

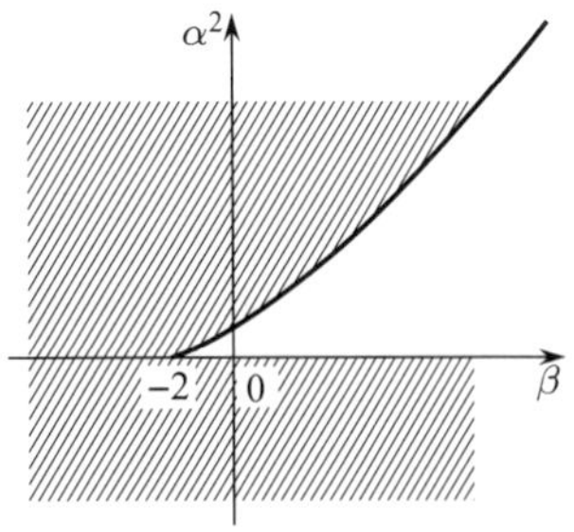

图 140

在图 140 中满足不等式 (22) 的参数 α,β 位于平面上非阴影区域或其边界上. 该区域的上边界由方程 $\alpha^2=f(\beta)$ 给出, 它与 $O\beta$ 轴交于点 $(-2,0)$, 当 $\beta\to\infty$ 时有渐近线 $\alpha^2=\beta$.

为了对摆的运动分类, 我们研究下面 3 种可能情况:

1) $\alpha=0$. 由 (14) 可知, 在 $\varphi=\varphi_0=\text{const}$ 情况下, 问题变为在平面 $\varphi=\varphi_0$ 内的单摆运动. 这个问题在第 93 小节–第 96 小节中已经详细讨论过.

2) $0<\alpha^2<f(\beta)$, 这种情况下角 θ 在区间 $\theta_2\leqslant\theta\leqslant\theta_1$ 内变化. 在以悬挂点为中心半径为 l 的球面上, $\theta=\theta_1$ 和 $\theta=\theta_2$ 画出两个圆, 分别位于平面 $z=z_1=l\cos\theta_1$ 和 $z=z_2=l\cos\theta_2$ 内. 质点在平面 $z=z_1$ 和 $z=z_2$ 之间运动, 交替地与两个平面相切 (图 141).

这时点的中间位置总是位于过悬挂点 O 的水平面下 (图 134), 即 $u_1+u_2<0$. 为了证明这一点, 令 (19) 的一阶系数等于零, 得

$$2(u_1u_2+u_1u_3+u_2u_3)=-2,$$

由此得

$$u_3=-\frac{1+u_1u_2}{u_1+u_2}.$$

因为 $u_3>0$, $|u_1u_2|<1$, 则立即得到 $u_1+u_2<0$.

由方程 (14) 可见, 角 φ 或者单调增加 (如果 $\alpha>0$), 或者单调减少 (如果 $\alpha<0$). 图 142 画出了相应于图 141 的质点运动的轨迹在平面 Oxy 上的投影, 这时平面 $z=z_1$ 和 $z=z_2$ 都位于悬挂点下面 (取 $\alpha>0$). 这个投影交替地与半径为 $\rho_1=l\sin\theta_1$ 和 $\rho_2=l\sin\theta_2$ 的圆相切, 就像沿着半长轴绕水平轴向运动方向转动的椭圆运动一样.

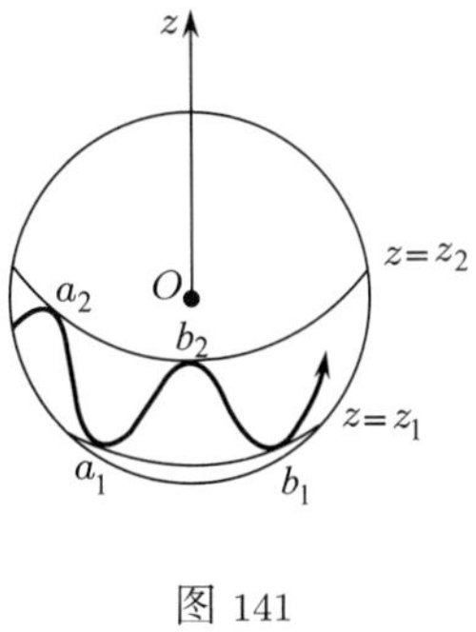

图 141

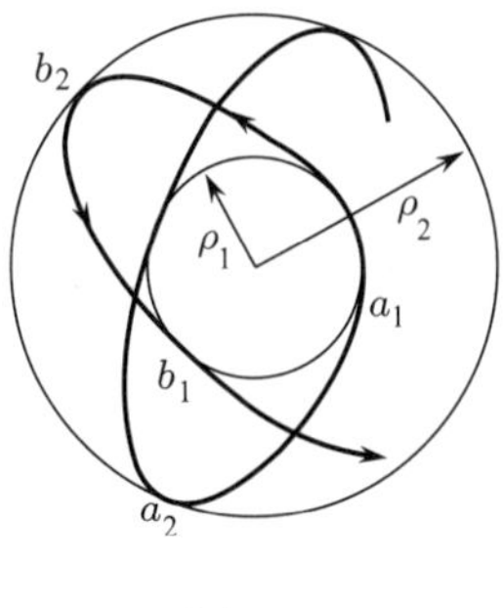

图 142

为了积分方程 (17), 我们做变量替换

$$u = u_1 + (u_2 - u_1)\sin^2 v. \tag{23}$$

再由 (17) 和 (19) 得新变量的微分方程

$$\dot{v}^2 = \frac{1}{2}\omega_0^2(u_3 - u_1)(1 - k^2\sin^2 v), \tag{24}$$

其中

$$k^2 = \frac{u_2 - u_1}{u_3 - u_1} \quad (0 \leqslant k^2 \leqslant 1).$$

如果 $u = u_1$ 时刻取为初始时刻, 则由 (24) 可得

$$\tau = \int_0^v \frac{\mathrm{d}\omega}{\sqrt{1 - k^2\sin^2\omega}} = F(v, k), \tag{25}$$

其中 $F(v,k)$ 是第一类椭圆积分 (见第 95 小节), 而

$$\tau = \omega_0\sqrt{\frac{u_3 - u_1}{2}}t.$$

那么由 (23) 可知,

$$u = u_1 + (u_2 - u_1)\mathrm{sn}^2\tau. \tag{26}$$

因为椭圆函数 $\mathrm{sn}\tau$ 的周期为 $4K(k)$, 其中 $K(k)$ 是第二类全椭圆积分, 故 $\mathrm{sn}^2\tau$ 的周期小 2 倍, 所以对于 $\tau = 2nK(k)$ 有 $u = u_1$, 对于 $\tau = (2n+1)K(k)$ 有 $u = u_2 (n = 1, 2, \cdots)$. 于是角 θ 在 θ_1 和 θ_2 之间周期振动, 其振动周期为

$$\chi = \frac{2\sqrt{2}K(k)}{\omega_0\sqrt{u_3 - u_1}}. \tag{27}$$

当角 θ 作为时间的函数求出后, 由 (14) 通过一次积分可以求出 $\varphi(t)$.

3) $\alpha^2 = f(\beta)$. 在这种情况下多项式 $G(u)$ 的根 u_1, u_2 相同, 且 $u_1 = u_2 = u_*$, 问题变为圆锥摆. 角 θ 在运动中是常数, $\theta = \theta_* = \arccos u_* > \pi/2$. 质点沿着平面 $z = z_* = l\cos\theta_* < 0$ 内半径为 $l\sin\theta_*$ 的圆周运动, 它在圆周上转动的时间为 $2\pi\sqrt{-g/z_*}$. 连接质点的杆画出以 Oz 为对称轴的圆锥.

§3. 泊松括号与第一积分

166. 泊松括号 设 u 和 v 是 $q_1, \cdots, q_n, p_1, \cdots, p_n, t$ 的二次连续可微函数, 表达式

$$(u, v) = \sum_{i=1}^{n}\left(\frac{\partial u}{\partial q_i}\frac{\partial v}{\partial p_i} - \frac{\partial u}{\partial p_i}\frac{\partial v}{\partial q_i}\right) \tag{1}$$

称为函数 u 和 v 的泊松括号.

下面介绍泊松括号的基本性质. 设 u,v,w 是 $q_1,\cdots,q_n,p_1,\cdots,p_n,t$ 的二次连续可微函数, 那么

(1) $(u,v)=-(v,u)$,

(2) $(cu,v)=c(u,v)\quad(c=\text{const})$,

(3) $(u+v,w)=(u,w)+(v,w)$,

(4) $\frac{\partial}{\partial t}(u,v)=\left(\frac{\partial u}{\partial t},v\right)+\left(u,\frac{\partial v}{\partial t}\right)$,

(5) $((u,v),w)+((v,w),u)+((w,u),v)=0$.

前 4 个性质可以直接利用泊松括号定义 (1) 得到, 第 5 个性质称为泊松恒等式, 其证明尽管不复杂, 但是并不轻松. 为了减少计算量, 我们可以利用下面事实: 恒等式 (5) 左边的每个被加项都是二阶偏导数与 2 个一阶偏导数的乘积, 所以为了证明该恒等式左边等于零, 只需证明它不包含任何一个二阶导数, 例如函数 u 的二阶导数 (因为 u,v,w 在恒等式 (5) 中对称出现).

函数 u 的二阶导数可能出现在恒等式 (5) 的第 1 个和第 3 个被加项中, 根据性质 1 和 2 可以将它们写成

$$((u,v),w)+((w,u),v)=(w,(v,u))-(v,(w,u)).$$

现在不难直接计算验证, 这个等式左边部分不包含函数 u 的任何二阶导数.

167. 雅可比–泊松定理 设变量 q_i,p_i 满足哈密顿方程

$$\frac{\mathrm{d}q_i}{\mathrm{d}t}=\frac{\partial H}{\partial p_i},\qquad \frac{\mathrm{d}p_i}{\mathrm{d}t}=-\frac{\partial H}{\partial q_i}\quad(i=1,2,\cdots,n).\tag{2}$$

函数 $f(q_i,p_i,t)$ 是第一积分的充分必要条件是它沿着方程 (2) 的解曲线对时间的全导数恒等于零: $\mathrm{d}f/\mathrm{d}t\equiv 0$. 我们将这个条件用泊松括号表示. 沿着方程 (2) 的解曲线有

$$\frac{\mathrm{d}f}{\mathrm{d}t}=\frac{\partial f}{\partial t}+\sum_{i=1}^{n}\left(\frac{\partial f}{\partial q_i}\frac{\mathrm{d}q_i}{\mathrm{d}t}+\frac{\partial f}{\partial p_i}\frac{\mathrm{d}p_i}{\mathrm{d}t}\right)=\frac{\partial f}{\partial t}+\sum_{i=1}^{n}\left(\frac{\partial f}{\partial q_i}\frac{\partial H}{\partial p_i}-\frac{\partial f}{\partial p_i}\frac{\partial H}{\partial q_i}\right),$$

利用泊松括号记号 (1), f 是第一积分的充分必要条件为

$$\frac{\partial f}{\partial t}+(f,H)=0,\tag{3}$$

于是有下面的著名定理:

定理 (雅可比–泊松定理) *如果 f_1 和 f_2 是 (2) 的第一积分, 则它们的泊松括号 (f_1,f_2) 也是第一积分.*

证明 设 f_1 和 f_2 是第一积分, 那么根据 (3) 有

$$\frac{\partial f_1}{\partial t}+(f_1,H)=0,\quad \frac{\partial f_2}{\partial t}+(f_2,H)=0, \tag{4}$$

需要证明的是

$$\frac{\partial(f_1,f_2)}{\partial t}+((f_1,f_2),H)=0. \tag{5}$$

我们对该公式左边作变换. 根据泊松括号的性质 4 有

$$\frac{\partial(f_1,f_2)}{\partial t}=\left(\frac{\partial f_1}{\partial t},f_2\right)+\left(f_1,\frac{\partial f_2}{\partial t}\right).$$

如果将导数 $\partial f_1/\partial t$ 和 $\partial f_2/\partial t$ 用 (4) 作替换, 然后利用泊松括号的性质 1 和 2, 得

$$\frac{\partial(f_1,f_2)}{\partial t}=-((f_1,H),f_2)-(f_1,(f_2,H))=((H,f_1),f_2)+((f_2,H),f_1).$$

代入等式 (5) 左边得

$$((H,f_1),f_2)+((f_2,H),f_1)+((f_1,f_2),H).$$

根据泊松括号的性质 5 上式恒等于零, 雅可比–泊松定理得证. □

例 1 (质点在给定中心引力下的运动) 设 $Oq_1q_2q_3$ 是固定笛卡儿坐标系, 而 $\Pi(r)$ 是引力势能, 其中 $r^2=q_1^2+q_2^2+q_3^2$. 如果质点的质量取为 1, 则哈密顿函数为

$$H=\frac{1}{2}(p_1^2+p_2^2+p_3^2)+\Pi(r).$$

设

$$f_1=q_2p_3-q_3p_2,\quad f_2=q_3p_1-q_1p_3.$$

容易验证, $(f_1,H)=0$ 和 $(f_2,H)=0$, 即 f_1 和 f_2 是第一积分, 它们分别是质点对中心 O 的动量矩 (因为力场有势, 这个动量矩是定常的) 在 Oq_1 和 Oq_2 轴上的投影. 根据雅可比–泊松定理, 函数 (f_1,f_2) 也是第一积分

$$(f_1,f_2)=\sum_{i=1}^{3}\left(\frac{\partial f_1}{\partial q_i}\frac{\partial f_2}{\partial p_i}-\frac{\partial f_1}{\partial p_i}\frac{\partial f_2}{\partial q_i}\right)=q_1p_2-q_2p_1.$$

这个第一积分是动量矩在 Oq_3 轴上的投影.

雅可比–泊松定理似乎表明, 总是可以根据 2 个已知的第一积分找到另一个第一积分, 然后再找一个, 直到得到 (2) 的一般积分所需的第一积分数目. 事实并非如此, 实际上泊松括号经常或者是常数, 或者是已知第一积分的函数.

希望从 2 个已知的第一积分得到更多第一积分, 甚至得到一般积分所需的全部第一积分, 需要 2 个最初的第一积分中至少有一个可以刻画出给定问题的局部特征, 能够完全反映该问题的物理本质. 如果最初的第一积分都是由对所有系统都成立的动力学定理获得的, 则一般不能有效地应用雅可比–泊松定理.

§4. 正则变换

168. 正则变换的概念 我们将哈密顿方程写成向量–矩阵形式

$$\frac{\mathrm{d}\boldsymbol{z}}{\mathrm{d}t} = \boldsymbol{J}\boldsymbol{H}_z', \tag{1}$$

其中 z 是 $2n$ 维列向量, $\boldsymbol{z}' = (\boldsymbol{q}', \boldsymbol{p}')$, $\boldsymbol{q}' = (q_1, \cdots, q_n)$, $\boldsymbol{p}' = (p_1, \cdots, p_n)$;

$$\boldsymbol{J} = \left\| \begin{matrix} 0 & \boldsymbol{E}_n \\ -\boldsymbol{E}_n & 0 \end{matrix} \right\|, \tag{2}$$

$\boldsymbol{E}_n$ 是 n 阶单位矩阵; $H = H(z, t)$ 是哈密顿函数, $\boldsymbol{H}_z$ 是 $1 \times 2n$ 的行向量,

$$\boldsymbol{H}_z = (H_q, H_p) = (H_{q_1}, \cdots, H_{q_n}, H_{p_1}, \cdots, H_{p_n}).$$

容易发现,

$$\boldsymbol{J}' = \boldsymbol{J}^{-1} = -\boldsymbol{J}, \quad \boldsymbol{J}^2 = -\boldsymbol{E}_{2n}, \quad \det \boldsymbol{J} = 1. \tag{3}$$

求解 (1) 通常是非常困难的, 所以要寻找简化研究运动的途径. 例如, 在 §2 中已经看到, 存在一个循环坐标就可以使方程 (1) 降 2 阶, 成功地选择广义坐标可以显著地简化对运动的研究, 有时甚至完全没必要研究. 这种情况在第 165 小节中分析球面摆运动时碰到过.

设在相空间 $q_1, \cdots, q_n, p_1, \cdots, p_n$ 的某个区域中, 可逆的二次连续可微的变量变换 $\boldsymbol{q}, \boldsymbol{p} \to \boldsymbol{Q}, \boldsymbol{P}$ 以时间 t 为参数:

$$Q_i = Q_i(\boldsymbol{q}, \boldsymbol{p}, t), \quad P_i = P_i(\boldsymbol{q}, \boldsymbol{p}, t) \quad (i = 1, 2, \cdots, n), \tag{4}$$

或者, 引入记号 $\boldsymbol{\zeta}' = (\boldsymbol{Q}', \boldsymbol{P}')$, $\boldsymbol{Q}' = (Q_1, \cdots, Q_n)$, $\boldsymbol{P}' = (P_1, \cdots, P_n)$,

$$\boldsymbol{\zeta} = \boldsymbol{\zeta}(\boldsymbol{z}, t). \tag{5}$$

则用新变量写出的方程 (1) 可能具有更简单的结构, 其求解可能也比原方程简单, 但是, 用新变量写出的方程可能不是哈密顿方程. 我们下面只研究不破坏哈密顿方程形式的变换 (4), 这就是正则变换. 下面给出正则变换的定义、正则性判据和寻找变换后方程的哈密顿函数的方法.

正则变换的实际意义是为了简化运动方程, 在相空间中选择新的广义坐标使其比原广义坐标更方便地求解系统的运动. 正则变换方法是研究哈密顿方程时广泛应用的有效方法.

设 $\boldsymbol{M}$ 是变换 (4) 的雅可比矩阵

$$\boldsymbol{M}=\frac{\partial\boldsymbol{\zeta}}{\partial\boldsymbol{z}}=\left\|\begin{matrix}\frac{\partial\boldsymbol{Q}}{\partial\boldsymbol{q}} & \frac{\partial\boldsymbol{Q}}{\partial\boldsymbol{p}}\\ \frac{\partial\boldsymbol{P}}{\partial\boldsymbol{q}} & \frac{\partial\boldsymbol{P}}{\partial\boldsymbol{p}}\end{matrix}\right\|=\left\|\begin{matrix}\frac{\partial Q_1}{\partial q_1} & \cdots & \frac{\partial Q_1}{\partial q_n} & \frac{\partial Q_1}{\partial p_1} & \cdots & \frac{\partial Q_1}{\partial p_n}\\ \cdots & \cdots & \cdots & \cdots & \cdots & \cdots\\ \frac{\partial Q_n}{\partial q_1} & \cdots & \frac{\partial Q_n}{\partial q_n} & \frac{\partial Q_n}{\partial p_1} & \cdots & \frac{\partial Q_n}{\partial p_n}\\ \frac{\partial P_1}{\partial q_1} & \cdots & \frac{\partial P_1}{\partial q_n} & \frac{\partial P_1}{\partial p_1} & \cdots & \frac{\partial P_1}{\partial p_n}\\ \cdots & \cdots & \cdots & \cdots & \cdots & \cdots\\ \frac{\partial P_n}{\partial q_1} & \cdots & \frac{\partial P_n}{\partial q_n} & \frac{\partial P_n}{\partial p_1} & \cdots & \frac{\partial P_n}{\partial p_n}\end{matrix}\right\|. \tag{6}$$

如果存在常数 $c\neq 0$ 使雅可比矩阵 (6) 满足恒等式

$$\boldsymbol{M}'\boldsymbol{J}\boldsymbol{M}=c\boldsymbol{J}, \tag{7}$$

其中矩阵 $\boldsymbol{J}$ 由等式 (2) 确定, 则变换 (4) 称为正则变换, 常数 c 称为正则变换的价, 如果 $c=1$ 则变换称为单价的.

评注 1 满足 $c=1$ 的恒等式 (7) 的矩阵 $\boldsymbol{M}$ 称为辛矩阵, 如果在 (7) 中 $c\neq 1$, 则矩阵 $\boldsymbol{M}$ 称为广义辛矩阵 (价为 c). 因为根据 (3) 有 $\det\boldsymbol{J}=1$, 故根据行列式乘法定理由 (7) 可知

$$\det\boldsymbol{M}=\pm c^n,$$

即广义辛矩阵是非退化的.

评注 2 设在相空间中先后做 2 个正则变换: 价为 c_1 的变换 $\boldsymbol{\zeta}_1=\boldsymbol{\zeta}_1(\boldsymbol{z},t)$ 和价为 c_2 的变换 $\boldsymbol{\zeta}_2=\boldsymbol{\zeta}_2(\boldsymbol{\zeta}_1,t)$, 那么复合变换 $\boldsymbol{\zeta}=\boldsymbol{\zeta}(\boldsymbol{z},t)\equiv\boldsymbol{\zeta}_2(\boldsymbol{\zeta}_1(\boldsymbol{z},t),t)$ 也是正则变换, 价等于 c_1c_2.

事实上, 根据条件

$$\boldsymbol{M}_1'\boldsymbol{J}\boldsymbol{M}_1=c_1\boldsymbol{J},\quad \boldsymbol{M}_1=\partial\boldsymbol{\zeta_1}/\partial\boldsymbol{z}$$

和

$$\boldsymbol{M}_2'\boldsymbol{J}\boldsymbol{M}_2=c_2\boldsymbol{J},\quad \boldsymbol{M}_2=\partial\boldsymbol{\zeta_2}/\partial\boldsymbol{\zeta}_1,$$

所以有

$$\boldsymbol{M}=\frac{\partial\boldsymbol{\zeta}}{\partial\boldsymbol{z}}=\frac{\partial\boldsymbol{\zeta}_2}{\partial\boldsymbol{\zeta}_1}\frac{\partial\boldsymbol{\zeta}_1}{\partial\boldsymbol{z}}=\boldsymbol{M}_2\boldsymbol{M}_1,$$

于是

$$\begin{aligned}\boldsymbol{M}'\boldsymbol{J}\boldsymbol{M}&=(\boldsymbol{M}_2\boldsymbol{M}_1)'\boldsymbol{J}(\boldsymbol{M}_2\boldsymbol{M}_1)=\boldsymbol{M}_1'\boldsymbol{M}_2'\boldsymbol{J}\boldsymbol{M}_2\boldsymbol{M}_1=\boldsymbol{M}_1'c_2\boldsymbol{J}\boldsymbol{M}_1\\&=c_2\boldsymbol{M}_1'\boldsymbol{J}\boldsymbol{M}_1=c_2c_1\boldsymbol{J}.\end{aligned}$$

根据正则变换定义 (7) 可知, 上面结论正确.

进一步假设给定价为 c 的正则变换 $\boldsymbol{\zeta}=\boldsymbol{\zeta}(\boldsymbol{z},t)$, 那么逆变换 $\boldsymbol{z}=\boldsymbol{z}(\boldsymbol{\zeta},t)$ 也是正则变换, 它的价等于 $1/c$.

事实上, 将 (7) 两边左乘矩阵 $(\boldsymbol{M}')^{-1}$, 右乘矩阵 $\boldsymbol{M}^{-1}$ 得

$$\frac{1}{c}\boldsymbol{J}=(\boldsymbol{M}')^{-1}\boldsymbol{J}\boldsymbol{M}^{-1}. \tag{8}$$

考虑到矩阵转置和逆运算可交换得

$$\frac{1}{c}\boldsymbol{J}=(\boldsymbol{M}^{-1})'\boldsymbol{J}\boldsymbol{M}^{-1}. \tag{9}$$

因为逆变换 $\boldsymbol{z}=\boldsymbol{z}(\boldsymbol{\zeta},t)$ 的雅可比矩阵是 $\boldsymbol{M}^{-1}$, 故逆变换是正则的并且价等于 $1/c$.

我们还可以发现, 恒等变换 $Q_i=q_i, P_i=p_i \quad (i=1,2,\cdots,n)$ 显然是正则的, 于是可知, 所有正则变换构成群, 单价正则变换构成子群.

169. 正则变换判据 利用等式 (7) 容易验证变换 (4) 是否正则. 我们再介绍某些正则性判据, 它们与条件 (7) 等价, 也可以作为变换 (4) 的正则性定义.

首先引入拉格朗日括号概念并用这个术语给出正则性判据. 设给定 $2n$ 个关于 x,y 以及其它变量的函数 $\varphi_j,\psi_j \quad (j=1,2,\cdots,n)$, 那么这些函数的拉格朗日括号是指

$$[x,y]=\sum_{j=1}^{n}\left(\frac{\partial\varphi_j}{\partial x}\frac{\partial\psi_j}{\partial y}-\frac{\partial\varphi_j}{\partial y}\frac{\partial\psi_j}{\partial x}\right). \tag{10}$$

定理 如果取 (4) 的 Q_j,P_j 为 φ_j,ψ_j, 则 (4) 是正则变换的充分必要条件为

$$[q_i,q_k]=0,\quad [p_i,p_k]=0,\quad [q_i,p_k]=c\delta_{ij}\quad (i,k=1,2,\cdots,n), \tag{11}$$

其中 δ_{ik} 是克罗尼克记号 (当 $i=k$ 时 $\delta_{ik}=1$, 当 $i\neq k$ 时 $\delta_{ik}=0$), c 是正则变换的价.

证明 直接验证就可以得到证明. 事实上, 等式 (7) 左边可以写成下面块矩阵形式

$$\boldsymbol{M}'\boldsymbol{J}\boldsymbol{M}=\left\|\begin{matrix}\left(\frac{\partial\boldsymbol{Q}}{\partial\boldsymbol{q}}\right)'\frac{\partial\boldsymbol{P}}{\partial\boldsymbol{q}}-\left(\frac{\partial\boldsymbol{P}}{\partial\boldsymbol{q}}\right)'\frac{\partial\boldsymbol{Q}}{\partial\boldsymbol{q}} & \left(\frac{\partial\boldsymbol{Q}}{\partial\boldsymbol{q}}\right)'\frac{\partial\boldsymbol{P}}{\partial\boldsymbol{p}}-\left(\frac{\partial\boldsymbol{P}}{\partial\boldsymbol{q}}\right)'\frac{\partial\boldsymbol{Q}}{\partial\boldsymbol{p}}\\ \left(\frac{\partial\boldsymbol{Q}}{\partial\boldsymbol{p}}\right)'\frac{\partial\boldsymbol{P}}{\partial\boldsymbol{q}}-\left(\frac{\partial\boldsymbol{P}}{\partial\boldsymbol{p}}\right)'\frac{\partial\boldsymbol{Q}}{\partial\boldsymbol{q}} & \left(\frac{\partial\boldsymbol{Q}}{\partial\boldsymbol{p}}\right)'\frac{\partial\boldsymbol{P}}{\partial\boldsymbol{p}}-\left(\frac{\partial\boldsymbol{P}}{\partial\boldsymbol{p}}\right)'\frac{\partial\boldsymbol{Q}}{\partial\boldsymbol{p}}\end{matrix}\right\|. \tag{12}$$

利用记号 (10) 计算该矩阵左上角的块矩阵

$$\left(\frac{\partial\boldsymbol{Q}}{\partial\boldsymbol{q}}\right)'\frac{\partial\boldsymbol{P}}{\partial\boldsymbol{q}}-\left(\frac{\partial\boldsymbol{P}}{\partial\boldsymbol{q}}\right)'\frac{\partial\boldsymbol{Q}}{\partial\boldsymbol{q}}=\left\|\sum_{j=1}^{n}\left(\frac{\partial Q_j}{\partial q_i}\frac{\partial P_j}{\partial q_k}-\frac{\partial Q_j}{\partial q_k}\frac{\partial P_j}{\partial q_i}\right)\right\|_{i,k=1}^{n}=\|[q_i,q_k]\|_{i,k=1}^{n}.$$

类似地计算验证矩阵 (12) 的其它块矩阵可知, 等式 (7) 可以写成

$$\left\|\begin{matrix}\|[q_i,q_k]\|_{i,k=1}^{n} & \|[q_i,p_k]\|_{i,k=1}^{n}\\ -\|[q_i,p_k]\|_{i,k=1}^{n} & \|[p_i,p_k]\|_{i,k=1}^{n}\end{matrix}\right\|=\left\|\begin{matrix}0 & c\boldsymbol{E}\\ -c\boldsymbol{E} & 0\end{matrix}\right\|. \tag{13}$$

我们发现 (11) 和 (13) 等价, 该定理得证. □

下面介绍利用拉格朗日括号给出的变换 (4) 为正则性的判据.

定理 变换 (4) 是正则变换的充分必要条件为变量 $q_1, \cdots, q_n, p_1, \cdots, p_n$ 的函数 Q_j, P_j 的泊松括号满足

$$(Q_i, Q_k) = 0, \quad (P_i, P_k) = 0, \quad (Q_i, P_k) = c\delta_{ij} \quad (i, k = 1, 2, \cdots, n). \tag{14}$$

证明 通过直接验证 (14) 和 (7) 等价来证明该定理. 将 (8) 两边的矩阵求逆, 根据 (3) 有 $\boldsymbol{J}' = \boldsymbol{J}^{-1} = -\boldsymbol{J}$, 那么有

$$\boldsymbol{MJM}' = c\boldsymbol{J}, \tag{15}$$

该方程与 (7) 等价. 上式左边可以写成块矩阵

$$\boldsymbol{MJM}' = \left\| \begin{matrix} \frac{\partial \boldsymbol{Q}}{\partial \boldsymbol{q}} \left(\frac{\partial \boldsymbol{Q}}{\partial \boldsymbol{p}}\right)' - \frac{\partial \boldsymbol{Q}}{\partial \boldsymbol{p}} \left(\frac{\partial \boldsymbol{Q}}{\partial \boldsymbol{q}}\right)' & \frac{\partial \boldsymbol{Q}}{\partial \boldsymbol{q}} \left(\frac{\partial \boldsymbol{P}}{\partial \boldsymbol{p}}\right)' - \frac{\partial \boldsymbol{Q}}{\partial \boldsymbol{p}} \left(\frac{\partial \boldsymbol{P}}{\partial \boldsymbol{q}}\right)' \\ \frac{\partial \boldsymbol{P}}{\partial \boldsymbol{q}} \left(\frac{\partial \boldsymbol{Q}}{\partial \boldsymbol{p}}\right)' - \frac{\partial \boldsymbol{P}}{\partial \boldsymbol{p}} \left(\frac{\partial \boldsymbol{Q}}{\partial \boldsymbol{q}}\right)' & \frac{\partial \boldsymbol{P}}{\partial \boldsymbol{q}} \left(\frac{\partial \boldsymbol{P}}{\partial \boldsymbol{p}}\right)' - \frac{\partial \boldsymbol{P}}{\partial \boldsymbol{p}} \left(\frac{\partial \boldsymbol{P}}{\partial \boldsymbol{q}}\right)' \end{matrix} \right\|, \tag{16}$$

计算该矩阵左上角的块矩阵

$$\frac{\partial \boldsymbol{Q}}{\partial \boldsymbol{q}} \left(\frac{\partial \boldsymbol{Q}}{\partial \boldsymbol{p}}\right)' - \frac{\partial \boldsymbol{Q}}{\partial \boldsymbol{p}} \left(\frac{\partial \boldsymbol{Q}}{\partial \boldsymbol{q}}\right)' = \left\| \sum_{j=1}^{n} \left(\frac{\partial Q_i}{\partial q_j} \frac{\partial Q_k}{\partial p_j} - \frac{\partial Q_i}{\partial p_j} \frac{\partial Q_k}{\partial q_j} \right) \right\|_{i,k=1}^{n} = \|(Q_i, Q_k)\|_{i,k=1}^{n}.$$

类似地计算验证矩阵 (16) 的其它块矩阵可知, 等式 (15) 可以写成

$$\left\| \begin{matrix} \|(Q_i, Q_k)\|_{i,k=1}^{n} & \|(Q_i, P_k)\|_{i,k=1}^{n} \\ -\|(Q_i, P_k)\|_{i,k=1}^{n} & \|(P_i, P_k)\|_{i,k=1}^{n} \end{matrix} \right\| = \left\| \begin{matrix} 0 & c\boldsymbol{E} \\ -c\boldsymbol{E} & 0 \end{matrix} \right\|. \tag{17}$$

我们发现 (14) 和 (13) 等价, 该定理得证. □

这个正则性判据就像定义 (7) 一样, 可以按显式给出的变换 (4) 来确定其是否正则. 下面的正则性判据对将来建立正则变换理论非常重要.

定理 变换 (4) 是正则变换的充分必要条件为存在非零常数 c 使表达式

$$c\sum_{k=1}^{n} p_k \delta q_k - \sum_{k=1}^{n} P_k \delta Q_k \tag{18}$$

是某个函数 $F(\boldsymbol{q}, \boldsymbol{p}, t)$ 的全微分.

这里全微分 δF 和 $\delta Q_k \quad (k = 1, 2, \cdots, n)$ 是对变量 $\boldsymbol{q}, \boldsymbol{p}$ 的运算, 而 t 作为参数.

证明 只需证明 (18) 是全微分且与 (11) 等价. 由 (4) 得

$$\delta Q_k = \sum_{i=1}^{n} \left(\frac{\partial Q_k}{\partial q_i} \delta q_i + \frac{\partial Q_k}{\partial p_i} \delta p_i \right) \quad (k = 1, 2, \cdots, n).$$

将上式代入 (18) 并改变求和顺序得

$$\sum_{i=1}^{n}(X_i\delta q_i + Y_i\delta p_i), \tag{19}$$

其中引入了记号

$$X_i = cp_i - \sum_{l=1}^{n} P_l \frac{\partial Q_l}{\partial q_i}, \quad Y_i = -\sum_{l=1}^{n} P_l \frac{\partial Q_l}{\partial p_i} \quad (i=1,2,\cdots,n). \tag{20}$$

表达式 (19) 是全微分的条件是下面等式成立

$$\frac{\partial X_i}{\partial q_k} = \frac{\partial X_k}{\partial q_i}, \quad \frac{\partial Y_i}{\partial p_k} = \frac{\partial Y_k}{\partial p_i}, \quad \frac{\partial X_i}{\partial p_k} = \frac{\partial Y_k}{\partial q_i} \quad (i,k=1,2,\cdots,n). \tag{21}$$

利用 (20) 直接计算可知, (21) 可以分别写成

$$[q_i, q_k] = 0, \quad [p_i, p_k] = 0, \quad [q_i, p_k] = c\delta_{ik} \quad (i,k=1,2,\cdots,n).$$

因为这些等式与 (11) 相同, 定理得证. □

170. 正则变换下哈密顿方程的不变性 如果变换 (4) 是正则的, 则用新变量写出的方程还是具有哈密顿形式, 确切地说有下面定理:

定理 *在正则变换 (4) 下任何哈密顿方程都变为哈密顿方程, 新方程的哈密顿函数为* $\mathcal{H}(\boldsymbol{\zeta}, t)$:

$$\frac{\mathrm{d}\boldsymbol{\zeta}}{\mathrm{d}t} = \boldsymbol{J}\boldsymbol{\mathcal{H}}'_{\zeta}. \tag{22}$$

证明 事实上, 由 (1) 和 (5) 有

$$\frac{\mathrm{d}\boldsymbol{\zeta}}{\mathrm{d}t} = \frac{\partial \boldsymbol{\zeta}}{\partial \boldsymbol{z}}\frac{\mathrm{d}\boldsymbol{z}}{\mathrm{d}t} + \frac{\partial \boldsymbol{\zeta}}{\partial t} = \boldsymbol{MJH}'_z + \frac{\partial \boldsymbol{\zeta}}{\partial t}, \tag{23}$$

又由于

$$\boldsymbol{H}'_z = \left(\boldsymbol{H}_\zeta \frac{\partial \boldsymbol{\zeta}}{\partial \boldsymbol{z}}\right)' = (\boldsymbol{H}_\zeta \boldsymbol{M})' = \boldsymbol{M}'\boldsymbol{H}'_\zeta,$$

故考虑到恒等式 (15) 可以将等式 (23) 写成

$$\frac{\mathrm{d}\boldsymbol{\zeta}}{\mathrm{d}t} = \boldsymbol{J}c\boldsymbol{H}'_\zeta + \frac{\partial \boldsymbol{\zeta}}{\partial t}. \tag{24}$$

我们来证明, 如果变换 (4) 是正则的, 则

$$\frac{\partial \boldsymbol{\zeta}}{\partial t} = \boldsymbol{JW}'_\zeta, \tag{25}$$

其中 W 是变量 $\boldsymbol{\zeta}, t$ 的某个函数. 事实上, 在关系式 (3) 和 (6) 的基础上, 由 (25) 得下面一系列等式:

$$\left(\frac{\partial \boldsymbol{\zeta}}{\partial t}\right)' = -\boldsymbol{W}_\zeta \boldsymbol{J}, \quad \left(\frac{\partial \boldsymbol{\zeta}}{\partial t}\right)' \boldsymbol{J} = \boldsymbol{W}_\zeta, \quad \left(\frac{\partial \boldsymbol{\zeta}}{\partial t}\right)' \boldsymbol{JM} = \boldsymbol{W}_\zeta \frac{\partial \boldsymbol{\zeta}}{\partial \boldsymbol{z}} = \boldsymbol{W}_z,$$

即关系式 (25) 等价于

$$\boldsymbol{W}_z = \left(\frac{\partial \boldsymbol{\zeta}}{\partial t}\right)' \boldsymbol{J}\boldsymbol{M}, \tag{26}$$

其中 W 看作是变量 $\boldsymbol{q}, \boldsymbol{p}, t$ 的函数. 等式 (26) 的标量形式为 $2n$ 个关系式

$$\frac{\partial W}{\partial q_k} = \sum_{j=1}^{n}\left(\frac{\partial Q_j}{\partial t}\frac{\partial P_j}{\partial q_k} - \frac{\partial Q_j}{\partial q_k}\frac{\partial P_j}{\partial t}\right) \equiv \Phi_k \quad (k = 1, 2, \cdots, n),$$

$$\frac{\partial W}{\partial p_l} = \sum_{j=1}^{n}\left(\frac{\partial P_j}{\partial p_l}\frac{\partial Q_j}{\partial t} - \frac{\partial P_j}{\partial t}\frac{\partial Q_j}{\partial p_l}\right) \equiv \Psi_l \quad (l = 1, 2, \cdots, n),$$

其中记号 Φ_k, Ψ_l 的引入只是为了书写简捷. Φ_k 和 Ψ_l 是某个函数 W 对 q_k 和 p_l 的导数当且仅当

$$\frac{\partial \Phi_k}{\partial q_i} = \frac{\partial \Phi_i}{\partial q_k}, \quad \frac{\partial \Psi_k}{\partial p_i} = \frac{\partial \Psi_i}{\partial p_k}, \quad \frac{\partial \Phi_k}{\partial p_i} = \frac{\partial \Psi_i}{\partial q_k} \quad (i, k = 1, 2, \cdots, n).$$

直接验证可知, 这些等式可以写成

$$\frac{\partial}{\partial t}[q_i, q_k] = 0, \quad \frac{\partial}{\partial t}[p_i, p_k] = 0, \quad \frac{\partial}{\partial t}[q_i, p_k] = 0 \quad (i, k = 1, 2, \cdots, n). \tag{27}$$

因为 (4) 是正则变换, 故等式 (11) 成立, 由此可推出 (27), 进而得到 (25).

于是方程 (24) 可以写成

$$\frac{\mathrm{d}\boldsymbol{\zeta}}{\mathrm{d}t} = \boldsymbol{J}(c\boldsymbol{H}'_\zeta + \boldsymbol{W}'_\zeta).$$

如果用 $\mathcal{H}$ 表示函数 $cH + W$, 则上面方程有哈密顿形式

$$\frac{\mathrm{d}\boldsymbol{\zeta}}{\mathrm{d}t} = \boldsymbol{J}\boldsymbol{\mathcal{H}}'_\zeta.$$

函数 $\mathcal{H}$ 是新的哈密顿函数, 定理得证. □

下面给出几个简单但在实际中非常重要的正则变换的例子. 老哈密顿函数和新哈密顿函数分别用 $H(\boldsymbol{q}, \boldsymbol{p}, t)$ 和 $\mathcal{H}(\boldsymbol{Q}, \boldsymbol{P}, t)$ 表示.

例 1 恒等变换

$$Q_j = q_j, \quad P_j = p_j \quad (j = 1, 2, \cdots, n), \tag{28}$$

这是单价正则变换, $\mathcal{H} = H(\boldsymbol{Q}, \boldsymbol{P}, t)$.

例 2 变换

$$Q_j = p_j, \quad P_j = q_j \quad (j = 1, 2, \cdots, n), \tag{29}$$

这是价为 $c = -1$ 的正则变换, 它改变了广义坐标和广义冲量的作用, $\mathcal{H} = -H(\boldsymbol{P}, \boldsymbol{Q}, t)$.

例 3 变换

$$Q_j = \alpha q_j, \quad P_j = \beta p_j \quad (j = 1, 2, \cdots, n; \quad \alpha = \text{const}, \beta = \text{const}, \alpha\beta \neq 0), \tag{30}$$

这是正则变换,

$$\mathcal{H} = \alpha\beta H\left(\frac{1}{\alpha}\boldsymbol{Q}, \frac{1}{\beta}\boldsymbol{P}, t\right).$$

例 4 变换

$$Q_j = \alpha p_j, \quad P_j = \beta q_j \quad (j = 1, 2, \cdots, n; \quad \alpha = \text{const}, \beta = \text{const}, \alpha\beta \neq 0), \tag{31}$$

这是正则变换,

$$\mathcal{H} = -\alpha\beta H\left(\frac{1}{\beta}\boldsymbol{P}, \frac{1}{\alpha}\boldsymbol{Q}, t\right).$$

例 2 和例 4 表明, 在正则变换下广义坐标和广义冲量之间的区别消失了. 使用称谓“冲量”和“坐标” 纯粹是一种约定, 所以对于变量对 Q_i 和 P_i, “正则共轭变量”的名称更方便.

例 5 相空间中坐标原点的平移

$$\boldsymbol{Q} = \boldsymbol{q} - \boldsymbol{f}(t), \quad \boldsymbol{P} = \boldsymbol{p} - \boldsymbol{g}(t) \tag{32}$$

是单价正则变换. 新变量 $\boldsymbol{Q}, \boldsymbol{P}$ 满足哈密顿函数为

$$\mathcal{H} = H(\boldsymbol{Q} + \boldsymbol{f}(t), \boldsymbol{P} + \boldsymbol{g}(t), t) + \frac{\mathrm{d}\boldsymbol{g}}{\mathrm{d}t} \cdot \boldsymbol{Q} - \frac{\mathrm{d}\boldsymbol{f}}{\mathrm{d}t} \cdot \boldsymbol{P} \tag{33}$$

的微分方程.

例 6 变换

$$q_j = \sqrt{2r_j}\sin\varphi_j, \quad p_j = \sqrt{2r_j}\cos\varphi_j \quad (j = 1, 2, \cdots, n) \tag{34}$$

是单价正则变换, 将平面笛卡儿坐标性质的正则共轭变量 q_j, p_j 变为极坐标性质的正则共轭变量 φ_j, r_j (φ_j 是“坐标”, r_j 是“冲量”).

如果老哈密顿函数为

$$H = \frac{1}{2}\sum_{j=1}^{n} \lambda_j (q_j^2 + p_j^2), \tag{35}$$

则变量 φ_j, r_j 的方程相应的哈密顿函数为

$$\mathcal{H} = \sum_{j=1}^{n} \lambda_j r_j. \tag{36}$$

例 7 变换

$$Q_j = q_j - \mathrm{i}p_j, \quad P_j = q_j + \mathrm{i}p_j \quad (j = 1, 2, \cdots, n) \tag{37}$$

实现复共轭变换, 其中 i 是虚数单位 ($\mathrm{i}^2 = -1$), 这是价为 2i 的正则变换, 且

$$\mathcal{H} = 2\mathrm{i}H\left(\frac{\boldsymbol{P}+\boldsymbol{Q}}{2}, \frac{\boldsymbol{P}-\boldsymbol{Q}}{2\mathrm{i}}, t\right). \tag{38}$$

例如, 如果老哈密顿函数形式为 (35), 则有

$$\mathcal{H} = \mathrm{i}\sum_{j=1}^{n} \lambda_j Q_j P_j. \tag{39}$$

171. 正则变换与运动过程 哈密顿方程描述的运动过程是非常重要的正则变换的例子.

设哈密顿方程 (1) 在 $t = 0$ 时 $\boldsymbol{z}' = \boldsymbol{z}_0' = (\boldsymbol{q}_0', \boldsymbol{p}_0')$, 那么向量函数 $\boldsymbol{\zeta}' = \boldsymbol{\zeta}'(\boldsymbol{z}_0, t) = (\boldsymbol{q}'(\boldsymbol{q}_0, \boldsymbol{p}_0, t), \boldsymbol{p}'(\boldsymbol{q}_0, \boldsymbol{p}_0, t))$ 满足恒等式

$$\frac{\mathrm{d}\boldsymbol{\zeta}}{\mathrm{d}t} = \boldsymbol{J}\boldsymbol{H}_{\zeta}'. \tag{40}$$

它给出了相空间变换 $\boldsymbol{q}_0, \boldsymbol{p}_0 \to \boldsymbol{q}, \boldsymbol{p}$.

定理 哈密顿系统的运动给出的相空间变换是单价正则变换.

证明 需要证明雅可比矩阵 $\boldsymbol{M} = \partial\boldsymbol{\zeta}/\partial\boldsymbol{z}_0$ 满足 $c = 1$ 的恒等式 (7), 即

$$\boldsymbol{M}'\boldsymbol{J}\boldsymbol{M} = \boldsymbol{J}, \tag{41}$$

为此要找到矩阵 $\boldsymbol{M}$ 和 $\boldsymbol{M}'$ 满足的微分方程. 将恒等式 (40) 两边对 $\boldsymbol{z}_0$ 微分得

$$\frac{\mathrm{d}}{\mathrm{d}t}\frac{\partial\boldsymbol{\zeta}}{\partial\boldsymbol{z}_0} = \boldsymbol{J}\boldsymbol{H}_{\zeta\zeta}\frac{\partial\boldsymbol{\zeta}}{\partial\boldsymbol{z}_0},$$

或者

$$\frac{\mathrm{d}\boldsymbol{M}}{\mathrm{d}t} = \boldsymbol{J}\boldsymbol{H}_{\zeta\zeta}\boldsymbol{M}. \tag{42}$$

将等式两边转置并考虑到关系式 (3) 以及矩阵 $\boldsymbol{H}_{\zeta\zeta}$ 的对称性, 有

$$\frac{\mathrm{d}\boldsymbol{M}'}{\mathrm{d}t} = \boldsymbol{M}'\boldsymbol{H}_{\zeta\zeta}'\boldsymbol{J}' = -\boldsymbol{M}'\boldsymbol{H}_{\zeta\zeta}\boldsymbol{J}. \tag{43}$$

考虑到 (42) 和 (43), 计算矩阵 $\boldsymbol{M}'\boldsymbol{J}\boldsymbol{M}$ 对时间的导数得

$$\frac{\mathrm{d}(\boldsymbol{M}'\boldsymbol{J}\boldsymbol{M})}{\mathrm{d}t} = \frac{\mathrm{d}\boldsymbol{M}'}{\mathrm{d}t}\boldsymbol{J}\boldsymbol{M} + \boldsymbol{M}'\boldsymbol{J}\frac{\mathrm{d}\boldsymbol{M}}{\mathrm{d}t} = -\boldsymbol{M}'\boldsymbol{H}_{\zeta\zeta}\boldsymbol{J}\boldsymbol{J}\boldsymbol{M} + \boldsymbol{M}'\boldsymbol{J}\boldsymbol{J}\boldsymbol{H}_{\zeta\zeta}\boldsymbol{M}.$$

根据 (3) 有 $\boldsymbol{J}^2 = -\boldsymbol{E}_{2n}$, 故

$$\frac{\mathrm{d}(\boldsymbol{M}'\boldsymbol{J}\boldsymbol{M})}{\mathrm{d}t} = \boldsymbol{M}'\boldsymbol{H}_{\zeta\zeta}\boldsymbol{M} - \boldsymbol{M}'\boldsymbol{H}_{\zeta\zeta}\boldsymbol{M} \equiv \boldsymbol{0},$$

由此可知, 矩阵 $\boldsymbol{M}'\boldsymbol{J}\boldsymbol{M}$ 是常数矩阵. 又由于当 $t = 0$ 时该矩阵等于 $\boldsymbol{J}$, 所以对任意 t 都有 (41) 成立. 定理得证. □

172. 保持相体积的刘维尔定理 设 G_0 是相空间 $q_1, \cdots, q_n, p_1, \cdots, p_n$ 的某个区域. 从其中的每个点 $q_{10}, \cdots, q_{n0}, p_{10}, \cdots, p_{n0}$ 为初始点“发出”的方程组 (1) 的一条轨迹. 设 G_t 是 t 时刻点 $\boldsymbol{q} = \boldsymbol{q}(\boldsymbol{q}_0, \boldsymbol{p}_0, t)$, $\boldsymbol{p} = \boldsymbol{p}(\boldsymbol{q}_0, \boldsymbol{p}_0, t)$ 的集合, V_0 是区域 G_0 的体积, 而 V_t 是区域 G_t 的体积.

定理 (**刘维尔定理**) 在哈密顿系统的运动过程中相体积保持不变, 即对任意 t 有 $V_t = V_0$.

证明 我们有等式

$$V_0 = \underset{G_0}{\int \cdots \int} \mathrm{d}q_{10} \cdots \mathrm{d}q_{n0} \mathrm{d}p_{10} \cdots \mathrm{d}p_{n0},$$
$$V_t = \underset{G_t}{\int \cdots \int} \mathrm{d}q_1 \cdots \mathrm{d}q_n \mathrm{d}p_1 \cdots \mathrm{d}p_n. \tag{44}$$

在第 2 个积分中将变量 $q_1, \cdots, q_n, p_1, \cdots, p_n$ 变换为 $q_{10}, \cdots, q_{n0}, p_{10}, \cdots, p_{n0}$, 根据数学分析课程可知,

$$V_t = \underset{G_0}{\int \cdots \int} |\det \boldsymbol{M}| \mathrm{d}q_{10} \cdots \mathrm{d}q_{n0} \mathrm{d}p_{10} \cdots \mathrm{d}p_{n0}, \tag{45}$$

其中 (利用前小节记号) $\boldsymbol{M} = \partial \boldsymbol{\zeta} / \partial \boldsymbol{z_0}$, 矩阵 $\boldsymbol{M}$ 满足 (41). 因为 $\det \boldsymbol{J} = 1$, 故 $\det \boldsymbol{M} = \pm 1$. 又 $t = 0$ 时 $\boldsymbol{M} = \boldsymbol{E}_{2n}$, $\det \boldsymbol{M} = \det \boldsymbol{E}_{2n} = +1$. 由 $\boldsymbol{M}$ 的连续性可知, 对任何 t 都有 $\det \boldsymbol{M} = +1$. 由 (44) 和 (45) 可知 $V_t = V_0$. 定理得证. □

173. 自由正则变换及其母函数 设变换 (4) 正则且在相空间的某个区域内满足条件

$$\det \frac{\partial \boldsymbol{Q}}{\partial \boldsymbol{p}} \neq 0, \tag{46}$$

那么变换 (4) 称为自由正则变换.

在条件 (46) 成立时利用等式 (4) 中前 n 个, 可以用 $\boldsymbol{q}, \boldsymbol{Q}, t$ 表示 $\boldsymbol{p}$, 那么表达式 (18) 可以写成

$$c \sum_{k=1}^{n} p_k \delta q_k - \sum_{k=1}^{n} P_k \delta Q_k = \delta F(\boldsymbol{q}, \boldsymbol{p}(\boldsymbol{q}, \boldsymbol{Q}, t), t) = \delta S(\boldsymbol{q}, \boldsymbol{Q}, t), \tag{47}$$

其中 S 是将 $\boldsymbol{p}$ 用 $\boldsymbol{p}(\boldsymbol{q}, \boldsymbol{Q}, t)$ 代替后的函数 F.

由等式 (47) 给出关系式

$$\frac{\partial S}{\partial q_i} = c p_i, \quad \frac{\partial S}{\partial Q_i} = -P_i \quad (i = 1, 2, \cdots, n), \tag{48}$$

函数 S 称为自由正则变换(4)的母函数.

显然有下面命题及其逆命题成立: 如果给定二次连续可微函数 $S(\boldsymbol{q},\boldsymbol{Q},t)$ 和数 $c\neq 0$, 则在条件

$$\det\left\|\frac{\partial^2 S}{\partial Q_i\partial q_k}\right\|_{i,k=1}^{n}\neq 0 \tag{49}$$

下公式 (48) 给出价为 c 的自由正则变换.

在条件 (49) 下公式 (48) 可以写成 (4) 的形式. 事实上, 条件 (49) 说明 (48) 的前 n 个关系式对于 Q_i 可解, 解为 $Q_i=Q_i(\boldsymbol{q},\boldsymbol{p},t)$, 代入 (48) 的后 n 个关系式得 $P_i=P_i(\boldsymbol{q},\boldsymbol{p},t)$.

在第 170 小节中我们已得到方程 (24) 并证明了它可以写成哈密顿方程形式, 我们利用母函数 S 来写出这个方程. 在方程 (24) 中 H 是用新变量表示的哈密顿函数, 而

$$\left(\frac{\partial\boldsymbol{\zeta}}{\partial t}\right)'=\left(\frac{\partial\boldsymbol{Q}'(\boldsymbol{q},\boldsymbol{p},t)}{\partial t},\frac{\partial\boldsymbol{P}'(\boldsymbol{p},\boldsymbol{q},t)}{\partial t}\right). \tag{50}$$

在 (48) 的前 n 个关系式中用 $\boldsymbol{Q}=\boldsymbol{Q}(\boldsymbol{q},\boldsymbol{p},t)$ 代替 $\boldsymbol{Q}$, 结果这个等式成为对于老变量 $\boldsymbol{q},\boldsymbol{p},t$ 的恒等式. 将该式对时间 t 微分得

$$\sum_{k=1}^{n}\frac{\partial^2 S}{\partial q_i\partial Q_k}\frac{\partial Q_k}{\partial t}+\frac{\partial^2 S}{\partial q_i\partial t}=0\quad(i=1,2,\cdots,n).$$

改变微分顺序并利用 (48) 的后 n 个关系式得

$$-\sum_{k=1}^{n}\frac{\partial Q_k}{\partial t}\frac{\partial P_k}{\partial q_i}+\frac{\partial^2 S}{\partial t\partial q_i}=0\quad(i=1,2,\cdots,n).$$

用向量–矩阵记号, 该等式可以写成

$$-\frac{\partial\boldsymbol{Q}'}{\partial t}\cdot\frac{\partial\boldsymbol{P}}{\partial\boldsymbol{q}}+\frac{\partial^2 S}{\partial t\partial\boldsymbol{q}}=0,$$

或者

$$\frac{\partial\boldsymbol{Q}'}{\partial t}=\frac{\partial^2 S}{\partial t\partial\boldsymbol{q}}\cdot\frac{\partial\boldsymbol{q}}{\partial\boldsymbol{P}}=\frac{\partial}{\partial\boldsymbol{P}}\left(\frac{\partial S}{\partial T}\right). \tag{51}$$

进而, 由 (48) 的后 n 个关系式给出

$$\frac{\partial\boldsymbol{P}'}{\partial t}=-\frac{\partial^2 S}{\partial\boldsymbol{Q}\partial t}=-\frac{\partial}{\partial\boldsymbol{Q}}\left(\frac{\partial S}{\partial t}\right). \tag{52}$$

由 (50),(51) 和 (52) 得

$$\frac{\partial\boldsymbol{\zeta}}{\partial t}=\boldsymbol{J}\left(\frac{\partial}{\partial\zeta}\frac{\partial S}{\partial t}\right)',$$

于是方程 (24) 有

$$\frac{\mathrm{d}\boldsymbol{\zeta}}{\mathrm{d}t}=\boldsymbol{J}\left(cH+\frac{\partial S}{\partial t}\right)'_{\zeta}, \tag{53}$$

以及新哈密顿函数

$$\mathcal{H} = cH + \frac{\partial S}{\partial t}, \tag{54}$$

其中 H 和 S 应该用 $\boldsymbol{Q}, \boldsymbol{P}, t$ 表示.

可见, 如果给定母函数 $S(\boldsymbol{q}, \boldsymbol{Q}, t)$ 和正则变换的价 c, 则新老变量之间的关系由 (48) 确定, 而相应于新变量 $\boldsymbol{Q}, \boldsymbol{P}$ 的哈密顿函数由公式 (54) 计算. 我们发现, 在将方程 (1) 变换为新变量过程中需要的所有计算都不是对 $2n$ 个函数 (4), 而是对 2 个函数 S 和 H, 显然, 这对于研究自由度 n 很大的具体问题是非常重要的.

可以先给定新哈密顿函数的结构 $\mathcal{H}(\boldsymbol{Q}, \boldsymbol{P}, t)$, 然后尝试选择母函数 S 使其满足等式 (54), 考虑到公式 (48), 该等式写成

$$\frac{\partial S(\boldsymbol{q}, \boldsymbol{Q}, t)}{\partial t} + cH\left(\boldsymbol{q}, \frac{1}{c}\left(\frac{\partial S}{\partial \boldsymbol{q}}\right)', t\right) = \mathcal{H}\left(\boldsymbol{Q}, -\left(\frac{\partial S}{\partial \boldsymbol{Q}}\right)', t\right), \tag{55}$$

例如可以做变换使某些 (甚至全部) “坐标”Q_i $(i = 1, 2, \cdots, n)$ 不包含在新哈密顿函数中. 如果成功选择 S 满足方程 (55), 则在所研究问题的新变量中存在循环坐标, 可以使 (见第 164 小节) 方程降 $2k$ 阶 (k 为循环坐标数). 如果所有坐标都是循环坐标, 则问题可以完全求解, 这时有 $\mathcal{H} = \mathcal{H}(\boldsymbol{P}, t)$, 运动方程用新变量写成

$$\frac{\mathrm{d}Q_i}{\mathrm{d}t} = \frac{\partial \mathcal{H}}{\partial P_i} = f_i(\boldsymbol{P}, t), \quad \frac{\mathrm{d}P_i}{\mathrm{d}t} = -\frac{\partial \mathcal{H}}{\partial Q_i} = 0 \quad (i = 1, 2, \cdots, n),$$

如果 Q_{i0}, P_{i0} 是 Q_i, P_i 的初始值, 则

$$Q_i = \int_0^t f_i(\boldsymbol{P}_0, t)\mathrm{d}t + Q_{i0}, \quad P_i = P_{i0} \quad (i = 1, 2, \cdots, n).$$

于是, 我们有了简化运动方程的完全确定的方法, 它给出动力学方程 (1) 积分的新方法——寻找满足偏微分方程 (55) 的函数 S.

例 1 在第 170 小节中例 1, 3 和 5 不是自由正则变换, 它们的变量 $\boldsymbol{q}, \boldsymbol{Q}$ 是相关的, 不能自由给定.

例 2 在第 170 小节中其它例子是自由正则变换, 并且对于变换 (29) 有

$$c = -1, \quad S = -\sum_{j=1}^{n} q_j Q_j, \tag{56}$$

对于变换 (31) 有

$$c = -\alpha\beta, \quad S = -\beta\sum_{j=1}^{n} q_j Q_j, \tag{57}$$

对于变换 (34) 有

$$c = 1, \quad S = \frac{1}{2}\sum_{j=1}^{n} q_j^2 \cot\varphi_j, \tag{58}$$

对于变换 (37) 有

$$c = 2\mathrm{i}, \quad S = \sum_{j=1}^{n}(q_j^2 - 2q_jQ_j + \frac{1}{2}Q_j^2). \tag{59}$$

174. 其它类型的母函数 我们已经看到, 不是所有的正则变换都是自由的, 所以不是每个正则变换都可以利用母函数 $S(\boldsymbol{q}, \boldsymbol{Q}, t)$ 给出. 然而, 可以变换到其它类型的母函数. 例如设变换 (4) 满足

$$\det \frac{\partial \boldsymbol{P}}{\partial \boldsymbol{p}} \neq 0, \tag{60}$$

那么由 (4) 的后 n 个可以将 $\boldsymbol{p}$ 用 $\boldsymbol{q}, \boldsymbol{P}, t$ 表示, 并可以得到正则变换 (4) 的母函数 S_1, 该函数不依赖于 $(\boldsymbol{q}, \boldsymbol{Q}, t)$, 而是依赖于 $(\boldsymbol{q}, \boldsymbol{P}, t)$.① 事实上, 我们将 (18) 改写为

$$c\sum_{k=1}^{n} p_k \delta q_k - \sum_{k=1}^{n} P_k \delta Q_k - \sum_{k=1}^{n} Q_k \delta P_k + \sum_{k=1}^{n} Q_k \delta P_k = \delta F(\boldsymbol{q}, \boldsymbol{p}, t)$$

或者

$$c\sum_{k=1}^{n} p_k \delta q_k + \sum_{k=1}^{n} Q_k \delta P_k = \delta\left(F(\boldsymbol{q}, \boldsymbol{p}, t) + \sum_{k=1}^{n} Q_k P_k\right),$$

最后可以写成

$$c\sum_{k=1}^{n} p_k \delta q_k + \sum_{k=1}^{n} Q_k \delta P_k = \delta S_1(\boldsymbol{q}, \boldsymbol{P}, t), \tag{61}$$

其中用 S_1 表示函数 $F + \sum_{k=1}^{n} Q_k P_k$, 并且在其变量中 Q_k 要用 (4) 的前 n 个表达式代替, 然后变量 $\boldsymbol{p}$ 要用 (4) 的后 n 个等式得到的 $\boldsymbol{p}(\boldsymbol{q}, \boldsymbol{P}, t)$ 代替.

由 (61) 可得

$$\frac{\partial S_1}{\partial q_i} = cp_i, \quad \frac{\partial S_1}{\partial P_i} = Q_i \quad (i = 1, 2, \cdots, n), \tag{62}$$

就像自由正则变换一样可以得到变换后系统的哈密顿函数表达式

$$\mathcal{H} = cH + \frac{\partial S_1}{\partial t}, \tag{63}$$

其中 H 和 $\partial S_1/\partial t$ 应该用新变量写出. 下面的命题及其逆命题成立: 如果给定数 $c \neq 0$ 和二次连续可微函数 $S_1(\boldsymbol{q}, \boldsymbol{P}, t)$, 该函数满足条件

$$\det \left\| \frac{\partial^2 S_1}{\partial q_i \partial P_k} \right\|_{i,k=1}^{n} \neq 0, \tag{64}$$

则公式 (62) 给出价为 c 的正则变换, 在条件 (64) 下公式 (62) 可以写成等式 (4) 的形式.

①就是说, 如果正则变换是自由的, 则其母函数不一定是 $(\boldsymbol{q}, \boldsymbol{Q}, t)$ 的函数 S. 例如不等式 (46) 和 (60) 同时满足, 则自由正则变换的母函数也可以是 $(\boldsymbol{q}, \boldsymbol{P}, t)$ 的函数 S_1.

我们已经看到 2 种类型的母函数 $S(\boldsymbol{q},\boldsymbol{Q},t)$ 和 $S_1(\boldsymbol{q},\boldsymbol{P},t)$, 这些函数经常用于动力学方程的积分 (精确地或近似地). 但是 $\boldsymbol{q}$ 和 $\boldsymbol{P}$ 不总是可以取为独立变量的. 然而[①], 如果给定 $2n$ 个独立变量 q_i,p_i 的 $2n$ 个独立函数 Q_i,P_i, 则在 $4n$ 个变量 $Q_i,P_i,q_i,p_i\quad(i=1,2,\cdots,n)$ 中总是可以选出 $2n$ 个独立的, 使得母函数 U 依赖于相应的变量

$$q_1,\cdots,q_l,p_{l+1},\cdots,p_n,Q_1,\cdots,Q_k,P_{k+1},\cdots,P_n\quad(l\geqslant 0,k\leqslant n),\tag{65}$$

也可能依赖于时间 (在选择的 $2n$ 个变量 (65) 中正则共轭变量 q_i,p_i 或者 Q_i,P_i 成对出现), 这时正则变量变换和新哈密顿函数由下面公式确定

$$\frac{\partial U}{\partial q_i}=cp_i,\quad \frac{\partial U}{\partial p_g}=-cq_g,\quad \frac{\partial U}{\partial Q_j}=-P_j,\quad \frac{\partial U}{\partial P_h}=Q_h\tag{66}$$

$$(i=1,\cdots,l;\quad g=l+1,\cdots,n;\quad j=1,\cdots,k;\quad h=k+1,\cdots,n),$$

$$\mathcal{H}=cH+\frac{\partial U}{\partial t}.\tag{67}$$

例 1 恒等变换

$$Q_j=q_j,\quad P_j=p_j\quad(j=1,2,\cdots,n)$$

由母函数

$$S_1=\sum_{j=1}^{n}q_jP_j\tag{68}$$

给出, 这时 $c=1$.

例 2 对于变换 (30) 有

$$c=\alpha\beta,\quad S_1=\alpha\sum_{j=1}^{n}q_jP_j.\tag{69}$$

例 3 对于正则变换 (32) 有

$$c=1,\quad S_1=\sum_{j=1}^{n}q_jP_j+\sum_{j=1}^{n}(g_j(t)q_j-f_j(t)P_j).\tag{70}$$

例 4 设给定广义坐标的任意可微且可逆的变换 $\boldsymbol{q}\to\boldsymbol{Q}$ 如下

$$Q_i=f_i(q_1,\cdots,q_n,t)\quad(i=1,2,\cdots,n).\tag{71}$$

在该变换中新变量只用老坐标 (非冲量) 表示, 是常见的正则变换. 事实上, 如果令 $c=1$ 且

$$S_1=\sum_{j=1}^{n}P_jf_j(q_1,\cdots,q_n,t),\tag{72}$$

①参见: Гантмахер Ф. Р. Лекции по аналитической механике, М.: Наука, 1966.

则根据 (62), 新老变量之间的关系为

$$p_i = \sum_{j=1}^{n} P_j \frac{\partial f_j}{\partial q_i} \quad (i = 1, 2, \cdots, n). \tag{73}$$

例 5 我们来看上面例子的重要情形: 变换到旋转坐标系. 设

$$\boldsymbol{Q} = \boldsymbol{A}\boldsymbol{q}, \tag{74}$$

其中 $\boldsymbol{A}$ 是正交矩阵 ($\boldsymbol{A}' = \boldsymbol{A}^{-1}$), 不一定是常数矩阵. 通过直接计算不难验证, 公式 (74) 与变换

$$\boldsymbol{P} = \boldsymbol{A}\boldsymbol{p} \tag{75}$$

确定了单价正则变换. 根据公式 (72), 该变换相应的母函数为

$$S_1 = \boldsymbol{P} \cdot \boldsymbol{A}\boldsymbol{q}. \tag{76}$$

值得注意的是, 广义冲量变换公式与广义坐标相同.

新哈密顿函数 $\mathcal{H}(\boldsymbol{Q}, \boldsymbol{P}, t)$ 可以根据老哈密顿函数 $H(\boldsymbol{q}, \boldsymbol{p}, t)$ 按公式 (63) 计算

$$\mathcal{H}(\boldsymbol{Q}, \boldsymbol{P}, t) = H(\boldsymbol{A}'\boldsymbol{Q}, \boldsymbol{A}'\boldsymbol{P}, t) + \frac{\partial S_1}{\partial t}. \tag{77}$$

如果 $\boldsymbol{A}$ 是常数矩阵, 则 $\partial S_1/\partial t = 0$. 如果 $\boldsymbol{A}$ 不是常数矩阵, 则

$$\frac{\partial S_1}{\partial t} = \boldsymbol{P}\frac{\mathrm{d}\boldsymbol{A}}{\mathrm{d}t}\boldsymbol{q} = \boldsymbol{P} \cdot \frac{\mathrm{d}\boldsymbol{A}}{\mathrm{d}t}\boldsymbol{A}^{-1}\boldsymbol{Q}. \tag{78}$$

因为 $\boldsymbol{A}$ 是正交矩阵, 故导数 $\dfrac{\mathrm{d}\boldsymbol{A}}{\mathrm{d}t}\boldsymbol{A}^{-1}$ 反对称 (见第 24 小节). 设

$$\frac{\mathrm{d}\boldsymbol{A}}{\mathrm{d}t}\boldsymbol{A}^{-1} = \left\| \begin{matrix} 0 & -\omega_3 & \omega_2 \\ \omega_3 & 0 & -\omega_1 \\ -\omega_2 & \omega_1 & 0 \end{matrix} \right\|,$$

如果引入向量 $\boldsymbol{\omega} = (\omega_1, \omega_2, \omega_3)$, 则

$$\frac{\mathrm{d}\boldsymbol{A}}{\mathrm{d}t}\boldsymbol{A}^{-1}\boldsymbol{Q} = \boldsymbol{\omega} \times \boldsymbol{Q},$$

且公式 (78) 可以写成

$$\frac{\partial S_1}{\partial t} = \boldsymbol{P} \cdot [\boldsymbol{\omega} \times \boldsymbol{Q}] = \boldsymbol{\omega} \cdot [\boldsymbol{Q} \times \boldsymbol{P}],$$

于是可得相应于在旋转坐标系中运动的哈密顿函数:

$$\mathcal{H} = H(\boldsymbol{A}'\boldsymbol{Q}, \boldsymbol{A}'\boldsymbol{P}, t) + \boldsymbol{\omega} \cdot [\boldsymbol{Q} \times \boldsymbol{P}]. \tag{79}$$

例 6 (从笛卡儿坐标到极坐标的变换) 设

$$x = r\cos\varphi, \qquad y = r\sin\varphi, \tag{80}$$

如果 $c = 1$, 而

$$S_1 = p_x r\cos\varphi + p_y r\sin\varphi,$$

则由等式

$$p_r = \frac{\partial S_1}{\partial r} = p_x\cos\varphi + p_y\sin\varphi, \quad p_\varphi = \frac{\partial S_1}{\partial \varphi} = -p_x r\sin\varphi + p_y r\cos\varphi$$

求出

$$p_x = p_r\cos\varphi - \frac{\sin\varphi}{r}p_\varphi, \quad p_y = p_r\sin\varphi + \frac{\cos\varphi}{r}p_\varphi. \tag{81}$$

公式 (80) 和 (81) 给出单价正则变换 $x, y, p_x, p_y \to r, \varphi, p_r, p_\varphi$. 例如

$$H = \frac{1}{2m}(p_x^2 + p_y^2) + \Pi(\sqrt{x^2 + y^2}), \tag{82}$$

则

$$\mathcal{H} = \frac{1}{2m}(p_r^2 + \frac{1}{r^2}p_\varphi^2) + \Pi(r). \tag{83}$$

例 7 (从笛卡儿坐标到球坐标的变换) 设

$$x = r\sin\theta\cos\varphi, \quad y = r\sin\theta\sin\varphi, \quad z = r\cos\theta, \tag{84}$$

如果 $c = 1$, 而

$$S_1 = p_x r\sin\theta\cos\varphi + p_y r\sin\theta\sin\varphi + p_z r\cos\theta,$$

则由等式

$$p_r = \frac{\partial S_1}{\partial r}, \quad p_\varphi = \frac{\partial S_1}{\partial \varphi}, \quad p_\theta = \frac{\partial S_1}{\partial \theta}$$

求出

$$\begin{aligned} p_x &= \sin\theta\cos\varphi p_r - \frac{\sin\varphi}{r\sin\theta}p_\varphi + \frac{\cos\theta\cos\varphi}{r}p_\theta, \\ p_y &= \sin\theta\sin\varphi p_r + \frac{\cos\varphi}{r\sin\theta}p_\varphi + \frac{\cos\theta\sin\varphi}{r}p_\theta, \\ p_z &= \cos\theta p_r - \frac{\sin\theta}{r}p_\theta. \end{aligned} \tag{85}$$

公式 (84) 和 (85) 给出单价正则变换 $x, y, z, p_x, p_y, p_z \to r, \varphi, \theta, p_r, p_\varphi, p_\theta$. 例如对于

$$H = \frac{1}{2m}(p_x^2 + p_y^2 + p_z^2) + \Pi(\sqrt{x^2 + y^2 + z^2}), \tag{86}$$

有

$$\mathcal{H} = \frac{1}{2m}(p_r^2 + \frac{p_\varphi^2}{r^2\sin^2\theta} + \frac{p_\theta^2}{r^2}) + \Pi(r). \tag{87}$$

例 8 设给定广义冲量的某个可微可逆变换

$$p_i = g_i(P_1, P_2, \cdots, P_n, t) \quad (i = 1, 2, \cdots, n), \quad \det \frac{\partial \boldsymbol{g}}{\partial \boldsymbol{P}} \neq 0, \tag{88}$$

公式 (88) 给出了新老广义冲量 (非广义坐标) 之间的关系.

令 $c = 1$, 而

$$S_1 = \sum_{k=1}^{n} q_k g_k(P_1, P_2, \cdots, P_n, t), \tag{89}$$

那么由公式 (62) 求出

$$Q_i = \frac{\partial S_1}{\partial P_i} = \sum_{k=1}^{n} q_k \frac{\partial g_k}{\partial P_i} \quad (i = 1, 2, \cdots, n). \tag{90}$$

这是对于 $q_1, q_2, \cdots, q_n$ 的线性非齐次方程组, 其系数行列式是 (88) 的雅可比行列式. 因为该行列式不等于零, 故方程组 (90) 唯一确定 $q_1, q_2, \cdots, q_n$ 作为 $\boldsymbol{Q}, \boldsymbol{P}, t$ 的函数:

$$q_i = h_i(Q_1, Q_2, \cdots, Q_n, P_1, P_2, \cdots, P_n, t) \quad (i = 1, 2, \cdots, n). \tag{91}$$

公式 (88) 和 (91) 给出了单价正则变换.

§5. 运动方程积分的雅可比方法

175. 哈密顿–雅可比方程 正则变换理论提供了积分正则方程

$$\frac{\mathrm{d}q_i}{\mathrm{d}t} = \frac{\partial H}{\partial p_i}, \quad \frac{\mathrm{d}p_i}{\mathrm{d}t} = -\frac{\partial H}{\partial q_i} \quad (i = 1, 2, \cdots, n) \tag{1}$$

的雅可比方法. 如果对该方程进行下面单价自由正则变换

$$\frac{\partial S}{\partial q_i} = p_i, \quad \frac{\partial S}{\partial Q_i} = -P_i \quad (i = 1, 2, \cdots, n), \tag{2}$$

其中母函数 S 的自变量为 $q_1, \cdots, q_n, Q_1, \cdots, Q_n, t$, 则根据第 173 小节, 方程 (1) 变为

$$\frac{\mathrm{d}Q_i}{\mathrm{d}t} = \frac{\partial \mathcal{H}}{\partial P_i}, \quad \frac{\mathrm{d}P_i}{\mathrm{d}t} = -\frac{\partial \mathcal{H}}{\partial Q_i} \quad (i = 1, 2, \cdots, n), \tag{3}$$

其中新哈密顿函数 $\mathcal{H}$ 由下式确定

$$\mathcal{H} = H(q_i, p_i, t) + \frac{\partial S(q_i, Q_i, t)}{\partial t}, \tag{4}$$

该等式右边部分 (计算偏导数 $\partial S/\partial t$ 之后) 的 q_i, p_i 应该借助方程 (2) 用 Q_i, P_i 表示.

如果选择函数 S 使 $\mathcal{H} = 0$, 则方程 (3) 可以立即积分出来

$$Q_i = \alpha_i, \quad P_i = \beta_i \quad (i = 1, 2, \cdots, n), \tag{5}$$

其中 α_i, β_i 是任意常数. 如果函数 S 满足第 173 小节的 (49), 则由 (2) 可以求出原变量随时间和 $2n$ 个常数 α_i, β_i 的变化规律:

$$q_i = q_i(t, \alpha_j, \beta_j), \quad p_i = p_i(t, \alpha_j, \beta_j). \tag{6}$$

根据 (2) 和 (4), 函数 S 应满足方程

$$\frac{\partial S}{\partial t} + H\left(q_i, \frac{\partial S}{\partial q_i}, t\right) = 0. \tag{7}$$

这个偏微分方程称为哈密顿–雅可比方程, 其中 S 是$q_1, \cdots, q_n, t$ 的函数, 而 $Q_1, \cdots, Q_n$ 看作参数.

偏微分方程的通解依赖于任意函数, 这个解称为该方程的一般积分. 然而, 在求解力学问题中有用的不是一般积分, 而是方程 (7) 的全积分. 方程 (7) 的全积分是指其依赖于 n 个任意常数 $\alpha_1, \alpha_2, \cdots, \alpha_n$ 的解 $S(q_i, \alpha_i, t)$, 并且满足

$$\det\left\|\frac{\partial^2 S}{\partial q_i \partial \alpha_k}\right\|_{i,k=1}^{n} \neq 0. \tag{8}$$

于是我们得到下面的以研究方程 (7) 为基础的求解动力学方程 (1) 的方法:

定理 (雅可比定理) 如果函数 $S(q_i, \alpha_i, t)$ 是哈密顿–雅可比方程 (7) 的包含 n 个任意常数 $\alpha_1, \alpha_2, \cdots, \alpha_n$ 的全积分, 则方程 (1) 的解 (6) 由下面关系式给出

$$\frac{\partial S}{\partial q_i} = p_i, \quad \frac{\partial S}{\partial \alpha_i} = -\beta_i \quad (i = 1, 2, \cdots, n), \tag{9}$$

其中 β_i 是任意常数.

雅可比定理将常微分方程 (1) 的求解转化为寻找偏微分方程 (7) 的全积分, 后者显然不比前者简单, 甚至更复杂. 但是雅可比方法在目前求方程 (1) 的精确解的方法中还是十分有效的, 也是近似求解正则方程的最有效的方法之一.

不存在寻找哈密顿–雅可比方程 (7) 全积分的一般方法. 下面只给出某些寻找全积分的特殊方法.

176. 含循环坐标系统的哈密顿–雅可比方程 设 $q_{k+1}, \cdots, q_n$ 是循环坐标, 那么有

$$H = H(q_1, \cdots, q_k, p_1, \cdots, p_k, p_{k+1}, \cdots, p_n, t),$$

方程 (7) 全积分为

$$S = \alpha_{k+1}q_{k+1} + \cdots + \alpha_n q_n + S^*(q_1, \cdots, q_k, \alpha_1, \cdots, \alpha_k, t). \tag{10}$$

将 (10) 代入 (7) 可得 S^* 的方程

$$\frac{\partial S^*}{\partial t} + H\left(q_1, \cdots, q_k, \frac{\partial S^*}{\partial q_1}, \cdots, \frac{\partial S^*}{\partial q_k}, \alpha_{k+1}, \cdots, \alpha_n, t\right) = 0, \tag{11}$$

于是, 寻找方程 (7) 全积分变为研究方程 (11), 其中 S^* 依赖于 $k+1$ 个变量, 而不是 $n+1$ 个, 即减少的独立变量数等于循环坐标数.

177. 保守系统和广义保守系统的哈密顿–雅可比方程 设哈密顿函数不显含时间:

$$H = H(q_1, \cdots, q_n, p_1, \cdots, p_n),$$

那么存在广义能量积分 $H = h$, 其中 h 是任意常数. 在方程 (7) 中令

$$S = -ht + V, \tag{12}$$

其中函数 V 不显含 t, 它满足方程

$$H\left(q_1, \cdots, q_n, \frac{\partial V}{\partial q_1}, \cdots, \frac{\partial V}{\partial q_n}\right) = h. \tag{13}$$

该方程就是保守系统和广义保守系统的哈密顿–雅可比方程. 由 (13) 求出 $V = V(q_1, \cdots, q_n, \alpha_1, \cdots, \alpha_{n-1}, h)$, 其中 $\alpha_1, \cdots, \alpha_{n-1}$ 是独立于 h 的任意常数. 由 (12) 有

$$S = -ht + V(q_1, \cdots, q_n, \alpha_1, \cdots, \alpha_{n-1}, h). \tag{14}$$

如果函数 S 满足条件 (8) ($\alpha_n = h$), 则 (14) 是哈密顿–雅可比方程 (7) 的全积分, 等式 (9) 给出关系式

$$\frac{\partial V}{\partial q_i} = p_i \quad (i = 1, 2, \cdots, n), \quad \frac{\partial V}{\partial \alpha_i} = -\beta_i \quad (i = 1, 2, \cdots, n-1), \tag{15}$$

$$\frac{\partial V}{\partial h} = t - \beta_n, \tag{16}$$

其中 $\beta_1, \cdots, \beta_n$ 是任意常数.

(15) 中的后 $n-1$ 个是几何关系式: 它们给出 n 维坐标空间中的轨迹, 它们和 (16) 一起给出沿着轨迹运动的规律. (15) 中的前 n 个关系式确定冲量 $p_i \quad (i = 1, 2, \cdots, n)$.

178. 哈密顿特征函数 等式 (14) 右边的函数 V 称为哈密顿特征函数, 该函数满足 (13), 在第 177 小节中作为母函数 S 的不显含时间的部分而引入, 母函数 S 给出的自由正则变换将保守或广义保守系统的哈密顿函数 $H(q_1, \cdots, q_n, p_1, \cdots, p_n)$ 变为函数 $\mathcal{H} = 0$.

函数 $H(q_1, \cdots, q_n, \alpha_1, \cdots, \alpha_{n-1}, h)$ 可以看作某个正则变换的母函数, 这个变换的性质与函数 S 给出的变换性质不同. 我们研究单价正则变换: 新冲量 P_i 等于常数 $\alpha_i \quad (i = 1, 2, \cdots, n)$, 并且 $\alpha_n = h$. 设相应的母函数是 $V(q_1, \cdots, q_n, P_1, \cdots, P_{n-1}, P_n)$. 根据第 174 小节新老变量之间的关系为

$$p_i = \frac{\partial V}{\partial q_i}, \quad Q_i = \frac{\partial V}{\partial P_i} = \frac{\partial V}{\partial \alpha_i}. \tag{17}$$

由 $H = h = \alpha_n$ 可得

$$H\left(q_1, \cdots, q_n, \frac{\partial V}{\partial q_1}, \cdots, \frac{\partial V}{\partial q_n}\right) = h,$$

该方程与 (13) 一致. 又由于 V 不显含 t, 由第 174 小节的 (63) 可得新哈密顿函数

$$\mathcal{H} = P_n. \tag{18}$$

因此, 哈密顿特征函数给出的正则变换, 使哈密顿函数 $H(q_1, \cdots, q_n, p_1, \cdots, p_n)$ 变换为新广义坐标 Q_i $(i = 1, 2, \cdots, n)$ 都是循环坐标的形式.

对新变量有

$$\frac{\mathrm{d}P_i}{\mathrm{d}t} = -\frac{\partial \mathcal{H}}{\partial Q_i} = 0 \quad (i = 1, 2, \cdots, n), \tag{19}$$

$$\frac{\mathrm{d}Q_i}{\mathrm{d}t} = \frac{\partial \mathcal{H}}{\partial P_i} = \delta_{in}, \tag{20}$$

其中 δ_{in} 是克罗尼克记号. 所以利用 (17) 相应于公式 (15), (16) 求得:

$$P_i = \alpha_i = \mathrm{const}, \quad Q_i = -\beta_i = \mathrm{const} \quad (i = 1, 2, \cdots, n-1),$$

$$P_n = h = \mathrm{const}, \quad Q_n - t = -\beta_n = \mathrm{const}.$$

评注 3 在哈密顿特征函数中, 新冲量 α_i 的选择在一定程度上是任意的. 一般来说常数 $\alpha_1, \cdots, \alpha_{n-1}$ 没有确定的物理意义, 只是在寻找哈密顿–雅可比方程的全积分过程中的一组常数.

我们对冲量 $\alpha_1, \cdots, \alpha_n$ 做任意可微可逆变换 $\alpha_1, \cdots, \alpha_n \to \alpha_1^*, \cdots, \alpha_n^*$:

$$\alpha_1 = g_1(\alpha_1^*, \cdots, \alpha_n^*), \cdots, \alpha_n = g_n(\alpha_1^*, \cdots, \alpha_n^*) \tag{21}$$

可以对冲量变换 (21) 进行所有共轭变量的单价正则变换 $Q_i, \alpha_i \to Q_i^*, \alpha_i^*$ $(i = 1, 2, \cdots, n)$, 为此只需取母函数为 (见第 174 小节中的例 8)

$$S_1 = \sum_{k=1}^{n} Q_k g_k(\alpha_1^*, \cdots, \alpha_n^*).$$

哈密顿函数用新变量写成

$$\mathcal{H} = g_n(\alpha_1^*, \cdots, \alpha_n^*). \tag{22}$$

新冲量 α_i^* 的优点是它们可以与问题的物理本质相联系. 在 §6 中将介绍一种特殊的代替 α_i 的新冲量选择.

179. 分离变量 利用分离变量可以找到哈密顿–雅可比方程 (7) 的全积分. 分离变量方法是将方程 (7) 的解写成函数和的形式, 每个被加函数只依赖于变量 $q_1, \cdots, q_n$ 中的一个和时间 (当然, 还有任意常数):

$$S = S_0(t) + S_1(q_1, t) + S_2(q_2, t) + \cdots + S_n(q_n, t). \tag{23}$$

遗憾的是, 对于一般的哈密顿函数, 不存在一个简单的准则来讨论方程 (7) 中变量分离的可能性①. 下面只介绍对于保守系统或广义保守系统分离变量的 2种简单情况:

1. 设

$$H=H(f_1(q_1,p_1),\cdots,f_n(q_n,p_n)), \tag{24}$$

即哈密顿函数依赖于 n 个函数 f_i, 而每个函数 f_i 只依赖于一对“自己的”正则共轭变量 q_i,p_i. 假设

$$\frac{\partial f_i}{\partial p_i}\neq 0\quad (i=1,2,\cdots,n), \tag{25}$$

哈密顿–雅可比方程 (13) 写成

$$H\left(f_1\left(q_1,\frac{\partial V}{\partial q_1}\right),\cdots,f_n\left(q_n,\frac{\partial V}{\partial q_n}\right)\right)=h. \tag{26}$$

令

$$f_i\left(q_i,\frac{\partial V}{\partial q_i}\right)=\alpha_i\quad (i=1,2,\cdots,n), \tag{27}$$

在条件 (25) 下从等式 (27) 可以解出

$$\frac{\partial V}{\partial q_i}=g_i(q_i,\alpha_i), \tag{28}$$

那么

$$V=\sum_{i=1}^{n}\int g_i(q_i,\alpha_i)\mathrm{d}q_i,$$

而函数

$$S=-ht+\sum_{i=1}^{n}\int g_i(q_i,\alpha_i)\mathrm{d}q_i \tag{29}$$

是哈密顿–雅可比方程 (7) 的解. 在 (29) 中 h 是任意常数 $\alpha_1,\cdots,\alpha_n$ 的函数:

$$h=H(\alpha_1,\cdots,\alpha_n). \tag{30}$$

因为

$$\frac{\partial^2 S}{\partial q_i\partial\alpha_k}=\frac{\partial g_i}{\partial\alpha_k}\quad (i,k=1,2,\cdots,n),$$

根据 (27) 和 (28) 有

$$\frac{\partial g_i}{\partial\alpha_k}=\frac{1}{\partial f_i/\partial p_k}\delta_{ik}, \tag{31}$$

故条件 (8) 可以写成

$$\prod_{i=1}^{n}\frac{\partial g_i}{\partial\alpha_i}\neq 0,$$

---

①对这个问题的研究参见: Яров-Яровой М. С. Об интегрировании уравнения Гамильтона-Якоби методом разделения переменных // ПММ, 1963, Т. 27, вып. 6, С. 973–987.

并且是显然成立的. 于是, 函数 (29) 是方程 (7) 的全积分.

2. 设函数 H 表示为"函数的函数", 其中函数 f_i 依赖于前一个函数 f_{i-1} 和"自己的"正则共轭变量对 q_i, p_i:

$$H = f_n(f_{n-1}, q_n, p_n), \quad f_{n-1} = f_{n-1}(f_{n-2}, q_{n-1}, p_{n-1})$$

等等, 即哈密顿函数为

$$H = f_n\{\cdots f_3\{f_2[f_1(q_1, p_1), q_2, p_2], q_3, p_3\}, \cdots, q_n, p_n\}. \tag{32}$$

假设

$$\frac{\partial f_i}{\partial p_i} \neq 0 \quad (i = 1, 2, \cdots, n), \tag{33}$$

为了得到方程 (13) 的解, 令

$$f_1\left(q_1, \frac{\partial V}{\partial q_1}\right) = \alpha_1, \quad f_2\left(\alpha_1, q_2, \frac{\partial V}{\partial q_2}\right) = \alpha_2, \cdots,$$

$$f_n\left(\alpha_{n-1}, q_n, \frac{\partial V}{\partial q_n}\right) = \alpha_n = h,$$

在条件 (33) 下, 从这些等式可以解出

$$\frac{\partial V}{\partial q_1} = g_1(q_1, \alpha_1), \quad \frac{\partial V}{\partial q_2} = g_2(q_2, \alpha_1, \alpha_2), \cdots,$$

$$\frac{\partial V}{\partial q_n} = g_n(q_n, \alpha_{n-1}, \alpha_n).$$

函数

$$S = -\alpha_n t + \sum_{i=1}^{n} \int g_i(q_i, \alpha_{i-1}, \alpha_i) \mathrm{d}q_i \tag{34}$$

是哈密顿–雅可比方程 (7) 的解. 容易验证, 不等式 (8) 在条件 (33) 下成立, 所以函数 (34) 是方程 (7) 的全积分.

以上介绍了非常特殊的情况, 特殊的哈密顿函数结构使得存在建立哈密顿–雅可比方程一般积分的一般方法. 但是可以发现, 上面的分离变量方法可以应用于重要的力学问题, 如谐振子问题、物理摆运动问题、二体问题、重刚体定点运动的拉格朗日情况等等.

下面介绍几个例子.

例 1 (质点在地球表面上方的竖直自由降落) 设 Oq 轴竖直向上, m 为质点的质量, 则

$$H=\frac{1}{2m}p^2-mgq,$$

其中 p 是相应于广义坐标 q 的冲量, g 是重力加速度.

如果

$$\frac{1}{2m}p^2-mgq=h=\alpha,$$

则

$$p=\sqrt{2m(\alpha+mgq)}, \tag{35}$$

哈密顿–雅可比方程

$$\frac{\partial S}{\partial t}+\frac{1}{2m}\left(\frac{\partial S}{\partial q}\right)^2-mgq=0 \tag{36}$$

的全积分写成

$$S=-\alpha t+\int\sqrt{2m(\alpha+mgq)}\mathrm{d}q.$$

相应于公式 (9) 有

$$\frac{\partial S}{\partial q}=p,\quad \frac{\partial S}{\partial \alpha}=-\beta.$$

这些关系式的第 1 个给出等式 (35), 由第 2 个可得

$$-t+\sqrt{\frac{m}{2}}\int\frac{\mathrm{d}q}{\sqrt{\alpha+mgq}}=-\beta,$$

或者

$$-t+\sqrt{\frac{2}{m}}\frac{\sqrt{\alpha+mgq}}{g}=-\beta.$$

任意常数 α,β 由初始条件确定. 设 $t=0$ 时 $q=0,\dot{q}=0$, 那么由 (35), (36) 和等式 $p=m\dot{q}$ 可得 $\alpha=\beta=0$ 以及

$$q=\frac{gt^2}{2},\quad p=mgt.$$

例 2 (支撑于水平面和竖直墙上杆的运动) 设长为 $2l$ 质量为 m 的均匀细杆在均匀重力场中运动, 杆的下端沿着光滑水平面移动, 而上端在运动中沿着光滑竖直轴 OZ (图 143), 求该问题的哈密顿–雅可比方程的全积分.

设 q_1 是杆在 OXY 平面上投影与 OX 轴的夹角, 而 q_2 是杆与竖直方向的夹角, 与杆固连的坐标系 $Gxyz$ 的各坐标轴为中心惯性主轴, 且 Gy 轴位于杆与 OZ 构成的平面内. 杆的动能和势能为

$$T=\frac{1}{2}(Ap^2+Bq^2+Cr^2)+\frac{1}{2}mv_G^2,\quad \Pi=mgl\cos q_2,$$

其中 A,B,C 是杆对 Gx,Gy,Gz 轴的惯性矩, 而 p,q,r 是杆的角速度在 Gx,Gy,Gz 轴上的投影, v_G 是杆质心的速度, g 是重力加速度.

对于细杆有 $A=B=\dfrac{1}{3}ml^2,\quad C=0$. 又

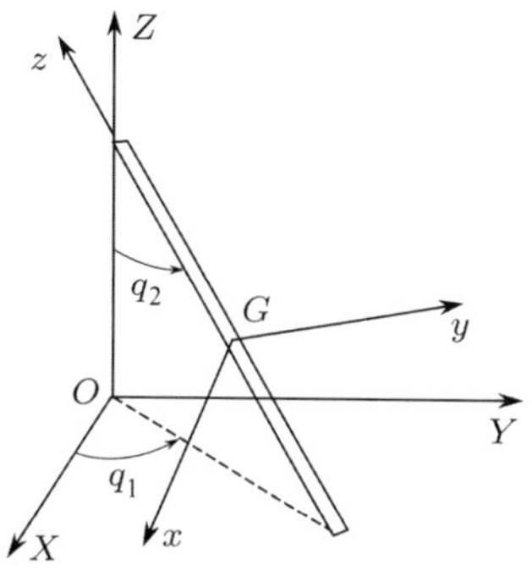

图 143

$$p=\dot{q}_2,\qquad q=\dot{q}_1\sin q_2,$$

$$v_G^2=l^2(\sin^2 q_2\dot{q}_1^2+\dot{q}_2^2),$$

故

$$T=\frac{2}{3}ml^2(\sin^2 q_2\dot{q}_1^2+\dot{q}_2^2).$$

利用拉格朗日函数 $L=T-\Pi$ 求得广义冲量

$$p_1=\frac{\partial L}{\partial\dot{q}_1}=\frac{4}{3}ml^2\sin^2 q_2\dot{q}_1,$$

$$p_2=\frac{\partial L}{\partial\dot{q}_2}=\frac{4}{3}ml^2\dot{q}_2.$$

因为系统是保守的, 哈密顿函数为 $H=T+\Pi$, 可以写成下面形式

$$H=\frac{3}{8ml^2}\left(\frac{p_1^2}{\sin^2 q_2}+p_2^2\right)+mgl\cos q_2.$$

令

$$p_1=\alpha_1,\quad \frac{3}{8ml^2}\left(\frac{\alpha_1^2}{\sin^2 q_2}+p_2^2\right)+mgl\cos q_2=\alpha_2,$$

那么哈密顿–雅可比方程的全积分为

$$S=-\alpha_2 t+\alpha_1 q_1+\int\sqrt{\frac{8ml^2}{3}(\alpha_2-mgl\cos q_2)-\frac{\alpha_1^2}{\sin^2 q_2}}\mathrm{d}q_2.$$

180. 哈密顿系统完全可积的刘维尔定理 在第 163 小节中利用乘子理论已经证明, 对于方程

$$\frac{\mathrm{d}q_i}{\mathrm{d}t}=\frac{\partial H}{\partial p_i},\quad \frac{\mathrm{d}p_i}{\mathrm{d}t}=-\frac{\partial H}{\partial q_i}\quad (i=1,2,\cdots,n),\tag{37}$$

其中 $H=H(q_i,p_i,t)$, 建立其一般积分只需找到 $2n-1$ 个第一积分, 构造第 $2n$ 个积分可以使问题完全解出. 在第 175 小节– 第179 小节中叙述的积分方程 (37) 的雅可比方法给出了更强的结果: 在很多情况下完全解出方程 (37) 只需知道它的 n 个第一积分.

对于 $q_1,\cdots,q_n,p_1,\cdots,p_n,t$ 的函数 $u_1,u_2,\cdots,u_l$, 如果所有泊松括号 (u_i,u_k) $(i,k=1,2,\cdots,l)$ 都恒等于零, 则称这些函数相互对合或者构成对合系统.

定理 (刘维尔定理) 设方程 (37) 的 n 个第一积分

$$f_i(q_1,\cdots,q_n,p_1,\cdots,p_n,t)=\alpha_i=\mathrm{const}\quad (i=1,2,\cdots,n)\tag{38}$$

相互对合，即

$$(f_r, f_s) = 0 \quad (r, s = 1, 2, \cdots, n), \tag{39}$$

并且

$$\frac{\partial(f_1, \cdots, f_n)}{\partial(p_1, \cdots, p_n)} \neq 0, \tag{40}$$

那么方程 (37) 可以完全求解.

证明 首先我们可以发现, 在条件 (40) 下从方程 (38) 可以解出广义冲量

$$p_i = \varphi_i(q_1, \cdots, q_n, \alpha_1, \cdots, \alpha_n, t) \quad (i = 1, 2, \cdots, n). \tag{41}$$

我们将证明, 在定理条件下有

$$\frac{\partial \varphi_i}{\partial q_k} = \frac{\partial \varphi_k}{\partial q_i} \quad (i, k = 1, 2, \cdots, n). \tag{42}$$

在方程 (38) 中将 p_i 代替为 (41) 中的 φ_i, 然后将得到的第 r 个恒等式对 q_i 微分得

$$\frac{\partial f_r}{\partial q_i} + \sum_{k=1}^{n} \frac{\partial f_r}{\partial p_k} \frac{\partial \varphi_k}{\partial q_i} = 0.$$

在该式两边乘以 $\partial f_s / \partial p_i$ 然后对 i 求和得

$$\sum_{i=1}^{n} \frac{\partial f_r}{\partial q_i} \frac{\partial f_s}{\partial p_i} + \sum_{i=1}^{n} \sum_{k=1}^{n} \frac{\partial f_r}{\partial p_k} \frac{\partial f_s}{\partial p_i} \frac{\partial \varphi_k}{\partial q_i} = 0 \quad (r, s = 1, 2, \cdots, n). \tag{43}$$

类似地, 在方程 (38) 中将第 r 个恒等式对 q_k 微分 (当 $p_i = \varphi_i$ 时) 然后对 k 求和得

$$\sum_{k=1}^{n} \frac{\partial f_r}{\partial p_k} \frac{\partial f_s}{\partial q_k} + \sum_{k=1}^{n} \sum_{i=1}^{n} \frac{\partial f_r}{\partial p_k} \frac{\partial f_s}{\partial p_i} \frac{\partial \varphi_i}{\partial q_k} = 0.$$

如果将上式第一个求和中的下标 k 换成 i 并在第二个求和中改变求和顺序, 则得

$$\sum_{i=1}^{n} \frac{\partial f_r}{\partial p_i} \frac{\partial f_s}{\partial q_i} + \sum_{i=1}^{n} \sum_{k=1}^{n} \frac{\partial f_r}{\partial p_k} \frac{\partial f_s}{\partial p_i} \frac{\partial \varphi_i}{\partial q_k} = 0 \quad (r, s = 1, 2, \cdots, n). \tag{44}$$

将等式 (43) 和 (44) 逐项相减, 并考虑到条件 (39) 得

$$\sum_{i=1}^{n} \sum_{k=1}^{n} \frac{\partial f_r}{\partial p_k} \frac{\partial f_s}{\partial p_i} \left(\frac{\partial \varphi_i}{\partial q_k} - \frac{\partial \varphi_k}{\partial q_i} \right) = 0 \quad (r, s = 1, 2, \cdots, n). \tag{45}$$

从这些关系式中取 n 个相应于某个固定值 r 的部分, 写成

$$\sum_{i=1}^{n} \frac{\partial f_s}{\partial p_i} x_i = 0 \quad (s = 1, 2, \cdots, n), \tag{46}$$

其中

$$x_i = \sum_{k=1}^{n} \frac{\partial f_r}{\partial p_k} \left(\frac{\partial \varphi_i}{\partial q_k} - \frac{\partial \varphi_k}{\partial q_i} \right).$$

在条件 (40) 下方程 (46) 只有平凡解, 即

$$\sum_{k=1}^{n} \frac{\partial f_r}{\partial p_k} \left(\frac{\partial \varphi_i}{\partial q_k} - \frac{\partial \varphi_k}{\partial q_i} \right) = 0 \quad (i, r = 1, 2, \cdots, n). \tag{47}$$

从这些关系式中取 n 个相应于某个固定值 i 的部分, 完全类似地可以证明, 所有在 (47) 的圆括号内的表达式都等于零, 即等式 (42) 成立.

利用 (41), 将 (37) 中的哈密顿函数中的 p_i 代以 φ_i 后表示为 H^*, 我们将证明

$$\frac{\partial \varphi_i}{\partial t} = -\frac{\partial H^*}{\partial q_i} \quad (i = 1, 2, \cdots, n). \tag{48}$$

由 (37),(41) 和 (42) 有

$$-\frac{\partial H}{\partial q_i} = \frac{\mathrm{d} p_i}{\mathrm{d} t} = \frac{\mathrm{d} \varphi_i}{\mathrm{d} t} = \frac{\partial \varphi_i}{\partial t} + \sum_{j=1}^{n} \frac{\partial \varphi_i}{\partial q_j} \frac{\mathrm{d} q_j}{\mathrm{d} t} = \frac{\partial \varphi_i}{\partial t} + \sum_{j=1}^{n} \frac{\partial \varphi_j}{\partial q_i} \frac{\partial H}{\partial p_j},$$

于是有

$$\frac{\partial \varphi_i}{\partial t} = -\frac{\partial H}{\partial q_i} - \sum_{j=1}^{n} \frac{\partial H}{\partial p_j} \frac{\partial \varphi_j}{\partial q_i} = -\frac{\partial H^*}{\partial q_i},$$

于是 (48) 得证.

设 S 是 $q_1, \cdots, q_n, t$ 和常数 $\alpha_1, \cdots, \alpha_n$ 的函数, 满足

$$\frac{\partial S}{\partial q_i} = \varphi_i, \quad \frac{\partial S}{\partial t} = -H^*, \tag{49}$$

等式 (42) 和 (48) 是这个函数 S 存在的充分必要条件. 由数学分析可知, 只需积分即计算已知函数的积分. 就可以找到这样的函数 S.

等式 (49) 表明, 函数 S 满足相应于系统 (37) 的哈密顿–雅可比方程, 我们将证明 S 是该方程的全积分, 为此只需验证不等式 (8) 成立. 利用 (49) 的前 n 个等式, 该不等式写成

$$\det \left\| \frac{\partial \varphi_i}{\partial \alpha_k} \right\|_{i,k=1}^{n} \neq 0, \tag{50}$$

这个不等式是方程 (41) 对 $\alpha_1, \cdots, \alpha_n$ 可解的充分必要条件. (41) 等价于原积分 (38), 而该积分在得到 (41) 时已经解出了 $\alpha_1, \cdots, \alpha_n$, 于是不等式 (50) 成立, S 是全积分.

当已知全积分 S 时, 利用关系式 (9) 就完成了方程 (37) 的求解.

可以发现, 远不是每个方程 (37) 都可以完全求解的, 通常无法找到足够数量的第一积分. 这不是因为找第一积分在技术上复杂, 而是因为存在原理性的原因得不到可积性①. □

①对这个问题的详细陈述参见: Козлов В. В. Интегрируемость и неинтегрируемость в гамильтоновой механике // УМН, 1983, Т. 38, вып. 1, С. 3–67.

§6. 作用–角变量

181. 单自由度情况 我们继续研究在第 177 小节–第 179 小节开始研究的关于保守和广义保守系统的几个问题. 我们研究下面周期运动的系统, 对这样的系统, 德洛内提出了在第 178 小节的哈密顿特征函数中特殊的定常冲量 α_i^* $(i=1,2,\cdots,n)$ 的选择. 这些新冲量是在寻找哈密顿–雅可比方程全积分时出现的 α_i 的 n 个独立函数, 称为作用 (准确定义见下面), 下面经常用 I_i 表示, 它们的正则共轭坐标 w_i 称为角变量. 用作用–角变量描述具有周期性的运动非常方便, 在摄动理论中有广泛的应用.

为了理解德洛内方法的本质, 我们从单自由度情况开始. 对于单自由度系统, 相空间是二维平面 q,p, 周期运动只可能有 2 种类型:

在第 1 种类型运动中函数 $q(t),p(t)$ 是同周期的. 运动的映射点在相平面内画出封闭曲线, 这是振动情况. 在第 93 小节–第 96 小节中讨论的单摆振动就是一个例子, 该运动在图 94 中对应着包围中心型奇点的封闭曲线.

在第 2 种类型运动中 $q(t)$ 不是周期的, 但当它增大或减少 q_0 时, 系统构形不变. 相曲线 $p=p(q)$ 是非封闭的, 对变量 q 有周期 q_0. 第 2 种类型的周期运动称为转动, 最简单的例子是刚体定轴转动, 坐标 q 是刚体转角, 它改变 $q_0=2\pi$ 而不改变刚体的位置. 在图 94 中转动情况对应于分界线上下的非封闭相曲线.

设 $H=H(q,p)$ 是单自由度系统的哈密顿函数, 并且 $\partial H/\partial p\neq 0$, 那么根据第 177 小节–第 179 小节哈密顿特征函数为 $V=V(q,\alpha)$, 其中 $\alpha=h$ 是积分 $H=h$ 的积分常数. 由第 178 小节的公式 (17) 有

$$p=\frac{\partial V}{\partial q}. \tag{1}$$

为代替 α 我们引入

$$I=\frac{1}{2\pi}\oint p\mathrm{d}q, \tag{2}$$

其中积分沿着 q 的变化周期 (振动或转动, 要看方程 $H(q,p)=h$ 确定的相曲线), I 称为作用变量. 由 (2) 可知, I 在振动情况下等于封闭相曲线内的面积除以 2π, 在转动情况下等于相曲线与 q 轴上长度为 q_0 的线段之间的面积除以 2π.

将 (1) 代入 (2) 得

$$I=\frac{1}{2\pi}\oint\frac{\partial V(q,\alpha)}{\partial q}\mathrm{d}q, \tag{3}$$

即 $I=I(\alpha)$. 在条件 $\mathrm{d}I/\mathrm{d}\alpha\neq 0$ 下由 (3) 得 $\alpha=\alpha(I)$, 于是得到新哈密顿函数 $H=\alpha(I)$ (见第 178 小节). 引入作用–角变量的单价正则变换 $q,p\to w,I$ 的母函数是 q,I 的函数 $V=V(q,\alpha(I))$. 角变量w 由下面等式确定

$$w=\frac{\partial V}{\partial I}. \tag{4}$$

于是, 引入单自由度哈密顿系统的作用–角变量有如下步骤: 由方程 $H(q,p)=h$ 求出函数 $p=p(q,h)$, 然后计算变量 I 得 h 的函数:

$$I=\frac{1}{2\pi}\oint p(q,h)\mathrm{d}q; \tag{5}$$

求函数 $I=I(h)$ 的反函数得 $h=h(I)$. 给出变换 $q,p\to w,I$ 的母函数为

$$V(q,I)=\int p(q,h(I))\mathrm{d}q; \tag{6}$$

隐变换 $q,p\to w,I$ 由下面公式给出

$$p=\frac{\partial V}{\partial q},\quad w=\frac{\partial V}{\partial I}; \tag{7}$$

新哈密顿函数为

$$\mathcal{H}=\mathcal{H}(I)=h(I). \tag{8}$$

用作用–角变量写成的运动方程为

$$\frac{\mathrm{d}I}{\mathrm{d}t}=-\frac{\partial\mathcal{H}}{\partial w}=0,\quad \frac{\mathrm{d}w}{\mathrm{d}t}=\frac{\partial\mathcal{H}}{\partial I}=\omega(I), \tag{9}$$

由此可得

$$I=I_0=\mathrm{const},\quad w=\omega(I_0)t+w_0. \tag{10}$$

ω 称为周期运动的频率. 求 ω 的过程只需要积分和求解某些变量.

可以发现, 当坐标 q 变化一个周期 (振动或转动情况), 角变量增加 2π. 事实上, 用 Δw 表示 w 在 q 的一个周期内的增量, 考虑到 (4) 有

$$\Delta w=\oint\frac{\partial w}{\partial q}\mathrm{d}q=\oint\frac{\partial^2 V}{\partial I\partial q}\mathrm{d}q.$$

将对 I 的导数移到积分号前面, 注意到 (3) 有

$$\Delta w=\frac{\partial}{\partial I}\oint\frac{\partial V}{\partial q}\mathrm{d}q=\frac{\partial}{\partial I}(2\pi I)=2\pi.$$

这就可以理解为什么称 w 为角变量. 在一个周期内 w 改变 2π, 与刚体定轴转动完全类似 (频率 ω 类似于角速度, w 类似于转角) .

例 1 (刚体定轴转动) 假设没有外力矩, A 是刚体对转动轴的惯性矩, φ 是转角, 则

$$T=\frac{1}{2}A\dot{\varphi}^2,\quad \Pi=0;\quad p_\varphi=A\dot{\varphi},\quad H=\frac{p_\varphi^2}{2A}.$$

设 $\dot{\varphi}>0$, 由方程 $H=h$ 求得 $p_\varphi=\sqrt{2Ah}$, 于是

$$I=\frac{1}{2\pi}\oint p_\varphi\mathrm{d}\varphi=\frac{\sqrt{2Ah}}{2\pi}\int_0^{2\pi}\mathrm{d}\varphi=\sqrt{2Ah};$$

$$V = \int p_\varphi \mathrm{d}\varphi = I\varphi, \quad w = \frac{\partial V}{\partial I} = \varphi, \quad p_\varphi = \frac{\partial V}{\partial \varphi} = I;$$

$$\mathcal{H} = \frac{I^2}{2A}, \quad \omega = \frac{\partial \mathcal{H}}{\partial I} = \frac{I}{A}.$$

例 2 (频率为 ω 的谐振子) 哈密顿函数取为

$$H = \frac{1}{2}\omega(q^2 + p^2).$$

由方程 $H = h$ 得 $p = \pm\sqrt{\dfrac{2h}{\omega} - q^2}$. 如果在等式

$$I = \frac{1}{2\pi}\oint p\mathrm{d}q$$

的右边做变换 $q = \sqrt{2h/\omega}\sin x$, 则得

$$I = \frac{h}{\pi\omega}\int_0^{2\pi}\cos^2 x\mathrm{d}x = \frac{h}{\omega},$$

即

$$\mathcal{H} = \omega I.$$

变换 $q, p \to w, I$ 的母函数为

$$V = \pm\int\sqrt{\frac{2h}{\omega} - q^2}\mathrm{d}q = \pm\int\sqrt{2I - q^2}\mathrm{d}q.$$

由公式 (7) 得引入作用–角变量的变换

$$q = \sqrt{2I}\sin w, \quad p = \sqrt{2I}\cos w. \tag{11}$$

变换 (11) 在第 170 小节的例 6 已经见过.

182. 单摆运动问题的作用–角变量 单摆运动问题在第 93 小节–第 96 小节中已经详细讨论过. 改变一些记号将单摆运动微分方程写成

$$\ddot{q} + \omega_0^2\sin q = 0. \tag{12}$$

这个二阶方程也可以写成哈密顿函数为

$$H = \frac{1}{2}p^2 - \omega_0^2\cos q \tag{13}$$

的两个一阶微分方程.

为了引入作用–角变量, 要分别考虑振动和转动 2 种情况.

在振动情况下, 积分 $H = h$ 的积分常数满足不等式 $-\omega_0^2 < h < \omega_0^2$. 设 β 是振幅, 如果 $k_1 = \sin\dfrac{\beta}{2}$, 则

$$h = 2\omega_0^2 k_1^2 - \omega_0^2, \tag{14}$$

而作用 I 的计算公式为

$$I = \frac{1}{2\pi}\oint p\mathrm{d}q = 4\frac{1}{2\pi}\int_0^\beta p\mathrm{d}q, \tag{15}$$

其中

$$p = 2\omega_0\sqrt{k_1^2 - \sin^2\frac{q}{2}}. \tag{16}$$

引入变量 ψ 来代替 q

$$\psi = \arcsin\left(\frac{1}{k_1}\sin\frac{q}{2}\right), \tag{17}$$

表达式 (15) 可以改写成

$$\begin{aligned} I &= \frac{8\omega_0}{\pi}\int_0^{\frac{\pi}{2}}\frac{k_1^2\cos^2\psi}{\sqrt{1-k_1^2\sin^2\psi}}\mathrm{d}\psi \\ &= \frac{8\omega_0}{\pi}\left[\int_0^{\frac{\pi}{2}}\sqrt{1-k_1^2\sin^2\psi}\mathrm{d}\psi - (1-k_1^2)\int_0^{\frac{\pi}{2}}\frac{\mathrm{d}\psi}{\sqrt{1-k_1^2\sin^2\psi}}\right], \end{aligned} \tag{18}$$

即

$$I = \frac{8\omega_0}{\pi}[E(k_1) - (1-k_1^2)K(k_1)], \tag{19}$$

其中 K 和 E 分别是第一类和第二类全椭圆积分.

等式 (19) 确定了 k_1 的函数 I. 将它的两边对 k_1 微分, 考虑到第 95 小节的公式 (21), 得

$$\frac{\partial I}{\partial k_1} = \frac{8\omega_0}{\pi}k_1K(k_1). \tag{20}$$

可见 $\dfrac{\partial I}{\partial k_1} \neq 0$, 因此根据隐函数定理, 等式 (19) 对 k_1 可解, 并且函数 k_1 对 I 的导数为

$$\frac{\partial k_1}{\partial I} = \frac{\pi}{8\omega_0 k_1 K(k_1)}. \tag{21}$$

新哈密顿函数 $\mathcal{H}$ 只依赖于 I, 由 (14) 和 (19) 确定, 去掉不重要的常数 $-\omega_0^2$ 得

$$\mathcal{H} = 2\omega_0^2 k_1^2, \tag{22}$$

其中 $k_1 = k_1(I)$ 是 $I(k_1)$ 的反函数, 由 (19) 确定.

由 (21) 和 (22) 求得振动频率

$$\omega_1 = \frac{\partial \mathcal{H}}{\partial I} = \frac{\partial \mathcal{H}}{\partial k_1}\frac{\partial k_1}{\partial I} = \frac{\pi\omega_0}{2K(k_1)}. \tag{23}$$

对于振动周期 $\tau = \dfrac{2\pi}{\omega_1}$ 有 $\tau = \dfrac{4K(k_1)}{\omega_0}$, 与第 96 小节中得到的一致.

正则变换 $q, p \to w, I$ 的母函数 (6) 在变量替换 (17) 下得

$$V(q, I) = 4\omega_0[E(\psi, k_1) - (1 - k_1^2)F(\psi, k_1)], \tag{24}$$

其中 F 和 E 分别是第一类和第二类椭圆积分, ψ 由等式 (17) 确定, 而 $k_1 = k_1(I)$ 由 (19) 确定.

根据 (7) 的第 2 个公式, 角变量为①

$$w = \frac{\partial V}{\partial I} = \frac{\partial V}{\partial k_1}\frac{\partial k_1}{\partial I}. \tag{25}$$

将 (24) 两边对 k_1 微分给出

$$\frac{\partial V}{\partial k_1} = 4\omega_0\left[\frac{\partial E}{\partial k_1} + \frac{\partial E}{\partial \psi}\frac{\partial \psi}{\partial k_1} + 2k_1 F - (1 - k_1^2)\left(\frac{\partial F}{\partial k_1} + \frac{\partial F}{\partial \psi}\frac{\partial \psi}{\partial k_1}\right)\right]. \tag{26}$$

又由 (17) 得

$$\frac{\partial \psi}{\partial k_1} = -\frac{\sin\psi}{k_1\cos\psi}. \tag{27}$$

利用这个公式以及第 95 小节中关系式 (13), (14), (19) 和 (20), 等式 (26) 变为

$$\frac{\partial V}{\partial k_1} = 4\omega_0 k_1 F(\psi, k_1). \tag{28}$$

考虑到 (21) 和 (28), 由公式 (25) 得出

$$\frac{2K(k_1)w}{\pi} = F(\psi, k_1) = \int_0^{\psi} \frac{\mathrm{d}x}{\sqrt{1 - k_1^2\sin^2 x}},$$

即

$$\psi = \mathrm{am}\frac{2K(k_1)w}{\pi}. \tag{29}$$

由 (16),(17) 和 (29) 可得单摆振动情况下引入作用–角变量的正则变换

$$q = 2\arcsin\left[k_1 \mathrm{sn}\left(\frac{2K(k_1)w}{\pi}, k_1\right)\right],$$

$$p = 2\omega_0 k_1 \mathrm{cn}\left(\frac{2K(k_1)w}{\pi}, k_1\right). \tag{30}$$

①原文下面公式有误, 已更正.

这个变换是单价的, 对 w 以 2π 为周期, 它将哈密顿哈函数 (13) 变为 (22).

下面研究摆转动情况, 这时能量积分中的 h 满足不等式 $h > \omega_0^2$. 因为将 p, q 替换为 $-p, -q$ 哈密顿函数 (13) 不变, 故我们只研究 p 为正的转动情况. 设 $t = 0$ 时有 $q = 0, p = p_0 > 0$, 那么

$$h = \frac{1}{2}p_0^2 - \omega_0^2 = \frac{2\omega_0^2}{k_2^2} - \omega_0^2, \tag{31}$$

其中

$$k_2^2 = \frac{4\omega_0^2}{p_0^2} = \frac{2\omega_0^2}{\omega_0^2 + h} \quad (0 < k_2 < 1), \tag{32}$$

相曲线 $p = p(q, h)$ 由下面方程给出

$$p = \frac{2\omega_0}{k_2}\sqrt{1 - k_2^2 \sin^2 \frac{q}{2}}. \tag{33}$$

作用 I 的表达式为

$$I = \frac{1}{2\pi}\oint p\mathrm{d}q = \frac{\omega_0}{\pi k_2}\int_{-\pi}^{\pi}\sqrt{1 - k_2^2 \sin^2 \frac{q}{2}}\mathrm{d}q,$$

或者利用被积表达式的偶数性并做变换 $q = 2x$ 得

$$I = \frac{4\omega_0}{\pi k_2}\int_0^{\pi/2}\sqrt{1 - k_2^2 \sin^2 x}\mathrm{d}x,$$

即

$$I = \frac{4\omega_0 E(k_2)}{\pi k_2}. \tag{34}$$

利用第 95 小节中关系式 (21), 由 (34) 求得

$$\frac{\partial I}{\partial k_2} = -\frac{4\omega_0 K(k_2)}{\pi k_2^2}.$$

因为 $\partial I/\partial k_2 \neq 0$, 故等式 (34) 对 k_2 可解, 并且 k_2 对 I 的微分为

$$\frac{\partial k_2}{\partial I} = -\frac{\pi k_2^2}{4\omega_0 K(k_2)}. \tag{35}$$

新哈密顿函数由 (31) 和 (34) 确定. 去掉不重要的常数 $-\omega_0^2$ 得

$$\mathcal{H} = \frac{2\omega_0^2}{k_2^2}, \tag{36}$$

其中 $k_2 = k_2(I)$ 是 $I(k_2)$ 的反函数, 由 (34) 确定.

考虑到 (35), 转动频率表达式为

$$\omega_2 = \frac{\partial \mathcal{H}}{\partial I} = \frac{\partial \mathcal{H}}{\partial k_2}\frac{\partial k_2}{\partial I} = \frac{\pi\omega_0}{k_2 K(k_2)}. \tag{37}$$

在时间段 $2\pi/\omega_2$ 内 q 的增量为 2π.

母函数 (6) 的表达式为

$$V(q, I) = \frac{4\omega_0}{k_2} E\left(\frac{q}{2}, k_2\right). \tag{38}$$

角变量的引入借助公式

$$w = \frac{\partial V}{\partial I} = \frac{\partial V}{\partial k_2}\frac{\partial k_2}{\partial I},$$

利用 (35) 和第 95 小节中的 (20)该公式变为

$$\frac{K(k_2)w}{\pi} = F\left(\frac{q}{2}, k_2\right).$$

由此式和 (33) 得

$$q = 2\mathrm{am}\left(\frac{K(k_2)w}{\pi}\right), \quad p = \frac{2\omega_0}{k_2}\mathrm{dn}\left(\frac{K(k_2)w}{\pi}\right), \tag{39}$$

其中 $k_2 = k_2(I)$ 由 (34) 确定. 公式 (39) 给出单价正则变换将哈密顿函数 (13) 变为 (36).

183. n 个自由度系统的作用–角变量 只考虑第 177 小节中由哈密顿特征函数确定的方程 (13) 是分离变量的, 那么

$$V = \sum_{i=1}^{n} V_i(q_i, \alpha_1, \alpha_2, \cdots, \alpha_{n-1}, h). \tag{40}$$

由此式和第 178 小节中的公式 (17) 得

$$p_i = \frac{\partial V}{\partial q_i} = \frac{\partial V_i}{\partial q_i} = p_i(q_i, \alpha_1, \alpha_2, \cdots, \alpha_{n-1}, h) \quad (i = 1, 2, \cdots, n). \tag{41}$$

这些方程给出了 $2n$ 维相空间 $q_1, \cdots, q_n, p_1, \cdots, p_n$ 中的轨迹在平面 $q_i, p_i (i = 1, 2, \cdots, n)$ 上的投影. 假设在每个平面内的运动都是周期的, 即在平面 q_i, p_i 内曲线 (41) 是封闭的或者对变量 q_i 是以 q_{i0} 为周期的.

由于系统是完全分离变量的, 对于固定的 $\alpha_1, \alpha_2, \cdots, \alpha_{n-1}, h$, 在平面 $q_i, p_i \quad (i = 1, 2, \cdots, n)$ 内的运动都是独立的, 可以像在第 181 小节中对单自由度情况那样研究, 于是有

$$I_i = \frac{1}{2\pi}\oint p_i \mathrm{d}q_i = \frac{1}{2\pi}\oint \frac{\partial V}{\partial q_i}\mathrm{d}q_i \quad (i = 1, 2, \cdots, n), \tag{42}$$

其中积分沿着运动的一个整周期. 等式 (42) 确定 n 个函数 $I_i = I_i(\alpha_1, \alpha_2, \cdots, \alpha_{n-1}, h)$, 由于 $q_i, p_i \quad (i = 1, 2, \cdots, n)$ 的独立性, 这些函数 I_i 是独立的. $I_1, \cdots, I_n$ 可以取为新冲量 (代替 $\alpha_1, \alpha_2, \cdots, \alpha_{n-1}, h$), 那么

$$\alpha_1 = f_1(I_1, I_2, \cdots, I_n), \quad \alpha_2 = f_2(I_1, I_2, \cdots, I_n), \cdots,$$

$$\alpha_{n-1} = f_{n-1}(I_1, I_2, \cdots, I_n), \quad \alpha_n = f_n(I_1, I_2 \cdots, I_n).$$

将它们代替 (40) 得

$$V = V(q_1, \cdots, q_n, I_1, \cdots, I_n).$$

关系式

$$p_i = \frac{\partial V}{\partial q_i}, \quad w_i = \frac{\partial V}{\partial I_i} \quad (i = 1, 2, \cdots, n) \tag{43}$$

隐式给出的单价正则变换将原变量 q_i, p_i 变为作用–角变量 I_i, w_i. 新哈密顿函数为

$$\mathcal{H} = f_n(I_1, I_2, \cdots, I_n). \tag{44}$$

新坐标(角 w_i) 是循环坐标.

用新变量写成的运动方程为

$$\frac{\mathrm{d}I_i}{\mathrm{d}t} = 0, \quad \frac{\mathrm{d}w_i}{\mathrm{d}t} = \frac{\partial \mathcal{H}}{\partial I_i} = \omega_i(I_1, I_2, \cdots, I_n) \quad (i = 1, 2, \cdots, n),$$

其中 ω_i 是周期运动 (在平面 q_i, p_i 内) 的频率.

可见, 德洛内方法可以通过研究函数 H 和 V 得到所有的频率, 完全不需要研究系统的运动.

我们将证明, 第 i 个角变量 w_i 在第 j 个坐标变化一个完整周期后得到增量为

$$\Delta\omega_i = 2\pi\delta_{ij},$$

其中 δ_{ij} 是克罗尼克记号. 事实上, 利用公式 (42) 和 (43) 求出

$$\Delta\omega_i = \oint \frac{\partial w_i}{\partial q_j}\mathrm{d}q_j = \oint \frac{\partial^2 V}{\partial I_i \partial q_j}\mathrm{d}q_j = \frac{\partial}{\partial I_i}\oint \frac{\partial V}{\partial q_j}\mathrm{d}q_j = \frac{\partial}{\partial I_i}(2\pi I_j) = 2\pi\delta_{ij}.$$

评注 4 如果 q_i 是循环坐标, 则相应的冲量 p_i 是常数, 在 q_i, p_i 平面内的轨迹是直线, 那么在 q_i, p_i 平面内的运动可以认为是以任意 q_{i0} 为周期的 (转动类型). 取 $q_{i0} = 2\pi$, 则

$$I_i = \frac{1}{2\pi}\oint p_i \mathrm{d}q_i = \frac{1}{2\pi}\int_0^{2\pi} p_i \mathrm{d}q_i = \frac{1}{2\pi}p_i \int_0^{2\pi} \mathrm{d}q_i = p_i,$$

即在 q_i 是循环坐标情况下作用 I_i 与冲量 p_i 一致.

184. 二体问题中的作用–角变量 二体问题在第 8 章 §1 研究过, 这里将研究该问题中的作用–角变量. 我们继续使用第 8 章 §1 的记号, 认为轨道是椭圆 (或者特殊情况是圆). P 点到引力中心 O 的距离 r 满足不等式 $r_1 \leqslant r \leqslant r_2$, 其中 $r_1 = a(1-e)$, $r_2 = a(1+e)$ (a 是轨道半长轴, e 是偏心率). 由此式以及第 8 章 §1 的公式可得

$$r_1 + r_2 = 2a, \quad r_1 r_2 = a^2(1-e^2) = ap = \frac{ac^2}{k}, \tag{45}$$

其中 p 是轨道参数, c 是面积积分常数, k 在第 115 小节给出了定义.

第 115 小节的二体问题方程 (1) 相应于第二类拉格朗日方程, 其拉格朗日函数为 $L=T-\Pi$, 其中 $T=\dfrac{1}{2}v^2,\quad \Pi=-\dfrac{k}{r}$. 速度平方 v^2 用球坐标 (见图 9) 写出的表达式为第 9 小节中的 (30), 所以

$$L=\frac{1}{2}(\dot r^2+r^2\sin^2\theta\dot\varphi^2+r^2\dot\theta^2)+\frac{k}{r},$$

广义冲量为

$$p_r=\dot r,\quad p_\varphi=r^2\sin^2\theta\dot\varphi,\quad p_\theta=r^2\dot\theta, \tag{46}$$

而哈密顿函数 $H=T+\Pi$ 写成

$$H=\frac{1}{2}\left(p_r^2+\frac{p_\varphi^2}{r^2\sin^2\theta}+\frac{p_\theta^2}{r^2}\right)-\frac{k}{r}. \tag{47}$$

φ 是循环坐标, 所以 $p_\varphi=\alpha_\varphi=\text{const}$, 哈密顿特征函数为

$$V=\alpha_\varphi\varphi+\int p_\theta \mathrm{d}\theta+\int p_r\mathrm{d}r, \tag{48}$$

并且

$$p_\theta^2+\frac{\alpha_\varphi^2}{\sin^2\theta}=\alpha_\theta^2=\text{const},\quad p_r^2+\frac{\alpha_\theta^2}{r^2}-\frac{2k}{r}=2\alpha_3=\text{const}, \tag{49}$$

常数 $2\alpha_3$ 等于第 117 小节中能量积分 (7) 中的常数 h, 对椭圆轨道是负数.

由 (49) 可得

$$p_r^2=2\alpha_3+\frac{2k}{r}-\frac{\alpha_\theta^2}{r^2}\equiv-\frac{2\alpha_3(r-r_1)(r_2-r)}{r^2}. \tag{50}$$

比较 r 的同次系数给出 α_θ,α_3 与 r_1,r_2 的关系:

$$r_1+r_2=-\frac{k}{\alpha_3},\quad r_1r_2=-\frac{\alpha_\theta^2}{2\alpha_3}. \tag{51}$$

比较 (45) 第 1 式和 (51) 的第 1 式得

$$a=-\frac{k}{2\alpha_3}. \tag{52}$$

比较 (45) 第 2 式和 (51) 的第 2 式得

$$\alpha_\theta=c, \tag{53}$$

即 (49) 中的常数 α_θ 等于面积积分常数.

下面引入作用 I_r,I_φ,I_θ. 因为 φ 是循环坐标, 故根据上小节的评注有

$$I_\varphi=p_\varphi=\alpha_\varphi. \tag{54}$$

I_r, I_θ 由下面等式确定

$$I_\theta = \frac{1}{2\pi}\oint p_\theta \mathrm{d}\theta, \quad I_r = \frac{1}{2\pi}\oint p_r \mathrm{d}r. \tag{55}$$

为了计算 (55) 的第 1 个积分, 我们发现对于球坐标有下面关系式①

$$2T = p_r\dot{r} + p_\varphi\dot{\varphi} + p_\theta\dot{\theta}. \tag{56}$$

如果在轨道平面内引入极坐标 r, ν (ν 为真近点角), 则 $2T = \dot{r}^2 + r^2\dot{\nu}^2$, $p_r = \dot{r}$, $p_\nu = r^2\dot{\nu}$. 对于冲量 p_ν 考虑到面积积分 $r^2\dot{\nu} = c$ 和公式 (53) 有 $p_\nu = c = \alpha_\theta$. 表达式 $2T = p_r\dot{r} + p_\nu\dot{\nu}$ 可以写成

$$2T = p_r\dot{r} + \alpha_\theta\dot{\nu}. \tag{57}$$

比较公式 (56) 和 (57) 的左边, 考虑到等式 (54) 可得

$$p_\theta \mathrm{d}\theta = \alpha_\theta \mathrm{d}\nu - I_\varphi \mathrm{d}\varphi. \tag{58}$$

点 P 沿着轨道转动一圈, 角 θ 完成一次振动, 角 ν 和 φ 改变了 2π, 所以由公式 (58) 可得 (55) 的第 1 个积分 $I_\theta = \alpha_\theta - I_\varphi$, 即

$$\alpha_\varphi = I_\varphi + I_\theta. \tag{59}$$

当 r 从 r_1 增加到 r_2 时 (55) 的第 2 个积分中 p_r 为正, 而当 r 从 r_2 减小到 r_1 时 p_r 为负. 考虑到关系式 (50) 有

$$I_r = \frac{\sqrt{-2\alpha_3}}{\pi}\int_{r_1}^{r_2}\frac{\sqrt{(r-r_1)(r_2-r)}}{r}\mathrm{d}r. \tag{60}$$

为了计算该公式右边的积分, 用新变量 $x(r)$ 代替 r,

$$r = \frac{r_1 + r_2x^2}{1+x^2},$$

那么

$$r - r_1 = \frac{(r_2-r_1)x^2}{1+x^2}, \quad r_2 - r = \frac{r_2-r_1}{1+x^2}, \quad \mathrm{d}r = \frac{2(r_2-r_1)x}{(1+x^2)^2}\mathrm{d}x,$$

$$x(r_1) = 0, \quad x(r_2) = +\infty,$$

所以

$$I_r = \frac{2\sqrt{-2\alpha_3}(r_2-r_1)^2}{\pi}\int_0^\infty \frac{x^2}{(r_1+r_2x^2)(1+x^2)^2}\mathrm{d}x. \tag{61}$$

①参见: Голдстейн Г. Классическая механика. М.: Наука, 1975.

(61) 中被积表达式可以写成

$$\frac{x^2}{(r_1+r_2x^2)(1+x^2)^2}=\frac{1}{r_2-r_1}\left[\frac{r_1}{r_2-r_1}\cdot\frac{1}{1+x^2}-\frac{r_1r_2}{r_2-r_1}\cdot\frac{1}{r_1+r_2x^2}+\frac{1}{(1+x^2)^2}\right].$$

又由于

$$\int_0^\infty\frac{\mathrm{d}x}{1+x^2}=\frac{\pi}{2},\quad \int_0^\infty\frac{\mathrm{d}x}{r_1+r_2x^2}=\frac{\pi}{2\sqrt{r_1r_2}},\quad \int_0^\infty\frac{\mathrm{d}x}{(1+x^2)^2}=\frac{\pi}{4},$$

故通过积分和不复杂的变换, (61) 写成

$$I_r=\frac{\sqrt{-2\alpha_3}}{2}(r_1+r_2-2\sqrt{r_1r_2}).\tag{62}$$

应用 (51) 的 r_1+r_2 和 r_1r_2 的表达式, 并考虑到等式 (59), (62) 可以写成如下公式

$$I_r=\frac{k}{\sqrt{-2\alpha_3}}-(I_\varphi+I_\theta).\tag{63}$$

根据 (47) 和 (49) 有 $H=\alpha_3$, 所以考虑到引入作用–角变量的正则变换是单价的, 由 (63) 得到如下用变量 I_r, I_φ, I_θ 表示的哈密顿函数:

$$\mathcal{H}=-\frac{k^2}{2(I_r+I_\varphi+I_\theta)^2}.\tag{64}$$

相应于 I_r, I_φ, I_θ 的角变量记为 w_r, w_φ, w_θ, 因为

$$\frac{\partial\mathcal{H}}{\partial I_r}=\frac{\partial\mathcal{H}}{\partial I_\varphi}=\frac{\partial\mathcal{H}}{\partial I_\theta},$$

故相应的频率 $\omega_r, \omega_\varphi, \omega_\theta$ 都相等. 因为质点沿着椭圆轨道的运动是周期的 (见第121小节), 这个结论是正确的.

185. 德洛内元素 我们引入比变量 $I_r, I_\varphi, I_\theta, w_r, w_\varphi, w_\theta$ 有更明确几何意义和力学意义的新变量 $I_i, w_i\quad(i=1,2,3)$. 为此先做变换

$$w_1=w_\varphi-w_\theta,\quad w_2=w_\theta-w_r,\quad w_3=w_r,\tag{65}$$

$$I_1=I_\varphi,\quad I_2=I_\varphi+I_\theta,\quad I_3=I_r+I_\varphi+I_\theta.\tag{66}$$

利用第 169 小节中的某个判据可以验证, 等式 (65), (66) 给出单价正则变换. 用新变量写成的哈密顿函数为

$$\mathcal{H}=-\frac{k^2}{2I_3^2}.\tag{67}$$

下面解释变量 $I_i, w_i\quad(i=1,2,3)$ 的意义. 考虑到 $H=\alpha_3$ 由 (52) 和 (67) 求出,

$$I_3=\sqrt{ka}.\tag{68}$$

进而有

$$\frac{\mathrm{d}w_3}{\mathrm{d}t}=\frac{\partial\mathcal{H}}{\partial I_3}=\frac{k^2}{I_3^3}=\frac{k^2}{(ka)^{3/2}}=\frac{\sqrt{k}}{a^{3/2}}=n,$$

其中 n 是平运动 (见第 121 小节中公式 (20)), 即 w_3 与平近点角 $n(t-\tau)$ 相差一个常数 (见第 122 小节; τ 是 P 点过近心点时间), 假设该常数为零, 则

$$w_3=n(t-\tau). \tag{69}$$

下面来看正则共轭变量 I_2,w_2. 由 (53),(59) 和 (66) 可知, $I_2=c$, 即 I_2 是点 P 对引力中心的动量矩大小. 又由 (45) 可知 $c=\sqrt{ka(1-e^2)}$, 所以

$$I_2=\sqrt{ka(1-e^2)}. \tag{70}$$

因为 $\mathrm{d}w_2/\mathrm{d}t=\partial\mathcal{H}/\partial I_2=0$, 故 w_2 是在轨道平面内的某个常值角度, 令

$$w_2=\omega, \tag{71}$$

其中 ω 是从节点到近心点的角距离 (见第 123 小节).

最后来看变量 I_1,w_1. 根据 (54) 和 (66), $I_1=\alpha_\varphi$, 即 I_1 是 P 点动量矩在 Oz 轴上的投影 (见图 9 和图 126). 考虑到 $\mathrm{d}w_1/\mathrm{d}t=\partial\mathcal{H}/\partial I_1=0$ 得, w_1 是平面 Oxy 内的某个常值角度, 我们取 w_1 为升交点赤经 Ω, 于是有 (见图 126 和公式 (70)):

$$I_1=c\cos i=I_2\cos i=\sqrt{ka(1-e^2)}\cos i,\quad w_1=\Omega, \tag{72}$$

其中 i 是轨道倾角.

这样引入的正则共轭变量 I_1,I_2,I_3,w_1,w_2,w_3 称为*德洛内正则变量*或者简称*德洛内元素*, 效仿德洛内, 用记号 H,G,L,h,g,l 来表示 (不要混淆德洛内元素记号 H,L,h 与哈密顿函数、拉格朗日函数和能量积分常数!). 由式 (68)~(72) 可得德洛内元素与通常的轨道要素之间的关系:

$$\begin{aligned}L&=\sqrt{ka},\quad l=n(t-\tau),\\G&=\sqrt{ka(1-e^2)},\quad g=\omega,\\H&=\sqrt{ka(1-e^2)}\cos i,\quad h=\Omega.\end{aligned} \tag{73}$$

二体问题的哈密顿函数用德洛内变量可以写成

$$\mathcal{H}=-\frac{k^2}{2L^2}. \tag{74}$$

两组庞加莱正则元素. 对于很多应用 (例如研究行星的运动) 需要正则共轭变量中有些在小偏心率和小倾角时是小量, 庞加莱引入 2 组这样的变量, 称为*庞加莱元素*.

第 1 组庞加莱元素$\Lambda, \Gamma, Z, \lambda, \gamma, z$ 与德洛内元素的关系由单价正则变换得到:

$$\Lambda = L, \quad \Gamma = L - G, \quad Z = G - H,$$

$$\lambda = l + g + h, \quad \gamma = -g - h, \quad z = -h. \tag{75}$$

由此式和 (73) 可将元素 $\Lambda, \Gamma, Z, \lambda, \gamma, z$ 用通常轨道要素表示出来

$$\Lambda = \sqrt{ka}, \quad \lambda = n(t - \tau) + \omega + \Omega,$$

$$\Gamma = \sqrt{ka}(1 - \sqrt{1 - e^2}), \quad \gamma = -\omega - \Omega, \tag{76}$$

$$Z = \sqrt{ka(1 - e^2)}(1 - \cos i), \quad z = -\Omega.$$

对于小偏心率和小倾角的轨道, 元素 Γ, Z 分别是 e^2, i^2 的量级.

第 2 组庞加莱元素Λ, λ 与第 1 组相同, 其它 4 个元素由下面公式定义 (ξ, p 是冲量, η, q 是坐标):

$$\xi = \sqrt{2\Gamma}\cos\gamma, \quad \eta = \sqrt{2\Gamma}\sin\gamma,$$

$$p = \sqrt{2Z}\cos z, \quad q = \sqrt{2Z}\sin z. \tag{77}$$

对于小偏心率和小倾角的轨道, ξ, η 和 p, q 分别是 e 和 i 的量级.

对于第 1 和第 2 组庞加莱元素, 二体问题的哈密顿函数为

$$\mathcal{H} = -\frac{k^2}{2\Lambda^2}. \tag{78}$$

§7. 摄动理论中的正则变换

186. 引子 实际力学系统运动微分方程的精确积分只在极少数情况下是可能的, 所以产生了很多近似地研究力学系统的方法, 其运动方程不能精确积分, 但同时其某个简化问题有精确解. 这个简化问题称为无摄动问题, 这些方法构成了摄动理论, 该理论在很多用微分方程描述过程的科学技术领域有非常广泛的应用.

在摄动理论中假设实际系统 (摄动系统) 与简化模型 (无摄动系统) 之间的差别可以看作微小摄动. 例如, 在力学系统上除了作用着基本力, 还有与基本力相比很小的其它力, 这就是摄动. 又如, 如果忽略太阳并认为地球和月球是质点, 则月球绕地球运动的无摄动问题就是二体问题. 太阳引力的影响以及地球、月球与质点的差别是小量, 可以认为是摄动, 可以用摄动方法考虑.

有时力学系统的运动方程非常复杂, 无法得到精确解, 但是可以选取一个其它系统使其与原系统差不多一样, 而且运动方程可以精确求解. 原系统和所选取的系统的差别归结为微小摄动.

在力学中详细研究运动方程可以精确积分求解的系统, 这是因为它们常作为复杂实际系统的无摄动问题.

用摄动理论的方法可以研究力学系统在有限时间内 (尽管有时时间很长) 的运动.

本节应用摄动理论中的正则变换研究哈密顿方程描述的系统的运动.

187. 力学问题的常数变异 假设在力学系统的运动方程

$$\frac{\mathrm{d}q_i}{\mathrm{d}t}=\frac{\partial H}{\partial p_i},\quad \frac{\mathrm{d}p_i}{\mathrm{d}t}=-\frac{\partial H}{\partial q_i}\quad (i=1,2,\cdots,n) \tag{1}$$

中的哈密顿函数 $H(q_i,p_i,t)$ 可以写成

$$H=H_0+H_1, \tag{2}$$

并且函数 H_0 对应的微分方程

$$\frac{\mathrm{d}q_i}{\mathrm{d}t}=\frac{\partial H_0}{\partial p_i},\quad \frac{\mathrm{d}p_i}{\mathrm{d}t}=-\frac{\partial H_0}{\partial q_i}\quad (i=1,2,\cdots,n) \tag{3}$$

可以积分出来. 设 (3) 的解为

$$q_i=q_i(q_{10},\cdots,q_{n0},p_{10},\cdots,p_{n0},t),\quad p_i=p_i(q_{10},\cdots,q_{n0},p_{10},\cdots,p_{n0},t), \tag{4}$$

其中 q_{i0} 和 p_{i0} 是 $t=0$ 时 q_i,p_i 的初值. 为了积分方程 (1), 我们取 q_{i0},p_{i0} 为新变量, 按公式 (4) 作变量替换, 这就是哈密顿方程 (1) 描述的力学系统的任意常数变异问题.

公式 (4) 给出 (见第 171 小节)单价正则变换, 这个变换有逆变换:

$$q_{i0}=q_{i0}(q_1,\cdots,q_n,p_1,\cdots,p_n,t),\quad p_{i0}=p_{i0}(q_1,\cdots,q_n,p_1,\cdots,p_n,t), \tag{5}$$

它也是单价正则变换. 于是函数 (5) 的泊松括号满足下面等式 (见第 167 小节):

$$(q_{i0},q_{k0})=0,\quad (p_{i0},p_{k0})=0,\quad (q_{i0},p_{k0})=\delta_{ik}. \tag{6}$$

此外, 根据第 167 小节, 作为方程 (3) 的积分, 函数 (5) 满足等式

$$\frac{\partial q_{i0}}{\partial t}+(q_{i0},H_0)=0,\quad \frac{\partial p_{i0}}{\partial t}+(p_{i0},H_0)=0. \tag{7}$$

我们将利用 (1) 求新变量 q_{i0},p_{i0} 对时间的导数. 将表达式 (5) 微分并考虑到等式 (7) 和 (2) 得

$$\begin{aligned}\frac{\mathrm{d}q_{i0}}{\mathrm{d}t}&=\frac{\partial q_{i0}}{\partial t}+\sum_{k=1}^{n}\left(\frac{\partial q_{i0}}{\partial q_k}\frac{\mathrm{d}q_k}{\mathrm{d}t}+\frac{\partial q_{i0}}{\partial p_k}\frac{\mathrm{d}p_k}{\mathrm{d}t}\right)=\frac{\partial q_{i0}}{\partial t}+(q_{i0},H)\\&=-(q_{i0},H_0)+(q_{i0},H)=(q_{i0},H-H_0)=(q_{i0},H_1),\end{aligned} \tag{8}$$

$$\frac{\mathrm{d}p_{i0}}{\mathrm{d}t} = \frac{\partial p_{i0}}{\partial t} + \sum_{k=1}^{n}\left(\frac{\partial p_{i0}}{\partial q_k}\frac{\mathrm{d}q_k}{\mathrm{d}t} + \frac{\partial p_{i0}}{\partial p_k}\frac{\mathrm{d}p_k}{\mathrm{d}t}\right) = \frac{\partial p_{i0}}{\partial t} + (p_{i0}, H)$$
$$= -(p_{i0}, H_0) + (p_{i0}, H) = (p_{i0}, H - H_0) = (p_{i0}, H_1). \tag{9}$$

设 H_1^* 是作变量替换 (4) 后的函数 H_1, 那么

$$\frac{\partial H_1}{\partial q_k} = \sum_{l=1}^{n}\left(\frac{\partial H_1^*}{\partial q_{l0}}\frac{\partial q_{l0}}{\partial q_k} + \frac{\partial H_1^*}{\partial p_{l0}}\frac{\partial p_{l0}}{\partial q_k}\right),$$

$$\frac{\partial H_1}{\partial p_k} = \sum_{l=1}^{n}\left(\frac{\partial H_1^*}{\partial q_{l0}}\frac{\partial q_{l0}}{\partial p_k} + \frac{\partial H_1^*}{\partial p_{l0}}\frac{\partial p_{l0}}{\partial p_k}\right). \tag{10}$$

利用这些等式和关系式 (6) 得

$$\begin{aligned}(q_{i0}, H_1) &= \sum_{k=1}^{n}\left(\frac{\partial q_{i0}}{\partial q_k}\frac{\partial H_1}{\partial p_k} - \frac{\partial q_{i0}}{\partial p_k}\frac{\partial H_1}{\partial q_k}\right)\\ &= \sum_{k=1}^{n}\frac{\partial q_{i0}}{\partial q_k}\sum_{l=1}^{n}\left(\frac{\partial H_1^*}{\partial q_{l0}}\frac{\partial q_{l0}}{\partial p_k} + \frac{\partial H_1^*}{\partial p_{l0}}\frac{\partial p_{l0}}{\partial p_k}\right)\\ &\quad -\sum_{k=1}^{n}\frac{\partial q_{i0}}{\partial p_k}\sum_{l=1}^{n}\left(\frac{\partial H_1^*}{\partial q_{l0}}\frac{\partial q_{l0}}{\partial q_k} + \frac{\partial H_1^*}{\partial p_{l0}}\frac{\partial p_{l0}}{\partial q_k}\right)\\ &= \sum_{l=1}^{n}\frac{\partial H_1^*}{\partial q_{l0}}(q_{i0}, q_{l0}) + \sum_{l=1}^{n}\frac{\partial H_1^*}{\partial p_{l0}}(q_{i0}, p_{l0})\\ &= \frac{\partial H_1^*}{\partial p_{i0}}.\end{aligned} \tag{11}$$

类似地

$$(p_{i0}, H_1) = \sum_{l=1}^{n}\frac{\partial H_1^*}{\partial q_{l0}}(p_{i0}, q_{l0}) + \sum_{l=1}^{n}\frac{\partial H_1^*}{\partial p_{l0}}(p_{i0}, p_{l0}) = -\frac{\partial H_1^*}{\partial q_{i0}}. \tag{12}$$

利用 (11) 和 (12) 将方程 (8), (9) 写成

$$\frac{\mathrm{d}q_{i0}}{\mathrm{d}t} = \frac{\partial H_1^*}{\partial p_{i0}}, \quad \frac{\mathrm{d}p_{i0}}{\mathrm{d}t} = -\frac{\partial H_1^*}{\partial q_{i0}} \quad (i = 1, 2, \cdots, n). \tag{13}$$

如果 $H = H_0$ 则 q_{i0}, p_{i0} 是常数, 而描述它们变化的方程是以 $H_0 + H_1$ 为哈密顿函数的正则方程, 并且相应的哈密顿函数 H_1^* 通过公式 (4) 将 q_i, p_i 代入“摄动”函数 H_1 获得, 公式 (4) 是以 H_0 为哈密顿函数的“无摄动”柯西问题的解.

方程 (1) 的任意常数变异问题也可以用其它方法研究. 设“无摄动”方程 (3) 的解利用哈密顿–雅可比方程

$$\frac{\partial S}{\partial t} + H_0\left(q_i, \frac{\partial S}{\partial q_i}, t\right) = 0 \tag{14}$$

求得, 设 $S = S(q_1, \cdots, q_n, \alpha_1, \cdots, \alpha_n, t)$ 是该哈密顿–雅可比方程的全积分. 对方程 (1) 按第 175 小节的公式 (9), 以全积分 S 为母函数作正则变换

$$\frac{\partial S}{\partial q_i} = p_i, \quad \frac{\partial S}{\partial \alpha_i} = -\beta_i \quad (i = 1, 2, \cdots, n), \tag{15}$$

在这个变换下新坐标为 $\alpha_1, \cdots, \alpha_n$, 新冲量为 $\beta_1, \cdots, \beta_n$. 新哈密顿函数 $\mathcal{H}(\alpha_1, \cdots, \alpha_n, \beta_1, \cdots, \beta_n)$ 按下面公式计算 (见第 173 小节):

$$\mathcal{H} = H_0 + H_1 + \frac{\partial S}{\partial t}.$$

注意到方程 (14) 有 $\mathcal{H} = H_1^*$, 其中 H_1^* 是根据方程 (15) 用 α_i, β_i, t 表示的函数 H_1. 如果在"摄动"系统中 $H_1 \equiv 0$, 则新变量 $\alpha_i, \beta_i \quad (i = 1, 2, \cdots, n)$ 是常数, 并满足方程

$$\frac{\mathrm{d}\alpha_i}{\mathrm{d}t} = \frac{\partial H_1^*}{\partial \beta_i}, \quad \frac{\mathrm{d}\beta_i}{\mathrm{d}t} = -\frac{\partial H_1^*}{\partial \alpha_i} \quad (i = 1, 2, \cdots, n). \tag{16}$$

为了得到方程 (1) 的解, 需要由方程 (15) 求出函数

$$q_i = q_i(\alpha_1, \cdots, \alpha_n, \beta_1, \cdots, \beta_n, t), \quad p_i = p_i(\alpha_1, \cdots, \alpha_n, \beta_1, \cdots, \beta_n, t)$$

并将方程 (16) 的解 α_i, β_i 代入.

可以发现, 在得到方程 (13) 和 (16) 时没有假设"摄动" H_1 是小量, 然而, 当 H_1 与 H_0 相比是小量时, 例如, 函数 H_1 为小量 ε 的量级并要求在 ε 很小的情况下求解方程 (11), 上述任意常数变异问题的求解更加有效.

188. 经典摄动理论 设方程 (1) 的哈密顿函数可以写成小参数 ε 的级数形式:

$$H = H_0 + \varepsilon H_1 + \cdots, \tag{17}$$

当 $\varepsilon = 0$ 时方程 (1) 可积 (即可以找到其一般积分), 选择正则共轭变量 q_i, p_i 使相应的无摄动问题的哈密顿函数 H_0 只依赖于冲量, 即

$$H_0 = H_0(p_1, \cdots, p_n).$$

例如, 当无摄动系统可以利用分离变量通过雅可比方法积分, 而其运动具有周期性, 那么 p_i 是作用变量, 而用作用–角变量写出的摄动 $H - H_0$ 对角变量 $q_1, \cdots, q_n$ 是以 2π 为周期的.

无摄动方程

$$\frac{\mathrm{d}q_i}{\mathrm{d}t} = \frac{\partial H_0}{\partial p_i} = \omega_i(p_1, \cdots, p_n), \quad \frac{\mathrm{d}p_i}{\mathrm{d}t} = 0 \tag{18}$$

可以积分出来

$$p_i = p_{i0} = \mathrm{const}, \quad q_i = \omega_i(p_{10}, \cdots, p_{n0})t + q_{i0}. \tag{19}$$

对于在非零小参数 ε 下运动的近似研究, 在力学中有以正则变换为基础的摄动理论为专门工具. 我们这里局限于研究单自由度保守或广义保守系统 $(n=1)$,[①] 哈密顿函数 (17) 有

$$H = H_0(p) + \varepsilon H_1(q,p) + \cdots, \tag{20}$$

其中 H_1 可以写成傅里叶级数形式

$$H_1 = \overline{H}_1(p) + \sum_{k=1}^{\infty}(a_k(p)\cos kq + b_k(p)\sin kq), \tag{21}$$

其中 $\overline{H}_1(p)$ 是函数 H_1 的平均值:

$$\overline{H}_1(p) = \frac{1}{2\pi}\int_0^{2\pi} H_1(q,p)\mathrm{d}q.$$

我们要寻找正则变换 $q,p \to q^*,p^*$ 将哈密顿函数 (20) 变为

$$\mathcal{H} = H_0^*(p^*) + \varepsilon^2 H_2^*(q^*,p^*) + \cdots, \tag{22}$$

该变换近似于恒等变换, 由下面公式给出 (见第 174 小节)

$$q^* = \frac{\partial S_1}{\partial p^*}, \quad p = \frac{\partial S_1}{\partial q}, \tag{23}$$

其中

$$S_1(q,p^*) = qp^* + \varepsilon S_1^{(1)}(q,p^*), \tag{24}$$

选择暂时未知的函数 $S_1^{(1)}$ 使哈密顿函数用新变量写成 (22).

将 (22) 代入 (23) 得

$$q^* = q + \varepsilon\frac{\partial S_1^{(1)}(q,p^*)}{\partial p^*},$$

$$p = p^* + \varepsilon\frac{\partial S_1^{(1)}(q,p^*)}{\partial q},$$

精确到 ε 量级可得显式的变换

$$q = q^* - \varepsilon\frac{\partial S_1^{(1)}(q^*,p^*)}{\partial p^*},$$

$$p = p^* + \varepsilon\frac{\partial S_1^{(1)}(q^*,p^*)}{\partial q^*}. \tag{25}$$

因为变换是单价的, 而函数 S_1 不显含 t, 故根据第 174 小节的公式 (63), 新哈密顿函数由老哈密顿函数通过用新变量代替 q,p 获得. 将 (25) 代入函数 (20) 得

$$\begin{aligned}\mathcal{H} = {} & H_0(p^*) + \varepsilon\overline{H}_1(p^*) \\ & +\varepsilon\left[\omega(p^*)\frac{\partial S_1^{(1)}(q^*,p^*)}{\partial q^*} + \sum_{k=1}^{\infty}(a_k(p^*)\cos kq^* + b_k(p^*)\sin kq^*)\right] + \cdots,\end{aligned} \tag{26}$$

[①] 然而, 当 $n \geqslant 2$ 时摄动理论会出现单自由度系统所没有的原理性困难. 参见: См.: Арнольд В. И. Малые знаменатели и проблемы устойчивости движения в классической и небесной механике // УМН, 1963, Т. 18, вып. 6, С. 91–192.

其中

$$\omega(p)=\frac{\partial H_0(p)}{\partial p}. \tag{27}$$

为了使 $\mathcal{H}$ 具有形式 (22), 需要在函数 (26) 中消去依赖于 q^* 的 ε 量级的项, 为此令

$$S_1^{(1)}(q^*,p^*)=\frac{1}{\omega(p^*)}\sum_{k=1}^{\infty}\frac{b_k(p^*)\cos kq^*-a_k(p^*)\sin kq^*}{k}. \tag{28}$$

这样选择的函数 $S_1^{(1)}$ 使得公式 (26) 中方括号内的表达式恒等于零, 新哈密顿函数具有形式 (22), 且

$$H_0^*(p^*)=H_0(p^*)+\varepsilon\overline{H}_1(p^*). \tag{29}$$

如果在函数 (22) 中去掉 ε 的二阶以上的项, 则其相应的方程

$$\frac{\mathrm{d}q^*}{\mathrm{d}t}=\frac{\partial H_0^*(p^*)}{\partial p^*},\quad \frac{\mathrm{d}p^*}{\mathrm{d}t}=0$$

立刻可以积分出来. 将这个解代入变换公式 (25) 得原变量 q,p 的摄动系统的近似解.

上面我们给出了 ε 的一阶近似摄动理论, 可以类似地研究高阶近似.

189. 线性哈密顿微分方程 设 (1) 的哈密顿函数不显含时间且系统有 q_i,p_i $(i=1,2,\cdots,n)$ 为常数的解，这个解对应于运动方程 (1) 描述的力学系统的平衡位置. 因为坐标原点平移是正则变换 (见第 170 小节的例 5)，不失一般性可以假设这个平衡位置对应于相空间 $q_1,\cdots,q_n,p_1,\cdots,p_n$ 的原点.

在下一小节我们将证明, 利用正则变换可以得到系统在平衡位置附近运动的近似描述, 为此我们先研究常系数线性哈密顿系统的某些问题.

线性哈密顿方程可以写成

$$\frac{\mathrm{d}\boldsymbol{x}}{\mathrm{d}t}=\boldsymbol{JHx},\quad \boldsymbol{x}'=(x_1,\cdots,x_n,x_{n+1},\cdots,x_{2n}), \tag{30}$$

其中 $x_k,x_{n+k},\quad(k=1,2,\cdots,n)$ 是正则共轭变量 (x_k 是坐标, x_{n+k} 是冲量), 像在第 168 小节中一样, 利用记号

$$\boldsymbol{J}=\begin{Vmatrix}0&\boldsymbol{E}_n\\-\boldsymbol{E}_n&0\end{Vmatrix}\quad(\boldsymbol{J}'=\boldsymbol{J}^{-1}=-\boldsymbol{J},\quad \boldsymbol{J}^2=-\boldsymbol{E}_{2n},\quad \det\boldsymbol{J}=1),$$

在方程 (30) 中 $\boldsymbol{H}$ 是 $2n$ 阶实对称常数矩阵.

我们研究特征方程

$$p(\lambda)=\det(\boldsymbol{JH}-\lambda\boldsymbol{E}_{2n})=0. \tag{31}$$

定理 特征多项式 $p(\lambda)$ 是 λ 的偶函数.

证明 该定理的证明由下面一系列等式给出:

$$p(\lambda)=\det(\boldsymbol{JH}-\lambda\boldsymbol{E}_{2n})=\det(\boldsymbol{JH}-\lambda\boldsymbol{E}_{2n})'=\det(\boldsymbol{H}'\boldsymbol{J}'-\lambda\boldsymbol{E}_{2n})$$

$$=\det(-\boldsymbol{HJ}-\lambda\boldsymbol{E}_{2n})=\det(\boldsymbol{J}^2\boldsymbol{HJ}+\lambda\boldsymbol{JE}_{2n}\boldsymbol{J})=\det\boldsymbol{J}(\boldsymbol{JH}+\lambda\boldsymbol{E}_{2n})\boldsymbol{J}$$

$$=\det\boldsymbol{J}\cdot\det(\boldsymbol{JH}+\lambda\boldsymbol{E}_{2n})\det\boldsymbol{J}=\det(\boldsymbol{JH}+\lambda\boldsymbol{E}_{2n})=p(-\lambda).$$

可见, 方程 (31) 只包含 λ 的偶数阶, 所以如果 $\lambda=a$ 是根, 则 $\lambda=-a$ 也一定是根. 我们只研究方程 (31) 只有纯虚根的情况, 设 $\lambda_k=\mathrm{i}\sigma_k,\quad \lambda_{n+k}=-\mathrm{i}\sigma_k$ (i 是虚数单位, $k=1,2,\cdots,n$). 对应于哈密顿函数

$$H=\frac{1}{2}\sum_{k=1}^{n}\sigma_k(y_k^2+y_{n+k}^2) \tag{32}$$

的正则方程称为方程 (30) 的规范型[①]. 下面我们求实线性单价正则变换 $x_j\to y_j$ $(j=1,2,\cdots,2n)$ 将方程 (30) 变为规范型:

$$\frac{\mathrm{d}\boldsymbol{y}}{\mathrm{d}t}=\boldsymbol{JH}^*\boldsymbol{y},\quad \boldsymbol{y}'=(y_1,\cdots,y_n,y_{n+1},\cdots,y_{2n}), \tag{33}$$

其中 $\boldsymbol{H}^*$ 相应于 (32) 是实对角矩阵, 其元素为 $h_{kk}^*=h_{n+k,n+k}^*=\sigma_k$ $(k=1,2,\cdots,n)$.

设

$$\boldsymbol{x}=\boldsymbol{Ay} \tag{34}$$

是待求变换, 由 (30), (33) 和 (34) 可知, 常数矩阵 $\boldsymbol{A}$ 应该满足矩阵方程

$$\boldsymbol{AJH}^*=\boldsymbol{JHA}. \tag{35}$$

由于 (34) 是正则变换, 矩阵 $\boldsymbol{A}$ 应该是辛矩阵, 即满足矩阵方程:

$$\boldsymbol{A}'\boldsymbol{JA}=\boldsymbol{J}. \tag{36}$$

为了得到规范化变换 (34), 需要从方程 (35) 的无穷解集中选择一个满足方程 (36).

我们将求 $\boldsymbol{A}=\boldsymbol{BC}$ 形式的方程 (35) 的解, 其中

$$\boldsymbol{C}=\begin{Vmatrix}\mathrm{i}\boldsymbol{E}_n & \boldsymbol{E}_n\\ -\mathrm{i}\boldsymbol{E}_n & \boldsymbol{E}_n\end{Vmatrix}, \tag{37}$$

那么由 (35) 可得矩阵 $\boldsymbol{B}$ 的方程:

$$\boldsymbol{BD}=\boldsymbol{JHB}, \tag{38}$$

其中 $\boldsymbol{D}$ 是矩阵 $\boldsymbol{JH}$ 的对角形式, 其对角元素为 $d_{kk}=-d_{n+k,n+k}=\mathrm{i}\sigma_k\quad(k=1,2,\cdots,n)$, 可见矩阵 $\boldsymbol{B}$ 将矩阵 $\boldsymbol{JH}$ 变为对角形式. 矩阵 $\boldsymbol{B}$ 可以按下面方式构

[①] 哈密顿函数 (32) 相应于 n 个解耦的谐振子, 它们的频率为 $|\sigma_k|\quad(k=1,2,\cdots,n)$.

造①: 以矩阵 $\boldsymbol{JH}$ 的特征向量为列, 就是说, 设矩阵 $\boldsymbol{B}$ 的第 k 列为相应于特征值 $\lambda_k = \mathrm{i}\sigma_k$ 的特征向量 $\boldsymbol{e}_k$, 而第 $n+k$ 列为相应于特征值 $\lambda_{n+k} = -\mathrm{i}\sigma_k$ 的特征向量 $\boldsymbol{e}_{n+k}$ $(k = 1, 2, \cdots, n)$.

特征向量精确到相差乘子, 对于向量 $\boldsymbol{e}_k$ 和 $\boldsymbol{e}_{n+k}$ 取同样的乘子. 此外我们取这些向量的分量为复共轭的, 这样的选择保证 $\boldsymbol{A}$ 是实矩阵. 特征向量的任意乘子由正则变换 (34) 的条件 (36) 得到的规范化条件确定.

将 $\boldsymbol{A} = \boldsymbol{BC}$ 代入方程 (36) 得

$$\boldsymbol{C}'\boldsymbol{B}'\boldsymbol{JBC} = \boldsymbol{J}. \tag{39}$$

将矩阵 $\boldsymbol{B}'\boldsymbol{JB}$ 用 $\boldsymbol{F}$ 表示, 其元素 f_{ml} 等于向量 $\boldsymbol{e}_m$ 和 $\boldsymbol{Je}_l$ 的标量积:

$$f_{ml} = (\boldsymbol{e}_m \cdot \boldsymbol{Je}_l).$$

因为任意 2 个向量 $\boldsymbol{a}, \boldsymbol{b}$ 都满足等式 $(\boldsymbol{a} \cdot \boldsymbol{Jb}) = -(\boldsymbol{Ja} \cdot \boldsymbol{b})$, 故矩阵 $\boldsymbol{F}$ 是反对称的. 我们还可以证明, 如果 $|m-l| \neq n$ 则 $f_{ml} = 0$, 为此我们研究一个显然的等式

$$(\boldsymbol{e}_m \cdot \boldsymbol{J}^2\boldsymbol{He}_l) = (\boldsymbol{e}_m \cdot \boldsymbol{HJ}^2\boldsymbol{e}_l).$$

变换其左右部分得

$$(\boldsymbol{e}_m \cdot \boldsymbol{J}^2\boldsymbol{He}_l) = (\boldsymbol{J}'\boldsymbol{H}'\boldsymbol{e}_m \cdot \boldsymbol{Je}_l),$$

$$(\boldsymbol{e}_m \cdot \boldsymbol{JJHe}_l) = -(\boldsymbol{JHe}_m \cdot \boldsymbol{Je}_l),$$

$$(\boldsymbol{e}_m \cdot \boldsymbol{J}\lambda_l\boldsymbol{e}_l) = -(\lambda_m\boldsymbol{e}_m \cdot \boldsymbol{Je}_l).$$

最后一个等式可以写成

$$(\lambda_m + \lambda_l) f_{ml} = 0. \tag{40}$$

因为根据构造矩阵 $\boldsymbol{B}$ 特征值的顺序, 只有在 $|m-l| = n$ 情况下才有 $\lambda_m + \lambda_l = 0$. 由等式 (40) 可知, 如果 $|m-l| \neq n$ 则 $f_{ml} = 0$, 于是矩阵 $\boldsymbol{B}'\boldsymbol{JB}$ 有下面结构:

$$\boldsymbol{B}'\boldsymbol{JB} = \left\| \begin{matrix} \boldsymbol{0} & \boldsymbol{G} \\ -\boldsymbol{G} & \boldsymbol{0} \end{matrix} \right\|, \tag{41}$$

其中 $\boldsymbol{G}$ 是 n 阶对角矩阵, 其元素为 $g_{kk} = (\boldsymbol{e}_k \cdot \boldsymbol{Je}_{n+k})$. 这些元素都不等于零, 否则矩阵 (41) 的行列式等于零, 而

$$\det \boldsymbol{B}'\boldsymbol{JB} = \det \boldsymbol{B}' \det \boldsymbol{J} \det \boldsymbol{B} = (\det \boldsymbol{B})^2 \neq 0,$$

这是因为矩阵 $\boldsymbol{B}$ 是由矩阵 $\boldsymbol{JH}$ 的对应于不同特征值的特征向量构成的.

①参见: Гантмахер Ф. Р. Теория матриц, М,: Наука, 1967.

设 $\boldsymbol{r}_k$ 和 $\boldsymbol{s}_k$ 是对应于特征值 λ_k 的特征向量的实部和虚部, 那么考虑到向量 $\boldsymbol{e}_k$ 和 $\boldsymbol{e}_{n+k}$ 的相应分量的复共轭性质, 可得矩阵 $\boldsymbol{G}$ 的元素表达式

$$g_{kk} = -2\mathrm{i}(\boldsymbol{r}_k \cdot \boldsymbol{J}\boldsymbol{s}_k) \quad (k = 1, 2, \cdots, n). \tag{42}$$

由等式 (37), (38) 和 (41) 可得保证 $\boldsymbol{A}$ 为辛矩阵的条件:

$$4(\boldsymbol{r}_k \cdot \boldsymbol{J}\boldsymbol{s}_k) = 1. \tag{43}$$

这个等式一方面是特征向量 $\boldsymbol{e}_k$ 规范化的条件, 另一方面也是在哈密顿函数 (32) 中选择 σ_k 符号的条件. 事实上, 令方程

$$\boldsymbol{J}\boldsymbol{H}\boldsymbol{e}_k = \mathrm{i}\sigma_k\boldsymbol{e}_k \quad (\boldsymbol{e}_k = \boldsymbol{r}_k + \mathrm{i}\boldsymbol{s}_k)$$

的两边实部和虚部分别相等, 可得 $\boldsymbol{r}_k$ 和 $\boldsymbol{s}_k$ 满足的方程:

$$\boldsymbol{J}\boldsymbol{H}\boldsymbol{r}_k = -\sigma_k\boldsymbol{s}_k, \quad \boldsymbol{J}\boldsymbol{H}\boldsymbol{s}_k = \sigma_k\boldsymbol{r}_k.$$

同时改变 σ_k 和向量 $\boldsymbol{r}_k$ 的符号不会改变这些方程, 标量积 $(\boldsymbol{r}_k \cdot \boldsymbol{J}\boldsymbol{s}_k)$ 的符号变为反号, 所以总是可以通过选择哈密顿函数 (32) 中 σ_k 的符号和相应的规范化特征向量 $\boldsymbol{e}_k$ 使等式 (43) 成立.

进行一些计算可知, 矩阵 $\boldsymbol{A}$ 的第 k 列为向量 $-2\boldsymbol{s}_k$, 第 $n+k$ 列为向量 $2\boldsymbol{r}_k$.

190. 比尔科果夫变换 · 哈密顿方程在平衡位置附近的近似积分 设相空间原点相应于 n 个自由度的保守系统或广义保守系统的平衡位置, 假设哈密顿函数在相空间原点附近某个领域内是解析的, 并且可以分解为从平方项开始的级数:

$$H = H_2 + H_3 + H_4 + \cdots, \tag{44}$$

其中 H_m 是广义坐标和冲量的 m 阶齐次多项式 (齐次型). 增加常数 (等于哈密顿函数在平衡位置的值) 不影响运动方程, 可以在 (32) 中去掉.

设相应于哈密顿函数 H_2 的线性运动微分方程的特征方程只有纯虚根 $\pm\sigma_k(k = 1, 2, \cdots, n)$, 那么根据上一小节的证明, 通过适当选择正则共轭变量可以将函数 H_2 写成等式 (32) 左端形式. 如果做下面正则变换①

$$q_k = y_k - \mathrm{i}y_{n+k}, \quad p_k = y_k + \mathrm{i}y_{n+k} \quad (k = 1, 2, \cdots, n), \tag{45}$$

则级数 (44) 的平方部分为

$$H_2 = \mathrm{i}\sum_{k=1}^{n} \sigma_k q_k p_k. \tag{46}$$

①比较第 170 小节的例 6.

线性化系统的运动是频率为 $|\sigma_k|$ $(k=1,2,\cdots,n)$ 的 n 个谐振子的振动叠加. 如果在 (44) 中 H_m 在 $m\geqslant 3$ 时不恒等于零, 则运动方程是非线性的. 为了研究这种情况下的运动, 我们利用称为比尔科果夫变换的正则变换简化哈密顿函数 (44).

正则变换 $q_k, p_k \to q'_k, p'_k$ 由下面公式给出

$$q'_k = q_k + \frac{\partial S_3}{\partial p'_k}, \quad p_k = p'_k + \frac{\partial S_3}{\partial q_k} \quad (k=1,2,\cdots,n), \tag{47}$$

其中三次式 $S_3(q_k, p'_k)$ 需要尝试选择用新变量写出的哈密顿函数中不包含 q'_k, p'_k 的三阶项.

在 (44) 中, $H_3(q_k, p_k)$ 可以写成

$$H_3 = \sum_{\nu_1+\cdots+\mu_n=3} h_{\nu_1,\cdots,\mu_n} q_1^{\nu_1}\cdots q_n^{\nu_n} p_1^{\mu_1}\cdots p_n^{\mu_n}, \tag{48}$$

其中系数 $h_{\nu_1,\cdots,\mu_n}$ 是常数, $\nu_1,\cdots,\mu_n$ 是非负整数. 类似 (48), 函数 S_3 写成:

$$S_3 = \sum_{\nu_1+\cdots+\mu_n=3} s_{\nu_1,\cdots,\mu_n} q_1^{\nu_1}\cdots q_n^{\nu_n} p_1'^{\mu_1}\cdots p_n'^{\mu_n}, \tag{49}$$

其中应该选择常系数 $s_{\nu_1,\cdots,\mu_n}$ 使新哈密顿函数中三阶项等于零.

由 (47) 可知, 老变量 q_k, p_k 在坐标原点 $q'_k=0, p'_k=0$ 的邻域内是解析函数, 可以写成级数

$$q_k = q'_k - \frac{\partial S_3(q'_k, p'_k)}{\partial p'_k} + \cdots, \quad p_k = p'_k + \frac{\partial S_3(q'_k, p'_k)}{\partial q'_k} + \cdots, \tag{50}$$

其中省略号为 q'_k, p'_k $(k=1,2,\cdots,n)$ 的二阶以上项. 将这些表达式代入函数 (47) 可得新哈密顿函数

$$H' = \mathrm{i}\sum_{k=1}^{n}\sigma_k q'_k p'_k + \mathrm{i}\sum_{k=1}^{n}\sigma_k\left(q'_k\frac{\partial S_3}{\partial q'_k} - p'_k\frac{\partial S_3}{\partial p'_k}\right) + H_3(q'_k, p'_k) + \cdots,$$

其中省略号为 q'_k, p'_k $(k=1,2,\cdots,n)$ 的三阶以上项.

可见, 哈密顿函数的二阶部分保持自己的形式, 三阶项 H'_3 为

$$H'_3 = \mathrm{i}\sum_{k=1}^{n}\sigma_k\left(q'_k\frac{\partial S_3}{\partial q'_k} - p'_k\frac{\partial S_3}{\partial p'_k}\right) + H_3(q'_k, p'_k).$$

令 $H'_3\equiv 0$, 注意到公式 (48), (49) 并令该等式中 $q_1'^{\nu_1}\cdots q_n'^{\nu_n} p_1'^{\mu_1}\cdots p_n'^{\mu_n}$ 的系数等于零得 $s_{\nu_1,\cdots,\mu_n}$ 的方程:

$$[\sigma_1(\nu_1-\mu_1)+\cdots+\sigma_n(\nu_n-\mu_n)]s_{\nu_1,\cdots,\mu_n} = \mathrm{i}h_{\nu_1,\cdots,\mu_n}, \tag{51}$$

成立下面关系式

$$|\nu_1-\mu_1|+\cdots+|\nu_n-\mu_n| \leqslant \nu_1+\mu_1+\cdots+\nu_n+\mu_n = 3.$$

由此式和 (51) 可知, 如果满足 $0<|k_1|+\cdots+|k_n|\leqslant 3$ 的整数 $k_1,\cdots,k_n$ 使

$$k_1\sigma_1+\cdots+k_n\sigma_n\neq 0,\text{①} \tag{52}$$

则根据公式

$$s_{\nu_1,\cdots,\mu_n}=\frac{\mathrm{i}h_{\nu_1,\cdots,\mu_n}}{\sigma_1(\nu_1-\mu_1)+\cdots+\sigma_n(\nu_n-\mu_n)}$$

选择 $s_{\nu_1,\cdots,\mu_n}$ 可以使新哈密顿函数 H' 不包含 q_k',p_k' 的三阶项.

我们可以类似地尝试利用另一个正则变换 $q_k',p_k'\to q_k'',p_k''$ 消去哈密顿函数 H'' 中的 H_4''. 然而, 这是不可行的, 在新哈密顿函数中还会保留四阶项.

如果系统没有前四阶共振, 即当 $0<|k_1|+\cdots+|k_n|\leqslant 4$ 时不等式 (52) 成立, 则除了包含同阶 q_k'' 和 p_k'' 的项, 可以消去哈密顿函数 H'' 中的四阶项. 事实上, 如果对所有 $k=1,2,\cdots,n$ 有 $\nu_k=\mu_k$, 方程 (51) 不可解, 那么在 H_4'' 中保留齐次项

$$\sum_{\nu_1+\nu_2+\cdots+\nu_n=2}h_{\nu_1,\cdots,\nu_n}(q_1''p_1'')^{\nu_1}\cdots(q_n''p_n'')^{\nu_n}.$$

用数学归纳法不难证明, 如果系统没有前 l 阶共振, 即

$$k_1\sigma_1+\cdots+k_n\sigma_n\neq 0,\quad 0<|k_1|+\cdots+|k_n|\leqslant l,$$

则存在由坐标原点邻域内收敛的级数给出的正则变换 $q_k=q_k^*+\cdots,\quad p_k=p_k^*+\cdots$, 使得哈密顿函数 (44) 用 q_k^*,p_k^* 表示为

$$H^*=\overline{H}+\widetilde{H}(q_k^*,p_k^*), \tag{53}$$

其中 $\overline{H}$ 是 n 个积 $q_1^*p_1^*,\cdots,q_n^*p_n^*$ 的不高于 $l/2$ 阶的多项式, 而 $\widetilde{H}$ 是 q_k^*,p_k^* 的阶数不低于 $l+1$ 的收敛级数. 在这种情况下称哈密顿函数化为精确到 l 阶的比尔科果夫规范型.

写成 (53) 形式的哈密顿函数对正则运动微分方程的近似求解是非常有效的, 为此我们在 (53) 中略去相比 $\overline{H}$ 包含 q_k^*,p_k^* 的更高阶项的 $\widetilde{H}$, 那么 $H^*=\overline{H}$, 哈密顿函数 $H^*=\overline{H}(q_1^*p_1^*,\cdots,q_n^*p_n^*)$ 对应的正则方程可以完全求解. 事实上, 令 $\tau_k=q_k^*p_k^*$, 那么哈密顿函数 $\overline{H}$ 对应的正则方程写成

$$\frac{\mathrm{d}q_k^*}{\mathrm{d}t}=\frac{\partial\overline{H}}{\partial\tau_k}q_k^*,\quad \frac{\mathrm{d}p_k^*}{\mathrm{d}t}=-\frac{\partial\overline{H}}{\partial\tau_k}p_k^*\quad (k=1,2,\cdots,n), \tag{54}$$

由此可知 $\mathrm{d}\tau_k/\mathrm{d}t=0$, 即 $\tau_k=c_k=\mathrm{const}\quad (k=1,2,\cdots,n)$. 将这些 τ_k 的值代入方程 (54) 得

$$\frac{\mathrm{d}q_k^*}{\mathrm{d}t}=\Lambda_k q_k^*,\quad \frac{\mathrm{d}p_k^*}{\mathrm{d}t}=-\Lambda_k p_k^*, \tag{55}$$

①也就是说, 系统没有前 3 阶共振.

其中 Λ_k 是导数 $\partial\overline{H}/\partial\tau_k$ 在 $\tau_k=c_k$ 时的值. 由 (55) 得

$$q_k^*(t)=q_k^*(0)e^{\Lambda_k t},\quad p_k^*(t)=p_k^*(0)e^{-\Lambda_k t} \tag{56}$$

$$(q_k^*(0)p_k^*(0)=c_k;\quad k=1,2,\cdots,n).$$

原方程的近似解由等式 (56) 利用上面介绍的比尔科果夫正则变换公式, 用新变量表示老变量后获得的. 不难验证, 这种情况下线性化系统特征方程的纯虚根还是纯虚根, $\Lambda_k=i\Omega_k\quad(k=1,2,\cdots,n)$, 老变量是自变量 $\Omega_k t$ 的正弦和余弦的级数.

如果系统没有共振, 则利用比尔科果夫变换可以规范化哈密顿函数到足够高阶 $(l\to\infty)$, 规范化的含所有阶数的哈密顿函数只依赖于变量 $q_k^*p_k^*\quad(k=1,2,\cdots,n)$, 那么运动方程经变换后可以完全求解, 并且方程右端不需要忽略任何项. 这似乎意味着运动方程的局部可积性 (在平衡位置的邻域内). 然而不是这样, 这是因为经规范化的含所有阶数的哈密顿函数的比尔科果夫变换是发散的①.

最近几十年来产生了将正则变换应用于摄动理论的新方法, 例如杰普利–霍利方法. 从代数的观点看该方法比经典方法有优点, 例如, 该方法不需要处理级数, 公式是循环的, 必要的变换可以足够简单, 便于计算机实现②.

例 1 (单摆振动) 哈密顿函数可以写成 (见第 149 小节的例子)

$$H=\frac{1}{2ml^2}p_\varphi^2-mgl\cos\varphi.$$

为方便起见, 引入无量纲变量 φ',p'_φ,t',

$$\varphi'=\varphi,\quad p'_\varphi=\frac{p_\varphi}{ml\sqrt{gl}}\quad t'=\sqrt{\frac{g}{l}}t, \tag{57}$$

则变换 $\varphi,p_\varphi\to\varphi',p'_\varphi$ 是价为 $c=1/(ml\sqrt{gl})$ 的正则变换 (见第 170 小节的例 3). 再考虑到新自变量 t' 代替 t 导致哈密顿函数除以 $\sqrt{g/l}$, 可得用无量纲变量写出的运动方程所对应的哈密顿函数为

$$H=\frac{1}{2}p'^2_\varphi-\cos\varphi'. \tag{58}$$

我们研究单摆在平衡位置 $\varphi=0$ 附近的运动, 这种情况下 φ',p'_φ 是小量. 将函数 (58) 分解为 φ',p'_φ 的级数, 去掉与运动微分方程无关的常数项, 得

$$H=\frac{1}{2}(p'^2_\varphi+\varphi'^2)-\frac{1}{24}\varphi'^4+\cdots, \tag{59}$$

①微分方程组规范化问题的研究现状以及文献资料可参见: Брюно А. Д. Аналитическая форма дифференциальных уравнении // Труды Московского математического общества. 1971, Т. 25, С. 119–262; 1972, Т. 26, С. 199–239.

②参见: Джакалья Г. Е. О. Методы теории возмущений для нелинейных систем, М.: Наука, 1979.

其中省略号表示高于 φ', p'_φ 的四阶项. 如果在 (59) 中忽略非二阶项, 则运动方程是线性的, 在这种近似下单摆的运动是简谐振动. 为了说明运动方程中非线性项的影响, 考虑 (59) 中的 $(1/24)\varphi'^4$ 项, 利用比尔科果夫变换研究非线性振动.

做变换 (正则, 价为 $c = 2\mathrm{i}$)

$$q = \varphi' - \mathrm{i}p'_\varphi, \quad p = \varphi' + \mathrm{i}p'_\varphi, \tag{60}$$

得

$$H = H_2 + H_4 + \cdots,$$

其中

$$H_2 = \mathrm{i}qp, \quad H_4 = -\frac{\mathrm{i}}{192}(q^4 + 4q^3p + 6q^2p^2 + 4qp^3 + p^4).$$

不复杂的计算表明, 母函数 $qp^* + S_4(q, p^*)$, 其中

$$S_4 = \frac{1}{768}q^4 + \frac{1}{96}q^3p^* - \frac{1}{96}qp^{*3} - \frac{1}{768}p^{*4},$$

给出的比尔科果夫变换 $q, p \to q^*, p^*$ 将哈密顿函数变为

$$H^* = \mathrm{i}(q^*p^*) - \frac{\mathrm{i}}{32}(q^*p^*)^2, \tag{61}$$

并且变量 q, p 用 q^*, p^* 表示为

$$q = q^* - \frac{1}{192}(2q^{*3} - 6q^*p^{*2} - p^{*3}), \quad p = p^* + \frac{1}{192}(q^{*3} + 6q^{*2}p^* - 2p^{*3}). \tag{62}$$

在公式 (61) 和 (62) 中略去了高阶项.

哈密顿函数 (61) 的正则方程是可积的, 如果 q_0^*, p_0^* 是 q^*, p^* 的初始值, 则

$$q^* = q_0^*\mathrm{e}^{\mathrm{i}\Omega t'}, \quad p^* = p_0^*\mathrm{e}^{-\mathrm{i}\Omega t'}, \tag{63}$$

其中引入了记号

$$\Omega = 1 - \frac{1}{16}(q_0^*p_0^*). \tag{64}$$

单摆非线性振动的近似解由公式 (57), (60) 和 (62) 得到, 在这些公式中 φ, p_φ 用写出解 (63) 的新变量表示.

设 $t = 0$ 时刻对应单摆偏离竖直方向的角度 β 的最大值, 那么由公式 (57), (60) 和 (62) 得

$$\Omega = 1 - \frac{1}{16}\beta^2,$$

该公式精确到 β 的二阶项. 在同样的精度下, 单摆非线性振动的周期为

$$\tau = \frac{2\pi}{\Omega}\sqrt{\frac{l}{g}} = 2\pi\sqrt{\frac{l}{g}}\left(1 + \frac{1}{16}\beta^2\right),$$

这与第 96 小节中借助第一类全椭圆积分表示的单摆周期精确值的级数分解得到的表达式 (公式 (28)) 一致.

第十二章

撞击运动理论

§1. 基本概念与公理

191. 撞击力与撞击冲量 设力学系统由 N 个质点 $P_\nu(\nu=1,2,\cdots,N)$ 组成, 至今我们所研究的运动中质点 P_ν 的速度大小和方向都是连续变化的. 在实践中有时会发生这样的现象: 在从某时刻 $t=t_0$ 开始的短时间 τ 内, 系统质点的速度发生突变, 而其位置没有显著的变化, 这种情况下我们称*系统受到撞击*. 被抛向墙并反弹回来的弹性球的运动就是一个例子.

撞击现象产生很大的力, 这些力的作用时间 τ 非常小, 以至于系统来不及发生显著的位移, 这样的力称为*撞击力*.

系统在撞击力作用下的运动称为*撞击运动*. 设作用在质点 P_ν 上的撞击力 $\boldsymbol{F}_\nu$ 的冲量 (称为*撞击冲量*) 为

$$\boldsymbol{I}_\nu=\int_{t_0}^{t_0+\tau}\boldsymbol{F}_\nu\mathrm{d}t\quad(\nu=1,2,\cdots,N). \tag{1}$$

在解析描述撞击运动时, 假设撞击发生的时间 τ 是无穷小量, 但撞击冲量的大小是有限量. 由于在撞击时间 τ 内系统质点的速度是有限量, 当 $\tau\to0$ 时其位移可以忽略, 在撞击力作用下质点 P_ν 的加速度 $\boldsymbol{w}_\nu$ 无穷大, 因此不能作为撞击运动的运动学特征量. 按照运动学的观点, 除了时刻 t_0 和质点 P_ν 的位置以外, 在撞击运动中只需研究 t_0 前瞬时和 t_0 后瞬时的速度向量, 这些速度称为*撞击前速度*和*撞击后速度*, 用 $\boldsymbol{v}_\nu^-$ 和 $\boldsymbol{v}_\nu^+$ 表示.

192. 公理 设 $\boldsymbol{F}_\nu$ 是作用在质点 P_ν 的合力, m_ν 为该质点的质量, $\boldsymbol{w}_\nu$ 为该质点的绝对加速度, 将方程 $m_\nu\boldsymbol{w}_\nu = \boldsymbol{F}_\nu$ 从 t_0 到 $t_0+\tau$ 积分得

$$m_\nu(\boldsymbol{v}_\nu^+ - \boldsymbol{v}_\nu^-) = \boldsymbol{I}_\nu \quad (\nu = 1, 2, \cdots, N). \tag{2}$$

这些等式右边只包含撞击力的冲量, 这是因为常规力的大小为有限量, 当 $\tau \to 0$ 时其冲量是可以忽略不计的小量, 可见常规力不影响系统质点速度的突变. 例如, 当球撞击墙时重力对撞击运动的影响可以忽略不计.

关系式 (2) 表明, 质点动量在撞击时的改变量等于撞击冲量.

当撞击力作用于非自由系统时, 一般来说会产生撞击约束反力, 因此系统每个点的速度变化不仅取决于作用其上的 (主动) 撞击力的冲量, 而且还取决于约束反力的撞击冲量.

关系式 (2) 是撞击运动理论的基础, 可以代替动力学基本公理 (牛顿第二定律). 在关系式 (2) 中速度改变量 $\Delta\boldsymbol{v}_\nu = \boldsymbol{v}_\nu^+ - \boldsymbol{v}_\nu^-$ 可看作加速度, 而撞击冲量 $\boldsymbol{I}_\nu$ 可看作力.

在撞击运动理论中还有一些公理, 类似于通常的动力学公理: 相互碰撞的 2 个质点的撞击冲量大小相等、方向相反、作用线相同; 每个质点的总撞击冲量等于主动力撞击冲量与约束反力撞击冲量之和.

193. 撞击冲量的主向量与主矩 在研究质点系 $P_\nu(\nu = 1, 2, \cdots, N)$ 的撞击运动时, 经常将撞击冲量分为外冲量和内冲量, 它们分别是系统的外力和内力的冲量. 系统撞击运动基本方程 (2) 可以写成

$$m_\nu\Delta\boldsymbol{v}_\nu = \boldsymbol{I}_\nu^{(\mathrm{e})} + \boldsymbol{I}_\nu^{(\mathrm{i})} \quad (\nu = 1, 2, \cdots, N), \tag{3}$$

其中 $\boldsymbol{I}_\nu^{(\mathrm{e})}$ 是作用在质点 P_ν 的外撞击冲量之和, $\boldsymbol{I}_\nu^{(\mathrm{i})}$ 是作用在质点 P_ν 的内撞击冲量之和.

系统所有撞击冲量之和

$$\boldsymbol{S} = \sum_{\nu=1}^{N} \boldsymbol{I}_\nu \tag{4}$$

称为*撞击冲量的主向量*.

设 $\boldsymbol{r}_\nu$ 是质点 P_ν 对 O 点的向径, 撞击冲量对 O 点的矩之和

$$\boldsymbol{L}_O = \sum_{\nu=1}^{N} \boldsymbol{r}_\nu \times \boldsymbol{I}_\nu \tag{5}$$

称为*撞击冲量对该点的主矩*.

在表达式 (4) 和 (5) 的右边, 内撞击冲量两两抵消, 因此有

$$\boldsymbol{S} = \boldsymbol{S}^{(\mathrm{e})} = \sum_{\nu=1}^{N} \boldsymbol{I}_\nu^{(\mathrm{e})}, \quad \boldsymbol{L}_O = \boldsymbol{L}_O^{(\mathrm{e})} = \sum_{\nu=1}^{N} \boldsymbol{r}_\nu \times \boldsymbol{I}_\nu^{(\mathrm{e})}, \tag{6}$$

即系统撞击冲量的主向量和主矩分别等于外撞击冲量的主向量和主矩.

194. 撞击运动理论的任务 如果撞击前系统的运动状态已知, 则研究撞击运动的目的是确定撞击后系统的运动状态. 有时将问题分为 2 类: 1) 给定撞击冲量求系统质点的速度变化; 2) 给定系统质点速度变化求撞击冲量, 有时还需确定约束反力的撞击冲量.

§2. 撞击运动的动力学普遍定理

195. 动量定理 将第 193 小节的方程 (3) 乘以常质量 m_ν 后相加得

$$\Delta\left(\sum_{\nu=1}^{N} m_\nu \boldsymbol{v}_\nu\right) = \sum_{\nu=1}^{N} \boldsymbol{I}_\nu^{(\mathrm{e})} + \sum_{\nu=1}^{N} \boldsymbol{I}_\nu^{(\mathrm{i})}$$

或者

$$\Delta \boldsymbol{Q} = \boldsymbol{S}^{(\mathrm{e})}, \tag{1}$$

即在撞击中系统动量的改变量等于外撞击冲量的主向量.

因为 $\boldsymbol{Q} = M\boldsymbol{v}_C$, 其中 M 是系统的质量, $M = \sum\limits_{\nu=1}^{N} m_\nu = \text{const}$, $\boldsymbol{v}_C$ 是质心速度, 于是方程 (1) 可以写成

$$M\Delta \boldsymbol{v}_C = \boldsymbol{S}^{(\mathrm{e})}, \tag{2}$$

即系统质心的撞击运动就像一个质点的撞击运动, 该质点的质量等于系统质量, 作用在该质点上的撞击冲量等于作用在系统上的外撞击冲量.

例1 以速度 v 飞行的炮弹在空气中炸为质量相等的 2 块, 第 1 块弹片的速度与初始运动方向成 α 角, 其速度大小为 $2v$, 求第二块弹片的速度.

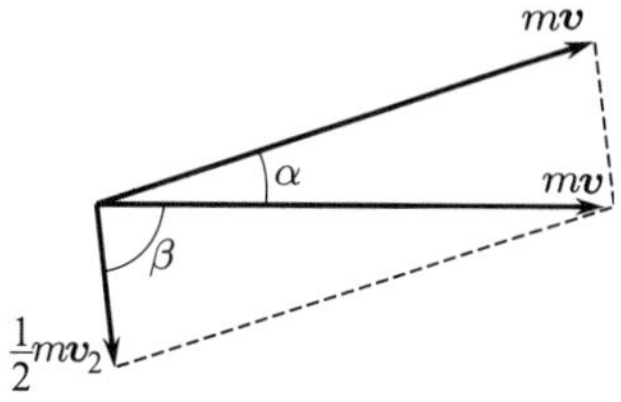

图 144

由于没有外撞击冲量, 炮弹初始动量向量等于弹片动量向量之和. 设 m 为炮弹质量, β 是第二块弹片的速度向量 $\boldsymbol{v}_2$ 与炮弹运动方向夹角, 根据图 144 容易得 $v_2 = 4v\sin(\alpha/2)$, $\quad \beta = \pi/2 - \alpha/2$.

在求解中没有用到气动力和重力, 这是因为它们不是撞击力.

196. 动量矩定理 设 A 是空间中任意点, 可以是固定点或者运动的点, $\boldsymbol{\rho}_\nu$ 是系统的质点 P_ν 对 A 点的向径, 将第 193 小节的方程 (3) 左叉乘 $\boldsymbol{\rho}_\nu$ 后求和, 考虑到 m_ν 是常数, 在撞击时 $\boldsymbol{\rho}_\nu$ 不变, 可得

$$\Delta\left(\sum_{\nu=1}^{N} \boldsymbol{\rho}_\nu \times m_\nu \boldsymbol{v}_\nu\right) = \sum_{\nu=1}^{N} \boldsymbol{\rho}_\nu \times \boldsymbol{I}_\nu^{(\mathrm{e})} + \sum_{\nu=1}^{N} \boldsymbol{\rho}_\nu \times \boldsymbol{I}_\nu^{(\mathrm{i})}.$$

左边的和是系统对 A 点的绝对动量矩 $\boldsymbol{K}_A$. 考虑到第 193 小节的方程 (5) 和 (6), 上面等式可以写成

$$\Delta \boldsymbol{K}_A = \boldsymbol{L}_A^{(\mathrm{e})}, \tag{3}$$

即系统对任意点的动量矩的改变量等于外撞击冲量对该点的主矩.

例 1 两个半径为 r_1 和 r_2 的皮带轮分别以角速度 ω_1 和 ω_2 转动 (图 145), 且 $\omega_1 r_1 = \omega_2 r_2$. 在皮带轮上绕有未拉紧的皮带. 在某时刻皮带被拉紧, 因此产生撞击, 求撞击后皮带轮的角速度 Ω_1 和 Ω_2 以及皮带张力的撞击冲量 I, 假设撞击后皮带保持拉紧状态, 皮带轮对自己转动轴的惯性矩分别为 J_1 和 J_2.

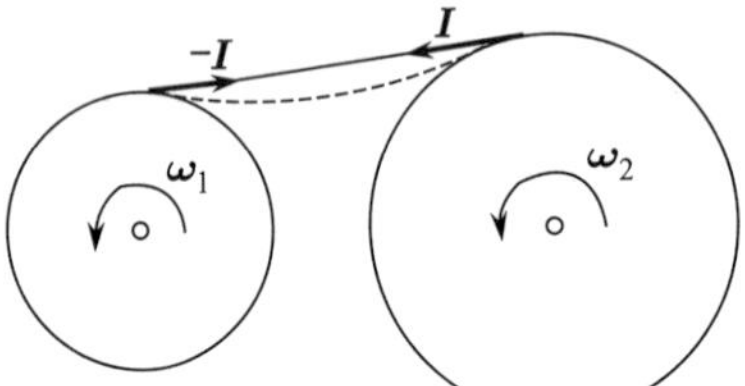

图 145

对第 1 个皮带轮使用公式 (3), 并考虑到转动轴处的约束反力冲量对该轴的矩为零, 得

$$J_1(\Omega_1 - \omega_1) = -I r_1. \tag{4}$$

对第 2 个皮带轮有

$$J_2(\Omega_2 - \omega_2) = I r_2. \tag{5}$$

又由于皮带保持拉紧状态, 有

$$\Omega_1 r_1 = \Omega_2 r_2. \tag{6}$$

由 (4)–(6) 求出

$$\frac{\Omega_1}{r_2} = \frac{J_1 r_2 \omega_1 + J_2 r_1 \omega_2}{J_1 r_2^2 + J_2 r_1^2} = \frac{\Omega_2}{r_1}, \quad I = \frac{J_1 J_2(\omega_1 r_1 - \omega_2 r_2)}{J_1 r_2^2 + J_2 r_1^2}.$$

如果开始时皮带轮转动方向相反, 则拉紧皮带可以使转动减速, 如果等式 $J_1 r_2 \omega_1 + J_2 r_1 \omega_2 = 0$ 成立, 则皮带轮完全被制动.

例 2 质量为 m 长为 l 的均质细杆处于静止状态, 在其一端垂直于杆作用冲量 I (图 146), 求撞击后杆的运动状态.

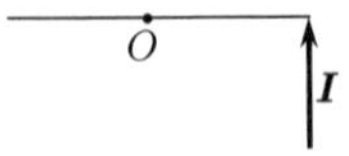

图 146

设 v_0 为杆质心的速度, ω 为撞击后杆的角速度, 由公式 (2) 和 (3) 得 2 个方程

$$m v_0 = I, \quad \frac{1}{12} m l^2 \omega = I \frac{l}{2},$$

由此求出

$$v_0 = \frac{I}{m}, \quad \omega = \frac{6I}{ml}. \tag{7}$$

例 3 如果在上面例子中杆的一端用铰链固定, 求撞击后杆的运动状态 (图 147).

撞击后杆绕 A 点转动. 由公式 (3) 可得方程

$$\frac{1}{3}ml^2\omega = Il,$$

由此求出

$$\omega = \frac{3I}{ml}. \tag{8}$$

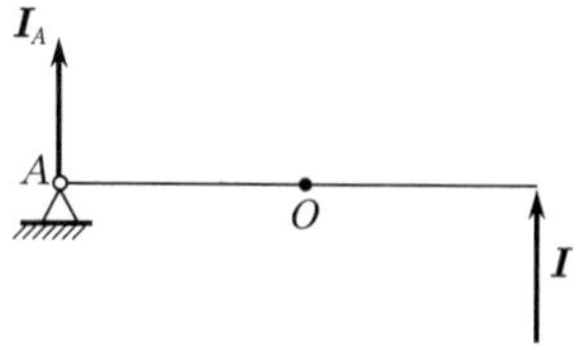

图 147

可以求出铰链的未知撞击冲量 I_A. 由公式 (2) 得

$$mv_0 = I + I_A,$$

而 $v_0 = \omega l/2 = 3I/(2m)$, 故 $I_A = mv_0 - I = I/2$.

197. 动能定理 设 T^- 和 T^+ 分别是系统撞击前后的动能:

$$T^- = \frac{1}{2}\sum_{\nu=1}^{N} m_\nu(\boldsymbol{v}_\nu^-)^2, \quad T^+ = \frac{1}{2}\sum_{\nu=1}^{N} m_\nu(\boldsymbol{v}_\nu^+)^2. \tag{9}$$

定理 撞击运动中动能的改变量等于所有撞击冲量分别点乘其作用点撞击前后速度之和的一半再求和:

$$T^+ - T^- = \sum_{\nu=1}^{N} \boldsymbol{I}_\nu^{(\mathrm{e})} \cdot \frac{\boldsymbol{v}_\nu^- + \boldsymbol{v}_\nu^+}{2} + \sum_{\nu=1}^{N} \boldsymbol{I}_\nu^{(\mathrm{i})} \cdot \frac{\boldsymbol{v}_\nu^- + \boldsymbol{v}_\nu^+}{2}. \tag{10}$$

证明 将第 193 小节的方程 (3) 点乘 $\boldsymbol{v}_\nu^+$ 得

$$m_\nu(\boldsymbol{v}_\nu^+ - \boldsymbol{v}_\nu^-)\cdot \boldsymbol{v}_\nu^+ = \boldsymbol{I}_\nu^{(\mathrm{e})}\cdot \boldsymbol{v}_\nu^+ + \boldsymbol{I}_\nu^{(\mathrm{i})}\cdot \boldsymbol{v}_\nu^+ \quad (\nu = 1, 2, \cdots, N).$$

如果将该等式左边的 $\boldsymbol{v}_\nu^+$ 写成

$$\boldsymbol{v}_\nu^+ = \frac{1}{2}\left[(\boldsymbol{v}_\nu^+ + \boldsymbol{v}_\nu^-) + (\boldsymbol{v}_\nu^+ - \boldsymbol{v}_\nu^-)\right],$$

然后对 ν 求和, 在简单变换后利用 (9) 的记号可得

$$T^- - T^+ = \frac{1}{2}\sum_{\nu=1}^{N} m_\nu(\boldsymbol{v}_\nu^- - \boldsymbol{v}_\nu^+)^2 - \sum_{\nu=1}^{N} \boldsymbol{I}_\nu^{(\mathrm{e})}\cdot \boldsymbol{v}_\nu^+ - \sum_{\nu=1}^{N} \boldsymbol{I}_\nu^{(\mathrm{i})}\cdot \boldsymbol{v}_\nu^+. \tag{11}$$

将第 193 小节的方程 (3) 点乘 $\boldsymbol{v}_\nu^-$, 并将得到的等式左边的 $\boldsymbol{v}_\nu^-$ 写成

$$\boldsymbol{v}_\nu^- = \frac{1}{2}\left[(\boldsymbol{v}_\nu^+ + \boldsymbol{v}_\nu^-) - (\boldsymbol{v}_\nu^+ - \boldsymbol{v}_\nu^-)\right],$$

然后对 ν 求和可得关系式:

$$T^+ - T^- = \frac{1}{2}\sum_{\nu=1}^{N} m_\nu(\boldsymbol{v}_\nu^+ - \boldsymbol{v}_\nu^-)^2 + \sum_{\nu=1}^{N} \boldsymbol{I}_\nu^{(\mathrm{e})}\cdot \boldsymbol{v}_\nu^- + \sum_{\nu=1}^{N} \boldsymbol{I}_\nu^{(\mathrm{i})}\cdot \boldsymbol{v}_\nu^-. \tag{12}$$

用等式 (12) 减去 (11) 再除以 2 可得关系式 (10). □

例 1 求前一小节中例 2 和例 3 的动能改变量.

考虑到刚体的内力不做功, 撞击前杆静止, 由 (10) 得 $T^+ = Iv/2$, 其中 v 是撞击力作用点在撞击后速度的大小.

在例 2 中有

$$v = v_0 + \omega\frac{l}{2} = \frac{I}{m} + \frac{6I}{ml}\frac{l}{2} = \frac{4I}{m}, \quad T^+ = \frac{2I^2}{m}.$$

在例 3 中有

$$v = \omega l = \frac{3I}{ml}l = \frac{3I}{m}, \quad T^+ = \frac{3I^2}{2m}.$$

评注 1 等式 (11) 和 (12) 其实是 2 种不同形式的撞击运动的动能定理.

下面给出其表述: 向量 $\boldsymbol{v}_\nu^- - \boldsymbol{v}_\nu^+$ 和 $\boldsymbol{v}_\nu^+ - \boldsymbol{v}_\nu^-$ 分别称为损失速度和增加速度, 而

$$T_* = \frac{1}{2}\sum_{\nu=1}^{N} m_\nu(\boldsymbol{v}_\nu^- - \boldsymbol{v}_\nu^+)^2 = \frac{1}{2}\sum_{\nu=1}^{N} m_\nu(\boldsymbol{v}_\nu^+ - \boldsymbol{v}_\nu^-)^2 \tag{13}$$

是损失 (或增加) 速度的动能, 差 $T^+ - T^-$ 称为撞击运动的增加动能, 差 $T^- - T^+$ 称为撞击运动的损失动能. 利用这些术语, 关系式 (11) 可以叙述为: 如果认为撞击过程中内外撞击力的作用点的速度是常量, 等于其撞击后的速度, 则损失动能等于损失速度动能减去内外撞击力所做的功.

关系式 (12) 可以叙述为: 如果认为撞击过程中内外撞击力的作用点的速度是常量, 等于其撞击前的速度, 则增加动能等于损失速度动能再加上内外撞击力所做的功.

§3. 刚体的撞击运动

198. 自由刚体的撞击 我们研究给定撞击对刚体运动的影响. 由于刚体的运动状态完全由刚体上某个点的速度向量和刚体角速度向量确定, 因此自由刚体的撞击运动问题归结为求撞击时这 2 个向量的变化.

对了简化计算, 取刚体质心为坐标原点, 坐标轴选为刚体的质心惯性主轴, 引入记号: $S_x, S_y, S_z, L_x, L_y, L_z, p, q, r$ 分别是外撞击冲量主向量 $\boldsymbol{S}^{(\mathrm{e})}$、对质心主矩 $\boldsymbol{L}_G^{(\mathrm{e})}$、刚体角速度向量 $\boldsymbol{\omega}$ 在坐标轴上的投影, m 为刚体质量, A, B, C 为刚体质心主惯性矩, Ap, Bq, Cr 是刚体对质心动量矩 $\boldsymbol{K}_G$ 的投影.

根据前一小节, 动量定理和动量矩定理给出 2 个向量方程

$$m\Delta\boldsymbol{v}_G = \boldsymbol{S}^{(\mathrm{e})}, \quad \Delta\boldsymbol{K}_G = \boldsymbol{L}_G^{(\mathrm{e})}, \tag{1}$$

由此得质心速度向量增量 $\Delta\boldsymbol{v}_G$ 和角速度向量增量 $\Delta\boldsymbol{\omega}$ 的投影:

$$v_{Gx}^+ - v_{Gx}^- = \frac{S_x}{m}, \quad v_{Gy}^+ - v_{Gy}^- = \frac{S_y}{m}, \quad v_{Gz}^+ - v_{Gz}^- = \frac{S_z}{m}, \tag{2}$$

$$p^+ - p^- = \frac{L_x}{A}, \quad q^+ - q^- = \frac{L_y}{B}, \quad r^+ - r^- = \frac{L_z}{C}. \tag{3}$$

如果刚体作平面运动, 例如平行于 Oxy 平面, 则 (2) 和 (3) 的 6 个关系式中只剩下 3 个:

$$v_{Gx}^+ - v_{Gx}^- = \frac{S_x}{m}, \quad v_{Gy}^+ - v_{Gy}^- = \frac{S_y}{m}, \quad r^+ - r^- = \frac{L_z}{C}. \tag{4}$$

练习题 1 试证明, 初始静止的刚体在相对质心的撞击运动中, 开始绕中心惯性椭球上某个点的向径转动, 惯性椭球在该点的切平面垂直于撞击冲量对质心的主矩.

下面求刚体在给定撞击冲量下动能的变化. 根据科尼希定理 (见第 83, 84 小节), 可得动能表达式:

$$T = \frac{1}{2}mv_G^2 + \frac{1}{2}(Ap^2 + Bq^2 + Cr^2).$$

先将撞击后刚体质心速度 $\boldsymbol{v}_G^+$ 和刚体角速度 $\boldsymbol{\omega}^+$ 代入上面表达式, 然后再将撞击前刚体质心速度 $\boldsymbol{v}_G^-$ 和刚体角速度 $\boldsymbol{\omega}^-$ 代入上面表达式, 将得到的两个等式相减, 利用 (2) 和 (3), 可得

$$T^+ - T^- = \boldsymbol{S}^{(\mathrm{e})} \cdot \frac{\boldsymbol{v}_G^+ + \boldsymbol{v}_G^-}{2} + \boldsymbol{L}_G^{(\mathrm{e})} \cdot \frac{\boldsymbol{\omega}^+ + \boldsymbol{\omega}^-}{2}. \tag{5}$$

利用 (2) 和 (3) 可以消去 $\boldsymbol{v}_G^+$ 和 $\boldsymbol{\omega}^+$, 于是动能改变量可以用给定撞击冲量的主向量 $\boldsymbol{S}^{(\mathrm{e})}$ 和主矩 $\boldsymbol{L}_G^{(\mathrm{e})}$ 以及 $\boldsymbol{v}_G^-$ 和 $\boldsymbol{\omega}^-$ 表示:

$$T^+ - T^- = \frac{1}{2}\left(\frac{S_x^2 + S_y^2 + S_z^2}{m} + \frac{L_x^2}{A} + \frac{L_y^2}{B} + \frac{L_z^2}{C}\right) + \boldsymbol{S}^{(\mathrm{e})} \cdot \boldsymbol{v}_G^- + \boldsymbol{L}_G^{(\mathrm{e})} \cdot \boldsymbol{\omega}^-. \tag{6}$$

练习题 2 撞击力偶可以使静止自由刚体相对质心转动, 撞击力偶矩大小为 L, 刚体中心主惯性矩满足表达式 $A > B > C$, 试证明, 刚体增加动能的最大可能值为 $L^2/(2C)$, 这时力偶矩向量应该平行于刚体中心惯性椭球的最大轴.

例 1 用水平台球杆撞击台球的子午面 (图 148), 杆距离球质心高度 h 为多少时, 撞击后球无滑动地滚动?

设 m 是台球的质量, R 是台球半径, I 是撞击冲量的大小, 如果 v 是撞击后台球质心速度, ω 是撞击后台球的角速度, 则有方程

$$mv = I, \quad \frac{2}{5}mR^2\omega = Ih \tag{7}$$

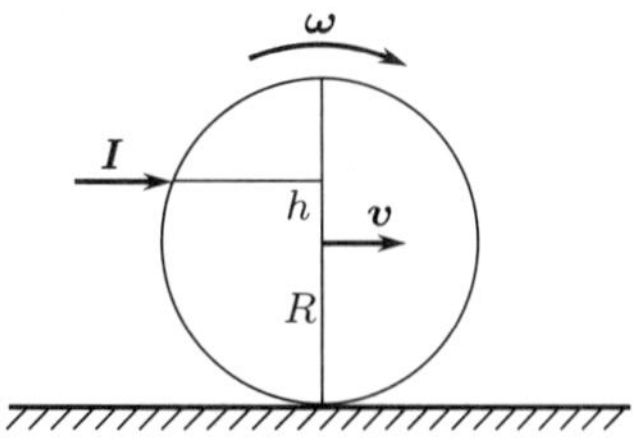

图 148

(平面的约束反力是有限量且对撞击冲量没有贡献). 由 (7) 和无滑动滚动的条件 $v = \omega R$ 可求得 $h = 2R/5$.

例 2 薄片状刚体在自身平面内作任意运动, 突然固定刚体上的 P 点 (用铰链固定), P 点位于哪里可以使刚体停止运动?

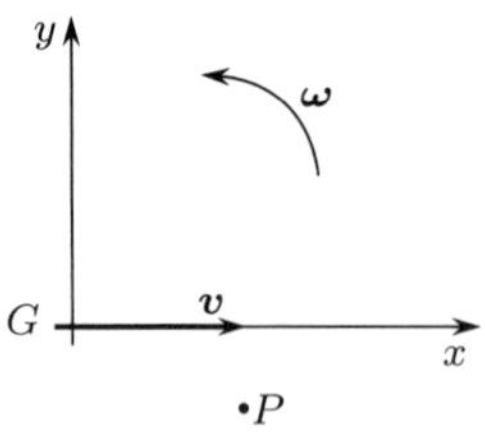

图 149

设 $\boldsymbol{v}$ 是质心 G 的速度, $\boldsymbol{\omega}$ 是 P 点被固定前瞬时刚体的角速度. 为了计算方便, 取 Gx 轴沿着向量 $\boldsymbol{v}$, P 点的坐标用 x,y 表示 (图 149).

因为 Gz 是中心惯性主轴, 用方程组 (4) 来描述撞击运动. 在这些方程中 $L_z = xS_y - yS_x$, 其中 S_x, S_y 是固定 P 点产生的撞击冲量的分量.

考虑到 $v_{Gx}^- = v$, $v_{Gy}^- = v_{Gx}^+ = v_{Gy}^+ = 0$, $r^- = \omega$, $r^+ = 0$, 由方程组 (4) 求得 $S_x = -mv$, $S_y = 0$, 其中 x 任意, $y = -C\omega/(mv)$. 于是 P 点应该位于半平面 $y < 0$ 内平行于质心速度方向并距离质心 $C\omega/(mv)$ 的直线上.

设在静止刚体的 Q 点作用撞击冲量 I, 由方程 (1) 和 (2) 可得 $\boldsymbol{v}_G^+ = \boldsymbol{I}/m$, $\boldsymbol{K}_G^+ = \overline{GQ} \times \boldsymbol{I}$. 由此可知, 初始静止的刚体撞击后的运动状态不是完全任意的: 质心速度和对质心的动量矩应该垂直.

练习题 3 由上面的叙述可知, 如果自由刚体运动使得 $\boldsymbol{K}_G \cdot \boldsymbol{v}_G \neq 0$, 则无法利用一次撞击使其停止. 试证明, 如果 $\boldsymbol{K}_G \cdot \boldsymbol{v}_G = 0$ 且 $\boldsymbol{v}_G \neq 0$, 则可以利用一次撞击使其停止, 并求这个撞击冲量的大小和作用线.

199. 定点运动刚体的撞击 取固定点 O 为坐标原点, 坐标轴 Ox, Oy, Oz 分别与刚体对 O 点的惯性主轴重合, 用 $\boldsymbol{S}$ 和 $\boldsymbol{L}$ 表示主动撞击冲量的主向量和主矩, 我们来求刚体角速度改变量 $\Delta\boldsymbol{\omega}$ 和 O 点的约束撞击冲量.

角速度改变量的投影由方程 (3) 确定, 其中 A, B, C 为刚体对 O 点的主惯性矩. 在 O 点的约束撞击冲量 $\boldsymbol{I}'$ 由 (1) 的第 1 个方程确定:

$$m\Delta\boldsymbol{v}_G = \boldsymbol{S} + \boldsymbol{I}'. \tag{8}$$

因为质心位置在撞击时不改变, 故 $\Delta\boldsymbol{v}_G = \Delta\boldsymbol{\omega} \times \overline{OG}$. 最后利用 (8) 得

$$\boldsymbol{I}' = m\Delta\boldsymbol{\omega} \times \overline{OG} - \boldsymbol{S}. \tag{9}$$

我们研究一种特殊情况: 在刚体上的 P 点作用唯一的撞击冲量 $\boldsymbol{I}$, 那么 $\boldsymbol{S} = \boldsymbol{I}, \boldsymbol{L} = \overline{OP} \times \boldsymbol{I}$. 我们讨论一个问题: 给定撞击冲量 $\boldsymbol{I}$, 在什么条件下不会引起撞击约束反力? 例如, 在需要撞击使刚体产生定点运动但不确信约束有足够的强度时, 就要回答这个问题.

设 x_G, y_G, z_G 是已知的质心坐标, x, y, z 是未知冲量 $\boldsymbol{I}$ 的作用点 P 的坐标, 当 $\boldsymbol{I}' = \boldsymbol{0}$ 时, 由 (3) 和 (9) 得 3 个方程:

$$\begin{aligned}
&\frac{z_G}{B}(zI_x - xI_z) - \frac{y_G}{C}(xI_y - yI_x) = \frac{I_x}{m},\\
&\frac{x_G}{C}(xI_y - yI_x) - \frac{z_G}{A}(yI_z - zI_y) = \frac{I_y}{m},
\end{aligned} \tag{10}$$

$$\frac{y_G}{A}(yI_z - zI_y) - \frac{x_G}{B}(zI_x - xI_z) = \frac{I_z}{m}.$$

这些方程对于冲量 $\boldsymbol{I}$ 的未知分量是线性齐次的, 因此冲量 $\boldsymbol{I}$ 的大小可以是任意的, 此外, 求出的冲量 $\boldsymbol{I}$ 的方向也可以相反.

由于 $\boldsymbol{I} \neq \boldsymbol{0}$, 方程 (10) 的系数行列式应该等于零:

$$D = \begin{vmatrix} \dfrac{yy_G}{C} + \dfrac{zz_G}{B} - \dfrac{1}{m} & -\dfrac{xy_G}{C} & -\dfrac{xz_G}{B} \\ -\dfrac{yx_G}{C} & \dfrac{zz_G}{A} + \dfrac{xx_G}{C} - \dfrac{1}{m} & -\dfrac{yz_G}{A} \\ -\dfrac{zx_G}{B} & -\dfrac{zy_G}{A} & \dfrac{xx_G}{B} + \dfrac{yy_G}{A} - \dfrac{1}{m} \end{vmatrix} = 0. \tag{11}$$

由此可知, 一般情况下 P 点可能位置的几何点位于 3 阶曲面上, 在该曲面上的任意点作用冲量都不会引起撞击约束反力. 将该曲面上选定点的坐标 x, y, z 代入方程 (10) 就可以确定冲量 $\boldsymbol{I}$ 的作用线.

在某些特殊情况下, 曲面 (11) 可以退化为更简单的曲面, 例如, 设过固定点和刚体质心的 OG 轴是惯性主轴, 如果取该轴为 Oz 轴, 则 $x_G = y_G = 0$, 方程 (11) 变为

$$D = -\frac{1}{m}\left(\frac{zz_G}{B} - \frac{1}{m}\right)\left(\frac{zz_G}{A} - \frac{1}{m}\right) = 0,$$

即 P 点位于 2 个平面

$$z = \frac{B}{mz_G}, \quad z = \frac{A}{mz_G} \tag{12}$$

之一, 这 2 个平面垂直于惯性主轴 Oz 且与刚体质心位于 O 点的同一侧, 于是由方程组 (10) 可知 (当 $A \neq B$ 时), 在第 1 种情况下冲量 $\boldsymbol{I}$ 应该平行于 Ox 轴, 在第 2 种情况下冲量 $\boldsymbol{I}$ 应该平行于 Oy 轴. 对于动力学对称刚体 ($A = B$), (12) 的 2 个平面成为一个, 冲量 $\boldsymbol{I}$ 在该平面内取任意方向.

例 1 刚体绕 O 点作定点运动, 在某时刻刚体角速度等于 $\boldsymbol{\omega}^-$, 这时突然固定第 2 个点 O_1, 此后刚体只能绕着过 O 和 O_1 的轴 u 转动, 求刚体定轴转动的角速度.

用 α, β, γ 表示轴 u 与 Ox, Oy, Oz 轴夹角的余弦, 刚体对 u 轴的动量矩在 O_1 点固定前为 $Ap^-\alpha + Bq^-\beta + Cr^-\gamma$, 在 O_1 点固定后为 $(A\alpha^2 + B\beta^2 + C\gamma^2)\omega^+$ (见第 77 小节、第 82 小节). 在 O 和 O_1 点的约束撞击冲量对 u 轴的矩为零, 因此在撞击过程中刚体对 u 轴的动量矩不变, 于是有

$$\omega^+ = \frac{Ap^-\alpha + Bq^-\beta + Cr^-\gamma}{A\alpha^2 + B\beta^2 + C\gamma^2}.$$

200. 定轴转动刚体的撞击 设刚体绕着过 O 和 O_1 的轴转动 (图 150), 在刚体上作用撞击冲量 $\boldsymbol{I}$, 求刚体角速度改变量以及 O 和 O_1 点的撞击约束冲量.

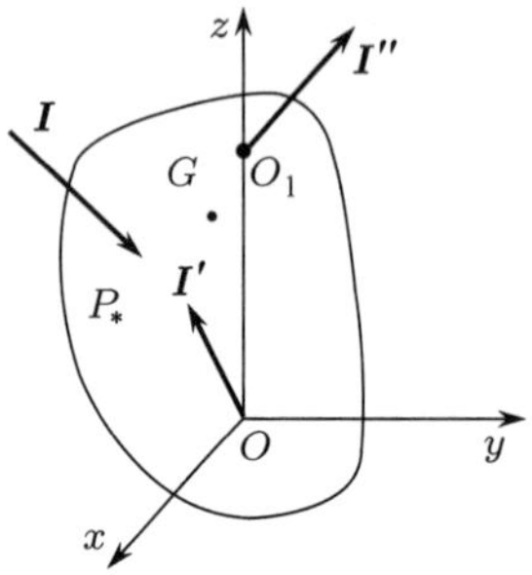

图 150

设 $Oxyz$ 是以 O 为原点的坐标系, Oz 轴沿着转动轴, Ox 垂直于撞击冲量, 向量 $\boldsymbol{I}$ 的分量为 $0, I_y, I_z$. 质心 G 和冲量作用点 P_* 的坐标分别为 x_G, y_G, z_G 和 x_*, y_*, z_*, 角速度 $\boldsymbol{\omega}$ 的分量为 $0, 0, r$. 在 O 和 O_1 点的撞击约束冲量 $\boldsymbol{I}'$ 和 $\boldsymbol{I}''$ 的分量分别为 I'_x, I'_y, I'_z 和 I''_x, I''_y, I''_z. 刚体对 O 点的惯性张量的矩阵 $\boldsymbol{J}$ 的形式为第 77 小节中 (4). 点 O 和 O_1 之间的距离为 h.

由动量定理和动量矩定理得

$$m\Delta\boldsymbol{\omega} \times \overline{OG} = \boldsymbol{I} + \boldsymbol{I}' + \boldsymbol{I}'', \quad \boldsymbol{J}\Delta\boldsymbol{\omega} = \overline{OP_*} \times \boldsymbol{I} + \overline{OO_1} \times \boldsymbol{I}''.$$

将这些关系式的标量形式写成

$$-my_G\Delta r = I'_x + I''_x, \tag{13}$$

$$mx_G\Delta r = I_y + I'_y + I''_y, \tag{14}$$

$$0 = I_z + I'_z + I''_z, \tag{15}$$

$$-J_{xz}\Delta r = y_*I_z - z_*I_y - hI''_y, \tag{16}$$

$$-J_{yz}\Delta r = -x_*I_z + hI''_x, \tag{17}$$

$$J_z\Delta r = x_*I_y. \tag{18}$$

由最后一个方程可以确定角速度改变量 Δr. 如果撞击冲量 $\boldsymbol{I}$ 和刚体转动轴不共面, 则 $\Delta r \neq 0$. 其余 5 个方程 (14)~(17) 需要确定 O 和 O_1 点的撞击约束冲量 $\boldsymbol{I}'$ 和 $\boldsymbol{I}''$ 的 6 个未知分量, 显然无法分别求出 I'_z 和 I''_z, 只能确定它们的和.

假设 $\Delta r \neq 0$, 我们求 O 和 O_1 点不产生撞击约束反力的条件. 当 $\boldsymbol{I}' = \boldsymbol{I}'' = \boldsymbol{0}$ 时, 由 (15) 可知 $I_z = 0$, 即撞击冲量平行于 Oy 轴. 由 (13) 可知 $y_G = 0$, 可见, 质心位于垂直于冲量且过转动轴的平面内. 如果 $x_G = 0$, 即质心位于转动轴上, 则该问题无解: 当 $\boldsymbol{I} \neq \boldsymbol{0}$ 时总是产生撞击约束反力.

设 $x_G \neq 0$, 由 (14) 和 (16) 可得 $J_{xz} - mx_Gz_* = 0$ 或者

$$\sum_{\nu=1}^{N} m_\nu x_\nu (z_\nu - z_*) = 0. \tag{19}$$

由 (17) 可知 $J_{yz} = 0$, 再利用条件 $y_G = 0$ 得

$$\sum_{\nu=1}^{N} m_\nu y_\nu (z_\nu - z_*) = 0. \tag{20}$$

等式 (19) 和 (20) 表明 (见第 78 小节)，转动轴是刚体对 $(0,0,z_*)$ 点的惯性主轴.

因此, 当转动轴是刚体惯性主轴时, 任意大小的撞击冲量都不会使 O 和 O_1 点产生撞击约束反力. 如果这个条件成立, 则冲量应该垂直于过转动轴和质心的平面, 并且应该位于垂直转轴的某个平面内, 转轴是刚体对该平面与转轴的交点的惯性主轴.

最后由 (14) 和 (18) 可得

$$x_* = \frac{J_z}{mx_G}, \tag{21}$$

这就确定了撞击冲量的作用线, 称之为撞击轴, 它与过转轴和质心平面的交点称为撞击中心.

例 1 (薄板情况) 平面图形可以绕自身平面内的某个轴 Oz 转动 (图 151), 对任意 Oz 轴都可以找到撞击中心, 这可以从 Oz 轴总是轴上点的惯性主轴得到. 为了证明这个结论, 我们将坐标系 $Oxyz$ 的原点平移到 $(0,0,z_*)$ 得到 $O'x'y'z$, Ox 轴 (和 $O'x'$ 轴) 位于薄板平面内, 那么对于刚体上每个质点 P_ν 都有 $y'_\nu = 0$, 因此 $J_{y'z} = 0$. 如果按公式 (19) 选择 z_*, 即 $z_* = \dfrac{J_{xz}}{mx_G}$, 则 $J_{x'z} = 0$.

如果冲量 $\boldsymbol{I}$ 垂直于薄板平面且其作用点 Q 位于 $O'x'$ 轴上, Q 点的坐标值为 (利用公式 (21)) $x' = \dfrac{J_z}{mx_G}$, 则 Q 为撞击中心. 例如, 对于宽为 a 的均质门, 撞击中心距离转轴为 $2a/3$.

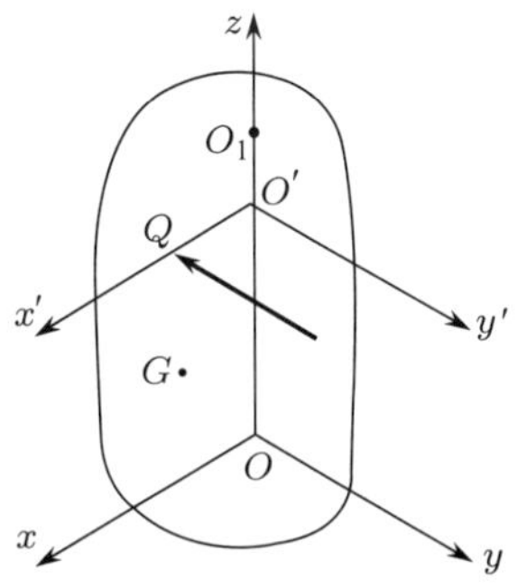

图 151

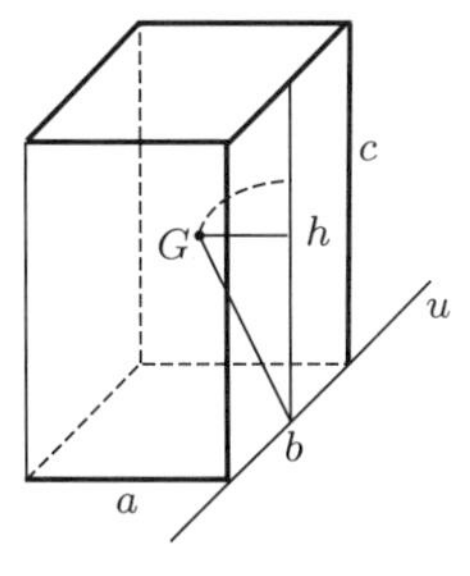

图 152

例 2 边长分别为 a, b, c 的均质重长方体沿着光滑平面滑动, 长为 c 的棱边沿着竖直方向 (图 152), 滑动方向垂直于长为 b 的棱边. 突然固定这个棱边使其不动, 求使六面体翻倒的滑动速度 v.

撞击后六面体的运动是定轴转动, 转轴 u 是被固定的棱边, 由于撞击时对该轴的动量矩不变, 故

$$\frac{1}{2}mvc = J_u\omega, \tag{22}$$

其中 m 是质量, ω 是撞击后六面体的角速度, J_u 是对 u 轴的惯性矩. 根据第 75 小节、第 76 小节有

$$J_u = \frac{1}{3}m(a^2+c^2). \tag{23}$$

六面体翻倒的充分必要条件是: 重心在沿着半径为 $\sqrt{a^2+c^2}/2$ 的圆周运动时, 将穿越过 u 轴的竖直平面, 这时重心比初始位置升高

$$h = \frac{1}{2}(\sqrt{a^2+c^2}-c). \tag{24}$$

如果

$$\frac{1}{2}J_u\omega^2 > mgh, \tag{25}$$

则会翻倒. 由 (22)–(25) 求出

$$v^2 > \frac{4g(a^2+c^2)(\sqrt{a^2+c^2}-c)}{3c^2}.$$

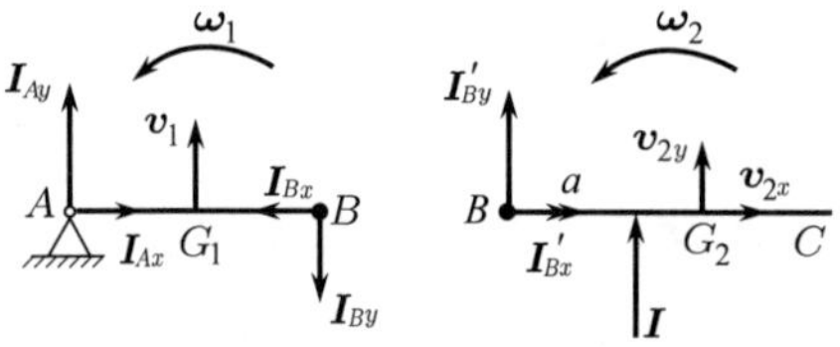

图 153

例3 杆 AB 的 A 端用铰链固定, 另一端用铰链与 BC 杆连接 (图 153), 2 杆静止并共线. 在距离 B 点为 a 处垂直于杆作用冲量 $\boldsymbol{I}$, 求撞击后杆的运动以及 A 和 B 处的撞击约束冲量. 假设杆是均质细杆, 每个杆质量为 m, 长为 l.

解除 B 处的铰链, 分别研究 2 杆在给定冲量 $\boldsymbol{I}$ 和约束冲量 $\boldsymbol{I}_A, \boldsymbol{I}_B$ 作用下的运动. 用 $\boldsymbol{v}_1, \boldsymbol{v}_2$ 表示撞击后杆 AB, BC 的质心 G_1, G_2 的速度, 用 ω_1, ω_2 表示撞击后杆的角速度. 因为撞击后 AB 杆绕 A 作定轴转动, 向量 $\boldsymbol{v}_1$ 垂直于 AB 杆, 且 $v_1 = \omega_1 l/2$. 这些向量在图 153 上用其在坐标系 Axy 上的投影表示, 其中 Ax 轴沿着杆.

由动量定理和动量矩定理, 对每个杆有:

$$\begin{aligned} &I_{Ax} - I_{Bx} = 0, \quad \frac{1}{2}m\omega_1 l = I_{Ay} - I_{By}, \quad \frac{1}{3}ml^2\omega_1 = -I_{By}l, \\ &mv_{2x} = I'_{Bx}, \quad mv_{2y} = I + I'_{By}, \quad \frac{1}{12}ml^2\omega_2 = -I\left(\frac{l}{2}-a\right) - I'_{By}\frac{l}{2}. \end{aligned} \tag{26}$$

根据 AB 杆和 BC 杆的运动求出的撞击后铰链 B 的速度应该相等:

$$0 = v_{2x}, \quad \omega_1 l = v_{2y} - \frac{1}{2}\omega_2 l. \tag{27}$$

又因为

$$I'_{Bx} = I_{Bx}, \quad I'_{By} = I_{By}, \tag{28}$$

则得到 10 个方程 (26)–(28), 求解得

$$\omega_1 = \frac{6I(2l-3a)}{7ml^2}, \quad \omega_2 = \frac{6I(8a-3l)}{7ml^2}, \quad v_{2x} = 0, \quad v_{2y} = \frac{3I(2a+l)}{7ml},$$

$$I_{Ax}=0,\quad I_{Ay}=\frac{(2l-3a)I}{7l},\quad I_{Bx}=I'_{Bx}=0,\quad I_{By}=I'_{By}=-\frac{2(2l-3a)I}{7l}.$$

由此可以看出, 1) 如果 $a=5l/11$, 则 $\omega_1=\omega_2$, 撞击后 2 杆保持共线; 2) 如果 $a=2l/3$, 即冲量 $\boldsymbol{I}$ 作用在 BC 杆绕 B 点转动时的撞击中心上, 则 AB 杆保持静止.

§4. 刚体碰撞

201. 恢复系数 设 2 个运动的刚体 B_1 和 B_2 在时刻 $t=t_0$ 以其表面上的 O_1 和 O_2 点相互接触 (图 154), 该时刻 O_1 和 O_2 点的相对速度不在公共切平面内, 那么刚体相互撞击, 在切点产生撞击力, 分别作用于 2 个刚体, 大小相等方向相反.

我们认为刚体是绝对光滑的, 那么撞击力及其冲量 $\boldsymbol{I}_1$ 和 $\boldsymbol{I}_2$ 都垂直于刚体 B_1 和 B_2 的相撞曲面的公共切面. 设 $\boldsymbol{n}$ 是刚体接触点的法向单位向量, 指向第 2 个刚体, 而 $\boldsymbol{n}_k$ 是刚体 B_k 在 O_k 点的法向单位向量, 指向刚体内部, 那么显然有

$$\boldsymbol{n}=\boldsymbol{n}_2=-\boldsymbol{n}_1,\quad \boldsymbol{I}_k=I\boldsymbol{n}_k\quad (k=1,2),\qquad (1)$$

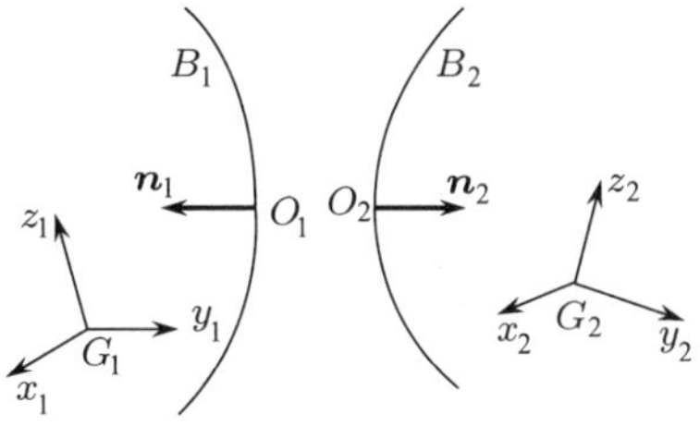

图 154

其中 I 是撞击冲量的大小.

I 的值事先是不知道的, 这与前一小节讨论的刚体在给定撞击冲量下的运动不同. 刚体碰撞问题是已知碰撞前运动状态求碰撞后运动状态和撞击冲量. 然而, 即使在很简单的碰撞问题中, 未知数也多于动力学定理给出的方程数, 因此必须补充物理假设.

绝对刚体的假设在这里是有缺点的, 必须假设刚体的碰撞点附近有很小的变形. 碰撞过程分为两个阶段: 在从 $t=t_0$ 到 $t=t_0+\tau_1$ 的第 1 个阶段内, 2 个刚体沿着公共法线相互接近, 并且 O_1 和 O_2 点的相对速度在公共法向投影减少, 当减少到零时碰撞第 1 阶段结束. 在第 1 阶段结束时刚体的变形最大, 然后开始第 2 阶段. O_1 和 O_2 点的相对速度在公共法向投影在 $t=t_0+\tau_1$ 时改变符号, 在 $t>t_0+\tau_1$ 时增大; 恢复变形的刚体沿着公共法向相互远离. 当 $t=t_0+\tau_1+\tau_2$ 时 2 个刚体以一个点接触, 然后相互分开, 碰撞的第 2 阶段结束, 整个刚体碰撞过程结束.

观察发现, O_1 和 O_2 点的相对速度在公共法向投影一般不会达到原来的值 (碰撞前). 刚体碰撞过程的全面研究需要详细分析其物理性质, 还需要十分复杂的数学分析, 这些超出了理论力学的范畴. 为简化碰撞现象的复杂性质, 我们采用牛顿提出的运动学假设: *碰撞后与碰撞前刚体接触点的相对速度在公共法向投影的绝对值之比为某个常数, 不依赖于相对速度和刚体的尺寸, 只依赖于材料.*

这个比值称为*恢复系数*, 今后将用 χ 表示. 设 $\boldsymbol{v}^-_{O_k}$ 和 $\boldsymbol{v}^+_{O_k}$ 是 O_k 点在碰撞前后的速度 $(k=1,2)$, 那么

$$(\boldsymbol{v}^+_{O_1}-\boldsymbol{v}^+_{O_2})\cdot\boldsymbol{n}=-\chi(\boldsymbol{v}^-_{O_1}-\boldsymbol{v}^-_{O_2})\cdot\boldsymbol{n}.\qquad (2)$$

考虑到关系式 (1), 等式 (2) 可以写成

$$\boldsymbol{v}_{O_1}^{+}\cdot\boldsymbol{n}_1+\ \boldsymbol{v}_{O_2}^{+}\cdot\boldsymbol{n}_2=-\chi(\boldsymbol{v}_{O_1}^{-}\cdot\boldsymbol{n}_1+\boldsymbol{v}_{O_2}^{-}\cdot\boldsymbol{n}_2). \tag{3}$$

恢复系数刻画碰撞后相对速度的法向分量的恢复程度, 完全恢复是不可能的, 所以 $0\leqslant\chi\leqslant1$. 如果 $\chi=0$ 则是完全非弹性碰撞, 这种情况下碰撞过程只有第 1 个阶段, 当达到最大压缩时, 不发生恢复变形, 2 个刚体一起运动. 如果 $\chi=1$ 则是完全弹性碰撞, 在碰撞第 2 个阶段变形完全恢复, 接触点相对速度的法向分量的绝对值达到碰撞前. $0<\chi<1$ 是物理实际情况, 称为非弹性碰撞.

利用假设 (2) 时需了解, 它是实际物体真实碰撞规律的一阶 (粗略的) 近似.①

例 1 作为应用牛顿假设 (2) 的例子, 我们讨论质点与固定光滑曲面碰撞的问题.

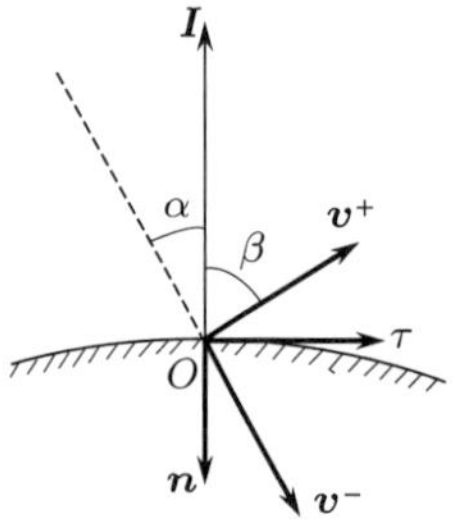

图 155

设碰撞前质点的速度为 $\boldsymbol{v}^-$, 与曲面的外法线夹角为 α (见图 155, 其中 O 是碰撞点, $\boldsymbol{\tau}$ 是向量 $\boldsymbol{n}$ 和 $\boldsymbol{v}^-$ 构成的平面与曲面交线的切向单位向量), 已知质点的质量 m 和恢复系数, 求碰撞后速度 $\boldsymbol{v}^+$ 的大小、反射角 β 以及碰撞冲量的大小 I.

动量定理给出 2 个方程:

$$\begin{aligned}&v^+\sin\beta-v^-\sin\alpha=0,\\&m(v^+\cos\beta+v^-\cos\alpha)=I.\end{aligned}\tag{4}$$

由关系式 (2) 可得第 3 个方程:

$$v^+\cos\beta=\chi v^-\cos\alpha. \tag{5}$$

由 (4) 和 (5) 求得

$$\tan\beta=\frac{1}{\chi}\tan\alpha,\quad v^+=v^-\sqrt{\sin^2\alpha+\chi^2\cos^2\alpha},\quad I=m(1+\chi)v^-\cos\alpha. \tag{6}$$

由 (4)–(6) 可知, 碰撞前后切向速度相等; 在完全弹性碰撞情况下入射角等于反射角, 速度大小不变 $(\alpha=\beta, v^+=v^-)$; 在非弹性碰撞情况下入射角小于反射角 $(\beta>\alpha)$; 在完全弹性碰撞情况下碰撞冲量是完全非弹性碰撞情况的 2 倍.

例 2 均质杆可以绕过其重心的水平轴转动, 当它处于平衡状态时, 一个质量为 m 速度为 v 的小球击中杆的一端, 杆的质量为 M 长度为 $2a$, 恢复系数等于 χ. 将小球看作质点, 求碰撞后小球和杆的运动状态.

①对这个问题的讨论参见: Пановко Я. Г. Введение в теорию механического удара. —М.: Наука, 1977. 最近关于碰撞的数学模型及其分析参见: Иванов А. П. Динамика систем с механическими соударениями. —М.: Международная программа образования, 1977.

设 v^+ 是碰撞后小球的速度, ω^+ 是碰撞后杆的角速度, 由动量矩定理 (相对杆质心) 得

$$mva = mv^+a + \frac{1}{3}Ma^2\omega^+, \tag{7}$$

又由牛顿假设有①

$$v^+ - \omega^+ a = -\chi v. \tag{8}$$

由 (7) 和 (8) 求得

$$v^+ = \frac{3m - \chi M}{3m + M}v, \quad \omega^+ = \frac{3(1+\chi)mv}{(3m+M)a}.$$

202. 两个光滑刚体相撞的一般问题 刚体 $B_k(k = 1,2)$ 的质心固连坐标系 $G_k x_k y_x z_k$ 的坐标轴沿着刚体的中心惯性主轴 (图 154), 用 A_k, B_k, C_k 表示相应的主惯性矩, 用 m_k 表示刚体的质量. 在坐标系 $G_k x_k y_x z_k$ 中, O_k 的坐标为 (x_k, y_x, z_k), 法向单位向量 $\boldsymbol{n}_k$ 由方向余弦 $\alpha_k, \beta_k, \gamma_k$ 给出. 设 $\boldsymbol{\omega}_k$ 是刚体 B_k 的角速度, $\boldsymbol{v}_k$ 是刚体质心 G_k 的速度, 如果已知碰撞前这些物理量的值, 求碰撞后它们的值. $\Delta\boldsymbol{\omega}_k = \boldsymbol{\omega}_k^+ - \boldsymbol{\omega}_k^-$ 和 $\Delta\boldsymbol{v}_k = \boldsymbol{v}_k^+ - \boldsymbol{v}_k^-$ 在坐标系 $G_k x_k y_x z_k$ 中的分量分别表示为 $\Delta p_k, \Delta q_k, \Delta r_k$ 和 $\Delta v_{x_k}, \Delta v_{y_k}, \Delta v_{z_k}$. 碰撞冲量 $\boldsymbol{I}_k$ 相对质心 G_k 的矩 $\boldsymbol{M}_k = \overline{G_k O_k} \times \boldsymbol{I}_k$ 在坐标系 $G_k x_k y_x z_k$ 中的分量表示为 $M_{x_k} = I\xi_k$, $M_{y_k} = I\eta_k$, $M_{z_k} = I\zeta_k$, 其中 $\xi_k = y_k\gamma_k - z_k\beta_k$, $\eta_k = z_k\alpha_k - x_k\gamma_k$, $\zeta_k = x_k\beta_k - y_k\alpha_k$.

由动量定理和动量矩定理给出 12 个方程:

$$A_k\Delta p_k = I\xi_k, \quad B_k\Delta q_k = I\eta_k, \quad C_k\Delta r_k = I\zeta_k,$$

$$m_k\Delta v_{x_k} = I\alpha_k, \quad m_k\Delta v_{y_k} = I\beta_k, \quad m_k\Delta v_{z_k} = I\gamma_k \quad (k = 1,2).$$

由此求出碰撞后刚体 B_k 的运动学量:

$$p_k^+ = p_k^- + I\frac{\xi_k}{A_k}, \quad q_k^+ = q_k^- + I\frac{\eta_k}{B_k}, \quad r_k^+ = r_k^- + I\frac{\zeta_k}{C_k}, \tag{9}$$

$$v_{x_k}^+ = v_{x_k}^- + I\frac{\alpha_k}{m_k}, \quad v_{y_k}^+ = v_{y_k}^- + I\frac{\beta_k}{m_k}, \quad v_{z_k}^+ = v_{z_k}^- + I\frac{\gamma_k}{m_k}. \tag{10}$$

由 (10) 可知, 刚体质心切向速度分量没有改变.

在方程 (9) 和 (10) 中包含未知碰撞冲量 I, 如果求出它并代入方程 (9) 和 (10), 则 2 个光滑刚体相撞的一般问题就解决了.

我们利用 (3) 来求 I. 根据 $\boldsymbol{v}_{O_k}^+ = \boldsymbol{v}_k^+ + \boldsymbol{\omega}_k^+ \times \overline{G_k O_k}$, $\boldsymbol{v}_{O_k}^- = \boldsymbol{v}_k^- + \boldsymbol{\omega}_k^- \times \overline{G_k O_k}$ 以及向量混合积的性质有

$$(\boldsymbol{v}_{O_k}^+ - \boldsymbol{v}_{O_k}^-) \cdot \boldsymbol{n}_k = \Delta\boldsymbol{v}_k \cdot \boldsymbol{n}_k + (\overline{G_k O_k} \times \boldsymbol{n}_k) \cdot \Delta\boldsymbol{\omega}_k,$$

①原文此处有误, 已更正.

再利用 (9) 和 (10) 可以写成

$$(\boldsymbol{v}_{O_k}^{+} - \boldsymbol{v}_{O_k}^{-}) \cdot \boldsymbol{n}_k = I\left(\frac{1}{m_k} + \frac{\xi_k^2}{A_k} + \frac{\eta_k^2}{B_k} + \frac{\zeta_k^2}{C_k}\right) \quad (k = 1, 2).$$

对 k 求和可得

$$(\boldsymbol{v}_{O_1}^{+} - \boldsymbol{v}_{O_1}^{-}) \cdot \boldsymbol{n}_1 + (\boldsymbol{v}_{O_2}^{+} - \boldsymbol{v}_{O_2}^{-}) \cdot \boldsymbol{n}_2 = \mu^2 I, \tag{11}$$

其中

$$\mu^2 = \sum_{k=1}^{2}\left(\frac{1}{m_k} + \frac{\xi_k^2}{A_k} + \frac{\eta_k^2}{B_k} + \frac{\zeta_k^2}{C_k}\right). \tag{12}$$

由方程 (3) 和 (11) 求出

$$I = -\frac{1+\chi}{\mu^2}(\boldsymbol{v}_{O_1}^{-} \cdot \boldsymbol{n}_1 + \boldsymbol{v}_{O_2}^{-} \cdot \boldsymbol{n}_2). \tag{13}$$

可以发现, $-(\boldsymbol{v}_{O_1}^{-} \cdot \boldsymbol{n}_1 + \boldsymbol{v}_{O_2}^{-} \cdot \boldsymbol{n}_2)$ 是碰撞前刚体 B_1 上接触点 O_1 相对刚体 B_2 的速度在 B_2 的内法向投影, 我们用 $u_{\mathrm{r}n}$ 表示. 碰撞前 2 个刚体相互接近, 这个量是正的, 因此

$$I = \frac{1+\chi}{\mu^2} u_{\mathrm{r}n}, \tag{14}$$

该等式右边的量都是已知的.

将 (14) 的 I 代入 (9) 和 (10) 就可以完全解决 2 个光滑刚体相撞的一般问题了.

评注 2 (恢复系数的动力学解释) 设 $\boldsymbol{v}_k^{(1)}, \boldsymbol{\omega}_k^{(1)}, \boldsymbol{v}_{O_k}^{(1)}$ $(k = 1, 2)$ 分别是在碰撞第 1 阶段结束时刻 $t = t_0 + \tau_1$, 刚体 B_k 的质心速度、角速度和接触点 O_k 的速度, 在该时刻成立的等式

$$\boldsymbol{v}_{O_1}^{(1)} \cdot \boldsymbol{n}_1 + \boldsymbol{v}_{O_2}^{(1)} \cdot \boldsymbol{n}_2 = 0 \tag{15}$$

表明, 在 $t = t_0 + \tau_1$ 时刻, O_1 相对 O_2 的速度在接触面的公共法线方向投影等于零.

设 $I^{(1)}, I^{(2)}$ 分别是碰撞第 1 和第 2 阶段作用在刚体上的冲量, 那么有

$$I^{(1)} + I^{(2)} = I \tag{16}$$

以及等式 (9) 和 (10), 其中上标 “+” 要用 (1) 代替, I 要用 $I^{(1)}$ 代替.

$I^{(1)}$ 由 (15) 求出, 完全类似于上面由 (3) 得到 (14) 的计算, 可得

$$I^{(1)} = \frac{u_{\mathrm{r}n}}{\mu^2},$$

再由 (14) 和 (16) 得

$$I^{(2)} = \frac{\chi}{\mu^2} u_{\mathrm{r}n}.$$

因此有

$$\frac{I^{(2)}}{I^{(1)}} = \chi,$$

即 2 个绝对光滑的刚体碰撞时第 2 阶段和第 1 阶段产生的冲量之比等于恢复系数.

例 1 (撞墙 (固定障碍物)) 设刚体 B_2 为固定障碍物, 令 $\boldsymbol{v}_2^- = \mathbf{0}, \boldsymbol{\omega}_2^- = \mathbf{0}$ 并且 m_2, A_2, B_2, C_2 为无穷大, 由 (12) 得 (对应 B_1 的下标 (1) 都省略不写):

$$\mu^2 = \frac{1}{m} + \frac{(y\gamma - z\beta)^2}{A} + \frac{(z\alpha - x\gamma)^2}{B} + \frac{(x\beta - y\alpha)^2}{C}, \tag{17}$$

u_{rn} 是刚体 B_1 的 O_1 点速度的法向分量, 该法向从墙向外指向刚体. 冲量大小用公式 (14) 和 (17) 计算. 关系式 (9) 和 (10) 可以写成

$$p^+ = p^- + I\frac{(y\gamma - z\beta)}{A}, \quad q^+ = q^- + I\frac{(z\alpha - x\gamma)}{B},$$

$$r^+ = r^- + I\frac{(x\beta - y\alpha)}{C}, \quad \boldsymbol{v}^+ = \boldsymbol{v}^- + \frac{I}{m}\boldsymbol{n}_1.$$

例 2 半径为 R 的均质轮在竖直平面内沿着水平面无滑动滚动, 碰到一个高为 h 的障碍物 $(h < R)$. 碰撞时没有摩擦, 恢复系数为 χ. 试证明, 如果

$$h > \left(1 - \sqrt{\frac{\chi}{1+\chi}}\right) R,$$

则无论碰撞前轮心速度是多少, 轮都不能翻越障碍.

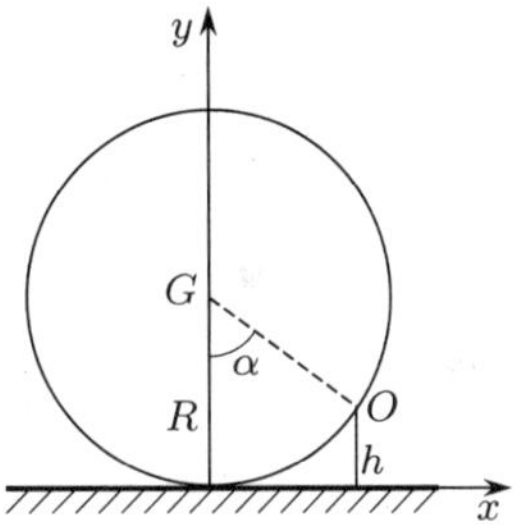

图 156

设 α 是轮心 G 到障碍物最高点 O 的连线与竖直方向的夹角 (图 156), v 是碰撞前轮心速度, 而 v_x^+, v_y^+ 是碰撞后轮心速度的分量. 由于没有摩擦, 作用在轮上的冲量 $\boldsymbol{I}$ 沿着半径 $\overline{OG}$, 所以碰撞时轮的角速度不变.

因为轮作无滑动滚动, 故碰撞前接触点的速度 v 的分量为 $(-v\cos\alpha, -v\sin\alpha)$. 由动量定理和牛顿假设 (2) 可得 3 个方程 (m 为轮的质量):

$$m(v_x^+ - v) = -I\sin\alpha, \quad mv_y^+ = I\cos\alpha, \quad v_x^+\sin\alpha - v_y^+\cos\alpha = -\chi v\sin\alpha,$$

求解得

$$I = m(1+\chi)v\sin\alpha, \quad v_x^+ = v[1 - (1+\chi)\sin^2\alpha], \quad v_y^+ = (1+\chi)v\sin\alpha\cos\alpha.$$

如果 $v_x^+ < 0$, 即 $(1+\chi)\sin^2\alpha > 1$, 则轮不能翻越障碍而向后弹回 (如果 $v_x^+ = 0$ 则轮沿 Gy 轴向上飞). 又由于

$$\sin^2\alpha = \frac{[R^2 - (R-h)^2]}{R^2},$$

故应该满足条件

$$\left(\frac{h}{R} - 1\right)^2 < \frac{\chi}{1+\chi},$$

由此可得出要证明的结论.

203. 光滑刚体碰撞的动能变化 对每个刚体按 §3 的公式 (6) 有

$$\Delta T_k = T_k^+ - T_k^- = \frac{1}{2}\left(\frac{I_k^2}{m_k} + \frac{M_{x_k}^2}{A_k} + \frac{M_{y_k}^2}{B_k} + \frac{M_{z_k}^2}{C_k}\right) + (\boldsymbol{I}_k \cdot \boldsymbol{v}_k^- + \boldsymbol{M}_k \cdot \boldsymbol{\omega}_k^-).$$

利用第 202 小节的记号, 这些等式可以写成

$$\Delta T_k = \frac{I^2}{2}\left(\frac{1}{m_k} + \frac{\xi_k^2}{A_k} + \frac{\eta_k^2}{B_k} + \frac{\zeta_k^2}{C_k}\right) + I(\boldsymbol{v}_k^- + \boldsymbol{\omega}_k^- \times \overline{G_kO_k}) \cdot \boldsymbol{n}_k.$$

考虑到 $\boldsymbol{v}_k^- + \boldsymbol{\omega}_k^- \times \overline{G_kO_k} = \boldsymbol{v}_{O_k}^-$, 求和后再利用记号 (12) 可得 2 个刚体的动能改变量

$$\Delta T = \Delta T_1 + \Delta T_2 = \frac{1}{2}I^2\mu^2 + I(\boldsymbol{v}_{O_1}^- \cdot \boldsymbol{n}_1 + \boldsymbol{v}_{O_2}^- \cdot \boldsymbol{n}_2).$$

注意到等式 (13) 和 (14), 上面不等式可以写成:

$$\Delta T = -\frac{(1-\chi^2)}{2\mu^2}u_{\mathrm{r}n}^2. \tag{18}$$

只有当碰撞是完全弹性 ($\chi = 1$) 时, 2 个刚体动能之和不改变, 其它情况下都会有动能损失 ($\Delta T < 0$).

204. 两个光滑刚体的对心正碰撞 我们将垂直于公切面并过接触点的直线称为*碰撞线* (图 154 中刚体 B_k 的曲面法向单位向量 $\boldsymbol{n}_k$ 位于碰撞线上), 如果碰撞前质心的速度 $\boldsymbol{v}_k^-$ 平行于碰撞线, 则称为*正碰撞*. 前面已经得到, 速度 $\boldsymbol{v}_k$ 的切向分量不改变, 因此, 在正碰撞情况下刚体质心在碰撞后的速度 $\boldsymbol{v}_k^+$ 也平行于碰撞线.

如果碰撞前刚体的质心位于碰撞线上, 则称为*对心碰撞*. 在对心碰撞情况下, 碰撞冲量对质心的矩 $\boldsymbol{M}_k = \overline{G_kO_k} \times \boldsymbol{I}_k$ 等于零 (在公式 (9) 中 ξ_k, η_k, ζ_k 等于零), 所以根据公式 (9) 可知, 在对心碰撞情况下 2 个刚体的角速度不变.

我们研究 2 个光滑刚体的对心正碰撞问题. 这种情况下刚体质心位于碰撞线上, 碰撞前后质心速度都平行于碰撞线. 因为碰撞时刚体角速度不变, 2 个光滑刚体的对心正碰撞问题归结为求刚体质心速度在碰撞线上投影的变化. 最简单的刚体对心正碰撞的例子是质心沿直线运动的 2 个同样的球碰撞.

碰撞线的正方向取为刚体 B_2 的内法向 $\boldsymbol{n} = \boldsymbol{n}_2$. 设 v_k^- 和 v_k^+ $(k = 1, 2)$ 是刚体 B_2 碰撞前后质心的速度在碰撞线上的投影, 要发生碰撞, 在碰撞前必须有一个刚体质心的相对速度指向第 2 个刚体.

因为 $\xi_k = \eta_k = \zeta_k = 0$, 故由公式 (12) 有

$$\mu^2 = \frac{m_1 m_2}{m_1 + m_2}. \tag{19}$$

将 μ^2 代入 (14) 并注意到

$$u_{\mathrm{r}n} = v_1^- - v_2^-, \tag{20}$$

可得碰撞冲量:

$$I=(1+\chi)\frac{m_1m_2}{m_1+m_2}(v_1^- - v_2^-). \tag{21}$$

对每个刚体用动量定理可得 2 个方程:

$$m_1(v_1^+ - v_1^-)=-I,\quad m_2(v_2^+ - v_2^-)=I.$$

由此可得刚体质心速度在碰撞线上的投影:

$$v_1^+=\frac{(m_1-\chi m_2)v_1^- + m_2(1+\chi)v_2^-}{m_1+m_2},$$

$$v_2^+=\frac{m_1(1+\chi)v_1^- + (m_2-\chi m_1)v_2^-}{m_1+m_2}. \tag{22}$$

考虑到 (19) 和 (20), 由公式 (18) 计算碰撞的动能变化:

$$\Delta T=-\frac{1}{2}(1-\chi^2)\frac{m_1m_2}{m_1+m_2}(v_1^- - v_2^-)^2. \tag{23}$$

下面研究 2 种特殊情况:

1) 完全弹性碰撞 ($\chi=1$). 由 (23) 可知在这种情况下没有动能损失 ($\Delta T=0$), 公式 (21), (22) 给出碰撞后刚体质心速度和碰撞冲量:

$$v_1^+=\frac{(m_1-m_2)v_1^- + 2m_2v_2^-}{m_1+m_2},\quad v_2^+=\frac{2m_1v_1^- + (m_2-m_1)v_2^-}{m_1+m_2}, \tag{24}$$

$$I=2\frac{m_1m_2}{m_1+m_2}(v_1^- - v_2^-). \tag{25}$$

如果 2 个刚体质量相等, 则 $v_1^+=v_2^-,\quad v_2^+=v_1^-$, 即碰撞前后 2 个刚体的质心速度相互交换. 理想气体分子以这样的方式碰撞并传递动量.

2) 完全非弹性碰撞 ($\chi=0$). 由 (22) 可得

$$v_1^+=v_2^+=\frac{m_1v_1^- + m_2v_2^-}{m_1+m_2}, \tag{26}$$

即碰撞后 2 个刚体质心速度相等. 这种情况下动能损失按公式 (23) 计算得

$$\Delta T=-\frac{m_1m_2}{2(m_1+m_2)}(v_1^- - v_2^-)^2. \tag{27}$$

根据 (21), 碰撞冲量为

$$I=\frac{m_1m_2}{m_1+m_2}(v_1^- - v_2^-),$$

即比完全弹性碰撞小 2 倍.

例 1 (与墙的对心正碰撞) 设墙为刚体 B_2, 令 $v_2^- = 0$ 且 m_2 为无穷大, 由 (21)–(23) 求出:

$$v_1^+ = -\chi v_1^-, \quad v_2^+ = 0, \quad I = (1+\chi)m_1 v_1^-, \quad \Delta T = -\frac{1}{2}(1-\chi^2)m_1(v_1^-)^2.$$

例 2 (公式 (23) 的实际应用) 设 B_2 固定不动 ($v_2^- = 0$), 要利用刚体 B_1 的碰撞使其运动. 碰撞前刚体 B_1 的动能等于 $m_1(v_1^-)^2/2$, 设动能的大小 T 是给定的, 令

$$\eta = \frac{|\Delta T|}{T} = (1-\chi^2)\frac{m_2}{m_1+m_2}.$$

在给定 χ, m_2 的情况下, η 是 m_1 的函数.

如果我们希望刚体 B_2 获得最大速度, 则必须减少动能损失 $|\Delta T|$, 即增加刚体 B_1 的可能质量 m_1. 例如, 钉钉子用重锤慢速比轻锤快速更有效.

当需要破坏刚体 B_2 时, 属于完全弹性碰撞情形, 这时需要增大动能损失 $|\Delta T|$, 即减少刚体 B_1 的可能质量 m_1. 例如, 锻压最好是轻锤快速.

例 3 两个平动刚体 B_1 和 B_2 对心正碰撞, 试求碰撞后使 B_1 停下的充分必要条件.

由 (22) 的第 1 个公式可知, 碰撞后 B_1 停下的条件是

$$(m_1 - \chi m_2)v_1^- + m_2(1+\chi)v_2^- = 0.$$

由此可知: 1) 如果 $v_2^- = 0$ 则 $\chi = m_1/m_2$; 2) 如果碰撞前 2 个刚体速度大小相等方向相反 ($v_2^- = -v_1^-$), 则 $1 + 2\chi = m_1/m_2$.

练习题 4 (两球斜碰撞) 2 球对心碰撞不一定是正碰撞, 因为 2 球质心速度可以不沿着质心连线, 一般情况下是 2 球斜碰撞. 试证明, 2 个均质绝对光滑的球斜碰撞时, 它们的角速度、质心速度在公共切面上的投影都不改变, 而质心速度在碰撞线上投影的变化与正碰撞一样.

§5. 撞击运动理论中的微分变分原理

205. 动力学普遍方程 我们研究 N 个质点 $P_\nu(\nu = 1, 2, \cdots, N)$ 组成的系统. 系统的状态在固定的直角笛卡儿坐标系中由各点向径 $\boldsymbol{r}_\nu$ 和速度 $\boldsymbol{v}_\nu$ 给出, 假设系统是自由的, 或者非自由的且约束方程具有第一章 §3 中 (1) 和 (2) 的形式. 由于撞击冲量 $\boldsymbol{I}_\nu$ 的作用, 或者突加新约束, 或者解除某些 (全部) 约束, 或者上述两者、三者同时出现, 系统将产生撞击运动.

约束对系统质点速度的限制由下面等式给出 (见第一章 §3 中 (2) 和 (3)):

$$\sum_{\nu=1}^{N} \boldsymbol{B}_{\gamma\nu} \cdot \boldsymbol{v}_\nu + b_\gamma = 0 \quad (\gamma = 1, 2, \cdots, l). \tag{1}$$

其中向量 $\boldsymbol{B}_{\gamma\nu}$ 和标量 b_γ 是 $\boldsymbol{r}_1, \boldsymbol{r}_2, \cdots, \boldsymbol{r}_N, t$ 的连续函数, l 表示完整约束和非完整约束的总数. 如果撞击运动由给定撞击冲量产生且撞击时系统结构不发生变化, 则 l 等于系统完整约束和非完整约束的总数 $r+s$. 如果撞击时系统结构发生变化 (约束数改变), 则 l 不等于 $r+s$.

如果约束是定常的, 在 (1) 中 $br \equiv 0$, 向量函数 $\boldsymbol{B}_{r\nu}$不显含 t.

下面研究 (1) 中 $b_\gamma \equiv 0$ 而向量函数 $\boldsymbol{B}_{\gamma\nu}$ 显含 t 的情况. 这些约束对速度是线性齐次的, 同时允许可能速度为 $\boldsymbol{v}_\nu^*$ 和 $-\boldsymbol{v}_\nu^*$ 的可能运动, 因此称为可逆约束.①

例 1　第 64 小节的例子中的约束是可逆的非定常约束.

虚位移 $\delta\boldsymbol{r}_\nu$ 由下面等式确定 (见第一章 §3 中 (12) 和 (13)):

$$\sum_{\nu=1}^{N} \boldsymbol{B}_{\gamma\nu} \cdot \delta\boldsymbol{r}_\nu = 0 \quad (\gamma = 1, 2, \cdots, l). \tag{2}$$

由于撞击时间极短暂, 可以认为向量函数 $\boldsymbol{B}_{\gamma\nu}$ 是常数. 由此可以认为虚位移向量 $\delta\boldsymbol{r}_\nu$ 在从 $t=t_0$ 到 $t=t_0+\tau$ 的撞击时间内不依赖于时间.

设 $\boldsymbol{R}_\nu$ 是作用在 P_ν 的约束反力的合力, 在撞击过程中可以认为所有约束都是理想的, 即在从 $t=t_0$ 到 $t=t_0+\tau$ 的任意时刻, 第 55 小节中等式 (10) 成立.

用 $\boldsymbol{I}_{\nu R}$ 表示作用在 P_ν 的撞击约束冲量,

$$\boldsymbol{I}_{\nu R} = \int_{t_0}^{t_0+\tau} \boldsymbol{R}_\nu \mathrm{d}t.$$

将第 55 小节中等式 (10) 两边对 t 从 $t=t_0$ 到 $t=t_0+\tau$ 积分, 考虑到 $\delta\boldsymbol{r}_\nu$ 不变, 得

$$\sum_{\nu=1}^{N} \boldsymbol{I}_{\nu R} \cdot \delta\boldsymbol{r}_\nu = 0. \tag{3}$$

设 $\boldsymbol{I}_\nu$ 是作用在 P_ν 的主动撞击冲量, 那么第 192 小节中等式 (3) 写成

$$m_\nu \Delta\boldsymbol{v}_\nu = \boldsymbol{I}_\nu + \boldsymbol{I}_{\nu R} \quad (\nu = 1, 2, \cdots, N). \tag{4}$$

将上式重新写为 $\boldsymbol{I}_\nu - m_\nu\Delta\boldsymbol{v}_\nu = -\boldsymbol{I}_{\nu R}$ 后, 每项点乘 $\delta\boldsymbol{r}_\nu$ 并对 ν 求和, 考虑到等式 (3) 得:

$$\sum_{\nu=1}^{N} (\boldsymbol{I}_\nu - m_\nu\Delta\boldsymbol{v}_\nu) \cdot \delta\boldsymbol{r}_\nu = 0. \tag{5}$$

这就是撞击运动理论中的动力学普遍方程. $-m_\nu\Delta\boldsymbol{v}_\nu = -m_\nu(\boldsymbol{v}_\nu^+ - \boldsymbol{v}_\nu^-)$ 可以称为惯性撞击冲量. 方程 (5) 表述为: 撞击后系统可能运动状态是真实状态的充分必要条件是, 主动撞击冲量和惯性撞击冲量在任意虚位移上的功等于零.

①参见: Парс Л. А. Аналитическая динамика. М.: Наука, 1971.

下面详细分析 (5) 中 $\delta \boldsymbol{r}_\nu$ 的含义. 如果撞击时系统结构不变, 则 $\delta \boldsymbol{r}_\nu$ 具有其通常的含义: 它们满足第一章 §3 中方程 (12) 和 (13) (或者本小节中的等价方程 (2)) . 如果撞击时系统结构发生变化, 情况就比较复杂了. 设 $\delta \boldsymbol{r}_\nu^-$ 是撞击前的虚位移, 而在 $t=t_0$ 时系统出现新的理想约束, 这些新约束在撞击后依然存在, 变结构系统新的虚位移为 $\delta \boldsymbol{r}_\nu^+$. 由于增加了新约束, 显然 $\delta \boldsymbol{r}_\nu^-$ 的集合包含 $\delta \boldsymbol{r}_\nu^+$ 的集合. 为使 (5) 中的虚位移适用于从 $t=t_0$ 到 $t=t_0+\tau$ 的整个撞击过程, 必须令 $\delta \boldsymbol{r}_\nu = \delta \boldsymbol{r}_\nu^+$. 而撞击时理想约束被解除则属于另一种情况, 这时具有撞击前结构的系统的虚位移 $\delta \boldsymbol{r}_\nu^-$ 集合包含于 $\delta \boldsymbol{r}_\nu^+$ 集合, 在 (5) 中应该取 $\delta \boldsymbol{r}_\nu = \delta \boldsymbol{r}_\nu^-$.

例 2 四根铰接在一起的无质量杆组成平行四边形 $OABC$ (图 157), 铰链 O 固定不动, 铰链 A 和 C 处放置质量为 m 的质点. 沿着对角线 BO 作用一个撞击冲量 $\boldsymbol{I}$. 假设 α 角给定, 求撞击后铰链 A 和 C 的速度.

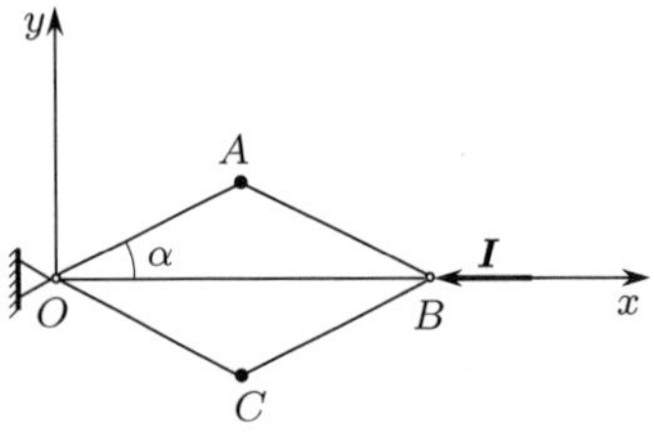

图 157

动力学普遍方程 (5) 写成

$$\boldsymbol{I}\cdot\delta\boldsymbol{r}_B - m\Delta\boldsymbol{v}_A\cdot\delta\boldsymbol{r}_A - m\Delta\boldsymbol{v}_C\cdot\delta\boldsymbol{r}_C = 0. \tag{6}$$

设 l 为杆长, 由图 157 有:

$$\boldsymbol{r}'_A = l(\cos\alpha, \sin\alpha), \quad \boldsymbol{r}'_B = 2l(\cos\alpha, 0),$$
$$\boldsymbol{r}'_C = l(\cos\alpha, -\sin\alpha), \quad \boldsymbol{I}' = (-I, 0), \tag{7}$$

因此

$$\begin{aligned} \delta\boldsymbol{r}'_A &= l\delta\alpha(-\sin\alpha, \cos\alpha), \\ \delta\boldsymbol{r}'_B &= -2l\delta\alpha(\sin\alpha, 0), \\ \delta\boldsymbol{r}'_C &= -l\delta\alpha(\sin\alpha, \cos\alpha). \end{aligned} \tag{8}$$

设 $\boldsymbol{v}'_A = (v_{Ax}, v_{Ay})$, $\quad \boldsymbol{v}'_C = (v_{Cx}, v_{Cy})$, 那么

$$m\Delta\boldsymbol{v}'_A = m(v_{Ax}, v_{Ay}), \quad m\Delta\boldsymbol{v}'_C = m(v_{Cx}, v_{Cy}). \tag{9}$$

考虑到关系式 (7)–(9), 重新写出 (6) 并消去 $l\delta\alpha$ 后得

$$2I\sin\alpha + m(v_{Ax}+v_{Cx})\sin\alpha - m(v_{Ay}-v_{Cy})\cos\alpha = 0. \tag{10}$$

由 (7) 可知 $v_{Ax} = -l\sin\alpha\dot{\alpha}$, $\quad v_{Ay} = l\cos\alpha\dot{\alpha}$, $\quad v_{Cx} = -l\sin\alpha\dot{\alpha}$, $\quad v_{Cy} = -l\cos\alpha\dot{\alpha}$. 由此得 3 个方程:

$$v_{Ax} = v_{Cx}, \quad v_{Ax} = \tan\alpha v_{Cy}, \quad v_{Ay} = -v_{Cy}. \tag{11}$$

由 (10) 和 (11) 可得撞击后铰链 A 和 C 的速度分量:

$$v_{Ax} = v_{Cx} = -\frac{I\sin^2\alpha}{m}, \quad v_{Ay} = -v_{Cy} = \frac{I\sin 2\alpha}{2m}.$$

206. 若尔当原理 撞击时系统各质点的坐标不改变, 只改变速度, 因此利用若尔当原理 (见第三章 §2) 求解撞击运动问题比动力学普遍方程 (6) 更方便. 将关系式 (5) 用下面等式代替

$$\sum_{\nu=1}^{N}(\boldsymbol{I}_\nu - m_\nu \Delta\boldsymbol{v}_\nu)\cdot\delta\boldsymbol{v}_\nu = 0, \tag{12}$$

其中 $\Delta\boldsymbol{v}_\nu = \boldsymbol{v}_\nu^+ - \boldsymbol{v}_\nu^-$, 速度变分 $\delta\boldsymbol{v}_\nu$ 满足 (根据第 205 小节中 (2) 和第一章 §3 中方程 (19)):

$$\sum_{\nu=1}^{N}\boldsymbol{B}_{\gamma\nu}\cdot\delta\boldsymbol{v}_\nu = 0 \quad (\gamma = 1, 2, \cdots, l). \tag{13}$$

关系式 (12) 给出了撞击运动理论中的若尔当原理: 撞击后系统可能运动状态是真实状态的充分必要条件为关系式 (12) 成立.

为了进一步应用若尔当原理, 我们来讨论关系式 (12) 中的速度变分 $\delta\boldsymbol{v}_\nu$. 我们限定讨论可逆约束情况, 那么在 (1) 中 $b_\gamma \equiv 0$, 运动学可能速度由下面方程确定:

$$\sum_{\nu=1}^{N}\boldsymbol{B}_{\gamma\nu}\cdot\boldsymbol{v}_\nu = 0 \quad (\gamma = 1, 2, \cdots, l). \tag{14}$$

如果撞击时系统结构不变, 则确定速度变分 $\delta\boldsymbol{v}_\nu$ 的方程 (13) 与速度 $\boldsymbol{v}_\nu$ 满足的方程 (14) 一致, 所以在关系式 (12) 中可以用任意运动学可能速度 $\boldsymbol{v}_\nu$ 代替 $\delta\boldsymbol{v}_\nu$, 若尔当原理相应地写成

$$\sum_{\nu=1}^{N}(\boldsymbol{I}_\nu - m_\nu \Delta\boldsymbol{v}_\nu)\cdot\boldsymbol{v}_\nu = 0, \tag{15}$$

其中 $\Delta\boldsymbol{v}_\nu = \boldsymbol{v}_\nu^+ - \boldsymbol{v}_\nu^-$, 而 $\boldsymbol{v}_\nu$ 是系统质点 P_ν 的任意可能速度.

设在撞击时系统出现新的可逆理想约束, 那么在关系式 (15) 中 $\boldsymbol{v}_\nu$ 是增加约束后系统质点 P_ν 的任意可能速度.

如果在撞击时系统有可逆理想约束被解除, 则在关系式 (15) 中 $\boldsymbol{v}_\nu$ 是解除约束前系统质点 P_ν 的任意可能速度.

练习题 5 设有可逆理想约束的静止系统, 在撞击冲量 $\boldsymbol{I}_\nu^{(1)}$ 和 $\boldsymbol{I}_\nu^{(2)}$ 分别作用后, 各质点的速度分别为 $\boldsymbol{v}_\nu^{(1)}$ 和 $\boldsymbol{v}_\nu^{(2)}$, 试证明, 撞击冲量 $\boldsymbol{I}_\nu = \boldsymbol{I}_\nu^{(1)} + \boldsymbol{I}_\nu^{(2)}$ 作用后, 各质点的速度为 $\boldsymbol{v}_\nu = \boldsymbol{v}_\nu^{(1)} + \boldsymbol{v}_\nu^{(2)}$, 即冲量叠加导致速度叠加.

例 1 利用若尔当原理求第 196 小节例 3 (图 147) 中杆的角速度.

令 $\boldsymbol{v}_\nu = \boldsymbol{v}_\nu^+$ 并考虑到 $\boldsymbol{v}_\nu^- = \boldsymbol{0}$, 撞击后杆端点速度等于 ωl, 由 (15) 可得

$$I\omega l - \sum_{\nu=1}^{N} m_\nu (v_\nu^+)^2 = 0.$$

这个等式可以改写成 $I\omega l = 2T$, 其中 $T = \frac{1}{2}\cdot\frac{1}{3}ml^2\omega^2$ 是撞击后杆的动能, 由此得

$$\omega = \frac{3I}{ml}.$$

207. 高斯原理 我们研究理想约束系统, 可能速度由方程 (1) 确定. 设在时刻 $t = t_0$ 在 P_ν 作用主动撞击冲量 $\boldsymbol{I}_\nu$, 或者系统出现方程 (1) 形式的新约束, 或者有约束被解除, 或者这几种情况中有些同时发生.

设 $\boldsymbol{v}_\nu^-$ 和 $\boldsymbol{v}_\nu^+$ 是撞击前后系统各质点的速度向量, $\boldsymbol{v}_\nu$ 是撞击结束时刻 $t = t_0 + \tau$ 质点 P_ν 的可能速度.

设

$$G = \frac{1}{2}\sum_{\nu=1}^{N} m_\nu \left(\boldsymbol{v}_\nu - \boldsymbol{v}_\nu^- - \frac{\boldsymbol{I}_\nu}{m_\nu}\right)^2, \tag{16}$$

$G = G(\boldsymbol{v}_\nu)$ 是撞击后状态下系统质点的可能速度 $\boldsymbol{v}_\nu$ 的函数.

定理 撞击后系统的状态是在所有撞击后的可能速度中使函数 $G(\boldsymbol{v}_\nu)$ 取最小值.

这个结论类似于有限力情况下的高斯最小拘束原理 (见第三章 §3), 函数 (16) 类似于拘束 Z.

证明 令 $\boldsymbol{v}_\nu = \boldsymbol{v}_\nu^+ + \delta\boldsymbol{v}_\nu$, 我们研究差 $G(\boldsymbol{v}_\nu) - G(\boldsymbol{v}_\nu^+)$:

$$G(\boldsymbol{v}_\nu) - G(\boldsymbol{v}_\nu^+) = \sum_{\nu=1}^{N}(m_\nu\Delta\boldsymbol{v}_\nu - \boldsymbol{I}_\nu)\cdot\delta\boldsymbol{v}_\nu + \frac{1}{2}\sum_{\nu=1}^{N} m_\nu(\delta\boldsymbol{v}_\nu)^2, \tag{17}$$

其中 $\Delta\boldsymbol{v}_\nu = \boldsymbol{v}_\nu^+ - \boldsymbol{v}_\nu^-$.

因为 $\boldsymbol{v}_\nu$ 和 $\boldsymbol{v}_\nu^+$ 是撞击后运动学可能速度, 故速度变分 $\delta\boldsymbol{v}_\nu$ 满足方程 (13) 并且有 (12) 成立, 于是 (17) 右边第一个和等于零. 又因为不是所有的 $\delta\boldsymbol{v}_\nu$ 都为零, 由 (17) 可知 $G(\boldsymbol{v}_\nu) > G(\boldsymbol{v}_\nu^+)$. 定理得证. □

练习题 6 (撞击约束冲量的极值性质) 设 $\boldsymbol{I}_{\nu R}$ 是撞击约束冲量, 试证明, 撞击后系统的真实状态是在所有撞击后的可能速度中使函数

$$G = \frac{1}{2}\sum_{\nu=1}^{N}\frac{\boldsymbol{I}_{\nu R}^2}{m_\nu}$$

取最小值.

我们来研究没有主动撞击冲量的特殊情况. 在 (16) 中令 $\boldsymbol{I}_\nu = \boldsymbol{0}$ 可知, 在所有撞击后的可能速度 $\boldsymbol{v}_\nu$ 中, 真实速度 $\boldsymbol{v}_\nu^+$ 使函数

$$G = \frac{1}{2}\sum_{\nu=1}^{N} m_\nu(\boldsymbol{v}_\nu - \boldsymbol{v}_\nu^-)^2 \tag{18}$$

取最小值.

例 1 质量为 m 长为 l 的均质细杆 AB 和 BC 用铰链 B 连接, 处于静止状态时 2 杆共线, 求在 C 点垂直于杆作用撞击冲量 $\boldsymbol{I}$ 后 2 杆的运动状态 (图 158).

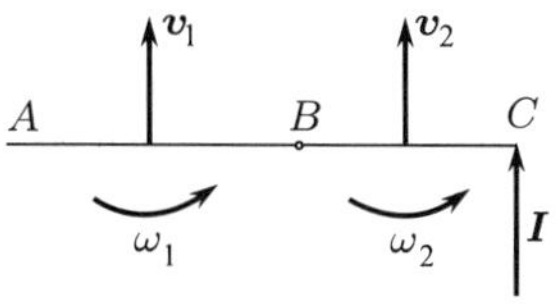

图 158

杆 AB 和 BC 的运动状态由质心速度 v_1 和 v_2 以及角速度 ω_1 和 ω_2 确定. 考虑到撞击前静止 ($\boldsymbol{v}_\nu^- = 0$) 并且忽略 (16) 中与 $v_i, \omega_i \quad (i = 1, 2)$ 无关的项, 有

$$G = \frac{1}{2}\sum_{\nu=1}^{N} m_\nu v_\nu^2 - \sum_{\nu=1}^{N} \boldsymbol{v}_\nu \cdot \boldsymbol{I}_\nu. \tag{19}$$

设 T 是 2 杆动能之和, u 是撞击后 C 点速度, 那么由 (19) 得

$$G = T - Iu = \frac{1}{2}m(v_1^2 + v_2^2) + \frac{1}{24}ml^2(\omega_1^2 + \omega_2^2) - Iu. \tag{20}$$

因为 B 既属于 AB 杆又属于 BC 杆, 有下面运动学关系:

$$v_1 + \omega_1\frac{l}{2} = v_2 - \omega_2\frac{l}{2}. \tag{21}$$

此外还有

$$u = v_2 + \omega_2\frac{l}{2}. \tag{22}$$

利用 (21) 和 (22) 可将 (20) 写成

$$G = \frac{1}{2}m\left[v_2 - (\omega_1 + \omega_2)\frac{l}{2}\right]^2 + \frac{1}{2}mv_2^2 + \frac{1}{24}ml^2(\omega_1^2 + \omega_2^2) - I\left(v_2 + \omega_2\frac{l}{2}\right). \tag{23}$$

函数 G 的极值条件给出 3 个方程:

$$\frac{\partial G}{\partial v_2} = 0, \quad \frac{\partial G}{\partial \omega_1} = 0, \quad \frac{\partial G}{\partial \omega_2} = 0. \tag{24}$$

由方程 (21) 和 (24) 求出:

$$v_1 = -\frac{I}{4m}, \quad \omega_1 = -\frac{3I}{2ml}, \quad v_2 = \frac{5I}{4m}, \quad \omega_2 = \frac{9I}{2ml}.$$

v_1, ω_1 的负号表示 AB 杆的质心速度和角速度的真实方向与图 158 画出的相反.

例 2 质量为 m 的质点在光滑曲面 $f(x, y, z) = 0$ 上静止, 在质点上作用撞击冲量 $\boldsymbol{I} = (I_x, I_y, I_z)$, 求撞击后质点的速度.

对于函数 (16) 有

$$G = \frac{1}{2}m\left[\left(\dot{x} - \frac{I_x}{m}\right)^2 + \left(\dot{y} - \frac{I_y}{m}\right)^2 + \left(\dot{z} - \frac{I_z}{m}\right)^2\right]. \tag{25}$$

约束方程 $f(x,y,z)=0$ 给出

$$\frac{\partial f}{\partial x}\dot{x}+\frac{\partial f}{\partial y}\dot{y}+\frac{\partial f}{\partial z}\dot{z}=0. \tag{26}$$

这是条件极值问题: 需要在条件 (26) 下求 (25) 的极值. 利用拉格朗日乘子法, 设

$$F=G-\lambda\left(\frac{\partial f}{\partial x}\dot{x}+\frac{\partial f}{\partial y}\dot{y}+\frac{\partial f}{\partial z}\dot{z}\right),$$

其中 λ 是待定乘子, 极值条件

$$\frac{\partial F}{\partial \dot{x}}=\frac{\partial F}{\partial \dot{y}}=\frac{\partial F}{\partial \dot{z}}=0$$

给出 3 个关系式

$$m\dot{x}=I_x+\lambda\frac{\partial f}{\partial x},\quad m\dot{y}=I_y+\lambda\frac{\partial f}{\partial y},\quad m\dot{z}=I_z+\lambda\frac{\partial f}{\partial z}. \tag{27}$$

(26) 和 (27) 是 4 个未知数 $\dot{x}=\dot{x}^+,\dot{y}=\dot{y}^+,\dot{z}=\dot{z}^+,\lambda$ 的 4 个方程.

可以看出, $\lambda\frac{\partial f}{\partial x},\lambda\frac{\partial f}{\partial y},\lambda\frac{\partial f}{\partial z}$ 是撞击约束冲量在相应坐标轴上的投影.

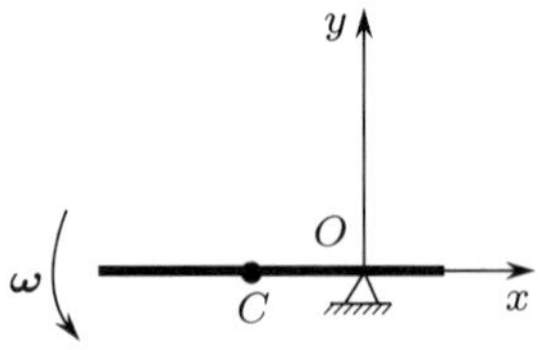

图 159

例3 长为 l 的均质细杆水平向下降落时, 碰到点障碍物, 碰撞点距离杆两端分别为 $3l/4$ 和 $l/4$ (图 159). 假设碰撞是完全非弹性的, 求碰撞后杆的运动状态.

碰撞后杆的运动状态完全由其角速度 ω 确定. 由于没有主动撞击冲量, 引起撞击运动的原因是突加新约束, 即由于突然固定杆的 O 点. 对杆上每个点 $\boldsymbol{v}_\nu^-=\boldsymbol{v}$, 因此利用 (18) 给出函数 G :

$$G=\frac{1}{2}\sum_{\nu=1}^{N}m_\nu v_\nu^2-\left(\sum_{\nu=1}^{N}m_\nu\boldsymbol{v}_\nu\right)\cdot\boldsymbol{v}+\frac{1}{2}\left(\sum_{\nu=1}^{N}m_\nu\right)v^2. \tag{28}$$

设 m 为杆的质量, $\boldsymbol{v}_C$ 是碰撞后杆质心的速度, J_O 是杆对 O 点的惯性矩, 那么

$$\sum_{\nu=1}^{N}m_\nu=m,\quad \sum_{\nu=1}^{N}m_\nu\boldsymbol{v}_\nu=m\boldsymbol{v}_C,$$

而

$$\frac{1}{2}\sum_{\nu=1}^{N}m_\nu v_\nu^2=\frac{1}{2}J_O\omega^2$$

是碰撞后杆的动能, 函数 (28) 可以写成

$$G=\frac{1}{2}J_O\omega^2-m\boldsymbol{v}_C\cdot\boldsymbol{v}+\frac{1}{2}mv^2.$$

又由于

$$J_O = \frac{7ml^2}{48}, \quad \boldsymbol{v}' = (0, -v), \quad \boldsymbol{v}'_C = \left(0, -\omega\frac{l}{4}\right),$$

最后写出函数 G 的表达式为

$$G = \frac{m}{96}(7\omega^2 l^2 - 24\omega v l + 48v^2).$$

由条件

$$\frac{\partial G}{\partial \omega} = 0,$$

求出

$$\omega = \frac{12v}{7l}.$$

§6. 卡尔诺定理

208. 卡尔诺第一定理 我们研究可逆理想约束系统的运动. 系统没有主动撞击冲量, 在某时刻 $t = t_0$ 系统出现新的可逆理想约束, 撞击运动产生的原因只是出现新约束, 我们求系统动能在撞击时的变化.

下面给出卡尔诺第一定理:

定理 如果突然出现可逆理想约束, 并与原有可逆理想约束一直保持到撞击后, 则突加新约束引起的动能损失等于损失速度动能.

证明 可以利用第 197 小节的结果, 在该小节中讨论了关于撞击运动中动能变化的一般定理, 但是利用若尔当原理证明更方便 (见第 206 小节).

因为 $\boldsymbol{I}_\nu = \boldsymbol{0}$, 对可逆理想约束成立的第 206 小节中 (15) 可以写成

$$\sum_{\nu=1}^{N} m_\nu(\boldsymbol{v}_\nu^- - \boldsymbol{v}_\nu^+)\cdot\boldsymbol{v}_\nu = 0, \tag{1}$$

其中 $\boldsymbol{v}_\nu$ 是 P_ν 点的任意运动学可能速度向量. 由 $\boldsymbol{v}_\nu = \boldsymbol{v}_\nu^+$ 以及由关系式 (1) 可知,

$$\sum_{\nu=1}^{N} m_\nu(\boldsymbol{v}_\nu^- - \boldsymbol{v}_\nu^+)\cdot\boldsymbol{v}_\nu^+ = 0. \tag{2}$$

又由于

$$(\boldsymbol{v}_\nu^- - \boldsymbol{v}_\nu^+)\cdot\boldsymbol{v}_\nu^+ = \frac{1}{2}\left[(\boldsymbol{v}_\nu^-)^2 - (\boldsymbol{v}_\nu^+)^2 - (\boldsymbol{v}_\nu^- - \boldsymbol{v}_\nu^+)^2\right],$$

因此 (2) 写成

$$\frac{1}{2}\sum_{\nu=1}^{N} m_\nu(\boldsymbol{v}_\nu^-)^2 - \frac{1}{2}\sum_{\nu=1}^{N} m_\nu(\boldsymbol{v}_\nu^+)^2 - \frac{1}{2}\sum_{\nu=1}^{N} m_\nu(\boldsymbol{v}_\nu^- - \boldsymbol{v}_\nu^+)^2 = 0,$$

或者利用第 197 小节中 (9) 和 (13) 的记号, $T^- - T^+ - T_* = 0$, 即

$$T^- - T^+ = T_*. \tag{3}$$

定理得证. □

这个定理可以看作是撞击第 1 阶段动能变化的定理, 由 (3) 可知, 在撞击第 1 阶段系统的动能总是在减少.

例 1 两个相同的球以速度 v_1 和 v_2 沿着直线平动, 在某时刻 2 个球发生完全非弹性碰撞, 碰撞后 2 个球成为一个整体, 沿着原来的直线以速度 v 运动. 利用卡尔诺第一定理求 v 的大小.

设 m 为球的质量, 那么

$$T^- = \frac{1}{2}m(v_1^2 + v_2^2), \quad T^+ = mv^2, \quad T_* = \frac{1}{2}m(v_1 - v)^2 + \frac{1}{2}m(v_2 - v)^2.$$

由方程 (3) 求出

$$v = \frac{1}{2}(v_1 + v_2).$$

显然, 这个等式说明碰撞时 2 个球组成系统的动量不变. 这个等式也可以由第 204 小节中公式 (22) 令 $\chi = 0, m_1 = m_2$ 得到.

209. 卡尔诺第二定理 我们研究可逆理想约束系统的运动. 系统没有主动撞击冲量, 在某时刻 $t = t_0$ 系统突然解除 (一个、一些甚至全部) 理想约束. 如果变形阶段发生在时刻 $t = t_0$ 之前, 则解除约束时产生撞击约束冲量且系统动能开始增加. 下面给出卡尔诺第二定理:

定理 系统突然解除约束获得的动能等于获得速度的动能.

证明 像在第 208 小节中一样利用若尔当原理. 在方程 (1) 中 $\boldsymbol{v}_\nu = \boldsymbol{v}_\nu^-$ 是约束解除前任意的运动学可能速度向量, 有下面关系式成立:

$$\sum_{\nu=1}^{N} m_\nu (\boldsymbol{v}_\nu^+ - \boldsymbol{v}_\nu^-) \cdot \boldsymbol{v}_\nu^- = 0. \tag{4}$$

又由于有恒等式

$$(\boldsymbol{v}_\nu^+ - \boldsymbol{v}_\nu^-) \cdot \boldsymbol{v}_\nu^- = \frac{1}{2}\left[(\boldsymbol{v}_\nu^+)^2 - (\boldsymbol{v}_\nu^-)^2 - (\boldsymbol{v}_\nu^+ - \boldsymbol{v}_\nu^-)^2\right],$$

因此 (4) 写成

$$\frac{1}{2}\sum_{\nu=1}^{N} m_\nu (\boldsymbol{v}_\nu^+)^2 - \frac{1}{2}\sum_{\nu=1}^{N} m_\nu (\boldsymbol{v}_\nu^-)^2 - \frac{1}{2}\sum_{\nu=1}^{N} m_\nu (\boldsymbol{v}_\nu^+ - \boldsymbol{v}_\nu^-)^2 = 0.$$

利用第 197 小节中 (9) 和 (13) 的记号, 有 $T^+ - T^- - T_* = 0$, 即

$$T^+ - T^- = T_*. \tag{5}$$

定理得证. □

卡尔诺第二定理可以看作是撞击第 2 阶段动能变化的定理, 由 (5) 可知, 在撞击第 2 阶段系统的动能总是在增加.

例 1 炮弹以速度 v 平动时爆炸成等质量的 2 块弹片, 爆炸后一块弹片的速度为 v_1 并保持原来的运动方向. 利用卡尔诺第二定理求第 2 块弹片的速度 v_2.

设 m 是炮弹质量, 那么

$$T^+ = \frac{1}{4}m(v_1^2 + v_2^2), \quad T^- = \frac{1}{2}mv^2, \quad T_* = \frac{1}{4}m(v_1 - v)^2 + \frac{1}{4}m(v_2 - v)^2,$$

再由方程 (5) 求得 $v_2 = 2v - v_1$.

v_2 也可以由动量守恒条件 $mv = mv_1/2 + mv_2/2$ 求出.

210. 刚体情况下损失速度动能 我们来计算在空间中任意运动的刚体损失速度动能. 设 $Gxyz$ 是中心主轴坐标系, A, B, C 是刚体对 Gx, Gy, Gz 轴的惯性矩, p, q, r 是刚体角速度 $\boldsymbol{\omega}$ 的分量, m 为刚体质量, $\boldsymbol{v}_G$ 是质心速度, P_ν 点的向径 $\overline{GP_\nu}$ 在坐标系 $Gxyz$ 中由分量 x_ν, y_ν, z_ν 给出. 对于 P_ν 点的速度有 $\boldsymbol{v}_\nu = \boldsymbol{v}_G + \boldsymbol{\omega} \times \overline{GP_\nu}$, 所以 P_ν 的损失速度分量为:

$$\begin{aligned} v_{\nu x}^- - v_{\nu x}^+ &= v_{Gx}^- - v_{Gx}^+ + (q^- - q^+)z_\nu - (r^- - r^+)y_\nu, \\ v_{\nu y}^- - v_{\nu y}^+ &= v_{Gy}^- - v_{Gy}^+ + (r^- - r^+)x_\nu - (p^- - p^+)z_\nu, \\ v_{\nu z}^- - v_{\nu z}^+ &= v_{Gz}^- - v_{Gz}^+ + (p^- - p^+)y_\nu - (q^- - q^+)x_\nu. \end{aligned} \tag{6}$$

对于所有质点的损失速度动能有表达式

$$T_* = \frac{1}{2}\sum_{\nu=1}^{N} m_\nu[(v_{\nu x}^- - v_{\nu x}^+)^2 + (v_{\nu y}^- - v_{\nu y}^+)^2 + (v_{\nu z}^- - v_{\nu z}^+)^2]. \tag{7}$$

根据坐标系 $Gxyz$ 的选择有下面等式

$$\sum_{\nu=1}^{N} m_\nu x_\nu = \sum_{\nu=1}^{N} m_\nu y_\nu = \sum_{\nu=1}^{N} m_\nu z_\nu = 0, \tag{8}$$

$$\sum_{\nu=1}^{N} m_\nu x_\nu y_\nu = \sum_{\nu=1}^{N} m_\nu y_\nu z_\nu = \sum_{\nu=1}^{N} m_\nu z_\nu x_\nu = 0, \tag{9}$$

$$\sum_{\nu=1}^{N} m_\nu (y_\nu^2 + z_\nu^2) = A, \quad \sum_{\nu=1}^{N} m_\nu (z_\nu^2 + x_\nu^2) = B, \quad \sum_{\nu=1}^{N} m_\nu (x_\nu^2 + y_\nu^2) = C. \tag{10}$$

由这些等式以及 (6) 和 (7) 得

$$T_* = \frac{1}{2}m(\boldsymbol{v}_G^- - \boldsymbol{v}_G^+)^2 + \frac{1}{2}[A(p^- - p^+)^2 + B(q^- - q^+)^2 + C(r^- - r^+)^2]. \tag{11}$$

在刚体绕 O 点作定点运动情况下完全类似地得到

$$T_* = \frac{1}{2}[A(p^- - p^+)^2 + B(q^- - q^+)^2 + C(r^- - r^+)^2], \tag{12}$$

其中 A, B, C 是刚体对 O 点的主惯性矩, 而 p, q, r 是 $\boldsymbol{\omega}$ 在惯性主轴 Ox, Oy, Oz 上的投影.

我们再看刚体绕 u 轴定轴转动的情况. 设该轴过固定点 O, 转轴 u 与 Ox, Oy, Oz 夹角的余弦用 α, β, γ 表示, 那么 $p = \omega\alpha, q = \omega\beta, r = \omega\gamma$ 且公式 (12) 写成

$$T_* = \frac{1}{2}(A\alpha^2 + B\beta^2 + C\gamma^2)(\omega^- - \omega^+)^2.$$

又根据第 77 小节的公式 (7) 有 $A\alpha^2 + B\beta^2 + C\gamma^2 = J_u$, 其中 J_u 是刚体对转动轴的惯性矩, 所以

$$T_* = \frac{1}{2}J_u(\omega^- - \omega^+)^2. \tag{13}$$

例 1 利用卡尔诺第一定理求第 207 小节的例 207 中撞击后杆的角速度.

撞击前后杆的动能有

$$T^- = \frac{1}{2}mv^2, \quad T^+ = \frac{1}{2} \cdot \frac{7ml^2}{48}\omega^2. \tag{14}$$

损失速度动能按公式 (11) 计算:

$$T_* = \frac{1}{2}m\left(v - \omega\frac{l}{4}\right)^2 + \frac{1}{2} \cdot \frac{1}{12}ml^2\omega^2. \tag{15}$$

将 (14) 和 (15) 代入 (3) 得到 ω 的方程, 求解得

$$\omega = \frac{12v}{7l}.$$

例 2 利用卡尔诺定理求第 199 小节的例 1 中刚体角速度 ω^+.

利用第 199 小节中记号和公式 (12), 方程 (3) 写成

$$[A(p^-)^2 + B(q^-)^2 + C(r^-)^2] - (A\alpha^2 + B\beta^2 + C\gamma^2)(\omega^+)^2$$
$$= A(p^- - \alpha\omega^+)^2 + B(q^- - \beta\omega^+)^2 + C(r^- - \gamma\omega^+)^2,$$

由此得

$$\omega^+ = \frac{Ap^-\alpha + Bq^-\beta + Cr^-\gamma}{A\alpha^2 + B\beta^2 + C\gamma^2}.$$

例 3 利用卡尔诺定理求第 196 小节的例 1 中皮带轮的角速度.

我们有

$$T^- = \frac{1}{2}J_1\omega_1^2 + \frac{1}{2}J_2\omega_2^2, \quad T^+ = \frac{1}{2}J_1\Omega_1^2 + \frac{1}{2}J_2\Omega_2^2.$$

而 T_* 按公式 (13) 计算:

$$T_* = \frac{1}{2}J_1(\omega_1 - \Omega_1)^2 + \frac{1}{2}J_2(\omega_2 - \Omega_2)^2.$$

考虑到 $\Omega_1 r_1 = \Omega_2 r_2$, 由方程 (3) 得

$$\Omega_1 = \frac{J_1\omega_1 r_2 + J_2\omega_2 r_1}{J_1 r_2^2 + J_2 r_1^2} r_2.$$

211. 卡尔诺第三定理与广义卡尔诺定理 可逆理想约束系统的动能经过碰撞的 2 个阶段一般会减少, 只有在完全弹性情况下动能不变, 这就是卡尔诺第三定理. 我们这里不给出一般情况下的证明, 可以看出, 在 2 个绝对光滑刚体碰撞的特殊情况下, 这个定理在第 203 小节中已经得到.

在第 203 小节中的 (18) 可以写成另外的形式, 将其右边用 T_* 和恢复系数 χ 表示, 为此, 由第 210 小节中的公式 (11) 求出

$$T_* = \frac{1}{2}\sum_{k=1}^{2} m_k(\boldsymbol{v}_k^- - \boldsymbol{v}_k^+)^2 + \frac{1}{2}\sum_{k=1}^{2}[A_k(p_k^- - p_k^+)^2 + B_k(q_k^- - q_k^+)^2 + C_k(r_k^- - r_k^+)^2].$$

考虑到第 202 小节中 (9), (10) 和 (12), 该表达式写成

$$T_* = \frac{1}{2}\mu^2 I^2. \tag{16}$$

再考虑到第 202 小节中 (14), 由第 203 小节中公式 (18) 得

$$T^- - T^+ = \frac{1-\chi^2}{2\mu^2}\left(\frac{I\mu^2}{1+\chi}\right)^2 = \frac{1-\chi}{2(1+\chi)}\mu^2 I^2.$$

最后利用 (16) 得

$$T^- - T^+ = \frac{1-\chi}{1+\chi}T_*, \tag{17}$$

即在整个碰撞过程中动能损失等于损失速度动能的 $\dfrac{1-\chi}{1+\chi}$ 倍. 这就是广义卡尔诺定理.

练习题 7 在质点与固定光滑曲面碰撞问题 (第 201 小节中例 1) 和 2 个刚体对心正碰撞问题 (第 204 小节) 中, 直接计算验证广义卡尔诺定理.

§7. 德洛内–别尔特朗定理与汤姆孙定理

212. 德洛内–别尔特朗定理 我们研究可逆理想约束系统 $P_\nu(\nu = 1,2,\cdots,N)$. 开始时系统静止, 在某时刻突然受到撞击冲量 $\boldsymbol{I}_\nu$ 作用开始运动, 质点 P_ν 的速度变为 $\boldsymbol{v}_\nu^{(1)}$, 系统获得动能 $T^{(1)}$. 现在系统新增可逆理想约束, 那么在同样的撞击冲量 $\boldsymbol{I}_\nu$ 作用下质点 P_ν 的速度变为 $\boldsymbol{v}_\nu^{(2)}$, 系统获得动能 $T^{(2)}$.

新的速度 $\boldsymbol{v}_\nu^{(2)}$ 是原系统增加约束后的可能速度, 所以由若尔当原理, 即第 206 小节中 (15), 可得 2 个方程:

$$\sum_{\nu=1}^{N}(\boldsymbol{I}_\nu - m_\nu \boldsymbol{v}_\nu^{(1)}) \cdot \boldsymbol{v}_\nu^{(2)} = 0, \quad \sum_{\nu=1}^{N}(\boldsymbol{I}_\nu - m_\nu \boldsymbol{v}_\nu^{(2)}) \cdot \boldsymbol{v}_\nu^{(2)} = 0.$$

由此得

$$\sum_{\nu=1}^{N} m_\nu(\boldsymbol{v}_\nu^{(1)} - \boldsymbol{v}_\nu^{(2)}) \cdot \boldsymbol{v}_\nu^{(2)} = 0$$

或者

$$\frac{1}{2}\sum_{\nu=1}^{N} m_\nu(\boldsymbol{v}_\nu^{(1)})^2 - \frac{1}{2}\sum_{\nu=1}^{N} m_\nu(\boldsymbol{v}_\nu^{(2)})^2 = \frac{1}{2}\sum_{\nu=1}^{N} m_\nu(\boldsymbol{v}_\nu^{(1)} - \boldsymbol{v}_\nu^{(2)})^2,$$

即

$$T^{(1)} - T^{(2)} = \frac{1}{2}\sum_{\nu=1}^{N} m_\nu(\boldsymbol{v}_\nu^{(1)} - \boldsymbol{v}_\nu^{(2)})^2 > 0.$$

这个关系式给出下面定理:

定理 (**德洛内–别尔特朗定理**) *如果系统受到给定撞击冲量, 则产生运动的动能大于系统先新增约束再受到同样撞击所获得的动能.*

换句话说, 在同样撞击下新增约束减少了撞击后动能.

例 1 第 196 小节的例 1 和例 2 可以作为该定理的例子 (又见第 197 小节). 对于自由杆有

$$T^{(1)} = \frac{2I^2}{m}.$$

如果杆的一端固定, 则

$$T^{(2)} = \frac{3I^2}{2m},$$

故

$$\frac{T^{(1)}}{T^{(2)}} = \frac{4}{3},$$

即 (在给定冲量 $\boldsymbol{I}$ 情况下) 约束 (一端固定) 减少了动能.

德洛内–别尔特朗定理的内容也可以给出下面解释: 将系统受给定撞击冲量作用后的运动状态看作是增加约束的系统可能运动状态之一, 那么在无穷多这种运动状态之中, 真实运动状态使动能取极大值.

例 2 利用德洛内–别尔特朗定理确定第 196 小节例 2 中受撞击后杆的运动状态.

如果求得受撞击后杆的角速度和瞬时速度中心位置, 则杆的撞击后运动状态完全确定.

假设增加对杆的约束, 在距离质心左边 x 处增加一个固定铰链, 根据德洛内–别尔特朗定理, 撞击后瞬时速度中心的真实位置是使得动能作为以 x 为变量的函数取极大值.

动量矩定理给出 ω 和 x 的下面关系式:

$$J\omega = I\left(\frac{l}{2}+x\right), \quad J=\frac{1}{12}ml^2+mx^2. \tag{1}$$

利用 (1) 将杆的动能

$$T=\frac{J\omega^2}{2}$$

写成

$$T=\frac{3I^2}{2m}f(x), \quad f(x)=\frac{(l+2x)^2}{l^2+12x^2}. \tag{2}$$

由条件 $\mathrm{d}T/\mathrm{d}x=0$ 求得 $x=l/6$, 再由 (1) 得

$$\omega=\frac{6I}{ml}.$$

设 $\boldsymbol{v}_\nu$ 是初始静止系统撞击后的可能速度, 根据撞击运动的动能定理, $\boldsymbol{v}_\nu$ 和 $\boldsymbol{I}_\nu$ 满足下面方程 (见第 197 小节的公式 (10)):

$$\sum_{\nu=1}^{N} m_\nu v_\nu^2 = \sum_{\nu=1}^{N} \boldsymbol{I}_\nu \cdot \boldsymbol{v}_\nu. \tag{3}$$

因此德洛内–别尔特朗定理也可以叙述为: 可逆理想约束系统在给定撞击冲量 $\boldsymbol{I}_\nu$ 作用后的动能在条件 (3) 下取极大值.

例 3 (见第 198 小节) 静止自由刚体受到的撞击冲量主向量为 $\boldsymbol{S}^{(\mathrm{e})}$, 对刚体质心的主矩为 $\boldsymbol{L}^{(\mathrm{e})}$. 利用德洛内–别尔特朗定理求撞击后刚体的运动状态.

设 m 是刚体质量, A, B, C 是中心主惯性矩, $\boldsymbol{v}_G$ 和 $\boldsymbol{\omega}$ 是撞击后刚体质心速度和刚体角速度, 在中心惯性主轴坐标系 $Gxyz$ 中有:

$$\boldsymbol{S}^{(\mathrm{e})\prime}=(S_x,S_y,S_z), \quad \boldsymbol{L}^{(\mathrm{e})\prime}=(L_x,L_y,L_z), \quad \boldsymbol{v}_G'=(v_{Gx},v_{Gy},v_{Gz}), \quad \boldsymbol{\omega}'=(p,q,r).$$

根据德洛内–别尔特朗定理, 在撞击后运动状态下,

$$T=\frac{1}{2}m(v_{Gx}^2+v_{Gy}^2+v_{Gz}^2)+\frac{1}{2}(Ap^2+Bq^2+Cr^2) \tag{4}$$

在条件 (3) 下取极大值. 根据第 198 小节的公式 (5), 条件 (3) 可以写成

$$S_x v_{Gx} + S_y v_{Gy} + S_z v_{Gz} + L_x p + L_y q + L_z r = 2T. \tag{5}$$

利用拉格朗日乘子法求条件极值问题, 令

$$\begin{aligned} F &= T - \lambda(S_x v_{Gx} + S_y v_{Gy} + S_z v_{Gz} + L_x p + L_y q + L_z r - 2T) \\ &= (1+2\lambda)T - \lambda(S_x v_{Gx} + S_y v_{Gy} + S_z v_{Gz} + L_x p + L_y q + L_z r). \end{aligned}$$

再令 F 对 $v_{Gx}, v_{Gy}, v_{Gz}, p, q, r$ 的偏导数等于零, 得下面方程组:

$$\begin{aligned} &(1+2\lambda)mv_{Gx} = \lambda S_x, \quad (1+2\lambda)mv_{Gy} = \lambda S_y, \quad (1+2\lambda)mv_{Gz} = \lambda S_z, \\ &(1+2\lambda)Ap = \lambda L_x, \quad (1+2\lambda)Bq = \lambda L_y, \quad (1+2\lambda)Cr = \lambda L_z. \end{aligned} \tag{6}$$

由 (5) 和 (6) 求出 $\lambda = -1$, 而

$$v_{Gx} = \frac{S_x}{m}, \quad v_{Gy} = \frac{S_y}{m}, \quad v_{Gz} = \frac{S_z}{m},$$

$$p = \frac{L_x}{A}, \quad q = \frac{L_y}{B}, \quad r = \frac{L_z}{C}$$

相应于第 198 小节中公式 (2) 和 (3).

213. 汤姆孙定理 前一小节中的德洛内–别尔特朗定理将可逆理想约束系统的撞击运动归结为某个函数的极大值问题, 本小节的汤姆孙定理将撞击运动归结为某个函数的极小值问题.

设质点 P_ν 初始静止, 在撞击冲量 $\boldsymbol{I}_\nu$ 作用下获得速度 $\boldsymbol{v}'_\nu$. 如果有另外的冲量作用在系统上, 则撞击后运动状态一般不同于第 1 种情况: 如果 $\boldsymbol{v}''_\nu$ 是第 2 种情况下质点的速度, 则等式 $\boldsymbol{v}'_\nu = \boldsymbol{v}''_\nu$ 一般不会对所有质点都成立, 设这时新冲量使新速度 $\boldsymbol{v}''_\nu$ 满足等式

$$\sum_{\nu=1}^{N} \boldsymbol{I}_\nu \cdot \boldsymbol{v}''_\nu = \sum_{\nu=1}^{N} \boldsymbol{I}_\nu \cdot \boldsymbol{v}'_\nu. \tag{7}$$

对于冲量 $\boldsymbol{I}_\nu$ 以及 2 组可能速度 $\boldsymbol{v}'_\nu$ 和 $\boldsymbol{v}''_\nu$, 将第 206 小节中 (15) 写成:

$$\sum_{\nu=1}^{N} (\boldsymbol{I}_\nu - m_\nu \boldsymbol{v}'_\nu) \cdot \boldsymbol{v}'_\nu = 0, \quad \sum_{\nu=1}^{N} (\boldsymbol{I}_\nu - m_\nu \boldsymbol{v}'_\nu) \cdot \boldsymbol{v}''_\nu = 0.$$

由此在 (7) 的基础上得等式

$$\sum_{\nu=1}^{N} m_\nu (\boldsymbol{v}''_\nu - \boldsymbol{v}'_\nu) \cdot \boldsymbol{v}'_\nu = 0,$$

或者写成

$$\frac{1}{2}\sum_{\nu=1}^{N} m_\nu(\boldsymbol{v}_\nu'')^2 - \frac{1}{2}\sum_{\nu=1}^{N} m_\nu(\boldsymbol{v}_\nu')^2 = \frac{1}{2}\sum_{\nu=1}^{N} m_\nu(\boldsymbol{v}_\nu'' - \boldsymbol{v}_\nu')^2,$$

即

$$T'' - T' = \frac{1}{2}\sum_{\nu=1}^{N} m_\nu(\boldsymbol{v}_\nu'' - \boldsymbol{v}_\nu')^2 > 0.$$

这个关系式给出下面定理:

定理 (汤姆孙定理) 由撞击冲量使系统获得的动能是满足 (7) 的所有可能冲量使系统获得的动能中最小的.

证明 设质点系 P_ν $(\nu = 1, 2, \cdots, N)$ 处于静止状态, 作用于给定点 $P_1, P_2, \cdots, P_n$ $(n < N)$ 的未知撞击冲量使这些点获得给定速度 $\boldsymbol{v}_\nu'$. 其它点没有任何主动撞击冲量作用, 它们受撞击后的速度满足约束限制条件. 如果选择新冲量使得对 $\nu = 1, 2, \cdots, n$ 满足 $\boldsymbol{v}_\nu' = \boldsymbol{v}_\nu''$, 则可以使条件 (7) 成立. 汤姆孙定理可以叙述为: 如果系统的某些点突然具有给定速度, 则系统具有的动能小于这些点具有同样速度的其它任何可能运动状态的动能. □

例 1 两根质量为 m 长为 l 的均质细杆 AO 和 OB 用铰链 O 连接, 静止地垂直放置, OB 杆的 B 端突然获得平行于 OA 的速度 $\boldsymbol{v}$ (图 160), 求撞击后 2 杆的运动状态.

在给定 B 点速度情况下, 杆 AO 和 OB 的运动状态完全由其角速度 ω_1 和 ω_2 确定. 设 $\boldsymbol{v}_1$ 和 $\boldsymbol{v}_2$ 是撞击后杆质心 G_1 和 G_2 的速度, 那么

$$T = \frac{1}{2}m(v_1^2 + v_2^2) + \frac{1}{24}ml^2(\omega_1^2 + \omega_2^2).$$

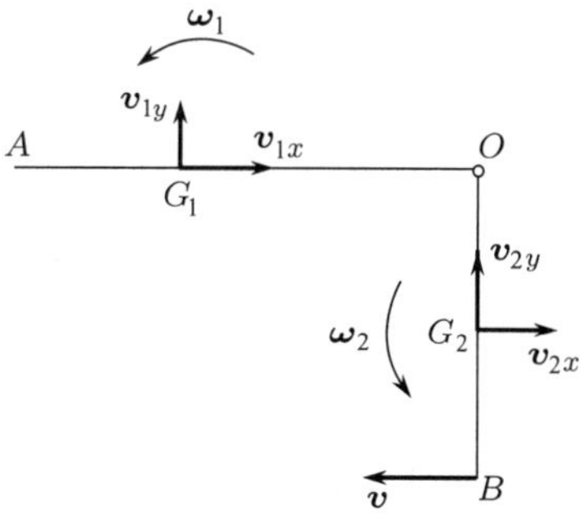

图 160

由运动学关系式

$$\boldsymbol{v}_O = \boldsymbol{v}_1 + \boldsymbol{\omega}_1 \times \overline{G_1O} = \boldsymbol{v} + \boldsymbol{\omega}_2 \times \overline{BO},$$

$$\boldsymbol{v}_2 = \boldsymbol{v} + \boldsymbol{\omega}_2 \times \overline{BG_2},$$

可得方程组

$$v_{1x} = -v - \omega_2 l, \quad v_{1y} = -\omega_1\frac{l}{2}, \quad v_{2x} = -v - \omega_2\frac{l}{2}, \quad v_{2y} = 0,$$

所以有

$$T = \frac{1}{2}m\left[(v + \omega_2 l)^2 + \omega_1^2\frac{l^2}{4} + \left(v + \omega_2\frac{l}{2}\right)^2\right] + \frac{1}{24}ml^2(\omega_1^2 + \omega_2^2).$$

由方程组

$$\frac{\partial T}{\partial \omega_1}=0,\quad \frac{\partial T}{\partial \omega_2}=0$$

求出

$$\omega_1=0,\quad \omega_2=-\frac{9v}{8l}.$$

可见, 撞击后杆 AO 处于瞬时平动状态, 而 BO 杆以角速度 $9v/(8l)$ 顺时针转动①.

例 2 在自由刚体的给定点作用撞击冲量使其具有给定的速度, 求撞击后刚体的运动状态.

像在第 212 小节中最后一个例子一样, 取刚体质心 G 为坐标原点, Gx, Gy, Gz 为中心惯性主轴, 撞击后刚体动能按第 212 小节中公式 (4) 计算. 设 a, b, c 是冲量作用点坐标, v_x, v_y, v_z 是作用点速度在坐标轴上投影, 那么

$$v_x=v_{Gx}+qc-rb,\quad v_y=v_{Gy}+ra-pc,\quad v_z=v_{Gz}+pb-qa. \tag{8}$$

在条件 (8) 下使函数 T 达到极小值的 $v_{Gx}, v_{Gy}, v_{Gz}, p, q, r$ 满足方程组

$$mv_{Gx}=\lambda_x,\quad mv_{Gy}=\lambda_y,\quad mv_{Gz}=\lambda_z, \tag{9}$$

$$Ap=b\lambda_z-c\lambda_y,\quad Bq=c\lambda_x-a\lambda_z,\quad Cr=a\lambda_y-b\lambda_x, \tag{10}$$

其中 $\lambda_x, \lambda_y, \lambda_z$ 是拉格朗日乘子, 它们和 $v_{Gx}, v_{Gy}, v_{Gz}, p, q, r$ 同时由方程 (8)–(10) 确定.

由第 198 小节中公式 (2), (3) 和方程 (9), (10) 可知, $\lambda_x, \lambda_y, \lambda_z$ 是未知撞击冲量在 Gx, Gy, Gz 轴上的投影.

汤姆孙定理的解释类似于前一小节的德洛内–别尔特朗定理: 将给定某些点速度后系统的运动状态看作是增加约束的系统可能运动状态之一, 那么在无穷多这种运动状态之中, 真实运动状态使动能取极小值.

换句话说, 在某些点给定同样速度情况下新增约束增加了撞击后动能.

比较汤姆孙定理和德洛内–别尔特朗定理可知, 如果给定作用在系统给定点上的撞击冲量, 则撞击后运动状态归结为求解动能极大值问题; 如果给定冲量作用点的速度, 则撞击后运动状态归结为求解新增约束条件下的动能极小值问题.

例 3 两根均质细杆 AB 和 BC 以铰链 B 相连, 静止并共线放置 (图 158), 突然给 C 点垂直于 BC 的速度 $\boldsymbol{v}$, 在第 207 小节中例 1 计算的基础上可知, 系统获得动能为 $T^{(1)}=mv^2/7$.

现在求第 2 个极值问题. 以铰链固定 A 点并让 C 有同样的速度 $\boldsymbol{v}$, 利用第 200 小节中例 200 的计算得, 这时系统获得动能为 $7mv^2/48$.

①原文此处有误, 已更正.

最后求第 3 个极值问题. 除了以铰链固定 A 点以外还固定 B 点, 让 C 有同样的速度 $\boldsymbol{v}$, 受撞击后 AB 杆静止, 系统获得动能 $T^{(3)}$ 等于撞击后 BC 杆的动能. 根据第 197 小节中例 1 有 $T^{(3)} = mv^2/6$.

因为 $1/7 < 7/48 < 1/6$, 故 $T^{(1)} < T^{(2)} < T^{(3)}$, 即相应于汤姆孙定理, 不改变 C 点速度情况下增加约束使撞击后动能增大.

如果在 3 个极值问题中垂直于 BC 的撞击冲量 $\boldsymbol{I}$ 相同, 则获得的动能分别为: $T^{(1)} = 7I^2/(4m)$, $T^{(2)} = 12I^2/(7m)$, $T^{(3)} = 3I^2/(2m)$. 因为 $7/4 > 12/7 > 3/2$, 故 $T^{(1)} > T^{(2)} > T^{(3)}$, 即相应于德洛内–别尔特朗定理, 增加约束使撞击后动能减小.

例 4 均质细杆右端具有垂直于杆的速度 $\boldsymbol{v}$ (图 146) , 利用汤姆孙定理求瞬时速度中心的位置.

在前一小节中利用德洛内–别尔特朗定理研究过这个问题, 这里利用类似的方法. 在杆上距离质心 x 处增加固定铰链, 那么撞击后角速度为

$$\omega = \frac{2v}{l+2x}.$$

对转轴的惯性矩 J 用公式 (1) 计算, 受撞击后杆的动能为

$$T = \frac{1}{2}J\omega^2 = \frac{1}{6}mv^2 g(x), \quad g(x) = \frac{l^2+12x^2}{(l+2x)^2}. \tag{11}$$

根据汤姆孙定理, 未知量 x 使动能达到极小值. 由此给出 $x = l/6$, 与前一小节结论一致.

比较公式 (1) 和 (11) 可知, $g(x) = 1/f(x)$, 即汤姆孙定理和德洛内–别尔特朗定理是研究同一个函数的极值.

§8. 撞击运动的第二类拉格朗日方程

214. 广义冲量 我们研究完整理想系统 $P_\nu(\nu = 1, 2, \cdots, N)$. 设系统有 n 个自由度, $q_1, q_2, \cdots, q_n$ 是广义坐标. 在某时刻 t_0 系统受到撞击冲量 $\boldsymbol{I}_\nu(\nu = 1, 2, \cdots, N)$, 其作用时间为 τ. 系统的撞击运动问题用广义坐标表示为: 已知撞击前广义速度 $\dot{q}_i^-$, 求撞击后广义速度 $\dot{q}_i^+$. 可以利用第二类拉格朗日方程 (见第 138 小节) 求解这个问题.

引入类似于广义力 (第 54 小节) 的广义冲量概念, 我们研究撞击冲量在虚位移上的元功

$$\delta L = \sum_{\nu=1}^{N} \boldsymbol{I}_\nu \cdot \delta \boldsymbol{r}_\nu. \tag{1}$$

利用第 16 小节的公式 (27) 将 $\delta \boldsymbol{r}_\nu$ 用广义坐标变分 δq_i 表示, 于是 (1) 可以写成:

$$\delta L = \sum_{\nu=1}^{N} \boldsymbol{I}_\nu \cdot \sum_{i=1}^{n} \frac{\partial \boldsymbol{r}_\nu}{\partial q_i}\delta q_i = \sum_{i=1}^{n}\left(\sum_{\nu=1}^{N} \boldsymbol{I}_\nu \cdot \frac{\partial \boldsymbol{r}_\nu}{\partial q_i}\right)\delta q_i, \tag{2}$$

引入记号

$$J_i = \sum_{\nu=1}^{N} \boldsymbol{I}_\nu \cdot \frac{\partial \boldsymbol{r}_\nu}{\partial q_i} \quad (i = 1, 2, \cdots, n), \tag{3}$$

等式 (2) 可以写成

$$\delta L = \sum_{i=1}^{n} J_i \delta q_i. \tag{4}$$

J_i 称为相应于广义坐标 q_i 的广义撞击冲量 $(i = 1, 2, \cdots, n)$.

注意到第 191 小节中等式 (1), 由公式 (3) 可得广义撞击冲量表达式

$$J_i = \sum_{\nu=1}^{N} \int_{t_0}^{t_0+\tau} \boldsymbol{F}_\nu \mathrm{d}t \cdot \frac{\partial \boldsymbol{r}_\nu}{\partial q_i}.$$

由于 $\dfrac{\partial \boldsymbol{r}_\nu}{\partial q_i}$ 在撞击时的改变量非常小, 可以忽略不计, 在积分时可以看成常数, 所以上面等式可以写成

$$J_i = \int_{t_0}^{t_0+\tau} \left(\sum_{\nu=1}^{N} \boldsymbol{F}_\nu \cdot \frac{\partial \boldsymbol{r}_\nu}{\partial q_i} \right) \mathrm{d}t.$$

根据第 54 小节的公式 (9), 上面等式中圆括号内表达式为相应于广义坐标 q_i 的广义力 Q_i, 于是有

$$J_i = \int_{t_0}^{t_0+\tau} Q_i \mathrm{d}t \quad (i = 1, 2, \cdots, n). \tag{5}$$

215. 拉格朗日方程 将第 138 小节的方程 (11) 两边对时间在撞击时间 τ 内积分, 考虑到公式 (5) 以及 $\partial T/\partial q_i$ 在撞击时间内的积分是可以忽略不计的小量, 可得:

$$\left(\frac{\partial T}{\partial \dot{q}_i} \right)^+ - \left(\frac{\partial T}{\partial \dot{q}_i} \right)^- = J_i \quad (i = 1, 2, \cdots, n), \tag{6}$$

其中上标 $-$ 和 $+$ 表示撞击前后的值.

关系式 (6) 构成了撞击运动的 n 个第二类拉格朗日方程, 未知数是 $\dot{q}_1^+, \dot{q}_2^+, \cdots, \dot{q}_n^+$. 与第 138 小节中有限力作用下运动的方程 (11) 不同的是, (6) 是线性代数方程而不是微分方程.

例 1 质量为 m 的质点以速度 v 沿着 Ox 轴运动时, 受到沿着 Ox 轴的撞击冲量 $\boldsymbol{I}$, 求撞击后质点的速度.

由撞击运动理论的基本关系式 (见第 192 小节的公式 (2)) 立即可以得到结果. 但我们这里利用拉格朗日方程 (6) 来求解.

由 (1) 有 $\delta L = I\delta x$, 即 $J_x = I$. 又由于 $T = m\dot{x}^2/2$, $\partial T/\partial \dot{x} = m\dot{x}$, 根据 (6) 有方程 $(m\dot{x})^+ - (m\dot{x})^- = J_x = I$, 于是得 $\dot{x}^+ = v + I/m$.

例 2 两个质量为 m 长为 l 的均质细杆组成的双摆处于静止状态, 并且 2 杆的质心位于悬挂点 A 下方的竖直线上 (就是说在图 15 中 $\varphi=\psi=0$), 在距离连接 2 杆的铰链下方 a 处作用水平撞击冲量 $\boldsymbol{I}$, 求撞击后每个杆的角速度.

组成双摆的 2 根杆的动能为

$$T=\frac{1}{2}ml^2\left[\frac{4}{3}\dot{\varphi}^2+\dot{\varphi}\dot{\psi}\cos(\varphi-\psi)+\frac{1}{3}\dot{\psi}^2\right]. \tag{7}$$

取 Ax 轴竖直向下, Ay 轴水平并位于图 15 的平面内, 则在坐标系 Axy 中有 $\boldsymbol{I}'=(0,I)$, 而撞击冲量作用点的向径 $\boldsymbol{r}'=(x,y)$ 坐标为 $x=l\cos\varphi+a\cos\psi$, $y=l\sin\varphi+a\sin\psi$. 冲量 $\boldsymbol{I}$ 在虚位移 $\delta\boldsymbol{r}'=(\delta x,\delta y)$ 的元功 (1) 有

$$\delta L=\boldsymbol{I}\cdot\delta\boldsymbol{r}=I\delta y=Il\cos\varphi\delta\varphi+Ia\cos\psi\delta\psi,$$

因此有

$$J_\varphi=Il\cos\varphi,\quad J_\psi=Ia\cos\psi. \tag{8}$$

拉格朗日方程 (6) 写成:

$$\left(\frac{\partial T}{\partial\dot{\varphi}}\right)^+-\left(\frac{\partial T}{\partial\dot{\varphi}}\right)^-=J_\varphi,\quad \left(\frac{\partial T}{\partial\dot{\psi}}\right)^+-\left(\frac{\partial T}{\partial\dot{\psi}}\right)^-=J_\psi. \tag{9}$$

注意到公式 (7), (8) 以及 $\dot{\varphi}^-=\dot{\psi}^-=0$, 而撞击时 $\varphi=\psi=0$, 方程组 (9) 可以写成下面形式:

$$8\dot{\varphi}^++3\dot{\psi}^+=\frac{6I}{ml},\quad 3\dot{\varphi}^++2\dot{\psi}^+=\frac{6Ia}{ml^2}.$$

由此求出撞击后杆的角速度:

$$\dot{\varphi}^+=\frac{6I(2l-3a)}{7ml^2},\quad \dot{\psi}^+=\frac{6I(8a-3l)}{7ml^2}.$$

在第 200 小节的例 200 中利用动量定理和动量矩定理得到了这个结果.

例3 质量为 m 长为 l 的均质细杆 AB 在平面 Oxy 内运动 (图 161), 在某时刻端点 A 与 Ox 轴发生碰撞, 碰撞时杆与 Ox 轴夹角为 α, 其质心速度分量为 $\dot{x}^-,\dot{y}^-$, 而角速度为 $\dot{\varphi}^-$. 假设 Ox 轴是绝对光滑的, 碰撞是完全非弹性的[①], 求碰撞后杆的运动状态.

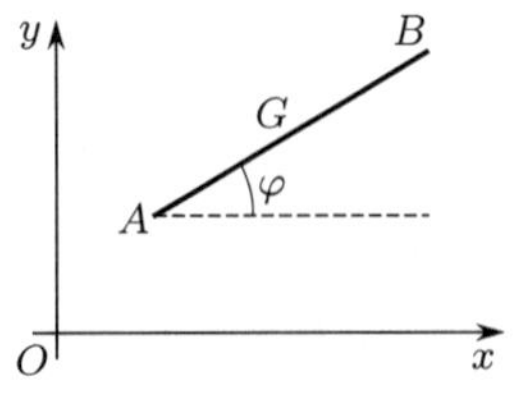

图 161

如果 x,y 是杆质心的坐标, 而 $\dot{\varphi}$ 是角速度, 则

$$T=\frac{1}{2}m(\dot{x}^2+\dot{y}^2)+\frac{1}{24}ml^2\dot{\varphi}^2. \tag{10}$$

①原文此处有误, 已更正.

设 $\boldsymbol{I}$ 是 Ox 轴的未知碰撞冲量，由于没有摩擦，它平行于 Oy 轴. 冲量在杆虚位移上的元功为

$$\delta L = I\delta y - I\frac{l}{2}\cos\alpha\delta\varphi.$$

由此得

$$J_x = 0, \quad J_y = I, \quad J_\varphi = -I\frac{l}{2}\cos\alpha. \tag{11}$$

拉格朗日方程 (6) 写成:

$$m(\dot{x}^+ - \dot{x}^-) = 0, \quad m(\dot{y}^+ - \dot{y}^-) = I, \quad \frac{1}{12}ml^2(\dot{\varphi}^+ - \dot{\varphi}^-) = -\frac{1}{2}Il\cos\alpha. \tag{12}$$

这是关于未知量 $\dot{x}^+, -\dot{y}^+, \dot{\varphi}^+, I$ 的 3 个方程, 再利用碰撞完全非弹性条件得到一个补充方程. 这个条件说明碰撞后 A 点的速度没有沿着 Oy 轴的分量, 即

$$\dot{y}^+ = \frac{1}{2}l\cos\alpha\dot{\varphi}^+. \tag{13}$$

由 (12) 和 (13) 求出

$$\dot{x}^+ = \dot{x}^-, \quad \dot{y}^+ = \frac{(l\dot{\varphi}^- + 6\cos\alpha\dot{y}^-)\cos\alpha}{2(1+3\cos^2\alpha)},$$

$$\dot{\varphi}^+ = \frac{l\dot{\varphi}^- + 6\cos\alpha\dot{y}^-}{l(1+3\cos^2\alpha)}, \quad I = \frac{m(l\cos\alpha\dot{\varphi}^- - 2\dot{y}^-)}{2(1+3\cos^2\alpha)}. \tag{14}$$

216. 突加约束情况 方程 (6) 的右边包含主动撞击冲量和撞击时新增理想约束的撞击冲量. 但经常遇到对撞击运动问题只需求撞击后运动状态, 而不必求约束撞击冲量, 下面将介绍的阿佩尔算法可以得到不包含新增约束撞击冲量的拉格朗日方程.

研究 n 个自由度的完整系统, 无主动撞击冲量, 撞击是由在某时刻 t_0 新增 $n-k$ 个理想约束引起的, 这些约束在撞击结束时刻 $t = t_0 + \tau$ 可能保持, 也可能消失. 开始已经存在的约束也是理想的, 在撞击时和撞击后都继续存在.

总可以选择广义坐标 $q_1, q_2, \cdots, q_n$ 使得新增约束的方程为

$$q_{k+1} = 0, \quad q_{k+2} = 0, \quad \cdots, \quad q_n = 0. \tag{15}$$

这些方程在撞击时成立. 如果新增约束撞击后保持, 则这些方程在撞击后的状态下也成立.

将动力学普遍方程 (见第 137 小节的关系式 (10), $m = n$) 两边对时间 t 从 $t = t_0$ 到 $t = t_0 + \tau$ 积分, 考虑到公式 (5), 撞击时可以认为 δq_i 不依赖于时间, 以及有限量 $\partial T/\partial q_i$ 的积分是可以忽略不计的小量, 可得:

$$\sum_{i=1}^{n}\left[\left(\frac{\partial T}{\partial \dot{q}_i}\right)^+ - \left(\frac{\partial T}{\partial \dot{q}_i}\right)^- - J_i\right]\delta q_i = 0. \tag{16}$$

因为无主动撞击冲量, 初始约束在撞击时保持, 故广义撞击冲量 $J_1, J_2, \cdots, J_k$ 等于零, 而 $J_{k+1}, J_{k+2}, \cdots, J_n$ 仅由新增约束决定.

撞击前变分 $\delta q_1, \delta q_2, \cdots, \delta q_n$ 是任意的, 选择这些变分使得由它们给出新增约束系统的虚位移. 相应于方程 (15) 可以认为 $\delta q_{k+1} = \delta q_{k+2} = \cdots = \delta q_n = 0$, 而 $\delta q_1, \delta q_2, \cdots, \delta q_k$ 是任意的. 在这样选择变分的情况下, 由 (16) 可以得到方程

$$\left(\frac{\partial T}{\partial \dot{q}_i}\right)^+ = \left(\frac{\partial T}{\partial \dot{q}_i}\right)^- \quad (i = 1, 2, \cdots, k), \tag{17}$$

即有下面定理:

定理 (阿佩尔定理) 动能对相应于不为零的广义坐标的广义速度的导数在撞击时不变.

在方程 (17) 中 $q_{k+1} = q_{k+2} = \cdots = q_n = 0$, 但相应的广义速度 $\dot{q}_{k+1}, \dot{q}_{k+2}, \cdots, \dot{q}_n$ 在撞击前后都不一定等于零, 撞击后为零仅当新增约束撞击后保持, 这时 k 个线性方程 (17) 中有 k 个未知量 $\dot{q}_1^+, \dot{q}_2^+, \cdots, \dot{q}_k^+$. 在其它情况下 k 个线性方程 (17) 中有 n 个未知量 $\dot{q}_1^+, \dot{q}_2^+, \cdots, \dot{q}_n^+$, 在完全非弹性碰撞情况下需要引入补充假设.

例 1 质点 P 在竖直平面内在图示柱面上方运动, 该柱面的母线沿着水平方向; 在图 162 中画出了这个曲面和垂直母线的平面 $z = 0$ 的交线 $y = \varphi(x)$. 在某时刻质点与曲面碰撞, 碰撞前速度为 $\boldsymbol{v}^{-'} = (\dot{x}^-, \dot{y}^-)$. 假设曲面绝对光滑, 碰撞是完全弹性的, 求碰撞后质点的速度 $\boldsymbol{v}^{+'} = (\dot{x}^+, \dot{y}^+)$.

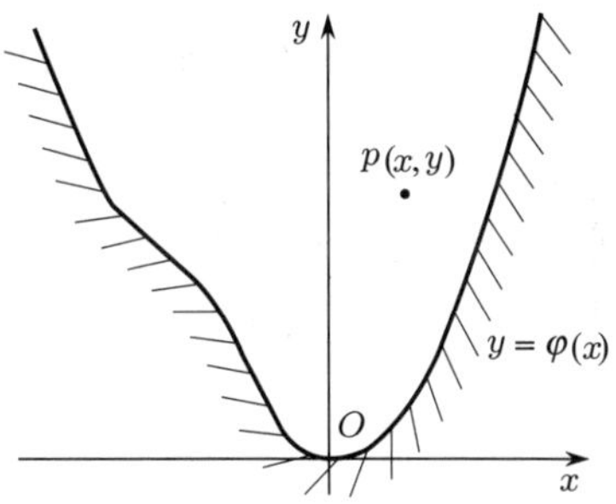

图 162

取广义坐标为

$$q_1 = x, \quad q_2 = y - \varphi(x), \tag{18}$$

碰撞是质点新增约束 $q_2 = 0$.

由 (18) 有

$$\dot{x} = \dot{q}_1, \quad \dot{y} = \varphi' \dot{q}_1 + \dot{q}_2, \tag{19}$$

其中撇号表示对 x 的微分, 于是有

$$T = \frac{1}{2}m(\dot{x}^2 + \dot{y}^2) = \frac{1}{2}m[(1 + \varphi'^2)\dot{q}_1^2 + 2\varphi'\dot{q}_1\dot{q}_2 + \dot{q}_2^2]. \tag{20}$$

由 (17) 有方程

$$\left(\frac{\partial T}{\partial \dot{q}_1}\right)^+ = \left(\frac{\partial T}{\partial \dot{q}_1}\right)^-,$$

考虑到公式 (20) 后, 上面方程可以写成

$$(1 + \varphi'^2)(\dot{q}_1^+ - \dot{q}_1^-) + \varphi'(\dot{q}_2^+ - \dot{q}_2^-) = 0. \tag{21}$$

由完全弹性碰撞假设给出补充方程:

$$\dot{q}_2^+ = -\dot{q}_2^-. \tag{22}$$

解方程 (21) 和 (22) 得

$$\dot{q}_1^+ = \dot{q}_1^- + \frac{2\varphi'\dot{q}_2^-}{1+\varphi'^2}, \quad \dot{q}_2^+ = -\dot{q}_2^-. \tag{23}$$

再由 (19) 得

$$\dot{x}^+ = \frac{1-\varphi'^2}{1+\varphi'^2}\dot{x}^- + \frac{2\varphi'}{1+\varphi'^2}\dot{y}^-, \quad \dot{y}^+ = \frac{2\varphi'}{1+\varphi'^2}\dot{x}^- - \frac{1-\varphi'^2}{1+\varphi'^2}\dot{y}^-. \tag{24}$$

如果用 α 表示曲线 $y=\varphi(x)$ 在碰撞点的切线与 Ox 轴的夹角, 则 $\varphi' = \tan\alpha$, 等式 (24) 可以写成更紧凑的形式:

$$\dot{x}^+ = \cos 2\alpha \dot{x}^- + \sin 2\alpha \dot{y}^-,$$
$$\dot{y}^+ = \sin 2\alpha \dot{x}^- - \cos 2\alpha \dot{y}^-.$$

例 2 两个质量为 m_1 和 m_2 的质点用长为 l 的不可伸长的细绳连接, 在 Oxy 平面内运动, 在某时刻细绳被拉紧, 已知撞击前运动状态, 求撞击后运动状态.

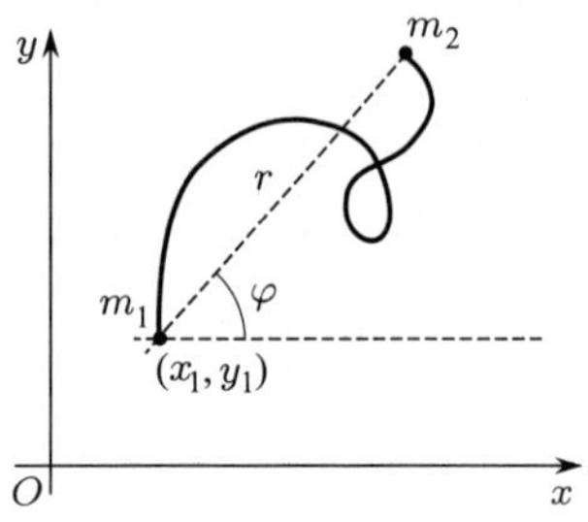

图 163

设 x_i, y_i 是质量为 m_i 质点的坐标 $(i=1,2)$, φ, r 是确定第 2 个质点相对第 1 个质点位置的极坐标 (图 163), 广义坐标取为

$$q_1 = x_1, \quad q_2 = y_1, \quad q_3 = \varphi, \quad q_4 = l - r. \tag{25}$$

撞击时系统新增约束 $q_4 = 0$.

考虑到 $x_2 = x_1 + r\cos\varphi, \quad y_2 = y_1 + r\sin\varphi$, 系统的动能

$$T = \frac{1}{2}m_1(\dot{x}_1^2 + \dot{y}_1^2) + \frac{1}{2}m_2(\dot{x}_2^2 + \dot{y}_2^2)$$

可以写成

$$T = \frac{1}{2}(m_1+m_2)(\dot{q}_1^2 + \dot{q}_2^2) + \frac{1}{2}m_2[(l-q_4)^2\dot{q}_3^2 + \dot{q}_4^2 -$$
$$-2(l-q_4)\dot{q}_3(\dot{q}_1\sin q_3 - \dot{q}_2\cos q_3) - 2\dot{q}_4(\dot{q}_1\cos q_3 + \dot{q}_2\sin q_3)]. \tag{26}$$

引入记号 $\Delta\dot{q}_i = \dot{q}_i^+ - \dot{q}_i^- \quad (i=1,2,3,4)$ 对 $i=1,2,3$ 写出方程 (17), 得

$$\begin{aligned} &(m_1+m_2)\Delta\dot{q}_1 - m_2(l-q_4)\sin q_3\Delta\dot{q}_3 - m_2\cos q_3\Delta\dot{q}_4 = 0,\\ &(m_1+m_2)\Delta\dot{q}_2 + m_2(l-q_4)\cos q_3\Delta\dot{q}_3 - m_2\sin q_3\Delta\dot{q}_4 = 0,\\ &\sin q_3\Delta\dot{q}_1 - \cos q_3\Delta\dot{q}_2 - (l-q_4)\Delta\dot{q}_3 = 0. \end{aligned} \tag{27}$$

(27) 是关于 4 个未知量 $\dot{q}_i^+$ $(i=1,2,3,4)$ 的 3 个方程, 补充方程为关系式 $\dot{r}^+=-\chi\dot{r}^-$, 或者根据 (25) 写成 $\dot{q}_4^+=-\chi\dot{q}_4^-$. 由此导出方程

$$\Delta\dot{q}_4=-(1+\chi)\dot{q}_4^-. \tag{28}$$

利用 (25) 并注意到撞击时 $\varphi=\alpha$, 由方程组 (27) 和 (28) 求出

$$\begin{aligned}
&\dot{x}_1^+=\dot{x}_1^-+\frac{(1+\chi)m_2\cos\alpha}{m_1+m_2}\dot{r}^-,\\
&\dot{y}_1^+=\dot{y}_1^-+\frac{(1+\chi)m_2\sin\alpha}{m_1+m_2}\dot{r}^-,\quad \dot{\varphi}^+=\dot{\varphi}^-.
\end{aligned} \tag{29}$$

第十三章

积分变分原理

§1. 哈密顿–奥斯特洛格拉得斯基原理

217. 完整系统的正路和旁路 在第三章我们介绍了力学的微分变分原理, 它们给出在给定时刻从力学系统的运动学可能运动之中区分出真实运动的准则. 本章将介绍几个积分变分原理. 与微分变分原理不同, 力学的积分变分原理不是给出某个给定时刻真实运动的判据, 而是给出在某个有限时间段 $t_0 \leqslant t \leqslant t_1$ 内真实运动的判据. 它们描述系统在整个时间段内的运动.

图 164

像在第三章一样, 假设力学系统或者自由, 或者受理想双面完整约束[①] , 设 a_ν 和 b_ν 分别是系统的点 P_ν $(\nu = 1, 2, \cdots, N)$ 在 $t = t_0$ 和 $t = t_1$ 时刻的可能位置, 系统在 $t = t_0$ 时刻的位置称为*初位置*, 在 $t = t_1$ 时刻的位置称为*末位置*. 假设在 $t = t_0$ 时刻可以选择系统各点的速度, 使它们在 $t = t_1$ 时占据其末位置. 系统质点从初位置 a_ν 移动到末位置 b_ν 所画出的轨迹形成了系统的真实路径, 称为系统的*正路*.

在正路上, 系统的质点 P_ν 画出一条连接 a_ν 和 b_ν 的曲线 γ_ν. 设 γ'_ν $(\nu = 1, 2, \cdots, N)$ 是无限接近于曲线 γ_ν 的连接 a_ν 和 b_ν 的曲线, 质点 P_ν 沿着它运动而不破坏约束, 称这些曲线为系统的*旁路*. 在图 164 中实线是正路, 虚线是旁路. 今后我们假定系统所有质点沿着旁路运动的初始时刻为 $t = t_0$, 终止时刻为

[①] 将积分变分原理应用于非完整系统的问题有很长的历史, 有关文献和基本结果参见: Румянцев В. В. Об интегральных принципах для неголономных систем // ПММ, 1982, Т. 46, вып. 1, С. 3–12.

$t = t_1$, 即系统沿着旁路运动的起始和终止时间与沿着正路运动一样.

对于完整系统, 在广义坐标空间中考察正路和旁路更加方便, 在该空间中坐标是广义坐标 $q_1, q_2, \cdots, q_n$ 和时间 t, 设该空间的点 A_0 相应于系统初位置, 而点 A_1 相应于系统末位置, 系统从初位置到末位置的运动相应于连接 A_0 和 A_1 的曲线. 在图 165 中 $(n = 2)$ 实线为系统的正路, 虚线为系统的旁路. 在广义坐标空间中旁路可以取为任意无限接近正路的连接 A_0 和 A_1 的曲线; 任意这样的曲线都是运动学的可能路径, 这是因为广义坐标 $q_1, q_2, \cdots, q_n$ 总是选择成使系统的几何约束成为恒等式 (第 14 小节), 而系统又没有其它约束.

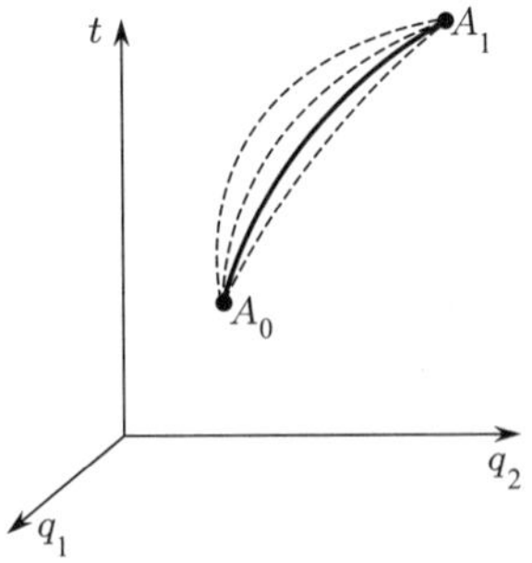

图 165

可以发现, 建立连接 A_0 和 A_1 的正路的问题并不简单, 要归结为描述力学系统运动的 $2n$ 阶微分方程的边值问题. 如果 A_0 点相应的坐标为 $q_1^0, q_2^0, \cdots, q_n^0$, 而 A_1 点相应的坐标为 $q_1^1, q_2^1, \cdots, q_n^1$, 则运动微分方程的解 $q_i(t)$ 应该满足边值条件

$$q_i(t_0) = q_i^0, \quad q_i(t_1) = q_i^1 \quad (i = 1, 2, \cdots, n).$$

边值问题可以有唯一解, 也可以没有解; 还可以有几个甚至无穷多解.

如果 A_0 和 A_1 两点足够近, 则边值问题的解或者是唯一的或者是有限多个. 对于我们的目标后一种情况可以归结为第 1 种, 这是因为我们可以从这有限个解中选出某一个, 并研究其附近一个足够小的不包含其它正路的邻域, 然后在选定正路的这个小邻域内给出旁路.

当 A_0 和 A_1 两点足够远时, 边值问题有在相同时间 $t_1 - t_0$ 内无限接近正路的解, 在这种情况下广义坐标空间内的点 A_0 和 A_1 称为*共轭动力学焦点*.

例如, 单自由度谐振子的运动方程为

$$\ddot{q} + q = 0.$$

通过广义坐标空间 q, t 的点 $(0,0)$ 和 $(0,\pi)$ 有相互无限接近的正路, 由下面等式给出

$$q = c \sin t,$$

其中 c 是任意常数, 点 $(0,0)$ 和 $(0,\pi)$ 是共轭动力学焦点. 反之, 当 $q^1 > 0, \quad t_1 < \pi$ 时, 通过点 $(0,0)$ 和 (q^1, t_1) 只有一条正路.

我们将研究的旁路不是完全任意的, 而是由正路通过等时变分得到的.

设系统的 P_ν 点沿着连接初位置 a_ν 和末位置 b_ν 的正路 γ_ν 运动, 它在 t 时刻的

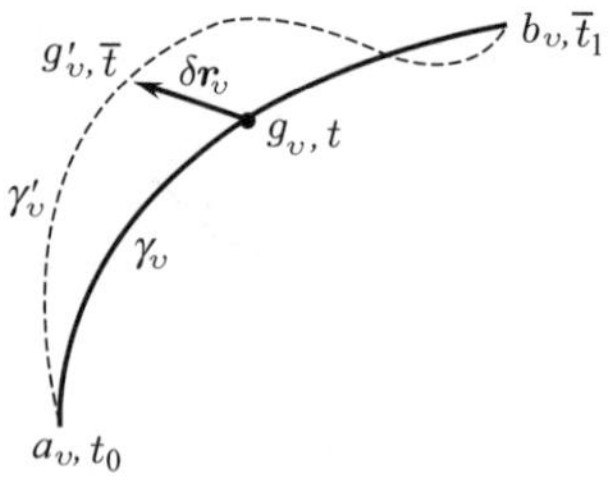

图 166

位置是 g_ν (图 166). 在 t 时刻给 P_ν 点一个从位置 g_ν 出发的虚位移 $\delta \boldsymbol{r}_\nu$, 那么 P_ν 点的位置变为 g'_ν. 如果当 $t_0 < t < t_1$ 时对 P_ν 点在曲线 γ_ν 上的所有位置 g_ν 重复这样的过程, 经过点 g'_ν 连接初位置 a_ν 和末位置 b_ν 作一条曲线, 该曲线就是旁路. 分别在正路和旁路上的对应点 g_ν 和 g'_ν 的时间相同. 在笛卡儿坐标中在正路上 P_ν 点的位置由向径 $\boldsymbol{r}_\nu$ 给出, 而在旁路上 P_ν 点的位置由向径 $\boldsymbol{r}_\nu + \delta \boldsymbol{r}_\nu$ 给出, 其中向量函数 $\delta \boldsymbol{r}_\nu$ 满足条件 $\delta \boldsymbol{r}_\nu(t_0) = \boldsymbol{0}$, $\delta \boldsymbol{r}_\nu(t_1) = \boldsymbol{0}$ $(\nu = 1, 2, \cdots, N)$. 此外, 我们还假设 $\delta \boldsymbol{r}_\nu$ 是二阶连续可微的函数.

我们需要比较的不仅有正路和旁路, 还有在相同时刻 P_ν 点在正路的速度 $\dot{\boldsymbol{r}}_\nu$ 和在旁路的速度 $\dot{\boldsymbol{r}}_\nu + \delta \dot{\boldsymbol{r}}_\nu$, 我们将证明, 等时变分运算和对时间的微分运算可交换, 即

$$\delta \dot{\boldsymbol{r}}_\nu = \frac{\mathrm{d}}{\mathrm{d}t} \delta \boldsymbol{r}_\nu \quad (\nu = 1, 2, \cdots, N). \tag{1}$$

事实上, 按照速度的定义, 在旁路上有

$$\dot{\boldsymbol{r}}_\nu + \delta \dot{\boldsymbol{r}}_\nu = \frac{\mathrm{d}}{\mathrm{d}t}(\boldsymbol{r}_\nu + \delta \boldsymbol{r}_\nu) = \dot{\boldsymbol{r}}_\nu + \frac{\mathrm{d}}{\mathrm{d}t} \delta \boldsymbol{r}_\nu \quad (\nu = 1, 2, \cdots, N),$$

由此可得等式 (1). 类似地, 如果在广义坐标空间中正路由下面方程给出

$$q_i = q_i(t), \quad q_i(t_0) = q_i^0, \quad q_i(t_1) = q_i^1 \quad (i = 1, 2, \cdots, n), \tag{2}$$

则由正路借助虚位移 δq_i 得到的旁路由下面方程给出

$$q_i = q_i(t) + \delta q_i(t) \quad (i = 1, 2, \cdots, n), \tag{3}$$

其中

$$\delta q_i(t_0) = 0, \quad \delta q_i(t_1) = 0 \quad (i = 1, 2, \cdots, n). \tag{4}$$

假设 $\delta q_i(t)$ 是 t 的二次连续可微函数, 它们满足类似 (1) 的等式:

$$\delta \dot{q}_i = \frac{\mathrm{d}}{\mathrm{d}t} \delta q_i \quad (i = 1, 2, \cdots, n). \tag{5}$$

218. 哈密顿–奥斯特洛格拉得斯基原理 下面研究完整系统的正路和由正路通过等时变分得到的具有相同初始时刻 t_0 和终止时刻 t_1 的旁路.

假设 m_ν 是 P_ν 点的质量, $\boldsymbol{F}_\nu$ 是作用在该质点上的主动力的合力, 对动力学普遍方程

$$\sum_{\nu=1}^{N} (\boldsymbol{F}_\nu - m_\nu \boldsymbol{w}_\nu) \cdot \delta \boldsymbol{r}_\nu = 0 \tag{6}$$

积分得

$$\int_{t_0}^{t_1} \sum_{\nu=1}^{N} \boldsymbol{F}_\nu \cdot \delta \boldsymbol{r}_\nu \mathrm{d}t - \sum_{\nu=1}^{N} m_\nu \int_{t_0}^{t_1} \boldsymbol{w}_\nu \cdot \delta \boldsymbol{r}_\nu \mathrm{d}t = 0. \tag{7}$$

我们研究在 t 时刻系统在正路和旁路上的动能之差

$$\frac{1}{2}\sum_{\nu=1}^{N} m_\nu(\dot{\boldsymbol{r}}_\nu+\delta\dot{\boldsymbol{r}}_\nu)^2-\frac{1}{2}\sum_{\nu=1}^{N} m_\nu\dot{\boldsymbol{r}}_\nu^2,$$

精确到 $|\delta\boldsymbol{r}_\nu|$ 的一阶小量, 这个差为

$$\delta T=\sum_{\nu=1}^{N} m_\nu\dot{\boldsymbol{r}}_\nu\cdot\delta\dot{\boldsymbol{r}}_\nu,$$

由此得

$$\int_{t_0}^{t_1}\delta T\mathrm{d}t=\sum_{\nu=1}^{N} m_\nu\int_{t_0}^{t_1}\dot{\boldsymbol{r}}_\nu\cdot\delta\dot{\boldsymbol{r}}_\nu\mathrm{d}t. \tag{8}$$

利用 (1) 并进行分部积分得

$$\int_{t_0}^{t_1}\delta T\mathrm{d}t=\sum_{\nu=1}^{N} m_\nu\int_{t_0}^{t_1}\dot{\boldsymbol{r}}_\nu\cdot\mathrm{d}\delta\boldsymbol{r}_\nu=\sum_{\nu=1}^{N} m_\nu\dot{\boldsymbol{r}}_\nu\cdot\delta\boldsymbol{r}_\nu\Big|_{t_0}^{t_1}-\sum_{\nu=1}^{N} m_\nu\int_{t_0}^{t_1}\boldsymbol{w}_\nu\cdot\delta\boldsymbol{r}_\nu\mathrm{d}t.$$

又因为 $\delta\boldsymbol{r}_\nu(t_0)=\delta\boldsymbol{r}_\nu(t_1)=0$, 由上式最后可得

$$\int_{t_0}^{t_1}\delta T\mathrm{d}t=-\sum_{\nu=1}^{N} m_\nu\int_{t_0}^{t_1}\boldsymbol{w}_\nu\cdot\delta\boldsymbol{r}_\nu\mathrm{d}t. \tag{9}$$

利用这个关系式将 (7) 写成

$$\int_{t_0}^{t_1}\left(\delta T+\sum_{\nu=1}^{N}\boldsymbol{F}_\nu\cdot\delta\boldsymbol{r}_\nu\right)\mathrm{d}t=0. \tag{10}$$

等式 (7) 就是哈密顿–奥斯特洛格拉得斯基原理的数学表达式, 该原理叙述为: 如果$\delta\boldsymbol{r}_\nu(t)$相应于正路的等时变分且 $\delta\boldsymbol{r}_\nu(t_0)=\delta\boldsymbol{r}_\nu(t_1)=\boldsymbol{0}$, 则积分(10)等于零.

可见, 在完整系统的正路上积分 (10) 等于零. 我们将证明, 如果在某个运动学可能的路径上积分 (10) 等于零, 则该路径是正路. 为此只需证明, 由哈密顿–奥斯特洛格拉得斯基原理可以推导出第二类拉格朗日方程.

考虑到

$$\sum_{\nu=1}^{N}\boldsymbol{F}_\nu\cdot\delta\boldsymbol{r}_\nu=\sum_{i=1}^{n}Q_i\delta q_i,$$

其中 Q_i 是相应于广义坐标 q_i 的广义力, 又由于

$$\delta T=\sum_{i=1}^{n}\left(\frac{\partial T}{\partial q_i}\delta q_i+\frac{\partial T}{\partial\dot{q}_i}\delta\dot{q}_i\right),$$

将 (10) 写成

$$\int_{t_0}^{t_1}\sum_{i=1}^{n}\left[\frac{\partial T}{\partial \dot{q}_i}\delta\dot{q}_i+\left(\frac{\partial T}{\partial q_i}+Q_i\right)\delta q_i\right]\mathrm{d}t=0. \tag{11}$$

利用关系式 (5), 对上式分部积分并考虑到 $\delta q_i(t_0)=\delta q_i(t_1)=0$, 得

$$\int_{t_0}^{t_1}\frac{\partial T}{\partial \dot{q}_i}\delta\dot{q}_i\mathrm{d}t=\int_{t_0}^{t_1}\frac{\partial T}{\partial \dot{q}_i}\mathrm{d}\delta q_i=\left.\frac{\partial T}{\partial \dot{q}_i}\delta q_i\right|_{t_0}^{t_1}-\int_{t_0}^{t_1}\frac{\mathrm{d}}{\mathrm{d}t}\frac{\partial T}{\partial \dot{q}_i}\delta q_i\mathrm{d}t=-\int_{t_0}^{t_1}\frac{\mathrm{d}}{\mathrm{d}t}\frac{\partial T}{\partial \dot{q}_i}\delta q_i\mathrm{d}t.$$

故等式 (11) 写成下面形式

$$\int_{t_0}^{t_1}\sum_{i=1}^{n}\left(\frac{\mathrm{d}}{\mathrm{d}t}\frac{\partial T}{\partial \dot{q}_i}-\frac{\partial T}{\partial q_i}-Q_i\right)\delta q_i\mathrm{d}t=0. \tag{12}$$

$\delta q_i\quad(i=1,2,\cdots,n)$ 是独立的、任意的. 利用这一点可以证明, 公式 (12) 中每个圆括号中的表达式都等于零. 为此令 $\delta q_1=\cdots=\delta q_{k-1}=\delta q_{k+1}=\cdots=\delta q_n=0$, 而 $\delta q_k\neq 0$, 那么等式 (12) 变为

$$\int_{t_0}^{t_1}\left(\frac{\mathrm{d}}{\mathrm{d}t}\frac{\partial T}{\partial \dot{q}_k}-\frac{\partial T}{\partial q_k}-Q_k\right)\delta q_k\mathrm{d}t=0. \tag{13}$$

设① 在时间段 $t_0<t<t_1$ 内的某时刻 $t=t_*$ 公式 (13) 中圆括号中的表达式不等于零, 那么根据连续性, 在时间段 $t_0<t<t_1$ 内存在某个邻域 $-\varepsilon+t_*<t<t_*+\varepsilon$, 在该邻域内 (13) 中圆括号中的表达式的符号保持不变, 将任意函数 $\delta q_k(t)$ 选择为在 $-\varepsilon+t_*<t<t_*+\varepsilon$ 之外等于零, 而在该邻域内保持符号不变, 那么等式 (13) 写成

$$\int_{t_*-\varepsilon}^{t_*+\varepsilon}\left(\frac{\mathrm{d}}{\mathrm{d}t}\frac{\partial T}{\partial \dot{q}_k}-\frac{\partial T}{\partial q_k}-Q_k\right)\delta q_k\mathrm{d}t=0.$$

又由于这样选择 $\delta q_k(t)$, 使得上面表达式中被积函数在邻域 $-\varepsilon+t_*<t<t_*+\varepsilon$ 内保持符号不变, 因此上面等式不可能成立. 由此可知, 对时间段 $t_0<t<t_1$ 内的所有 t 都有

$$\frac{\mathrm{d}}{\mathrm{d}t}\frac{\partial T}{\partial \dot{q}_k}-\frac{\partial T}{\partial q_k}=Q_k.$$

上面的讨论对任意 $k\quad(k=1,2,\cdots,n)$ 都成立. 所以由哈密顿–奥斯特洛格拉得斯基原理导出了第二类拉格朗日方程, 于是, 完整系统动力学可以以该原理为基础.

219. 有势力场中系统的哈密顿–奥斯特洛格拉得斯基原理 在有势力场中

$$\sum_{\nu=1}^{N}\boldsymbol{F}_\nu\cdot\delta\boldsymbol{r}_\nu=-\delta\Pi, \tag{14}$$

①下面给出的关于公式 (13) 中圆括号中的表达式等于零的证明是标准的证明, 以此为基础可以证明变分计算基本引理 (参见: Гельфанд И. М., Фомин С. В. Вариационное исчисление, М.: Физматгиз, 1961).

其中 $\Pi = \Pi(q_1, \cdots, q_n, t)$ 是系统的势能, 那么公式 (10) 给出

$$\int_{t_0}^{t_1} (\delta T - \delta \Pi)\mathrm{d}t = 0.$$

因为拉格朗日函数为 $L = T - \Pi$, 故由此得

$$\int_{t_0}^{t_1} \delta L \mathrm{d}t = 0. \tag{15}$$

我们来研究积分

$$S = \int_{t_0}^{t_1} L \mathrm{d}t, \tag{16}$$

这个积分称为哈密顿作用量. 因为 L 是 $q_i, \dot{q}_i, t$ 的函数, 所以计算 S 需要给出在时间段 $t_0 \leqslant t \leqslant t_1$ 内的函数 $q_i(t) \quad (i = 1, 2, \cdots, n)$, 即作用量 S 是依赖于系统运动的泛函.

利用记号 (16) 并考虑到在从正路到旁路、从旁路到另外旁路的变换中 t_0 和 t_1 的不变性, 等式 (15) 写成

$$\delta S = 0. \tag{17}$$

这个等式给出了完整系统在存在有势力场情况下的哈密顿–奥斯特洛格拉得斯基原理: *在所有 (相比较的) 路径中正路使哈密顿作用量取驻值 (即一阶变分δS在正路上等于零)*.

作用量在正路上是否取极值? 即积分 (16) 在正路上的值与在旁路上相比是否最小或者最大? 在下一小节将回答这个问题, 而现在我们来看一个例子, 该例子表明在某些情况下哈密顿作用量在正路上取值比在旁路上小.

例 1 (质点在均匀引力场中的运动①) 设以初速度 v_0 沿着与水平成 α 角的方向抛出一个质量为 m 的质点, 假设运动在平面 Oxz 内, 质点的轨迹是抛物线

$$z = v_0 \sin\alpha t - \frac{1}{2} g t^2, \quad x = v_0 \cos\alpha t. \tag{18}$$

在时刻

$$t_1 = \frac{2 v_0 \sin\alpha}{g}, \tag{19}$$

(其中 g 是重力加速度) 质点与 Ox 轴交于 B 点 (图 167), 并且沿着 Ox 轴走过的距离为

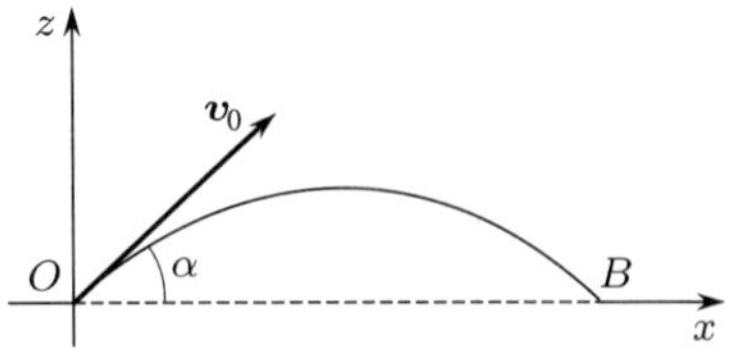

图 167

$$OB = \frac{2 v_0^2 \sin\alpha \cos\alpha}{g}. \tag{20}$$

因此, 在该例子中质点在平面 Oxz 内用时间 t_1 沿着正路画出抛物线.

①参见: Слудский Ф. А. Заметка о начале наименьшего действия // Вариационные принципы механики/Под ред. Л. С. Полака, М.; Физматгиз, 1959. С. 388–391.

我们将比较这个运动和从 O 到 B 的匀速直线运动, 旁路是 Ox 轴上的线段 OB. 由于在哈密顿–奥斯特洛格拉得斯基原理中沿着正路和旁路从初位置到末位置的运动时间应该是相同的, 那么直线运动的速度应该等于 $v_0 \cos\alpha$.

对于这 2 个运动

$$\Pi = mgz. \tag{21}$$

对于抛物线运动

$$L = T - \Pi = \frac{1}{2}m(\dot{x}^2 + \dot{z}^2) - mgz = \frac{1}{2}m(v_0^2 - 4v_0 \sin\alpha gt + 2g^2t^2),$$

对于直线运动

$$L = T - \Pi = \frac{1}{2}mv^2 = \frac{1}{2}mv_0^2 \cos^2\alpha.$$

对于抛物线运动

$$S = \int_0^{t_1} L\mathrm{d}t = \frac{mv_0^3 \sin\alpha}{g}\left(1 - \frac{4}{3}\sin^2\alpha\right), \tag{22}$$

而对于直线运动

$$S = \frac{mv_0^3 \sin\alpha}{g}(1 - \sin^2\alpha). \tag{23}$$

对于任意的 α (当 α 充分小时正路和旁路可以非常接近), (22) 的值小于 (23) 的值, 即沿着正路的哈密顿作用量小于沿着旁路.

220. 哈密顿作用量的极值性质 我们来研究初位置的充分小的邻域, 其中不包含共轭动力学焦点, 那么可以认为 (第 217 小节) 在给定时间 $t_1 - t_0$ 内系统从初位置运动到位于所选定邻域内的末位置只能有一条正路. 我们将证明, 在这种情况下与旁路相比哈密顿作用量沿着正路取最小值.

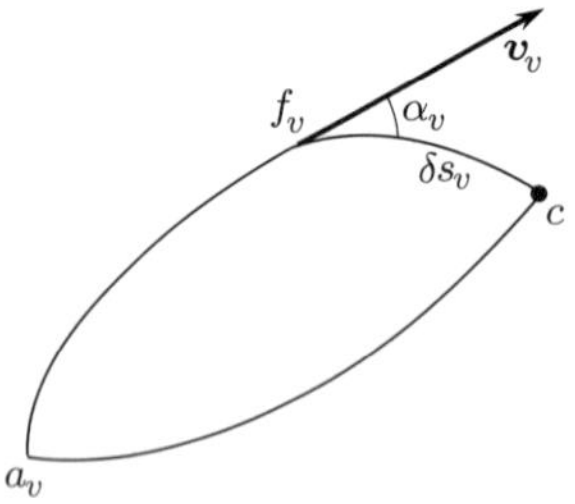

图 168

为了证明此结论, 我们利用儒可夫斯基几何法.① 我们在三维欧几里得空间中研究系统质点 $P_\nu(\nu = 1, 2, \cdots, N)$ 的轨迹, 设 a_ν 是 P_ν 点的初位置, 而 f_ν 和 c_ν 是它在 2 条运动学可能路径上的位置, 系统沿着这 2 条路径可以在相同时间 $t - t_0$ 内从初位置运动到 t 相应的末位置 (图 168), 这时 $t_0 < t < t_1$, 时间段 $t - t_0$ 非常小, 使得在时间 $t - t_0$ 内系统不可能离开所选定初位置的小邻域.

设 $[af]$ 和 $[ac]$ 是系统沿着这 2 条路径的哈密顿作用量, 即

$$[af] = \int_{t_0}^{t} (T - \Pi)\mathrm{d}t, \quad [ac] = \int_{t_0}^{t} (T - \Pi)\mathrm{d}t, \tag{24}$$

①参见: Жуковский Н. Е. О начале наименьшего действия// Собр. соч. Т. 1. М.-Л.: Гостехизат, 1948. С. 51–57.

第 1 个和第 2 个积分计算分别沿着 P_ν 从位置 a_ν 到 f_ν 和 c_ν 的路径. 对于差 $[ac]-[af]$, 精确到 $|\delta \boldsymbol{r}_\nu|$ 和 $|\delta \dot{\boldsymbol{r}}_\nu|$ 的一阶量, 有

$$[ac]-[af]=\int_{t_0}^{t}\sum_{\nu=1}^{N}\left(m_\nu \boldsymbol{v}_\nu\cdot\delta\dot{\boldsymbol{r}}_\nu-\frac{\partial \Pi}{\partial \boldsymbol{r}_\nu}\cdot\delta\boldsymbol{r}_\nu\right)\mathrm{d}t,$$

其中 $\boldsymbol{v}_\nu$ 和 $\partial\Pi/\partial\boldsymbol{r}_\nu$ 沿着路径 $a_\nu f_\nu$ 计算. 考虑到 $\boldsymbol{F}_\nu=-\partial\Pi/\partial\boldsymbol{r}_\nu$, 分部积分并利用 $\delta\boldsymbol{r}_\nu(t_0)=\boldsymbol{0}$ 得

$$[ac]-[af]=\sum_{\nu=1}^{N}m_\nu\boldsymbol{v}_\nu(t)\cdot\delta\boldsymbol{r}_\nu(t)+\int_{t_0}^{t}\sum_{\nu=1}^{N}(\boldsymbol{F}_\nu-m_\nu\boldsymbol{w}_\nu)\cdot\delta\boldsymbol{r}_\nu\mathrm{d}t.$$

考虑到动力学普遍方程 (6), 上面关系式最终写成

$$[ac]-[af]=\sum_{\nu=1}^{N}m_\nu v_\nu\cos\alpha_\nu\delta s_\nu, \tag{25}$$

其中 $\boldsymbol{v}_\nu$ 是 P_ν 点在 t 时刻的速度, 此时 P_ν 点位置为 f_ν, α_ν 是 $\boldsymbol{v}_\nu$ 和 $\delta\boldsymbol{r}_\nu$ 之间的夹角, δs_ν 是弧长 $f_\nu c_\nu$.

设 b_ν 是在 t_1 时刻系统的 P_ν 点位置, 而 γ_ν 和 γ'_ν 是在系统运动中 P_ν 点沿着正路和任意一条旁路运动的曲线 (图 169), 我们来比较沿着正路和旁路的哈密顿作用量. 为此我们取旁路 γ'_ν 上的相应于 t 时刻的 c_ν 点, 其中 $t_0<t<t_1$, 再取相应于 $t+\mathrm{d}t$ 时刻的无限接近的 e_ν 点, 画出 P_ν 点的某个辅助的真实运动轨迹 $a_\nu c_\nu$, 在 $t-t_0$ 时间内 P_ν 点沿着该轨迹从初位置 a_ν 运动到相应于旁路的曲线 γ'_ν 上的 c_ν 点. 类似地, 设曲线 $a_\nu e_\nu$ 是另一条辅助运动轨迹, 在 $t+\mathrm{d}t-t_0$ 时间内 P_ν 点沿着该轨迹从初位置 a_ν 运动到曲线 γ'_ν 上的 e_ν 点. 对 P_ν 点在曲线 γ'_ν $(\nu=1,2,\cdots,N)$ 上的所有点都画出这样的辅助真实运动轨迹.

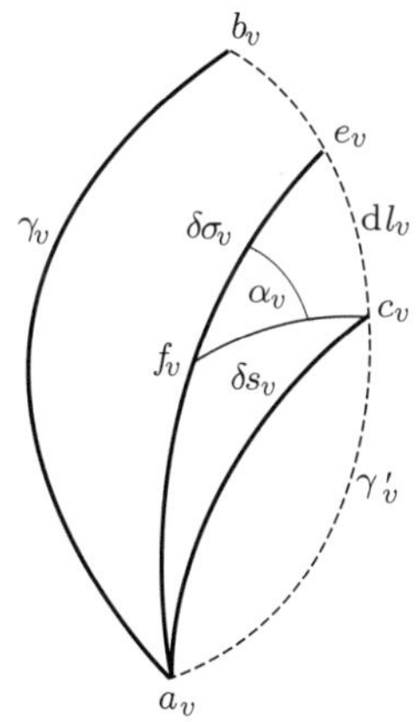

图 169

设 f_ν 是 P_ν 点沿着辅助真实运动轨迹 $a_\nu e_\nu$ 运动时在 t 时刻的位置, 于是, 2 个辅助真实运动轨迹上的弧 $a_\nu f_\nu$ 和弧 $a_\nu c_\nu$, 以及相应于旁路的曲线 γ'_ν 上的弧 $a_\nu c_\nu$, 都是 P_ν 点用相同时间 $t-t_0$ 内走过的, 所以在辅助轨迹上的弧 $f_\nu e_\nu$ 和曲线 γ'_ν 上的弧 $c_\nu e_\nu$ 都是 P_ν 点用相同时间 $\mathrm{d}t$ 内走过的.

我们分别用记号 $\mathrm{d}\sigma_\nu$ 和 $\mathrm{d}l_\nu$ 表示弧 $f_\nu e_\nu$ 和 $c_\nu e_\nu$, 由无穷小三角形 $c_\nu f_\nu e_\nu$ (图 169) 得

$$\mathrm{d}l_\nu^2=\mathrm{d}\sigma_\nu^2+\delta s_\nu^2-2\mathrm{d}\sigma_\nu\delta s_\nu\cos\alpha_\nu.$$

在该等式两边乘以 m_ν 并对所有点求和, 然后注意到我们已经假设在初位置的小邻域内没有共轭动力学焦点, 因此在 $\delta s_\nu(\nu=1,2,\cdots,N)$ 中至少有一个不等于零, 于

是可得不等式

$$\sum_{\nu=1}^{N} m_\nu \mathrm{d}l_\nu^2 > \sum_{\nu=1}^{N} m_\nu \mathrm{d}\sigma_\nu^2 - 2\sum_{\nu=1}^{N} m_\nu \mathrm{d}\sigma_\nu \cos\alpha_\nu \delta s_\nu. \tag{26}$$

如果 T' 是系统沿着旁路运动的动能, 而 T 是系统沿着辅助真实运动轨迹的弧 $f_\nu e_\nu$ 运动的动能, 则

$$\sum_{\nu=1}^{N} m_\nu \mathrm{d}l_\nu^2 = 2T'\mathrm{d}t^2, \quad \sum_{\nu=1}^{N} m_\nu \mathrm{d}\sigma_\nu^2 = 2T\mathrm{d}t^2. \tag{27}$$

因为 $\mathrm{d}\sigma_\nu/\mathrm{d}t = v_\nu$, 故利用公式 (27), 不等式 (26) 可以写成

$$T'\mathrm{d}t > T\mathrm{d}t - \sum_{\nu=1}^{N} m_\nu v_\nu \cos\alpha_\nu \delta s_\nu. \tag{28}$$

两边减去 $\Pi\mathrm{d}t$ 并利用等式 (25) 得

$$(T' - \Pi)\mathrm{d}t > (T - \Pi)\mathrm{d}t + [af] - [ac]. \tag{29}$$

由于

$$(T - \Pi)\mathrm{d}t = [fe], \quad [fe] + [af] - [ac] = [ae] - [ac],$$

故不等式 (29) 的右边等于当运动时间增加 $\mathrm{d}t$ 时, 从一个真实运动轨迹到另一个真实运动轨迹的哈密顿作用量微分 $\mathrm{d}S$, 所以

$$(T' - \Pi)\mathrm{d}t > \mathrm{d}S. \tag{30}$$

将这个不等式从 $t = t_0$ 到 $t = t_1$ 积分, 引入记号 S_{np} 和 S_{ok} 分别表示沿着正路和旁路的哈密顿作用量, 得

$$S_{\mathrm{ok}} > S_{\mathrm{np}}. \tag{31}$$

这就证明了, 如果系统的初位置和末位置足够接近, 则对于相同的运动时间, 与旁路相比, 沿着正路的哈密顿作用量最小 ①. 设 A_0 是广义坐标空间中相应于系统初位置和末和 A_1 位置的点 (图 170), 如果 A_0 和 A_1 足够近, 则作用量 S 在正路上取极小值. 我们来看 A_0 和 A_1 到底应该有多近才能使作用量 S 在正路上取极小值②. 在正路 A_0A_1 上哈密顿作用量的一阶变分 δS 总是等于零, 如果 A_1 接近 A_0, 则在正路上二阶变分 $\delta^2 S$ 是正的③ .下面使 A_1 远离 A_0, 设 t_1^* 是沿着旁路 A_0HA_1 计算的

①由于这个原因, 哈密顿–奥斯特洛格拉得斯基原理也称为最小作用量原理.

②参见: Якоби К. Лекции по динамике. М.-Л.: ОНТИ, 1936, 以及 Лурье А. И. Аналитическая механика. М.: Физматгиз, 1960.

③我们不考虑 S 的极值性需要更高阶变分确定的极端情况.

$\delta^2 S$ 第 1 次为零的时刻 t_1 (图 170), 精确到 $|\delta q_i|$, $|\delta \dot{q}_i|$ $(i = 1, 2, \cdots, n)$, 沿着路径 A_0HA_1 和 A_0BA_1 的哈密顿作用量相等:

$$S_{A_0HA_1} = S_{A_0BA_1}. \tag{32}$$

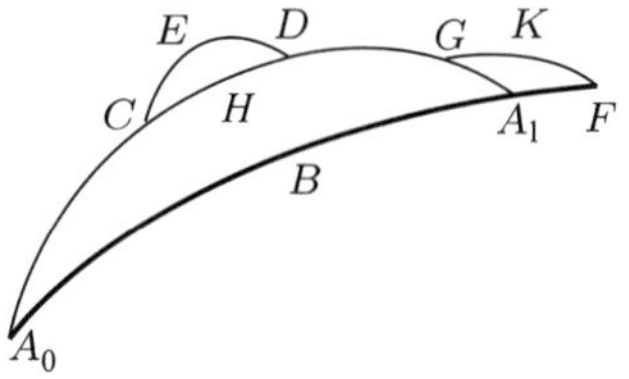

图 170

我们将证明, A_0HA_1 实际上是正路, 即 A_0 和 A_1 是共轭动力学焦点. 假设不是这样, 即 A_0HA_1 不是正路, 那么在它上面取 2 点 C 和 D 并以正路 CED 连接. 按照上面证明的, 对于足够近的 2 点 C 和 D 有

$$S_{CED} < S_{CHD}. \tag{33}$$

由此式和 (32) 可得

$$S_{A_0CEDA_1} < S_{A_0CHDA_1} = S_{A_0BA_1}. \tag{34}$$

这个不等式与假设矛盾, 因为假设 A_1 是正路 A_0BA_1 上的点, 在所选择的过 A_0 和 A_1 的旁路上该点使二阶变分 $\delta^2 S$ 第 1 次等于零.

上述讨论表明, 如果终点A_1在A_0的共轭动力学焦点之前, 则哈密顿作用量在正路A_0A_1上取极小值.

设 A_1 是 A_0 的共轭动力学焦点, 而正路的终点 F 在 A_1 点之后 (图 170), 这里沿着正路 A_0BA_1F 的作用量已经不是极小值了. 为证明这一点, 我们只要找出一条旁路使沿着它的哈密顿作用量小于沿着 A_0BA_1F 的作用量. 为此, 我们在前面建立的正路 A_0HA_1 上取足够接近 F 的点 G, 使得连接这个点的正路 GKF 上的作用量最小, 那么

$$S_{GKF} < S_{GA_1} + S_{A_1F}. \tag{35}$$

由此式和 (32) 得

$$S_{A_0HGKF} = S_{A_0HG} + S_{GKF} < S_{A_0HG} + S_{GA_1} + S_{A_1F}$$

$$= S_{A_0HA_1} + S_{A_1F} = S_{A_0BA_1} + S_{A_1F} = S_{A_0BA_1F},$$

即在所建立的旁路上作用量小于在正路上的, 所以作用量在正路上不取极小值. 因为在正路 A_0BA_1F 的一小部分上作用量取极小值, 所以在该正路上哈密顿作用量也不可能取极大值, 因此, 如果初位置的共轭动力学焦点在正路的终点之前, 则沿着正路的哈密顿作用量既非极小也非极大.

例 1 (质点在球面上的惯性运动) 设质点在运动过程中始终位于固定球面上, 没有任何主动力作用, 如果 m 为质点质量, R 为球的半径, 则利用球面坐标 (图 134) 有

$$T = \frac{1}{2} m R^2 (\dot{\theta}^2 + \sin^2 \theta \dot{\varphi}^2), \quad \Pi = 0.$$

在正路上成立拉格朗日方程

$$\frac{\mathrm{d}}{\mathrm{d}t}\frac{\partial L}{\partial \dot{\theta}} - \frac{\partial L}{\partial \theta} = 0, \quad \frac{\partial L}{\partial \dot{\varphi}} = \mathrm{const}$$

(φ 是循环坐标). 由于 $L = T - \Pi = T$, 故

$$\ddot{\theta} - \sin\theta\cos\theta\dot{\varphi}^2 = 0, \quad \sin^2\theta\dot{\varphi} = \sin^2\theta_0\dot{\varphi}_0. \tag{36}$$

不失一般性可以认为, 在正路上质点的初速度 $\boldsymbol{v}$ 沿着经线 ($\varphi = \mathrm{const}$), 即 $\dot{\varphi}_0 = 0$, 那么由 (36) 可得, 在整个运动过程中有

$$\dot{\varphi} = 0, \quad \dot{\theta} = \mathrm{const}$$

以及 $v^2 = R^2\dot{\theta}^2 = \mathrm{const}$. 这意味着, 正路是大圆弧段, 质点以定常速度 $v = v_{\mathrm{np}}$ 沿着它运动, 这时

$$L = \frac{1}{2}mv^2$$

以及

$$S_{\mathrm{np}} = \int_{t_0}^{t_1} L\mathrm{d}t = \frac{mv_{\mathrm{np}}^2}{2}(t_1 - t_0) = \frac{ml_{\mathrm{np}}^2}{2(t_1 - t_0)}, \tag{37}$$

其中 l_{np} 是质点沿着正路在时间 $t_1 - t_0$ 内走过的弧长.

A 点的共轭动力学焦点是球面上直径对面点 A^*, 这是因为过 A 点的 2 个大圆只能交于 A^* 点.

设沿着连接 A 和 B 点的旁路的运动速度为常数, 等于 v_{ok}, 那么

$$S_{\mathrm{ok}} = \frac{ml_{\mathrm{ok}}^2}{2(t_1 - t_0)}. \tag{38}$$

由 (37), (38) 和上面介绍的哈密顿作用量的极值性质得, 如果质点走过的过 A 和 B 点的大圆的弧上没有 A^* 点, 即这段弧小于大圆的半圆周, 则该弧是连接 A 和 B 的曲线中最短的.

练习题 1 在第 217 小节的例子中, 试建立旁路使其哈密顿作用量小于正路.

§2. 莫培督–拉格朗日原理

221. 等能量变分 我们来研究完整保守或广义保守系统, 哈密顿函数不显含时间, 存在广义能量积分

$$H(q_1, \cdots, q_n, p_1, \cdots, p_n) = h, \tag{1}$$

系统在 n 维坐标空间中运动①. 设 A_0 和 A_1 是该空间中相应于坐标 q_i^0 和 q_i^1 $(i = 1, 2, \cdots, n)$ 的点, 设在初始时刻 $t = t_0$ 系统占据相应于 A_0 点的位置, 可以选择广义

①而不是像在前小节中研究哈密顿–奥斯特洛格拉得斯基原理那样在 $n+1$ 维空间中.

速度 $\dot{q}_i$ (广义冲量 p_i) 使得在 $t=t_1$ 时刻系统占据相应于 A_1 的点. 如果沿着过 A_0 和 A_1 的曲线

$$q_i = q_i(t) \quad (i=1,2,\cdots,n) \tag{2}$$

的运动满足运动微分方程, 则称该曲线为*系统的正路* (见图 171, 其中 $n=3$). 在正路上哈密顿函数是常量且等于 h, 其中 h 由初始条件确定.

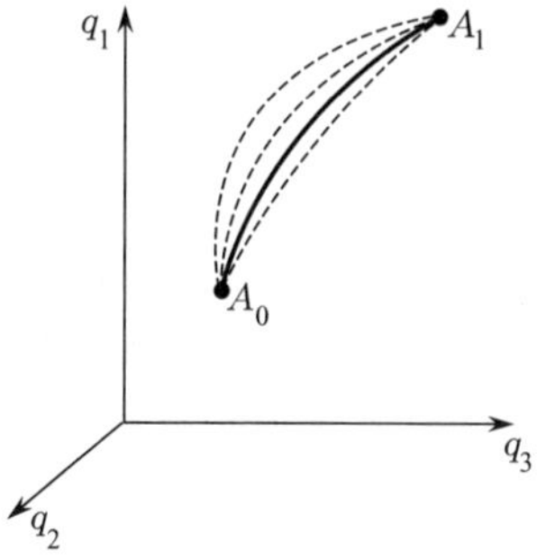

图 171

与正路同时, 我们还研究其它运动学上可能的无限接近正路的路径. 如果这些路径: 1) 经过相同的初位置和末位置 A_0 和 A_1; 2) 沿着它们的哈密顿函数是常量且等于相应于正路的 h, 则称它们为*旁路*.

在这样的等能量变分中系统从初位置到末位置的时间 t_1-t_0 不一定对正路和旁路都相同, 例如, 质量为 m 的质点在没有力作用下在平面 Oxy 内运动, 沿着正路的运动取为沿着 Ox 轴的直线运动. 在初始时刻 $t=0$, 质点位于坐标原点 O, 那么在正路上有 $x=\sqrt{\dfrac{2h}{m}}t$. 由能量积分 $\dfrac{m}{2}(\dot{x}^2+\dot{y}^2)=h$ 可知, 在旁路上满足不等式 $\dot{x}\leqslant\sqrt{\dfrac{2h}{m}}$, 于是, 如果常数 h 对正路和旁路都相同, 则沿着旁路不可能在相同的时间 t_1 内走到沿着正路走到的位置.

本节要研究的莫培督–拉格朗日原理给出从所有旁路中找出正路的判据, 其中旁路应该满足上面指出的性质 1) 和 2).

222. 莫培督–拉格朗日原理 在给定能量常数 h 时, 保守或广义保守系统的运动方程可以写成雅可比方程形式 (见第 152 小节的方程 (36)). 这些方程具有第二类拉格朗日方程的形式, 其中雅可比函数 P 作为拉格朗日函数, 广义坐标 q_1 作为自变量. 类似于哈密顿作用量① S 引入*拉格朗日作用量*:

$$W=\int_{q_1^0}^{q_1^1} P\mathrm{d}q_1. \tag{3}$$

在前一小节已经证明, 第二类拉格朗日方程等价于哈密顿–奥斯特洛格拉得斯基原理, 该原理表述为: 哈密顿作用量在正路上取驻值 (见第 219 小节的等式 (17)). 类似地, 雅可比方程等价于拉格朗日作用量取驻值的条件

$$\delta W=0. \tag{4}$$

等式 (4) 表示*莫培督–拉格朗日原理: 在满足前一小节所描述条件的所有运动学可能路径中, 正路使拉格朗日作用量取驻值.*

①参见: Гантмахер Ф. Р. Лекции по аналитической механике. М.: Наука, 1966.

关于拉格朗日作用量的极值性质的问题, 完全像对于哈密顿–奥斯特洛格拉得斯基原理那样, 通过研究共轭动力学焦点来解决.

可以发现, 在积分 (3) 中完全没有时间, 而原理 (4) 中只包含几何元素, 这种形式的莫培督–拉格朗日原理首先由雅可比给出, 因此上面表述的莫培督–拉格朗日原理经常称为雅可比最小作用量原理.

设系统是保守的, 那么雅可比函数按照第 152 小节的公式 (38) 计算, 拉格朗日作用量可以变为

$$W = \int_{q_1^0}^{q_1^1} \frac{2T}{\dot{q}_1}\mathrm{d}q_1 = \int_{t_0}^{t_1} 2T\mathrm{d}t. \tag{5}$$

在应用 (4), (5) 形式的莫培督–拉格朗日原理时要记住, 在 (5) 中, 时间 t_1 不是固定的, 而是可以随从正路到旁路、一个旁路到另一个旁路的变换而改变, 此外, 机械能 $T+\Pi$ 对所有被比较的路径都是相同的.

对于拉格朗日作用量 (5) 可以写成另一种形式

$$W = \int_{t_0}^{t_1} \sum_{\nu=1}^{N} m_\nu v_\nu^2 \mathrm{d}t = \sum_{\nu=1}^{N} \int_{s_\nu^0}^{s_\nu^1} m_\nu v_\nu \mathrm{d}s_\nu, \tag{6}$$

即对于保守系统, 拉格朗日作用量等于系统各质点的动量在其相应位移上所做功的和.

例 1 (质点在光滑曲面上的惯性运动①) 设质量为 m 的质点无主动力作用 ($\Pi=0$), 在初始冲击下沿着光滑固定曲面运动, 那么 $v=v_0=\text{const}$, 并由 (6) 可得

$$W = mv_0 l,$$

其中 l 是质点走过的路径. 由雅可比原理得, $\delta l = 0$, 即质点的运动沿着测地线运动②.

如果初位置和末位置 A_0 和 A_1 很接近, 则作用量 W 最小, 并且测地线是连接位于曲面上两点 A_0 和 A_1 的曲线中最短的.

作用量极小的问题在每个具体情况下可以借助动力学焦点来解决. 如果质点沿着可展开曲面 (即弯曲后可以放在平面上) 运动, 例如沿着圆锥或圆柱运动, 则作用量 W 在正路上一定取极小值, 这是因为在平面上过同样点的直线永远不会相交 (不存在动力学焦点).

例 2 (质点在均匀引力场中的运动③) 在第 219 小节中作为哈密顿–奥斯特洛格拉得斯基原理的应用已经讲过这个问题, 这里我们用它作为莫培督–拉格朗日原理的例子, 有助于讲清楚这 2 个原理的差别.

①参见前面提到的书: К. Якоби «Лекции по динамике».

②测地线的特点是: 与有相同端点的其它曲线相比其长度取驻值.

③参见前面提到的书: Ф. В. Слудского «Заметка о начале наименьшего действия».

正路是抛物线, 由第 219 小节中方程 (18) 给出; 旁路是位于 Ox 轴上的直线段 OB (图 167). 我们认为 α 角很小, 使得正路和旁路足够接近, 对这 2 种运动都有 $\Pi = mgz$.

由于正路和旁路的机械能 $T+\Pi$ 应该是一样的, 故 2 个运动的初始速度相同, 都等于 v_0. 如果在正路上质点的运动时间 t_1 由第 219 小节中方程 (19) 给出, 则在旁路上的运动时间将会不同, 由下面公式计算

$$t_1 = \frac{OB}{v_0} = \frac{2v_0 \sin\alpha\cos\alpha}{g}. \tag{7}$$

对于抛物线,

$$T = \frac{1}{2}m(\dot{x}^2 + \dot{z}^2) = \frac{1}{2}m(v_0^2 - 2v_0 \sin\alpha g t + g^2 t^2);$$

对于直线运动,

$$T = \frac{1}{2}mv_0^2.$$

抛物线运动的拉格朗日作用量为

$$W = 2\int_0^{t_1} T\mathrm{d}t = \frac{2mv_0^3 \sin\alpha}{g}\left(1 - \frac{2}{3}\sin^2\alpha\right), \tag{8}$$

而对于直线运动有

$$\begin{aligned} W &= \frac{2mv_0^3 \sin\alpha}{g}\cos\alpha = \frac{2mv_0^3 \sin\alpha}{g}\sqrt{1-\sin^2\alpha} \\ &= \frac{2mv_0^3 \sin\alpha}{g}\left(1 - \frac{1}{2}\sin^2\alpha - \frac{1}{8}\sin^4\alpha - \cdots\right), \end{aligned} \tag{9}$$

其中省略号表示 $\sin\alpha$ 的 4 次以上的项.

当 α 足够小时 (8) 小于 (9), 即拉格朗日作用量在正路上比在旁路上小.

223. 雅可比原理和坐标空间中的等高线 我们研究 n 个自由度的保守系统, 动能是广义速度的正定二次型

$$T = \frac{1}{2}\sum_{i,k=1}^{n} a_{ik}(q_1, \cdots, q_n)\dot{q}_i\dot{q}_k. \tag{10}$$

设 P 和 P' 是坐标空间 $q_1, \cdots, q_n$ 中 2 个临近点, 它们的坐标分别为 $q_1, \cdots, q_n$ 和 $q_1 + \mathrm{d}q_1, \cdots, q_n + \mathrm{d}q_n$. 在坐标空间中引入测度, 利用 2 倍的动能来确定 P 和 P' 2 点之间距离的平方 $\mathrm{d}s^2$:

$$\mathrm{d}s^2 = 2T\mathrm{d}t^2 = \sum_{i,k=1}^{n} a_{ik}(q_1, \cdots, q_n)\mathrm{d}q_i\mathrm{d}q_k. \tag{11}$$

由此可知,

$$T=\frac{1}{2}\left(\frac{\mathrm{d}s}{\mathrm{d}t}\right)^2, \tag{12}$$

即如果认为坐标空间中映射点具有单位质量, 则在测度 (11) 下系统的动能等于坐标空间① 中映射点的动能.

设系统作惯性运动, 即 $\Pi=0$, 由能量积分 $T+\Pi=h=\text{const}$ 及公式 (12) 可得

$$\frac{\mathrm{d}s}{\mathrm{d}t}=\sqrt{2h}, \tag{13}$$

即在测度 (11) 下保守系统的惯性运动相应于坐标空间映射点的匀速运动, 且速度等于 $\sqrt{2h}$.

对这个运动的拉格朗日作用量为

$$W=2\int_{t_0}^{t_1}T\mathrm{d}t=2h(t_1-t_0)=\sqrt{2h}l, \tag{14}$$

其中 $l=\sqrt{2h}(t_1-t_0)$ 是映射点在时间 t_1-t_0 内走过曲线的长度. 由雅可比原理可知 $\delta l=0$, 即求轨迹的问题归结为在测度为 (11) 的坐标空间中求测地线的微分几何问题.

设系统在有势力场中运动 ($\Pi\neq 0$), 那么雅可比函数 P 可以表示成第 152 小节的公式 (40), 因此

$$W=\int_{q_1^0}^{q_1^1}P\mathrm{d}q_1=2\int_{q_1^0}^{q_1^1}\sqrt{(h-\Pi)G}\mathrm{d}q_1=\sqrt{2}\int_{q_1^0}^{q_1^1}\sqrt{(h-\Pi)\sum_{i,k=1}^{n}a_{ik}\mathrm{d}q_i\mathrm{d}q_k}. \tag{15}$$

在坐标空间中的可能运动区域由不等式 $\Pi\leqslant h$ 确定, 这是由能量积分 $T+\Pi=h$ 和动能的正定性得到的. 在 $\Pi\leqslant h$ 时我们在坐标空间中引入另一个测度代替测度 (11), 确定临近 2 点 P 和 P' 之间距离的平方 $\mathrm{d}\sigma^2$ 为

$$\mathrm{d}\sigma^2=(h-\Pi)\sum_{i,k=1}^{n}a_{ik}\mathrm{d}q_i\mathrm{d}q_k. \tag{16}$$

在运动可能区域的边界上, 测度 (16) 有奇异性: 曲线越接近边界其长度越小, 特别地, 位于边界上的任何曲线的长度都等于零. 如果 $\Pi<h$, 则测度 (16) 没有奇异性. 由 (15) 可得

$$W=\sqrt{2}\sigma,$$

其中 σ 是在测度为 (16) 的坐标空间中映射点走过的弧长. 求轨迹的问题又归结为在测度为 (16) 的坐标空间中求测地线的微分几何问题.

---

①以公式 (11) 定义的 $\mathrm{d}s$ 为线性微元的 n 维黎曼空间.

第十四章

保守系统在平衡位置附近的微振动

§1. 关于平衡位置稳定性的拉格朗日定理

224. 平衡稳定性 我们研究完整保守系统, 其位置由广义坐标 $q_1, \cdots, q_n$ 给出, n 是系统的自由度. 在第 63 小节中已经证明, 系统的某些位置是平衡位置, 当且仅当在这些位置上所有的广义力为零:

$$Q_i = -\frac{\partial \Pi}{\partial q_i} = 0 \quad (i = 1, 2, \cdots, n), \tag{1}$$

其中 Π 是系统的势能, 在保守系统情况下不显含时间. 不失一般性, 我们认为在平衡位置所有广义坐标等于零.

如果系统离开平衡位置, 使其各点偏离平衡位置很小并具有很小的初速度, 则接下来, 系统各质点的运动或者一直在平衡位置附近, 或者远离平衡位置. 第 1 种情况下平衡位置是稳定的, 而第 2 种情况下平衡位置不稳定.

下面给出稳定平衡位置的严格定义. 平衡位置 $q_1 = q_2 = \cdots = q_n = 0$ 称为稳定的是指, 如果对于任意的 $\varepsilon > 0$ 存在 $\delta = \delta(\varepsilon)$, 只要在初始时刻 $t = t_0$ 有

$$|q_i(t_0)| < \delta, \quad |\dot{q}_i(t_0)| < \delta, \tag{2}$$

则对所有的 $t > t_0$ 都有

$$|q_i(t)| < \varepsilon, \quad |\dot{q}_i(t)| < \varepsilon \quad (i = 1, 2, \cdots, n). \tag{3}$$

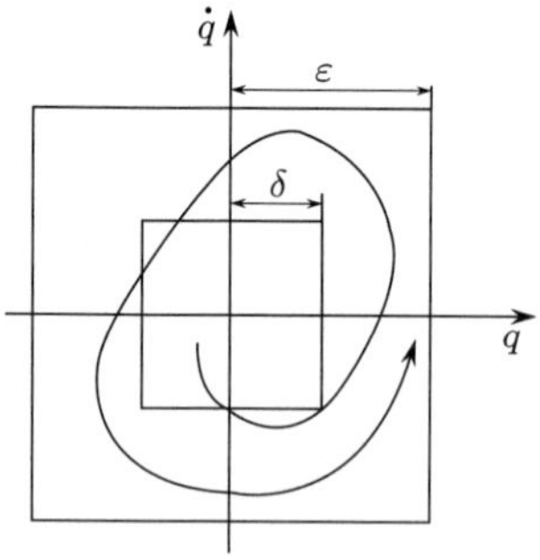

图 172

可以在 $2n$ 维状态空间 $q_i, \dot q_i$ 中给出这个定义的几何解释. 对 $n=1$ 情况, 图 172 画出了不等式 (2) 和 (3) 给出的 2 个邻域. 在稳定情况下, 在初始时刻 $t=t_0$ 从边长为 2δ 的正方形内出发的任何运动, 永远都在边长为 2ε 的正方形内.

已知系统的势能就可以研究平衡位置的稳定性.

225. 拉格朗日定理 拉格朗日定理给出了保守系统平衡位置稳定性的充分条件.

定理 如果在保守系统的平衡位置势能取严格局部极小值, 则该平衡位置稳定.

证明 不失一般性, 设平衡位置为 $q_1=q_2=\cdots=q_n=0$, 因此对于精确到差一个常数的势能可以取 $\Pi(0,\cdots,0)=0$. 因为在平衡位置, 函数 Π 有严格局部极小值, 故存在数 $\eta>0$ 使得在邻域

$$|q_i|<\eta \quad (i=1,2,\cdots,n) \tag{4}$$

内, 只要 q_i 中至少有一个不为零, 就有下面的严格不等式成立

$$\Pi(q_1,\cdots,q_n)>\Pi(0,\cdots,0)=0. \tag{5}$$

我们还假设广义坐标 $q_1,\cdots,q_n$ 是确定系统位置的独立参数, 如果 η 足够小, 对邻域 (4) 内所有 q_i, 第 139 小节中行列式 (18) $(m=n)$ 都不为零, 那么动能

$$T=T_2=\frac{1}{2}\sum_{i,k=1}^{n}a_{ik}(q_1,\cdots,q_n)\dot q_i\dot q_k \tag{6}$$

是广义速度的正定函数, 进而在不等式 (4) 满足时, 如果 $q_i,\dot q_i \quad (i=1,2,\cdots,n)$ 不全为零, 则系统的机械能

$$E=T+\Pi \tag{7}$$

是严格正的. 又因为在 $q_i=\dot q_i=0 \quad (i=1,2,\cdots,n)$ 时有 $E=0$, 故函数 E 在 $2n$ 维状态空间 $q_i,\dot q_i \quad (i=1,2,\cdots,n)$ 的原点有严格局部极小值, 并等于零.

设 ε 是满足 $0<\varepsilon<\eta$ 的任意数, 我们来看不等式 (3) 给定的邻域, 该邻域的边界是封闭的点集, 连续函数 E 在边界上达到其下确界 a. 因为在邻域 (3) 的边界上 E 的所有值都是正的, 故在边界上有

$$E\geqslant a>0.$$

连续函数 E 在坐标原点 $q_i=\dot q_i=0 \quad (i=1,2,\cdots,n)$ 有等于零的严格局部极小值, 因此可以找到 $\delta(0<\delta<\varepsilon)$, 使得在邻域

$$|q_i|<\delta, \quad |\dot q_i|<\delta \quad (i=1,2,\cdots,n) \tag{8}$$

内有下面不等式成立

$$E < a. \tag{9}$$

设函数 $q_i = q_i(t)$ 满足系统运动微分方程, 如果初始值满足不等式 (2), 则在整个运动过程中有不等式 (3) 成立. 事实上, 在条件 (2) 下初始机械能 $E_0 < a$, 又由于在运动过程中保守系统的机械能是常数, 故对于所有的 $t \geqslant t_0$ 都有 $E < a$. 因为在 (3) 的边界上 $E \geqslant a$, 所以系统运动在空间 $q_i, \dot{q}_i \quad (i = 1, 2, \cdots, n)$ 的映射点 $q_i(t), \dot{q}_i(t)$ 不能达到邻域 (3) 的边界, 即永远留在这个邻域内. 定理得证. □

上面的证明源自狄里克莱最先给出的拉格朗日定理的严格而完整证明的思想, 这个思想是解决运动稳定性一般问题的基本出发点.①

评注 1 假设所研究的系统不是保守的, 是由保守系统增加陀螺力或者耗散力或者同时增加两者得到的. 设它们相应的广义力为 $Q_i^*(q_j, \dot{q}_j)$, 那么非有势力的功率为

$$N^* = \sum_{i=1}^{n} Q_i^*(q_j, \dot{q}_j)\dot{q}_i \leqslant 0. \tag{10}$$

我们将证明, 当所有广义速度等于零时, 满足 (10) 的广义力 Q_i^* 等于零. 事实上, 假设对于广义坐标的任意值 $q_{i0} \quad (i = 1, 2, \cdots, n)$ 有一个广义力不为零, 即 $Q_k^*(q_{i0}, 0) \neq 0$, 则根据连续性, 存在 $q_i = q_{i0}, \dot{q}_i = 0$ 点的邻域, 使得函数 $Q_k^*(q_j, \dot{q}_j)$ 在该邻域内不为零, 并且不改变符号. 根据 q_i 和 $\dot{q}_i \quad (i = 1, 2, \cdots, n)$ 的独立性, 可以在该邻域内选择它们的值使得

$$\sum_{i=1}^{n} Q_i^*(q_j, \dot{q}_j)\dot{q}_i > 0,$$

这与 (10) 矛盾. 由此可知, 存在陀螺力和耗散力时平衡位置可以保持.

因为在存在陀螺力时 (没有耗散力, 见第 142 小节) 仍然存在能量积分 $E = T + \Pi = \text{const}$, 故存在陀螺力时上面的拉格朗日定理的证明没有变化. 如果存在耗散力 (或者同时有耗散力和陀螺力), 则根据第 142 小节有

$$\frac{\mathrm{d}E}{\mathrm{d}t} = N^* \leqslant 0,$$

即在系统运动过程中机械能 E 不超过初始值 E_0. 如果 $E_0 < a$, 则在运动过程中 $E < a$, 对所有 $t \geqslant t_0$ 仍然有不等式 (3) 成立.

可见, 在保守系统中增加陀螺力和耗散力后拉格朗日定理仍然成立.

① Ляпунов А. М. Общая задача об устойчивости движения // Собр. соч. Т. 2. М.-Л.: Изд-во АН СССР, 1956. С. 7–263.

226. 关于保守系统平衡位置不稳定性的李雅普诺夫定理 拉格朗日定理给出了保守系统平衡位置稳定性的充分条件. 如果在平衡位置势能不取极小值, 保守系统的这个平衡位置是否就不稳定呢? 这个问题很复杂, 至今没有详细的解答[①]. 解决这个问题的最严格结果由李雅普诺夫得到, 下面给出他的 2 个定理[②]. 假设函数 $\Pi(q_1, \cdots, q_n)$ 在平衡位置附近的邻域是解析的.

定理 1 如果保守系统的势能在平衡位置不取极小值, 这是根据势能函数 Π 在平衡位置邻域内展开的级数的二阶项得知的, 无需考察更高阶项, 则平衡位置不稳定.

定理 2 如果保守系统的势能在平衡位置取极大值, 这是根据势能函数 Π 在平衡位置邻域内展开的级数中实际出现的最低阶项得知的, 则平衡位置不稳定[③].

例 1 (重刚体在绝对光滑水平面上平衡的稳定性) 设刚体由任意凸曲面 σ 围成, 刚体质心 G 位于曲面上某点 D^* 的曲面与水平面的公共法线上, 那么刚体在平面上处于平衡状态, 并且曲面上的 D^* 点与水平面接触.

用 $Gxyz$ 表示与刚体固连的坐标系, Gz 轴包含线段 D^*G, 而 Gx 和 Gy 轴的指向平行于刚体曲面在 D^* 点的曲率线, 那么曲面方程在 D^* 点邻域内写成

$$f \equiv -h - z + \frac{1}{2}\left(\frac{x^2}{r_1} + \frac{y^2}{r_2}\right) + \cdots = 0, \tag{11}$$

其中 x, y, z 是曲面 σ 上 D 点的坐标, D 是当刚体偏离平衡位置时刚体与水平面的切点 (图 119), h 是刚体质心到支撑平面的距离 $(x = y = 0, z = -h)$, r_1 和 r_2 是刚体的曲面在 D^* 点曲率的主半径, 因为曲面是凸的且完全位于水平面之上, 故 r_1 和 r_2 都是正的. 方程 (11) 中的省略号表示高于 x, y 的二阶的项.

刚体势能为

$$\Pi = mgl, \tag{12}$$

其中 $l = -(\boldsymbol{n} \cdot \overline{GD})$ 是质心到刚体曲面的切面的距离, 而 $\boldsymbol{n}$ 是 D 点内法向单位向量. 由方程 (11) 和第 114 小节的公式 (25) 可得 $\boldsymbol{n}$ 的分量如下:

$$\gamma_1 = -\frac{x}{r_1} + \cdots, \quad \gamma_2 = -\frac{y}{r_2} + \cdots, \quad \gamma_3 = 1 - \frac{1}{2}\left(\frac{x^2}{r_1^2} + \frac{y^2}{r_2^2}\right) + \cdots. \tag{13}$$

[①]对已得到结果的评述参见: Карапетян А. В., Румянцев В. В. Устойчивость консервативных и диссипативпых систем. М.: ВИНИТИ, 1983. (Итоги науки и техники. Сер. Общая механика: Т. 6).

[②]其证明参见: Ляпунов А. М. О неустойчивости равновесия в некоторых случаях, когда функция сил не есть максимум // Собр. соч. Т. 2. М.-Л.: Нзд-во АН СССР, 1956. С. 391–400.

[③]在具体问题中应用定理 2 时必须将函数 Π 分解为以偶数 k 次齐次函数(型) $\Pi_k(q_1, \cdots, q_n)$ 开始的级数, 而 Π_k 在平衡位置邻域内(不包括该平衡位置)是负的.

考虑到 $\overline{GD'}=(x,y,z)$, 忽略 Π 不等式中的常数 mgh, 由 (11)–(13) 得

$$\Pi=\frac{1}{2}mg\left(\frac{r_1-h}{r_1^2}x^2+\frac{r_2-h}{r_2^2}y^2\right)+\cdots. \tag{14}$$

由此式和拉格朗日定理可知, 如果刚体质心低于刚体曲面在与支撑平面接触点的两个主曲率中心, 则平衡位置稳定; 如果质心高于至少一个主曲率中心, 则根据李雅普诺夫定理 1 和 2 平衡位置不稳定.

227. 含循环坐标系统定常运动及其稳定性 设在 n 自由度的完整系统中广义坐标 $q_\alpha\quad(\alpha=k+1,\cdots,n)$ 是循环坐标, 其它广义坐标 $q_i\quad(i=1,2,\cdots,k)$ 称为位置坐标 (当存在循环坐标时), 动能

$$T=T_2=\frac{1}{2}\sum_{i,j=1}^{n}a_{ij}\dot{q}_i\dot{q}_j$$

的系数 a_{ij} 以及势能 Π 都只依赖于位置坐标.

根据第 164 小节, 存在相应于循环坐标的第一积分:

$$\frac{\partial L}{\partial\dot{q}_\alpha}=\frac{\partial T_2}{\partial\dot{q}_\alpha}=c_\alpha=\text{const}\quad(\alpha=k+1,\cdots,n), \tag{15}$$

其中 $L=T-\Pi$ 是拉格朗日函数.

假设第 165 小节的海斯式 (6) 不为零, 构造罗斯函数

$$R=\sum_{\alpha=k+1}^{n}c_\alpha\dot{q}_\alpha-L \tag{16}$$

并将其用位置坐标 q_i 及其导数 $\dot{q}_i\quad(i=1,2,\cdots,k)$ 和常数 $c_\alpha\quad(\alpha=k+1,\cdots,n)$ 表示. 引入记号

$$R^*=-R+\Pi, \tag{17}$$

那么罗斯方程写成

$$\frac{\mathrm{d}}{\mathrm{d}t}\frac{\partial R^*}{\partial\dot{q}_i}-\frac{\partial R^*}{\partial q_i}=-\frac{\partial\Pi}{\partial q_i}\quad(i=1,2,\cdots,k). \tag{18}$$

函数 R^* 可以写成

$$R^*=R_2^*+R_1^*+R_0^*, \tag{19}$$

其中 R_2^* 是位置坐标导数的二次型①

$$R_2^*=\frac{1}{2}\sum_{i,j=1}^{k}a_{ij}(q_1,\cdots,q_k)\dot{q}_i\dot{q}_j. \tag{20}$$

①可以证明 R_2^* 是位置坐标导数的正定二次型.

函数 R_1^* 对于 $q_i \quad (i=1,2,\cdots,k)$ 是线性的[①],

$$R_1^* = \sum_{i=1}^{k} a_i^*(q_1,\cdots,q_k,c_\alpha)\dot{q}_i \quad (\alpha=k+1,\cdots,n), \tag{21}$$

函数 R_0^* 只依赖于位置坐标和 c_α.

利用 (19) 将方程 (18) 写成

$$\frac{\mathrm{d}}{\mathrm{d}t}\frac{\partial R_2^*}{\partial \dot{q}_i} - \frac{\partial R_2^*}{\partial q_i} = -\frac{\partial(\Pi - R_0^*)}{\partial q_i} - \left(\frac{\mathrm{d}}{\mathrm{d}t}\frac{\partial R_1^*}{\partial \dot{q}_i} - \frac{\partial R_1^*}{\partial q_i}\right) \quad (i=1,2,\cdots,k), \tag{22}$$

由等式 (21) 得

$$\frac{\mathrm{d}}{\mathrm{d}t}\frac{\partial R_1^*}{\partial \dot{q}_i} - \frac{\partial R_1^*}{\partial q_i} = \sum_{j=1}^{k}\gamma_{ij}^*\dot{q}_j \quad (i=1,2,\cdots,k), \tag{23}$$

其中

$$\gamma_{ij}^* = \frac{\partial a_i^*}{\partial q_j} - \frac{\partial a_j^*}{\partial q_i}, \quad \gamma_{ij}^* = -\gamma_{ji}^* \quad (i,j=1,2,\cdots,k), \tag{24}$$

即 (22) 右边第 2 个圆括号内的表达式导致出现陀螺力.

于是, 方程 (22) 可以看作是某个 k 自由度的约化系统的运动微分方程, 其动能等于 R_2^*, 广义力由陀螺力和有势力组成, 其中有势力是势能 $\Pi^* = \Pi - R_0^*$ 的导数. 约化系统的势能 Π^* 称为导出势能 或者罗斯势能. 如果原系统是陀螺无关的, 则约化系统中不出现陀螺力.

含循环坐标的原保守系统的定常运动是指位置坐标 $q_i \quad (i=1,2,\cdots,k)$ 和循环速度 $\dot{q}_\alpha \quad (\alpha=k+1,\cdots,n)$ 为常值的运动. 由 (15) 和 (22) 可知, 存在定常运动, 当且仅当位置坐标的值满足方程

$$\frac{\partial \Pi^*}{\partial q_i} = 0 \quad (i=1,2,\cdots,k), \tag{25}$$

即原系统的定常运动相应于约化系统的平衡位置.

设对于某个常数值 $c_\alpha = c_{\alpha 0}$, 方程 (25) 有解 $q_i = q_{i0} = \mathrm{const}$, 那么在定常运动中有 $q_i = q_{i0}, \dot{q}_i \equiv 0 \quad (i=1,2,\cdots,k), \quad c_\alpha = c_{\alpha 0} \quad (\alpha=k+1,\cdots,n)$. 假设在初始时刻 $t=t_0, \quad q_i, \dot{q}_i$ 偏离定常运动很小, 那么 $q_i - q_{i0}, \dot{q}_i \quad (i=1,2,\cdots,k)$ 对于 $t \geqslant t_0$ 是否还是小量呢? 换句话说, 定常运动对于 $q_i, \dot{q}_i \quad (i=1,2,\cdots,k)$ 是否稳定? 利用拉格朗日定理可以回答这个问题.

因为存在陀螺力, 不破坏机械能守恒定律, 故对于约化系统存在积分 $E^* = R_2^* + \Pi^*$. 如果在第 225 小节中用 E^* 代替 E 并重复拉格朗日定理的证明过程, 则可得含循环坐标的完整保守系统定常运动稳定性的罗斯定理:

[①] 如果动能表达式中不包含位置坐标导数 $\dot{q}_i$ 与循环速度 $\dot{q}_\alpha$ 的乘积, 即如果 $a_{i\alpha} = 0 \quad (i=1,2,\cdots,k; \quad \alpha=k+1,\cdots,n)$, 则函数 R_1^* 恒等于零, 这时所研究的系统称为陀螺无关的.

定理 如果在定常运动中约化系统的势能 $\Pi^*(q_1,\cdots,q_k,c_\alpha)$ 有严格极小值, 则该运动对变量 $q_i,\dot{q}_i \quad (i=1,2,\cdots,k)$ 稳定.

评注 2 在利用拉格朗日定理时, 如同在定常运动中一样, 我们固定了常数 c_α. 李雅普诺夫推广了罗斯定理, 允许常数 c_α 有小的变化. 就是说, 如果就像在 $c_\alpha=c_{\alpha0}$ 时 Π^* 有极小值一样, 在 $c_\alpha=c_{\alpha0}+\mu_\alpha \quad (|\mu_\alpha|\ll 1, \quad \alpha=k+1,\cdots,n)$ 时 Π^* 有极小值, 并且位置坐标 $q_{i0}(c_\alpha)$ 在 Π^* 的极小值点是 c_α 的连续函数, 则定常运动对变量 $q_i,\dot{q}_i \quad (i=1,2,\cdots,k)$ 稳定.

例 1 (圆盘绕竖直方向转动的稳定性) 设半径为 ρ 质量为 m 的均质圆盘在均匀重力场中沿着绝对光滑水平面运动, 并以其边缘点与平面相切. 在第 114 小节中已经发现, 刚体沿着绝对光滑水平面运动时, 质心在平面上的投影作匀速直线运动, 不失一般性可以认为它是固定不动的, 那么质心将沿着给定的竖直方向运动. 圆盘相对固定坐标系的方向用欧拉角给出 (图 137), 圆盘动能和势能的公式为 (见第 157 小节)

$$T=\frac{1}{8}m\rho^2(1+4\cos^2\theta)\dot{\theta}^2+\frac{1}{8}m\rho^2\sin^2\theta\dot{\psi}^2+\frac{1}{4}m\rho^2(\dot{\psi}\cos\theta+\dot{\varphi})^2,$$

$$\Pi=mg\rho\sin\theta.$$

变量 ψ,φ 是循环坐标, 相应的第一积分为 $(L=T-\Pi)$

$$\frac{\partial L}{\partial\dot{\psi}}=\frac{1}{4}m\rho^2\sin^2\theta\dot{\psi}+\frac{1}{2}m\rho^2(\dot{\psi}\cos\theta+\dot{\varphi})\cos\theta=c_\psi=\text{const}, \tag{26}$$

$$\frac{\partial L}{\partial\dot{\varphi}}=\frac{1}{2}m\rho^2(\dot{\psi}\cos\theta+\dot{\varphi})=c_\varphi=\text{const}. \tag{27}$$

约化系统有 1 个自由度, 函数 (19) 有

$$R^*=\frac{1}{8}m\rho^2(1+4\cos^2\theta)\dot{\theta}^2-2\frac{(c_\psi-c_\varphi\cos\theta)^2}{m\rho^2\sin^2\theta}-\frac{c_\varphi^2}{m\rho^2}.$$

如果去掉对运动方程没有影响的最后一项, 则约化系统的势能有

$$\Pi^*=mg\rho\sin\theta+2\frac{(c_\psi-c_\varphi\cos\theta)^2}{m\rho^2\sin^2\theta}. \tag{28}$$

圆盘存在这样的运动: 圆盘直径竖直, 圆盘绕这个直径以任意大小的常角速度转动, 即

$$\theta=\frac{\pi}{2},\quad \dot{\varphi}=0,\quad \dot{\psi}=\omega=\text{const}, \tag{29}$$

并且

$$c_\psi=\frac{1}{4}m\rho^2\omega,\quad c_\varphi=0. \tag{30}$$

将常数 c_ψ 和 c_φ 代入函数 Π^*, 令 $\theta=\pi/2+q$ 并将 Π^* 分解为 q 的级数得 (略去函数 Π^* 中的常数)

$$\Pi^*=\frac{1}{8}(m\rho^2\omega^2-4mg\rho)q^2+\frac{1}{24}(2m\rho^2\omega^2+mg\rho)q^4+\cdots. \tag{31}$$

在不等式

$$|\omega|\geqslant 2\sqrt{\frac{g}{\rho}} \tag{32}$$

满足时, 函数 Π^* 在 $q=0$ 有严格局部极小值. 根据罗斯定理, 在满足条件 (32) 情况下定常运动 (29) 稳定. 如果不等式 (32) 不成立, 则函数 Π^* 在 $q=0$ 没有极小值, 这可以从 (31) 的二次项得知. 根据李雅普诺夫定理 1 (见第 226 小节) 可知, 在不等式 (32) 不成立时定常运动 (29) 不稳定①.

§2. 微振动

228. 运动方程的线性化 设保守系统有平衡位置, 其对应的广义坐标 $q_i\quad(i=1,2,\cdots,n)$ 等于零, 假设系统势能 $\Pi(q_1,q_2,\cdots,q_n)$ 在平衡位置邻域内是解析函数, 将它分解为泰勒级数

$$\Pi=\Pi(0,0,\cdots,0)+\sum_{i=1}^{n}\left(\frac{\partial\Pi}{\partial q_i}\right)_0 q_i+\frac{1}{2}\sum_{i,k=1}^{n}\left(\frac{\partial^2\Pi}{\partial q_i\partial q_k}\right)_0 q_iq_k+\cdots, \tag{1}$$

其中下标“0”表示函数 Π 的导数在平衡位置取值, 即在 $q_i=0\quad(i=1,2,\cdots,n)$ 取值. 不失一般性可以认为 $\Pi(0,0,\cdots,0)=0$. 因为在平衡位置所有广义力等于零:

$$Q_i=-\frac{\partial\Pi}{\partial q_i}=0\quad(i=1,2,\cdots,n),$$

所以 (1) 的第 1 个和为零. 如果引入记号

$$c_{ik}=\left(\frac{\partial^2\Pi}{\partial q_i\partial q_k}\right)_0,$$

则势能分解为级数将从常系数二次型开始:

$$\Pi=\frac{1}{2}\sum_{i,k=1}^{n}c_{ik}q_iq_k+\cdots, \tag{2}$$

其中省略号表示 $q_i\quad(i=1,2,\cdots,n)$ 的二阶以上项之和. 假设二次型

$$\frac{1}{2}\sum_{i,k=1}^{n}c_{ik}q_iq_k \tag{3}$$

①不过, 应用第 226 小节的李雅普诺夫定理 2 可以证明在不等式 (32) 成立时的不稳定性, 这是因为此时函数 Π^* 在 $q=0$ 有极大值, 这可以从 (31) 的最低项得知.

是正定的, 那么 $q_1=q_2=\cdots=q_n=0$ 是函数 $\Pi(q_1,q_2,\cdots,q_n)$ 取严格极小值的点, 根据拉格朗日定理, 平衡位置稳定.

由于平衡位置稳定, 如果初始值足够小, $q_i,\dot{q}_i\ (i=1,2,\cdots,n)$ 在运动过程中一直是小量. 利用 $q_i,\dot{q}_i$ 是小量, 可以在平衡位置附近简化运动微分方程. 为此可以将运动方程用近似方程代替, 只保留 $q_i,\dot{q}_i\ (i=1,2,\cdots,n)$ 的线性项, 而略去所有非线性项. 系统动能写成

$$T=\frac{1}{2}\sum_{i,k=1}^{n}a_{ik}(q_1,q_2,\cdots,q_n)\dot{q}_i\dot{q}_k.$$

假设函数 $a_{ik}(q_1,q_2,\cdots,q_n)$ 在平衡位置的邻域内是解析的, 可以写成级数

$$a_{ik}(q_1,q_2,\cdots,q_n)=a_{ik}+\cdots,$$

其中省略号表示 $q_i\ (i=1,2,\cdots,n)$ 的一阶和更高阶项, $a_{ik}=a_{ik}(0,0,\cdots,0)$ 是常系数. 函数 T 写成级数为

$$T=\frac{1}{2}\sum_{i,k=1}^{n}a_{ik}\dot{q}_i\dot{q}_k+\cdots,\tag{4}$$

其中省略号表示不低于 $q_i,\dot{q}_i\quad(i=1,2,\cdots,n)$ 的三阶的项. 假设广义坐标的选择使得在平衡位置,第 139 小节的行列式 (18) $(m=n)$ 不为零, 那么二次型

$$\frac{1}{2}\sum_{i,k=1}^{n}a_{ik}\dot{q}_i\dot{q}_k\tag{5}$$

对 $\dot{q}_i\ (i=1,2,\cdots,n)$ 是正定的.

运动方程写成第二类拉格朗日方程形式

$$\frac{\mathrm{d}}{\mathrm{d}t}\frac{\partial L}{\partial\dot{q}_i}-\frac{\partial L}{\partial q_i}=0\quad(i=1,2,\cdots,n).\tag{6}$$

为了在 $q_i,\dot{q}_i$ 很小的情况下研究这些方程, 将 (4) 和 (2) 的 T 和 Π 代入拉格朗日函数 $L=T-\Pi$ 得

$$\sum_{k=1}^{n}(a_{ik}\ddot{q}_k+c_{ik}q_k)+\cdots=0\quad(i=1,2,\cdots,n),\tag{7}$$

其中省略号表示二阶及以上项. 如果略去这些项, 则得常系数线性方程组

$$\sum_{k=1}^{n}(a_{ik}\ddot{q}_k+c_{ik}q_k)=0\quad(i=1,2,\cdots,n).\tag{8}$$

如果将 T 和 Π 的近似表达式 (5) 和 (3) 代入格朗日函数 $L=T-\Pi$, 则由方程 (6) 也可以得到上面方程. 保守系统在稳定平衡位置附近的微振动理论以这个线性化为基础, 将 T 和 Π 的近似不等式 (5) 和 (3) 看作精确的.

"微振动"通常是指非线性运动方程线性化后得到的微分方程所描述的运动. 在保守系统在平衡位置邻域内运动的情况下, 线性化归结为求二次型 (5) 和 (3) 的 T 和 Π.

为了简化方程 (8) 的书写, 使用向量–矩阵形式很方便. 设

$$\boldsymbol{q} = \left\| \begin{matrix} q_1 \\ q_2 \\ \vdots \\ q_n \end{matrix} \right\|, \qquad \boldsymbol{A} = \left\| \begin{matrix} a_{11} & a_{12} & \cdots & a_{1n} \\ a_{21} & a_{22} & \cdots & a_{2n} \\ \cdots & \cdots & \cdots & \cdots \\ a_{n1} & a_{n2} & \cdots & a_{nn} \end{matrix} \right\|,$$

$$\boldsymbol{C} = \left\| \begin{matrix} c_{11} & c_{12} & \cdots & c_{1n} \\ c_{21} & c_{22} & \cdots & c_{2n} \\ \cdots & \cdots & \cdots & \cdots \\ c_{n1} & c_{n2} & \cdots & c_{nn} \end{matrix} \right\|,$$

那么有

$$T = \frac{1}{2}(\boldsymbol{A}\dot{\boldsymbol{q}} \cdot \dot{\boldsymbol{q}}), \qquad \Pi = \frac{1}{2}(\boldsymbol{C}\boldsymbol{q} \cdot \boldsymbol{q}), \tag{9}$$

方程 (8) 写成

$$\boldsymbol{A}\ddot{\boldsymbol{q}} + \boldsymbol{C}\boldsymbol{q} = \boldsymbol{0}. \tag{10}$$

229. 主坐标与主振动 下面介绍描述平衡位置附近微振动的方程 (8) (或者 (10)) 解的结构, 为此我们研究下面 2 个二次型

$$(\boldsymbol{A}\boldsymbol{q} \cdot \boldsymbol{q}) = \sum_{i,k=1}^{n} a_{ik} q_i q_k, \quad (\boldsymbol{C}\boldsymbol{q} \cdot \boldsymbol{q}) = \sum_{i,k=1}^{n} c_{ik} q_i q_k, \tag{11}$$

这 2 个二次型都是正定的. 由线性代数可知,① 如果 (11) 的二次型中有 1 个正定 (我们设第 1 个二次型正定), 则存在非退化的实变换

$$\boldsymbol{q} = \boldsymbol{U}\boldsymbol{\theta} \quad (\det \boldsymbol{U} \neq 0, \quad \boldsymbol{\theta}' = (\theta_1, \theta_2, \cdots, \theta_n)). \tag{12}$$

将 2 个二次型变为平方和的形式:

$$(\boldsymbol{A}\boldsymbol{q} \cdot \boldsymbol{q}) = \sum_{j=1}^{n} \theta_j^2, \quad (\boldsymbol{C}\boldsymbol{q} \cdot \boldsymbol{q}) = \sum_{j=1}^{n} \lambda_j \theta_j^2. \tag{13}$$

如果不考虑排列顺序, λ_j 由原来的二次型唯一确定, 不依赖于变换 (12). 由 Π 正定可知, 所有的 $\lambda_j \quad (j = 1, 2, \cdots, n)$ 都是正的.

如果在坐标空间 $q_1, q_2, \cdots, q_n$ 中 $q_1 = q_2 = \cdots = q_n = 0$ 的邻域内借助 2 倍动能 $2T$ 引入欧几里得结构, 即取向量 $\boldsymbol{u}$ 和 $\boldsymbol{v}$ 的标量积为 $(\boldsymbol{A}\boldsymbol{u} \cdot \boldsymbol{v})$, 则变换 (12) 可以

①参见: Мальцев А. И. Основы линейной алгебры. М.: Наука, 1975.

在欧几里得结构意义下选择为正交的. 这就是说, 如果 $\boldsymbol{u}_j \quad (j=1,2,\cdots,n)$ 是矩阵 $\boldsymbol{U}$ 的第 j 列, 即变换 (12) 为

$$\boldsymbol{q}=\sum_{j=1}^{n}\theta_j\boldsymbol{u}_j, \tag{14}$$

则有下面归一化条件:

$$(\boldsymbol{A}\boldsymbol{u}_i\cdot\boldsymbol{u}_j)=\delta_{ij}, \tag{15}$$

其中 δ_{ij} 是克罗尼克记号 (如果 $i=j$ 则 $\delta_{ij}=1$; 如果 $i\neq j$ 则 $\delta_{ij}=0$). 因为广义速度 $\dot{q}_i$ 和 $\dot{\theta}_i$ 之间的关系与广义坐标 q_i 和 θ_i 之间的关系式相同:

$$\dot{\boldsymbol{q}}=\boldsymbol{U}\dot{\boldsymbol{\theta}},$$

故公式 (13) 的第 1 个可以用 $\dot{q}_i$ 代替 q_i, 用 $\dot{\theta}_i$ 代替 θ_i. 用新变量将动能和势能写成

$$T=\frac{1}{2}\sum_{j=1}^{n}\dot{\theta}_j^2,\qquad \Pi=\frac{1}{2}\sum_{j=1}^{n}\lambda_j\theta_j^2, \tag{16}$$

广义坐标 θ_j 称为主坐标或者模态坐标. 运动方程 (8) 用主坐标写成 n 个相互独立的二阶方程

$$\ddot{\theta}_j+\lambda_j\theta_j=0\quad(j=1,2,\cdots,n). \tag{17}$$

因为所有的 λ_j 都是正的, 故上述每一个方程都描述简谐振动:

$$\theta_j=c_j\sin(\omega_jt+\alpha_j)\quad(j=1,2,\cdots,n), \tag{18}$$

其中 $\omega_j=\sqrt{\lambda_j}$ 是振动频率, c_j,α_j 是任意常数.

由 (14) 和 (18) 可得方程 (8) (或 (10)) 的通解

$$\boldsymbol{q}=\sum_{j=1}^{n}c_j\boldsymbol{u}_j\sin(\omega_jt+\alpha_j), \tag{19}$$

这个公式包含了方程 (8) 的全部解. 设常数 $c_j \quad (j=1,2,\cdots,n)$ 中只有一个 c_k 不为零, 那么由 (19) 得

$$\boldsymbol{q}_k=c_k\boldsymbol{u}_k\sin(\omega_kt+\alpha_k). \tag{20}$$

这个解描述系统振动, 称为第 k 个主振动或模态振动, 向量 $\boldsymbol{u}_j$ 称为第 k 个主振动的振幅向量. 在第 k 个主振动中, 所有广义坐标以同一个频率 ω_k 振动, 各个广义坐标的振幅的关系由振幅向量的分量确定.

在实际求 (19) 时可以用下面方法: 求方程 (10) 下面形式的解

$$\boldsymbol{q}=\boldsymbol{u}\sin(\omega t+\alpha),$$

将此式代入方程 (10), 约掉 $\sin(\omega t+\alpha)$ 可得振幅向量 $\boldsymbol{u}$ 的方程

$$(\boldsymbol{C}-\lambda\boldsymbol{A})\boldsymbol{u}=\boldsymbol{0}\quad(\lambda=\omega^2). \tag{21}$$

为使该方程有非平凡解, 需要 λ 满足方程

$$\det(\boldsymbol{C}-\lambda\boldsymbol{A})=0, \tag{22}$$

这个方程称为频率方程或者特征方程. 由前面讲的主振动理论可知, 该方程只有正根, 每个相应于振幅向量 $\boldsymbol{u}_j\ \ (j=1,2,\cdots,n)$, 对应于一个根 λ_j, 并且如果 λ_k 是方程 (22) 的重根, 则总可以相应地找到与其重数一样多的线性无关的振幅向量. 由方程 (21) 得到的振幅向量精确到相差一个任意常数乘子, 它们的归一化 (如果需要) 条件为 (15).

例 1 (双摆微振动) 我们研究竖直平面内的双摆在重力场中的运动 (图 15). 在第 54 小节的例 3 中已经得到势能

$$\Pi=-\frac{1}{2}mgl(3\cos\varphi+\cos\psi).$$

动能公式为 (见第 215 小节的例 2)

$$T=\frac{1}{2}ml^2\left[\frac{4}{3}\dot\varphi^2+\dot\varphi\dot\psi\cos(\varphi-\psi)+\frac{1}{3}\dot\psi^2\right].$$

当 2 个杆都竖直时是平衡位置 $\varphi=\psi=0$. 在这个平衡位置双摆的势能取极小值, 平衡稳定. 我们研究在该平衡位置附近的微振动.

如果略去势能 Π 在平衡位置 $\varphi=\psi=0$ 邻域内的级数展开式中常数项 $-2mgl$, 只保留二阶小量, 则有

$$\Pi=\frac{1}{2}mgl\left(\frac{3}{2}\varphi^2+\frac{1}{2}\psi^2\right).$$

类似地, 只考虑动能展开式中的二阶小量有

$$T=\frac{1}{2}ml^2\left(\frac{4}{3}\dot\varphi^2+\dot\varphi\dot\psi+\frac{1}{3}\dot\psi^2\right).$$

如果引入记号 $\boldsymbol{q}'=(\varphi,\psi)$, 则表达式 (9) 中矩阵 $\boldsymbol{A}$ 和 $\boldsymbol{C}$ 为

$$\boldsymbol{A}=ml^2\begin{Vmatrix}\dfrac{4}{3} & \dfrac{1}{2}\\[2ex] \dfrac{1}{2} & \dfrac{1}{3}\end{Vmatrix},\qquad \boldsymbol{C}=mgl\begin{Vmatrix}\dfrac{3}{2} & 0\\[2ex] 0 & \dfrac{1}{2}\end{Vmatrix}.$$

频率方程 (22) 可以写成

$$7\lambda^2-42\left(\frac{g}{l}\right)\lambda+27\left(\frac{g}{l}\right)^2=0.$$

该方程的根为

$$\lambda_1 = 3\left(1 + \frac{2\sqrt{7}}{7}\right)\frac{g}{l}, \qquad \lambda_2 = 3\left(1 - \frac{2\sqrt{7}}{7}\right)\frac{g}{l}. \tag{23}$$

主振动频率计算公式为 $\omega_j = \sqrt{\lambda_j}\quad (j = 1, 2)$. 由方程 (21) 和归一化退化条件 (15) 可得下面相应于频率 $\omega_j\quad (j = 1, 2)$ 的振幅向量 $\boldsymbol{u}_j$ 的表达式

$$\boldsymbol{u}_1 = \chi\begin{Vmatrix} -1 - \sqrt{7} \\ 5 + \sqrt{7} \end{Vmatrix}, \quad \boldsymbol{u}_2 = \chi\begin{Vmatrix} -1 + \sqrt{7} \\ 5 - \sqrt{7} \end{Vmatrix} \quad \left(\chi = \frac{1}{2l}\sqrt{\frac{3}{7m}}\right), \tag{24}$$

于是双摆微振动的通解为

$$\begin{Vmatrix} \varphi \\ \psi \end{Vmatrix} = c_1\begin{Vmatrix} -1 - \sqrt{7} \\ 5 + \sqrt{7} \end{Vmatrix}\sin(\omega_1 t + \alpha_1) + c_2\begin{Vmatrix} -1 + \sqrt{7} \\ 5 - \sqrt{7} \end{Vmatrix}\sin(\omega_2 t + \alpha_2), \tag{25}$$

其中 $c_j, \alpha_j\quad (j = 1, 2)$ 是任意常数.

第 1 个和第 2 个主振动分别对应于常数取值为 $c_1 \neq 0, c_2 = 0$ 和 $c_1 = 0, c_2 \neq 0$. 在第 1 个和第 2 个主振动中, 角 φ 和 ψ 的振幅以及杆偏离竖直方向的关系

$$k_1 = -\frac{1 + \sqrt{7}}{5 + \sqrt{7}} = \frac{1 - 2\sqrt{7}}{9} \approx -0.48,$$

$$k_2 = -\frac{1 - \sqrt{7}}{5 - \sqrt{7}} = \frac{1 + 2\sqrt{7}}{9} \approx 0.70$$

称为主振型系数. 在第 1 个主振动 (频率为 ω_1) 中, 2 根杆任意时刻偏离铅垂线的方向都不同 (图 173, a), 在第 2 个主振动 (频率为 ω_2) 中, 2 根杆任意时刻偏离铅垂线的方向都相同 (图 173, b).

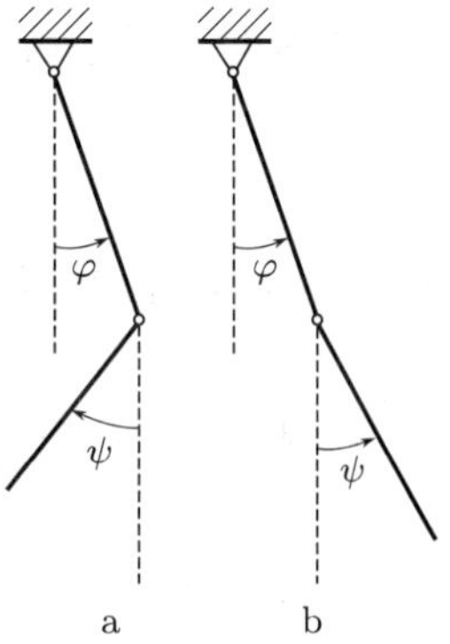

图 173

230. 保守系统在外周期激励下的振动 设保守系统所受外力对应的广义力为 $Q_i = Q_i(t)\ (i = 1, 2, \cdots, n)$, 利用前一小节引入的主坐标 $\theta_1, \theta_2, \cdots, \theta_n$ 研究这些力对稳定平衡位置附近的微振动影响非常方便. 用 $q_i\ (i = 1, 2, \cdots, n)$ 写成的广义力 Q_i, 改用主坐标 $\theta_j\ (j = 1, 2, \cdots, n)$, 相应地写成 Θ_j. 为了求 Θ_j, 我们来比较用坐标 q_i 和 θ_j 写成的力的元功表达式

$$\delta A = \sum_{i=1}^{n} Q_i \delta q_i = \sum_{j=1}^{n} \Theta_j \delta\theta_j. \tag{26}$$

根据变换 (12) 有

$$q_i = \sum_{j=1}^{n} u_{ij}\theta_j, \quad \delta q_i = \sum_{j=1}^{n} u_{ij}\delta\theta_j,$$

因此

$$\sum_{i=1}^{n} Q_i \delta q_i = \sum_{i=1}^{n} Q_i \sum_{j=1}^{n} u_{ij} \delta\theta_j = \sum_{j=1}^{n} \left(\sum_{i=1}^{n} u_{ij} Q_i \right) \delta\theta_j. \tag{27}$$

由 (26) 和 (27) 得

$$\Theta_j(t) = \sum_{i=1}^{n} u_{ij} Q_i(t) \quad (j = 1, 2, \cdots, n). \tag{28}$$

在外力作用下保守系统微振动方程用主坐标写成

$$\ddot{\theta}_j + \omega_j^2 \theta_j = \Theta_j(t) \quad (j = 1, 2, \cdots, n). \tag{29}$$

设外力 $Q_i(t)$ 是时间的周期为 $2\pi/\Omega$ 的周期函数, 使得广义力 (28) 可以写成傅立叶级数形式

$$\Theta_j = \sum_{k=0}^{\infty} b_{jk} \sin(k\Omega t + \alpha_{jk}) \quad (j = 1, 2, \cdots, n), \tag{30}$$

其中 $b_{jk}, \alpha_{jk} \quad (j = 1, 2, \cdots, n; \quad k = 1, 2, \cdots, n)$ 是常数.

方程 (29) 的通解 (当 $k\Omega \neq \omega_j$ 时) 为

$$\theta_j = c_j \sin(\omega_j t + \alpha_j) + \theta_j^*(t), \tag{31}$$

其中 c_j, α_j 是任意常数. 记号 $\theta_j^*(t)$ 为

$$\theta_j^*(t) = \sum_{k=0}^{\infty} \frac{b_{jk}}{\omega_j^2 - k^2\Omega^2} \sin(k\Omega t + \alpha_{jk}) \quad (j = 1, 2, \cdots, n), \tag{32}$$

该项是由于存在周期性外力而在通解中出现的.

由 (14) 和 (31) 得

$$\boldsymbol{q} = \sum_{j=1}^{n} c_j \boldsymbol{u}_j \sin(\omega_j t + \alpha_j) + \sum_{j=1}^{n} \theta_j^*(t) \boldsymbol{u}_j. \tag{33}$$

在 (33) 中第 1 个和是自由振动, 第 2 个和是因为存在周期外力而产生的受迫振动.

如果对某个 j 存在某个数 k 使得 $k\Omega = \omega_j$, 则在 $b_{jk} \neq 0$ 时, 由于 (32) 的被加项中有分母为零, (31) 和 (33) 形式的解不再适用, 就是说, 这种情况下系统的受迫振动发生共振.

在共振情况下方程 (29) 的解是什么样? 作为例子我们研究一个方程

$$\ddot{\theta} + \omega^2 \theta = a \sin \omega t, \tag{34}$$

该方程的通解为

$$\theta = c \sin(\omega t + \alpha) + \theta^*(t), \tag{35}$$

其中 c, α 是任意常数, 而

$$\theta^*(t) = -\frac{a}{2\omega} t \cos \omega t. \tag{36}$$

函数 $\theta^*(t)$ 是无界的. 方程 (34) 描述的振动不再是微振动, 为了描述方程 (34) 在平衡位置附近的运动应该采用其它方程, 将那些在线性化时略去的非线性项考虑进来. 在给定的具体例子中我们必须利用非线性振动理论.

例 1 (在椭圆轨道上刚体的平面振动) 描述刚体在牛顿中心引力场中作平面运动的微分方程为 (见第 128 小节)

$$(1 + e\cos\nu)\frac{\mathrm{d}^2\varphi}{\mathrm{d}\nu^2} - 2e\sin\nu\frac{\mathrm{d}\varphi}{\mathrm{d}\nu} + 3\frac{A-B}{C}\sin\varphi\cos\varphi = 2e\sin\nu, \tag{37}$$

其中 A 和 B 是刚体对其惯性主轴 Ox 和 Oy 的惯性矩, 对于平面运动, Ox 和 Oy 轴总是在轨道平面内, C 是刚体对过质心垂直于轨道平面的轴的惯性矩, φ 是 Oy 和 OZ 轴的夹角, OZ 轴沿着刚体质心相对引力中心的向径, e 是椭圆偏心率, $0 \leqslant e < 1$.

在圆轨道上刚体在轨道坐标系中存在平衡位置, 相应于方程 (37) 在 $e = 0$ 时的解 $\varphi = 0$. 在条件 $A > B$ 下平衡位置稳定. 假设这个条件成立, 我们来研究刚体在 $\varphi = 0$ 位置附近由于椭圆轨道而引起的平面微振动, 假设轨道偏心率是小量.

线性化方程 (37) 得

$$(1 + e\cos\nu)\frac{\mathrm{d}^2\varphi}{\mathrm{d}\nu^2} - 2e\sin\nu\frac{\mathrm{d}\varphi}{\mathrm{d}\nu} + \omega_0^2\varphi = 2e\sin\nu, \tag{38}$$

这里记号 $\omega_0^2 = 3\frac{A-B}{C}$. 由于惯性矩满足不等式 $A - B \leqslant C$ 以及假设的 $A > B$ 可知

$$0 < \omega_0^2 \leqslant 3. \tag{39}$$

将微分方程 (38) 描述的卫星受迫振动解写成 e 的级数形式

$$\varphi^* = e\varphi_1 + e^2\varphi_2 + \cdots, \tag{40}$$

将此式代入方程 (38) 令两边 e 的同阶系数相等, 可得函数 $\varphi_1, \varphi_2, \cdots$ 的非齐次线性微分方程. 对 φ_1 有

$$\frac{\mathrm{d}^2\varphi_1}{\mathrm{d}\nu^2} + \omega_0^2\varphi_1 = 2\sin\nu. \tag{41}$$

由 (40) 和 (41) 求出受迫振动解为

$$\varphi^* = \frac{2e}{\omega_0^2 - 1}\sin\nu + \cdots, \tag{42}$$

这个振动是由刚体质心沿着椭圆轨道非匀速运动引起的, 在卫星动力学中称为偏心振动.

这里给出的偏心振动的结论未给出证明. 然而可以严格证明,① 当 $\omega_0 \neq 1$ 时, 对于足够小的 e, 非线性方程 (37) 确实有关于 e 解析的解, 在 $e=0$ 时变为平衡位置 $\varphi=0$, 并且该解的级数展开式的第 1 项就是 e 的一阶项, 即 (42) 式.

当 $\omega_0=1$ 时, 受迫振动发生共振. 在共振情况下, 利用线性化得到的 (42) 没有意义, 研究刚体在平衡位置 $\varphi=0$ 附近的运动需要利用非线性方程 (37). 假设 ω_0 与 1 相差一个小量

$$\omega_0 = 1+\mu \quad (0\leqslant|\mu|\ll 1), \tag{43}$$

在方程 (37) 中作变量代换② $\varphi=\varepsilon\xi$, 其中 $\varepsilon=e^{1/3}$, 将这个 φ 代入方程 (37), 将两边展开成 ε 的级数, 可得 (两边除以 ε) 方程:

$$\frac{\mathrm{d}^2\xi}{\mathrm{d}\nu^2}+\omega_0^2\xi=\varepsilon^2\left(\frac{2}{3}\omega_0^2\xi^3+2\sin\nu\right)+\cdots, \tag{44}$$

其中省略号表示 ε 的二阶以上项.

我们利用摄动理论 (见第 11 章的 §7) 近似研究这个方程, 令

$$\xi=\frac{1}{\sqrt{\omega_0}}q, \quad \frac{\mathrm{d}\xi}{\mathrm{d}\nu}=\sqrt{\omega_0}p, \tag{45}$$

那么方程 (44) 可以写成等价的哈密顿方程的形式, 其哈密顿函数为 (q 是坐标, p 是冲量)

$$H=\frac{1}{2}\omega_0(q^2+p^2)-\varepsilon^2\left(\frac{1}{6}q^4+\frac{2\sin\nu}{\sqrt{\omega_0}}q\right)+\cdots. \tag{46}$$

利用下面单价正则变换 (见第 170 小节的例 6) 引入新的正则共轭变量 Q, P

$$q=\sqrt{2P}\sin Q, \quad p=\sqrt{2P}\cos Q, \tag{47}$$

那么有

$$\begin{aligned} H=\omega_0P-\varepsilon^2\Bigg(&\frac{1}{12}P^2(3-4\cos 2Q+\cos 4Q)\\ &+\sqrt{\frac{2P}{\omega_0}}(\cos(Q-\nu)-\cos(Q+\nu))\Bigg)+\cdots \end{aligned} \tag{48}$$

为了简化运动方程, 利用近似于恒等变换的单价正则变换引入变量 Q^*, P^*, 变换的母函数为

$$QP^*+\varepsilon^2S_2(Q,P^*,\nu)+\cdots,$$

①参见: Сарычев В. А. Вопросы ориентации искусственных спутников. М.: ВИНИТИ, 1978.—(Итоги науки и техники. Сер. «Исследование космического пространства»; Т.11).

②这里没有给出共振情况和近共振情况研究的依据,所述计算过程的严格依据参见: Маркеев А. П., Чеховская Т. Н. О резонансных периодических решениях гамильтоновых систем, рождающихся из положения равновесия // ПММ. 1982. Т.46, вып. 1. С. 27–33.; Холостова О. В. О движении гамильтоновой системы с одной степенью свободы при резонансе в вынужденных колебаниях // Известия РАН. МТТ, 1996, № 3, С. 167–175.

新哈密顿 H^* 由下面公式确定 (见第 174 小节)

$$H^* = H + \varepsilon^2 \frac{\partial S_2}{\partial \nu} + \cdots,$$

该等式右边的 Q, P 应该利用下面等式由新变量 Q^*, P^* 表示

$$Q^* = Q + \varepsilon^2 \frac{\partial S_2}{\partial P^*} + \cdots, \quad P = P^* + \varepsilon^2 \frac{\partial S_2}{\partial Q} + \cdots \tag{49}$$

计算表明, 如果函数 S_2 取为

$$S_2 = -\sqrt{\frac{2P^*}{\omega_0}} \frac{1}{\omega_0 + 1} \sin(Q + \nu) - \frac{1}{48\omega_0} P^{*2}(8 \sin 2Q - \sin 4Q),$$

则

$$H^* = \omega_0 P^* - \varepsilon^2 \left[\frac{1}{4} P^{*2} + \sqrt{\frac{2P^*}{\omega_0}} \cos(Q^* - \nu)\right] + \cdots \tag{50}$$

我们按下面公式再做一个正则变换 $Q^*, P^* \to \Psi, R$,

$$Q^* = \Psi + \nu, \quad P^* = R, \tag{51}$$

那么考虑到等式 (43) 并忽略 ε 和 μ 的二阶以上项, 可得新哈密顿函数的近似表达式

$$\mathcal{H} = \mu R - \varepsilon^2 \left(\frac{1}{4} R^2 + \sqrt{2R} \cos \Psi\right), \tag{52}$$

相应的描述共振或接近共振情况下刚体平面运动的近似微分方程为

$$\frac{\mathrm{d}\Psi}{\mathrm{d}\nu} = \frac{\partial \mathcal{H}}{\partial R} = \mu - \varepsilon^2 \left(\frac{1}{2} R + \frac{1}{\sqrt{2R}} \cos \Psi\right), \quad \frac{\mathrm{d}R}{\mathrm{d}\nu} = -\frac{\partial \mathcal{H}}{\partial \Psi} = -\varepsilon^2 \sqrt{2R} \sin \Psi. \tag{53}$$

该方程有第一积分 $\mathcal{H} = h = \text{const}$, 因而可以完全积分出来.

如果 $\omega_0 = 1$ (即 $\mu = 0$), 则由于方程 (41) 有 (36) 形式的特解 (当 $\omega = \omega_0$, $a = 2$ 时), 由线性化方程可得, 刚体偏离平衡位置的角度随着时间无限增大. 在共振情况下, 刚体运动看作非线性问题, 则结果就完全不同了. 事实上, 设在初始时刻, $\varphi = 0, \dot{\varphi} = 0$, 那么 $t = 0$ 时 $R = 0$ (误差阶数不低于 ε^3), 因此积分常数 h 等于零, 并且在运动过程中有

$$\frac{1}{4} R^2 + \sqrt{2R} \cos \Psi = 0.$$

考虑到 $|\cos \Psi| \leqslant 1$, 由此得 $R \leqslant R_{\max} = 2^{5/3}$. 考虑到将原方程 (37) 变为 (53) 的一系列变换, 可得刚体偏离平衡位置的角度 φ 不超过 $\sqrt{2R_{\max}} e^{1/3} = 2\sqrt[3]{2e}$.

方程 (53) 的解 $R = R_0 = \text{const}$, $\Psi = \Psi_0 = \text{const}$ 相应于用原变量表示的周期为 2π 的卫星振动. 由 (53) 可知, Ψ_0 只能取 0 或者 π, 而 R_0 可以由下面三次方程求出

$$u^3 + 3cu^2 + 2b = 0 \quad (u = \sqrt{2R_0} \cos \Psi_0), \tag{54}$$

这里

$$c = -\frac{4\mu}{3\varepsilon^2} = -\frac{4\mu}{3e^{2/3}}, \quad b = 2.$$

方程 (54) 有 1 个或者 3 个实根, 这取决于该方程的判别式 $D = b^2 + c^3$ 的正负[①]. 由此可知, 当不等式

$$e > \frac{4\sqrt{3}}{9}\mu^{3/2} \tag{55}$$

成立时, 存在 1 个周期运动, 而当不等式 (55) 反号时, 刚体存在 3 个周期运动, 这些周期运动在轨道坐标系中当 $e = 0$ 时变为平衡位置 $\varphi = 0$.[②]

在恰好共振 $\mu = 0$ 情况下, 只存在 1 个周期为 2π 的刚体振动, 根据 (54), 其振幅等于 $\sqrt[3]{4e}$.

[①]参见: Курош А. Г. Курс высшей алгебры. М.: Наука, 1975.

[②]条件 (55) 也可以用其它方法得到, 参见: Белецкий В. В. Движение искусственного спутника относительно центра масс. М.: Наука, 1965.

第十五章

运动稳定性

§1. 基本概念与定义

231. 受扰运动方程 · 稳定性定义 设力学系统的运动方程写成下面微分方程组的形式

$$\frac{\mathrm{d}y_i}{\mathrm{d}t} = Y_i(y_1, y_2, \cdots, y_m, t) \quad (i = 1, 2, \cdots, m), \tag{1}$$

该方程组右边满足解的存在和唯一性条件.

我们研究方程组 (1) 的某个特解

$$y_i^* = f_i(t) \quad (i = 1, 2, \cdots, m), \tag{2}$$

其初始值为

$$y_{i0} = f_i(t_0) \quad (i = 1, 2, \cdots, m). \tag{3}$$

我们感兴趣在初始值 y_{i0} 偏离 (3) 时系统的运动, 运动稳定性理论研究这个问题, 其基本内容将在本章介绍.

函数 (2) 描述的系统运动称为*无扰运动*, 与公式 (2) 描述的运动受相同力作用的所有其它可能运动称为*受扰运动*, 受扰运动和无扰运动之差

$$x_i = y_i - f_i(t) \quad (i = 1, 2, \cdots, m) \tag{4}$$

称为*扰动*.

如果在方程 (1) 中按公式 (4) 做变量替换, 则得方程

$$\frac{\mathrm{d}x_i}{\mathrm{d}t} = X_i(x_1, x_2, \cdots, x_m, t) \quad (i = 1, 2, \cdots, m), \tag{5}$$

该方程称为受扰运动微分方程. 显然,

$$X_i = Y_i(x_1 + f_1(t), x_2 + f_2(t), \cdots, x_m + f_m(t), t) - Y_i(f_1(t), f_2(t), \cdots, f_m(t), t).$$

方程 (5) 有相应于无扰运动 (3) 的特解 $x_i \equiv 0 \quad (i = 1, 2, \cdots, m)$. 如果函数 X_i 不显含 t, 则无扰运动称为定常的, 反之称为非定常的.

我们采用下面李雅普诺夫的定义: 如果对任意小的数 $\varepsilon > 0$, 存在正数 $\delta = \delta(\varepsilon)$, 使得在初始时刻 t_0 满足不等式

$$|x_i(t_0)| < \delta \quad (i = 1, 2, \cdots, m) \tag{6}$$

的所有受扰运动, 对一切 $t > t_0$ 都满足不等式

$$|x_i(t)| < \varepsilon \quad (i = 1, 2, \cdots, m), \tag{7}$$

则称无扰运动对于变量 $y_i \quad (i = 1, 2, \cdots, m)$稳定.

我们再给出李雅普诺夫意义下渐近稳定的定义. 无扰运动对于变量 $y_i \quad (i = 1, 2, \cdots, m)$渐近稳定是指它稳定, 并且可以选择足够小的数 δ, 使得对于所有满足不等式 (6) 的所有受扰运动满足

$$\lim_{t\to\infty} x_i(t) = 0 \quad (i = 1, 2, \cdots, m). \tag{8}$$

232. 李雅普诺夫函数 研究运动稳定性的最有效方法是李雅普诺夫直接法. 该方法无需求出受扰运动的解, 而是寻找变量 $x_1, x_2, \cdots, x_m, t$ 的某个函数 V 并研究该函数及其导数的性质, 下面将函数 V 称为李雅普诺夫函数. 李雅普诺夫直接法的基础是狄里克莱在证明保守系统平衡位置稳定性的拉格朗日定理时所使用的思想 (见第 225 小节).

我们这里只研究定常运动. 假设受扰运动方程 (5) 中函数 $X_i(x_1, x_2, \cdots, x_m)$ 在下面区域连续

$$|x_i| < H \quad (i = 1, 2, \cdots, m), \tag{9}$$

其中 H 是某个常数, 并且假设在区域 (9) 内方程 (5) 在初始条件 x_{i0} 下有唯一解.

设 h 是足够小的正数, 在区域 $|x_i| < h \quad (i = 1, 2, \cdots, m)$ 内研究函数 $V(x_1, x_2, \cdots, x_m)$, 假设它连续可微、单值且在坐标原点 $x_1 = x_2 = \cdots = x_n = 0$ 等于零.

函数 V 沿着受扰运动方程 (5) 的解曲线的导数 $\mathrm{d}V/\mathrm{d}t$ 是指表达式

$$\frac{\mathrm{d}V}{\mathrm{d}t} = \sum_{i=1}^{m} \frac{\partial V}{\partial x_i} X_i, \tag{10}$$

因此 $\mathrm{d}V/\mathrm{d}t$ 是变量 $x_1, x_2, \cdots, x_m$ 的函数, 在区域 $|x_i| < h \quad (i = 1, 2, \cdots, m)$ 内连续且在坐标原点 $x_1 = x_2 = \cdots = x_n = 0$ 等于零.

此外, 函数 V 可以具有特定的性质, 下面介绍几个定义:

函数 $V(x_1, x_2, \cdots, x_m)$ 在区域 $|x_i| < h \quad (i = 1, 2, \cdots, m)$ 内正定是指, 在该区域内除原点 (在此点函数 V 等于零) 以外都满足不等式 $V > 0$. 如果满足不等式 $V < 0$ 则函数 V 称为负定. 这 2 种情况下函数 V 统称为定号函数.

如果在区域 $|x_i| < h \quad (i = 1, 2, \cdots, m)$ 内函数 V 只能取一种符号 ($V \geqslant 0$ 或者 $V \leqslant 0$), 但不在原点也可以等于零, 则称为常号函数 (正或负).

如果在区域 $|x_i| < h \quad (i = 1, 2, \cdots, m)$ 内函数 V 既可以取正值也可以取负值, 则称为该区域的变号函数.

例如, 在 $m = 2$ 情况下函数 $V = x_1^2 - x_2^2$ 是变号的, 函数 $V = x_1^2 + x_2^2$ 是正定的, 函数 $V = x_1^2$ 是常号的, 这是因为它在 Ox_2 上等于零, 在该轴之外取正值.

怎么才能知道函数 V 是否正定? 如果 V 是二次型, 可以利用著名的西尔维斯特判据判断其定号性. 如果 V 是齐次阶函数, 则显然是变号函数. 如果 h 足够小, 则在区域 $|x_i| < h$ 内经常假设 V 是解析函数. 在这种情况下, 判断函数的定号性可以使用下面容易证明的结论:① 如果 h 足够小, 则齐次型函数在区域 $|x_i| < h$ 内的定号性或者变号性在增加至任意高阶项时保持不变.

设 V 是定号函数, 在 c 足够小时 $V(x_1, x_2, \cdots, x_m) = c$ 是包围坐标原点的封闭曲面. 为了证明这个结论, 假设 V 正定, 用 a 表示函数在区域 $|x_i| < h$ 边界上的下确界, 由函数 V 正定知 $a > 0$, 于是在区域 $|x_i| < h$ 边界上 $V \geqslant a$. 下面来看函数 V 在连接坐标原点和区域 $|x_i| < h$ 边界点的曲线上的值, 在该曲线起点 $V = 0$, 在曲线终点函数 V 的值不小于 a, 由函数 V 的连续性, 在该曲线上某个点函数值等于 c, 其中 $c < a$. 这意味着该曲线与曲面 $V = c$ 相交. 因为该曲线是任意的, 所以曲面 $V = c$ 是封闭并环绕坐标原点的.

如果 V 是正定函数且 $c_1 > c_2$, 则曲面 $V = c_2$ 位于曲面 $V = c_1$ 之内, 并且由函数 V 的定号性, 这 2 个曲面没有交点 (图 174). 如果 $c \to 0$, 则封闭曲面簇收缩于坐标原点.

如果 V 是常号函数或者变号函数, 则当 c 足够小时曲面 $V = c$ 也是不封闭的.

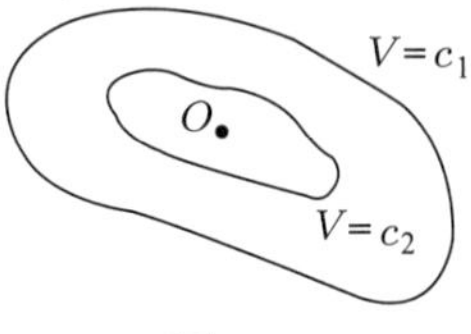

图 174

§2. 李雅普诺夫直接法的基本定理

233. 李雅普诺夫稳定性定理 本节介绍运动稳定性理论中奠定李雅普诺夫直接法基础的一些定理. 我们只研究定常运动, 首先介绍李雅普诺夫稳定性定理.

定理 *如果存在定号函数 V, 其沿着受扰运动微分方程的解曲线的导数 $\dot{V}$, 或者是与 V 反号的常号函数或者恒等于零, 则无扰运动稳定.*

①参见: Малкин И. Г. Теория устойчивости движения. М.: Наука, 1966.

证明 设函数 V 正定, 那么对于足够小的 h, 在邻域

$$|x_i| < h \quad (i = 1, 2, \cdots, m) \tag{1}$$

内, 函数 V 在 $x_1 = x_2 = \cdots = x_m = 0$ 点取严格极小值. 由 $\dot{V} \leqslant 0$ 可知, V 在邻域 (1) 内的受扰运动轨迹上是非增大的函数. 再进一步的证明几乎就是重复第 225 小节中拉格朗日定理的证明过程. □

李雅普诺夫定理给出了运动稳定性的充分条件, 应用这个定理时需要知道具有特定性质的函数 V. 求这样的函数没有一般的方法, 但实际上在很多重要情况下, 如果已知受扰运动方程的第一积分, 则可以构造函数 V. 例如, 在证明保守系统平衡位置稳定性的拉格朗日定理时, 系统的机械能就是函数 V.

设 $U_1, U_2, \cdots, U_k$ 是受扰运动方程的第一积分, 不失一般性可以认为, 函数 $U_j(x_1, x_2, \cdots, x_m)$ $(j = 1, 2, \cdots, k)$ 在坐标原点 $x_1 = x_2 = \cdots = x_m = 0$ 等于零. 设在函数 U_j 中没有一个是定号的, 我们设李雅普诺夫函数为下面的第一积分 U_j $(j = 1, 2, \cdots, k)$ 的组合:①

$$V = \lambda_1 U_1 + \cdots + \lambda_k U_k + \mu_1 U_1^2 + \cdots + \mu_k U_k^2,$$

其中 λ_j, μ_j $(j = 1, 2, \cdots, k)$ 是待定常数. 显然, V 也是受扰运动方程的第一积分. 如果可以选择常数 λ_j, μ_j 使得函数 V 正定, 则它满足李雅普诺夫运动稳定性定理的全部条件. 在第一积分 U_j $(j = 1, 2, \cdots, k)$ 可以根据某些理由 (例如, 利用动力学基本定理) 得到的情况下, 就没有必要建立受扰运动方程, 因而研究得到极大的简化.

例 1 (欧拉情况下刚体永久转动的稳定性) 在第 99 小节已经得到, 在欧拉情况下刚体作永久转动时, 刚体以常角速度绕刚体对固定点的惯性主轴中的任意一个转动. 我们研究下面运动的稳定性:

$$p = \omega = \text{const}, \quad q = 0, \quad r = 0, \tag{2}$$

运动 (2) 相应于绕惯性矩为 A 的轴转动. 在第 98 小节中已知欧拉动力学方程有 2 个第一积分

$$U_1 = 2T = Ap^2 + Bq^2 + Cr^2, \quad U_2 = K_O^2 = A^2p^2 + B^2q^2 + C^2r^2. \tag{3}$$

按下面公式引入扰动 x, y, z

$$p = \omega + x, \quad q = y, \quad r = z, \tag{4}$$

①参见: Четаев Н. Г. Устойчивость движения. Работы по аналитической механике. М.: Изд-во АН СССР, 1962. 关于契达耶夫积分组合法亦可参见: Пожарицкий Г. К. О построении функции Ляпунова из интегралов уравнений возмущенного движения // ПММ. 1958. Т. 22, вып. 2. С. 145–154.

则受扰运动方程有第一积分:

$$U_1 = Ax^2 + By^2 + Cz^2 + 2A\omega x, \quad U_2 = A^2x^2 + B^2y^2 + C^2z^2 + 2A^2\omega x, \tag{5}$$

这些表达式是将 (4) 代入 (3) 并略去常数项得到的.

函数 V 取为

$$V = U_1^2 + U_2^2. \tag{6}$$

显然, 函数 V 的值对任意 x, y, z 都是非负的. 可以证明, 如果 A 是惯性矩中最大或者最小的, 则函数 V 正定, 为此只需证明对于很小的 x, y, z, 方程

$$U_1 = 0, \quad U_2 = 0 \tag{7}$$

有唯一解 $x = y = z = 0$. 由方程 (7) 可得

$$AU_1 - U_2 \equiv B(A-B)y^2 + C(A-C)z^2 = 0.$$

如果 A 是惯性矩中最大或者最小的, 则只有在 $y = z = 0$ 时该等式才可能成立, 于是由方程 (7) 可知 $x = 0$ 或 $x = -2\omega$, 对于很小的 x, y, z 方程, (7) 有唯一解 $x = y = z = 0$.

可见, 在欧拉情况下刚体绕惯性矩最大或者最小的轴的永久转动, 在李雅普诺夫意义下对变量 p, q, r 具有稳定性. 将这个事实用惯性椭球上本体极迹的分布图 (图 99) 表示: 在惯性椭球相应于最大和最小惯性矩的 Ox 和 Oz 轴附近, 本体极迹是包围相应轴的封闭曲线. 反之, 在相应于惯性矩为中间值的 Oy 轴附近, 本体极迹不环绕该轴, 在很小的扰动下, 绕 Oy 轴的永久转动的刚体角速度向量随时间逐渐离开该轴的邻域. 下面在第 235 小节中将严格证明, 绕惯性矩为中间值的轴的永久转动不稳定.

例 2 (拉格朗日情况下重刚体定点运动的稳定性①) 重刚体定点运动由第 105 小节的方程 (32), (35) 描述. 在拉格朗日情况下 $A = B, a = b = 0$, 且运动方程有 4 个第一积分

$$\begin{aligned} U_1 &= A(p^2+q^2) + Cr^2 + 2Pc\gamma_3 = \text{const}, \\ U_2 &= A(p\gamma_1 + q\gamma_2) + Cr\gamma_3 = \text{const}, \\ U_3 &= \gamma_1^2 + \gamma_2^2 + \gamma_3^2 = 1, \\ U_4 &= r = \text{const}. \end{aligned} \tag{8}$$

运动方程有特解

$$p = 0, \quad q = 0, \quad r = r_0 = \text{const}, \quad \gamma_1 = 0, \quad \gamma_2 = 0, \quad \gamma_3 = 1, \tag{9}$$

①参见: Четаев Н. Г. Об устойчивости вращения твердого тела с одной неподвижной точкой в случае Лагранжа // ПММ. —1954. —Т. 18, вып. 1. —С. 123–124.

它相应于刚体以常角速度 r_0 绕竖直轴 Oz 转动. 我们研究这个运动对 $p, q, r, \gamma_1, \gamma_2, \gamma_3$ 扰动的稳定性. 令

$$p = x_1, \quad q = x_2, \quad r = r_0 + x_3, \quad \gamma_1 = x_4, \quad \gamma_2 = x_5, \quad \gamma_3 = 1 + x_6,$$

由此式和 (8) 得, 受扰运动微分方程有下面第一积分:

$$\begin{gathered} U_1 = A(x_1^2 + x_2^2) + C(x_3^2 + 2r_0x_3) + 2Pcx_6 = \text{const}, \\ U_2 = A(x_1x_4 + x_2x_5) + C(x_3x_6 + x_3 + r_0x_6) = \text{const}, \\ U_3 = x_4^2 + x_5^2 + x_6^2 + 2x_6 = \text{const}, \\ U_4 = x_3 = \text{const}. \end{gathered} \tag{10}$$

为了得到稳定性条件, 我们设利用第一积分 (10) 将李雅普诺夫函数 V 写成下面形式 (λ 是待定实常数)

$$V = U_1 + 2\lambda U_2 - (Pc + Cr_0\lambda)U_3 + \frac{C(C-A)}{A}U_4^2 - 2(r_0 + \lambda)CU_4.$$

函数 V 可以写成下面 3 个二次型的和

$$V = f(x_1, x_4) + f(x_2, x_5) + f(\frac{C}{A}x_3, x_6), \tag{11}$$

其中

$$f(x, y) = Ax^2 + 2\lambda Axy - (Pc + Cr_0\lambda)y^2. \tag{12}$$

由西尔维斯特判据得, 二次型 (12) 在下面不等式成立时正定

$$A\lambda^2 + Cr_0\lambda + Pc < 0, \tag{13}$$

该不等式对实数 λ 成立仅当

$$C^2r_0^2 > 4APc. \tag{14}$$

在条件 (14) 下可以选择常数 λ 使不等式 (13) 成立, 那么在不等式 (11) 中的二次型正定, 每个二次型对“自己的”变量正定, 函数 V 对全部变量 $x_i \quad (i = 1, 2, \cdots, 6)$ 正定, 因此, 根据李雅普诺夫定理, (14) 是运动 (9) 对变量 $p, q, r, \gamma_1, \gamma_2, \gamma_3$ 的扰动稳定的充分条件.

条件 (14) 称为马耶夫斯基–契达耶夫条件. 如果 $c < 0$ (悬挂的刚体, 重心低于悬挂点), 则条件 (14) 总是成立, 而如果 $c > 0$, 则为了满足条件 (14), 需要刚体绕竖直轴转动的角速度大于 $\sqrt{4APc}/C$.

234. 李雅普诺夫渐近稳定性定理 李雅普诺夫得到了下面定理, 给出了运动渐近稳定的充分条件.

定理 *如果存在定号函数 $V(x_1, x_2, \cdots, x_m)$, 其沿着受扰运动微分方程的解曲线的导数 $\dot{V}$ 是与 V 反号的定号函数, 则无扰运动渐近稳定.*

证明 在证明定理之前, 我们先比较前一小节的定理条件与保证无扰运动渐近稳定条件的区别. 这个定理条件即函数 V 沿着受扰运动微分方程的解曲线的导数 $\dot{V}$ 是与 V 反号的定号函数. 在前一小节给出的定理中要求 $\dot{V}$ 是与 V 反号的常号函数.

下面开始证明定理. 首先可以发现, 如果定理条件成立, 则前一小节的李雅普诺夫定理的条件也成立, 就是说无扰运动稳定. 根据渐近稳定性定义, 我们只需证明, 所有初始扰动足够小的受扰运动都趋向于无扰运动, 即

$$\lim_{t\to\infty} x_i(t) = 0. \tag{15}$$

不失一般性可以认为函数 V 正定, 那么在邻域 (1) 内 $V \geqslant 0$, 而 $\dot{V} \leqslant 0$, 并且不等号只有在 $x_1 = x_2 = \cdots = x_m = 0$ 时成立. 我们研究的某个受扰运动, 其初始值 $x_{i0} = x_i(t_0) \quad (i = 1, 2, \cdots, m)$ 足够小, 使得曲面 $V = V_0 = V(x_{10}, x_{20}, \cdots, x_{m0})$ 在区域

$$|x_i| < \varepsilon, \tag{16}$$

之内, 其中 $\varepsilon < h$. 由于函数 V 连续, 这样选择 x_{i0} 总是可能的. 下面证明受扰运动 $x_i(t_0) \quad (i = 1, 2, \cdots, m)$ 满足条件 (15), 即无扰运动渐近稳定.

事实上, 当 $\varepsilon < h$ 时在邻域 (16) 内函数

$$\dot{V}(x_1(t), x_2(t), \cdots, x_m(t))$$

是负的, 对任意 t 都不为零, 这是因为, 由受扰运动方程在给定初始条件下解的唯一性可知, 函数 $x_i(t) \quad (i = 1, 2, \cdots, m)$ 对任意的 $t = t^*$ 不能同时为零; 否则当 $t = t^*$ 时有 2 个不同的解取零值: 我们所研究的解和平凡解 $x_1 = x_2 = \cdots = x_m = 0$. 由于 $\dot{V} < 0$, 函数 $V(x_1(t), x_2(t), \cdots, x_m(t))$ 单调减少但保持是正的, 又由于函数 V 有界, 故存在极限

$$\lim_{t\to\infty} V(x_1(t), x_2(t), \cdots, x_m(t)) = b \geqslant 0.$$

在 m 维空间 $x_1, x_2, \cdots, x_m$ 中, 受扰运动轨迹趋向于曲面 $V = b$ 并保持在该曲面之外 (图 175).

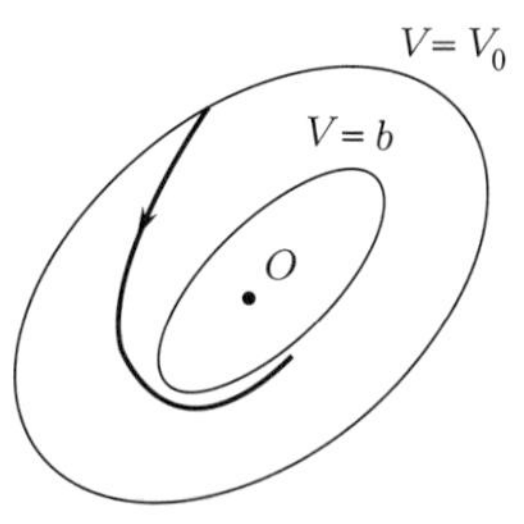

图 175

我们要证明 $b = 0$, 即曲面 $V = b$ 退化为 $x_1 = x_2 = \cdots = x_m = 0$ 点, 从而无扰运动渐近稳定. 假设不然, 即 $b \neq 0$, 设 $-d$ 是函数 $\dot{V}$ 在以 $V = b$ 和 $V = V_0$ 为边界的封闭区域内的下确界, 即在这个区域内有

$$\dot{V} \leqslant -d, \tag{17}$$

由此可知,

$$V(x_1(t), x_2(t), \cdots, x_m(t)) = V_0 + \int_{t_0}^{t} \dot{V} \mathrm{d}t \leqslant V_0 - d(t - t_0). \tag{18}$$

但这是不可能的, 因为在不等式 (18) 成立的情况下, 当 t 足够大时, 正定函数 $V(x_1(t), x_2(t), \cdots, x_m(t))$ 变成负的. 这个矛盾证明了定理是正确的. □

例 1 (定点运动刚体在有阻尼的介质中平衡的渐近稳定性) 设刚体在阻尼力矩为

$$\boldsymbol{M}_O = -f(\omega) \cdot \boldsymbol{\omega} \tag{19}$$

的介质中绕固定点 O 转动, 其中 $f(\omega) > 0$, 如果有其它力作用在刚体上, 则认为它们对 O 点的矩等于零, 欧拉动力学方程组为

$$\begin{aligned} A\frac{\mathrm{d}p}{\mathrm{d}t} + (C - B)qr &= -f(\omega)p, \\ B\frac{\mathrm{d}q}{\mathrm{d}t} + (A - C)rp &= -f(\omega)q, \\ C\frac{\mathrm{d}r}{\mathrm{d}t} + (B - A)pq &= -f(\omega)r. \end{aligned} \tag{20}$$

方程组 (20) 有特解 $p = q = r = 0$, 它相应于刚体静止. 我们研究这个特解对变量 p, q, r 的稳定性.

因为无扰运动为 $p = q = r = 0$, 故方程组 (20) 就是受扰运动的微分方程, 李雅普诺夫函数可以取刚体的动能

$$V = \frac{1}{2}(Ap^2 + Bq^2 + Cr^2). \tag{21}$$

函数 V 的导数为

$$\dot{V} = -f(\omega)(p^2 + q^2 + r^2). \tag{22}$$

因为 V 正定, 而 $\dot{V}$ 负定, 根据李雅普诺夫定理, 刚体在阻力矩为 (19) 的介质中的平衡对变量 p, q, r 渐近稳定.

235. 不稳定性定理 本小节介绍李雅普诺夫和契达耶夫得到的运动不稳定性定理. 在历史上李雅普诺夫先得到了 2 个定理, 被契达耶夫推广得到一个定理, 这个定理广泛应用于解决具体力学问题中的稳定性问题, 以及稳定性理论研究. 我们首先介绍契达耶夫定理, 然后由此定理推导出李雅普诺夫的 2 个不稳定性定理.

我们注意到, 为了说明无扰运动不稳定, 只需证明存在一条相应于任意小初始扰动的受扰运动轨迹, 在某个时刻将离开坐标原点的邻域 (1), 其中 h 是某个给定的数值.

我们引入一个定义: $V>0$区域是指邻域 (1) 的某个区域, 在该区域中

$$V(x_1,x_2,\cdots,x_m)>0,$$

曲面 $V=0$ 称为 $V>0$区域的边界.

定理 (契达耶夫不稳定性定理) 如果存在函数 $V(x_1,x_2,\cdots,x_m)$, 使得在任意小的邻域 (1) 内都存在 $V>0$ 区域, 并且在 $V>0$ 区域内的所有点, 沿着受扰运动方程的解曲线的导数 $\dot{V}$ 都取正值, 则无扰运动不稳定.

证明 给定坐标原点的邻域 (1), 选择受扰运动方程在 $V>0$ 区域内某条轨迹的初始点为 $x_{10},x_{20},\cdots,x_{m0}$. 因为 $V>0$ 区域的边界经过 $x_1=x_2=\cdots=x_m=0$ 点, 故初始点可以选择得任意接近坐标原点 (见图 176, 其中 $m=2$).

根据定理条件, 在 $V>0$ 区域内导数 $\dot{V}$ 取正值, 因此函数 V 沿着选定轨迹单调增加, 当 $t>t_0$ 时有

$$V(x_1(t),x_2(t),\cdots,x_m(t))>V_0>0,$$

其中 $V_0=V(x_{10},x_{20},\cdots,x_{m0})$, 所以从 $x_{10},x_{20},\cdots,x_{m0}$ 出发的轨迹不可能从边界 $V=0$ 离开 $V>0$ 区域. 下面证明, 该轨迹随着时间增加一定会离开邻域 (1). 假设不然, 即对所有 t 轨迹都在邻域 (1) 内, 那么它应该位于 $V>0$ 区域内. 但这是不可能的. 事实上, 当 h 足够小时, 不显含时间 t 的连续函数 V 在邻域 (1) 内有界, 即

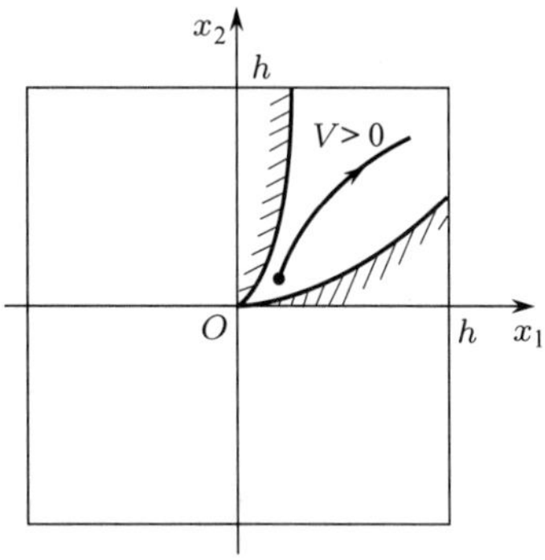

图 176

$$V\leqslant L,\tag{23}$$

其中 L 是某个正数. 在区域 $V>0$ 和 $V>V_0$ 的交集区域 G 内, 函数 $\dot{V}$ 为正且有界, 那么对所有的 $t>t_0$ 有

$$\dot{V}\geqslant l>0.\tag{24}$$

由此可知,

$$V(x_1(t),x_2(t),\cdots,x_m(t))\geqslant V_0+l(t-t_0),$$

即随着时间增加函数 V 无限增大, 这与 (23) 矛盾. 定理得证. □

满足契达耶夫不稳定性定理的函数 V 称为契达耶夫函数.

例 1 (欧拉情况下刚体绕惯性矩大小为中间值的轴的永久转动的不稳定性①) 我们研究欧拉情况下刚体转动 (2) 的稳定性. 假设转动轴相应于刚体对固定点 O 的主惯性矩大小的中间值, 假设 $C>A>B$ 以及 $\omega>0$.

①参见前面提到的书: Н. Г. Четаева «Устойчивость движения. Работы по аналитической механике».

按公式 (4) 引入扰动 x, y, z, 由欧拉动力学方程得受扰运动微分方程为

$$\dot{x}=\frac{B-C}{A}yz,\quad \dot{y}=\frac{C-A}{B}(\omega+x)z,\quad \dot{z}=\frac{A-B}{C}(\omega+x)y. \tag{25}$$

函数 $V=yz$ 沿着方程 (25) 的解曲线的导数为

$$\dot{V}=(\omega+x)\left(\frac{C-A}{B}z^2+\frac{A-B}{C}y^2\right). \tag{26}$$

如果 $\omega+x>0$, 则在不等式 $y>0, z>0$ 确定的 $V>0$ 区域内导数 $\dot{V}$ 是正的, 根据契达耶夫定理可知, 刚体绕相应于主惯性矩大小为中间值的轴的转动不稳定.

下面介绍李雅普诺夫不稳定性定理.

定理 (**李雅普诺夫不稳定性第一定理**) 如果存在函数 $V(x_1, x_2, \cdots, x_m)$, 使得沿着受扰运动方程的解曲线的导数 $\dot{V}$ 是定号函数, 而 V 不是与 $\dot{V}$ 反号的常号函数, 则无扰运动不稳定.

证明 只要证明在该定理条件下契达耶夫不稳定性定理的条件成立就可以了. 事实上, 设函数 $\dot{V}$ 正定, 由于 V 不是与 $\dot{V}$ 反号的常号函数, 所以在任意接近坐标原点的邻域内一定存在 $V>0$ 区域, 且在该区域内 $\dot{V}>0$. □

定理 (**李雅普诺夫不稳定性第二定理**) 如果存在函数 V, 使得沿着受扰运动微分方程的解曲线的导数在区域 (1) 内可以写成

$$\dot{V}=\chi V+W, \tag{27}$$

其中 χ 是正常数, 而 W 或者恒等于零或者是常号函数, 若是后者则函数 V 不是与 W 反号的常号函数, 那么无扰运动不稳定.

证明 只需验证该定理条件下契达耶夫不稳定性定理的条件成立就可以了.

如果 W 恒等于零, 则由 (27) 可知, 在坐标原点的任意小邻域内一定存在 $V>0$ 区域 (如果需要, 例如 V 负定时, 可以用 $-V$ 代替 V), 函数 $\dot{V}$ 在该区域内是正的. 可见, 如果 $W\equiv 0$ 则契达耶夫定理条件成立.

设 W 不恒等于零, 是常号 (正的) 函数, 那么由 V 不是与 W 反号的常号函数可知, 在坐标原点的任意小邻域内一定存在 $V>0$ 区域. 由公式 (27), 当 $W\geqslant 0$ 时可得, 在整个邻域 (1) 内有

$$\dot{V}\geqslant\chi V,$$

因此, 在 $V>0$ 区域内导数 $\dot{V}$ 是正的, 故契达耶夫定理条件成立. □

§3. 按一阶近似判断稳定性

236. 问题的提法 我们还是研究定常系统的稳定性. 受扰运动方程写成

$$\frac{\mathrm{d}\boldsymbol{x}}{\mathrm{d}t}=\boldsymbol{A}\boldsymbol{x}+\boldsymbol{X}(\boldsymbol{x}), \tag{1}$$

其中 $\boldsymbol{x}$ 是列向量, $\boldsymbol{x}'=(x_1,x_2,\cdots,x_m)$; $\boldsymbol{A}$ 是 m 阶常数方阵; $\boldsymbol{X}$ 是 $x_1,x_2,\cdots,x_m$ 的向量函数, $\boldsymbol{X}'=(X_1,X_2,\cdots,X_m)$; 函数 $X_i\quad(i=1,2,\cdots,m)$ 在坐标原点 $x_1=x_2=\cdots=x_m=0$ 的邻域内解析, 并且其级数展开式的起始项不低于 $x_1,x_2,\cdots,x_m$ 的二阶.

在应用中, 运动稳定性问题的研究经常借助一阶近似方程

$$\frac{\mathrm{d}\boldsymbol{x}}{\mathrm{d}t}=\boldsymbol{A}\boldsymbol{x}, \tag{2}$$

该方程由原受扰运动方程 (1) 略去 $x_1,x_2,\cdots,x_m$ 的非线性项得到.

设 $\lambda_1,\lambda_2,\cdots,\lambda_m$ 是下面特征方程的根①

$$\det(\boldsymbol{A}-\lambda\boldsymbol{E})=0, \tag{3}$$

而 $\boldsymbol{h}_j$ 是矩阵 $\boldsymbol{A}$ 相应于特征根 λ_j 的特征向量.

如果矩阵 $\boldsymbol{A}$ 可化为对角形, 则存在 m 个线性无关的特征向量且方程 (2) 的通解为②

$$\boldsymbol{x}=\sum_{j=1}^{m}c_j\boldsymbol{h}_j\mathrm{e}^{\lambda_j t}, \tag{4}$$

其中 c_j 是任意常数.

如果矩阵 $\boldsymbol{A}$ 不能化为对角形, 则方程 (2) 的通解为

$$\boldsymbol{x}=\sum_{j=1}^{m}c_j\boldsymbol{k}_j\mathrm{e}^{\lambda_j t}, \tag{5}$$

其中向量 $\boldsymbol{k}_j$ 的分量是 t 的多项式. 例如, 方程

$$\dot{x}_1=\lambda x_1+x_2,\quad \dot{x}_2=\lambda x_2$$

的通解为

$$\begin{Vmatrix}x_1\\x_2\end{Vmatrix}=c_1\begin{Vmatrix}1\\0\end{Vmatrix}\mathrm{e}^{\lambda t}+c_2\begin{Vmatrix}t\\1\end{Vmatrix}\mathrm{e}^{\lambda t}.$$

---

① $\lambda_1,\lambda_2,\cdots,\lambda_m$ 的值可以相等.

② 参见: Понтрягни Л. С. Обыкновенные днфференциальные уравнения. М.: Наука, 1970.

如果受扰运动方程是线性的, 则按其通解 (4) 或者 (5), 无扰运动稳定性问题非常简单; 特别地, 渐近稳定性的充分必要条件就是特征方程的所有根的实部为负的; 只要存在一个根的实部为正, 运动就不稳定.

然而, 受扰运动方程是非线性的, 所以就提出了这样的问题: 在什么条件下, 分析一阶近似方程 (2) 得到的稳定性结论, 对原受扰运动方程 (1) 在非线性项 $X_1, X_2, \cdots, X_m$ 任意时也是正确的? 李雅普诺夫完全解决了这个问题.

237. 按一阶近似判断稳定性的定理 李雅普诺夫得到的按一阶近似判断稳定性的基本结论之一可以写成下面定理形式:

定理 如果特征方程 (3) 的所有根具有负实部, 则无扰运动渐近稳定, 而与 (1) 中非线性项无关. 只要特征方程的根有一个具有正实部, 则无扰运动不稳定, 而与 (1) 中非线性项无关.

证明 对方程 (1) 做变换

$$\boldsymbol{x} = \boldsymbol{C}\boldsymbol{y} \quad (\det \boldsymbol{C} \neq 0), \tag{6}$$

得

$$\frac{\mathrm{d}\boldsymbol{y}}{\mathrm{d}t} = \boldsymbol{B}\boldsymbol{y} + \boldsymbol{Y}(\boldsymbol{y}), \tag{7}$$

其中 $\boldsymbol{B} = \boldsymbol{C}^{-1}\boldsymbol{A}\boldsymbol{C}$, $\boldsymbol{Y}(\boldsymbol{y}) = \boldsymbol{C}^{-1}\boldsymbol{X}(\boldsymbol{C}\boldsymbol{y})$. 我们选择矩阵 $\boldsymbol{C}$ (一般是复矩阵) 使得矩阵 $\boldsymbol{B}$ 是矩阵 $\boldsymbol{A}$ 的若尔当标准型, 即 $\boldsymbol{B}$ 由一个或几个若尔当块组成, 若尔当块位于对角线上, 其它元素都等于零:①

$$\boldsymbol{B} = \left\| \begin{matrix} \boxed{\boldsymbol{J}_1} & & & \\ & \boxed{\boldsymbol{J}_2} & & \\ & & \ddots & \\ & & & \boxed{\boldsymbol{J}_m} \end{matrix} \right\|, \quad \boldsymbol{J}_k = \left\| \begin{matrix} \lambda_k & 1 & 0 & \cdots & 0 & 0 \\ 0 & \lambda_k & 1 & \cdots & 0 & 0 \\ 0 & 0 & \lambda_k & \cdots & 0 & 0 \\ \cdots & \cdots & \cdots & \cdots & \cdots & \cdots \\ 0 & 0 & 0 & \cdots & \lambda_k & 1 \\ 0 & 0 & 0 & \cdots & 0 & \lambda_k \end{matrix} \right\|.$$

对方程 (7) 再做一个辅助变换

$$y_j = \mu^j z_j \quad (j = 1, 2, \cdots, m),$$

其中 μ 是小正数, 其具体选择应满足的条件将在下面介绍. 方程 (7) 用变量 z_1,

①参见: Гантмахер Ф. Р. Теория матриц. М.: Наука, 1967.

$z_2, \cdots, z_m$ 写成

$$\begin{aligned}\frac{\mathrm{d}z_1}{\mathrm{d}t} &= \lambda_1 z_1 + \mu a_1 z_2 + Z_1,\\ \frac{\mathrm{d}z_2}{\mathrm{d}t} &= \lambda_2 z_2 + \mu a_2 z_3 + Z_2,\\ &\cdots\cdots\cdots\cdots\\ \frac{\mathrm{d}z_m}{\mathrm{d}t} &= \lambda_m z_m + Z_m,\end{aligned} \tag{8}$$

这里的 a_j 等于 0 或者 1; $Z_1, Z_2, \cdots, Z_m$ 是变量 $z_1, z_2, \cdots, z_m$ 的非线性项, 一般是复数.

设 r_j 和 s_j 是特征方程 (3) 的根 λ_j 的实部和虚部, 即 $\lambda_j = r_j + \mathrm{i}s_j \quad (j = 1, 2, \cdots, m)$, 其中 i 是虚数单位.

a) 设 $r_j < 0$ 对所有 $j = 1, 2, \cdots, m$ 都成立. 为了证明无扰运动渐近稳定, 取函数

$$V = \sum_{j=1}^{m} z_j \overline{z}_j, \tag{9}$$

其中字母上面的横线表示复共轭. 函数 (9) 是原变量 $x_1, x_2, \cdots, x_m$ 的正定函数, 它沿着方程 (8) 的解曲线的导数为

$$\dot{V} = 2\sum_{j=1}^{m} r_j z_j \overline{z}_j + \mu F + \sum_{j=1}^{m} (\overline{z}_j Z_j + z_j \overline{Z}_j), \tag{10}$$

其中 F 是实二次型, 如果方程 (8) 中所有系数 a_j 都等于零, 即矩阵 $\boldsymbol{A}$ 可化为对角形, 则 F 恒等于零.

函数 (10) 是原变量 $x_1, x_2, \cdots, x_m$ 的实函数. 因为 $r_j < 0 \quad (j = 1, 2, \cdots, m)$, 所以如果 μ 足够小, 则 $\dot{V}$ 的二次型部分是负定函数. 又因为表达式 (10) 右边的最后一个和包含的项不低于三阶, 故当 μ 足够小时函数 $\dot{V}$ 是负定函数.

根据李雅普诺夫渐近稳定性定理可知, 如果特征方程所有根的实部都是负的, 则无扰运动渐近稳定.

b) 设 $r_1 > 0, r_2 > 0, \cdots, r_k > 0, r_{k+1} < 0, \cdots, r_m < 0$, 我们利用李雅普诺夫不稳定性第二定理证明无扰运动不稳定. 设

$$V = -\sum_{j=1}^{k} z_j \overline{z}_j + \sum_{j=k+1}^{m} z_j \overline{z}_j, \tag{11}$$

它沿着方程 (8) 的解曲线的导数

$$\dot{V} = -2\sum_{j=1}^{k} r_j z_j \overline{z}_j + 2\sum_{j=k+1}^{m} r_j z_j \overline{z}_j + \mu G$$

$$-\sum_{j=1}^{k}(\overline{z}_jZ_j+z_j\overline{Z}_j)+\sum_{j=k+1}^{m}(\overline{z}_jZ_j+z_j\overline{Z}_j)$$

可以写成

$$\dot{V}=\chi V+W, \tag{12}$$

其中 χ 是待定正数, 而

$$W=\sum_{j=1}^{k}(\chi-2r_j)z_j\overline{z}_j+\sum_{j=k+1}^{m}(2r_j-\chi)z_j\overline{z}_j+\mu G$$

$$-\sum_{j=1}^{k}(\overline{z}_jZ_j+z_j\overline{Z}_j)+\sum_{j=k+1}^{m}(\overline{z}_jZ_j+z_j\overline{Z}_j), \tag{13}$$

其中 G 是当方程 (8) 中系数 a_j 不都等于零时, 在 $\dot{V}$ 表达式中出现的二次型.

我们选取 χ 使得对 $j=1,2,\cdots,k$ 有不等式 $0<\chi<2r_j$ 成立, 那么在 μ 足够小的情况下函数 W 负定. 而函数 V 显然是变号的, 因而不是与 W 反号的常号函数. 根据李雅普诺夫不稳定性第二定理可知, 只要有一个特征方程的根实部为正, 则无扰运动不稳定. 定理得证. □

评注 1 李雅普诺夫还证明了①, 如果特征方程所有根的实部都不为正, 但有实部为零的根, 则可以通过选择受扰运动方程 (1) 的非线性项使无扰运动稳定或者不稳定.

研究稳定性问题时可以将所有情况划分为临界情况和非临界情况. 在非临界情况下研究一阶近似方程 (2) 就可以解决稳定性问题. 在临界情况下研究一阶近似方程还不够, 还需要研究受扰运动方程 (1) 的非线性项. 从上面证明的定理可知, 只有当特征方程 (3) 根的实部都不为正, 但有实部为零的根时, 属于临界情况.

238. 罗斯–霍尔维茨判据 实际应用按一阶近似判断稳定性的定理时, 确定特征方程根的实部符号是非常重要的, 特别希望能从特征方程的系数来判断全部根的实部是否都是负的.

我们将特征方程 (3) 写成

$$a_0\lambda^m+a_1\lambda^{m-1}+\cdots+a_{m-1}\lambda+a_m=0, \tag{14}$$

该方程的系数 $a_0,a_1,\cdots,a_m$ 都是实数. 不失一般性, 我们假设首项系数 a_0 是正数.

首先我们给出方程 (14) 的所有根 $\lambda_1,\lambda_2,\cdots,\lambda_m$ 具有负实部的一个必要条件: 在 $a_0>0$ 时要使方程 (14) 的所有根具有负实部, 该方程的所有系数必须都是正数,

①参见: Ляпунов А. М. К вопросу об устойчивости движения // Собр. соч. Т. 2, М.; Л.: Нзд-во АН СССР, 1956. С. 267–271.

这个结论的证明可以直接由下面韦达公式得到:

$$\begin{aligned}\frac{a_1}{a_0} &= -(\lambda_1+\lambda_2+\cdots+\lambda_m),\\ \frac{a_2}{a_0} &= \lambda_1\lambda_2+\cdots+\lambda_{m-1}\lambda_m,\\ &\cdots\cdots\cdots\cdots\\ \frac{a_m}{a_0} &= (-1)^m\lambda_1\lambda_2\cdots\lambda_m.\end{aligned} \tag{15}$$

但是, 这些系数都是正数并不是方程 (14) 的所有根具有负实部的充分条件. 充分必要条件由罗斯–霍尔维茨判据给出, 其相应的定理本书不给出证明[①]. 霍尔维茨矩阵是指 m 阶方阵

$$\begin{Vmatrix} a_1 & a_3 & a_5 & \cdots & 0\\ a_0 & a_2 & a_4 & \cdots & 0\\ 0 & a_1 & a_3 & \cdots & 0\\ \cdots & \cdots & \cdots & \cdots & \cdots\\ \cdots & \cdots & \cdots & \cdots & a_m \end{Vmatrix}. \tag{16}$$

这个矩阵用下述方式构造: 主对角线是系数 $a_i \quad (i=1,2,\cdots,m)$ 按下标增大顺序排列的; 每列中在主对角线上面的元素的下标依次增加 1, 而在主对角线下面的元素的下标依次减少 1; 在矩阵中对于 $j<0$ 和 $j>m$ 的 a_j 用零代替.

矩阵 (16) 的主子式 (霍尔维茨行列式) 为

$$\Delta_1=a_1, \Delta_2=\begin{vmatrix} a_1 & a_3\\ a_0 & a_2\end{vmatrix}, \Delta_3=\begin{vmatrix} a_1 & a_3 & a_5\\ a_0 & a_2 & a_4\\ 0 & a_1 & a_3\end{vmatrix}, \cdots, \Delta_m=a_m\Delta_{m-1}. \tag{17}$$

定理 (**罗斯–霍尔维茨判据**) 首项系数 a_0 为正数的实系数方程 (14) 的所有根具有负实部, 当且仅当下面不等式成立:

$$\Delta_1>0, \quad \Delta_2>0, \quad \cdots, \quad \Delta_m>0. \tag{18}$$

注意, 当 $a_0>0$ 时不等式 (18) 中即使只有一个不成立, 方程 (14) 就有实部为正的根.

下面给出几个最简单的例子 (各例都假设 $a_0>0$).

例 1 (一阶方程 ($m=1$))

$$a_0\lambda+a_1=0.$$

条件 (18) 归结为不等式

$$a_1>0. \tag{19}$$

---

①证明参见: Гантмахер Ф. Р. Теория матриц. М.; Наука, 1967.

例 2 (二阶方程 ($m=2$))

$$a_0\lambda^2+a_1\lambda+a_2=0.$$

霍尔维茨行列式 (17) 为

$$\Delta_1=a_1,\quad \Delta_2=a_1a_2.$$

条件 (18) 归结为不等式

$$a_1>0,\quad a_2>0. \tag{20}$$

例 3 (三阶方程 ($m=3$))

$$a_0\lambda^3+a_1\lambda^2+a_2\lambda+a_3=0.$$

霍尔维茨行列式 (17) 为

$$\Delta_1=a_1,\quad \Delta_2=a_1a_2-a_0a_3,\quad \Delta_3=a_3\Delta_2.$$

条件 (18) 归结为不等式

$$a_1>0,\quad a_3>0,\quad a_1a_2-a_0a_3>0. \tag{21}$$

这些不等式表明, 在 $m>2$ 时方程 (14) 的系数都为正不是其所有根具有正实部的充分条件, 在 $m=3$ 时还要求满足不等式 $a_1a_2>a_0a_3$.

例 4 (四阶方程 ($m=4$))

$$a_0\lambda^4+a_1\lambda^3+a_2\lambda^2+a_3\lambda+a_4=0. \tag{22}$$

霍尔维茨行列式为

$$\Delta_1=a_1,\quad \Delta_2=a_1a_2-a_0a_3\quad \Delta_3=a_3\Delta_2-a_4a_1^2,\quad \Delta_4=a_4\Delta_3.$$

不难验证, 方程 (22) 的根都有负实部的条件为不等式

$$a_1>0,\quad a_3>0,\quad a_4>0,\quad a_3(a_1a_2-a_0a_3)-a_4a_1^2>0. \tag{23}$$

§4. 耗散力和陀螺力对保守系统平衡稳定性的影响

239. 完全耗散力和陀螺力对完整系统平衡位置稳定性的影响 在第 225 小节中已经知道, 在完整保守系统中增加耗散力和陀螺力, 在势能取严格局部极小值时, 关于保守系统平衡稳定性的拉格朗日定理仍然成立, 即在有势力作用下的稳定平衡位置, 在存在耗散力和陀螺力时还是稳定的. 这只是汤姆孙、泰特、契达耶夫得到的耗散力和陀螺力对完整保守系统平衡位置稳定性的影响的部分结论, 本节还将介绍其它的汤姆孙–泰特–契达耶夫定理.

定理 如果势能在某个孤立平衡位置取严格局部极小值, 则增加完全耗散力和陀螺力后, 该平衡位置变为渐近稳定的.

证明 不失一般性, 我们认为在平衡位置所有广义坐标 q_i 都为零, 为证明该定理, 取机械能 $E = T + \Pi$ 为函数 V. 按照定理条件, 该函数在 $2n$ 维状态空间 $q_i, \dot{q}_i \quad (i = 1, 2, \cdots, n)$ 坐标原点邻域内是正定的. 由定理条件知,

$$\dot{V} = N^*(q_j, \dot{q}_j) = \sum_{i=1}^{n} Q_i^*(q_j, \dot{q}_j)\dot{q}_i \leqslant 0, \tag{1}$$

其中 Q_i^* 是相应于广义坐标 q_i 的非有势广义力, 等号只有在 $\dot{q}_i = 0 \quad (i = 1, 2, \cdots, n)$ 时成立.

由 V 正定和不等式 (1), 根据李雅普诺夫稳定性定理可知平衡位置稳定. 为了得到渐近稳定性只需证明, 如果轨迹的初始点足够接近坐标原点 $q_i = 0, \dot{q}_i = 0$, 则当 $t \to \infty$ 时, $q_i \to 0, \dot{q}_i \to 0$ 对所有 $i = 1, 2, \cdots, n$ 成立.

设运动发生在坐标原点足够小的邻域内, 该邻域除了 $q_1 = q_2 = \cdots = q_n = 0$ 以外不包含其它平衡位置, 而非有势力的功率 N^* 是广义速度的负定函数. 由于平衡位置 $q_1 = q_2 = \cdots = q_n = 0$ 是孤立和稳定的, 选择这样的邻域总是可能的.

因为只有当 $\dot{q}_1 = \dot{q}_2 = \cdots = \dot{q}_n = 0$ 时 $N^* = 0$, 在有限时间段内增量 ΔV 是负的, 并且因坐标原点是孤立平衡位置, 在选定邻域内原点以外在 Δt 内不可能有 $\dot{q}_1 = \dot{q}_2 = \cdots = \dot{q}_n = 0$. 事实上, 如果有 $\dot{q}_1 = \dot{q}_2 = \cdots = \dot{q}_n = 0$, 但不是所有 q_i 等于零, 则根据第 225 小节所有陀螺力和耗散力都为零, 由第 142 小节的第二类拉格朗日方程 (28) 可知在原点以外有 $\partial\Pi/\partial q_i \quad (i = 1, 2, \cdots, n)$, 即所研究的平衡位置不是孤立的. 所以在原点足够小的邻域内函数 V 是单调减小的, 随着时间的增大它趋于某个非负的极限 b. 类似于第 234 小节可以证明, 不可能有 $b \neq 0$ 的情况, 从而 $t \to \infty$ 时 $V \to 0$. 又因为 V 是 $q_i = 0, \dot{q}_i = 0 \quad (i = 1, 2, \cdots, n)$ 的定号函数, 故当 $t \to \infty$ 时 $q_i \to 0, \dot{q}_i \to 0$. 定理得证. □

240. 耗散力和陀螺力对不稳定平衡的影响 设保守系统平衡位置不稳定, 能否通过增加耗散力使其镇定, 即能否增加耗散力使有势力作用下不稳定的平衡位置变为稳定甚至渐近稳定? 对这个问题的回答是否定的.

我们引入某些辅助概念. 就像在微振动问题中一样, 假设保守系统的动能在平衡位置的邻域内是广义速度的正定二次型:

$$T = \frac{1}{2} \sum_{i,k=1}^{n} a_{ik} \dot{q}_i \dot{q}_k, \tag{2}$$

其中 a_{ik} 是常系数. 设势能在平衡位置 $q_1 = q_2 = \cdots = q_n = 0$ 的邻域内分解为

$q_1, q_2, \cdots, q_n$ 的级数, 其二阶部分不恒等于零, 那么我们认为

$$\Pi = \frac{1}{2} \sum_{i,k=1}^{n} c_{ik} q_i q_k, \tag{3}$$

其中 c_{ik} 是常系数. 二次型 (2) 和 (3) 可以通过实线性变换 $\boldsymbol{q} \to \boldsymbol{\theta}$ 变为平方和 (见第 229 小节中例 1, 其中研究了主坐标和保守系统在平衡位置附近的主振动). 用新变量改写动能和势能为

$$T = \frac{1}{2} \sum_{i=1}^{n} \dot{\theta}_i^2, \qquad \Pi = \frac{1}{2} \sum_{i=1}^{n} \lambda_i \theta_i^2. \tag{4}$$

庞加莱建议称 λ_i 为稳定系数. 如果函数 (3) 正定, 则所有的 λ_i 为正且平衡位置稳定. 只要 λ_i 中有一个是负的, 则平衡位置不稳定①, 负稳定系数的数目称为不稳定度. 下面可以看到, 不稳定度本身并不重要, 重要的是其奇偶性. 设 $\boldsymbol{C}$ 是二次型 (3) 的矩阵, 那么 $\det \boldsymbol{C} = \lambda_1 \lambda_2 \cdots \lambda_n$. 由此可知, 如果 $\det \boldsymbol{C} > 0$ 则不稳定度是偶数 (或者等于零), 如果 $\det \boldsymbol{C} < 0$ 则不稳定度是奇数.

定理 1 只要有一个稳定系数为负数, 则孤立平衡位置不能通过增加完全耗散力镇定.

证明 设 $V = -E = -T - \Pi$, 那么

$$\dot{V} = -N^* \geqslant 0, \tag{5}$$

其中 N^* 为耗散力的功率, 根据定理条件它是广义速度的负定函数.

在任意有限时间 Δt 内的增量 ΔV 是正的, 这完全类似于前一小节定理中负的 ΔV. 因为 λ_i 中至少有一个是负的, 故在 $2n$ 维空间 $q_i, \dot{q}_i \quad (i = 1, 2, \cdots, n)$ 原点的任意小的邻域内都存在 $V > 0$ 区域. 进一步的讨论完全类似第 235 小节中契达耶夫不稳定性定理的证明. □

可见利用完全耗散力镇定是不可能的. 利用陀螺力可否镇定不稳定的平衡位置呢? 该问题的部分答案包含在下面的定理中, 我们研究线性依赖于广义速度的陀螺力.

定理 2 如果保守系统孤立平衡位置的不稳定度为奇数, 则增加陀螺力不能镇定; 如果不稳定度是偶数, 则陀螺镇定是可能的.

证明 为了证明不稳定度为奇数时陀螺镇定是不可能的, 只要研究受扰运动的线性化方程, 并证明其特征方程在存在陀螺力时至少有一个正根.

①特征方程中因存在负的系数 λ_i 而出现正根, 由按一阶近似判断稳定性的定理, 不仅对一阶近似, 而且对受扰运动的非线性方程, 该平衡不稳定. 我们可以发现, 这也是第 226 小节中 (没有给出证明的) 李雅普诺夫关于保守系统平衡不稳定的第一定理的证明.

利用变量 $\theta_i \quad (i=1,2,\cdots,n)$ 将运动方程写成

$$\ddot{\theta}_i+\lambda_i\theta_i=\sum_{k=1}^{n}\gamma_{ik}\dot{\theta}_k \quad (i=1,2,\cdots,n), \tag{6}$$

其中 $\gamma_{ik}=-\gamma_{ki}$ 是常数. 方程 (6) 的特征方程为

$$\Delta(\lambda)=\begin{vmatrix} \lambda^2+\lambda_1 & -\gamma_{12}\lambda & \cdots & -\gamma_{1n}\lambda \\ \gamma_{12}\lambda & \lambda^2+\lambda_2 & \cdots & -\gamma_{2n}\lambda \\ \cdots & \cdots & \cdots & \cdots \\ \gamma_{1n}\lambda & \gamma_{2n}\lambda & \cdots & \lambda^2+\lambda_n \end{vmatrix}=0,$$

当 $\lambda\to+\infty$ 时有 $\Delta(\lambda)\to+\infty$. 又因为 $\Delta(0)=\lambda_1\lambda_2\cdots\lambda_n$, 根据不稳定度为奇数得 $\Delta(0)<0$, 因而特征方程至少有一个正根, 根据第 237 小节中按一阶近似判断稳定性的定理, 无论受扰运动方程中非线性项如何, 平衡位置 $q_1=q_2=\cdots=q_n=0$ 都是不稳定的, 即如果不稳定度为奇数, 则利用陀螺力镇定是不可能的.

为了证明在不稳定度为偶数时陀螺镇定的可能性, 我们来看一个简单的例子. 设 2 个自由度系统的运动微分方程为

$$\ddot{q}_1+\lambda_1 q_1-\gamma\dot{q}_2=0, \quad \ddot{q}_2+\lambda_2 q_2+\gamma\dot{q}_1=0, \tag{7}$$

其中 $\lambda_1,\lambda_2,\gamma$ 是常数, $\lambda_i<0 \quad (i=1,2)$. 这 2 个方程的最后一项是陀螺力; 如果它们等于零, 则平衡位置 $q_1=q_2=0$ 不稳定, 不稳定度等于 2. 我们将证明, 可以选择陀螺力即方程 (7) 中的 γ 使平衡位置变为稳定.

方程 (7) 的特征方程为

$$\begin{vmatrix} \lambda^2+\lambda_1 & -\gamma\lambda \\ \gamma\lambda & \lambda^2+\lambda_2 \end{vmatrix}=\lambda^4+(\lambda_1+\lambda_2+\gamma^2)\lambda^2+\lambda_1\lambda_2=0. \tag{8}$$

不难证明, 当不等式

$$|\gamma|>\sqrt{-\lambda_1}+\sqrt{-\lambda_2} \tag{9}$$

成立时, 方程 (8) 的根是不同的纯虚数, 从而在满足条件 (9) 时, 平衡位置 $q_1=q_2=0$ 稳定. □

定理 3 如果保守系统的孤立平衡位置的不稳定度不为零, 则增加陀螺力和完全耗散力后仍然是不稳定的.

该定理的证明完全类似于定理 1 的证明.

由本小节的几个定理可知: 1) 增加耗散力不破坏保守系统孤立平衡位置的稳定性和不稳定性; 2) 增加陀螺力不破坏平衡位置的稳定性, 在某些情况下 (不稳定度为偶数) 可以镇定不稳定的平衡位置; 3) 如果不稳定平衡位置被陀螺镇定, 则再增加完全耗散力后平衡位置又变为不稳定.

仅存在有势力时, 稳定称为*永久稳定*, 而利用陀螺力得到的稳定称为*暂态稳定*.

例 1 (刚体在圆轨道上平动的稳定性) 设刚体具有动力学对称性 ($A=B$), 其质心沿着圆轨道在中心引力场中运动. 根据第 126 小节, 刚体相对质心的运动方程组可以写成

$$A\frac{\mathrm{d}p}{\mathrm{d}t}+(C-A)qr=3n^2(C-A)a_{32}a_{33},$$

$$A\frac{\mathrm{d}q}{\mathrm{d}t}-(C-A)rp=-3n^2(C-A)a_{33}a_{31}, \tag{10}$$

$$\frac{\mathrm{d}r}{\mathrm{d}t}=0,$$

其中

$$p=\dot{\psi}\sin\theta\sin\varphi+\dot{\theta}\cos\varphi+na_{21},$$

$$q=\dot{\psi}\sin\theta\cos\varphi-\dot{\theta}\sin\varphi+na_{22}, \tag{11}$$

$$r=\dot{\psi}\cos\theta+\dot{\varphi}+na_{23}.$$

在方程组 (10) 和 (11) 中的 n 是刚体质心沿轨道运动的平运动, 而 a_{ij} 按照第 19 小节的公式 (3) 用欧拉角 ψ,θ,φ 表示.

由方程 (10) 的第 3 式得第一积分

$$r=r_0=\text{const}.$$

运动方程有特解

$$\theta=\frac{\pi}{2},\qquad \psi=\pi. \tag{12}$$

对于这个特解有

$$p=0,\quad q=0,\quad \dot{\varphi}=-n+r_0. \tag{13}$$

如果 $r_0=0$, 那么特解 (12) 对应于刚体在固定空间中的平动 (在轨道坐标系中, 刚体绕动力学对称轴以角速度 $\dot{\varphi}=-n$ 转动).

我们研究这个运动对变量 $\psi,\theta,\dot{\varphi},\dot{\theta}$ 的稳定性. 设

$$\theta=\frac{\pi}{2}+q_1,\quad \psi=\pi+q_2,\quad \dot{\theta}=\dot{q}_1,\quad \dot{\psi}=\dot{q}_2.$$

对方程组 (10) 的前 2 个进行线性化, 并解出最高阶导数得

$$q_1''=(4-3\alpha)q_1+2q_2',\quad q_2''=q_2-2q_1', \tag{14}$$

其中撇号表示对变量 $\nu=nt$ 的导数, $\alpha=C/A$. 因为惯性矩满足三角形不等式 $A+B\geqslant C$, 故 $0\leqslant\alpha\leqslant 2$.

(14) 中每个方程右边第一项是有势力, 其势能为

$$\Pi=-\frac{1}{2}(4-3\alpha)q_1^2-\frac{1}{2}q_2^2, \tag{15}$$

而 (14) 中每个方程右边第二项是陀螺力.

如果陀螺力不存在, 则平衡位置 $q_1 = q_2 = 0$ (相应于无扰运动 (12)) 不稳定, 并且当 $\alpha < 4/3$ 时不稳定度为偶数, 而当 $4/3 < \alpha \leqslant 2$ 时不稳定度是奇数, 所以由定理 2 可知, 当 $4/3 < \alpha \leqslant 2$ 时陀螺镇定是不可能的, 从而在这种情况下, 无扰运动 (12) 在李雅普诺夫意义下不稳定.

同样由定理 2 可知, 当 $\alpha < 4/3$ 时陀螺镇定原则上是可能的. 为了知道在给定具体陀螺力时我们所研究问题的镇定的可能性, 我们来看 (14) 的特征方程

$$\lambda^4 + (3\alpha - 1)\lambda^2 + (4 - 3\alpha) = 0. \tag{16}$$

在下面不等式

$$3\alpha - 1 > 0, \quad 4 - 3\alpha > 0, \quad (3\alpha - 1)^2 - 4(4 - 3\alpha) > 0 \tag{17}$$

成立时, 方程 (16) 的根是纯虚数, 在线性近似情况下, 无扰运动 (12) 对变量 $\psi, \theta, \dot{\varphi}, \dot{\theta}$ 是稳定的. 只要不等式 (17) 中有一个不成立, 则方程 (16) 将有实部为正的根, 无扰运动 (12) 在李雅普诺夫意义下不稳定.

不难验证, 不等式 (17) 可以归结为

$$1 < \alpha < \frac{4}{3}. \tag{18}$$

可见, 在这个具体问题中, 当不稳定度为偶数且不等式 (18) 成立时可以陀螺镇定, 而在 $\alpha < 1$ 时不可能镇定.

因此, 刚体沿着圆轨道的平动在 $\alpha < 1$ 和 $\alpha > 4/3$ 时在李雅普诺夫意义下不稳定, 而在 $1 < \alpha < 4/3$ 时在线性近似情况下稳定. 更深入的研究可以证明, 在不等式 (18) 成立时不仅在线性近似情况下, 而且在非线性情况下, 无扰运动稳定.①

§5. 哈密顿系统的稳定性

241. 一般注释 设受扰运动微分方程写成下面哈密顿方程形式

$$\frac{\mathrm{d}q_j}{\mathrm{d}t} = \frac{\partial H}{\partial p_j}, \quad \frac{\mathrm{d}p_j}{\mathrm{d}t} = -\frac{\partial H}{\partial q_j} \quad (j = 1, 2, \cdots, n), \tag{1}$$

假设哈密顿函数在 $q_j = p_j = 0 \quad (j = 1, 2, \cdots, n)$ 的邻域内解析, 可以写成级数形式

$$H = H_2 + H_3 + H_4 + \cdots, \tag{2}$$

其中 H_m 是 q_j, p_j $(j = 1, 2, \cdots, n)$ 的 m 次型, 其系数为常数或者对 t 以 2π 为周期. 在有势力场中很多的运动稳定性问题归结为研究方程 (1).

①参见: Маркеев А. П. Резонансные эффекты и устойчивость стационарных вращений спутника // Космические исследования. 1967. Т. 5, № 3. С. 365–375.

无扰运动 (相应于方程 (1) 的解 $q_j = p_j = 0 \quad (j = 1, 2, \cdots, n)$) 稳定性问题的研究依赖于哈密顿函数的性质. 当方程 (1) 不显含 t 且 H 在 $q_j = p_j = 0 \quad (j = 1, 2, \cdots, n)$ 的邻域内是定号函数时, 稳定性问题非常简单, 在这种情况下函数 H 是方程 (1) 的第一积分, 无扰运动稳定. 这个结论可以直接从李雅普诺夫稳定性定理得到, 李雅普诺夫函数就取为函数 H.

如果函数 H 不是定号的或者显含时间 t, 则稳定性问题十分复杂. 对方程 (1) 成立刘维尔保相体积定理, 所以无扰运动不可能渐近稳定, 但可能稳定, 也可能不稳定. 如果线性化方程无法给出稳定性问题的严格解 (例如, 在定常运动情况下特征方程至少存在一个零实部的根), 则必须研究非线性方程, 即需要研究稳定性理论的临界情况.

在本节我们研究哈密顿方程所描述运动的稳定性理论的某些问题. 这里限定受扰运动方程是线性的①, 且经常将术语"无扰运动稳定性" 用"系统 (1) 稳定性"或者简单地用"哈密顿系统稳定性"代替.

242. 常系数线性哈密顿系统的稳定性 我们将哈密顿线性微分方程写成矩阵形式 (见第 189 小节)

$$\frac{\mathrm{d}\boldsymbol{x}}{\mathrm{d}t} = \boldsymbol{JHx}, \quad \boldsymbol{x}' = (x_1, x_2, \cdots, x_{2n}), \tag{3}$$

其中 $x_k, x_{n+k} \quad (k = 1, 2, \cdots, n)$ 是正则共轭变量 (x_k 是坐标, x_{n+k} 是冲量), $2n$ 阶方阵 $\boldsymbol{J}$ 为

$$\boldsymbol{J} = \left\| \begin{matrix} \boldsymbol{0} & \boldsymbol{E}_n \\ -\boldsymbol{E}_n & \boldsymbol{0} \end{matrix} \right\| \quad (\boldsymbol{J}' = \boldsymbol{J}^{-1} = -\boldsymbol{J}, \quad \boldsymbol{J}^2 = -\boldsymbol{E}_{2n}, \quad \det \boldsymbol{J} = 1). \tag{4}$$

在方程 (3) 中 $\boldsymbol{H}$ 是 $2n$ 阶实对称矩阵, 或者是常数阵或者是对 t 以 2π 为周期的.

设方程 (3) 中 $\boldsymbol{H}$ 是常数阵, 研究特征方程

$$p(\lambda) = \det(\boldsymbol{JH} - \lambda \boldsymbol{E}_{2n}) = 0. \tag{5}$$

在第 189 小节中已经证明了, 多项式 $p(\lambda)$ 是 λ 的偶函数. 如果方程 (5) 有非零根 $\lambda = a$, 则这个根或者与其反号的根 $\lambda = -a$ 必有一个实部为正, 所以方程 (3) 不稳定, 根据按一阶近似判断稳定性的定理 (第 237 小节), 这种情况下方程 (1) 也不稳定.

因此方程 (3) 稳定的必要条件是特征方程 (5) 的根都是纯虚数, 如果矩阵 $\boldsymbol{JH}$ 可对角化, 这个条件也是充分条件.

①非线性哈密顿系统稳定性理论参见: Арнольд В. И. Малые знаменатели и проблемы устойчивости движения в классической и небесной механике // УМН, 1963. Т. 18, вып. 6. С. 91–192; Мозер Ю. Лекции о гамильтоновых системах. М.: Мир, 1973; Маркеев А. П. Точки либрации в небесной механике и космодинамике. М.: Наука, 1978.

243. 周期系数线性系统 我们研究线性微分方程组

$$\frac{\mathrm{d}\boldsymbol{x}}{\mathrm{d}t} = \boldsymbol{A}(t)\boldsymbol{x}, \quad \boldsymbol{x}' = (x_1, x_2, \cdots, x_m), \tag{6}$$

其中 $\boldsymbol{A}(t)$ 是对 t 以 2π 为周期的连续实矩阵. 方程 (6) 解的结构由下面定理描述:

定理 *方程 (6) 的基本解矩阵 $\boldsymbol{X}(t)$ 以 $\boldsymbol{X}(0) = \boldsymbol{E}_m$ 为归一化条件, 可以写成*

$$\boldsymbol{X}(t) = \boldsymbol{Y}(t)\mathrm{e}^{\boldsymbol{B}t}, \tag{7}$$

其中 $\boldsymbol{B}$ 为常数矩阵, $\boldsymbol{Y}(t)$ 是对 t 以 2π 为周期的连续可微的矩阵.

证明 因为 $\boldsymbol{X}(t)$ 是方程 (6) 的基本解矩阵, 又根据矩阵 $\boldsymbol{A}(t)$ 对 t 以 2π 为周期, 故 $\boldsymbol{X}(t+2\pi)$ 也是方程 (6) 的基本解矩阵, 这就是说成立下面等式

$$\boldsymbol{X}(t+2\pi) = \boldsymbol{X}(t)\boldsymbol{C}, \tag{8}$$

其中 $\boldsymbol{C}$ 是常数矩阵. 在等式 (8) 中令 $t=0$ 得 $\boldsymbol{C} = \boldsymbol{X}(2\pi)$, 于是

$$\boldsymbol{X}(t+2\pi) = \boldsymbol{X}(t)\boldsymbol{X}(2\pi). \tag{9}$$

因为 $\boldsymbol{X}(t)$ 是基本解矩阵, 所以 $\det \boldsymbol{X}(2\pi) \neq 0$, 非退化矩阵 $\boldsymbol{X}(2\pi)$ 存在对数[①], 因而可以写成

$$\boldsymbol{X}(2\pi) = \mathrm{e}^{2\pi\boldsymbol{B}}. \tag{10}$$

下面令

$$\boldsymbol{Y}(t) = \boldsymbol{X}(t)\mathrm{e}^{-\boldsymbol{B}t}, \tag{11}$$

那么

$$\begin{aligned}\boldsymbol{Y}(t+2\pi) &= \boldsymbol{X}(t+2\pi)\mathrm{e}^{-2\pi\boldsymbol{B}-\boldsymbol{B}t} \\ &= \boldsymbol{X}(t)\boldsymbol{X}(2\pi)\mathrm{e}^{-2\pi\boldsymbol{B}}\mathrm{e}^{-\boldsymbol{B}t} = \boldsymbol{X}(t)\mathrm{e}^{-\boldsymbol{B}t} = \boldsymbol{Y}(t),\end{aligned}$$

因此矩阵 $\boldsymbol{Y}(t)$ 以 2π 为周期, 又由 (11) 可知它连续可微, 且基本解矩阵 $\boldsymbol{X}(t)$ 可以写成 (7) 的形式. 定理得证. □

下面再引入几个定义: 矩阵 $\boldsymbol{B}$ 的特征值 λ_j *称为方程 (6) 的特征指数*, 矩阵 $\boldsymbol{X}(2\pi)$ 的特征值 ρ_j *称为方程 (6) 的特征乘数*. 由 (10) 可知

$$\rho_j = \mathrm{e}^{2\pi\lambda_j} \tag{12}$$

或者

$$\lambda_j = \frac{1}{2\pi}(\ln|\rho_j| + \mathrm{i}\arg\rho_j + \mathrm{i}2k\pi) \quad (k = 0, \pm1, \pm2, \cdots). \tag{13}$$

①参见: Гантмахер Ф. Р. Теория матриц. М.: Наука, 1967.

矩阵 $\boldsymbol{X}(2\pi)$ 的特征方程

$$\det(\boldsymbol{X}(2\pi)-\rho\boldsymbol{E}_m)=0 \tag{14}$$

称为方程 (6) 的*特征方程*. 特征方程 (14) 有 2 个性质[①]: 1) 特征方程不依赖于基本解矩阵的选择; 2) 如果对方程 (6) 作以 2π 为周期的非退化线性变换, 特征方程不变.

方程 (6) 称为*可化的*是指存在变换

$$\boldsymbol{x}=\boldsymbol{L}(t)\boldsymbol{y}, \tag{15}$$

使得方程 (6) 变为常系数常微分方程, 而周期为 2π 的矩阵 $\boldsymbol{L}(t)$ 对所有 t 有界、连续、可微, 并且其逆矩阵 $\boldsymbol{L}^{-1}(t)$ 也具有这样的性质.

定理 *连续周期矩阵 $\boldsymbol{A}(t)$ 对应的方程 (6) 是可化的.*

证明 取由 (11) 定义的矩阵 $\boldsymbol{Y}(t)$ 为变换 (15) 的矩阵 $\boldsymbol{L}(t)$, 该矩阵及其逆矩阵对所有 t 有界、连续、可微. 现在只需证明变换后的方程是常系数的, 而这一点很容易验证: 将

$$\boldsymbol{x}=\boldsymbol{X}(t)\mathrm{e}^{-\boldsymbol{B}t}\boldsymbol{y} \tag{16}$$

代入 (6) 化简得

$$\frac{\mathrm{d}\boldsymbol{y}}{\mathrm{d}t}=\boldsymbol{B}\boldsymbol{y}. \tag{17}$$

由公式 (17) 可见, 特征指数是变换后微分方程的特征方程的根.

显然, 方程 (6) 和 (17) 的稳定性问题是等价的, 所以方程 (6) 稳定当且仅当其所有特征乘数位于单位圆 $|\rho|\leqslant 1$ 之内, 并且在位于圆周 $|\rho|=1$ 上的特征乘数是重根的情况下, 矩阵 $\boldsymbol{X}(2\pi)$ 可化为对角型.

244. 周期系数线性哈密顿系统的稳定性 设在方程 (3) 中 $\boldsymbol{H}$ 是对 t 连续以 2π 为周期的实对称矩阵. 线性哈密顿方程的稳定性问题与前一小节研究的一般线性系统稳定性问题相比, 具有一系列特点, 这些特点由李雅普诺夫–庞加莱关于周期系数哈密顿方程的特征方程的定理给出.

在叙述这个定理之前, 我们给出一个定义: 如果方程

$$f(z)\equiv a_0z^m+a_1z^{m-1}+\cdots+a_{m-1}z+a_m=0 \quad (a_0\neq 0) \tag{18}$$

中 $a_k=a_{m-k}$, 则称该方程为*倒数方程*. 对于倒数方程有恒等式

$$f(z)\equiv z^m f\left(\frac{1}{z}\right) \quad (z\neq 0); \tag{19}$$

反之, 如果有恒等式 (19), 则 (18) 是倒数方程. 由恒等式 (19) 可知, 奇数次方程 (18) 一定有一个根 $z=-1$. 如果 m 是偶数, 则利用

$$\omega=z+\frac{1}{z}$$

①证明参见: Малкин И. Г. Теория устойчивости движения. М.: Наука, 1966.

可将倒数方程化为 ω 的 $m/2$ 次方程.

倒数方程的根有下面容易验证的性质: 如果方程有根 $z=1$, 则这个根的重数是偶数; 如果方程有根 $z=-1$, 则这个根的重数在 m 为偶数时是偶数, 在 m 为奇数时是奇数; 如果方程有根 $z_k \neq \pm 1$, 则方程也有相同重数的倒数根 $z_l = 1/z_k$.

定理 (**李雅普诺夫–庞加莱定理**) 对 t 以 2π 为周期的矩阵 $\boldsymbol{H}(t)$ 所对应的方程 (3) 的特征方程是倒数方程.

证明 因为由哈密顿系统运动给定的相空间变换是单价正则变换, 所以 (见第 171 小节) 方程 (3) 的基本解矩阵 $\boldsymbol{X}(t)$ 是辛矩阵, 即对所有 t 有

$$\boldsymbol{X}'\boldsymbol{J}\boldsymbol{X} = \boldsymbol{J}. \tag{20}$$

因为 $\boldsymbol{X}(0) = \boldsymbol{E}_{2n}$, 由 (20) 可知, 对所有 t 有 $\det \boldsymbol{X} = 1$.

我们来看下面一系列恒等式:

$$\begin{aligned}
f(\rho) &\equiv \det(\boldsymbol{X}(2\pi) - \rho\boldsymbol{E}_{2n}) = \det \boldsymbol{X}(2\pi)(\boldsymbol{E}_{2n} - \rho\boldsymbol{X}^{-1}(2\pi)) \\
&\equiv \det(\boldsymbol{E}_{2n} - \rho\boldsymbol{J}^{-1}\boldsymbol{X}'(2\pi)\boldsymbol{J}) = \det \boldsymbol{J}^{-1}\det(\boldsymbol{E}_{2n} - \rho\boldsymbol{X}'(2\pi))\det \boldsymbol{J} \\
&\equiv \det(\boldsymbol{E}_{2n} - \rho\boldsymbol{X}'(2\pi))' \equiv \det(\boldsymbol{E}_{2n} - \rho\boldsymbol{X}'(2\pi)) \\
&\equiv \rho^{2n}\det\left(\boldsymbol{X}(2\pi) - \frac{1}{\rho}\boldsymbol{E}_{2n}\right) \equiv \rho^{2n} f\left(\frac{1}{\rho}\right).
\end{aligned}$$

由此可知特征方程 (14) 是倒数方程, 定理得证. □

该定理有几个重要的推论.

推论 1 线性哈密顿系统稳定当且仅当其所有特征乘数 ρ_j 位于单位圆 $|\rho| = 1$ 上并且矩阵 $\boldsymbol{X}$ 可对角化.

推论 2 特征乘数 ρ_j 和 $1/\rho_j$ 有相同的重数.

推论 3 如果特征方程 (14) 有根 $\rho = 1$ 或者 $\rho = -1$, 则这些根为偶数重.

245. 周期系数线性系统哈密顿规范型的计算 我们再来研究方程 (3). 假设 $\boldsymbol{H}(t)$ 是对 t 以 2π 为周期的连续的实矩阵, 根据李雅普诺夫定理, 方程 (3) 是可化的. 但将 (3) 化为常系数变换 (15) 中的矩阵 $\boldsymbol{L}(t)$ 不是唯一的. 下面给出一个计算矩阵 $\boldsymbol{L}(t)$ 的方法, 使得相应的 (15) 是对 t 以 2π 为周期的实正则变换, 而将 (3) 化为规范型. 假设方程 (3) 的特征指数 λ_k 是纯虚数 ($\lambda_k = \mathrm{i}\sigma_k$, 其中 i 是虚数单位, σ_k 是实数), 假设特征乘数 $\rho_k = \exp(\mathrm{i}2\pi\sigma_k)$, $\rho_{n+k} = \exp(-\mathrm{i}2\pi\sigma_k)$ $(k = 1, 2, \cdots, n)$ 是不同的. 与在第 189 小节中的常系数哈密顿系统的情况类似, 对 t 以 2π 为周期的方程 (3) 的规范型是指下面哈密顿函数对应的线性方程

$$H = \frac{1}{2}\sum_{k=1}^{n}\sigma_k(y_k^2 + y_{n+k}^2). \tag{21}$$

这里只介绍矩阵 $\boldsymbol{L}(t)$ 构造过程中的计算部分①. 设 $\boldsymbol{X}(t)$ 是方程 (3) 的基本解矩阵, 归一化条件为 $\boldsymbol{X}(0)=\boldsymbol{E}_m$, $\boldsymbol{r}_k$ 和 $\boldsymbol{s}_k$ 是矩阵 $\boldsymbol{X}(2\pi)$ 相应于特征乘数 ρ_k 的特征向量的实部和虚部. 向量 $\boldsymbol{r}_k$ 和 $\boldsymbol{s}_k$ 满足线性方程

$$\begin{aligned}(\boldsymbol{X}(2\pi)-\cos 2\pi\sigma_k\boldsymbol{E}_{2n})\boldsymbol{r}_k+\sin 2\pi\sigma_k\boldsymbol{s}_k=0,\\ -\sin 2\pi\sigma_k\boldsymbol{r}_k+(\boldsymbol{X}(2\pi)-\cos 2\pi\sigma_k\boldsymbol{E}_{2n})\boldsymbol{s}_k=0,\end{aligned}\tag{22}$$

由此解出 $\boldsymbol{r}_k$ 和 $\boldsymbol{s}_k$, 将它们归一化

$$4(\boldsymbol{r}_k\cdot\boldsymbol{J}\boldsymbol{s}_k)=1\quad(k=1,2,\cdots,n),\tag{23}$$

这样作归一化总是可能的. 在必须进行归一化的情况下, 需要相应地选择哈密顿函数 (21) 中 σ_k 的符号.

$\boldsymbol{r}_k$ 和 $\boldsymbol{s}_k$ 归一化之后构成 $2n$ 阶常数方阵 $\boldsymbol{P}$, 该矩阵的第 k 列为向量 $-2\boldsymbol{s}_k$, 第 $n+k$ 列为向量 $2\boldsymbol{r}_k$.

再构造 $2n$ 阶方阵 $\boldsymbol{Q}(t)$ 为

$$\boldsymbol{Q}(t)=\begin{Vmatrix}\boldsymbol{D}_1(t) & -\boldsymbol{D}_2(t)\\ \boldsymbol{D}_2(t) & \boldsymbol{D}_1(t)\end{Vmatrix},\tag{24}$$

其中 $\boldsymbol{D}_1$ 和 $\boldsymbol{D}_2$ 是对角矩阵

$$\boldsymbol{D}_1(t)=\begin{Vmatrix}\cos\sigma_1 t & & \\ & \ddots & \\ & & \cos\sigma_n t\end{Vmatrix},\quad \boldsymbol{D}_2(t)=\begin{Vmatrix}\sin\sigma_1 t & & \\ & \ddots & \\ & & \sin\sigma_n t\end{Vmatrix}.\tag{25}$$

待求矩阵 $\boldsymbol{L}(t)$ 写成下面矩阵乘积的形式

$$\boldsymbol{L}(t)=\boldsymbol{X}(t)\boldsymbol{P}\boldsymbol{Q}(t).\tag{26}$$

利用计算机实际构造矩阵 (26) 是可能的.

246. 参数共振问题 · 含小参数的线性哈密顿系统 在应用中方程 (3) 的矩阵 $\boldsymbol{H}(t)$ 通常依赖于一个或几个参数, 方程 (3) 的参数共振问题是确定这些参数, 使得特征方程 (14) 有模大于 1 的根 (特征乘数). 换句话说, 这个问题就是求使方程 (3) 不稳定的参数值. 我们只研究一种特殊情况: 方程 (3) 的哈密顿函数 H 写成小参数 ε 的收敛级数

$$H=H^{(0)}+\varepsilon H^{(1)}+\varepsilon^2H^{(2)}+\cdots,\tag{27}$$

①更详细的介绍参见: Маркеев А. П. О нормализации гамильтоновой системы линейных дифференциальных уравнений с периодическими коэффициентами // ПММ. 1972. Т. 36, вып. 5. С. 805–810.

其中 $H^{(0)}, H^{(1)}, H^{(2)}, \cdots$ 是变量 $x_1, x_2, \cdots, x_{2n}$ 的二次型, 并且 $H^{(0)}$ 的系数是常数, 而 $H^{(1)}, H^{(2)}, \cdots$ 的系数是对 t 以 2π 为公共周期的连续实函数; 此外 $H^{(0)}, H^{(1)}, H^{(2)}, \cdots$ 的系数依赖于一个或几个参数.

我们研究方程 (3) 的特征乘数 (以及特征指数) 对小参数 ε 的依赖性. 因为方程 (3) 右边对 ε 是解析的, 故基本解矩阵 $\boldsymbol{X}(t,\varepsilon)$ 对 ε 也是解析的, 由此可知, 特征方程 (14) 的系数也是 ε 的解析函数, 但是特征乘数 (和特征指数) 不一定是解析的; 如果当 $\varepsilon = 0$ 时特征方程没有重根, 则特征乘数和特征指数是解析的. 如果当 $\varepsilon = 0$ 时特征方程 (14) 有重根, 则当 $\varepsilon \neq 0$ 时其根对 ε 可以不是解析的. 然而, 无论当 $\varepsilon = 0$ 时特征方程是否有重根, 当 $\varepsilon \neq 0$ 时方程 (14) 的根对 ε 都是连续的①.

当 $\varepsilon = 0$ 时方程 (3) 是常系数的. 正如在第 242 小节中已知的, 特征方程 (5) 只要有一个根实部不为零, 方程 (3) 就不稳定, 在这种情况下当 $\varepsilon = 0$ 时方程 (14) 至少有一个根的模大于 1. 根据特征乘数对 ε 的连续性, 当参数 ε 足够小时特征方程 (14) 至少有一个根的模大于 1, 因此当参数 ε 足够小时方程 (3) 不稳定. 这种情况下的参数共振问题非常简单, 没有研究兴趣.

下面假设当 $\varepsilon = 0$ 时特征方程 (5) 只有纯虚根 $\pm \mathrm{i}\sigma_k \quad (k = 1, 2, \cdots, n)$, 那么当 $\varepsilon = 0$ 时特征方程 (14) 只有模为 1 的根 (特征乘数). 我们来研究当小参数 ε 不为零时特征乘数的性质.

首先研究当 $\varepsilon = 0$ 时特征乘数没有重根的情况, 即满足不等式

$$\sigma_k \pm \sigma_l \neq N \quad (k, l = 1, 2, \cdots, n; \quad N = 0, \pm 1, \pm 2, \cdots), \tag{28}$$

根据特征乘数的连续性, 当 ε 不为零且足够小时, 特征乘数仍然没有重根; 此外, 当 ε 足够小时, 特征乘数的模也都不会超过 1. 这个重要结论是李雅普诺夫–庞加莱定理 (第 244 小节) 的一个简单推论. 根据这个定理, 特征乘数相对单位圆对称分布, 当 ε 足够小时, 特征乘数不会离开圆周, 也不破坏对称性.

我们来看 $n = 2$ 情况, 特征方程 (14) 是 4 次方程. 设 $\rho_j \quad (j = 1, 2, 3, 4)$ 是当 $\varepsilon = 0$ 时的根, 我们在复平面上画出它们 (图 177a). 假设当 ε 很小时有一个根, 如 ρ_1, 离开单位圆且模超过 1, 由于方程 (14) 的系数为实数, 其复共轭根 ρ_1^{-1} 必然趋向相对实轴的对称点. 因为全部根的个数为 4, 且当 ε 很小时 ρ_2, ρ_2^{-1} 的移动很小, 故移动后的根 ρ_1 不会在数值上变为其倒数, 这与李雅普诺夫–庞加莱定理矛盾.

于是, 如果当 $\varepsilon = 0$ 时特征乘数没有重根, 或者满足不等式 (28), 则当 ε 足够小时方程 (3) 稳定.

如果当 $\varepsilon = 0$ 时特征乘数存在重根, 位于单位圆上的某个点 A, 则一般来说当 $\varepsilon \neq 0$ 时它们可能离开单位圆, 这时它们的分布如图 177b 所示, 不破坏特征乘数相对圆周的对称性. 但特征乘数并不总是会离开单位圆, 因此在特征乘数有重根的情

①参见: Малкин И. Г. Некоторые задачи теории нелинейных колебаний. М.: Гостехиздат, 1956.

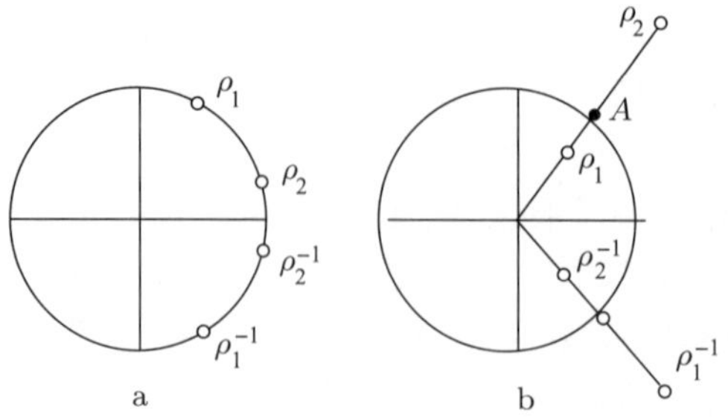

图 177

况下, 在 $\varepsilon \neq 0$ 时系统不一定就不稳定, 我们下面详细研究这个问题.

假设当 $\varepsilon = 0$ 时特征指数 $\mathrm{i}\sigma_k \quad (k = 1, 2, \cdots, n)$ 各不相同, 那么根据第 189 小节, 当 $\varepsilon = 0$ 时方程 (3) 借助线性实正则变换可以变为规范型. $H^{(0)}$ 用新变量写成 (21) 的形式, 且哈密顿函数 (27) 写成

$$H = \frac{1}{2}\sum_{k=1}^{n} \sigma_k (y_k^2 + y_{n+k}^2) + \varepsilon H^{(1)} + \varepsilon^2 H^{(2)} + \cdots, \tag{29}$$

其中 $H^{(1)}, H^{(2)}, \cdots$ 是新变量 $y_1, y_2, \cdots, y_{2n}$ 的二次型, 其系数对 t 以 2π 为周期, 参数共振问题对老变量和新变量是等价的. 然而, (29) 中的 σ_k 有完全确定的符号, 当 $\varepsilon = 0$ 时在 (3) 规范化过程中得到.

我们给出下面定理:①

定理 对于足够小的参数 ε, 以 (29) 为哈密顿函数的系统稳定当且仅当 σ_j 不满足关系式

$$\sigma_k + \sigma_l = N \quad (k, l = 1, 2, \cdots, n; \quad N = 0, \pm 1, \pm 2, \cdots); \tag{30}$$

换句话说, 关系式 (28) 中的负号可以去掉, 而 (30) 中只要有一个成立, 则总可以选择 (29) 中的函数 $H^{(1)}, H^{(2)}, \cdots$ 使得系统不稳定.

证明略.

247. 求参数共振区 设哈密顿函数 (29) 中的 σ_k 依赖于某个参数 α, 并设 $\alpha = \alpha_0$ 时下面不等式中至少有一个成立

$$\sigma_k + \sigma_l = N \quad (k, l = 1, 2, \cdots, n; \quad N = \pm 1, \pm 2, \cdots). \tag{31}$$

① 证明参见: J. Moser. New aspects in the theory of stability of Hamiltonian system // Comm. Pure Appl. Math. 1958. V. 11, № 1. P. 81–114, 以及: Якубович В. А., Старжинский В. М. Линейные дифференциальные уравнения с периодическими коэффициентами и их приложения. –М.: Наука, 1972.

在 $k=l$ 情况下当等式 (31) 成立时, 即当

$$2\sigma_k = N \tag{32}$$

时, 则称为简单共振; 对于 (31) 中 $k\neq l$ 的参数共振称为组合共振. 我们将证明在条件 (31) 下对于足够小的 ε 可以存在不稳定区域, 我们来求这个区域的边界, 精确到 ε 的一阶. 假设 $n=2$ 且在 $\varepsilon=0$ 时共振关系式 (31) 中有一个成立.

设在 (29) 中二次型 $H^{(1)}$ 写成

$$H^{(1)} = \sum_{\nu=2} h_{\nu_1\nu_2\mu_1\mu_2} y_1^{\nu_1} y_2^{\nu_2} y_3^{\mu_1} y_4^{\mu_2} \quad (\nu = \nu_1+\nu_2+\mu_1+\mu_2), \tag{33}$$

假设 $h_{\nu_1\nu_2\mu_1\mu_2}$ 展开成傅立叶级数时不包含零谐振子, 否则可以将 $H^{(1)}$ 的不依赖于 t 的部分写入 $H^{(0)}$, 我们来求参数 α 在共振值 α_0 附近的变化区域. 对于 α_0, 哈密顿函数 (29) 对应的线性微分方程不稳定. 假设在 $\alpha=\alpha_0$ 时有不等式

$$\frac{\mathrm{d}(\sigma_k+\sigma_l)}{\mathrm{d}\alpha} \neq 0.$$

下面将应用第 11 章 §7 介绍的摄动理论, 求不稳定区域的基础是某些正则变换, 将哈密顿函数 (29) 变为最简单的形式, 便于反映共振特点, 也便于求不稳定区域.

首先引入复共轭正则变量 $q_k, p_k \quad (k=1,2)$ 如下:

$$\begin{aligned} q_1 &= y_3 + \mathrm{i}y_1, \quad q_2 = y_4 + \mathrm{i}y_2, \\ p_1 &= y_3 - \mathrm{i}y_1, \quad p_2 = y_4 - \mathrm{i}y_2, \end{aligned} \tag{34}$$

新哈密顿函数等于 $2\mathrm{i}H$. 将 $\sigma_k(\alpha)$ 在 α_0 点的邻域内分解为级数, 可得

$$\begin{aligned} 2\mathrm{i}H &= \mathrm{i}\sigma_1(\alpha_0)q_1p_1 + \mathrm{i}\sigma_2(\alpha_0)q_2p_2 \\ &\quad + \mathrm{i}(\alpha-\alpha_0)\left(\frac{\mathrm{d}\sigma_1}{\mathrm{d}\alpha_0}q_1p_1 + \frac{\mathrm{d}\sigma_2}{\mathrm{d}\alpha_0}q_2p_2\right) + \varepsilon\sum_{\nu=2} a_{\nu_1\nu_2\mu_1\mu_2} q_1^{\nu_1}q_2^{\nu_2}p_1^{\mu_1}p_2^{\mu_2} + \cdots, \end{aligned} \tag{35}$$

其中省略号表示不低于 ε 和 $\alpha-\alpha_0$ 二次的项, 复系数 $a_{\nu_1\nu_2\mu_1\mu_2}$ 是 $h_{\nu_1\nu_2\mu_1\mu_2}$ 的线性表达式.

做变换

$$q_k' = \frac{\partial S}{\partial p_k'}, \quad p_k = \frac{\partial S}{\partial q_k} \quad (k=1,2), \tag{36}$$

其中母函数 S 为

$$S = q_1p_1' + q_2p_2' + \varepsilon W = q_1p_1' + q_2p_2' + \varepsilon\sum_{\nu=2} w_{\nu_1\nu_2\mu_1\mu_2} q_1^{\nu_1}q_2^{\nu_2}p_1'^{\mu_1}p_2'^{\mu_2}. \tag{37}$$

选择对 t 以 2π 为周期的函数 $w_{\nu_1\nu_2\mu_1\mu_2}$, 使得在新哈密顿函数

$$H' = 2\mathrm{i}H + \frac{\partial S}{\partial t} \tag{38}$$

中 ε 阶项尽可能简单. 由 (36) 和 (37) 可得变换 $q_k, p_k \to q'_k, p'_k$ 的显式表达式

$$q_k = q'_k - \varepsilon\frac{\partial W}{\partial p'_k}, \quad p_k = p'_k + \varepsilon\frac{\partial W}{\partial q'_k} \quad (k=1,2), \tag{39}$$

其中在函数 W 中将变量 q_k 代替为 q'_k. 由 (35), (37)–(39) 可得 H' 中 ε 的一次项系数表达式

$$\begin{aligned}&\sum_{\nu=2} a'_{\nu_1\nu_2\mu_1\mu_2}(t)q_1'^{\nu_1}q_2'^{\nu_2}p_1'^{\mu_1}p_2'^{\mu_2}\\ &\equiv DW + \sum_{\nu=2} a_{\nu_1\nu_2\mu_1\mu_2}(t)q_1'^{\nu_1}q_2'^{\nu_2}p_1'^{\mu_1}p_2'^{\mu_2},\end{aligned} \tag{40}$$

其中

$$DW = \mathrm{i}\sum_{k=1}^{2}\sigma_k\left(q'_k\frac{\partial W}{\partial q'_k} - p'_k\frac{\partial W}{\partial p'_k}\right).$$

比较恒等式 (40) 中 $q_1'^{\nu_1}q_2'^{\nu_2}p_1'^{\mu_1}p_2'^{\mu_2}$ 的系数得 $w_{\nu_1\nu_2\mu_1\mu_2}$ 的方程:

$$\begin{aligned}&\frac{\mathrm{d}w_{\nu_1\nu_2\mu_1\mu_2}}{\mathrm{d}t} + \mathrm{i}[\sigma_1(\nu_1-\mu_1)+\sigma_2(\nu_2-\mu_2)]w_{\nu_1\nu_2\mu_1\mu_2}\\ &= a'_{\nu_1\nu_2\mu_1\mu_2} - a_{\nu_1\nu_2\mu_1\mu_2}.\end{aligned} \tag{41}$$

如果引入记号

$$b = \sigma_1(\nu_1-\mu_1)+\sigma_2(\nu_2-\mu_2), \tag{42}$$

并且为了简略不写出下标, 则该方程的通解为

$$w(t) = w(0)\mathrm{e}^{-\mathrm{i}bt} + \mathrm{e}^{-\mathrm{i}bt}\int_0^t \mathrm{e}^{\mathrm{i}bx}(a'-a)\mathrm{d}x. \tag{43}$$

由 (43) 可知, 如果 b 不是整数, 则对任意函数 $a'(t)$, 方程 (41) 的通解是以 2π 为周期的条件是

$$w(0) = \frac{1}{1-\mathrm{e}^{\mathrm{i}2\pi b}}\int_0^{2\pi}\mathrm{e}^{\mathrm{i}bt}(a'-a)\mathrm{d}t.$$

因此, 如果 b 不是整数, 可以在 (40) 中令 $a'(t) \equiv 0$.

如果 b 是整数, 则当 $a'(t) \equiv 0$ 时方程 (41) 不存在周期解. 为使周期解存在, $a'(t)$ 必须完全确定, 令

$$a'(t) = c\mathrm{e}^{-\mathrm{i}bt},$$

其中

$$c = \frac{1}{2\pi}\int_0^{2\pi}\mathrm{e}^{\mathrm{i}bt}a(t)\mathrm{d}t, \tag{44}$$

方程 (41) 的周期解为

$$w(t) = w(0)\mathrm{e}^{-\mathrm{i}bt} + \mathrm{e}^{-\mathrm{i}bt}\int_0^t (c - a(x)\mathrm{e}^{\mathrm{i}bx})\mathrm{d}x,$$

其中 $w(0)$ 可以取任意值.

假设在 $\alpha=\alpha_0$ 时有组合共振

$$\sigma_1(\alpha_0)+\sigma_2(\alpha_0)=N,$$

在变换 (36) 之后哈密顿函数 (38) 可以写成

$$\begin{aligned}H'=&\mathrm{i}\sigma_1(\alpha_0)q_1'p_1'+\mathrm{i}\sigma_2(\alpha_0)q_2'p_2'+\mathrm{i}(\alpha-\alpha_0)\left(\frac{\mathrm{d}\sigma_1}{\mathrm{d}\alpha_0}q_1'p_1'+\frac{\mathrm{d}\sigma_2}{\mathrm{d}\alpha_0}q_2'p_2'\right)\\&+\varepsilon(c_{1100}\mathrm{e}^{-\mathrm{i}Nt}q_1'q_2'+c_{0011}\mathrm{e}^{\mathrm{i}Nt}p_1'p_2')+\cdots.\end{aligned}\tag{45}$$

下面引入实变量 φ_k,r_k, 它们满足公式

$$q_k'=\sqrt{2r_k}\mathrm{e}^{\mathrm{i}\varphi_k},\quad p_k'=\sqrt{2r_k}\mathrm{e}^{-\mathrm{i}\varphi_k}\quad(k=1,2),\tag{46}$$

这些公式给出的变换 $q_k',p_k'\to\varphi_k,r_k$ (φ_k 是坐标, r_k 是冲量) 是价为 $1/(2\mathrm{i})$ 的正则变换. 用新变量写成的哈密顿函数为

$$\begin{aligned}H^*=&\sigma_1(\alpha_0)r_1+\sigma_2(\alpha_0)r_2+(\alpha-\alpha_0)\left(\frac{\mathrm{d}\sigma_1}{\mathrm{d}\alpha_0}r_1+\frac{\mathrm{d}\sigma_2}{\mathrm{d}\alpha_0}r_2\right)\\&+\varepsilon\sqrt{r_1r_2}[\beta\cos(\varphi_1+\varphi_2-Nt)+\gamma\sin(\varphi_1+\varphi_2-Nt)]+\cdots,\end{aligned}\tag{47}$$

其中常数 β,γ 用傅立叶级数的系数表示, 这些系数相应于哈密顿函数 (29) 中函数 $h_{\nu_1\nu_2\mu_1\mu_2}(t)$ 的某个线性组合的第 N 个谐振子. 根据正则变换 (34), (39) 和 (46) 可以给出 β,γ 的表达式:

$$\begin{aligned}\beta&=\frac{1}{2\pi}\int_0^{2\pi}[(h_{0011}-h_{1100})\cos Nt+(h_{1001}+h_{0110})\sin Nt]\mathrm{d}t,\\\gamma&=\frac{1}{2\pi}\int_0^{2\pi}[(h_{1001}+h_{0110})\cos Nt-(h_{0011}-h_{1100})\sin Nt]\mathrm{d}t.\end{aligned}\tag{48}$$

再作正则变换 $\varphi_k,r_k\to\Psi_k,R_k$:

$$\begin{gathered}\varphi_1=\sigma_1(\alpha_0)t+\Psi_1,\quad\varphi_2=\sigma_2(\alpha_0)t+\Psi_2+\theta,\\r_1=R_1,\quad r_2=R_2,\end{gathered}\tag{49}$$

其中

$$\sin\theta=-\frac{\beta}{\delta},\quad\cos\theta=-\frac{\gamma}{\delta}\quad\delta=\sqrt{\beta^2+\gamma^2}.$$

描述变量 Ψ_k,R_k 随时间变化的微分方程由下面哈密顿函数给出

$$\widetilde{H}=(\alpha-\alpha_0)\left(\frac{\mathrm{d}\sigma_1}{\mathrm{d}\alpha_0}R_1+\frac{\mathrm{d}\sigma_2}{\mathrm{d}\alpha_0}R_2\right)+\varepsilon\delta\sqrt{R_1R_2}\sin(\Psi_1+\Psi_2)+\cdots.\tag{50}$$

精确到 ε 和 $\alpha-\alpha_0$ 的一次项, 正则方程写成

$$\begin{aligned}&\frac{\mathrm{d}R_1}{\mathrm{d}t}=\frac{\mathrm{d}R_2}{\mathrm{d}t}=-\varepsilon\delta\sqrt{R_1R_2}\cos(\Psi_1+\Psi_2),\\&\frac{\mathrm{d}(\Psi_1+\Psi_2)}{\mathrm{d}t}=(\alpha-\alpha_0)\frac{\mathrm{d}(\sigma_1+\sigma_2)}{\mathrm{d}\alpha_0}+\frac{1}{2}\varepsilon\delta\frac{R_1+R_2}{\sqrt{R_1R_2}}\sin(\Psi_1+\Psi_2).\end{aligned}\tag{51}$$

显然, 哈密顿函数为 (29) 的原方程关于变量 $y_j\quad(j=1,2,3,4)$ 按 ε 和 $\alpha-\alpha_0$ 的一阶近似稳定性, 等价于方程 (51) 关于变量 R_1,R_2 的稳定性. 下面将证明, 在 ε 的一阶近似下参数共振区域 (不稳定区域) 由不等式

$$-\frac{\varepsilon\delta}{\left|\frac{\mathrm{d}(\sigma_1+\sigma_2)}{\mathrm{d}\alpha_0}\right|}+\alpha_0<\alpha<\alpha_0+\frac{\varepsilon\delta}{\left|\frac{\mathrm{d}(\sigma_1+\sigma_2)}{\mathrm{d}\alpha_0}\right|}\tag{52}$$

给出, 这些不等式不成立时系统稳定.

事实上, 第 2 个结论的依据是: 函数 $V=(R_1-R_2)^2+\widetilde{H}^2$ 是方程 (51) 的第一积分, 容易验证不等式 (52) 不成立时 V 是变量 R_1,R_2 的定号函数; 根据李雅普诺夫稳定性定理知方程 (51) 对变量 R_1,R_2 稳定. 关于不稳定性结论的依据是: 不等式 (52) 成立时, 方程 (51) 的特解

$$R_1(t)=R_2(t)=R_2(0)\mathrm{e}^{\varepsilon\delta\sqrt{1-d^2}t},\quad \Psi_1+\Psi_2=\pi+\arcsin d\qquad\left(d=\frac{\alpha-\alpha_0}{\varepsilon\delta}\frac{\mathrm{d}(\sigma_1+\sigma_2)}{\mathrm{d}\alpha_0}\right)$$

随着时间无限增大. 对于简单参数共振情况, 如 $2\sigma_1=N$, 研究完全类似, 不稳定区域由不等式

$$-\frac{\varepsilon\delta}{\left|\frac{\mathrm{d}\sigma_1}{\mathrm{d}\alpha_0}\right|}+\alpha_0<\alpha<\alpha_0+\frac{\varepsilon\delta}{\left|\frac{\mathrm{d}\sigma_2}{\mathrm{d}\alpha_0}\right|}\tag{53}$$

给出, 其中 $\delta=\sqrt{\beta^2+\gamma^2}$, 而

$$\begin{aligned}\beta&=\frac{1}{2\pi}\int_0^{2\pi}[(h_{0020}-h_{2000})\cos Nt+h_{1010}\sin Nt]\mathrm{d}t,\\\gamma&=\frac{1}{2\pi}\int_0^{2\pi}[h_{1010}\cos Nt-(h_{0020}-h_{2000})\sin Nt]\mathrm{d}t.\end{aligned}\tag{54}$$

248. 马丢方程 马丢方程是指周期系数二阶微分方程

$$\frac{\mathrm{d}^2x}{\mathrm{d}t^2}+(\alpha+\beta\cos t)x=0,\tag{55}$$

其中 α,β 是常数. 在很多力学问题中会遇到这个方程, 如月球运动理论、三体问题、弹性系统振动理论等, 所以对该方程的研究非常详细①.

①参见: Стокер Дж. Нелинейные колебания в механических и электрических системах. М.: ИЛ, 1953; Бейтмен Г., Эрдейи А. Высшие трансцендентные функции. Эллиптические и автоморфные функции Ламе и Матье. М.: Наука, 1967.

我们研究与谐振子的微分方程偏离很小的情况①:

$$\frac{\mathrm{d}^2x}{\mathrm{d}t^2}+(\omega^2+\varepsilon\cos t)x=0 \quad (0\leqslant\varepsilon\ll 1). \tag{56}$$

当 $\varepsilon=0$ 时方程描述频率为 ω 的振动. 根据前一小节, 当 $\varepsilon\neq 0$ 时在参数平面 ω,ε 内可以出现不稳定区域, 且 ε 很小时不稳定区域源自 $\varepsilon=0$ 轴上的一系列点, 这些点相应于振动特征频率的整数或半整数倍:

$$2\omega=N \quad (N=1,2,3,\cdots). \tag{57}$$

例如, 如果秋千在运动过程中看作周期性改变摆长的单摆, 则以 2 倍的单摆特征频率改变摆长时, 秋千摆动加剧 (即竖直平衡位置不稳定). 在实践中经常观察到公式 (57) $N=1$ 的情况, 即被改变摆长的频率是摆特征频率的 2 倍.

利用前一小节得到的参数共振区域的公式, 我们来求相应于

$$2\omega=1 \tag{58}$$

的按 ε 一阶近似的不稳定区域. 如果引入相应于坐标 x 的冲量 $p_x=\dot{x}$, 则方程 (56) 等价于哈密顿函数为

$$H=\frac{1}{2}(p_x^2+\omega^2x^2)+\frac{1}{2}\varepsilon\cos t x^2 \tag{59}$$

的正则方程②. 利用正则变换

$$p_x=\sqrt{\omega}p, \quad x=\frac{1}{\sqrt{\omega}}q \tag{60}$$

引入新变量 q,p, 新哈密顿函数为

$$H=\frac{1}{2}\omega(p^2+q^2)+\frac{\varepsilon}{2\omega}\varepsilon\cos t q^2. \tag{61}$$

由公式 (53) 和 (54), 令 $N=1$ 以及

$$h_{2000}=\frac{1}{2\omega}\cos t, \quad h_{0020}=h_{1010}=0,$$

可得按 ε 一阶近似的不稳定区域:

$$-\frac{1}{2}\varepsilon+\frac{1}{2}<\omega<\frac{1}{2}+\frac{1}{2}\varepsilon. \tag{62}$$

例 1 (刚体沿椭圆轨道的偏心振动的稳定性) 在第 230 小节中讨论了质心沿椭圆轨道运动引起的刚体的平面周期振动, 利用第 128 小节和第 230 小节中的记号, 这些振动写成③

$$\varphi^*=\frac{2e}{\omega_0^2-1}\sin\nu+\cdots \quad (\omega_0\neq 1), \tag{63}$$

---

①译者注: 原文下面公式有印刷错误, 已改正.

②译者注: 原文上面公式有印刷错误, 已改正.

③译者注: 原文下面公式有印刷错误, 已改正.

其中省略号表示高于偏心率 e 一阶的项.

为了研究 (63) 的稳定性, 引入扰动 x, 它满足公式

$$\varphi = \varphi^* + \frac{x}{1 + e\cos\nu}. \tag{64}$$

将这个 φ 代入第 230 小节中的方程 (37) 并对 x 线性化, 可得马丢方程形式的受扰运动线性方程:

$$\frac{\mathrm{d}^2 x}{\mathrm{d}\nu^2} + [\omega_0^2 + e(1-\omega_0^2)\cos\nu]x = 0, \tag{65}$$

该方程精确到 e 的一阶项. 当 ω_0 接近 1/2 时出现不稳定区域, 相应于公式 (62), 该区域由不等式①

$$-\frac{3}{8}e + \frac{1}{2} < \omega_0 < \frac{1}{2} + \frac{3}{8}e \tag{66}$$

给出.

①由其它思路得到不稳定区域 (66) 参见: Белецкий В. В. Движение нскусственного спутника относительно центра масс. М.: Наука, 1965.

参考文献

[1] Аппель П. *Теоретическая механика* :В 2–х т. М.: Физматгиз, 1960.

[2] Бухгольц Н. Н. *Основной курс теоретической механики*: В 2–х ч. М.: Наука, 1972.

[3] Валле Пуссен Ш. Ж. *Лекции по теоретической механике.* М.: ИЛ, т. 1, 1948; т. 2, 1949.

[4] Гантмахер Ф. Р. *Лекции по аналитической механике.* М.: Наука, 1966.

[5] Ламб Г. *Теоретическая механика.* Т. 2. М.: Гостехиздат, 1935.

[6] Леви-Чивита Т., Амальди У. *Курс теоретической механики.* Т. 2, ч. 2. М.: ИЛ, 1951.

[7] Ляпунов А. М. *Лекции по теоретической механике.* Киев. Наукова думка, 1982.

[8] Раус Э. *Динамика системы твердых тел.* Т. 1. М.: Наука, 1983.

[9] Суслов Г. К. *Теоретическая механика.* М.: Гостехиздат, 1946.

索　引

G

H

J

K

L

M

N

P

Q

R

S

Y

Z

相关图书清单

序号	书号	书名	作者
1	9787040183030	微积分学教程（第一卷）（第 8 版）	[俄] Г. М. 菲赫金哥尔茨
2	9787040183047	微积分学教程（第二卷）（第 8 版）	[俄] Г. М. 菲赫金哥尔茨
3	9787040183054	微积分学教程（第三卷）（第 8 版）	[俄] Г. М. 菲赫金哥尔茨
4	9787040345261	数学分析原理（第一卷）（第 9 版）	[俄] Г. М. 菲赫金哥尔茨
5	9787040351859	数学分析原理（第二卷）（第 9 版）	[俄] Г. М. 菲赫金哥尔茨
6	9787040287554	数学分析（第一卷）（第 7 版）	[俄] В. А. 卓里奇
7	9787040287561	数学分析（第二卷）（第 7 版）	[俄] В. А. 卓里奇
8	9787040183023	数学分析（第一卷）（第 4 版）	[俄] В. А. 卓里奇
9	9787040202571	数学分析（第二卷）（第 4 版）	[俄] В. А. 卓里奇
10	9787040345247	自然科学问题的数学分析	[俄] В. А. 卓里奇
11	9787040183061	数学分析讲义（第 3 版）	[俄] Г. И. 阿黑波夫 等
12	9787040254396	数学分析习题集（根据 2010 年俄文版翻译）	[俄] Б. П. 吉米多维奇
13	9787040310047	工科数学分析习题集（根据 2006 年俄文版翻译）	[俄] Б. П. 吉米多维奇
14	9787040295313	吉米多维奇数学分析习题集学习指引（第一册）	沐定夷、谢惠民 编著
15	9787040323566	吉米多维奇数学分析习题集学习指引（第二册）	谢惠民、沐定夷 编著
16	9787040322934	吉米多维奇数学分析习题集学习指引（第三册）	谢惠民、沐定夷 编著
17	9787040305784	复分析导论（第一卷）（第 4 版）	[俄] Б. В. 沙巴特
18	9787040223606	复分析导论（第二卷）（第 4 版）	[俄] Б. В. 沙巴特
19	9787040184075	函数论与泛函分析初步（第 7 版）	[俄] А. Н. 柯尔莫戈洛夫 等
20	9787040292213	实变函数论（第 5 版）	[俄] И. П. 那汤松
21	9787040183986	复变函数论方法（第 6 版）	[俄] М. А. 拉夫连季耶夫 等
22	9787040183993	常微分方程（第 6 版）	[俄] Л. С. 庞特里亚金
23	9787040225211	偏微分方程讲义（第 2 版）	[俄] О. А. 奥列尼克
24	9787040257663	偏微分方程习题集（第 2 版）	[俄] А. С. 沙玛耶夫
25	9787040230635	奇异摄动方程解的渐近展开	[俄] А. Б. 瓦西里亚娃 等
26	9787040272499	数值方法（第 5 版）	[俄] Н. С. 巴赫瓦洛夫 等
27	9787040373417	线性空间引论（第 2 版）	[俄] Г. Е. 希洛夫
28	9787040205251	代数学引论（第一卷）基础代数（第 2 版）	[俄] А. И. 柯斯特利金
29	9787040214918	代数学引论（第二卷）线性代数（第 3 版）	[俄] А. И. 柯斯特利金
30	9787040225068	代数学引论（第三卷）基本结构（第 2 版）	[俄] А. И. 柯斯特利金
31	9787040502343	代数学习题集（第 4 版）	[俄] А. И. 柯斯特利金
32	9787040189469	现代几何学（第一卷）曲面几何、变换群与场（第 5 版）	[俄] Б. А. 杜布洛文 等

（续表）

序号	书号	书名	作者
33	9787040214925	现代几何学（第二卷）流形上的几何与拓扑（第 5 版）	[俄] Б. А. 杜布洛文 等
34	9787040214345	现代几何学（第三卷）同调论引论（第 2 版）	[俄] Б. А. 杜布洛文 等
35	9787040184051	微分几何与拓扑学简明教程	[俄] А. С. 米先柯 等
36	9787040288889	微分几何与拓扑学习题集（第 2 版）	[俄] А. С. 米先柯 等
37	9787040220599	概率（第一卷）（第 3 版）	[俄] А. Н. 施利亚耶夫
38	9787040225556	概率（第二卷）（第 3 版）	[俄] А. Н. 施利亚耶夫
39	9787040225549	概率论习题集	[俄] А. Н. 施利亚耶夫
40	9787040223590	随机过程论	[俄] А. В. 布林斯基 等
41	9787040370980	随机金融数学基础（第一卷）事实 • 模型	[俄] А. Н. 施利亚耶夫
42	9787040370973	随机金融数学基础（第二卷）理论	[俄] А. Н. 施利亚耶夫
43	9787040184037	经典力学的数学方法（第 4 版）	[俄] В. И. 阿诺尔德
44	9787040185300	理论力学（第 3 版）	[俄] А. П. 马尔契夫
45	9787040348200	理论力学习题集（第 50 版）	[俄] И. В. 密歇尔斯基
46	9787040221558	连续介质力学（第一卷）（第 6 版）	[俄] Л. И. 谢多夫
47	9787040226331	连续介质力学（第二卷）（第 6 版）	[俄] Л. И. 谢多夫
48	9787040292237	非线性动力学定性理论方法（第一卷）	[俄] L. P. Shilnikov 等
49	9787040294644	非线性动力学定性理论方法（第二卷）	[俄] L. P. Shilnikov 等
50	9787040355338	苏联中学生数学奥林匹克试题汇编 (1961—1992)	苏淳 编著
51	9787040498707	图说几何（第二版）	[俄] Arseniy Akopyan
52		苏联中学生数学奥林匹克集训队试题及其解答 (1984—1992)	姚博文、苏淳 编著

购书网站： 高教书城（www.hepmall.com.cn），高教天猫（gdjycbs.tmall.com），京东，当当，微店

其他订购办法：

各使用单位可向高等教育出版社电子商务部汇款订购。书款通过银行转账，支付成功后请将购买信息发邮件或传真，以便及时发货。购书免邮费，发票随书寄出（大批量订购图书，发票随后寄出）。

单位地址： 北京西城区德外大街 4 号
电　　话： 010-58581118
传　　真： 010-58581113
电子邮箱： gjdzfwb@pub.hep.cn

通过银行转账：
户　　名： 高等教育出版社有限公司
开 户 行： 交通银行北京马甸支行
银行账号： 110060437018010037603

郑重声明